云辐射与降水

张　华　刘　煜　王在志　张金强　谢　冰　等　编著

气象出版社
China Meteorological Press

内容简介

东亚处于东亚季风区，青藏高原覆盖了东亚陆地面积的五分之一左右，使其具有独特的地理和气候特征，同时该地区也是气溶胶和温室气体的高排放区域，这些因素使得该地区的辐射收支、云和降水具有鲜明的区域特征。本书基于东亚地区云对地球辐射收支、温度和降水变化影响的最新研究成果编撰而成。全球变暖背景下，主要围绕以下科学问题进行了详细的阐述：①东亚地区云的光学属性的时空变化特征，云对辐射收支和温度的影响程度及机制；②东亚地区云和降水长期变化趋势、定量关系及不同类型云对降水变化影响的机理；③各种气候反馈机制，特别是云辐射反馈机制及其不确定性评估。本书对从事大气辐射、云与降水物理以及气候变化研究等领域的研究生和学者具有重要的参考价值。

图书在版编目（CIP）数据

云辐射与降水 / 张华等编著. -- 北京 : 气象出版社, 2023.2
ISBN 978-7-5029-7927-0

Ⅰ. ①云… Ⅱ. ①张… Ⅲ. ①降水－研究 Ⅳ. ①P426

中国国家版本馆CIP数据核字(2023)第034334号

云辐射与降水

YUN FUSHE YU JIANGSHUI

出版发行：气象出版社
地　　址：北京市海淀区中关村南大街 46 号　**邮政编码**：100081
电　　话：010-68407112(总编室)　010-68408042(发行部)
网　　址：http://www.qxcbs.com　**E-mail**：qxcbs@cma.gov.cn
责任编辑：杨泽彬　**终　　审**：张　斌
责任校对：张硕杰　**责任技编**：赵相宁
封面设计：艺点设计
印　　刷：北京建宏印刷有限公司
开　　本：787 mm×1092 mm　1/16　**印　　张**：22
字　　数：550 千字　**彩　　插**：8
版　　次：2023 年 2 月第 1 版　**印　　次**：2023 年 2 月第 1 次印刷
定　　价：135.00 元

前　言

云覆盖地球表面约60%的区域，可通过反射太阳辐射与吸收地球和大气长波辐射两种作用强烈地影响着地气系统的辐射收支和大气的辐射加热率，从而显著影响地表温度和区域大气环流。同时，云也是大气中重要的水汽调节器，云的微物理过程与降水有着极为紧密的联系，云的存在是降水的前提条件。通过与大气环流的相互作用，云可以间接地与区域降水之间建立一定的物理联系。历次政府间气候变化专门委员会(IPCC)评估报告和很多研究都指出，云是迄今为止影响气候变化和气候预测诸多因子中非常重要却又不确定性最大的因子。低云增加约4%即可抵消二氧化碳浓度加倍引起的2～3 ℃的增温，反之，会扩大相应的增温效应。东亚地区处于亚洲季风区，又是温室气体和大气污染物高排放区，使得该地区的云-辐射-降水具有鲜明的区域特征。目前对东亚地区气候模拟的偏差和不确定性均与云辐射过程及其反馈有关。因此，有必要研究东亚地区云对于辐射收支和温度的影响、揭示其与降水变化的定量关系及机制，为准确预估全球增暖情景提供科学基础，进而为国家制定保护环境和减缓全球变化的各项政策和国际气候变化外交谈判提供科学支撑。

为此，本书作者围绕东亚地区云对辐射收支和温度变化的影响、云和降水变化的定量关系、云的宏微观物理和光学属性的时空变化、云辐射反馈及其不确定性以及云辐射参数化方案的应用评估等科学前沿问题，进行了深入的研究并取得了一系列新的突破和成果。本书即是这些最新研究成果的集成。

在全球变暖的背景下，全球不同地区观测到的云量和地表太阳辐射都呈现了不同的变化趋势。云是如何响应全球变暖并影响辐射收支的，云辐射效应和反馈作用是怎样的，这些问题是世界气候研究计划(WCRP)近年来要攻坚的关键科学问题。东亚是温室气体和大气污染物高排放区，研究该地区云和地表太阳辐射的变化特征和归因以及对辐射收支和温度的影响及机制显得尤为重要，可为减少未来全球变暖情景预估的不确定性做出贡献。本书第2章首先基于多源资料估算了当前东亚陆地地区辐射能量收支状况，给出了最新的辐射能量收支图。利用地面和卫星观测资料并结合辐射传输模式研究地表太阳辐射的长期变化趋势及原因；结合辐射模式和数值模式研究了全球变暖下云对辐射收支和地表温度的影响及机制。利用卫星资料、多模式结果和模式模拟研究了云的宏、微观物理与光学属性以及云辐射效应的时空分布特征及其对全球变暖的响应，揭示了东亚地区不同类别云对辐射的影响及物理机制。

云和降水是影响地球水循环过程的重要因子。云通过影响大气中的水分输送和降水分布调节大气中的水循环，进而影响气候变化。同时，研究表明云在气候模式间较大的模拟差异是导致未来气候预测存在较大不确定性的一个重要原因。为此，本书第3章利用地面和卫星资料分析了东亚地区不同类型云的长期变化趋势和空间分布特征以及云与降水变化之间的定量关系；结合数值模拟探讨了影响东亚地区云和降水变化的主要因子及其影响机理。

云反馈作为关键的气候反馈因子，量化其对气候变化的影响有助于正确认知气候敏感度的不确定性。云反馈被定义为全球平均地表气温每升高 1 ℃，由于云的变化所引起的大气顶净辐射通量的变化。云反馈作为气候反馈的一个重要组成部分，是模拟当前气候和预测未来气候变化最大的不确定性来源之一。研究将云反馈从气候反馈中分离的技术，发展基于气候系统模式和辐射传输模型的辐射内核计算方法，为气候模式定量分析云的不确定性奠定基础。鉴于云反馈在气候模拟和气候变化预估中的关键作用，本书第 4 章基于卫星观测等多源资料，研发了自主知识产权的云辐射内核技术，并从观测角度揭示短期（年际尺度）云反馈机制。利用本书研发的基于气候模式的辐射内核和其他辐射内核，结合多种排放情景下的 CMIP6 多模式预估结果，定量估算东亚地区云反馈大小及不确定性，研究其对气候反馈和气候敏感度的贡献。基于全球气候系统模式的气候模拟和关键物理过程参数化方案的敏感性试验，研究不同云属性对东亚地区云和辐射模拟偏差的贡献，及其对云反馈的影响机制。利用 CMIP6 气候模式输出和辐射内核技术，研究东亚地区气候模式云反馈和不同物理因子之间的定量关系，基于此关系，通过不同的观测约束方案降低对东亚地区云反馈认识的不确定性，进而定量分析其对气候敏感度的不确定性范围的影响。

云宏观和微观特性的任何变化都会对辐射能量平衡产生显著影响。云和气候之间的相互作用是复杂而多样的。但是，气候模式对云的模拟仍然存在许多不确定性，是模式间差异和不确定性的最大来源。云内的光学特性是连续变化的，离散化的参数方案会导致显著误差。如何精确刻画云内光学特性的连续变化特征对改进云辐射过程模拟具有重要意义；另一方面，云的垂直重叠结构是被动卫星反演云特性以及模式参数化的重要误差来源，也是在模式中精确描述云及其辐射传输物理过程的难点问题。如何在模式中准确地描述云的垂直重叠结构，是提高气候模式模拟精确度的关键。为此，本书第 5 章针对上述问题提出了不同的解决方案，并分析了不同方案对云属性和云辐射模拟的影响。

云时空分布变化大，给云辐射效应观测和研究带来较大难度。如何在地物遥感真实性检验中定量考虑云的辐射效应，是当前该领域研究中的一个前沿方向，受到广泛的关注和重视。为加深对典型区域云及其辐射效应的理解，本书第 6 章详细介绍了近些年来中国科学院大气物理研究所在河北香河和内蒙古草原开展的地基云-辐射观测，通过利用第一手观测数据构建了基于地面辐射观测的晴空识别算法和云识别分类算法，分析了中国地区太阳辐射变化趋势及其主要影响因素，并在此基础上发展了气溶胶辐射效应和云辐射效应估算方法，探讨了站点区域气溶胶辐射效应变化特征和云辐射效应变化特征。

全书由张华、刘煜、王在志、张金强、谢冰等编著。

第 1 章由张华、安琪、王菲、李剑东、刘煜、王在志、谢冰、张金强等主笔；

第 2 章的 2.1 节由李剑东、吴成来、王雨曦、赵敏、张华、谢冰主笔；2.2 节由王秋艳、张华、谢冰主笔；2.3 节由王志立、赵敏、游婷、周喜讯、张华、谢冰主笔；

第 3 章由刘煜、彭艳玉、陈阳、刘洪利、廖圳、郭增元、马肖琳和郜倩倩主笔；

第 4 章的 4.1 节由王菲、张华主笔；4.2 节由刘梦婷、汪方、王在志、张华主笔；4.3 节由陈晓龙主笔；

第 5 章的 5.1 节由张峰、石怡宁主笔；5.2 节由王海波、张华、荆现文、谢冰主笔；5.3 节、5.4 节由王海波、张华、谢冰主笔；

第 6 章由张金强、施红蓉、刘梦琪主笔。

全书文字的整理、修改及其他辅助工作由安琪博士完成。谨在此向为本书做出贡献的所有人员表示诚挚的感谢！

在完成本书研究工作中，中国气象科学研究院的端义宏研究员和翟盘茂研究员，中国科学院大气物理研究所的石广玉院士、周天军研究员、刘毅研究员、林朝晖研究员和郭准副研究员，中国科学院空天信息创新研究院的胡斯勒图研究员与尚华哲助理研究员，东华大学环境科学与工程学院的陈勇航教授与刘琼副教授，湖北师范大学的荆现文副教授，苏黎世联邦理工学院的 Martin Wild 教授，美国 Brookhaven 国家实验室的刘延刚研究员，加拿大气候模拟与分析中心李江南研究员，日本东京大学 Teruyuky Nakajima 教授等都曾给予了非常重要的帮助。谨在此向他们表示诚挚的感谢！

本书中很多新的研究成果是在国家重点研发计划"全球变化及应对"重点专项项目"东亚地区云对地球辐射收支和降水的影响"（编号：2017YFA0603500）的资助下完成的。在项目的申报和执行过程中，国家气候中心的谢冰博士和博士研究生王海波做了大量辅助和烦琐的事务性工作，国家气候中心宋连春研究员、巢清尘研究员和科技处宋亚芳高工等也给予了多方面的帮助，在此表示衷心的感谢！

本书的出版得到了国家重点研发计划"全球变化及应对"重点专项项目"东亚地区云对地球辐射收支和降水的影响"（2017YFA0603500）的资助。

由于时间仓促，科学认知水平有限，书中难免有疏漏，敬请读者指正。

中国气象科学研究院

二级研究员、博士生导师

张华

目　录

第1章 绪论

云覆盖了地球表面约60%的面积,在气候系统能量和水循环及其变化过程中发挥着关键作用(Liou,1992;张华 等,2017,2021)。云主要通过反照率效应和温室效应来影响地气系统的辐射收支(Ramanathan et al.,1989):一方面,云反射太阳短波辐射,减少到达地面的太阳辐射能量,对地气系统产生冷却效应,即云的反照率效应;另一方面,云能吸收地球表面及对流层低层大气发射的红外长波辐射,减少地气系统向外太空散失的能量,对地气系统起着增暖的效应,即云的温室效应(汪宏七和赵高祥,1994)。此外,云会通过影响水汽输送和降水来调节全球水循环过程,云是大气中重要的水汽调节器。研究表明,低云增加4%左右,就可以抵消CO_2加倍引起的2~3 ℃增温,反之则会扩大相应的变暖效应(Randall et al.,1984)。历次政府间气候变化专门委员会(IPCC)评估报告和多项研究都指出,云是迄今为止影响气候变化和气候预测诸多因子中非常重要却又不确定性最大的因子之一(张华 等,2022)。东亚地区位于亚洲季风区,该地区云的形成、分布和变化等宏观物理过程不仅受亚洲季风和青藏高原地形的强烈影响,而且云微物理过程还会受区域大气污染物的影响,从而导致东亚地区的云-辐射-降水具有鲜明的区域特征。因此,本书聚焦于东亚地区,研究云对于辐射收支和温度的影响,揭示其与降水的关系及机制;基于新的辐射内核技术对东亚地区云辐射反馈问题进行分析,同时探讨了云辐射参数化的新进展及近期中国区域云和气溶胶观测情况及两者对区域太阳辐射变化趋势的影响。

大量的研究(Stanhill 和 Cohen,2001;Wild et al.,2005;Wild,2009,2012)表明,在20世纪50年代到90年代期间,欧洲、亚洲等不同地区观测到的地表太阳辐射(SSR)呈减少的趋势,这一现象被称为“全球变暗”。而从90年代到2000年期间,上述地区观测到的SSR又出现了相反的变化趋势,称为“全球变明”。目前观测和模式模拟的SSR之间存在一定差异,“变暗/变明”现象的原因尚不清楚(Wild,2009,2012)。SSR的变化与云、气溶胶和温室气体含量等大气物质的变化密切相关(申彦波和王标,2011)。虽然不少研究指出,大气气溶胶含量的变化是造成全球大部分地区SSR变化的重要原因(Gan et al.,2014;Nabat et al.,2014;Turnock et al.,2015;Manara et al.,2016),但云的变化在近年来SSR变化中的重要性逐渐突出(King et al.,1997;Norris et al.,2016;Wang et al.,2021)。东亚是全球温室气体和大气污染物的高排放区,为了认识该地区云和SSR的变化特征,开展云对辐射收支和温度的影响及机制研究,本书第2章围绕东亚地区云对辐射收支和温度变化的影响进行了研究与分析,可为减少未来全球变暖情景预估的不确定性奠定科学基础。

最新的IPCC第六次报告(Forster et al.,2021)指出,随着全球变暖,所有地区的气候变化都将加剧,由此引发一系列极端天气现象,给人类社会和生态环境都带来了严重影响(Easterling et al.,2000;Frich et al.,2002)。在过去的50多年间,北半球中高纬度很多地区的极端降水事件都趋于增多(Pryor et al.,2009;Groisman et al.,2010;Wu et al.,2016),东亚地区的极端降水的强度和频率也呈明显上升趋势(Manton et al.,2001)。频发的极端降水(特别是特大暴雨)事件会导致洪水、泥石流和城市内涝等灾害,严重影响社会经济发展。降水具有极不均匀的时空分布特征。随着全球变暖,降水的强度、频次、季节性(包括雨季起始时间及时间长度)、持续性及降水出现的形式(单日强降水或多日连续降水)均发生了明显的变化,对防洪抗旱等应对措施发起了新的挑战,亟须准确、深入地了解这些降水的新变化、变化原因以及未来风险。本书研究了全球变暖背景下强降水和极端降水的变化趋势及成因,分析了东亚东部极端降水强度和频次的变化及持续性降水结构的变化。云是大气中重要的水汽调节器,云的存在是降水的前提条件,云的微物理过程与降水有着极为紧密的联系。人为气溶胶通过直接散射/吸收太阳辐射或者作为云凝结核或冰核直接或间接影响云降水过程中的动力学、热力学和微物理过程,而这些过程在全球水分循环、辐射平衡和气候变化中都起着重要作用(Fan et al.,2016;Li et al.,2019;Zhao et al.,2018,2020)。气溶胶气候效应(特别是间接效应)的复杂性也使气溶胶-云-降水相互作用成了气候模拟和预测中最大的不确定性因素之一,故而越来越受到人们的关注。云和降水之间的关系较为复杂,而且是非线性的,利用模式再现东亚气候系统中云和降水等各种气象要素分布和变化的主要特征,提高全球气候模式和区域模式对云和降水等的模拟能力是关键。因此,在全球变暖背景下探讨东亚地区云和降水长期变化趋势、定量关系以及不同类型云对降水变化影响的机理,评估季风变化对云和降水的影响,对于深刻认识东亚地区云对降水结构变化的影响及其机制、提高气候预测水平和未来情景的预估精度、帮助人类减缓和适应现代气候变化具有重要的科学意义和实用价值。本书第 3 章针对东亚地区云和降水的变化趋势以及影响机理进行了分析与探讨。

自工业革命以来,人类活动向大气系统排放了大量的气溶胶和温室气体,对气候产生了极大的影响。在全球变暖背景下,云的响应非常复杂,云的微小变化(3%～5%)可以通过影响辐射过程,来扩大或者抵消 CO_2 的温室效应(张华 等,2017),从而改变全球气候系统对温室气体和气溶胶等强迫的响应(Bony et al.,2006;Sanderson et al.,2010;Atwood et al.,2016)。正确认识云的长期反馈机制对于减小气候敏感度的不确定性、预估全球增暖情景具有重要的价值(周天军和陈晓龙,2015)。长期云反馈是由人为气候变化导致。理想情况下,估算长期云反馈需要几十年甚至几百年的观测资料,但目前观测资料较短,通常只能借助气候模式来计算长期云反馈。由气候系统内部变率引起的短期云反馈不仅可用气候模式来计算,也可由观测资料计算得到。第五次耦合模式比较计划(CMIP5)多模式模拟结果显示,长期云反馈与短期云反馈之间存在广泛的一致性(Zhou et al.,2015;Colman 和 Hanson,2017),这意味着可以用短期云反馈来更好地认识长期云反馈。云反馈的研究首先要对其进行定量估算,以量化其在气候变化中所起的作用(赵树云 等,2021)。云反馈定量估算方法主要有偏辐射扰动方法、调整云辐射强迫方法和云辐射内核方法等,其中调整云辐射强迫法和云辐射内核法都需要借助大气辐射传输模式来计算辐射内核。辐射内核因其计算量小、可用于不同情景试验和不同的气候模式、便于多模式间相互比较(Shell et al.,2008)等优点得到了广泛应用。目前,对于云反馈的研究侧重于全球尺度以及太平洋和大西洋东岸低云、副热带层云和南大洋边界层云,对亚洲季风区云辐射反馈研究涉及较少。已有研究表明,东亚地区云的变化有其特殊的区域特征(Yu et al.,2001;Li et al.,2019),因此,极有必要基于观测资料和气候模式模拟来定量估算东亚地区云反馈的大小及不确定性，研究其对气候反馈和气候敏感度的贡献。本书第 4 章基于新的辐射内核技术对东亚地区云辐射反馈及不确定性进行了详细的分析和讨论。

观测和模拟研究均表明，云-辐射相互作用对天气气候变化产生了重要影响（Kim et al.，2015；Thompson et al.，2016；Guzman et al.，2017）。许多天气气候事件的模拟结果都对模式中云以及辐射传输过程的处理方法非常敏感（Ceppi et al.，2015；Frenkel et al.，2015；Harrop et al.，2016）。受到当前计算机条件的限制，为节约运行时间，许多气候模式的空间分辨率都非常粗糙。如何使用大尺度格点上的物理量来反映次网格尺度的物理过程，对气候模式中的物理过程参数化方案提出了很高的要求（Dorrestijn et al.，2016；Gottwald et al.，2016；Tan et al.，2018）。许多观测表明，由于水汽凝结作用，云中云水含量和云粒子有效半径都是随着高度连续变化的（Chen et al.，2008；Hill et al.，2015；Neggers et al.，2015；Yan et al.，2016）。因此，由它们计算得到的云光学性质也是随着高度连续变化，这也是云的重要特性之一。然而，目前的气候模式只能采用不连续分层的做法来表征这一变化，而且由于当前气候模式的垂直分辨率较低，通常只能使用几个模式层来表征云的垂直结构，而云中云水含量和云粒子有效半径随高度连续变化的性质则被忽略。有研究表明，忽略这一特性可对反射率结果造成 10% 的误差（Li et al.，1994）。因此，如何在气候模式中考虑由云中云水含量和云粒子有效半径随高度连续变化而引起的辐射效应可以提高有云大气辐射传输的模拟精度。另一方面，由于全球气候模式空间分辨率的限制，云参数化需要在每个垂直层上给出云量，即云在该层的覆盖率（Hogan，2000）。云的垂直结构，阐述了多层云的垂直分布，在气候模式中尚不能被准确地描述和模拟，用于辐射传输计算的云重叠参数化方案是描述这些单层云量在垂直方向上重叠特征的方法，既影响了垂直重叠后的总云量，也间接影响了云水路径的水平分布，进而影响云的长、短波反照率和透过率（Li et al.，2005；Barker，2008）。因此，云重叠处理方法的评估和改进对模式气象场的模拟效果同样也至关重要。本书第 5 章详细讨论了云辐射参数化方案的改进。

云时空分布变化大，给云辐射效应观测和研究带来较大难度。如何在地物遥感真实性检验中定量考虑云的辐射效应，是当前该领域研究中的一个前沿方向，受到广泛的关注和重视。卫星遥感存在自身局限，其反演产品亟须地面观测数据的验证和支持。使用多种观测平台和仪器在典型站点开展加强型综合观测，可获取大气廓线、云和辐射参数的实地探测资料，服务于遥感反演产品和模式结果验证，并可利用第一手观测资料认知云的宏微观参数及辐射时空分布特征。融合地面观测数据和多源卫星资料，有利于系统地分析典型台站观测的时空变化特征，可定量评估地基遥感监测站点空间代表性及其在气候模式中的次网格问题、卫星遥感和气候模式产品验证中的表现。为加深对典型区域云及其辐射效应的理解，近些年来中国科学院大气物理研究所在河北香河和内蒙古草原开展了地基云-辐射观测，并利用第一手观测数据给出了基于地面辐射观测的晴空识别算法和云识别分类算法（施红蓉 等，2018）。本书第 6 章基于中国地区站点资料主要探讨了气溶胶和云的辐射效应对区域太阳辐射变化趋势的影响。

参考文献

申彦波，王标，2011. 近50年中国东南地区地面太阳辐射变化对气温变化的影响[J]. 地球物理学报，54（6）：1457-1465.

施红蓉，陈洪滨，夏祥鳌，等，2018. 基于地面短波辐射观测资料计算淡积云的辐射强迫及水平尺度方法研究[J]. 大气科学，42（2）：292-300.

汪宏七，赵高祥，1994. 云和辐射（Ⅰ）云气候学和云的辐射作用[J]. 大气科学，18（增刊）：910-932，doi：10.3878/j.issn.1006-9895.1994.z1.15.

张华，谢冰，刘煜，等，2017. 东亚地区云对地球辐射收支和降水变化的影响研究[J]. 中国基础科学，19(5)：18-22，doi：10.3969/j.issn.1009.2412.2017.05.004.

张华，王菲，赵树云，等，2021. IPCC AR6 报告解读：地球能量收支、气候反馈和气候敏感度[J]. 气候变化研究进展，17(6)：691-698，doi：10.12006/j.issn.1673-1719.2021.191.

张华，王菲，汪方，等，2022. 全球气候变化中的云辐射反馈作用研究进展[J]. 中国科学：地球科学，52(3)：400-417.

赵树云，孔铃涵，张华，等，2021. IPCC AR6 对地球气候系统中反馈机制的新认识[J]. 大气科学学报：44(6)：805-817.

周天军，陈晓龙，2015. 气候敏感度、气候反馈过程与 2 ℃升温阈值的不确定性问题[J]. 气象学报，73(4)：18-28.

ATWOOD A R，WU E，FRIERSON D M W，et al，2016. Quantifying climate forcings and feedbacks over the last millennium in the CMIP5-PMIP3 Models[J]. Journal of Climate，29：1161-1178.

BARKER H W，2008. Representing cloud overlap with an effective decorrelation length：An assessment using-CloudSat and CALIPSO data[J]. Journal of Geophysical Research：Atmospheres，113(D24205).

BONY S，COAUTHORS，2006. How well do we understand and evaluate climate change feedback processes? [J]. Journal of Climate，19：3445-3482.

CEPPI P，HARTMANN D L，2015. Connections between clouds，radiation，and mid-latitude dynamics：A review[J]. Current Climate Change Reports，1(2)：94-102.

CHEN R，WOOD R，LI Z，et al，2008. Studying the vertical variation of cloud droplet effective radius using ship and space-borne remote sensing data[J]. Journal of Geophysical Research：Atmospheres，113(D8).

COLMAN R，HANSON L，2017. On the relative strength of radiative feedbacks under climate variability and change[J]. Climate Dynamics，49：2115-2129.

DORRESTIJN J，CROMMELIN D T，SIEBESMA A P，et al，2016. Stochastic convection parameterization with Markov chains in an intermediate-complexity GCM[J]. Journal of the Atmospheric Sciences，73(3)：1367-1382.

EASTERLING D R，MEEHL G A，PARMESAN C，et al，2010. Climate extremes：observations，modeling，and impacts[J]. Science，289(5487)：2068-2074.

FAN J，WANG Y，ROSENFELD D，et al，2016. Review of aerosol-cloud interactions：mechanisms，significance and challenges[J]. Journal of the Atmospheric Sciences，73(11)：4221-4252.

FORSTER P，STORELVMO K，ARMOUR W，et al，2021. The Earth's Energy Budget，Climate Feedbacks，and Climate Sensitivity[R]. In：Climate Change 2021：The Physical Science Basis. Contribution of Working Group I to the Sixth Assessment Report of the Intergovernmental Panel on Climate Change.

FRENKEL Y, MAJDA A J, STECHMANN S N, 2015. Cloud-radiation feedback and atmosphere-ocean coupling in a stochastic multicloud model[J]. Dynamics of Atmospheres and Oceans, 71: 35-55.

FRICH P, ALEXANDER L, DELLAMARTA P, et al, 2002, Observed coherent changes in climatic extremes during the second half of the twentieth century[J]. Climate Research, 19(3): 193-212.

GAN C M, PLEIM J, MATHUR R, et al, 2014. Assessment of the effect of air pollution controls on trends in shortwave radiation over the United States from 1995 through 2010 from multiple observation networks [J]. Atmos. Chem. Phys., 14: 1701-1715.

GOTTWALD G A, PETERS K, DAVIES L, 2016. A data-driven method for the stochastic parametrization of subgrid-scale tropical convective area fraction[J]. Quarterly Journal of the Royal Meteorological Society, 142 (694): 349-359.

GROISMAN P Y, KNIGHT R W, EASTERLING D R, et al, 2010. Trends in intense precipitation in the climate record[J]. Journal of Climate, 18(9): 1326-1350.

GUZMAN R, CHEPFER H, NOEL V, et al, 2017. Direct atmosphere opacity observations from CALIPSO provide new constraints on cloud-radiation interactions[J]. Journal of Geophysical Research: Atmospheres, 122(2): 1066-1085.

HARROP B E, HARTMANN D L, 2016. The role of cloud radiative heating in determining the location of the ITCZ inaquaplanet simulations[J]. Journal of Climate, 29(8): 2741-2763.

HILL P G, MORCRETTE C J, BOUTLE I A, 2015. A regime-dependent parametrization of subgrid-scale cloud water content variability[J]. Quarterly Journal of the Royal Meteorological Society, 141(691): 1975-1986.

HOGAN R J, ILLINGWORTH A J, 2000. Deriving cloud overlap statistics from radar[J]. Quarterly Journal of the Royal Meteorological Society, 126(569): 2903-2909.

KIM D, AHN M S, KANG I S, et al, 2015. Role of longwave cloud-radiation feedback in the simulation of the Madden-Julian oscillation[J]. Journal of Climate, 28(17): 6979-6994.

KING M D, TSAY S C, PLATNICK S E, et al, 1997. Cloud Retrieval Algorithms for MODIS: Optical Thickness, Effective Particle Radius, and Thermo-Dynamic Phase [M]. Cambridge University Press.

LI J, GELDART D J W, CHÝLEK P, 1994. Solar radiative transfer in clouds with vertical internal inhomogeneity[J]. Journal of Atmospheric Sciences, 51(17): 2542-2552.

LI J, DOBBIE S, RÄISÄNEN P, et al, 2005. Accounting for unresolved clouds in a 1-D solar radiative-transfer model[J]. Quarterly Journal of the Royal Meteorological Society: A journal of the atmospheric sciences, applied meteorology and physical oceanography, 131(608): 1607-1629.

LI J D, WANG W C, MAO J Y, et al, 2019. Persistent spring cloud shortwave radiative effect and the associated circulations over southeastern China [J]. Journal of Climate, 32: 3069-3087.

LI Z, WANG Y, GUO J, et al, 2019. East Asian study of tropospheric aerosols and their impact on regional clouds, precipitation, and climate (EAST-AIRCPC)[J]. Journal of Geophysical Research: Atmospheres, 124 (23): 13026-13054.

LIOU K N, 1992. Radiation and Cloud Processes in the Atmosphere[M]. New York: Oxford University Press, 172-248.

MANARA V, BRUNETTI M, CELOZZI A, et al, 2016. Detection of dimming/brightening in Italy from homogenized all-sky and clear-sky surface solar radiation records and underlying causes (1959—2013)[J]. Atmos Chem Phys, 16: 11145-11161.

MANTON M J, DELLA-MARTA P M, HAYLOCK M R, et al, 2001. Trends in extreme daily rainfall and temperature in Southeast Asia and the South Pacifc: 1961—1998[J]. International Journal of Climatology, 21(3): 269-284.

NABAT P,SOMOT S,MALLET M,et al,2014. Contribution of anthropogenic sulfate aerosols to the changing Euro-Mediterranean climate since 1980 [J]. Geophys Res Lett,41:5605-5611.

NEGGERS R A J,2015. Attributing the behavior of low-level clouds in large-scale models to subgrid-scale parameterizations[J]. Journal of Advances in Modeling Earth Systems,7(4): 2029-2043.

NORRIS J R,ALLEN R J,EVAN A T,et al,2016. Evidence for climate change in the satellite cloud record [J]. Nature,536(7614) : 72.

PRYOR S C,HOWE J A,KUNKEL K E,2009. How spatially coherent and statistically robust are temporal changes in extreme precipitation in the contiguous USA? [J]. International Journal of Climatology,29(1): 31-45.

RAMANATHAN V,CESS R D,HARRISON E F,et al,1989. Cloud-radiative forcing and climate: Results from the Earth Radiation Budget Experiment [J]. Science, 243 (4887): 57-63, doi: 10.1126/science.243.4887.57.

RANDALL D A,COAKLEY JR J A,FAIRALL C W,et al,1984. Outlook for research on subtropical marine stratiform clouds[J]. Bulletin of the American Meteorological Society,65(12): 1290-1301,doi:10.1175/1520-0477(1984)065<1290:OFROSM>2.0.CO;2.

SANDERSON B M,SHELL K M,INGRAM W,2010. Climate feedbacks determined using radiative kernels in a multi-thousand member ensemble of AOGCMs[J]. Climate Dynamics,35: 1219-1236.

SHELL K M,KIEHL J T,SHIELDS C A,2008. Using the radiative kernel technique to calculate climate feedbacks in NCAR's Community Atmospheric Model[J]. J Cli,21:2269-2282.

STANHILL G,COHEN S,2001. Global dimming: a review of the evidence for a widespread and significant reduction in global radiation with discussion of its probable causes and possible agricultural consequences[J]. Agricultural and Forest Meteorology,107(4):255-278.

TAN Z,KAUL C M,PRESSEL K G,et al,2018. An extended eddy-diffusivity mass-flux scheme for unified representation of subgrid-scale turbulence and convection[J]. Journal of Advances in Modeling Earth Systems,10(3): 770-800.

THOMPSON G,TEWARI M,IKEDA K,et al,2016. Explicitly-coupled cloud physics and radiation parameterizations and subsequent evaluation in WRF high-resolution convective forecasts[J]. Atmospheric Research, 168: 92-104.

TURNOCK S T, SPRACKLEN D V, CARSLAW K S, et al, 2015. Modelled and observed changes in aerosols and surface solar radiation over Europe between 1960 and 2009 [J]. Atmospheric Chemistry Physics,15,9477-9500.

WANG Q Y,ZHANG H,YANG S,et al,2021. Potential driving factors on surface solar radiation trends over China in recent years[J]. Remote Sensing,13(4): 704,doi:10.3390/rs13040704.

WILD M, 2009. Global dimming and brightening: A review[J]. Journal of Geophysical Research: Atmospheres,114(D10).

WILD M,2012. Enlightening global dimming and brightening[J]. Bulletin of the American Meteorological Society,93:27-37.

WILD M,GILGEN H,ROESCH A,et al,2005. From dimming to brightening: Decadal changes in solar radiation at Earth's surface[J]. Science,308(5723):847-850.

WU H J,LAU W K,2016. Detecting climate signals in precipitation extremes from TRMM (1998—2013): increasing contrast between wet and dry extremes during the "global warming hiatus"[J]. Geophysical Research Letters,43(3): 1-9.

YAN Y,LIU Y,LU J,2016. Cloud vertical structure, precipitation, and cloud radiative effects over Tibetan

Plateau and its neighboring regions[J]. Journal of Geophysical Research: Atmospheres, 121(10): 5864-5877.

YU R C,YU Y Q,ZHANG M H,2001. Comparing cloud radiativc propcrties between the Eastern China and the Indian monsoon region[J]. Adv Atmos Sci,18:1090-1102.

ZHAO C,LIN Y,WU F,et al,2018. Enlarging rainfall area of tropical cyclones by atmospheric aerosols[J]. Geophysical Research Letters,45(16): 8604-8611.

ZHAO C,YANG Y,FAN H,et al,2020. Aerosol characteristics and impacts on weather and climate over the Tibetan Plateau[J]. National Science Review,7(3):492-495.

ZHOU C,ZELINKA M D,DESSLER A E,et al,2015. The relationship between interannual and long-term cloud feedback[J]. Geophys Res Lett,42:10463-10469.

第2章 东亚地区云对辐射收支和温度变化的影响

在全球变暖的背景下，全球不同地区观测到的云量和地表太阳辐射（SSR）都呈现了不同的变化趋势。云是如何响应全球变暖和影响辐射收支的，云辐射效应和反馈作用是怎样的，这些问题是世界气候研究计划（WCRP）提出的关键科学问题。东亚是温室气体和大气污染物高排放区，研究该地区云和SSR的变化特征和归因以及对辐射收支和温度的影响及机制显得尤为重要；可为减少未来全球变暖情景预估的不确定性做出贡献。

本章首先利用卫星观测资料，并结合模式模拟，分析东亚地区云的光学厚度与云辐射效应的时空变化特征；结合多源数据（包括地基和空基直接观测资料，CMIP6多模式结果以及再分析资料）评估当前东亚陆地地区辐射能量收支状况；结合大气辐射传输模式和一维辐射对流模式研究全球变暖下不同因子（不同的云参数）对辐射收支和地表温度的影响及机制。

2.1 东亚地区云辐射特征

2.1.1 云光学厚度的时空变化和归因

水云位于温度较高的大气低层，水云光学厚度（以下简称COT_w）是指沿辐射传输路径，单位截面上水云吸收和散射产生的总削弱。图2.1(a)～(c)给出了东亚地区COT_w在全年、夏季和冬季年均值的空间分布，东亚地区COT_w年均值为15.0，其水平分布自海洋到陆地递增，海洋地区COT_w分布在8～10，大陆地区COT_w分布在8～34，自东南到西北递减。由于青藏高原地势较高，在高原东部形成大范围的中低云，导致该区域COT_w较高。夏季高值区范围向北延伸在黄土高原上空达到极大值29.2；夏季由于副热带高压（以下简称副高）北跳，华北进入暴雨季节，在华北较易形成深厚的积雨云导致该地区COT_w较大。而冬季COT_w的高值区分布在南方，范围较广且数值较高，极大值达43.0。中国东南沿海地带，盛行云为层积云，在寒冷季节层积云常局限在边界层内，云水含量高，导致该地区冬季COT_w较高。COT_w的低值区均位于西北地区，尤其在冬季西北干旱区水云较少，低值区范围较广，极小值仅为3.7。此外，图2.1(a)～(c)中在冬季中国西北境外出现的大片COT_w高值区，是由于MODIS在高纬度和高地表反照率地区缺测较多，数据不准确造成的，在本书的分析中不考虑这片区域。

冰云多分布在大气高层，通常以卷云、卷层云和飞机凝结尾迹的形式出现，冰云的光学厚度（以下简称COT_i）通常小于COT_w。图2.1(d)～(f)为东亚地区COT_i在全年、夏季和冬季年均值的空间分布。东亚地区COT_i年均值为11.6，其大于20的高值区分布于中国南部、黄海和日本岛南部上空，极大值达23.4。冬季COT_i在华南地区的高值中心明显，冬季华南地区温度比其他地区较高，沿海水汽充沛，较易产生冰云。

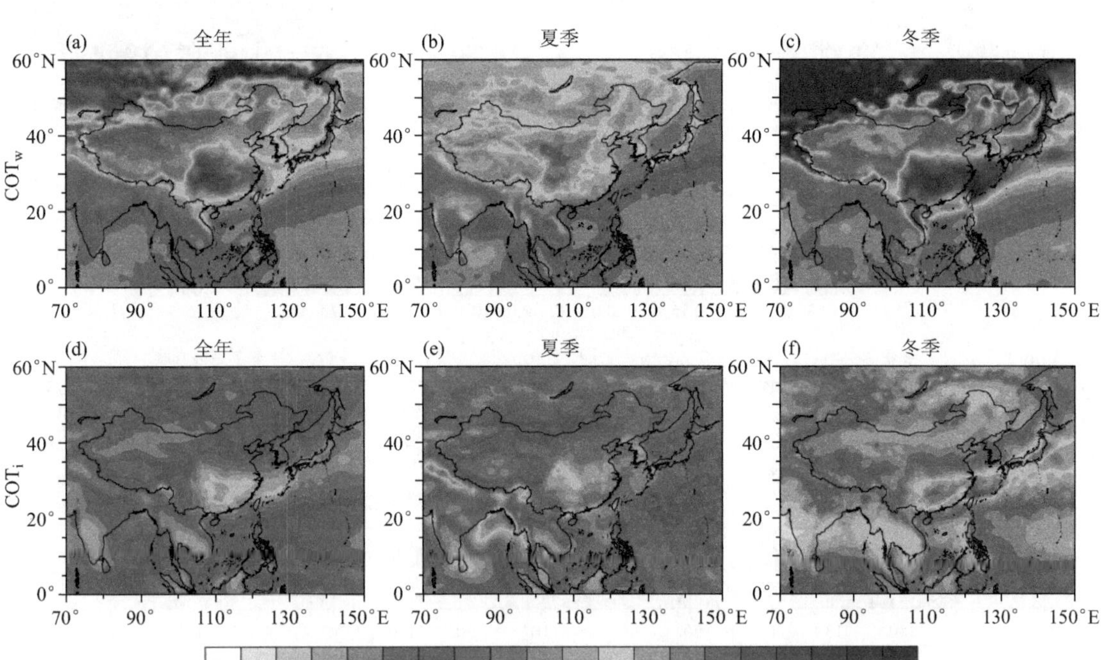

图 2.1　东亚地区 2000 年 3 月—2018 年 2 月年平均水云和冰云光学厚度的分布

(a)(d)：全年年平均；(b)(e)：夏季年平均；(c)(f)：冬季年平均

图 2.2(a)～(c)为 COT_w 2000—2017 年的年、夏季和冬季的变化趋势。下面主要分析通过置信度检验的区域。可以看到，COT_w 在中国东北地区呈 0～+0.2 a^{-1} 的变化，在东部海域呈 0～+0.15 a^{-1} 的变化，而南方地区同东部海域虽然处于同一纬度，但变化趋势完全相反，其中南方地区和日本南部均呈−0.15～0 a^{-1} 的变化。而从图 2.2(b)(c)来看，夏季东北地区 COT_w 呈减少的趋势，而在冬季其变化在+0.3 a^{-1} 以上；日本南部和中国南部 COT_w 在夏季和冬季均呈减少趋势；冬季东部海域 COT_w 呈明显增加趋势。

图 2.3 为 COT_w 分别在东北地区、东部海域、南方地区和日本南部的线性变化趋势，东北地区和东部海域 COT_w 的年变率都为+0.05 a^{-1}，其呈明显增加趋势。首先，由于云被各种各样的因素影响，比如大气环流、水汽输送、气溶胶，现在没有完全确定的原因可以解释云的变化。但是，这两个地区 COT_w 的增加趋势和水云的有效半径(以下简称 CER_w)的减少趋势呈现了很好的对应关系，在东北地区的冬季尤其明显。由于冬季东北地区燃煤取暖向大气排放的大量气溶胶粒子所导致的气溶胶间接效应使得 CER_w 呈减少趋势。南方地区和日本南部 COT_w 的年变率分别为−0.07 a^{-1} 和−0.05 a^{-1}，在这两个区域中水云云水路径(LWP)呈减少趋势同 COT_w 减少相一致，这表明 LWP 的变化也会对 COT_w 的变化造成影响。

图 2.4 为 COT_i 2000—2017 年、夏季和冬季的变化趋势，同样只分析通过置信度检验的区域。COT_i 在中国东北地区和日本北部呈明显增加趋势，年变率在 0～+0.15 a^{-1} 范围内，蒙古高原东部和青藏高原呈减少趋势，年变率在−0.1～0 a^{-1} 范围内。东北地区和日本南部 COT_i 在冬季的变化为 0～+0.25 a^{-1}，夏季其增加趋势不明显且部分地区呈减少趋势。

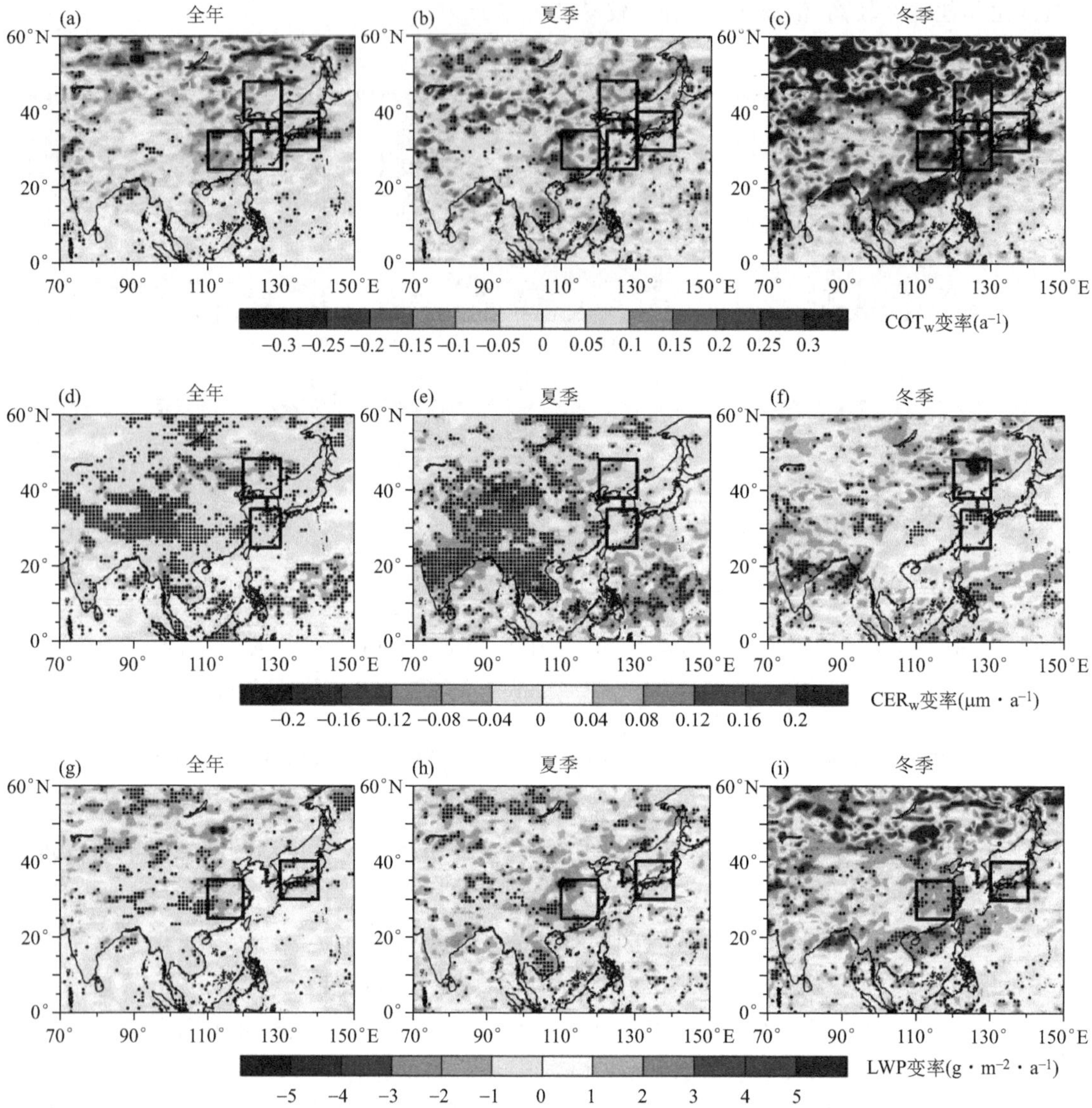

图 2.2　东亚地区 2000 年 3 月—2018 年 2 月水云光学厚度(COT_w)、有效半径(CER_w)和云水路径(LWP)年变率分布(a)(d)(g)全年;(b)(e)(h)夏季;(c)(f)(i)冬季。图中黑点部分为置信度大于 90%的区域

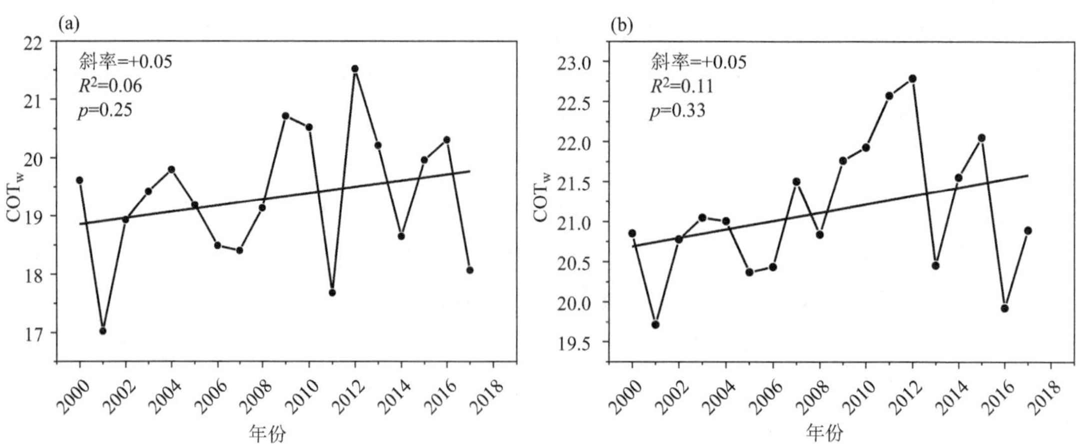

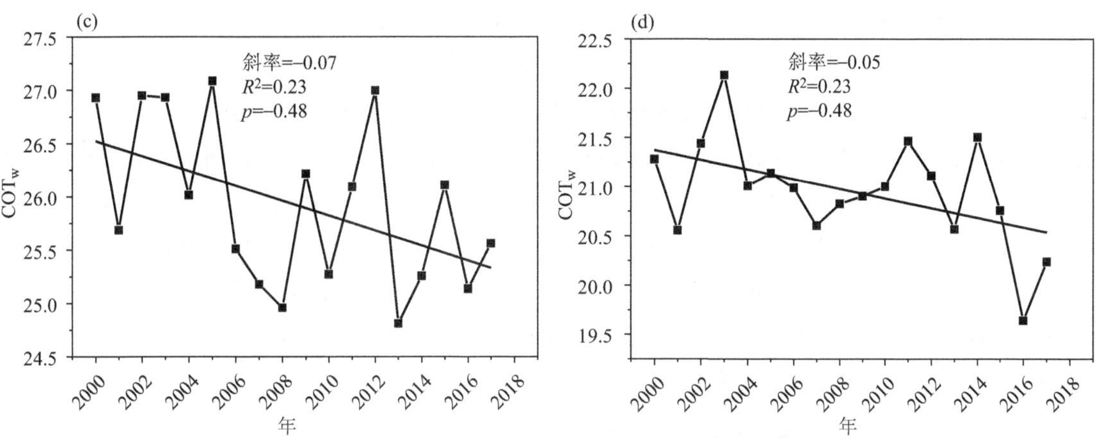

图 2.3　水云光学厚度在 2000—2017 年的变化趋势

(a) 中国东北；(b) 东部海域；(c) 中国南部；(d) 日本南部

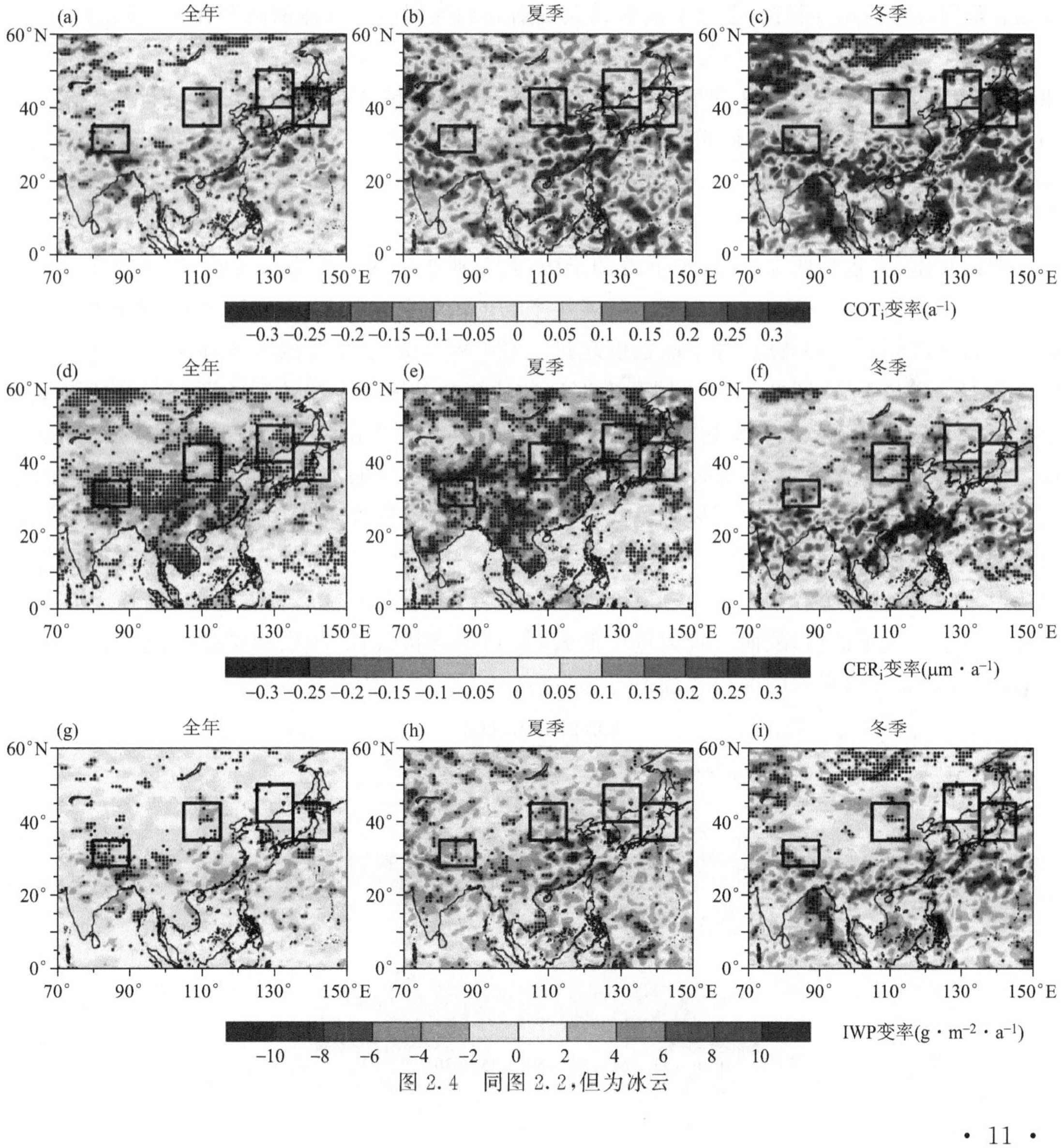

图 2.4　同图 2.2，但为冰云

中国东北地区和日本北部 COT_i 都呈显著的增加趋势，年变率分别为 $+0.06\ a^{-1}$ 和 $+0.08\ a^{-1}$。冰云变化的成因复杂，该两个区域中冰云有效半径（CER_i）/冰云云水路径（IWP）均呈减少/增加趋势，这与 COT_i 的增加趋势相一致，COT_i 和 CER_i/IWP 呈一定的负/正相关。在蒙古高原东部和青藏高原上空，COT_i 都呈现减少趋势，年变率分别为 $-0.02\ a^{-1}$ 和 $-0.07\ a^{-1}$，其中青藏高原 COT_i 减少的趋势更为明显。青藏高原地势较高，该区域存在冰云的次高值区，1998 年后青藏高原呈现加速增暖趋势，高速增温导致积雪融化降水增多（段安民等，2006），这可能导致冰云 IWP 减少，使得 COT_i 呈明显的下降趋势。由图 2.4（d）～（f）可见，在青藏高原和蒙古高原东部 CER_i 均呈减少趋势，同 COT_i 呈减少趋势相悖，则这两个区域 COTi 的变化主要由 IWP 的变化主导。

2.1.2　云辐射效应观测特征

云是地球大气辐射能量收支最强的调控因子。云通过反射与散射太阳短波辐射对地-气系统起到辐射冷却作用，同时云也向下发射长波辐射起到类似温室气体的暖和作用。最新卫星反演资料表明，全球大气顶年平均的长波、短波和净云辐射效应分别为 28 $W \cdot m^{-2}$、$-46\ W \cdot m^{-2}$ 和 $-18\ W \cdot m^{-2}$，就全球年平均而言，云对全球地-气系统起着辐射冷却作用（Zelinka et al.，2017）。由于海陆分布、地形和下垫面的差异，地球主要气候区云的地理分布及其云辐射效应存在明显的差异（Boucher et al.，2013）。

2.1.2.1　气候态特征

中国东南部（包括西南、长江中下游和华南）是东亚季风区的重要子区域，冬夏的盛行环流和温度对比强烈，春季是其过渡季节。就多年平均的云辐射气候特征而言，该区域分布有全球最强的云短波辐射冷却效应，春季的强度超过 $-120\ W \cdot m^{-2}$，而且该区域春季云辐射冷却效应也是四季中最强的（图 2.5）。中国东南部这种独特的云辐射冷却效应的形成与维持青藏高原大地形及区域环流系统有密切关系。如图 2.6 所示，中国东南部地处青藏高原下游，春季来自孟加拉湾的低层西南风和南海的南风汇合于此，形成明显的流场辐合，同时带来大量的水汽；该区域正好位于同期高空西风急流入口区南侧，高空急流抽吸作用有助于大气上升运动。如此地形和环流形势有助于大量的水汽汇聚和维持，且会上升凝结成云。上述环流型自冬末维持至夏初，持续整个春季。中国东南部地处副热带，春季大气低层温度适中，前述上升运动主要存在于大气中低层，从而适宜大量中低云（特别是层状云）的产生和维持。这些云会强烈反射短波，进而导致强烈的区域云辐射冷却效应（Li et al.，2019）。

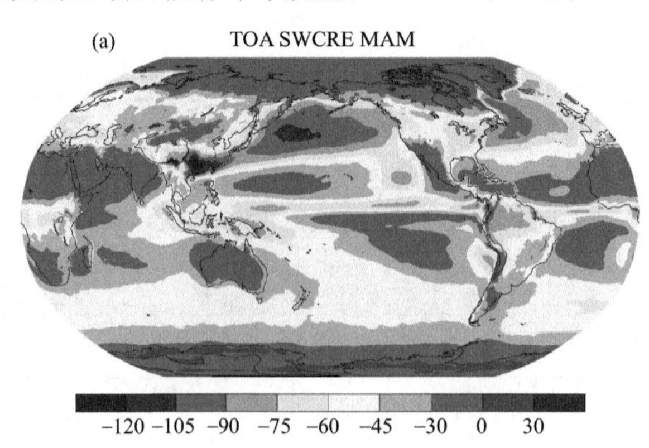

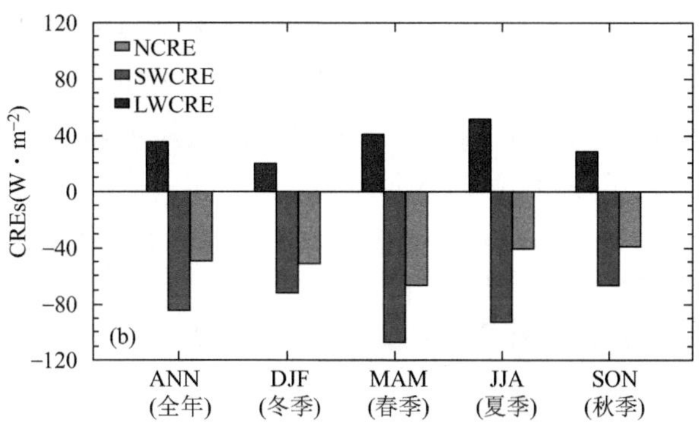

图2.5　(a)CERES-EBAF卫星资料所得春季平均的大气顶云短波辐射效应;(b)中国东南部(22°—32°N,104°—122°E)全年和4个季节平均的云辐射效应。时段为2001—2017年,(a)中青藏高原(>3000 m)用黑实线标出。单位:W·m^{-2}

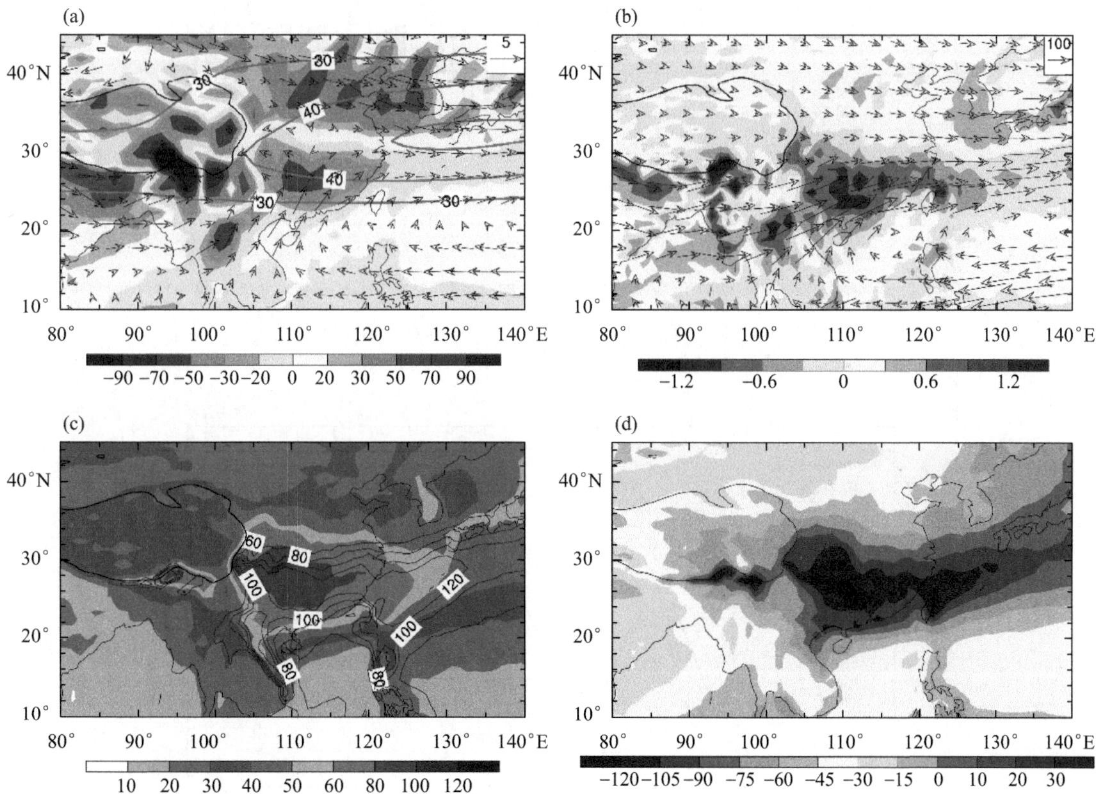

图2.6　春季(a)850 hPa风场(箭头,m·s^{-1})、500 hPa垂直速度(填色,hPa·d^{-1})和200hPa西风(等值线,m·s^{-1})、(b)整层大气积分的水汽通量(箭头,kg·m^{-1}·s^{-1})及其散度(填色,104 kg·m^{-2}·s^{-1})、(c)云水路径(g·m^{-2})和(d)大气顶云短波辐射效应(W·m^{-2})(彩图见书后)

[气象场和云水路径取自ERA-Interim再分析资料,大气辐射通量取自CERES-EBAF卫星资料,时段为2001—2016年,图中青藏高原(>3000 m)用黑实线标出]

2.1.2.2 年际变化

研究还表明,2000 年以来中国东南部区域春季云短波辐射冷却效应呈现弱的增强趋势,在多数年份其异常值也强于云长波暖化效应,意味着云辐射冷却主导着该区域云辐射效应的气候态及年际变化(图 2.7)。此外,云短波辐射效应的年际变化明显不同于区域云粒子有效半径和气溶胶光学厚度,但与区域 850～500 hPa 平均的垂直速度有很好的正相关,两者在 2000—2017 年的时间相关可以达到 0.76,而且上升运动偏强(弱)年份与云短波辐射效应偏强(弱)年份完全对应(图 2.8)。以上结果表明,中国东南部云辐射冷却效应的年际变化主要受区域垂直运动等环流条件影响,并且和大气环流条件的年际变化有紧密联系(Li et al. ,2020)。

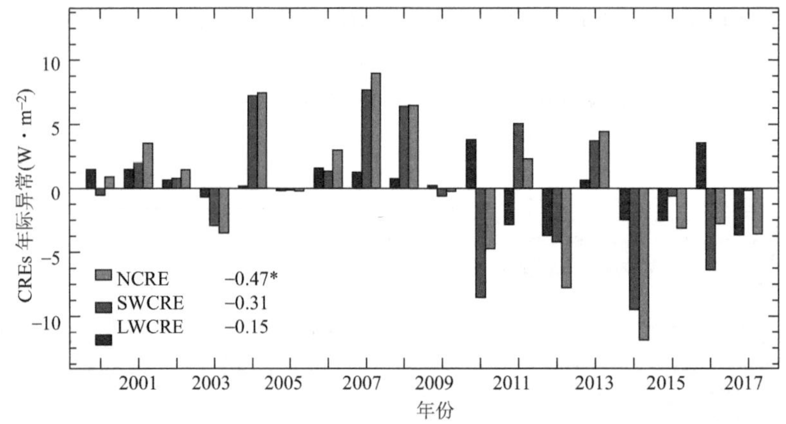

图 2.7 中国东南部区域春季平均的云(长波、短波和净)辐射效应的年际变化

(年际异常为逐年值减去多年春季平均值,左下角的数值表示变化趋势,其中“ * ”和“**”各表示 90%和 95%的显著性水平)

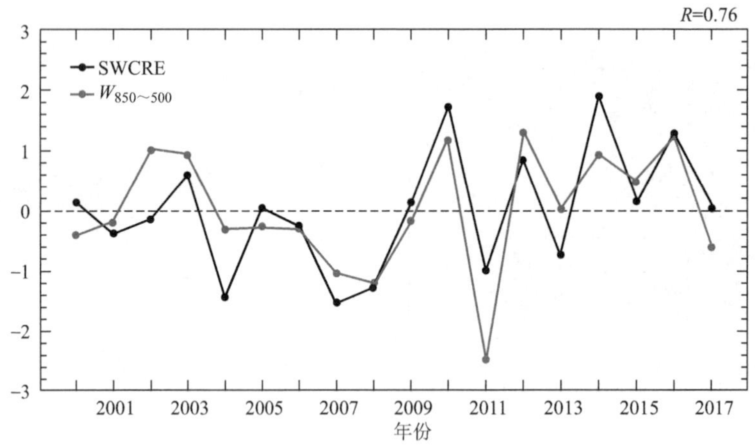

图 2.8 标准化后的中国东南部春季云短波辐射效应和 850～500 hPa 平均的垂直速度的时间序列

(右上角数值表示时间相关系数)

2.1.3 云辐射模拟特征

2.1.3.1 概述

长期以来,模式输出云量和观测云量无法实现统一标准下的定量比较,严重阻碍了模式模

拟云量效果的检验和改进。20 世纪 90 年代末，模拟云量与观测云量的比较方法获得较大突破，针对卫星监测云量的特点，发展了云模拟器（cloud simulator），把模式输出云量转换成与卫星定义的云量有相同的物理含义，方便了模拟云量与卫星反演云量的定量比较。为了更好地了解云相关过程及其在气候模式中的反馈，许多国际气候模式研发单位参与了云反馈模式比较计划（CFMIP）。作为 CMIP5 模式比较计划的一部分（Taylor et al.，2012），CFMIP2 包含了 ISCCP 和 CALIPSO 云模拟器的输出结果。综合不同卫星观测仪器的优势，可以对云的特征有更加全面的认识，也能更深入地评估模式对云的模拟能力。目前利用云模拟器对中国地区云辐射的研究极为缺乏，因此还需要利用云模拟器结果深入研究气候模式对云特征的模拟能力，从而进一步解释云辐射强迫的模拟偏差。

2.1.3.2　资料和方法介绍

2.1.3.2.1　CMIP5-CFMIP 试验介绍

由于卫星产品与 COSP① 云模拟器结果分辨率不同、对云和气溶胶特性的假设等不同，不能直接进行比较，需要进行统一处理，即模式结果通过 COSP 处理，同时观测也按照 COSP 做一定处理。而开发云反馈模式比较计划（CFMIP）数据集的目的就是对原始卫星资料进行处理，转化成能够与 COSP 输出直接比较的观测数据集，如表 2.1 所示。这套数据集可以从 http://climserv.ipsl.Polytechnique.fr/cfmip-obs/获取。

表 2.1　CMIP5-CFMIP 试验模式介绍

研究机构	国家	模式	分辨率	时间范围
中国气象局国家气候中心	中国	BCC-CSM1.1	1.25°×1.25°，L26	1979.01—2008.12
加拿大气候模拟分析中心	加拿大	CanAm4	2.8125°×2.8125°，L35	1950.01—2009.12
国家大气研究中心	美国	CCSM4	1.25°×0.9375°，L26	1979.01—2010.12
国家气象研究中心/欧洲科学计算研究中心	法国	CNRM-CM5	1.4°×1.4°，L31	1979.01—2008.12
英国气象局哈德利中心	英国	HadGEM2-A	1.875°×1.25°，L38	1978.09—2008.11
东京大学大气与海洋研究所、国立环境研究所和日本海洋科技中心	日本	MIROC5	1.4°×1.4°，L40	1979.01—2008.12
马克斯-普朗克气象研究所	德国	MPI-ESM-LR	1.875°×1.875°，L47	1979.01—2008.12
气象研究所	日本	MRI-CGCM3	1.125°×1.125°，L35	1979.01—2010.02

注：CFMIP2 是 CMIP5 的一部分，CFMIP 并不做单独的试验，只是在做其他试验的时候打开 COSP 模拟器，得到转化后的云相关资料。参加 CFMIP 试验的模式是 CMIP5 模式中的一小部分，已有的 CMIP5-AMIP 试验的结果中参加 CFMIP 的模式有 8 个。使用 CFMIP 试验的模式是为了获得更详细的云相关的信息。

① COSP：the CFMIP Observation Simulator Package，云反馈模式比较计划观测模拟器包（简称为云模拟器）。

2.1.3.2.2 CMIP5-CFMIP 试验介绍

本章使用的云产品为面向大气环流模式(GCM)的云产品,旨在评估由 GCM 在 CFMIP 试验下模拟的云相关变量,资料获取官方地址为 https://climserv.ipsl.polytechnique.fr/cfmip-obs/,包括:

1)CALIPSO-GOCCP 云产品,该数据集源自 CALIPSO 观测结果,按照与 GOCCP 云模拟器(Chepfer et al.,2008)完全相同的方式诊断云属性(相同的空间分辨率、相同的检测标准、相同的云诊断方法),其涵盖的时间范围为 2006 年 6 月至 2010 年 12 月,数据的水平分辨率为 2°×2°,垂直分辨率为 480 m,包含了 40 个高度层的全球 3D 云量。本研究中选取与 CFMIP 试验时间重合的 2006 年 6 月至 2008 年 12 月的数据进行分析。

2)ISCCP 云产品,源自 ISCCP D1 数据(http://isccp.giss.nasa.gov),该数据是等面积网格单元上像素点的准瞬时空间平均值。专门用于 CFMIP 评估的 ISCCP 云产品只包含了其中一小部分观测数据的月平均值,包括云顶气压、云顶温度、云等反射率和云出现频率,平均值仅包含白天观测值,这与 ISCCP 模拟器仅应用于 GCM 中的日光点一致。ISCCP 资料的时间范围为 1983 年 7 月至 2008 年 6 月,水平分辨率为 2.5°×2.5°。ISCCP D1 根据光学厚度(6 个分段)和云顶气压(7 个分段)将云分成 42 类,分别给出每个网格内每一类云的出现频率。其中,按照云顶气压低于 440 hPa、440～680 hPa 和大于 680 hPa,划分为高云、中云和低云。在此基础上,根据光学厚度大小再分为 3 类,一共产生 9 大类云,如图 2.9 所示。

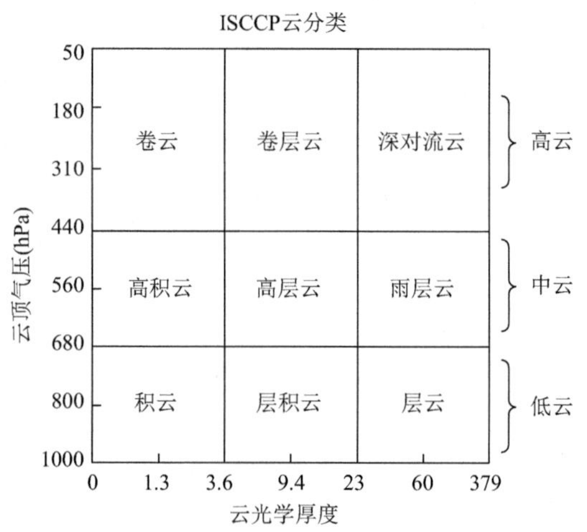

图 2.9 ISCCP 云产品中的云类别及属性特征介绍

2.1.3.3 东亚云垂直分布的模拟评估及其对辐射的影响

2.1.3.3.1 东亚夏季云垂直分布模拟结果分析

为了了解经过云模拟器计算后的模式模拟情况,图 2.10 给出经过 CALIPSO 云模拟器计算后的气候模式的夏季总云量的空间分布以及 CALIPSO-GOCCP 卫星资料结果,图 2.11 给出了各模式与卫星观测之间的差值。

由于 CALIPSO 的激光雷达对薄云灵敏度高,因此检测到的总云量比其他卫星观测结果更大。从图 2.10 观测结果可以看出,东亚地区总云量几乎都在 60%以上,中国南方地区达到 80%以上,云量较小的西北地区也可达 50%以上。模式模拟的总云量在内陆地区远小于观测结果,最小值都在 40%以下。从图 2.11 的差值图可知,总体来看气候模式对东亚陆地上的总云量模拟偏低,偏差最大的区域为西北地区。除了 HadGEM2-A 和 MPI-ESM-LR,其他模式在西北地区的差值可以达到 40%以上,其中模拟偏差最小的模式为 MPI-ESM-LR。

为了进一步研究夏季云垂直分布特征,对东亚地区的四个典型区域的夏季云量垂直分布进行分析(图 2.12)。从卫星观测结果发现,高层云(7 km 以上)在四个区域中所占的比重最

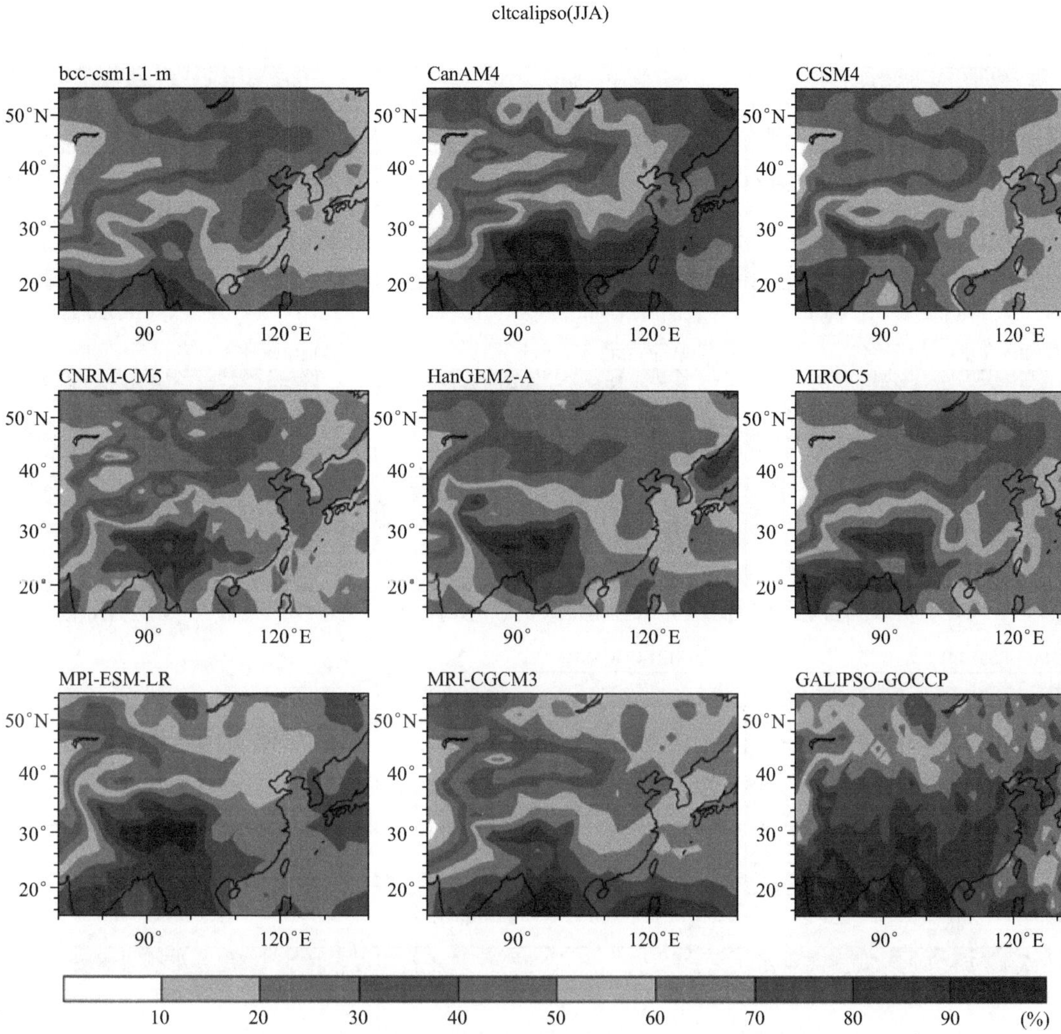

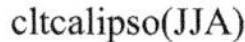

图 2.10　夏季总云量的空间分布，数据来自 CFMIP 模式的 CALIPSO 云模拟器结果与 CALIPSO-GOCCP 卫星数据集

大，尤其是中国南方地区的夏季存在深对流云。深厚的云层一直延伸到对流层顶，因此云量的峰值所在高度最高，而其他区域的高云高度稍低。对于中国南方地区和青藏高原地区，除了最高层的峰值，在 7000 m 和 3000 m 左右的中、低层也存在峰值，说明该区域云类型较为复杂。

从模式的结果可以看出，模式对中低层云模拟普遍偏少，而对对流层顶的云模拟普遍偏多，且模式模拟的高云分布与观测相比更为集中。其中，MPI-ESM-LR 模式模拟的对流层顶的高云较观测偏大最多，弥补了中低层云的偏少，因此在图 2.11 中总云量的偏差较小。

MIROC5 模式模拟的高云量偏低最为严重，但是对中低云的模拟优于其他模式。结合模式对云辐射强迫的模拟情况来看，MIROC5 模式由于对高云模拟偏低导致云长波辐射模拟偏弱，但是由于模式对中低层云的模拟较好，弥补了高云的缺失，使得短波云辐射强迫与观测较为接近。

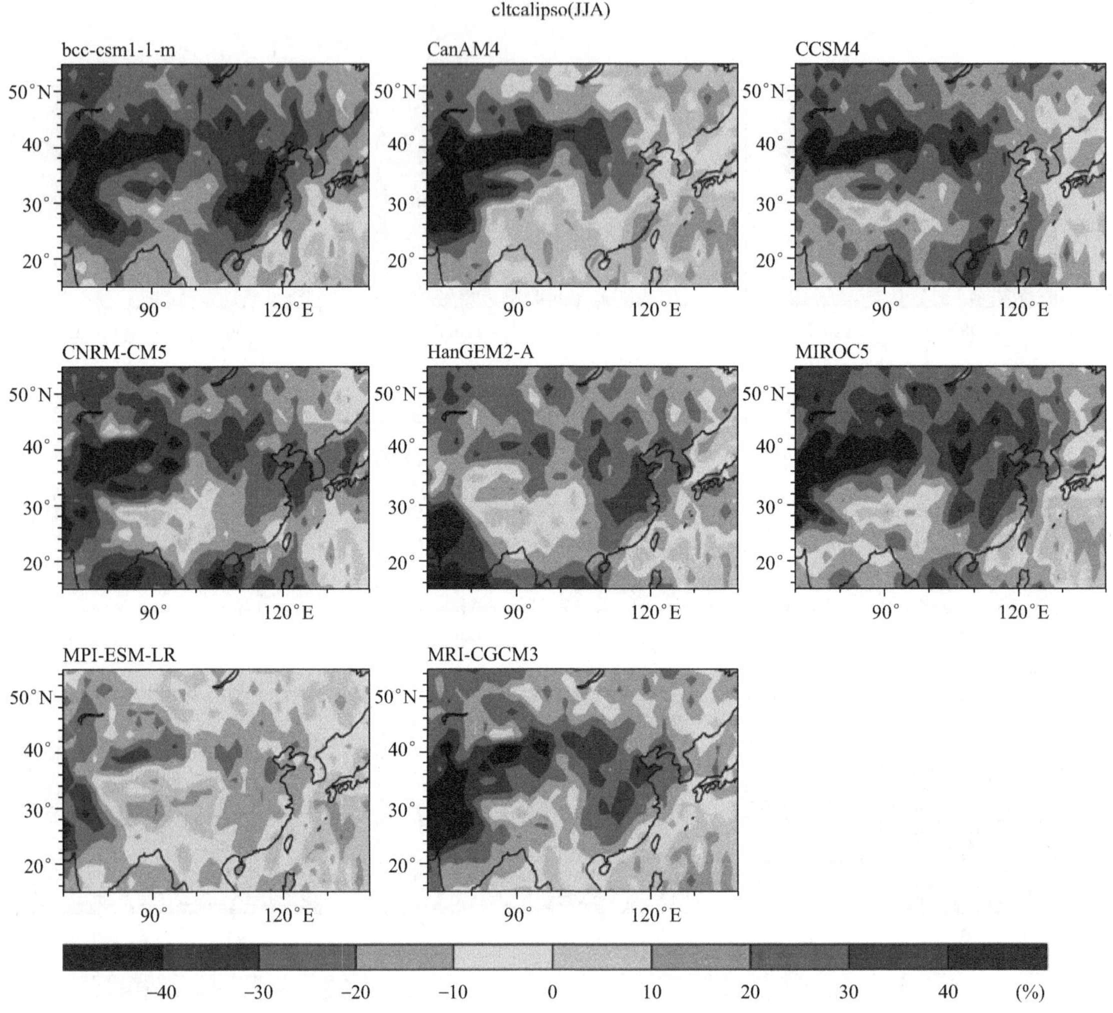

图 2.11 CFMIP 模式模拟结果与 CALIPSO-GOCCP 卫星观测的冬季总云量的差值分布图
（正值代表模式大于观测，负值代表模式小于观测）

总体来看，模式对东亚地区的夏季总云量模拟普遍偏少，并且模式模拟的云量垂直分布集中在 10000 m 以上的对流层顶，而对 7000 m 以下的中低层云模拟显著偏少，两者对云辐射强迫的影响有一定程度的抵消。

2.1.3.3.2 东亚冬季云垂直分布模拟结果分析

图 2.13 和图 2.14 分别给出了 CFMIP 模式和 CALIPSO-GOCCP 卫星资料的冬季总云量的空间分布，以及各模式与卫星观测之间的差值。

从图 2.13 观测结果可以看出，CALIPSO-GOCCP 卫星观测的冬季总云量大值区位于中国南方地区，最大可达到 90%以上，云量较小的东北地区总云量基本在 50%以下。模式模拟的总云量远小于观测结果，中国北方地区的云量几乎都在 40%以下。从图 2.14 的差值图可知，总体来看气候模式对东亚陆地上的总云量模拟偏低，偏差最大的区域为中国南方地区。其中 CanAM4、、CNRM-CM5、HadGEM2-A 和 MPI-ESM-LR 都能模拟出中国南方地区的大值区，而其他模式在南方地区的差值可以达到 40%以上。

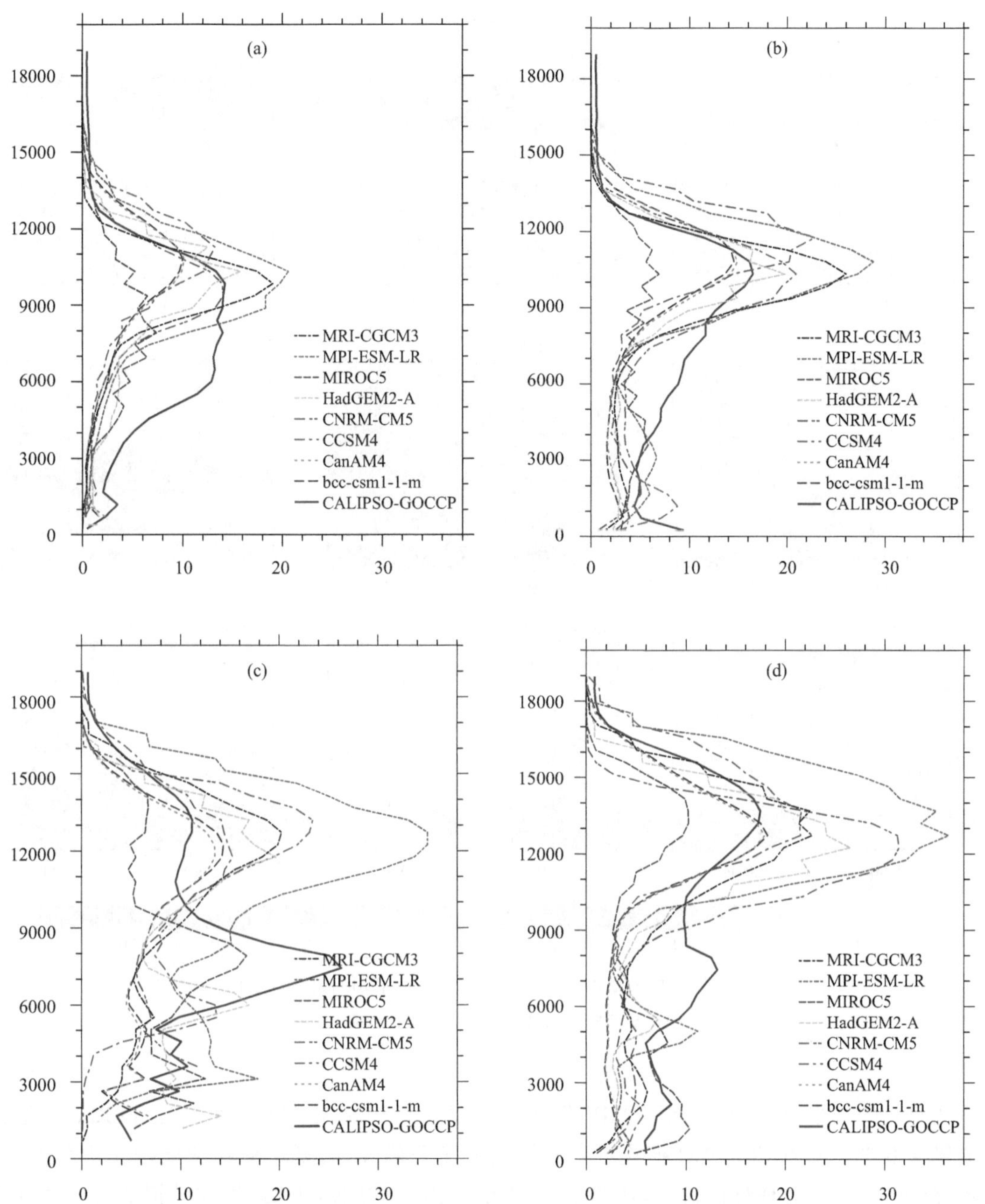

图 2.12　夏季不同区域云量垂直分布(数据来自 CFMIP 模式模拟结果和 CALIPSO-GOCCP 卫星资料，横坐标代表云量，单位：%，纵坐标代表高度，单位：m)

(a)西北地区；(b)东北地区；(c)高原地区；(d)南方地区

进一步分析东亚地区的四个典型区域的冬季云量垂直分布(图 2.15)，从卫星观测结果发现，云量垂直分布的峰值区有两个，一个位于 7000～9000 m 的高层，相较夏季而言云顶高度更低，另一个位于中低层，在东北地区呈现出低云为主的特征，而在高原地区和南方地区呈现出既有中云又有低云的特征，尤其是中国南方地区，高云相对较少，中低云占据

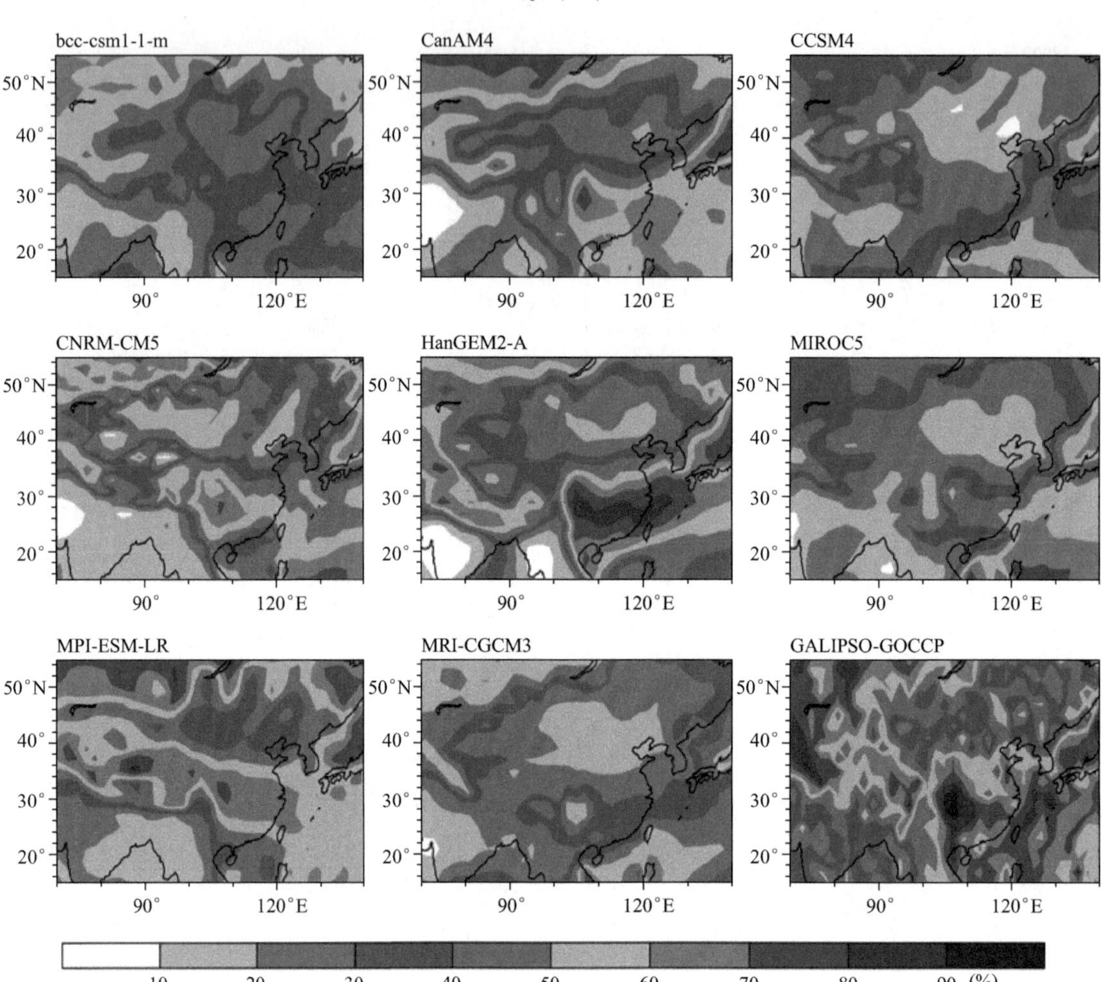

图 2.13 冬季总云量的空间分布(数据来自 CFMIP 模式的 CALIPSO 云模拟器结果与 CALIPSO-GOCCP 卫星数据集)

主导。

从模式的结果可以看出，除了 MPI-ESM-LR 模式和 HadGEM2-A 外，其他模式对各层云模拟普遍偏少。MPI-ESM-LR 模式对高云的模拟显著偏大，与夏季存在的问题是类似的，该模式对中低层云也有较好的模拟，从图 2.14 也能看出，MPI-ESM-LR 模式模拟的总云量在东亚大部分地区甚至大于观测结果，但是根据 CMIP5 模式模拟的短波云辐射强迫空间分布图可知，MPI-ESM-LR 对云短波辐射的模拟仍然稍有偏弱，说明虽然模式模拟的总云量较大，但是云的光学厚度可能偏小。HadGEM2-A 也是对冬季云辐射强迫模拟较好的模式之一，虽然该模式对高云的模拟较差，使得模式低估了东亚地区的云长波辐射，但是该模式模拟出了大量低云，导致模式对南方地区的短波云辐射强迫有较好的模拟结果。总体来看，模式对东亚地区的冬季总云量模拟普遍偏少，对各层云模拟也普遍偏少，而对中低层云模拟较好的 HadGEM2-A 模式对短波云辐射强迫有较好的模拟结果。

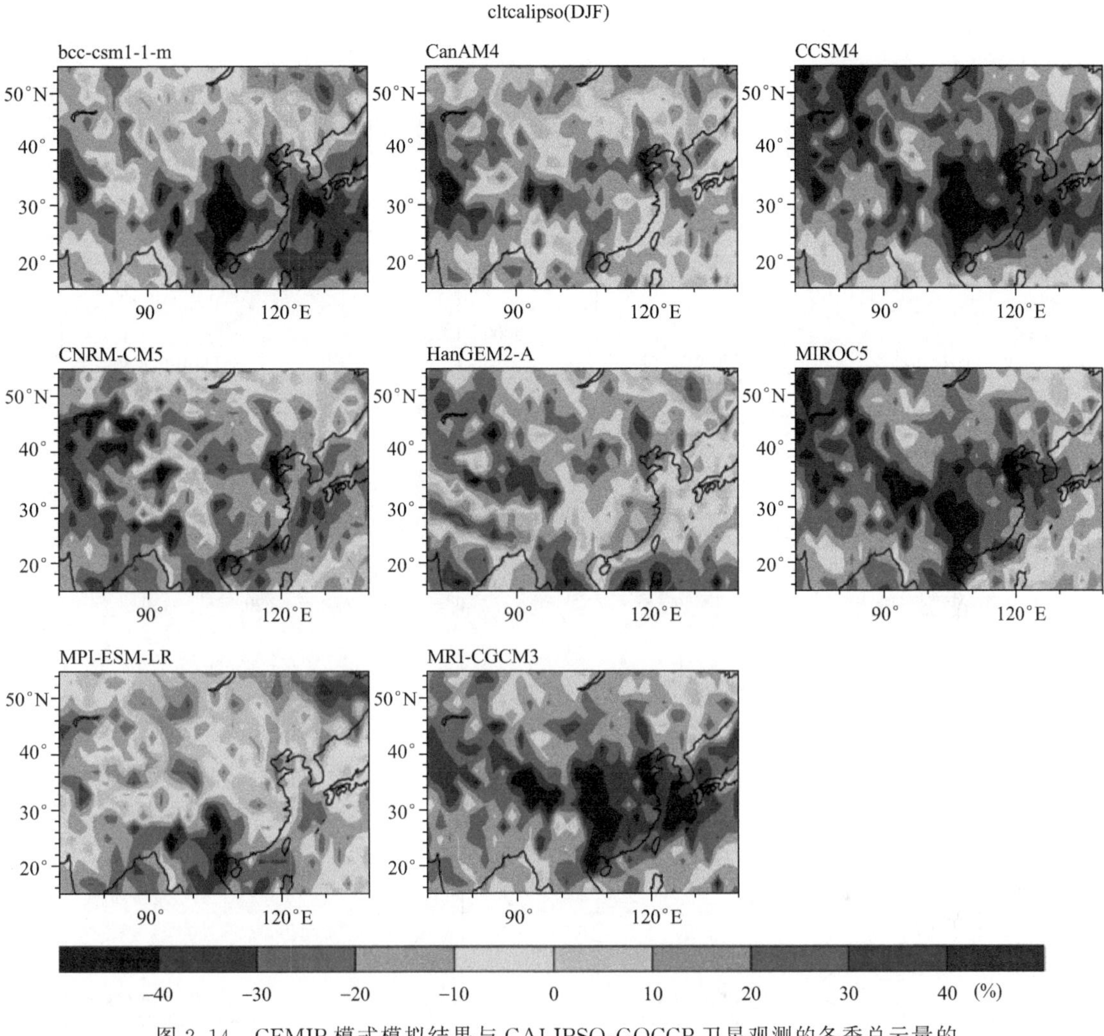

图 2.14　CFMIP 模式模拟结果与 CALIPSO-GOCCP 卫星观测的冬季总云量的差值分布图(正值代表模式大于观测,负值代表模式小于观测)(彩图见书后)

2.1.3.4　东亚云类别的模拟评估及其对辐射的影响

2.1.3.4.1　南方地区夏季云类别的模拟结果分析

根据模式的模拟情况,选取了云辐射强迫模拟偏差较大的区域,即中国南方地区(20°—35°N,100°—120°E)对云类别进行细致分析。

图 2.16 给出了夏季中国南方地区的 9 类云的云量,为了方便与 CERES_CldTypHist 提供的 9 类云比较,这里将 ISCCP 卫星观测资料和 CFMIP 模式的云模拟器提供的 42 类云按照 9 类云的分类方法进行相加计算。从两种卫星观测结果可以看出,夏季中国南方地区以高云为主,卷云、卷层云和深对流云都有较高比例,中云以高层云(Altostratus)为主,低云以光学厚度较小的积云、层积云为主。

从 CFMIP 模式的结果来看,对于高云,所有模式都能模拟出高云占主导的特征,但是不同模式模拟的高云的种类不同,比如 CNRM-CM5 和 MIROC5 模式模拟的高云以深对流云为主,而 bcc-csm1-1-m 和 MPI-ESM-LR 的卷云占了很大比重。对于中云的模拟来说,模式对于

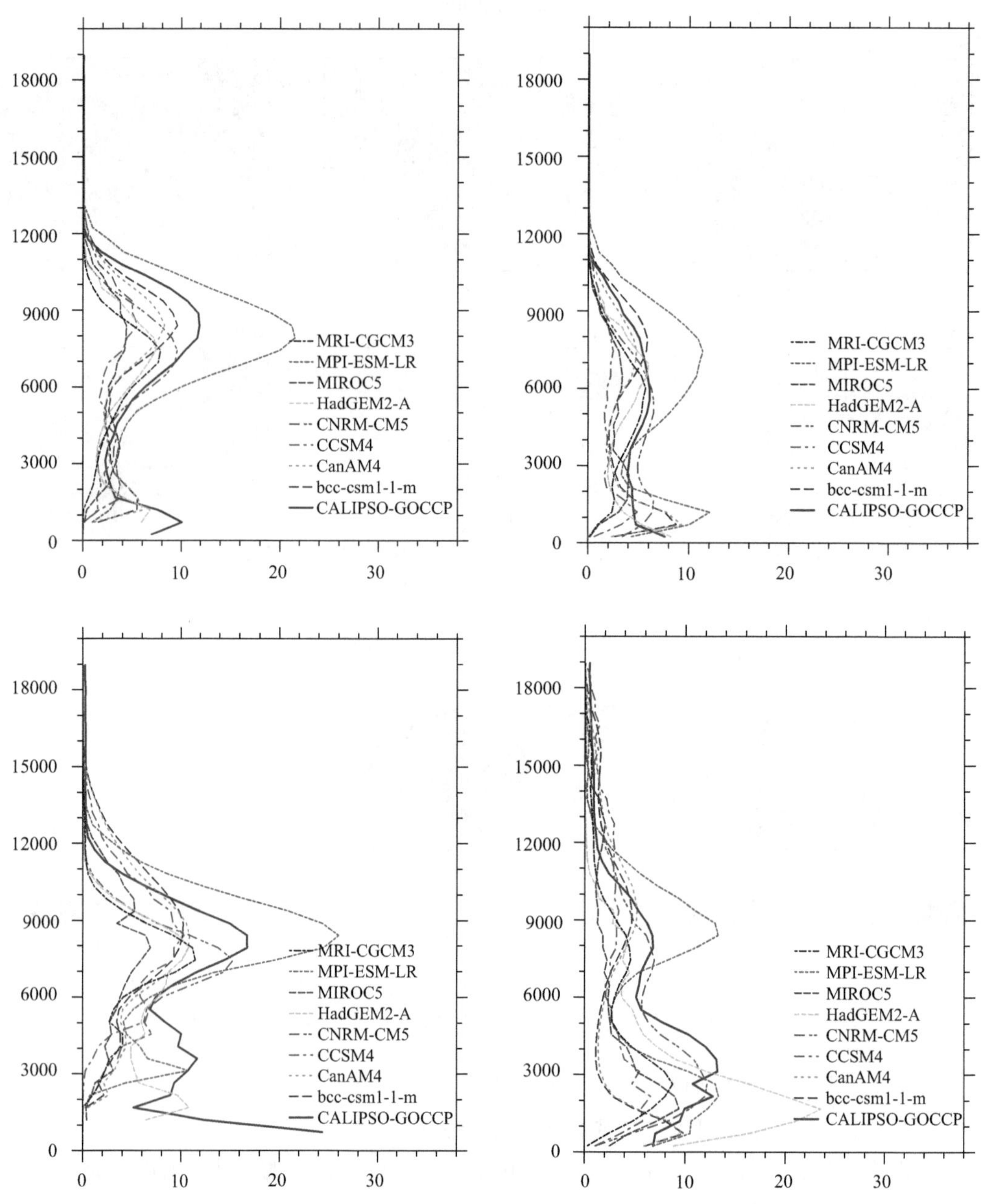

图 2.15　冬季不同区域云量垂直分布(数据来自 CFMIP 模式模拟结果和 CALIPSO-GOCCP 卫星资料,横坐标代表云量,单位:%,纵坐标代表高度,单位:m)
(a)西北地区;(b)东北地区;(c)高原地区;(d)南方地区

高层云(Altostratus)的模拟较差,而高层云既有一定高度又有一定的光学厚度,对长、短波云辐射强迫都有影响,模式对中层云模拟普遍偏弱会造成长、短波云辐射强迫模拟偏弱。对于低云的模拟来说,大多模式低估了低云含量,且模拟的低云的光学厚度偏高,例如 CCSM4、CanAM4、MIROC5 等,都低估了较薄的积云,而高估了层云和层积云,这种差异可能会对短波云辐射强迫有一定补偿作用。

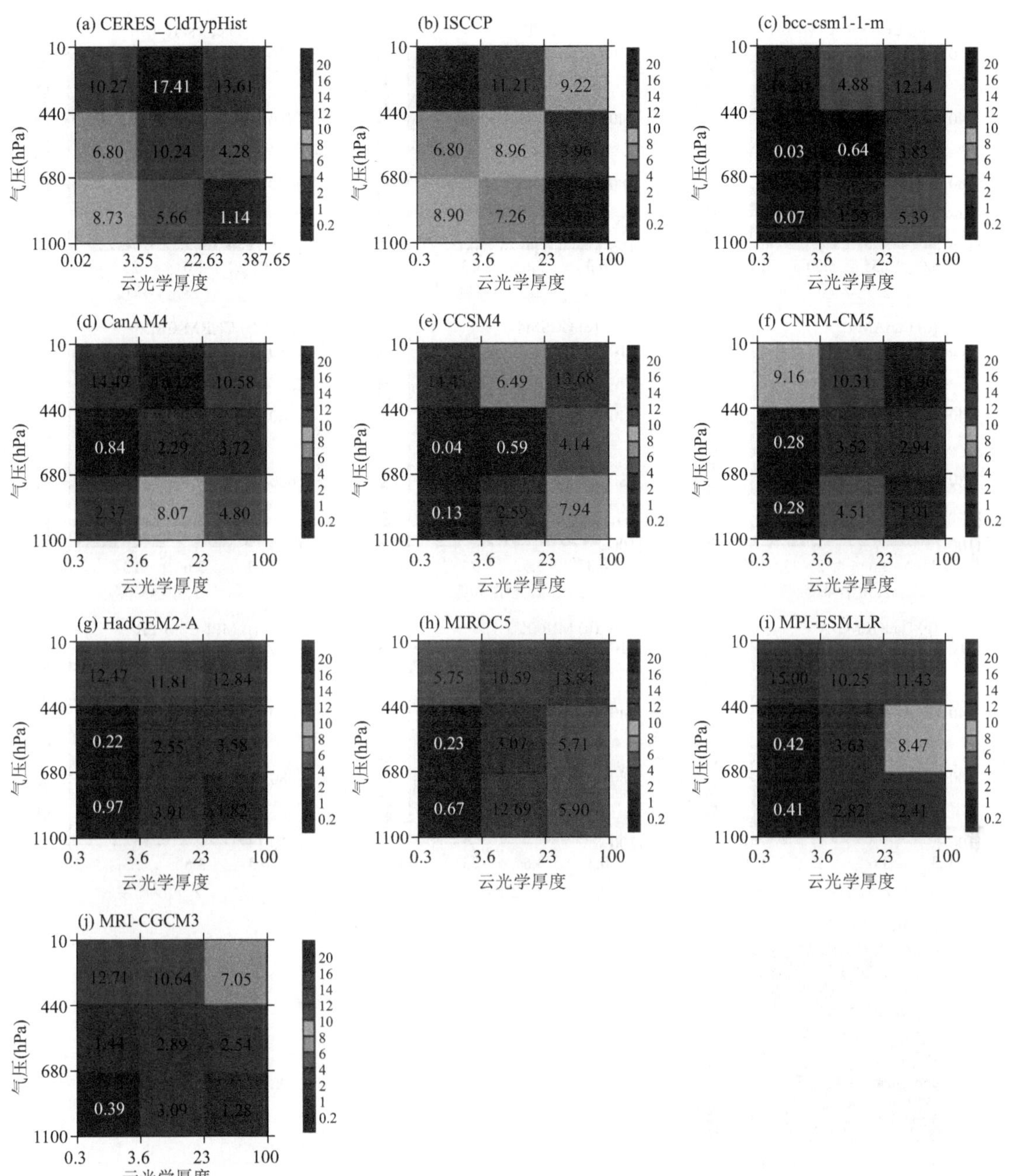

图 2.16　夏季中国南方地区(20°—35°N,100°—120°E)9 类云云量(单位:%)

[观测资料分别来自 CERES_CldTypHist 数据集和 CFMIP 提供的 ISCCP 数据集(本研究中将 ISCCP 所给的 42 类云转换成 9 类云),模式资料来自参加 CFMIP 试验的 8 个模式]

2.1.3.4.2　南方地区冬季云类别的模拟评估

图 2.17 给出了冬季南方地区的 9 类云云量,从卫星观测结果可以看出,冬季南方地区以中、低云为主,中层以雨层云和高层云为主,低层也以层云、层积云为主。总体来说,冬季南方地区以层状云为主。

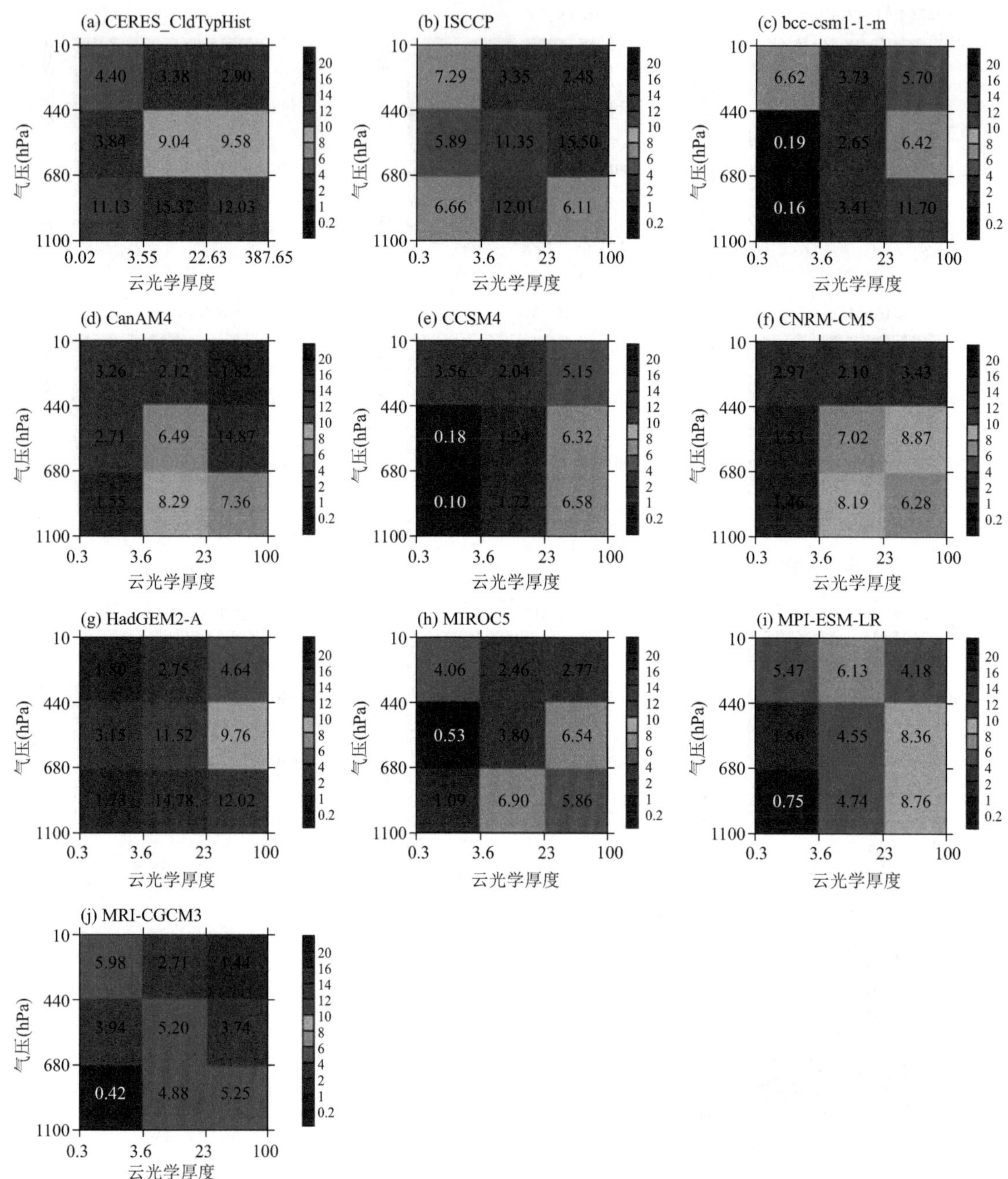

图 2.17 冬季中国南方地区(20°—35°N,100°—120°E)9 类云云量(单位:%)

[观测资料分别来自 CERES_CldTypHist 数据集和 CFMIP 提供的 ISCCP 数据集(本研究中将 ISCCP 所给的 42 类云转换成 9 类云),模式资料来自参加 CFMIP 试验的 8 个模式]

从 CFMIP 模式的模拟结果来看,模式都能模拟出冬季层状云为主的特征,但是模式对云量的模拟显著偏少。在 CFMIP 模式中,HadGEM2-A 对冬季层状云的类型和云量模拟都较好,其对应的短波云辐射强迫的偏差也最小,而 CCSM4、MIROC5 和 MRI-CGCM 是对层状云模拟较差的模式,这些模式模拟的短波云辐射强迫也显著偏弱。

2.1.3 节利用 CFMIP 试验的云模拟器结果深入研究气候模式对云垂直分布、云类型等特征的模拟能力，从而进一步解释云及其辐射强迫的模拟偏差产生原因。结果如下：

(1)利用 CALIPSO-GOCCP 数据集评估 CFMIP5 模式对云垂直分布的模拟能力。从卫星观测结果发现，高层云(7 km 以上)在四个区域中所占的比重最大，尤其是中国南方地区的夏季存在深对流云，云量的峰值所在高度最高。对于中国南方地区和青藏高原地区，除了最高层的峰值，在 7000 m 和 3000 m 左右的中、低层也存在峰值。从模式的结果看，模式对中低层云模拟普遍偏少，而对对流层顶的云模拟普遍偏多，且模式模拟的高云分布与观测相比更为集中。总体来看，模式对东亚地区的夏季总云量模拟普遍偏少，并且模式模拟的云量垂直分布集中在 10000 m 以上的对流层顶，而对 7000 m 以下的中低层云模拟显著偏少，两者对云辐射强迫的影响有一定程度的抵消。

冬季云量垂直分布的峰值区有两个：一个位于 7000～9000 m 的高层，相较夏季而言云顶高度更低，另一个位于中低层，在东北地区呈现出低云为主的特征，而在高原地区和南方地区呈现出既有中云又有低云的特征，尤其是中国南方地区，高云相对较少，中低云占据主导。除了 MPI-ESM-LR 模式和 HadGEM2-A 模式外，其他模式对各层云模拟普遍偏少。总体来看，模式对东亚地区的冬季总云量模拟普遍偏少，对各层云模拟也普遍偏少，而对中低层云模拟较好的 HadGEM2-A 模式对短波云辐射强迫有较好的模拟结果。

(2)利用 CERES_CldTypHist 和 ISCCP 卫星资料分析模式模拟的云的类别，发现夏季中国南方地区以高云为主，卷云、卷层云和深对流云都有较高比例，中云以高层云(Altostratus)为主，低云以光学厚度较小的积云、层积云为主。对于高云，所有模式都能模拟出高云占主导的特征，但是不同模式模拟的高云的种类不同，对于中云的模拟来说，模式对于层状云的模拟较差，而高层云既有一定高度又有一定的光学厚度，对长、短波云辐射强迫都有影响，模式对中云模拟普遍偏弱会造成长、短波云辐射强迫模拟偏弱。对于低云的模拟来说，大多模式低估了低云含量，且模拟的低云的光学厚度偏高。

冬季南方地区以中、低云为主，中云以雨层云和高层云为主，低云也以层云、层积云为主。总体来说，冬季南方地区以层状云为主。模式都能模拟出冬季层状云为主的特征，但是模式对云量的模拟显著偏少。在 CFMIP 模式中，HadGEM2-A 对冬季层状云的类型和云量模拟都较好，其对应的短波云辐射强迫的偏差也最小，而 CCSM4、MIROC5 和 MRI-CGCM 是对层状云模拟较差的模式，这些模式模拟的短波云辐射强迫也显著偏弱。

2.2　东亚陆地地区能量收支状况

2.2.1　当前东亚陆地地区辐射能量收支状况

地球气候的起源和演变在很大程度上由全球能量平衡及其时空变化来决定。从物理学角度来看，人为气候变化首先通过温室气体和气溶胶对大气成分的改变来扰动地球的能量平衡。全球能量平衡的变化不仅能影响地球的热力条件，也能影响其他各种元素，如大气和海洋环流、水循环、冰川、植物产量以及陆面上的碳吸收(Wild et al.,2013)。

地球能量收支包含与气候系统相关的主要能量流，所有进入或离开这个系统的能量被称作大气顶(TOA)的辐射通量。TOA 的能量收支主要由反射的短波辐射和气候系统发射的热辐射决定。由于地表能量收支各组分不能由被动的卫星传感器直接获取,需要借助反演算法和辅助数据来估算,从而又造成了额外的不确定性,其估算结果与 TOA 相比具有更大的不确定性(Raschke et al.,2016)。目前对区域地表能量收支的估算及其在气候模式中的代表性仍然存在较大的不确定性。本研究利用不同的数据源来估算当前全天空和晴空条件下东亚陆地地区能量收支平衡的各个分量,主要包括地基(CMA 和 GEBA)和空基(CERES-EBAF)观测资料、气候模式(CMIP6)以及再分析资料(ERA5),并在此基础上给出了东亚地区的云辐射效应。此外,"当前条件下"指的是 2010—2014 年,东亚陆地地区指的是中国、日本、韩国、朝鲜和蒙古这五个国家。

地基观测资料

本研究使用中国气象局(CMA)均一化的月平均地面辐射站点数据(Yang et al.,2018;2019),全天空和晴空条件下分别有 99 个和 76 个站点数据可用。此外,为了探究城市化对地表短波辐射(SSR) 数据的影响,根据中国行政区将全天空条件下的 99 个站点划分为 84 个城市和 15 个乡村站点,晴空条件下的 76 个站点划分为 14 个乡村和 62 个城市站点(Wang et al.,2017)。对于中国以外的东亚地区则利用了具有更广泛地理分布的 GEBA 月平均数据(Wild et al.,2017)。GEBA 在东亚地区共有 28 个站点,剔除重复的 CMA 站点后,全天空条件下 GEBA 有 16 个站点数据可用,而在晴空条件下则由于有限的观测数据,利用较高精度的 CERES-EBAF 卫星反演数据插值到对应的站点上来替代。其中,日本有 4 个站点位于岛屿上,将其归类于乡村站点(图 2.18 中未显示出),并假定位于蒙古、韩国和朝鲜的站点均为城市站点。

总体上,全天空条件下,中国地区有 99 个站点可用(乡村/总站点:15/99),中国以外地区 16 个站点可用(乡村/总站点:4/16);晴空条件下,中国地区有 76 个站点可用(乡村/总站点:14/76,50173 站点缺测,四川红原县),中国以外地区同上。具体站点信息见图 2.18。

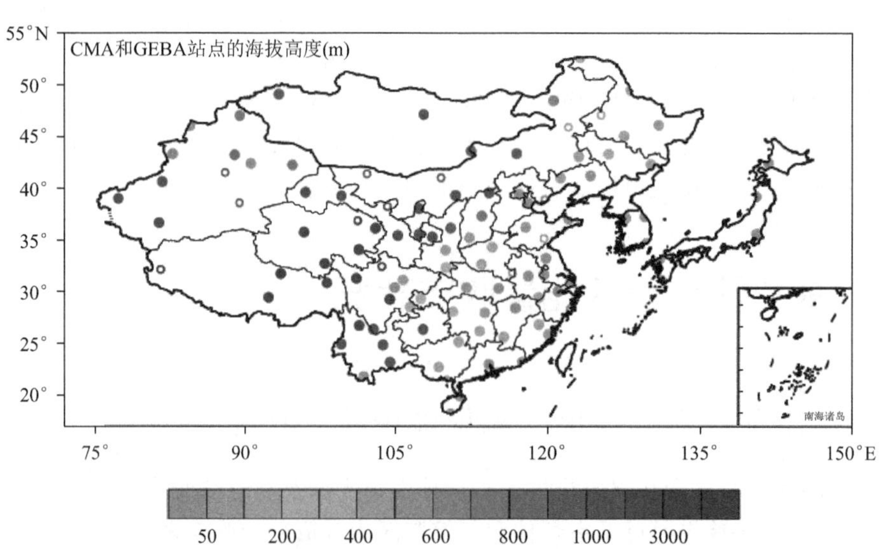

图 2.18 CMA 和 GEBA 站点数据的地理位置分布和海拔高度(单位:m)。其中,实心和空心圆分别代表城市(全天空和晴空:96 和 74)和乡村站点(全天空和晴空:19 和 18)

卫星观测资料

本研究使用的是新发布的 1°×1°分辨率的月平均 CERES EBAF Ed4.1 数据集，与之前的 Ed4.0 相比，Ed4.1 还提供了包括有云在内的整个区域的晴空通量估算。此外，所有地表辐射通量已经使用最新的 MODIS Collection 6.1 气溶胶数据进行了更新处理。

气候模式和再分析资料

本研究选取了 40 个 CMIP6 气候模式的历史辐射模拟试验的数据(表 2.2)，并将模拟时间段(1850—2014 年)后 5 年的平均值，即 2010—2014 年，作为当前气候条件进行分析。注意，每个模式输出的辐射分量数不同，因此不同分量可用的模式数目并不一样。本研究同时使用了空间分辨率为 1°×1°的 ERA5 月平均辐射通量数据。

表 2.2　本研究中使用的 40 个 CMIP6 气候模式

模式简称	机构	分辨率
ACCESS-CM2	澳大利亚研究委员会气候系统科学卓越中心	1.25°×1.875°
ACCESS-ESM1-5	澳大利亚研究委员会气候系统科学卓越中心	1.25°×1.875°
AWI-CM-1-1-MR	阿尔弗德·魏格纳研究所，赫姆霍兹极地和海洋研究中心/德国	1°×1°
AWI-ESM-1-1-LR	阿尔弗德·魏格纳研究所，赫姆霍兹极地和海洋研究中心/德国	1.875°×1.875°
BCC-CSM2-MR	中国气象局北京气候中心	1.125°×1.125°
BCC-ESM1	中国气象局北京气候中心	2.81°×2.81°
CAMS-CSM1-0	中国气象科学研究院	1.125°×1.125°
CanESM5	加拿大气候中心	2.81°×2.81°
CESM2	美国国家大气研究中心	0.9°×1.25°
CESM2-FV2	美国国家大气研究中心	1.875°×2.5°
CESM2-WACCM	美国国家大气研究中心	0.9°×1.25°
CESM2-WACCM-FV2	美国国家大气研究中心	1.875°×2.5°
CIESM	中国清华大学	1°×1°
E3SM-1-0	美国劳伦斯利物莫国家实验室	1°×1°
E3SM-1-1	美国劳伦斯利物莫国家实验室	1°×1°
E3SM-1-1-ECA	美国劳伦斯利物莫国家实验室	1°×1°
EC-Earth3	欧洲地球系统模式联盟	0.7°×0.7°
EC-Earth3-Veg	欧洲地球系统模式联盟	0.7°×0.7°
EC-Earth3-Veg-LR	欧洲地球系统模式联盟	1.125° ×1.125°
FGOALS-f3-L	中国科学院大气物理研究所	1°×1.25°
FGOALS-g3	中国科学院大气物理研究所	1°×1.25°
GFDL-CM4	美国地球物理流体动力学实验室	1.25°×1°

续表

模式简称	机构	分辨率
GFDL-ESM4	美国地球物理流体动力学实验室	1.25°×1°
GISS-E2-1-G	美国戈达德空间科学研究所	2°×2.5°
GISS-E2-1-G-CC	美国戈达德空间科学研究所	2°×2.5°
GISS-E2-1-H	美国戈达德空间科学研究所	2°×2.5°
INM-CM4-8	俄罗斯计算数学研究所	1.5°×2°
INM-CM5-0	俄罗斯计算数学研究所	1.5°×2°
IPSL-CM6A-LR	法国皮埃尔-西蒙·拉普拉斯研究所	2.5°×1.27°
KACE-1-0-G	国家气象科学研究所/韩国气象局,气候研究部	1.25°×1.85°
MIROC6	日本海洋地球科学技术厅	1.4°×1.4°
MPI-ESM-1-2-HAM	德国马克斯普朗克气象研究所	1.875°×1.875°
MPI-ESM1-2-HR	德国马克斯普朗克气象研究所	0.9°×0.9°
MPI-ESM1-2-LR	德国马克斯普朗克气象研究所	1.875°×1.875°
MRI-ESM2-0	日本气象研究所	1.125°×1.125°
NESM3	中国南京信息工程大学	1.875°×1.875°
NorESM2-LM	挪威气候中心	2.5°×1.875°
NorESM2-MM	挪威气候中心	1.25°×0.9375°
SAM0-UNICON	韩国首尔国立大学	0.95°×1.25°
TaiESM1	中国台北环境变化研究中心,台湾中央研究院	0.9°×1.25°

2.2.1.1 全天空条件下东亚陆地平均能量收支的评估

2.2.1.1.1 短波辐射收支

图 2.19 显示了当前全天空条件下 39 个 CMIP6 模式模拟的东亚陆地地区短波和长波能量收支相对于多模式平均的年均距平。其中,各个辐射分量的 CMIP6 可用模式数、多模式平均、不同模式间的差值范围和标准偏差以及 CERES-EBAF 与 ERA5 对应的年均数值也在表 2.3 中详细给出。结果表明,除了 BCC-CSM2-MR 和 BCC-CESM1 这两个模式外,其他模式估算的 TOA 入射太阳辐射数值均约为 334 $W \cdot m^{-2}$,与多模式平均值以及 CERES-EBAF 参考数值和 ERA5 的估算结果一致(图 2.19a; 表 2.3)。CMIP6 多模式模拟的年平均短波辐射在 TOA 和地表的标准偏差均约为 6 $W \cdot m^{-2}$,且不同模式间变化的差值范围均超过 20 $W \cdot m^{-2}$ (表 2.3)。由于 CMIP6 多模式中大气和地表相对于 TOA 吸收的短波辐射绝对数值较小(73、144 VS 217 $W \cdot m^{-2}$),其相对于各自多模式平均值的模式间差异的相对百分比[relative (percentage) difference = range/(multimodel-mean)×100%]表明大气和地表相对于 TOA 的不确定性更大(TOA:22/217×100% = 10%;大气:19/73×100%=26%;地表:23/144×100% = 16%)。这很大程度上是因为气候模式根据卫星反演的 TOA 辐射收支调整其对应的数值,而地表辐射收支则由于空基观测无法直接获取,不在模式调优考虑范围之

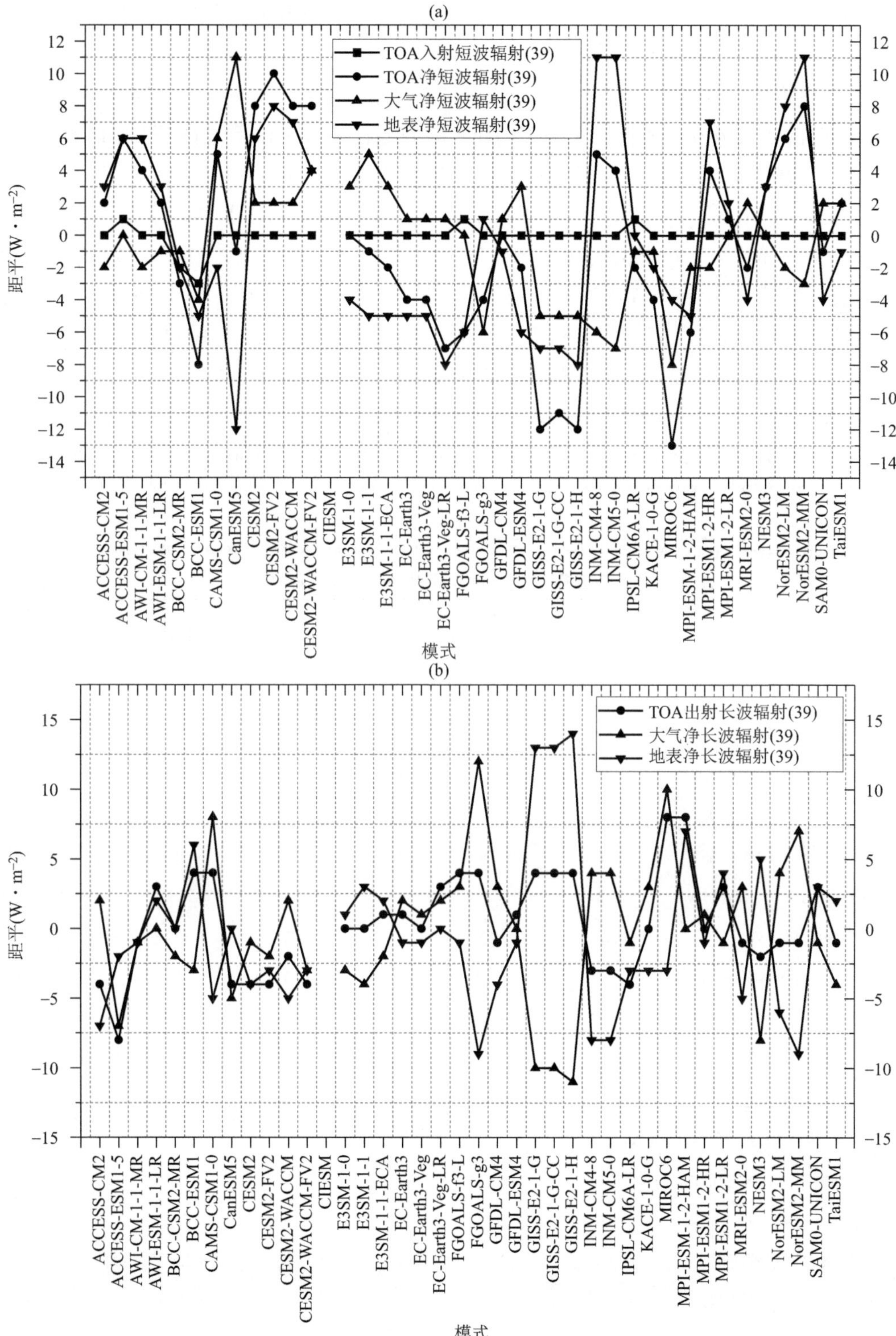

图2.19　39个CMIP6气候模式模拟的当前全天空条件下东亚陆地地区平均的(a)短波和(b)长波辐射收支相对于多模式平均的年平均距平(单位:W·m^{-2})
(—■—、—●—、—▲—和—▼—线条分别代表TOA入射太阳辐射以及TOA、大气中和地表的净短波和净长波辐射通量)

内。CMIP6 多模式模拟的 TOA、大气和地表吸收的短波辐射的多模式平均年均值分别为 217、73 W·m^{-2} 和 144 W·m^{-2}，与 CERES 反演的估算值之间的偏差均在 2 W·m^{-2} 之内，而再分析资料 ERA5 估算的 TOA 和大气中吸收的短波辐射 3～4 W·m^{-2} 略大于 CERES 估算值，从而使得地表吸收的短波辐射与 CERES 的偏差在 1 W·m^{-2} 之内(图 2.19 和表 2.3)。相对于 TOA 辐射收支，不同模式模拟的地表辐射收支在模式间的差异更加显著，尤其是到达地表的短波辐射(图 2.20a)。各个模式模拟的地表向下短波辐射之间的差异超过 30 W·m^{-2}(172～205 W·m^{-2})，其标准偏差达到 7.6 W·m^{-2}，这也是全天空条件下模拟的各个辐射分量中模式间差异最大的一个量(表 2.3)。多模式平均地表向下辐射通量的年均值为 186 W m^{-2}，与 CERES 反演值和 ERA5 的估算值之间均有较大差异(差值分别为 8 W·m^{-2} 和 5 W·m^{-2})。有趣的是，多模式平均地表吸收的短波辐射数值与 CERES 以及 ERA5 估算值的偏差较小(表 2.3)，但到达地表的短波辐射之间的偏差较大(图 2.20a)，这说明多模式平均、CERES 和 ERA5 地表反照率数值的大小与其对应地表短波辐射的大小一致，即 ERA5＞CMIP6 多模式平均＞CERES(表 2.3)。

表 2.3　全天空和晴空条件下东亚陆地地区 TOA、大气中和地表的能量平衡各个分量以及云辐射效应的年平均估算值(单位:W·m^{-2})

辐射分量	CMIP6				ERA5	CERES
	模式数	范围	标准偏差	多模式平均		
大气顶						
入射太阳辐射	39	334	4	0.2	334	334
有云条件下反射的太阳辐射	39	−117	23	6	−115	−118
有云条件下净太阳辐射	39	217	22	6.1	209	216
晴空条件下反射的太阳辐射	39	−76	24	7	−78	−72
晴空条件下净太阳辐射	39	258	24	6.9	256	262
短波云辐射效应	39	−41	26	6.5	−37	−46
有云条件下出射的长波辐射	39	−224	12	3.5	−225	−226
晴空条件下出射的长波辐射	39	−247	15	3.2	−246	−250
长波云辐射效应	39	23	12	2.4	21	24
净云辐射效应	39	−18	24	5.8	−16	−22
大气中						
有云条件下吸收的短波辐射	39	73	19	3.8	78	74
晴空条件下吸收的短波辐射	35	69	19	3.8	77	71
短波云辐射效应	32	4	33	6.9	2	3
有云条件下净长波辐射	39	−152	22	5.1	−150	−157
晴空条件下净长波辐射	35	−151	16	3.6	−151	−154
长波云辐射效应	32	−2	14	3.3	1	−3
净云辐射效应	32	1	35	7.8	2	0
地表						

续表

辐射分量	CMIP6				ERA5	CERES
	模式数	范围	标准偏差	多模式平均		
有云条件下向下短波辐射	39	186	33	7.6	191	178
有云条件下向上短波辐射	39	−43	24	6.5	−50	−36
有云条件下吸收的短波辐射	39	144	23	6.1	141	142
晴空条件下向下短波辐射	35	242	25	4.6	238	236
晴空条件下向上短波辐射	35	−53	27	6.8	−59	−45
晴空条件下吸收的短波辐射	32	189	36	7.8	179	191
短波云辐射效应	35	−46	28	6.6	−38	−49
有云条件下向下长波辐射	39	280	27	7.9	273	285
有云条件下向上长波辐射	39	−352	23	7.1	−347	−354
有云条件下净长波辐射	39	−71	23	5.7	−74	−69
晴空条件下向下长波辐射	35	256	26	6.8	253	256
晴空条件下向上长波辐射	35	−351	23	7.1	−347	−353
晴空条件下净长波辐射	35	−95	18	4.1	−94	−97
长波云辐射效应	35	24	12	3.5	20	27
净云辐射效应	32	−21	31	6	−18	−22
净辐射	39	72	20	5.3	67	73
潜热	39	−44	26	4.7	−38	−43
感热	39	−32	21	5.2	−29	−31

注：表中数值分别来自 CMIP6 多模式平均、ERA5 再分析资料以及 CERES 卫星反演资料的估算结果。此外，CMIP6 各个辐射分量的可用模式数、模式间的差值范围和标准偏差也在该表中给出。

2.2.1.1.2　地表向下短波辐射的最佳估算值

由于到达地表的太阳短波辐射是全球能量收支平衡中的重要组成部分，能对地表过程（如大气环流、水循环、植物光合作用和碳吸收等）产生重大影响。为了得到较为精确的地表短波辐射数值，本节在以上基础上又结合了地面辐射观测站点数据进行研究。图 2.21a 给出了全天空条件下东亚地区 115 个站点地面太阳辐射年平均值的空间分布情况，并根据行政区划或站点地理位置区分了乡村和城市站点。总体来说，到达地表的太阳辐射年均值的高值区主要位于海拔较高的中国西部地区和极个别日本岛屿站点（如南鸟岛站，图中未显示），尤其是青藏高原地区，其最高数值可达到 263 $W \cdot m^{-2}$（西藏噶尔），这与该地区较高的大气透明度密切相关。地面太阳辐射的年均低值区主要位于中国西南地区，最低值为 103 $W \cdot m^{-2}$（重庆沙坪坝），这是由于该地区较高的气溶胶含量和较多云量造成的。因此，该地面站点数据可作为参考值来验证其他资料的准确性。图 2.22 分别给出了基于 CERES、CMIP6 多模式平均和 ERA5 估算的地面太阳辐射的年均值与地面观测站点资料差值的空间分布。通过对比发现，CERES 反演得到的地面太阳辐射的年均值与站点资料之间的差异最小，其次是 CMIP6 多模式平均模拟结果，最后是 ERA5 再分析资料。整体上，CERES 反演资料在东亚高纬度地区以高估为主（低估主要来自乡村站点），而在低纬度和东部沿海地区以低估为主（图 2.22a）；除了

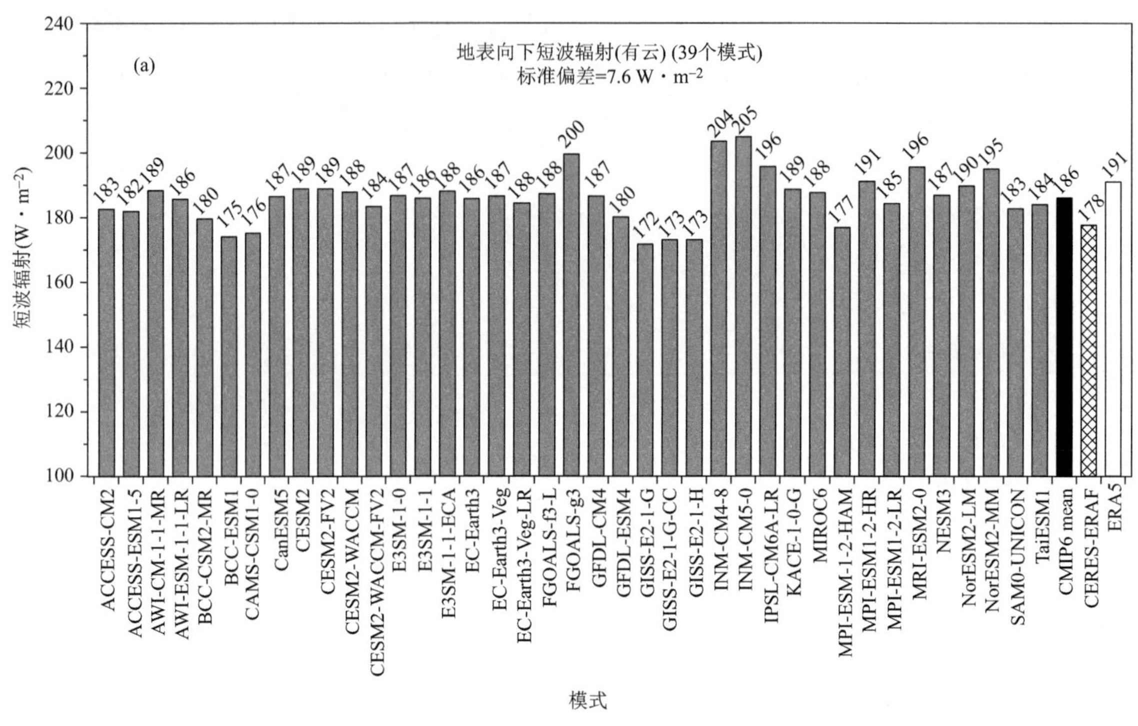

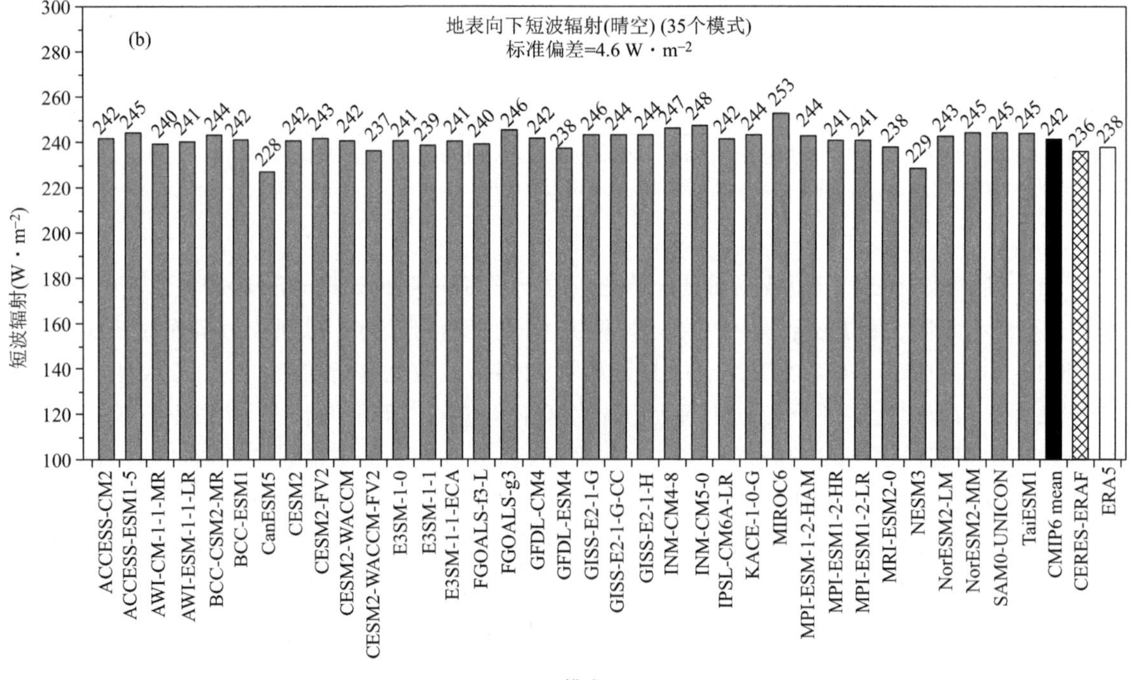

图 2.20　CMIP6 模式模拟的(a)全天空和(b)晴空条件下东亚陆地地区平均的地表向下短波辐射的年均值(单位:W · m^{-2})(灰),以及对应的多模式平均(黑色)、CERES(网格柱)和 ERA5(白色)估算值

内蒙古北部、东北部和黑龙江西北部等地区，CMIP6 多模式平均和 ERA5 估算的地面太阳辐射年均值整体上均大大高估了地面观测结果(图 2.22b 和图 2.22c)。当包含所有地面观测站点时，东亚陆地地区地面太阳辐射的面积权重平均年均值为 174 W・m^{-2}，而剔除了乡村站点之后其估算值为 171 W・m^{-2}，表明东亚地区乡村站点对其的影响约为 3 W・m^{-2}(表 2.4)。CERES 反演资料的估算值为 178 W・m^{-2}，与地面观测数值最为接近，略高估了 4 W・m^{-2}，而 CMIP6 多模式平均和 ERA5 再分析资料则大大高估了地面观测值，其估算的年均数值分别为 186 W・m^{-2} 和 191 W・m^{-2}(表 2.4)，与它们差值的空间分布情况一致(图 2.22)。

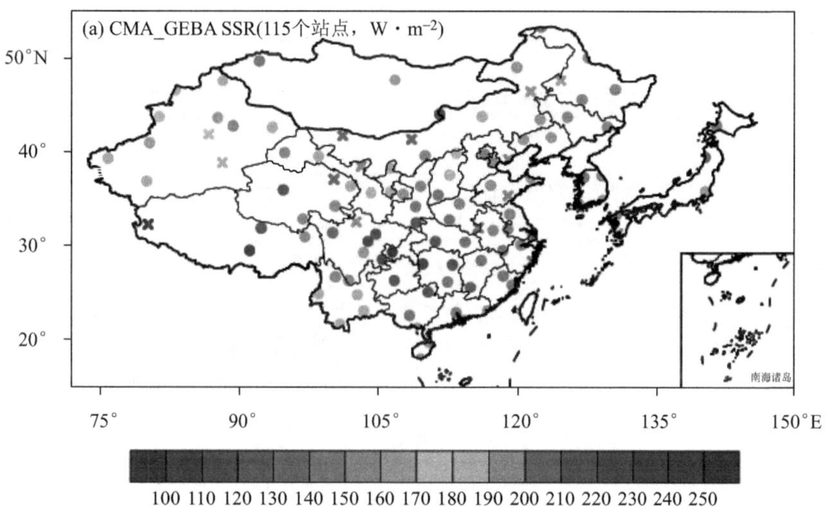

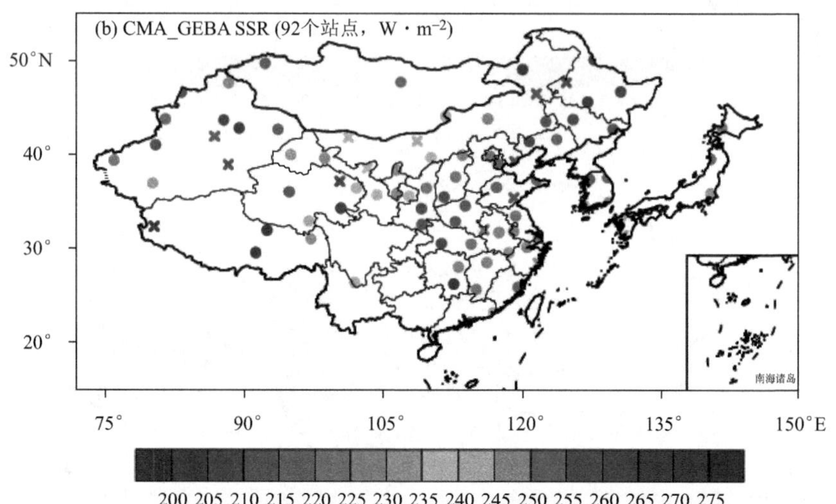

图 2.21　(a)全天空和(b)晴空条件下东亚陆地平均地表太阳辐射的年均值(单位：W・m^{-2})的站点空间分布
[全天空条件下包含 99 个 CMA 和 16 个 GEBA 站点，而晴空条件下包含 76 个 CMA 和 16 个由 CERES 插值获得的站点。叉号和圆圈分别代表乡村(全天空和晴空：19 和 18)和城市站点(全天空和晴空：96 和 74)]

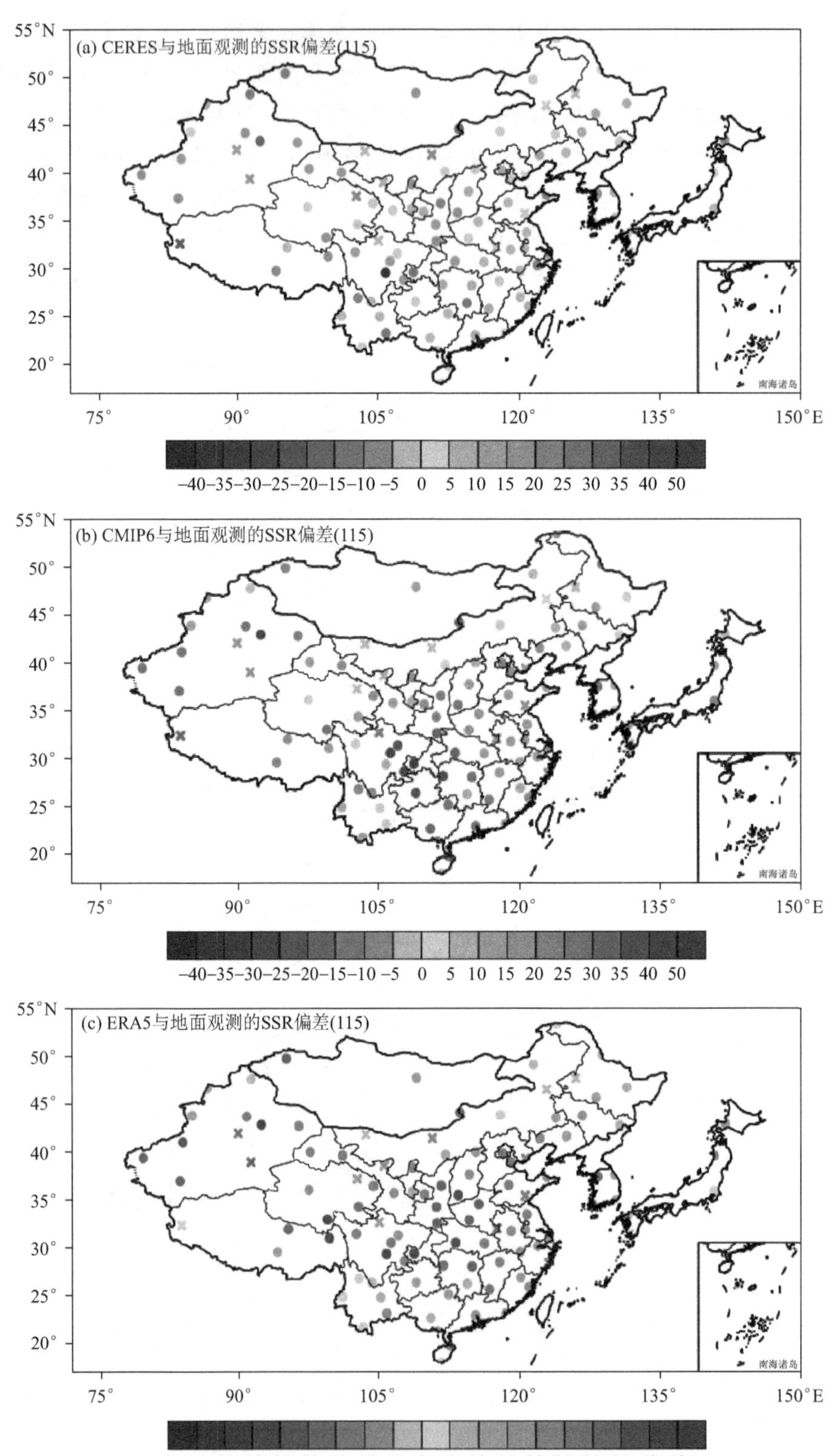

图 2.22　全天空条件下东亚陆地地区基于不同资料估算的地面太阳辐射与 CMA 和 GEBA 观测站点资料偏差的年平均分布(单位:W·m^{-2})(叉号和圆圈分别代表乡村和城市站点)
(a)CERES-EBAF,(b)CMIP6 多模式平均,(c)ERA5 再分析资料

表 2.4　基于 CMA 和 GEBA(CERES 插值)站点数据获得的 2010—2014 年期间全天空(晴空)条件下东亚陆地地区平均的面积权重平均地面太阳辐射的年均值,以及对应的 CERES-EBAF、CMIP6 多模式平均和 ERA5 估算值

2010—2014 年东亚陆地年平均 SSR 的面积权重平均值(单位:$W \cdot m^{-2}$)	包含乡村站点的地面观测	不包含乡村站点的地面观测	CERES-EBAF	CMIP6	ERA5
全天空	174	171	178	186	191
晴空	230	229	236	242	238

然而,地面观测站点资料具有空间局限性,如在站点数比较稀少的地区有时并不能代表该地区的实际情况。因此,本研究根据 Wild 等(2013) 介绍的方法将各个 CMIP6 模式在地面观测站点的地面太阳辐射的偏差与各个模式的平均值联系起来。因而,在图 2.23 中,横坐标表示各个 CMIP6 模式在地面站点处与站点值的平均偏差,纵坐标代表各个模式模拟的年均值。每个星号代表一个气候模式,且模式模拟的地表太阳辐射的数值越高,对地表观测数据的高估情况越明显,其相关系数达到了 0.96。因此,它们的线性回归线与模式-观测偏差的零线的相交点对应的数值即为基于 CMIP6 多模式和地面观测站点资料推断出的最佳估计值,如图 2.23a,为 174.2±1.3 $W \cdot m^{-2}$(2σ 不确定性范围)。此外,图中也标出了对应的 CERES 和 ERA5 的估算值,分别为 178 $W \cdot m^{-2}$ 和 191 $W \cdot m^{-2}$,表明 CERES 反演的地面太阳辐射数值略高于地表太阳辐射的最佳估计值,而 ERA5 估算值与其的偏差较大。大部分气候模式(36/39)在观测站点的平均值高估了地表太阳辐射的站点观测值,且多模式平均的高估值为 13.8 $W \cdot m^{-2}$。气候模式对地表太阳辐射的这种高估现象是一个长期存在的问题。

2.2.1.1.3　长波辐射收支

图 2.19b 显示了 CMIP6 多模式模拟的全天空条件下东亚陆地地区 TOA 出射的长波辐射、大气净长波辐射和地表净长波辐射相对于多模式平均的年均距平,同时也给出了对应的多模式平均、CERES 和 ERA5 的估算值,以及其他相关的 CMIP6 多模式的统计数值,如可用的模式数、不同模式之间的变化范围、标准偏差等(表 2.3)。与短波辐射收支情况类似,多模式模拟的东亚陆地长波辐射的年均值在不同模式间存在较为明显的变化。其中,TOA 出射长波辐射的模式间变化范围在 12 $W \cdot m^{-2}$ 之内,比大气和地表净长波辐射的变化范围(22 $W \cdot m^{-2}$ 和 23 $W \cdot m^{-2}$)约低 10 $W \cdot m^{-2}$,这同样是由于气候模式根据 CERES 反演资料对其 TOA 长波辐射通量进行调优的结果。CMIP6 计算的多模式平均 TOA 出射长波辐射年均值为−224 $W \cdot m^{-2}$,与 CERES 参考估算值和 ERA5 估算值之间的偏差在 2 $W \cdot m^{-2}$ 之内。从 TOA 到地表,多模式模拟的模式间长波净辐射年均值的变化程度逐渐增大,其标准偏差分别为 3.5、5.1 $W \cdot m^{-2}$ 和 5.7 $W \cdot m^{-2}$,相对多模式平均的模式间变化范围的相对百分比也逐渐增加,分别为 5.4%、14.5%和 32.4%。不同模式间地表净长波辐射的较大变化主要来自地表向下长波辐射的变化(图 2.24a;表 2.3),其模式间的变化范围可达到 27 $W \cdot m^{-2}$(267~294 $W \cdot m^{-2}$)标准偏差为 7.9 $W \cdot m^{-2}$,这也是气候模式模拟的所有变量中标准偏差最大的量。与 CERES 相比,CMIP6 模拟的略低的多模式平均地表向上长波辐射的年均值(−354 VS −352 $W \cdot m^{-2}$)和更低的地表向下长波辐射(285 VS 280 $W \cdot m^{-2}$)是造成其地表净长波辐射年均值的偏差在 2 $W \cdot m^{-2}$ 之内的主要原因(表 2.3)。有趣的是,在几种资料的估算结果中,ERA5 估算的地表发射长波

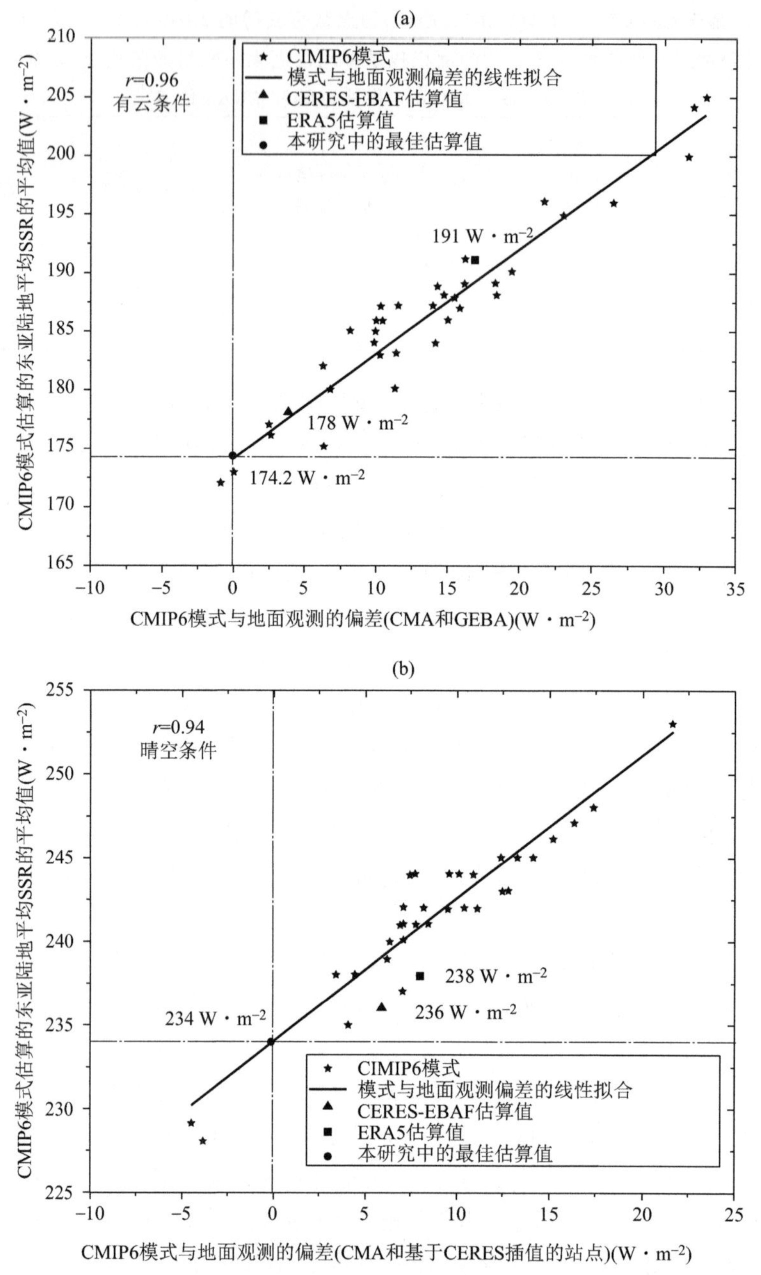

图 2.23　基于 CMIP6 多模式模拟和地面观测资料估算的(a)全天空和(b)晴空条件下年平均 SSR 的最佳估计值(单位：W・m^{-2})

[纵坐标代表每个 CMIP6 模式估算的 SSR 的数值,横坐标为模式与地面观测资料的偏差。最佳估计值则为线性回归线与 0 偏差线的交叉点(黑色圆圈)。图中还标出了对应的 CERES-EBAF(黑色三角形)和 ERA5(黑色方块)估算值]

辐射的年均值最低,为－347 W・m^{-2},根据 Stefan-Boltzmann 定律,ERA5 估算的年均地表温度最低,其次是多模式平均和 CERES 反演资料。此外,ERA5 估算的地表向下长波辐射的年均值为 273 W m^{-2},比 CMIP6 多模式和 CERES 反演结果约低 7 W・m^{-2} 和 12 W・m^{-2}(图 2.24a)。因此,较低的地表出射长波辐射和地表向下长波辐射是造成 ERA5 估算的地表净长波辐射数值与 CMIP6 多模式平均和 CERES 之间偏差没那么明显的主要原因(表 2.3)。由于再分析资料在辐射传输计算过程中尽可能多地考虑了高时间分辨率的大气温度和湿度廓线，从而使得其计算的地表向下长波辐射更接近实际情况(Wild et al.,2015)。因此,在缺少东亚地区地面长波辐射观测站点资料的情况下,本研究采取再分析资料 ERA5 计算的地表向上和向下长波辐射的年均值作为最佳估算值,分别为 $-347\ W\cdot m^{-2}$ 和 $273\ W\cdot m^{-2}$。

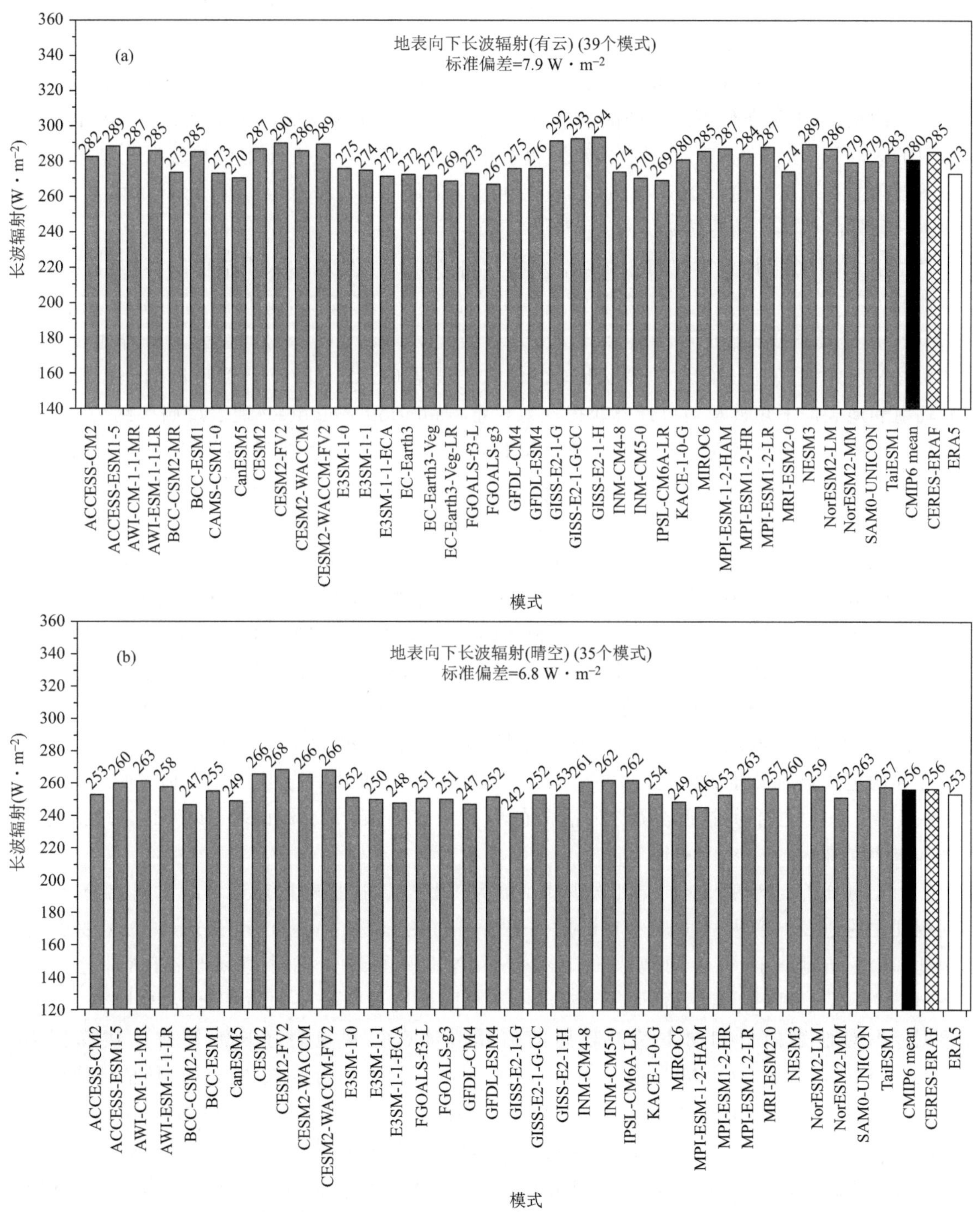

图 2.24　与图 2.20 类似,但为地表向下长波辐射通量

2.2.1.2　对当前全天空条件下东亚陆地能量收支平衡的讨论

2.2.1.2.1　辐射分量

图 2.25a 给出了当前全天空条件下东亚陆地地区的年平均能量收支平衡图。前人的研究表明，最精确的 TOA 辐射能量交换信息可通过 CERES EBAF 反演数据直接获取（Wild et al.,2015）。CERES-EBAF 估算的全天空条件下东亚陆地地区 TOA 入射太阳辐射、反射和净短波辐射的年均值分别为 334、−118 W・m^{-2} 和 216 W・m^{-2}，出射长波辐射为−226 W・m^{-2}（表 2.3；四舍五入取整）。其中，它们的不确定性范围参考 Loeb 等（2018）给出的 1°×1° 月平均全天空条件下 TOA 短波和长波辐射通量的区域不确定性均为 2.5（1σ）W・m^{-2}。值得注意的是，与平衡条件下的全球能量平衡相反，在陆地能量收支的评估过程中，TOA 出射热辐射的数值并不需要与 TOA 吸收的短波辐射相平衡。因此，TOA 出射的热辐射比其吸收的短波辐射的年平均数值大 10 W・m^{-2}，表明全天空条件下 TOA 有 10 W・m^{-2} 的能量损失，并由区域外的感热和潜热传输来补偿（图 2.25a）。

基于 CMIP6 多模式模拟和地面站点观测资料估算到达地表的太阳辐射的年均值的最佳估算值为 174 W・m^{-2}，其中不确定性范围的高值由 CERES-EBAF 的估算值给出，低值由 CMIP6 多模式模拟的最低年均值给出，即 172～178 W・m^{-2}（图 2.25a）。为了获得地表吸收的短波辐射的估算值，还需要地表反照率的信息。根据 CERE-EBAF 产品反演的地表反射短波辐射和地表向下短波辐射可计算获得辐射权重（radiation weighted）地表反照率约为 0.204（36.4/178.3）。另外，CMIP6 多模式平均和 ERA5 估算的地表反照率分别约为 0.23（42.7/186.4）和 0.26（49.6/191），均高估了 CERES-EBAF 反演结果。本研究采用包含了较为精确的云信息的 CERES 卫星反演资料获得的地表反照率年均值，因而根据已有的地表向下短波辐射的最佳估计年均值 174 W・m^{-2}，计算可得到地表反射和地表吸收的短波辐射分别为−35 W・m^{-2} 和 139 W・m^{-2}。由于不同资料估算的地表反照率年均值之间的偏差较大，尤其是再分析资料 ERA5。因此，我们可以根据已有的地表向下和吸收的短波辐射的不确定性范围来减少地表反照率的不确定性范围。由表 2.3 可知，地表吸收的短波辐射的不确定性为 132～144 W・m^{-2}，那么对应的地表反射的短波辐射的不确定性范围为 34～40 W・m^{-2}。根据 TOA 和地表分别吸收的短波辐射的年均值 216 W・m^{-2} 和 139 W・m^{-2}，计算可获得大气中吸收的短波辐射最佳估算值为 77 W・m^{-2}，与 CMIP6 多模式平均和 CERES 估算值之间的偏差在 4 W・m^{-2} 之内，并接近 ERA5 的估算值 78 W・m^{-2}（表 2.3），因而基于以上讨论可推断其不确定性范围为 73～78 W・m^{-2}（图 2.25a）。

由于再分析资料每天能同化几次观测到的大气状态以捕捉辐射热通量的日周期变化，并利用同化的地表温度进一步减少其模拟的地表出射热辐射的偏差（Simmons et al.,2004）。因此，东亚陆地地区年平均地表向上和向下热辐射的最佳估计值来自 ERA5，分别为−347 W・m^{-2} 和 273 W・m^{-2}，其不确定性范围同样由不同资料的估算值给出（图 2.25a）。根据以上对地表向上和向下长波辐射的估算值计算得到地表净长波辐射的估算值为−74 W・m^{-2}，结合 TOA 出射的热辐射−226 W・m^{-2}，大气净长波辐射的最佳估计值约为−152 W・m^{-2}，与 CMIP6 多模式平均和 ERA5 估算值的差异较小，而与 CERES 估算值存在较大差异（表 2.3）。在此基础上，再结合地表吸收短波辐射的估计值 139 W・m^{-2}，可获得地表净辐射的最佳估计值为 65 W・m^{-2}。因此，地表约有 65 W・m^{-2} 的辐射能量可用来分配给非辐射的感热和潜热通量。如图2.26和表2.3所示，CMIP6不同模式模拟的地表净辐射存在很

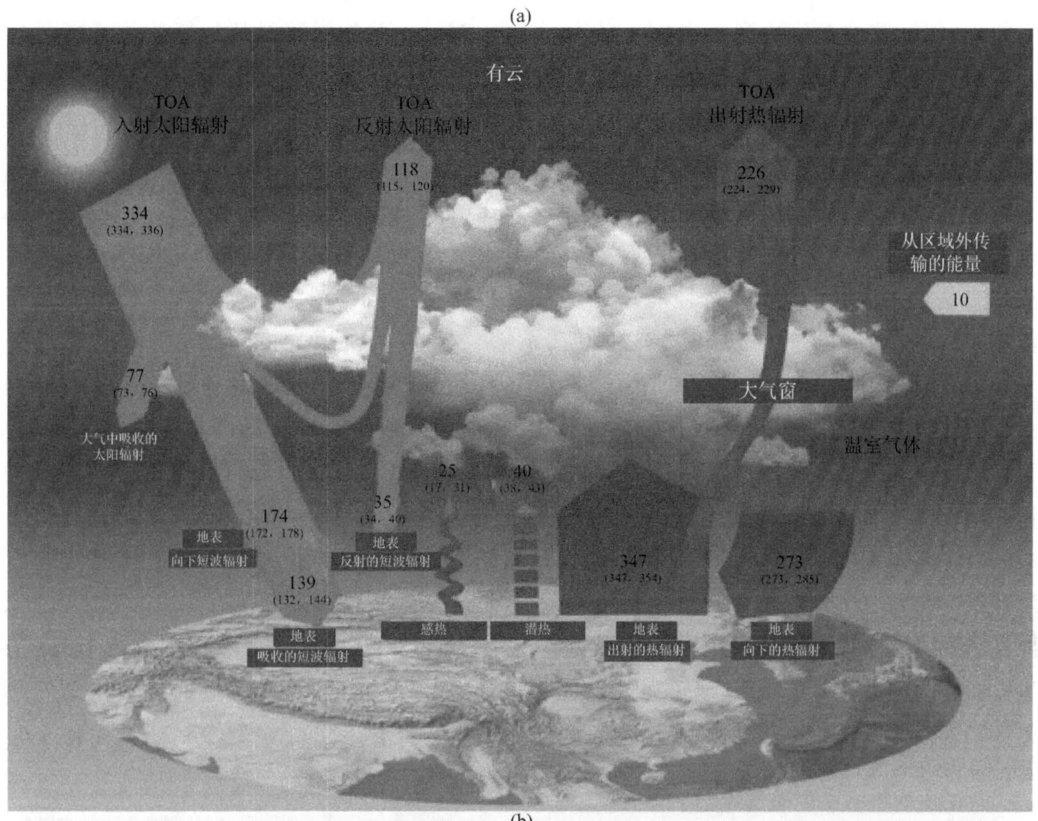

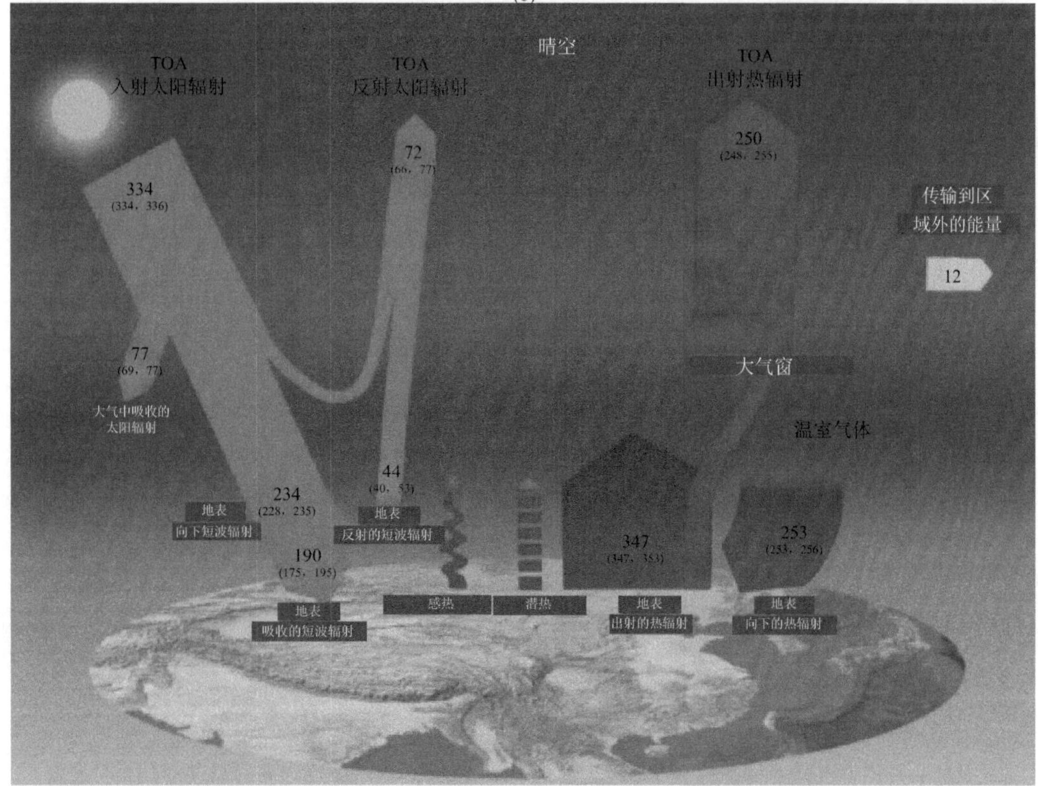

图 2.25　当前(a)全天空和(b)晴空条件下东亚陆地地区的年平均能量收支平衡图(单位:$W \cdot m^{-2}$)
(括号中的数值代表不确定性范围)

大的差异，其标准偏差可达到 5.3 W·m^{-2}。其中，ERA5 再分析资料的估算值与推断的最佳估计值最为接近(65 VS 67 W·m^{-2})，从而进一步增加了 ERA5 再分析资料的可信度，而多模式平均和 CERES 估算值分别为 72 W·m^{-2} 和 73 W·m^{-2}，远远高估了地表净辐射的数值。

2.2.1.2.2　非辐射分量

由于地表热通量和融化(ground heat flux and melt)所占非辐射能量的比例非常小(低于1%)(Ohmura，2004)，因而地表净辐射主要分配给感热和潜热通量。然而，由于缺乏可信的地基和空基观测资料的约束，这种能量分配具有很大的不确定性。正如图 2.25 和表 2.3 所示，CMIP6 多模式模拟的潜热和感热通量在不同模式间存在很大的差异，变化区间分别为 26 W·m^{-2} 和 21 W·m^{-2}，其相对于多模式平均的绝对偏差可达到 60%(26/43×100%)和 68%(21/31×100%)。相对于地表潜热通量，模拟的感热通量在模式间存在更大的差异，从而具有更大的不确定性，因此可将其作为潜热通量的残差来获取最佳估算值。CMIP6 多模式平均和 ERA5 再分析资料对地表潜热通量的估算值分别为 −43 W·m^{-2} 和 −38 W·m^{-2}。为了在已有资料的基础上获得更准确的地表潜热辐射，本研究取以上两种资料估算值的平均值作为其最佳估算值，即 −40 W·m^{-2}，也给出了对应的不确定性范围(图 2.26 和图 2.25a)。值得注意的是，文中数值的计算是在保留一位小数点的基础上进行的，因此可能会存在 1 W·m^{-2} 的偏差。结合地表净辐射的最佳估计值 65 W·m^{-2}，地表感热通量的估算值约为 −25 W·m^{-2}(图 2.26)，其不确定性范围同样根据已有资料给出(图 2.25a)。

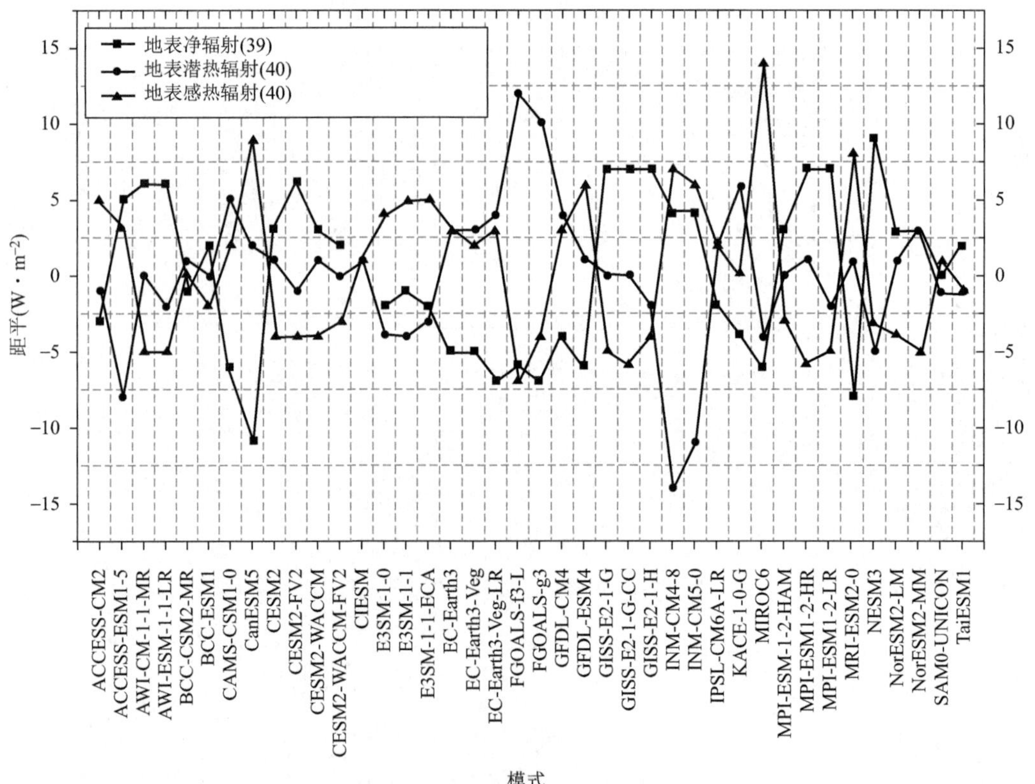

图 2.26　CMIP6 多模式模拟的东亚陆地地区地表净通量(—■—)、潜热(—●—)和感热(—▲—)通量相对于多模式平均的年平均距平(单位：W·m^{-2})

2.2.1.3　晴空条件下东亚陆地平均能量收支的评估

2.2.1.3.1　短波辐射收支

当前东亚陆地地区无云条件下多个CMIP6模式模拟的短波和长波相对于多模式平均的辐射收支距平的年均值由图2.27a给出，对应的CMIP6模式统计信息以及多模式平均、CERES和ERA5的年均估算值同样参考表2.3。晴空条件下，CMIP6不同模式模拟的年平均TOA和地表吸收的短波辐射均存在明显差异，其变化范围和标准偏差分别为24 $W \cdot m^{-2}$ 和6.9 $W \cdot m^{-2}$ 与36 $W \cdot m^{-2}$ 和7.8 $W \cdot m^{-2}$（图2.27a和表2.3），均大于全天空条件下对应的偏差（图2.19a）。多模式平均TOA吸收的短波辐射为258 $W \cdot m^{-2}$，与CERES参考值之间的偏差在4 $W \cdot m^{-2}$ 之内，但更接近ERA5的估算值256 $W \cdot m^{-2}$。对于地表吸收的短波辐射，尽管其绝对数值比TOA低了约27%[(257.5－189.1)/257.5×100%]，但模式间却具有更大的变化范围和标准偏差。多模式平均地表吸收的短波辐射为189 $W \cdot m^{-2}$，与CERES反演值的偏差在2 $W \cdot m^{-2}$ 之内，但与ERA5估算值却有10 $W \cdot m^{-2}$ 的偏差。这是由于多模式平均TOA和大气吸收的短波辐射均略小于CERES估算值，但对应的ERA5估算值却在TOA吸收更少的短波辐射，而在大气却吸收了更多的短波辐射。因此，利用ERA5对晴空条件下短波辐射收支进行估算可信度较低。多模式模拟的大气中吸收的短波辐射虽然绝对数值比全天空条件下略低，但却有相同的模式间变化范围和标准偏差（19 $W \cdot m^{-2}$ 和3.8 $W \cdot m^{-2}$）。

2.2.1.3.2　晴空地表向下短波辐射的最佳估值

有趣的是，CMIP6多模式模拟的晴空条件下到达地表的短波辐射之间的偏差明显小于地表吸收的短波辐射，其模式间变化范围和标准偏差分别为25 $W \cdot m^{-2}$ 和4.6 $W \cdot m^{-2}$（图2.20b；表2.3），与全天空条件下的情形相反（图2.20a；表2.3）[晴空条件下虽然绝对数值更大，但其相对多模式平均的相对变化百分比却更小（10% VS 18%）]。与全天空条件下的评估方式不同，由于GEBA站点观测仅提供月平均分辨率的数据，没法用晴空检测法（clear-sky detection algorithms）分离出晴空数据。因此，对于除中国之外的东亚地区，晴空地表短波太阳辐射数据用CERES-EBAF反演产品插值到对应的地面观测站点来替代。为了获得更准确的地表向下短波辐射，本研究利用地面观测站点资料对其进行约束。图2.21b给出了地面92个站点在晴空条件下地表向下短波辐射的年平均分布，并在此基础上划分了乡村和城市站点。与全天空条件相比，晴空地表向下短波辐射的高值区范围更小，主要位于青藏高原地区，最高值可超过282 $W \cdot m^{-2}$，位于西藏的那曲站点（那曲，西藏）。另外，湖南常宁站点（Changning，Hunan）也有个异常高值279 $W \cdot m^{-2}$。将CMIP6多模式平均、CERES-EBAF和ERA5这三种格点资料插值到对应的地面观测站点，并与站点资料进行对比。图2.28给出了CERES、CMIP6多模式平均和ERA5估算的晴空地面太阳辐射的年平均值与地面观测值之间偏差的空间站点分布图。CERES反演的晴空地表短波辐射在中国中西部地区以高估为主，其中最大高估值可达到40 $W \cdot m^{-2}$，位于青藏高原东部和新疆地区，而在中国东北部、东部和南部地区略低估了对应的观测值，低估值主要在10 $W \cdot m^{-2}$ 范围内（图2.28a）。从区域平均来看，CERES和地面观测资料估算的晴空地表短波辐射的年均值分别为236 $W \cdot m^{-2}$ 和230 $W \cdot m^{-2}$，其中乡村站点的影响仅为1 $W \cdot m^{-2}$（表2.4）。CMIP6多模式平均和ERA5估算值与地面观测的偏差在数值大小和空间分布上整体一致，除了内蒙古东北部、中国东部、蒙古西部和日本的某些或个别站点（图2.28b和c）。与CMIP6多模式平均相比，ERA5在内蒙古东北部等地区具有更多的负偏差，因而造成后者在东亚地区的区域面积权重平均值

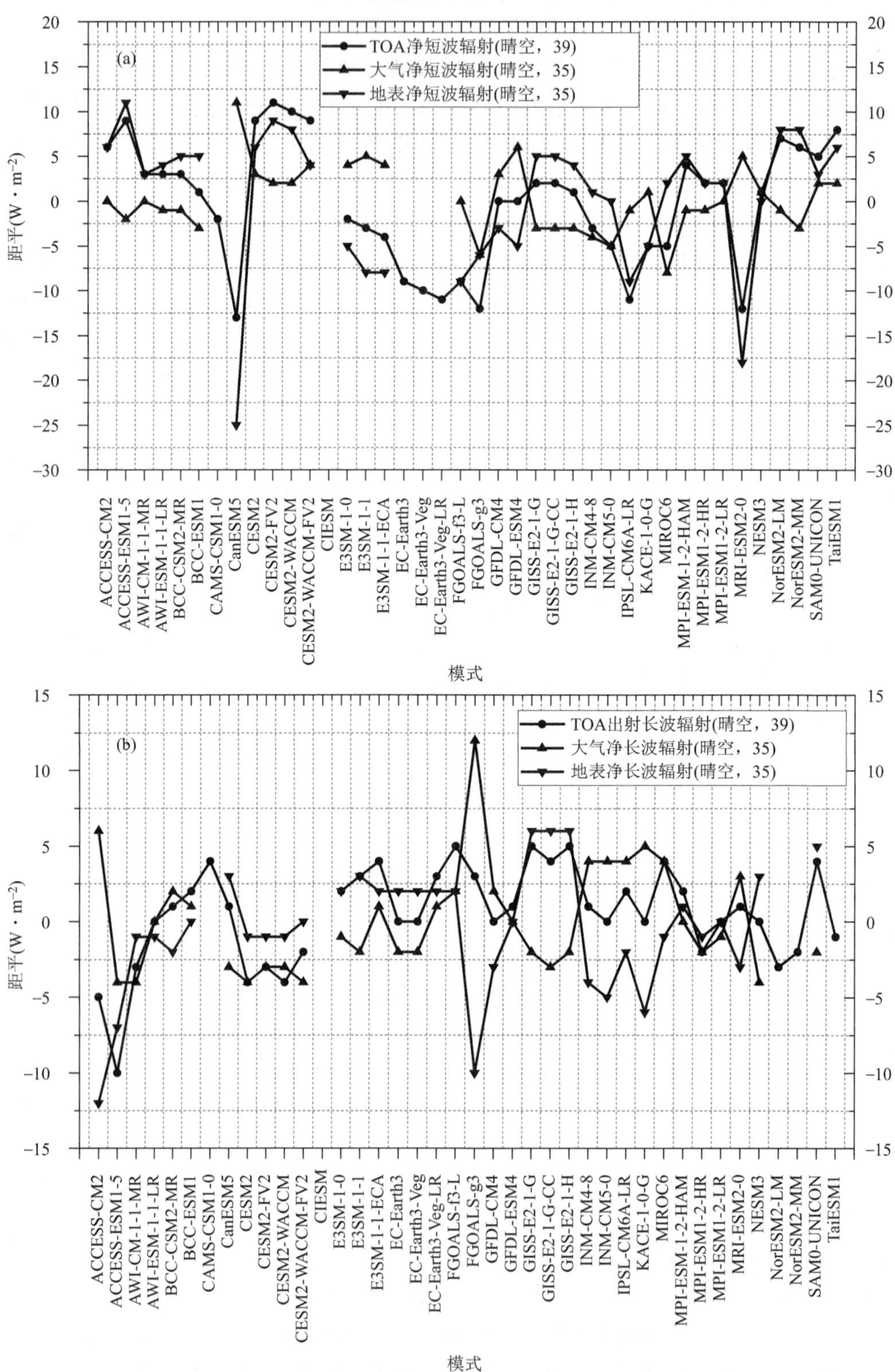

图 2.27　与图 2.19 类似,但为晴空条件

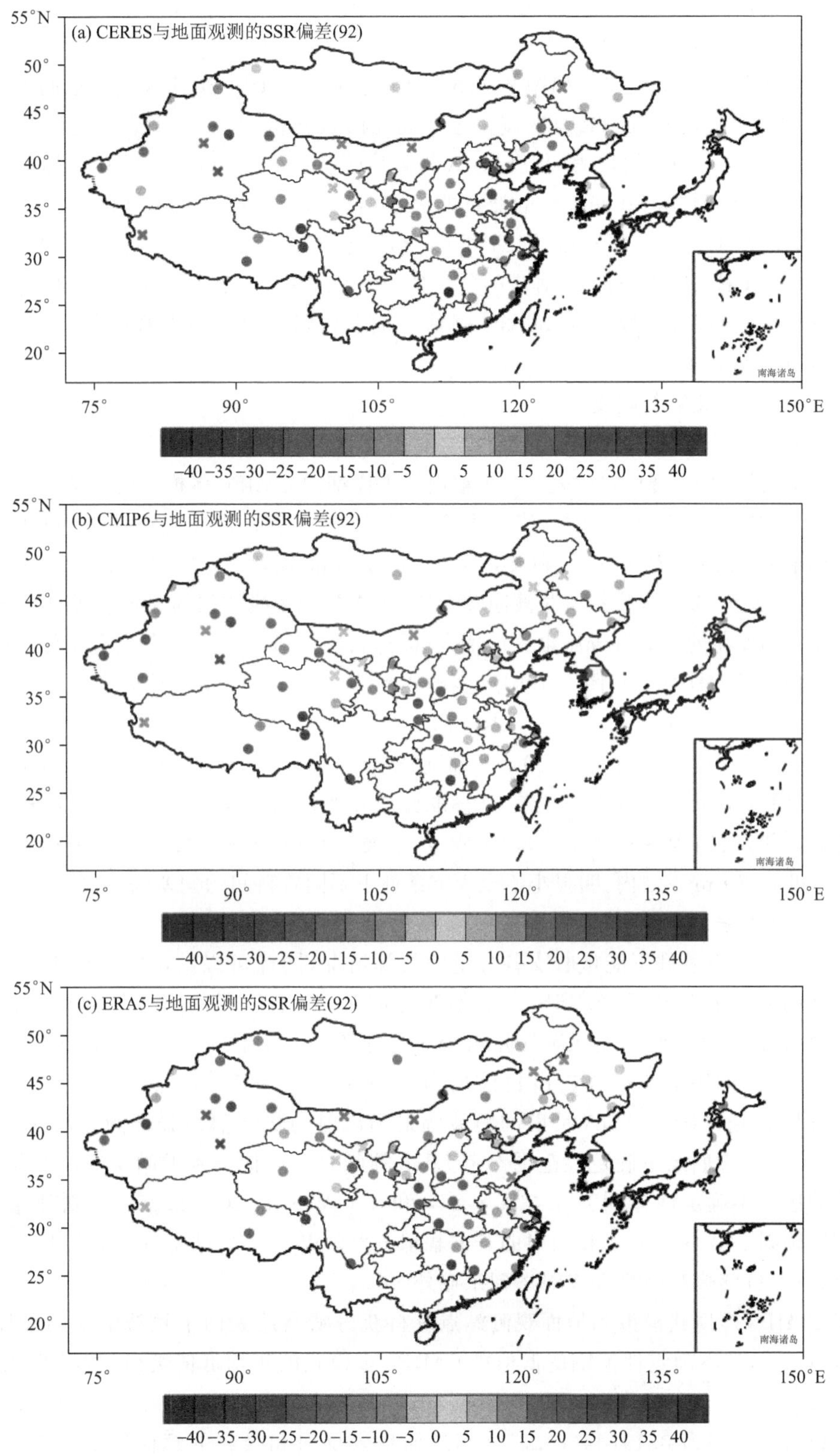

图 2.28　与图 2.22 类似，但为晴空条件

238 W·m^{-2} 比前者的 242 W m^{-2} 更接近观测值 230 W·m^{-2}(表 2.4)。

与全天空条件下类似,晴空地表向下太阳辐射的最佳估计值同样基于 CMIP6 多模式的模拟结果和地面观测资料来获取。如图 2.23b 所示,将多个 CMIP6 模式模拟的地面太阳辐射的平均值和它们各自与地面观测站点的偏差进行线性回归分析,结果显示它们之间具有很高的相关性,相关系数为 0.94,同样表明气候模式越高估晴空地表太阳辐射,其对应的模式平均值越高。因此,线性回归线与 0 偏差线的交点即为根据多模式模拟结果和地面观测资料获得的最佳估算值,为 234±1.1 W·m^{-2}(2σ 不确定性范围)。该最佳估算值约 5 W·m^{-2} 和 7 W·m^{-2} 低于 CERES 和 ERA5 对应的估算值(图 2.23b),与全天空条件下的评估类似(图 2.23a)。同样地,大部分气候模式(33/35)高估了地表太阳辐射的站点观测值,且多模式平均的高估值为 9.1 W·m^{-2}。

2.2.1.3.3 长波辐射收支

图 2.27b 给出了当前东亚陆地地区晴空条件下不同 CMIP6 模式模拟的长波辐射收支相对于多模式平均的年均距平值,同时表 2.3 也给出了更详细的 CMIP6 多模式统计信息以及对应的多模式平均、CERES 和 ERA5 的估算值。从 TOA 到地表,模拟的净长波辐射在不同模式间的变化范围分别为 15、16 W·m^{-2} 和 18 W·m^{-2},标准偏差分别为 3.2、3.6 W·m^{-2} 和 4.1 W·m^{-2}。因此,多模式模拟的长波净辐射从 TOA 到地表模式间的差异逐渐增大,相对多模式平均的模式间变化的相对百分比也逐渐增大(6.1%、11%和 19%),与全天空条件下的情形相似,但模式间的差异程度更小(图 2.19b)。多模式平均 TOA、大气中和地表净长波辐射分别为 −247、−151 W·m^{-2} 和 −95 W·m^{-2},与 CERES 和 ERA5 对应估算值的偏差非常小,分别在 3 W·m^{-2} 和 1 W·m^{-2} 之内(表 2.3)。然而,晴空条件下不同 CMIP6 模式估算的年均地表向下和地表出射的长波辐射却存在较大差异,标准偏差分别为 6.8 W·m^{-2} 和 7.1 W·m^{-2},其多模式平均值分别为 256 W·m^{-2} 和 −351·W m^{-2},而与 CERES 和 ERA5 估算值的偏差分别在 2 W·m^{-2} 和 4 W·m^{-2} 之内,明显小于全天空条件下不同资料间的偏差(表 2.3)。

2.2.1.4 对当前晴空条件下东亚陆地能量收支平衡的讨论

根据以上对晴空条件下能量收支各分量的估算情况,同样可以给出类似全天空条件下东亚陆地地区的能量平衡图(图 2.25b)。值得注意的是,这里估算的晴空辐射通量的数值大小仅代表移除了云而其他大气状况保持与全天空条件一样,有助于进一步研究云对辐射收支的影响。TOA 的辐射能量收支由目前最为精确的 CERES-EBAF 辐射反演产品给出,其估算的东亚陆地地区晴空 TOA 反射的短波辐射和出射的长波辐射分别为 −72 W·m^{-2} 和 −250 W·m^{-2}。它们的不确定性范围参考 Loeb 等(2018)评估得到的晴空短波和长波 TOA 辐射通量的区域不确定性分别为 5.4 W·m^{-2} 和 4.6 W·m^{-2}(图 2.25b)。对比晴空 TOA 吸收的短波辐射 262 W·m^{-2} 和出射的长波辐射 −250 W·m^{-2},晴空 TOA 有 12 W m^{-2} 的能量盈余,将通过感热和潜热方式输送到东亚外区域。

基于 CMIP6 多模式模拟和地面观测站点资料获得晴空地表向下短波辐射的最佳估计值为 234 W·m^{-2},其不确定性范围的低值由 CMIP6 多模式的年均低值给出,高值由 CERES 估算值给出,即 228~236 W·m^{-2}(图 2.25b)。与全天空情况类似,通过 CERES-EBAF 估算的辐射权重地表反照率为 0.19(44.8/235.6),从而地表反射和吸收的短波辐射分别为 −44 和 190 W·m^{-2}。此外,CMIP6 多模式平均和 ERA5 估算的晴空条件下辐射权重地表反照率分别为 0.218 和 0.247(52.7/241.8; 58.9/238.2),均远远高于 CERES 估算值,尤其是 ERA5

再分析资料，与全天空条件下相似。晴空地表反射的短波辐射的不确定性范围由 CMIP6 多模式模拟的年均低值以及多模式平均和 CERES 估算值给出，取 40～53 W・m^{-2}，而吸收的短波辐射由 CMIP6 多模式平均、CERES 和 ERA5 的估算值给出，为 175～196 W・m^{-2}。因此，大气中吸收的短波辐射为 72 W・m^{-2}，其不确定性范围仍由以上三种资料给出，为 69～77 W・m^{-2}。

由于再分析资料中的大气温度和湿度廓线很接近实际大气状况，因此可通过它估算较为准确的长波向下辐射通量，且因为其每天同化几次观测到的大气状态，因而也是估算地表出射的长波辐射的有效手段。因此，利用 ERA5 估算的年平均地表向下和向上长波辐射分别为 253 W・m^{-2} 和－347 W・m^{-2}，它们的不确定性范围参考本研究中不同资料的估算值，分别为 253～256 和 347～353 W・m^{-2}，从而计算出晴空地表净长波辐射为－94 W・m^{-2}。大气净长波辐射可通过 TOA 和地表净长波辐射来计算，为－156 W・m^{-2}。

参考 Kato 等(2018)提供的 CERES 最新版本产品的不确定性范围，再结合本研究基于 CERES 反演得到的地表各辐射的估算值(表 2.5)，对以上当前东亚陆地地区全天空和晴空条件下地表能量收支各分量的最佳估计值进行双重验证，结果表明，除了全天空条件下地表向下长波辐射的最佳估计值不在 CERES 不确定性范围内(约 3 W・m^{-2} 低于 CERES 不确定范围的低值)，其余各个分量均在 CERES 合理范围内。

此外，根据以上全天空和晴空条件下的估算结果，晴空条件下 TOA 入射的太阳辐射约 21.6%被大气吸收，剩下的约 56.9%被地表吸收，而在全天空条件下，大气和地表吸收的短波辐射分别占 TOA 入射辐射的约 23.1%和 41.6%，表明云的存在使得大气吸收更多的短波辐射(约 1.5%)，地表吸收更少的太阳辐射(约 15.3%)。

表 2.5　CERES-EBAF 产品反演的全天空和晴空条件下 1°×1° 区域月平均短波、长波和净辐射数据集的不确定性范围及其对应的 CERES 估算值(单位：W・m^{-2})

不确定性(1σ)	有云(即全天空)	晴空
SW_{down}(短波向下)	178±14	236±6
SW_{up}(短波向上)	36±11	45±11
SW_{net}(净短波)	142±13	191±13
LW_{down}(长波向下)	285±9	256±8
LW_{up}(长波向上)	354±15	353±15
LW_{net}(净长波)	69±17	97±17
$(SW+LW)_{net}$(净短波＋净长波)	73±20	95±20

2.2.1.5　云辐射效应(CRE)

根据以上研究获得的全天空和晴空条件下当前东亚陆地地区的能量收支平衡各分量的最佳估计值，可分离出云在能量收支平衡中所起的作用(全天空和晴空条件下各辐射分量的差值)。图 2.29 给出了 TOA、大气中和地表的长短波和净云辐射效应(CRE)的示意图，其中各个 CRE 对应的计算公式如下：

$$\text{TOA } SW \text{ CRE}=\text{TOA}_{\text{outgoing}}\, SW_{\text{all-sky}}-\text{TOA}_{\text{outgoing}}\, SW_{\text{clear-sky}}$$ ①

$$\text{TOA } LW \text{ CRE}=\text{TOA}_{\text{outgoing}}\, LW_{\text{all-sky}}-\text{TOA}_{\text{outgoing}}\, LW_{\text{clear-sky}}$$ ②

$$\text{TOA Net CRE}=\text{TOA } SW \text{ CRE}+\text{TOA } LW \text{ CRE}$$ ③

① TOA 短波云辐射效应＝有云条件下 TOA 反射的短波辐射－晴空条件下 TOA 反射的短波辐射

② TOA 长波云辐射效应＝有云条件下 TOA 出射的长波辐射－晴空条件下 TOA 出射的长波辐射

③ TOA 净云辐射效应＝TOA 短波云辐射效应＋TOA 长波云辐射效应

$$\text{地表 Net } SW \text{ CRE} = \text{地表 Net } SW_{\text{all-sky}} - \text{地表 Net } SW_{\text{clear-sky}}$$①

$$\text{地表 Net } LW \text{ CRE} = \text{地表 Net } LW_{\text{all-skey}} - \text{地表 Net SW}_{\text{clear-sky}}$$②

$$\text{地表 Net total CRE} = \text{地表 Net } SW \text{ CRE} + \text{地表 Net } LW \text{ CRE}$$③

$$\text{大气 } SW \text{ CRE} = \text{TOA } SW \text{ CRE} - \text{地表 Net } SW \text{ CRE}$$④

$$\text{大气 } LW \text{ CRE} = \text{TOA } LW \text{ CRE} - \text{地表 Net } LW \text{ CRE}$$⑤

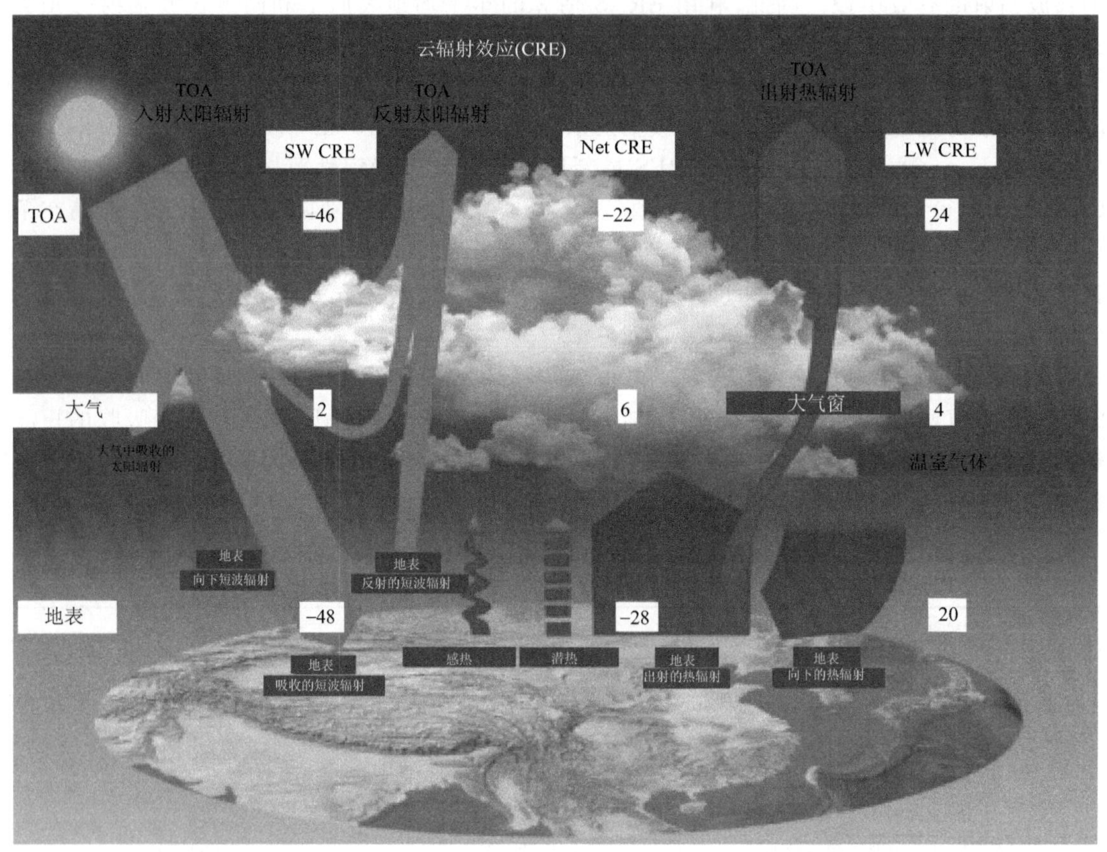

图 2.29　基于图 2.25 估算的当前全天空和晴空条件下东亚陆地平均能量收支各分量的年平均差值得到的 TOA、大气中和地表短波、长波和净(短波＋长波)云辐射效应(CRE)的年均值(单位:$W \cdot m^{-2}$)。

全天空和晴空条件下 TOA 反射的短波辐射分别为 $-118\ W \cdot m^{-2}$ 和 $-72\ W \cdot m^{-2}$，其偏差为 $-46\ W \cdot m^{-2}$，说明云的存在使得 TOA 少吸收了 $46\ W \cdot m^{-2}$ 的短波辐射，从而造成气候系统冷却。同样地，TOA LW CRE 可通过计算全天空和晴空条件下 TOA 出射的长波辐射之间的差异得到，为 $24\ W \cdot m^{-2}$，表明云使得气候系统增暖。因此，TOA net CRE 为 $-22\ W \cdot m^{-2}$，说明云的净效应导致气候系统冷却和能量损失。

① 地表净短波云辐射效应＝有云条件下地表净短波辐射－晴空条件下地表净短波辐射
② 地表净长波云辐射效应＝有云条件下地表净长波辐射－晴空条件下地表净长波辐射
③ 地表净云辐射效应＝地表净短波云辐射效应＋地表净长波云辐射效应
④ 大气短波云辐射效应＝TOA 短波云辐射效应－地表净短波云辐射效应
⑤ 大气长波云辐射效应＝TOA 长波云辐射效应－地表净长波云辐射效应

云的存在造成到达地表的短波辐射减少了 60 W·m^{-2}(由 234 W·m^{-2} 减少到 174 W·m^{-2})，而地表吸收的短波辐射又减少了 51 W·m^{-2}(190 W·m^{-2} 减少到 139 W·m^{-2})，因此地表 SW net CRE 为 -51 W·m^{-2}。有云情况下，地表向下长波辐射从 253 W·m^{-2} 增加到 273 W·m^{-2}，增加了 20 W·m^{-2}，又由于全天空和晴空条件下地表发射的长波辐射近似相等，因此地表 LW CRE 为 20 W·m^{-2}，地表增暖。地表 net CRE 则为 SW CRE 和 LW CRE 之和，为-28 W·m^{-2}，说明云对短波的影响更大。在大气中，云的存在使得吸收的短波和长波辐射分别增加了 5 W·m^{-2} 和 4 W·m^{-2}，从而造成大气 net CRE 为 9 W·m^{-2}。

将以上估算的 CRE 与 CMIP6 多模式模拟、CERES-EBAF 和 ERA5 对应的估算值进行对比。如图 2.30 给出了不同模式模拟的 TOA、大气中和地表的短波、长波和净 CRE 相对于多模式平均的年平均距平值，再结合表 2.3 给出的模式统计信息以及多模式平均、CERES 和 ERA5 对应的估算值。总体上，与长波 CRE 相比，多模式模拟的短波 CRE 在模式间具有较大的变化范围和标准偏差(图 2.30a；表 2.3)。其中，CERES 对应的估算值与参考 SW CRE 之间的偏差均在 1W·m^{-2} 之内，而 CMIP6 多模式平均和 ERA5 与其的偏差较大(表 2.3)。CMIP6 多模式平均和 CERES 估算的 TOA LW CRE 与参考值之间的偏差较小，而地表 LW CRE 却有较大的偏差，从而造成其大气 LW CRE 与参考值相反的符号(图 2.30b；表 2.3)。由于 ERA5 估算的地表 LW CRE 与参考值一样，且与 TOA LW CRE 的偏差在 3 W·m^{-2} 之内，因此其估算的大气 LW CRE 与参考值最接近，这主要是因为地表长波辐射的参考值采用了 ERA5 估算值(图 2.30b；表 2.3)。因此，不同资料估算的大气和地表 LW CRE 与参考值有较大误差的主要原因是地表长波辐射有较大的不确定性，这同样也是造成其 net CRE 有较大偏差的主要原因(图 2.30c；表 2.3)。

本研究利用不同的数据源来估算当前东亚陆地地区全天空和晴空条件下能量收支平衡的各个分量，主要包括地基(CMA 和 GEBA)和空基(CERES-EBAF)观测资料、气候模式(CMIP6)以及再分析资料(ERA5)，并进一步分析了该地区的云辐射效应。

TOA 各种辐射通量可通过 CERES EBAF 卫星反演产品精确地获取。其中，TOA 入射太阳辐射为 334 W·m^{-2}。在全天空和晴空条件下，TOA 反射短波辐射分别为-118 W·m^{-2} 和-72 W·m^{-2}，TOA 出射的热辐射分别为-226 W·m^{-2} 和-250 W·m^{-2}。全天空条件下地表向下地短波辐射主要根据 CMIP6 多模式模拟和地面观测资料(CMA 和 GEBA)来估算其最佳估计值为 174 W·m^{-2}；而晴空条件下地面太阳辐射则由于除中国外的东亚地区缺少地面观测资料，采用了 CERES EBAF 插值到对应的站点上，再结合 CMA 观测值与 CMIP6 多模式模拟结果，最终其最佳估算值为 234 W·m^{-2}。为了获取地表吸收短波辐射的估算值，则需要额外的辐射权重地表短波反照率信息。通过 CERES EBAF 反演的地表向上短波辐射和地表向下短波辐射的比值估算全天空和晴空条件下辐射加权地表短波反照率分别为 0.204 和 0.19。因此，结合以上估算的全天空和晴空条件下到达地表的短波辐射以及各自的辐射加权地表短波反照率，其地表反射的短波辐射分别为 35 W·m^{-2} 和 44 W·m^{-2}，地表吸收的短波辐射分别为 139 W·m^{-2} 和 190 W·m^{-2}。由于再分析资料中的大气温度和湿度廓线非常接近实际大气状况，因此可通过它估算较为准确的长波向下辐射通量，且因为其每天同化几次观测到的大气状态，因而也是估算地表出射的长波辐射的有效手段。因此，根据 ERA5 再分析资料估算全天空和晴空条件下地表出射的长波辐射为-347 W·m^{-2}，地表向下的长波辐射分别为 273 W·m^{-2} 和 253 W·m^{-2}。综合全天空和晴空条件下 TOA 和地表吸收的长短波辐射，估算大气中吸收的长短波辐射分别为−152 W·m^{-2} 和−156 W·m^{-2},77 W·m^{-2} 和 72 W·m^{-2}。全天空和晴空条件下大气吸收的太阳辐射占入射太阳辐射的百分比分别为 23.1%和 21.6%,其陆地表面吸收的太阳辐射占入射太阳辐射的百分比分别为 41.6%和 56.9%,表明云的存在使得大气多吸收了约 1.5%的短波辐射,地表少吸收了约 15.3%的太阳辐射。

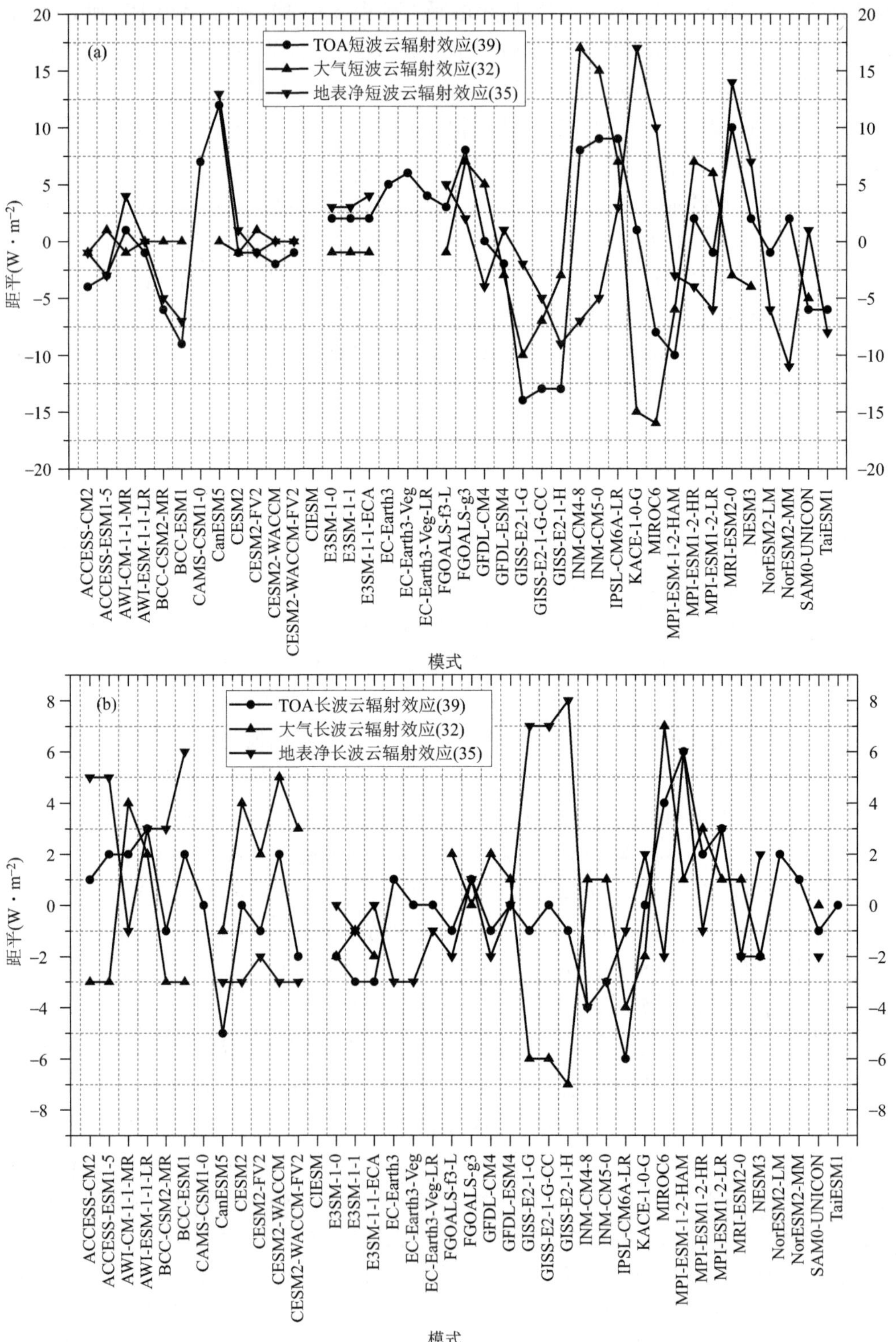

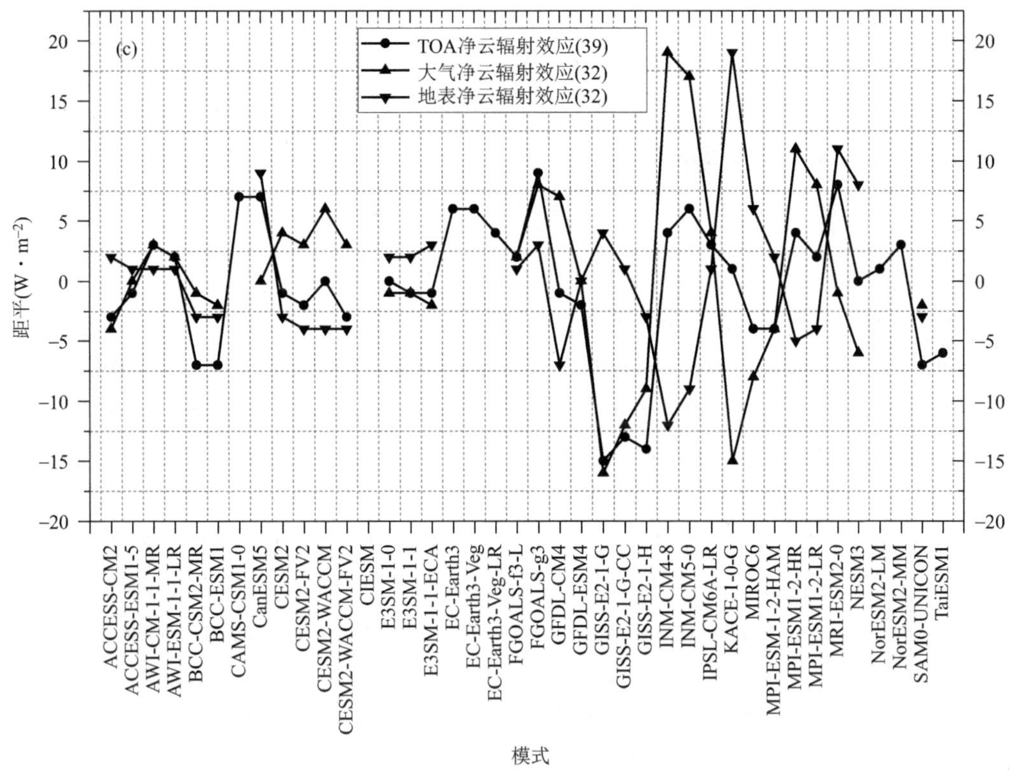

图 2.30　CMIP6 多模式模拟的东亚陆地平均 TOA(—●—线)、大气中(—▲—线)和地表(—▼—线)的(a)短波、(b)长波和(c)净 CRE 相对于多模式平均的年平均距平(单位:$W \cdot m^{-2}$)

根据地表吸收的短波辐射和损失的长波辐射的估算值,全天空和晴空条件下地表净辐射分别为 65 $W \cdot m^{-2}$ 和 96 $W \cdot m^{-2}$。将地表净辐射通量分配给潜热和感热通量主要取决于土壤水分和植被特征,具有很大的不确定性,这是由于缺少可信的地面或卫星观测资料造成的。本研究取 CMIP6 多模式平均和 ERA5 两种资料平均的潜热通量 40 $W \cdot m^{-2}$ 作为最佳估计值,再结合全天空地表净辐射的估计值,剩余感热通量的估算值为 25 $W \cdot m^{-2}$。同时,与平衡条件下的全球能量平衡相反,在陆地能量收支的评估过程中,TOA 出射的热辐射不需要与 TOA 吸收的短波辐射相平衡。因此,全天空条件下 TOA 损失了 10 $W \cdot m^{-2}$,这部分能量由区域外向东亚地区传输进行补偿;而晴空条件下 TOA 盈余的 12 $W \cdot m^{-2}$ 的能量将由东亚传输到区域外。

云的存在使得 TOA 少吸收了 46 $W \cdot m^{-2}$ 的短波辐射和增加了 24 $W \cdot m^{-2}$ 的长波辐射,从而 TOA net CRE 为−22 $W \cdot m^{-2}$,说明云的净效应导致气候系统冷却。有云情况下,地表吸收的短波辐射减少了 51 $W \cdot m^{-2}$,地表向下长波辐射增加了 20 $W \cdot m^{-2}$,因而地表 net CRE 为−31 $W \cdot m^{-2}$,说明云对短波的影响更大。在大气中,云的存在使得吸收的短波和长波辐射分别增加了 5 $W \cdot m^{-2}$ 和 4 $W \cdot m^{-2}$,从而造成大气 net CRE 为 9 $W \cdot m^{-2}$。将其与其他资料进行对比,发现其 SW CRE 与 CERES 对应估算值的偏差均在 1 $W \cdot m^{-2}$,而大气和地表 LW CRE 与其他资料有较大误差的原因是它们估算的地表长波辐射有较大的不确定性,从而造成其 net CRE 也有较大偏差。

总体上,本研究估算的当前全天空和晴空条件下东亚陆地地区能量收支平衡的各个分量,除了全天空地表向下长波辐射不在 CERES-EBAF 反演产品的不确定性范围之内，其余均在合理范围内。不同资料估算的能量收支各个分量仍然存在很大的不确定性，尤其是对地表能量收支的估算。下一步的研究工作需要结合更精确的资料来减少这种不确定性，重点对比分析不同大陆之间能量收支的差异情况。

2.2.2　中国地区地表太阳辐射的变化及归因

作为全球能量平衡系统中的重要组成部分，到达地表的太阳辐射(surface solar radiation，SSR)被认为是地球生物的主要能量来源。它能对地表温度、大气环流、水循环、植物的光合作用和碳吸收等均产生重要影响，从而在很大程度上决定地球的气候条件和生态环境(Pinker et al.，2005；Wild et al.，2005；Wild，2009)。然而，这个量在年代际时间尺度上并不是一成不变的，相反地，自 20 世纪 50 年代以来，全球很多地区的 SSR 经历了显著的年代际变化，20 世纪 80 年代前首先呈现减少的趋势，随后表现出增加的趋势，这种现象通常被称为"全球变暗"和"变亮"(Stanhill 和 Cohen 2001；Wild et al.，2005；Wild，2009，2012)。前人将 SSR 的变化归因于云和气溶胶的变化，但它们的相对重要性主要取决于气象条件和空气的污染程度(Wild，2009，2012)。本研究基于不同卫星产品反演的各种潜在影响因子的长期观测事实，利用 BCC_RAD 辐射传输模式，探究 2005 年之后(2005—2018)造成中国地区变亮现象的可能因子。然后，将这些影响因子在该时间段每年的年平均和季节平均值输入到辐射传输模式中计算它们各自对 SSR 的影响大小，并重点探讨不同类型云量对 SSR 变化的影响。

本研究使用的 99 个中国地区地面观测的月平均辐射站点数据来自 CMA，且该数据经过了严格的质量控制(Yang et al.，2018；2019)。2005—2018 年中国地区全天空、晴空、全天空不包含气溶胶以及晴空不包含气溶胶条件下月平均 SSR 数据来自 CERES SYN1deg Ed4.1 反演产品，其分辨率为 1°×1°。气溶胶光学厚度(AOD)数据来自 MODIS/Aqua MYD08_M3 产品。大气温度、水汽、臭氧数据来自 AIRS/Aqua(Atmospheric Infrared Sounder)Version 6 L3 卫星标准产品和 MERRA2 再分析资料，并将上述数据输入到辐射传输模式 BCC_RAD 中进行计算(表 2.6)。

表 2.6　输入到 BCC_RAD 辐射传输模式中的大气廓线参数

变量	数据源	时空分辨率	维数	高度层范围
水汽 臭氧，大气温度 一氧化碳，甲烷	AIRS L3	1°×1°/月	层，纬度，经度	1000～100 hPa 1000～1 hPa 1000～0.1 hPa
水汽 臭氧，大气温度	MERRA2	1°×1°/月	层，纬度，经度	100～0.1 hPa 1～0.1 hPa
地表反照率 地表气压 2 m 温度 地表温度	ERA-Interim	1°×1°/月	纬度，经度	None
太阳天顶角 水云/冰云有效半径 550 nm 处的气溶胶光学厚度	MODIS/Aqua	1°×1°/月	纬度，经度	None

续表

变量	数据源	时空分辨率	维数	高度层范围
液水含量/冰水含量	CloudSat	2.8°×2.8°/日	纬度,经度	None
总云量/高云量/中高云量/中低云量/低云量	CERES SYN1deg	1°×1°/月	纬度,经度	None

利用 BCC_RAD 计算 2005—2018 年中国地区云量对 SSR 变化的影响时,我们只改变每年不同类型云量的年和季节平均参数,而大气廓线中的所有其他参数在模式中分别取其多年/季节平均值(这里没有气溶胶相关参数的输入)。同样,在研究 AOD、水汽和 O_3 对 SSR 变化的影响时,只有这些参数的年平均值每年发生变化(没有云相关参数的输入)。此外,模式中高云量(HCC)、中高云量(mid-HCC)、中低云量(mid-LCC)和低云量(LCC)的垂直高度分别设置为 8 km,6~7 km,4~5 km 和 1~3 km(杨冰韵 等,2014),而气溶胶主要位于对流层,尤其是 2 km 以下的高度。然而,MODIS AOD 数据不能直接输入到模式中,因为它是垂直大气柱上的一个积分变量。由于缺乏较为精确的不同种类气溶胶在垂直层的浓度和光学厚度的数据,每种气溶胶在对流层每层所占的权重借鉴 NICAM 模式输出的 2006 年气溶胶浓度和气溶胶光学厚度数据(Dai et al.,2018)。因此,需要注意的是,本研究中不同种类气溶胶的 AOD 垂直权重廓线并没有随时间变化。

为了定量计算 2005—2018 年中国地区不同影响因子(云、气溶胶、水汽、臭氧等)的长时期变化分别对 SSR 的直接影响,本研究将 2005—2018 年共 14 年每年年平均和季节平均高、中、低云量、AOD、水汽和 O_3 的实际变化,同时结合对应的多年年平均和季节平均太阳天顶角和地表反照率数据,将它们分别输入到 BCC_RAD 辐射传输模式中进行计算。本研究采用相对趋势百分比的概念(如公式(2.2.1)所定义),以避免各种假设造成的绝对值差异。

$$\text{相对趋势百分比}_k = \frac{\text{Trend}_k}{\sum \text{abs}(\text{Trend}_i)} \times 100\% \tag{2.2.1}$$

其中,下标 i 和 k 代表某个影响因子造成的 SSR 变化,分母分别表示模拟的 TCC(总云量)、AOD、水汽和 O_3 造成的 SSR 变化的绝对值的加和,或 CERES 反演的不同条件下(全天空不包含气溶胶、晴空、晴空不包含气溶胶)SSR 变化的加和,或者在计算不同类型云量的相对贡献时,HCC、mid-HCC、mid-LCC 和 LCC 引起的 SSR 变化的加和。

本研究中的所有趋势均根据函数 $y(x) = a + b \cdot x$,并采用最小二乘法进行线性拟合,其中 b 为趋势项:

$$b = \frac{\sum_{i=1}^{n}(x_i - \bar{x})(y_i - \bar{y})}{\sum_{i=1}^{n}(x_i - \bar{x})^2} \tag{2.2.2}$$

其中 n 为序列的长度,x_i (y_i) 和 $\bar{x}$ ($\bar{y}$) 分别为第 i 个变量和变量 x (y)的平均值。b 的正/负值表示增加/减少的趋势,b 的绝对值表示趋势的大小。此外,本研究采用了 5%或 10%显著性水平对回归系数进行 t 检验。

因此,由于缺乏不同种类气溶胶 AOD 垂直权重廓线年际变化,本研究基于辐射传输模式重点模拟不同类型云量相对所有类型云量引起的 SSR 变化的相对贡献程度,并选取了四个典型的区域进行更详尽的分析。

本研究定义中国地区为17°—55°N,72°—136°E。春季、夏季、秋季和冬季分别代表3—5月(MAM)、6—8月(JJA)、9—11月(SON)和12—2月(DJF)。

请注意本研究对中国不同地区的命名规则,特别是经度大于97°E左右的地区被认为是中国的东半部地区,其余地区被认为是中国的西半部地区。其他地区,如中国的东部、东北部、南部、西南部等,仍然遵循最常见的命名规则。

2.2.2.1　结合卫星观测资料对地表太阳辐射的变化趋势及可能原因进行分析

图2.31显示了卫星资料反演的2005—2018年中国(东部)地区全天,晴空,全天不包含气溶胶和晴空不包含气溶胶条件下SSR的年平均变化趋势。这几种条件下SSR的变化分别代表了所有因子(云、气溶胶、气体)、气溶胶与气体、云与气体和气体对SSR变化的影响。由图2.31a可知,2005—2018年期间全天条件下年平均SSR在西藏西部和中国东部大部分地区呈现出增加的趋势,其中增加最显著的地区位于西藏西部,其次是内蒙古中部、辽宁、四川东部、陕西南部、河南和山东地区,最大增加值分别约为1.2 W·m^{-2}·a^{-1}和0.6 W·m^{-2}·a^{-1}。然而,在青藏高原东部、广东和广西、贵州和浙江等地区年平均SSR却呈现出并不显著的减少趋势,最大减少趋势出现在青藏高原东部,数值可达到0.89 W·m^{-2}·a^{-1}。

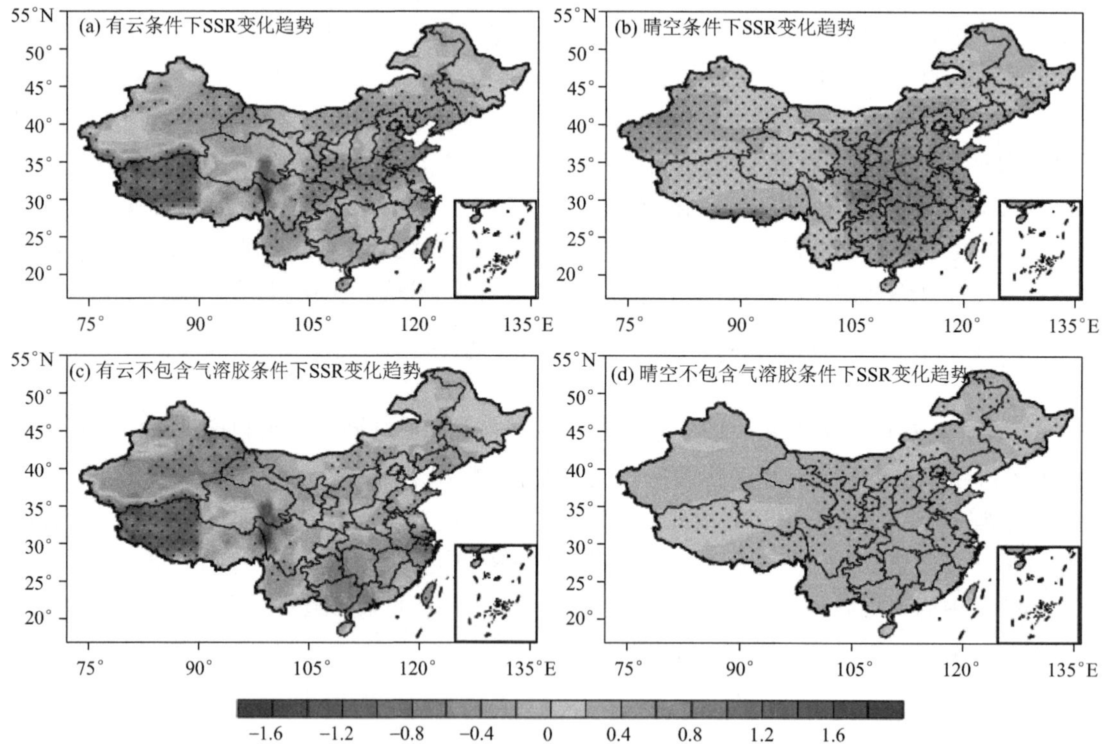

图2.31　2005—2018年中国地区(a)全天空,(b)晴空,(c)全天不包含气溶胶和(d)晴空不包含气溶胶条件下SSR的年平均变化率(单位:W·m^{-2}·a^{-1})

(图中的黑点代表t检验通过90%信度水平)

气溶胶和气体造成2005—2018年期间中国大部分地区年平均SSR呈现出显著的增加趋势,增加值约为0.55 W·m^{-2}·a^{-1}(图2.31b)。这主要归功于近年来中国地区实施了一系列减排措施，造成中国大部分地区气溶胶光学厚度的显著减少(图 2.32b)，减少最显著的地区位于四川东部和中国中部地区，数值基本大于 0.024 a^{-1}。

如图 2.31c 所示，云和气体造成该时期青藏高原东部，中国南部、陕西北部和山西等地区年平均 SSR 减少(减少均值约为 0.4 $W \cdot m^{-2} \cdot a^{-1}$)，云南、四川东部、陕西南部、河南和山东一带，西藏西部、内蒙古和东北大部分地区 SSR 增加(增加值略大于 0.2 $W \cdot m^{-2} \cdot a^{-1}$)，但这种变化趋势除西藏西部地区外(1.3 $W \cdot m^{-2} \cdot a^{-1}$)均不显著。根据 CERES SYN1deg 资料，总云量的年平均变化基本能解释全天不包含气溶胶情况下年平均 SSR 的变化趋势，如中国南部地区总云量的显著增加(最大增加值能达到 0.008 a^{-1})对应着该区域 SSR 的减少，而中国北部大部分地区总云量的减少(减少值基本在−0.004 a^{-1} 左右)对应着 SSR 的增加。

气体造成中国地区 SSR 的变化除个别地区外，大部分地区 SSR 呈现出减少的趋势，减少值约为 0.05 $W \cdot m^{-2} \cdot a^{-1}$(图 2.31d)。水汽和臭氧是气体对 SSR 的影响中最重要的两个影响因子。水汽虽然在大气中所占比例很小(仅为 0.1%～3%)，但其吸收带主要在红外区，几乎覆盖了大气和地面长波辐射的整个波段，而臭氧对可见光和紫外辐射的影响较大，因而水汽和臭氧在大气辐射传输过程中起着非常重要的作用。根据图 2.32c 和图 2.32d 所显示的水汽和臭氧垂直变化率分布来看，2005—2018 年期间中国地区整个对流层水汽呈现出增加的趋势，且在对流层低层增加最为显著，最大增加值可超过 90 $ppmv \cdot a^{-1}$①；而该时期臭氧在对流层以增加为主(增加值低于 0.001 $ppmv \cdot a^{-1}$)，在平流层以减少为主(最大减少值能达到 0.018 $ppmv \cdot a^{-1}$)。因此，理论上该时期中国地区水汽的变化造成 SSR 的减少，而臭氧造成 SSR 以增加为主。将其变化与气体对 SSR 的影响进行对比，发现水汽对 SSR 的影响要大于臭氧的影响。

总体上，云和气溶胶对中国不同地区 SSR 变化的影响明显不同。根据以上的趋势分析结果，云和气溶胶变化是中国北部和东北部大部分地区全天空 SSR 显著增加的主要原因，且从区域平均来看，气溶胶起了更重要的作用。然而，云造成中国南部、山西北部和山西的 SSR 呈现相反的变化趋势。此外，本研究还表明云和气溶胶是造成 SSR 变化的主要因子，而水汽和 O_3 的贡献较小，这与 Yang 等(2019)得出的结论一致。

2.2.2.2　模式与观测资料的对比分析

值得注意的是，辐射传输模式对高海拔地区(如西藏等地区)的模拟会有一定的偏差，因而研究重点放在中国东部地区。图 2.33 将辐射传输模式计算出的各种影响因子(如总云量、AOD、水汽和臭氧)造成 SSR 的变化相对于所有影响因子的相对百分比与 CERES SYN1deg 反演的云和气溶胶分别造成 SSR 的变化相对于云，气溶胶和气体造成 SSR 总变化的相对百分比进行比较。由图 2.33a～d 可以看出，2005—2018 年期间年平均总云量和气溶胶光学厚度(AOD)的变化引起的 SSR 变化所占的百分比远大于水汽和臭氧浓度变化所造成的 SSR 变化百分比，这与上一节利用卫星观测资料分析的结果一致。在利用辐射传输模式估算总云量的直接效应对 SSR 变化的影响时，是通过同时将 CERES 卫星资料的低、中低、中高和高云量的年均值输入到模式中进行计算的。因此，模式输出的总云量造成的 SSR 变化趋势与 CERES 总云量的变化趋势在个别地区存在一定差异(图 2.33a 和图 2.32a)，尤其是中国东南部沿海地区。此外，再将辐射传输模式模拟的总云量和 AOD 造成 SSR 变化相对百分比(图 2.33a 和

① ppmv：10^{-6} 体积分数，即百万分之一体积。下同。

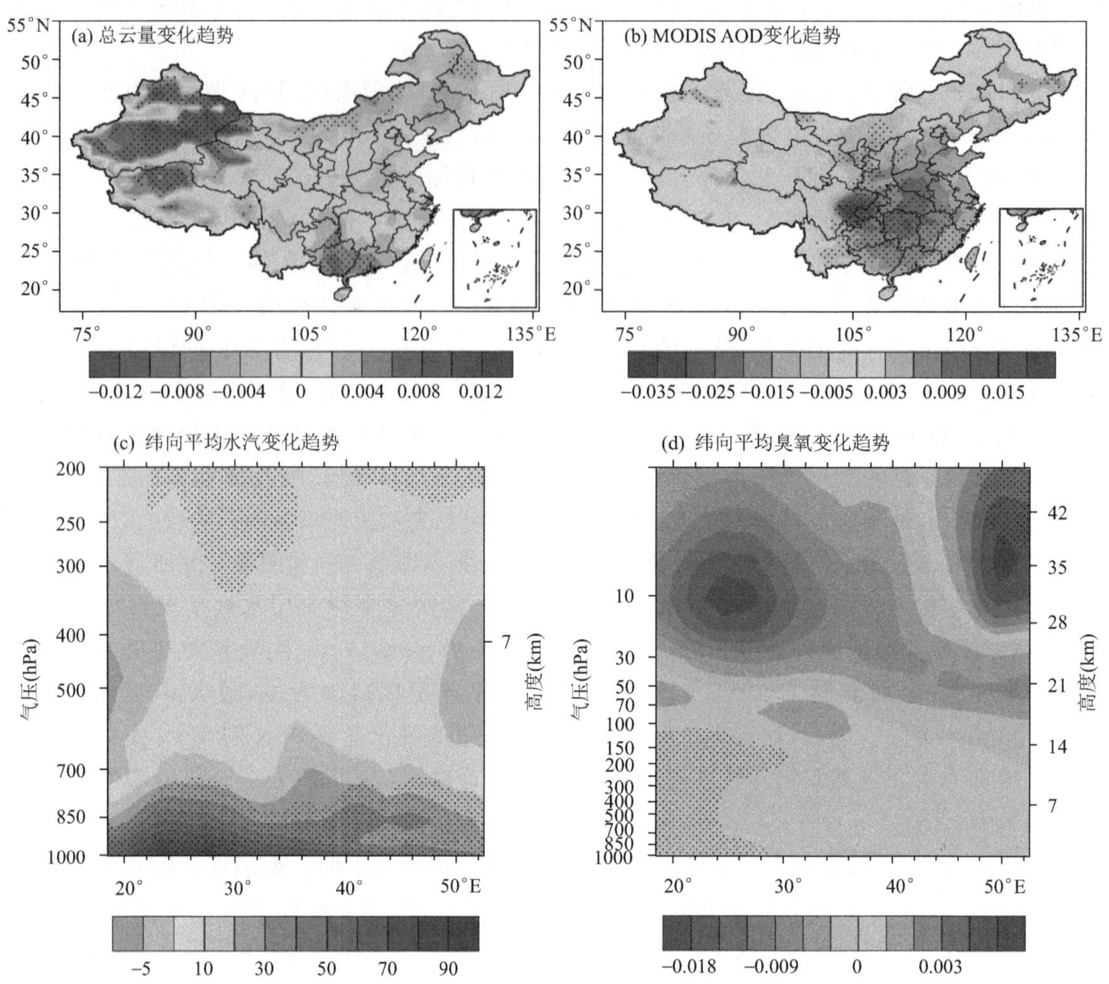

图 2.32 2005—2018 年期间 (a)CERES 反演的中国地区 TCC (单位:a^{-1})、(b)MODIS 反演的 AOD(单位:a^{-1})、AIRS 和 MERRA2 集合产品获得的纬向平均(c)水汽(单位:ppmv・a^{-1}) 和(d)臭氧浓度(单位:ppmv・a^{-1})

(图中的点代表该趋势 t 检验通过了 95%显著性水平)

b)与 CERES 云和气溶胶造成 SSR 变化的相对百分比(图 2.33e 和 2.33f)进行对比,从空间分布来看,模式模拟的 AOD 造成 SSR 变化的贡献分布比总云量造成 SSR 变化的贡献更接近 CERES 反演的百分比分布(这是因为 CERES 反演的 SSR 的算法中用到的气溶胶资料来自 MATCH AOD 在 550 nm 和 840 nm),而从数值上来看,模式模拟的 AOD 对 SSR 变化的贡献比观测要大,主要原因是由于辐射传输模式是个单柱模式,并不包含气溶胶的间接效应和半直接效应,且没有改变输入模式中进行计算的每年每种气溶胶浓度的权重。与观测资料相比,模拟的总云量对 SSR 变化的贡献在陕西、山西以及中国南部等地区表现较差,这是由于观测到的云对 SSR 的影响包含了云的宏微观物理性质对 SSR 的影响,而模式中仅仅是云量对其的影响。总体上,辐射传输模式基本能模拟出总云量和 AOD 对中国地区 2005—2018 年期间 SSR 变化的影响。由于缺乏区域气溶胶垂直浓度分布的长时期变化数据,本研究重点探究不同类型的云量对中国地区该时期地面 SSR 变化的贡献。

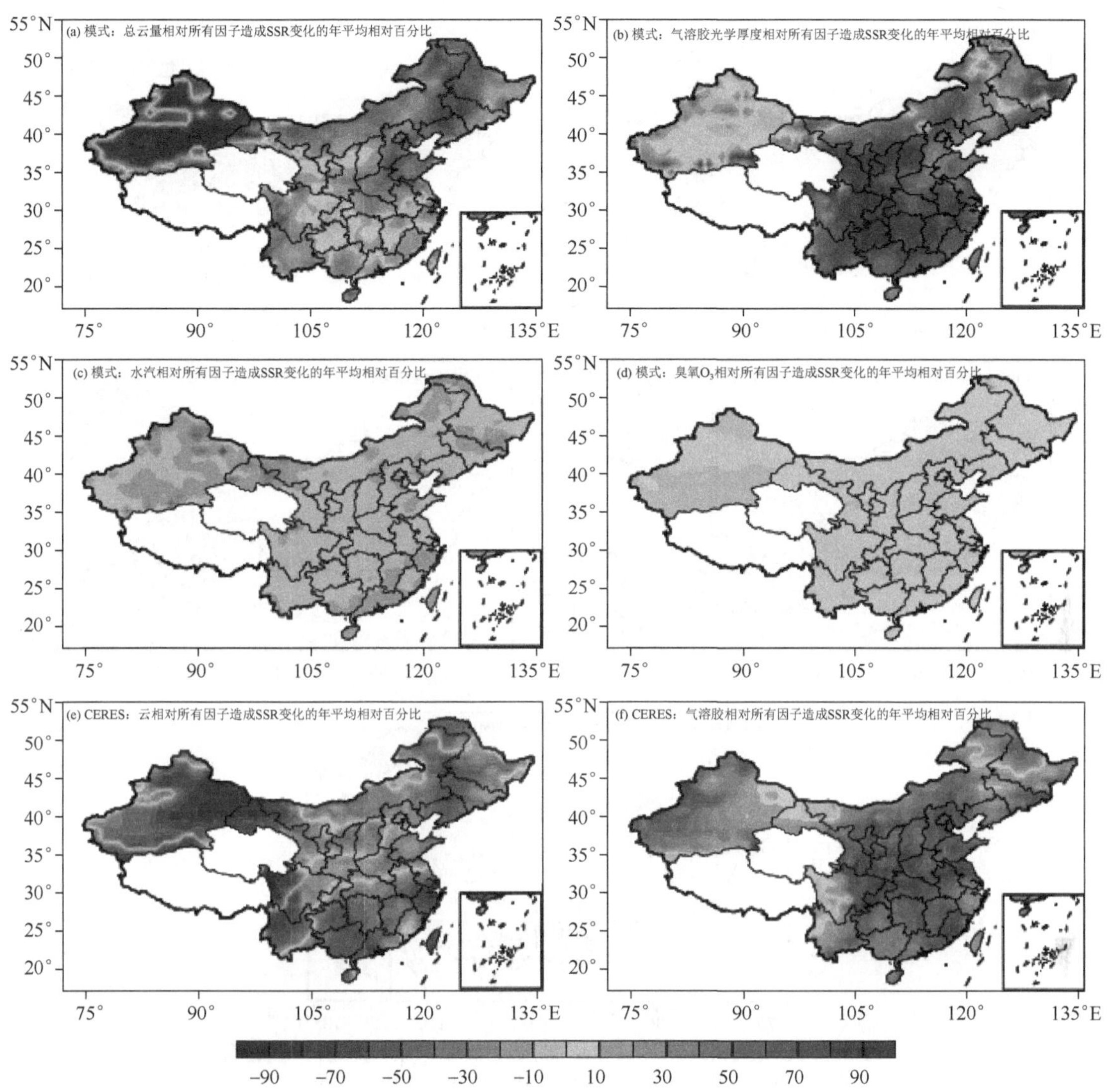

图 2.33　模拟的 2005—2018 年期间中国地区 (a)总云量,(b)AOD,(c)水汽和(d)O_3 的相对所有因子造成 SSR 变化的年平均 SSR 相对趋势百分比,及其同时间段 CERES 反演的(e)云和(f)气溶胶相对所有因子造成 SSR 变化的百分比 (%)

2.2.2.3　利用辐射传输模式研究不同类型云量变化对 SSR 变化的年和季节平均贡献

图 2.34 为模式模拟的 2005—2018 年期间中国地区不同类型云量的年平均变化造成 SSR 变化相对于总云量引起 SSR 变化的百分比以及总云量年平均变化造成 SSR 变化相对于所有因子变化造成 SSR 变化的百分比分布。高云量尤其是低云量的变化(图 2.34a 和图 2.34d)是引起总云量造成模拟的中国北部地区年平均 SSR 增加(图 2.34e)的主要原因,而中高和中低云量除个别地区外则基本起了相反的作用(图 2.34b 和图 2.34c)。然而,模拟的总云量造成中国南部地区 SSR 的减少(图 2.34e)主要来自高云,中高,尤其是中低云的贡献,而低云起了相反的作用(图 2.34)。

由于受到下垫面和气象条件等因素影响,云量在不同地区的分布不均匀,且呈现出显著的季节性变化特征,因而不同地区和不同季节云量对 SSR 变化的贡献也不尽相同。类似地,对

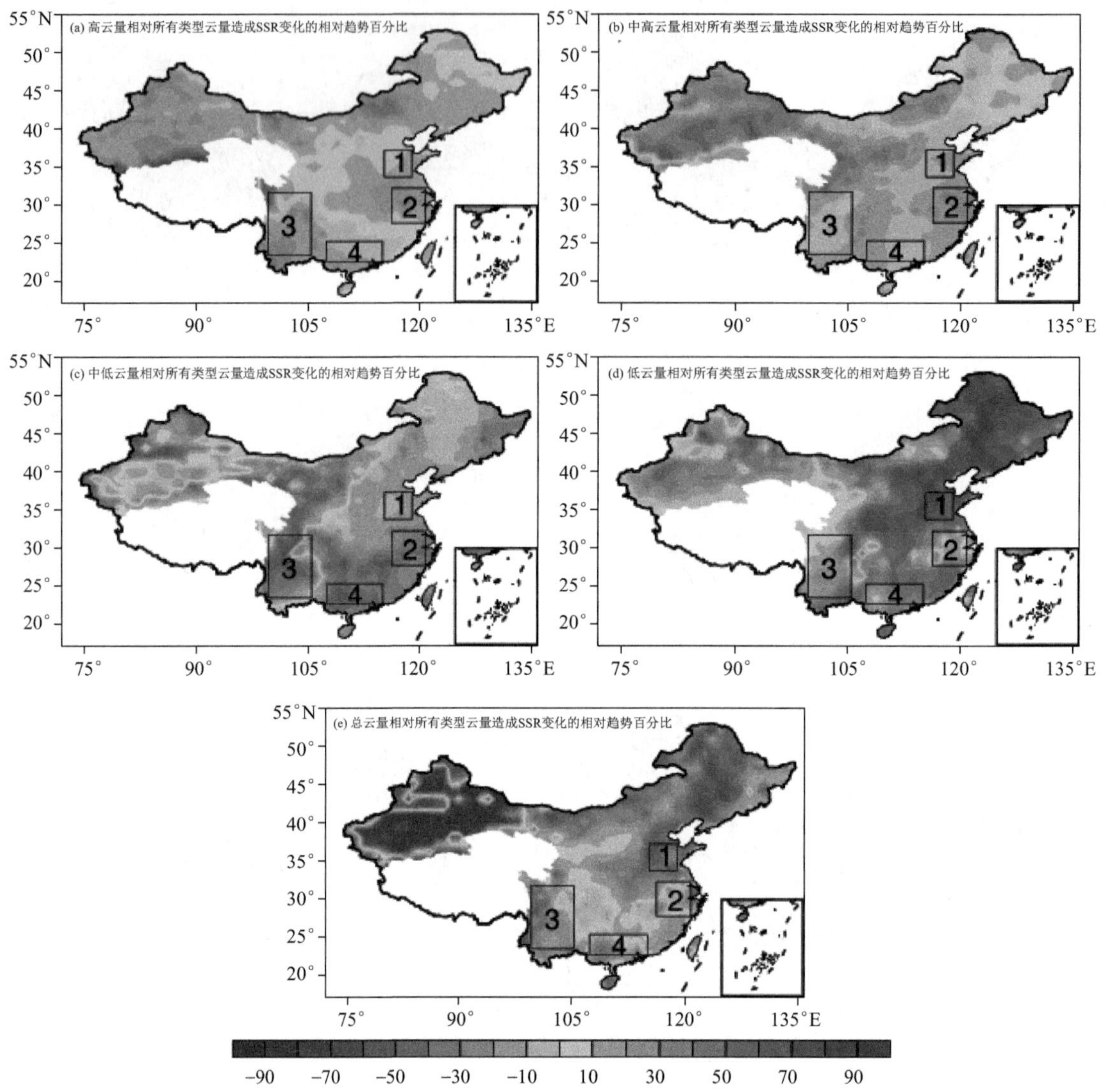

图 2.34　模拟的 2005—2018 年期间中国地区(a)HCC,(b)mid-HCC,(c)mid-LCC 和(d)LCC 相对所有类型云量造成 SSR 变化的相对趋势百分比(%)以及(e)总云量相对所有因子造成 SSR 变化的相对趋势百分比(%)

(图中的矩形框分别代表四个子区域,即①华北平原、②华东地区、③西南地区和④华南地区,其纬度范围分别为 34°—38°N、27.5°—32.5°N、23°—32°N、和 22.5°—25.5°N,经度范围分别是 115°—119°E、116°—121°E、99°—105°E 和 107°—115°E)

于其季节贡献(图略),低云量的变化无疑是中国东半部地区全年总云量引起的 SSR 变化的主要原因,且在冬季尤为显著。除了中国中部和东部的春季,高云量总体上对 SSR 变化有正贡献。有趣的是,除了春季,中低云量的贡献总体上与低云量的贡献相反。然而,与其他云类型相比,该研究区域中高云量呈现出更不规律的贡献,这可能是由于大气中混合相态云具有更加复杂的加热和冷却作用引起的。

为了详细分析某些特定区域云量引起 SSR 的变化主要来自哪种类型云的贡献,本研究选取了 4 个典型的子区域(区域位置如图 2.34 所示,1～4 分别代表华北平原、华东地区、西南地区、华南地区)，分别计算不同种类云量的年平均和季节平均贡献。如图 2.35a 所示，华北平原地区总云量造成年平均和季节平均 SSR 的增加在很大程度上是由于低云量的减少造成的，且低云量对其的贡献基本都达到 60%以上，在夏季低云的贡献甚至达到了 74%。整体上，华北平原不同类型云量的贡献作用在年平均和季节平均时间尺度上基本一致，低云和高云总是正的贡献，中低云是负的贡献，中高云除夏季外均为负的贡献，且在秋季贡献达到最大，约 73%。不同类型云量对春季和秋季平均总云量造成 SSR 变化的贡献与年平均分布相似，不同的是秋季中高云的贡献远大于春季。夏季和冬季不同类型云的正负贡献类似，但高云和中高云在夏季的贡献略小于冬季，且中低云在夏季的贡献也比冬季略高。

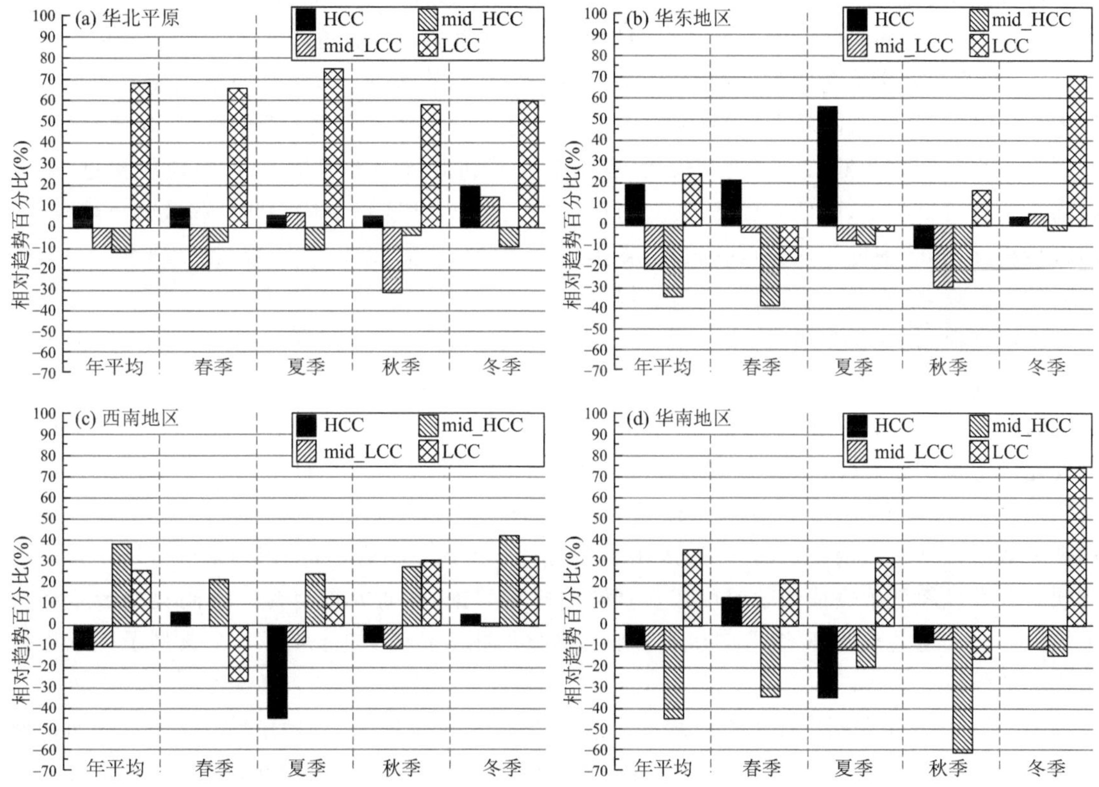

图 2.35　模拟的 2005—2018 年中国 4 个子区域年平均和季节（MAM,JJA,SON,DJF）平均 HCC、mid-HCC、mid-LCC、LCC 相对所有类型云量造成 SSR 变化的相对趋势百分比（%）

[4 个子区域的经纬度范围分别是(34°—38°N,115°—119°E),(27.5°—32.5°N,116°—121°E),(23°—32°N,99°—105°E),和(22.5°—25.5°N,107°—115°E)]

(a) 华北平原,(b) 华东地区,(c) 西南地区,(d)华南地区

对于华东地区，不同类型云量的贡献在不同时间尺度上的差异非常明显(图 2.35b)。在年平均时间尺度上，高云和低云的贡献为正，中高云和中低云的贡献为负，且中低云的负贡献比其他类型云量的贡献大。春季以中低云的负贡献为主，其次是低云，高云的贡献为正，中高云的贡献不明显。夏季高云的正贡献达到了 56%，中高云、中低云和低云有不明显的负贡献。秋季，中高云和中低云的负贡献较为明显，高云次之，低云略有相反的贡献。冬季，高云、中高云和中低云的贡献均不明显，低云的正贡献非常大，达到了 70%。

如图 2.35c 所示，西南地区不同类型云量的贡献总体上比较一致，年平均和秋季平均贡献较为相似，均是中低云和低云的正贡献较为明显，高云和中高云负贡献较小。春季主要以中低云的正贡献和低云的负贡献为主，其次是高云的正贡献。夏季较为明显的是高云的负贡献，其次是中低云和低云的正贡献。冬季，所有类型云量均为正贡献，其中中低云和低云最为明显。

华南地区最显著的特征是中低云在不同时间尺度上均产生了负贡献，低云除秋季外，均为正贡献(图 2.35d)。该地区在年平均尺度上，中低云的负贡献大于低云的正贡献，同时高云和中高云也产生了较小的负贡献，因而华南地区年平均总云量造成 SSR 减少。春季除中低云外，其他类型云量均为正贡献，而夏季除低云外，其他类型云量尤其是高云量产生较大的负贡献。秋季所有类型云量均产生负的贡献，其中中低云的负贡献最为明显，达到了 60%。冬季低云造成的正贡献非常大，可达到 74%，而其他类型云量的贡献非常小。

总体上，从不同时间尺度方面和不同地区来看，华北地区无论在年平均还是季节平均尺度上，低云量都有着非常高的正贡献，其次是中高云和高云的贡献。夏季华东地区高云的正贡献较大，冬季低云的正贡献较大，春夏季以中低云和低云的负贡献为主。西南地区，年平均，秋季和冬季平均中低云和低云的正贡献较大，春季中低云和低云的贡献相反，但数值较接近，夏季以高云的负贡献为主，中低云和低云的正贡献次之。华南地区年平均中低云和低云贡献较大，但符号相反，春季中低云的负贡献较大，夏季高云和低云贡献较大，但符号相反，秋季主要是中低云的负贡献，冬季主要来自低云的正贡献。

本研究根据 CERES SYN1deg 卫星观测资料的 2005—2018 年期间全天、晴空、全天不包含气溶胶、晴空不包含气溶胶条件下 SSR 的变化，再结合该时期造成这种变化的可能影响因子(如云、气溶胶、水汽、和臭氧)的实际观测资料，初步判断造成 2005 年之后中国地区 SSR 发生变化的主要因子。然后，在此基础上将这些因子的年平均值分别输入到一个单柱辐射传输模式 BCC_RAD 进行模拟计算其直接效应造成 SSR 的变化程度。本研究为了降低模拟结果和观测数据在绝对值上存在的差异，采用了相对百分比这个概念，将模拟结果进行均一化。由于缺乏各类气溶胶浓度或光学厚度在垂直层的权重数据，本研究重点探究不同类型云量相对于模拟的总云量造成 SSR 年平均和季节平均变化的相对贡献，并选取了 4 个典型子区域进行更详细地分析。

2005—2018 年期间中国大部分地区全天条件下 SSR 呈现出增加的趋势，其中西藏西部地区增加最为显著，主要是由于云的减少造成的。中国北部大部分地区 SSR 的增加主要是云和气溶胶的共同减少造成的，部分地区气溶胶的贡献更大。云量的增加是引起中国南部地区 SSR 减少的主要原因。研究还表明，云和气溶胶是造成该时期年平均 SSR 发生变化的主要原因，水汽次之，臭氧变化的影响最小。

将 2005—2018 年云、气溶胶、水汽和臭氧的每年年均值输入到辐射传输模式中模拟它们分别对 SSR 的影响，并与观测的云和气溶胶的影响进行比较。结果显示，模拟的气溶胶相对于总影响因子造成 SSR 变化的百分比与观测的气溶胶引起的 SSR 变化的百分比的分布基本一致，但模拟的气溶胶的影响更大一些，这是由于模式中只考虑了气溶胶的直接作用。此外，模拟的云量对 SSR 的影响与观测结果相比，在个别区域存在偏差，尤其是中国南部地区。造成这种差异的原因除了模式数据输入与大气实际情况的差异，还有模式只考虑了直接作用。但是，总体上模式模拟的云和气溶胶对 SSR 变化的影响大体和观测资料一致。

由于缺乏精确的区域气溶胶浓度或光学厚度在垂直层分布的数据，本研究重点讨论该时期不同类型云量对模拟的总云量引起 SSR 年平均和季节平均变化的贡献程度，并选取了 4 个子区域进行详细分析。研究表明,不管在年平均还是季节平均时间尺度上,华北平原模拟的云量造成 SSR 的增加均主要来自低云量的正贡献作用,且其贡献大体超过 60%,其中秋季 SSR 的增加值较其他季节低,这是由于中高云在秋季的负贡献较大。对于华东地区模拟的云量对 SSR 的影响,除夏季和冬季平均云量造成 SSR 的增加,年平均和春秋季平均云量均引起 SSR 的减少。夏季云量造成 SSR 的增加主要是高云的正贡献,冬季则是来自低云的正贡献。秋季云量造成 SSR 的减少主要是由于中高云和中低云的负贡献,春季则是由于中低云和低云的负贡献。年平均云量造成 SSR 的减少主要来自中低云的贡献。西南地区除中高云外,其他类型云量的贡献较为均衡。年平均云量引起 SSR 的增加主要来自低云尤其是中低云的正贡献。春季云量造成 SSR 的变化主要来自中低云和低云相反的贡献。夏季云量造成 SSR 的减少主要由于高云量的负贡献。秋冬季云量造成 SSR 的增加主要是由于中低云和低云的正贡献。华南地区云量造成年平均 SSR 的减少主要来自中低云的贡献,低云起了相反的作用。春季和秋季云量造成 SSR 的减少主要来自中低云的负贡献。夏季云量引起 SSR 的减少主要因为高云、中高和中低云的共同负贡献超过了低云的正贡献。冬季云量造成 SSR 的增加主要是由于低云的正贡献,达到了 74%。

总体上,模拟的 2005—2018 年期间中国地区不同类型云量相对所有类型云量造成 SSR 变化的贡献主要取决于不同的区域和季节条件。在中国大部分地区,高云量通常在夏季对 SSR 变化的贡献较大,这可能与该季节的深对流活动有关。然而,低云量和中低云量几乎主导了全年中国大部分地区 SSR 的变化。

2.3　东亚地区不同因子对辐射收支和温度的影响

2.3.1　源排放对中国地表辐射收支的影响

2.3.1.1　模拟和观测的中国地表太阳辐射趋势对比

太阳辐射是地球气候系统最主要的能量来源,是天气、气候系统形成和演变的基本动力,也是影响生态环境演变的主要因子(Wild et al.,2005)。太阳辐射在到达地球表面的过程中受大气中的大气成分、云量、水汽含量等的影响,从而造成到达地面的太阳辐射发生变化(Kim 和 Ramanathan,2008; Wild,2009)。照射在地球表面的太阳辐射是地表辐射收支的重要组成部分,对许多陆面过程起非常重要的影响,如:陆表蒸散、表面变暖率、冰川消融、陆地碳吸收、植物光合作用等(Mercado et al.,2009; Wang 和 Dickinson,2013),它在很大程度上决定了我们栖息地的气候条件(Wild,2012)。气候模式能否再现地表太阳辐射的趋势是其是否能以正确的方式重现历史气候演变的一个重要表征。

图 2.36 给出了基于经过均一化处理后的中国气象局站点观测数据得到的全天和晴空条件下,1961—2014 年均地表太阳辐射距平的时间序列变化。过去几十年,中国经历了显著的地表太阳辐射年代际变化。1960 年代以来中国年均地表太阳辐射整体上呈现为下降趋势,但是不同年代间地表太阳辐射的趋势具有显著差异,大致可分为三个阶段:第一阶段为 1961—1985 年,中国年均地表太阳辐射呈现为显著的年代际下降,全天和晴空条件下的趋势分别达到$-9.6\ \mathrm{W \cdot m^{-2} \cdot (10\ a)^{-1}}$和$-12.3\ \mathrm{W \cdot m^{-2} \cdot (10\ a)^{-1}}$;第二阶段为 1986—2005 年,中国

年均地表太阳辐射仍在持续下降，但趋势明显放缓，全天和晴空条件下趋势分别为 -1.5 W·m^{-2}·(10 a)$^{-1}$ 和 -3.5 W·m^{-2}·(10 a)$^{-1}$；第三阶段为 2006—2014 年，无论是全天还是晴空条件下，中国年均地表太阳辐射趋势均出现年代际的反转，其趋势分别为 $+2.5$ W·m^{-2}·(10 a)$^{-1}$ 和 $+5.9$ W·m^{-2}·(10 a)$^{-1}$。从图 2.36 还可以清楚地看到，晴空条件下 1961—2005 年中国地表太阳辐射的下降趋势和 2006—2014 年的上升趋势均明显强于全天条件下的结果。因为晴空下地表太阳辐射主要受气溶胶的影响，所以图 2.36 的结果充分说明了大气气溶胶浓度的变化是 1961—2014 年间中国变暗和变明的主要驱动力。然而，不同时期云辐射的变化均起了部分抵消气溶胶影响的作用(Yang et al.，2019)。

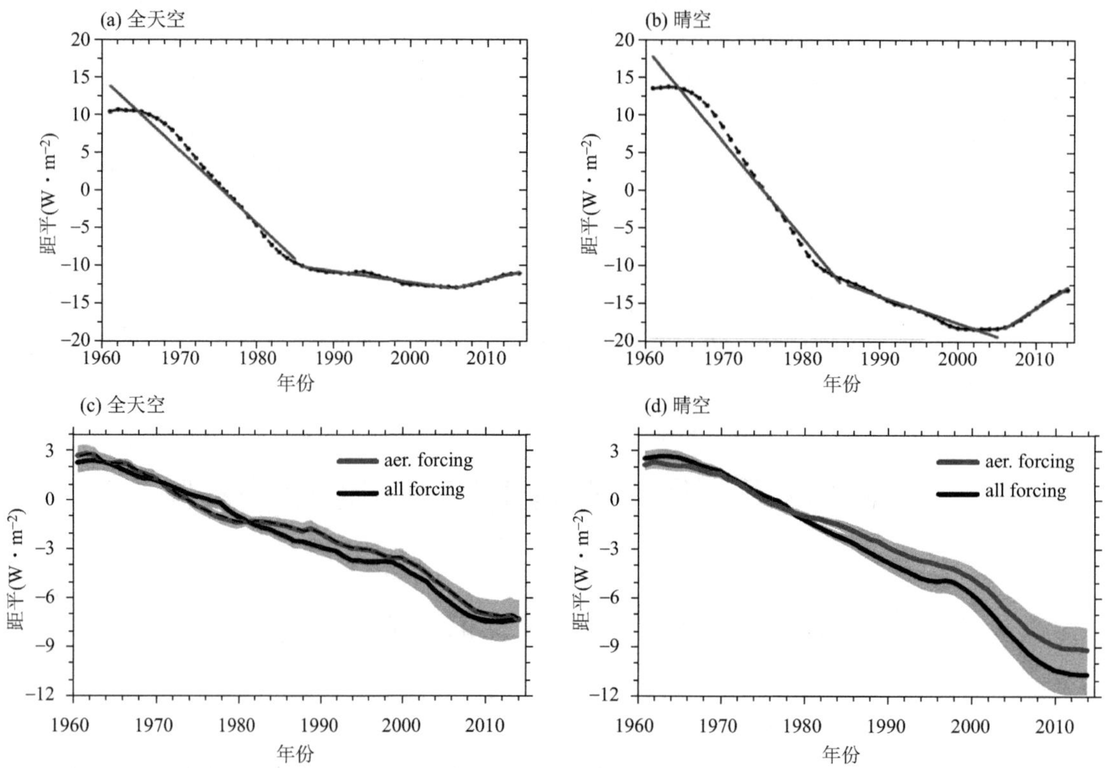

图 2.36 站点观测的(a)全天空和(b)晴空条件下 1961—2014 年中国面积权重的年均地表太阳辐射距平的 9 年滑动平均时间序列(黑虚线，单位：W·m^{-2})。灰实线为 1961—1985 年、1986—2005 年和 2006—2014 年的线性拟合。参考时期为 1961—1990 年的平均值。观测数据具体信息参见 Yang 等(2019)。(c)和(d)为相应的 CMIP6 中多模式集合模拟结果，阴影代表模式结果间的标准差。all forcing 代表包含了所有强迫的 34 个气候模式的模拟结果，aer. forcing 代表仅包含气溶胶强迫的 10 个气候模式的模拟结果。模式具体信息参见 Wang 等(2022)

图 2.36c 和图 2.36d 分别给出了第六阶段耦合模式比较计划(CMIP6)中 34 个模式全强迫和 10 个模式气溶胶强迫历史模拟试验集合平均的，全天和晴空条件下 1961—2014 年中国平均的年均地表太阳辐射距平的时间序列。为了和观测站点进行比较，仅挑选了模式中包含至少一个站点的格点数据进行分析。多模式集合平均结果再现了观测结果中 1961—2005 年中国持续变暗，但缺失了观测结果中不同年代间趋势的差异。另外，模式结果也显示了晴空条件大于全天条件下地表太阳辐射的下降(-2.5 VS -1.9 W·m^{-2}·(10 a)$^{-1}$)。但是，多模

式集合结果明显低估了中国年均地表太阳辐射的下降趋势，其趋势约为观测值的 1/3。模式结果的低估主要体现在 1961—1985 年间，特别是晴空条件下，多模式集合平均的中国地表太阳辐射趋势为 $-2.3\ \mathrm{W \cdot m^{-2} \cdot (10\ a)^{-1}}$，仅为观测结果（$-12.3\ \mathrm{W \cdot m^{-2} \cdot (10\ a)^{-1}}$）的 19%。尤为值得注意地是，多模式集合平均结果没有再现观测中 2006—2014 年中国年均地表太阳辐射趋势的反转，在全天和晴空条件下其趋势分别为 $-1.1\ \mathrm{W \cdot m^{-2} \cdot (10\ a)^{-1}}$ 和 $-2.2\ \mathrm{W \cdot m^{-2} \cdot (10\ a)^{-1}}$。

图 2.37 显示了 CMIP6 中 34 个气候模式模拟和观测的不同时期中国平均的地表太阳辐射趋势。从图中可以看到，所有模式模拟的 1961—2005 年中国地表太阳辐射的下降趋势均明显小于观测结果，全天空（晴空）条件下的下降趋势范围为 $-0.8(-1.3)\sim-2.7(-3.7)\ \mathrm{W \cdot m^{-2} \cdot (10\ a)^{-1}}$。在晴空条件下，所有模式模拟的 2006—2014 年地表太阳辐射趋势（$-0.6\sim-3.8\ \mathrm{W \cdot m^{-2} \cdot (10\ a)^{-1}}$）均与观测值相反。然而，各模式在全天条件下模拟的 2006—2014 年中国地表太阳辐射趋势存在显著差异，趋势为 $-5.4\sim+2\ \mathrm{W \cdot m^{-2} \cdot (10\ a)^{-1}}$，说明云短波辐射效应的多样性造成了各模式地表太阳辐射趋势的差异。

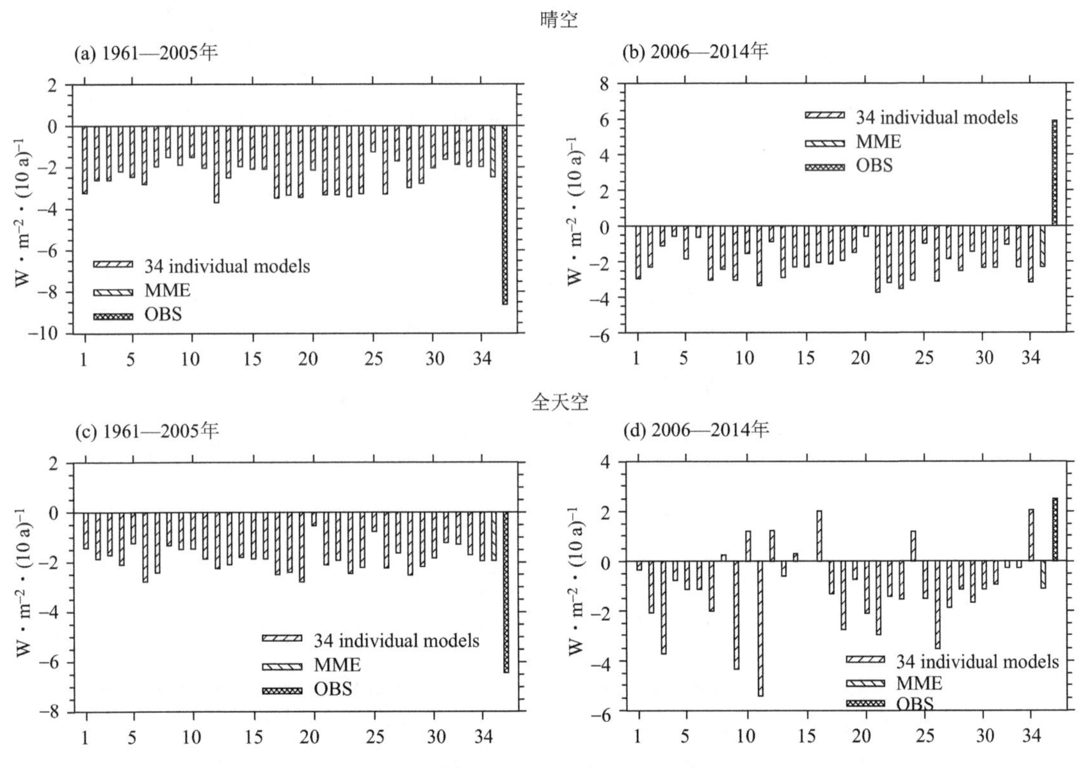

图 2.37　CMIP6 中 34 个模式模拟和站点观测的全天空和晴空条件下不同时期中国平均的地表太阳辐射趋势

（柱代表不同模式的结果，MME 为多模式集合平均结果，OBS 为站点观测结果）

2.3.1.2　模拟结果偏差的潜在原因

图 2.36c 和图 2.36d 显示，无论是全天还是晴空条件下，全强迫和仅气溶胶强迫两组试验下中国年均地表太阳辐射的趋势基本相当。这表明 CMIP6 模式中气溶胶的辐射强迫主导了中国地表太阳辐射的年代际变化，而其他因子对地表太阳辐射长期趋势的影响几乎可忽略。此外，晴空条件下模式和观测之间地表太阳辐射趋势更大的偏差似乎也意味着模式中地表太

阳辐射趋势的偏差可能主要来自气溶胶的影响。接下来，结合我国北京大学(PKU)自主研制的排放清单(Su et al.，2011；Wang et al.，2014；Huang et al.，2015；Tao et al.，2018)，从气溶胶历史排放变化的角度分析 CMIP6 模式模拟的中国地表太阳辐射趋势偏差的潜在原因。

图 2.38 显示了 CMIP6 采用的 CEDS(Community Emissions Data System，Hoesly et al.，2018)和我国自主研制的 PKU(实线)排放清单中 1961—2014 年中国东部平均的人为二氧化硫(SO_2)、有机碳(OC)和黑碳(BC)年排放量的时间序列。1961—2005 年，CEDS 和 PKU 清单均显示了中国东部 SO_2 排放呈近似单调的线性增加趋势，但前者的趋势略小于后者。2005 年以后，两个清单中 SO_2 排放趋势存在显著差异，CEDS 清单中趋近于零，而 PKU 清单中明显下降。对于 BC 和 OC，1994 年之前 CEDS 清单中的增加趋势远小于 PKU 清单中的结果；1994 年之后，两个清单中的趋势完全相反，前者上升，后者下降。

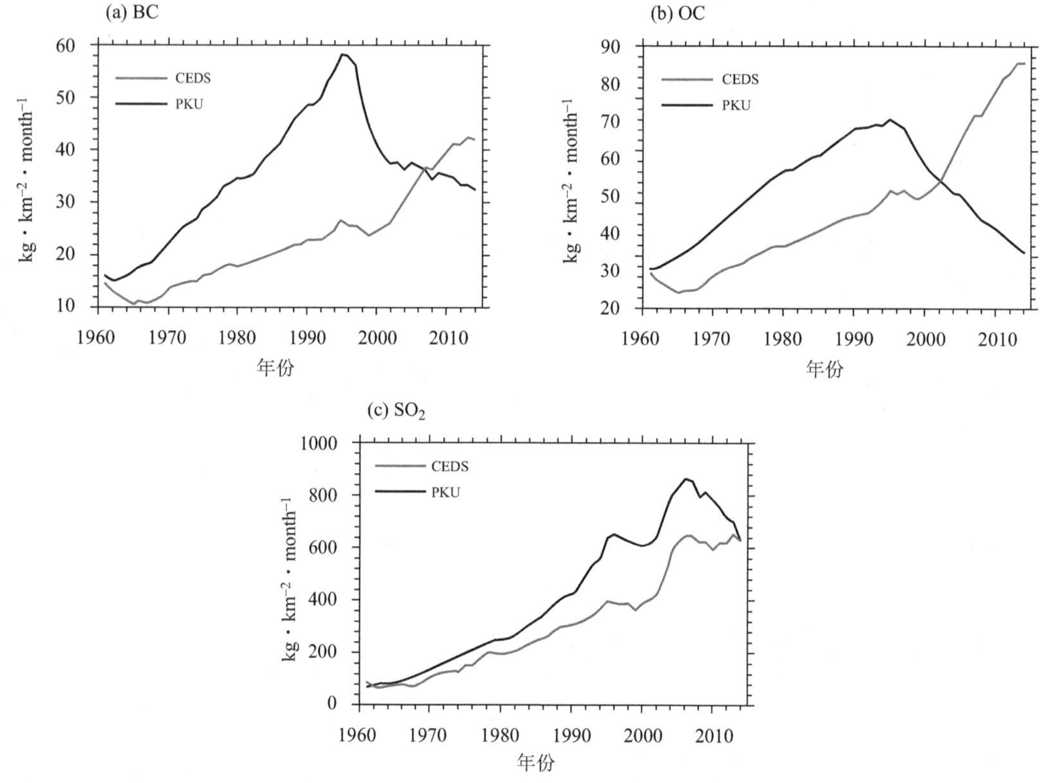

图 2.38 CMIP6 采用的 CEDS 和我国自主研制的 PKU 气溶胶排放清单中 1961—2014 年中国东部(100°—122°E，20°—40°N)平均的人为二氧化硫(SO_2)、有机碳(OC)和黑碳(BC)年排放量的时间序列

那么，什么原因造成了两个清单中中国历史人为气溶胶排放如此大的差异呢？哪个清单中的气溶胶排放更值得信赖呢？首先，两个清单使用的气溶胶排放因子存在显著差异。PKU 清单使用了发展中国家居民燃煤、居民木材燃烧、家庭用煤和生物燃料燃烧、作物残渣燃烧、生物质燃烧等所产生的颗粒物和气态污染物的多种排放因子(Wang et al.，2014)，而 CEDS 清单不包括这些(Bond et al.，2007)。其次，根据一项全国范围的调查和燃料称重活动，PKU 清单已经更新了中国农村居民能源消费数据(Tao et al.，2018)。新数据显示，由于社会经济迅速发展带动了农村居民能源消费转型，中国农村用于取暖和烹饪的木材和作物残渣的消费量

在 1992—2012 年分别下降了 51%和 63%，从而导致 BC 和 OC 的排放显著减少。而 CEDS 清单使用的相应值仅为 15%和 8%(Hoesly et al.，2018)。此外，CEDS 清单采用国际能源署(IEA)的能源统计数据计算排放量，可能没有充分反映 2006 年以来中国实施的一系列空气污染控制措施的影响(Wang et al.，2021)，但 PKU 清单考虑了这些影响。这些均表明 PKU 清单中人为气溶胶的排放变化更加符合中国的实际情况。

与 CEDS 清单相比，PKU 清单中气溶胶的排放趋势与观测的 1960 年代以来中国地表太阳辐射的趋势更加一致(符号相反)。1961—1985 年，所有人为气溶胶排放的快速增加共同贡献了中国地表太阳辐射的显著下降。但是，CEDS 清单对人为气溶胶特别是 BC 和 OC 排放增加趋势的低估可能导致了 CMIP6 模式模拟的地表太阳辐射趋势明显小于观测结果。1986—2005 年，中国东部气溶胶光学厚度(AOD)持续增加(图 2.39)可能是该时期地表太阳辐射持续下降的原因。但是，1994—2005 年碳类气溶胶排放的下降可能部分抵消了 SO_2 排放持续增加对中国地表太阳辐射的削弱作用，从而导致 1986—2005 年较弱的地表太阳辐射下降。此外，云量的减少导致更大的正云短波辐射趋势可能是 1986—2005 年中国地表太阳辐射更弱下降的另一个原因(Yang et al.，2021)。值得注意地是，1986—2005 年中国 AOD 趋势模拟结果与 MERRA-2 再分析数据的结果接近，使得模拟的该时期中国地表太阳辐射趋势也与站点观测结果比较接近。2006 年之后，各种人为气溶胶排放的显著下降共同贡献了观测中的中国地表太阳辐射的上升，而 CEDS 清单中人为气溶胶排放的偏差(更弱的 SO_2 下降以及相反的 BC 和 OC 排放趋势)导致了 CMIP6 模式模拟的中国地表太阳辐射趋势与观测结果完全相反。

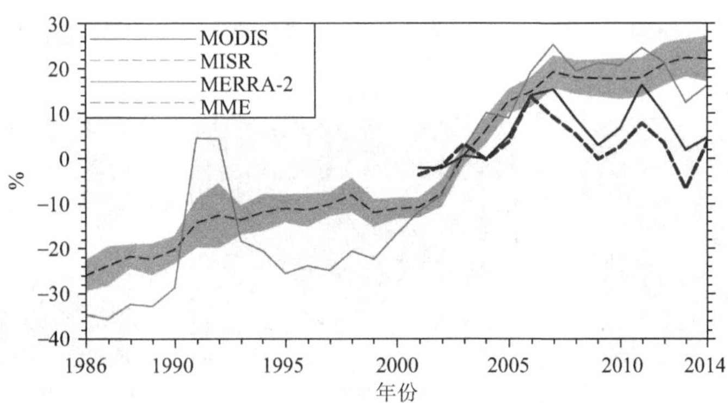

图 2.39　1986 年以来 MODIS 和 MISR 卫星观测、MERRA-2 再分析数据和 CMIP6 多模式集合平均(MME)的中国东部(100°—122°E，20°—40°N)平均的年均 AOD 相对变化的时间序列(%)

(参考时间为 2001—2005 年的平均值，灰色阴影代表了模式结果间的标准差。MERRA-2 中 1991—1993 年间大的 AOD 值由皮纳图博火山爆发引起)

2.3.2　不同种类云对东亚地区辐射收支的影响

为研究水云和冰云的光学厚度的变化对辐射收支的影响，本节首先利用上述 2000 年 3 月—2018 年 2 月卫星资料通过统计方法得到的水云和冰云柱光学厚度在东亚地区的年均值分别输入到 BCC_RAD 辐射模式中；MODIS 所反演的云光学厚度所利用的波段在 BCC_RAD 中对应的波段范围为第 11 带(455～833 nm)，当第 11 带的云光学厚度等于卫星资料时，利用迭代法反演得到所有波段对应的云水含量输入模式，进而计算得到云光学厚度对所有波段辐射通量的影响。再利用周喜讯等(2016)根据卫星资料统计分析得到的高、中、低云量，将水云的云量设定为 0.17，冰云的云量设定为 0.18，并将水云放在 1～3 km 高度，将冰云放在 9～11 km 高度；为了表征云垂直分布，根据杨冰韵等(2014)利用 CloudSat 卫星资料统计得到云光学厚度的垂直廓线，计算得到本节的水云总光学厚度在 1 km、2 km、3 km 的权重比例分别为 0.47、0.3、0.23；冰云总光学厚度在 9 km、10 km、11 km 的权重比例分别为 0.44、0.32、0.24。通过计算东亚地区不同网格点(1°×1°)从 2000—2017 年近 18 年每年年平均云光学厚度对大气辐射通量的影响，得到每年的云光学厚度引起的辐射强迫；再利用 18 年的均值得到东亚地区网格点上多年平均云光学厚度引起的辐射强迫；最后，通过计算云辐射强迫的变化趋势来获取云光学厚度的长期变化对大气辐射收支的影响程度和大小。

图 2.40 和图 2.41 分别给出东亚地区水云和冰云在大气顶、大气中和地表的短波、长波和全波段辐射强迫的空间分布。首先分析水云和冰云对短波辐射的影响，由表 2.7 东亚地区水云和冰云的辐射强迫可知，水云和冰云造成的短波辐射强迫在大气顶($SWCRF_{TOA}$)分别

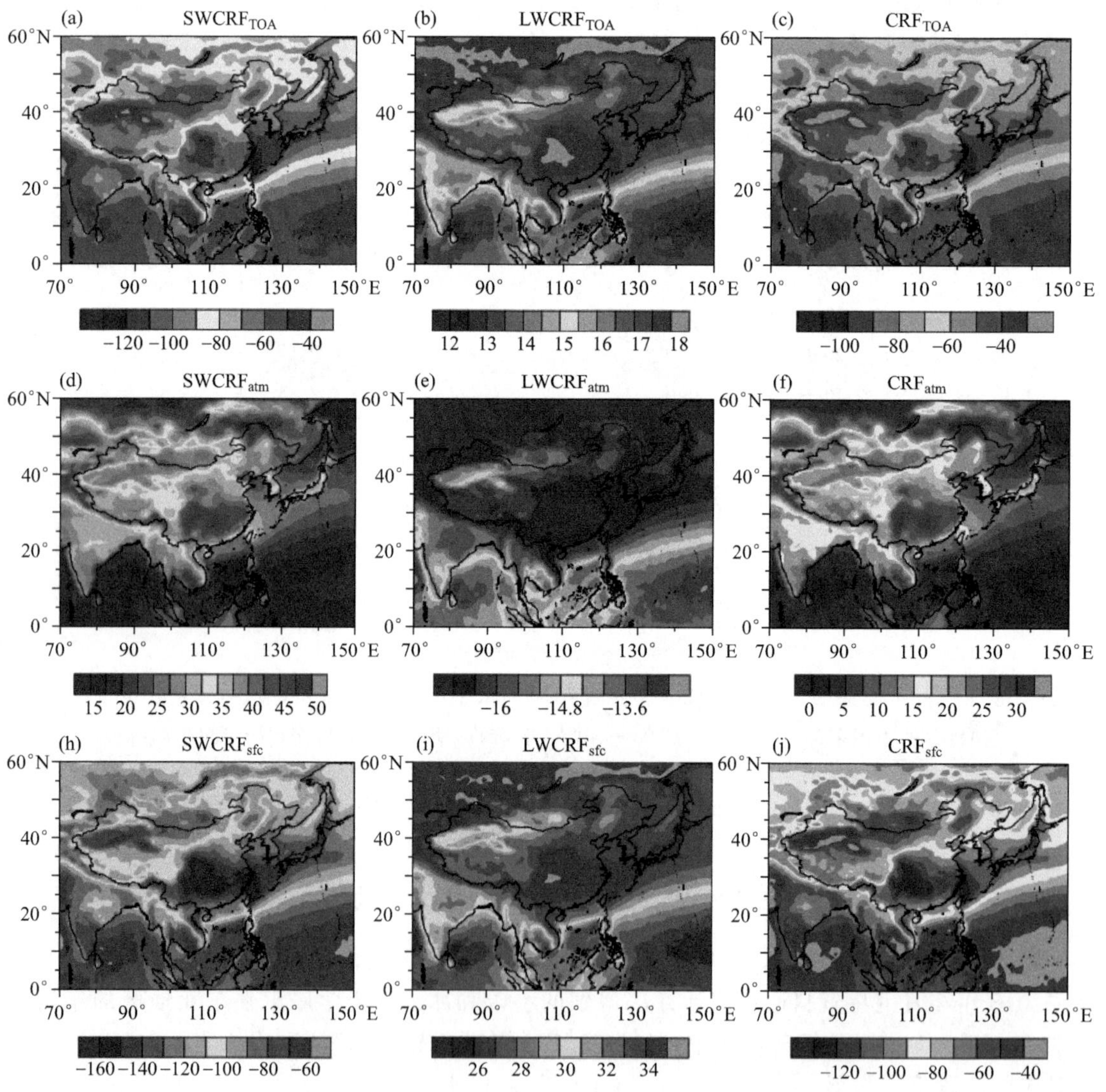

图 2.40 东亚地区 18 年水云辐射强迫的均值分布(单位：$W \cdot m^{-2}$)。第一行表示大气顶 (a) 短波、(b) 长波、(c) 全波段；第二行表示大气中 (d) 短波、(e)长波、(f)全波段；第三行表示地表 (g)短波、(h) 长波、(i)全波段

为 $-72.4\ \mathrm{W \cdot m^{-2}}$ 和 $-88.5\ \mathrm{W \cdot m^{-2}}$，在地表（$SWCRF_s$）分别为 $-97.9\ \mathrm{W \cdot m^{-2}}$ 和 $-107.5\ \mathrm{W \cdot m^{-2}}$。水云和冰云均反射太阳辐射，其减少了到达地表的太阳辐射，以水云为例，在中国南部光学厚度的高值区，其反射较多的太阳辐射，导致大气顶水云的辐射强迫在该区域存在小于 $-90\ \mathrm{W \cdot m^{-2}}$ 的低值区，Allan(2011)利用 CERES 卫星资料得到在大气顶云的辐射强迫在全球的均值为 $-47.4\ \mathrm{W \cdot m^{-2}}$，其得到的纬向平均值中，在 0～60°N 地区存在云短波辐射强迫的低值区。在大气中，云的多次散射作用使得更多的短波辐射被吸收，这种正强迫主要是水云和混合云产生的，而由表 2.7 东亚地区水云和冰云的辐射强迫可得到，东亚地区水云和冰云在大气中的短波辐射强迫（$SWCRF_{atm}$）分别为 $25.5\ \mathrm{W \cdot m^{-2}}$ 和 $19.1\ \mathrm{W \cdot m^{-2}}$，并且在云光学厚度的高值区其产生的正强迫较大。

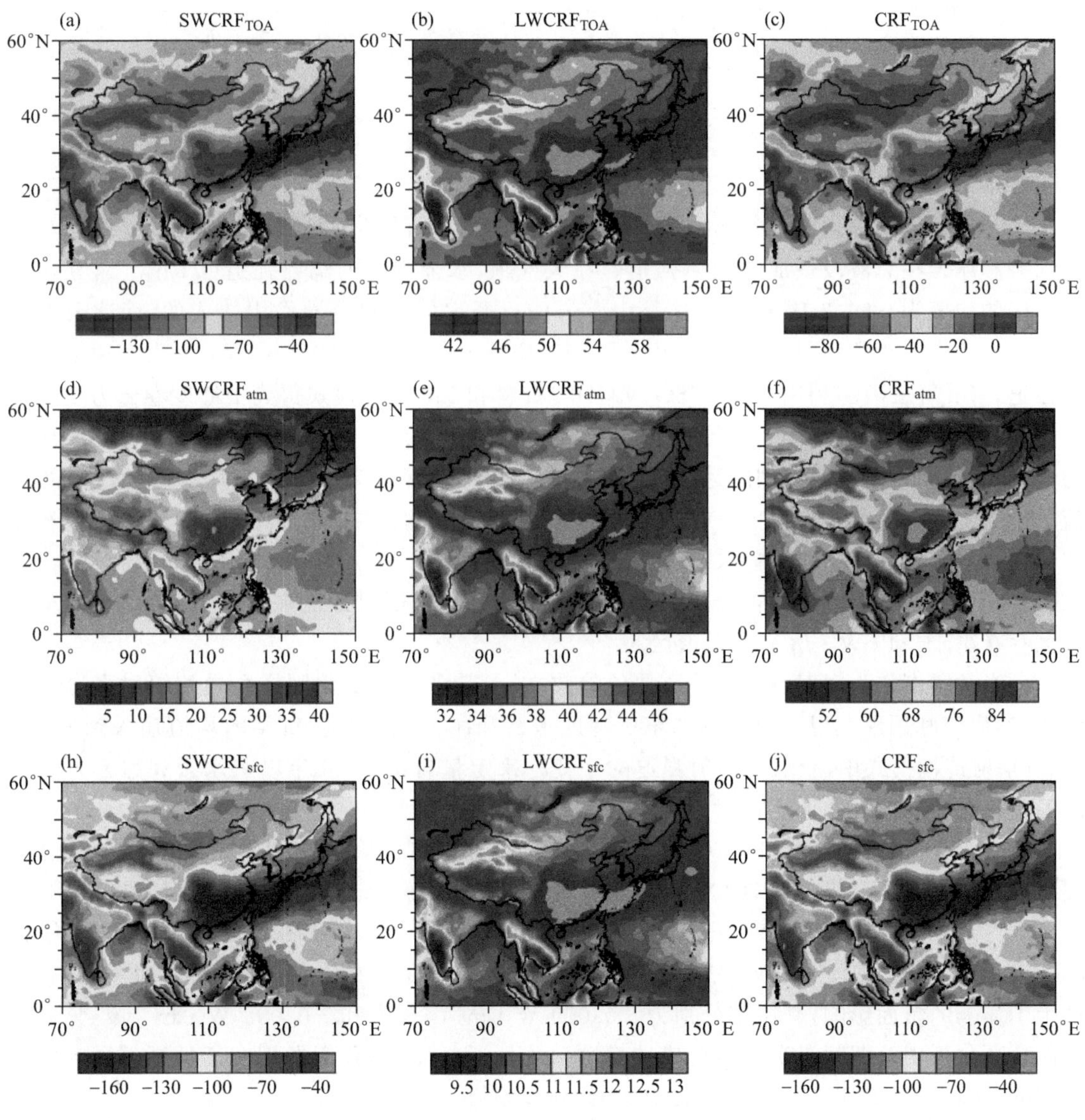

图 2.41　同图 2.40，但为冰云辐射强迫（单位：$\mathrm{W \cdot m^{-2}}$）

水云和冰云吸收长波辐射同时也发射长波辐射，图 2.40 和图 2.41 的第二列分别给出水云和冰云的长波辐射强迫，可以看到在大气顶和地表，冰云和水云在长波波段均为正的辐射强迫，冰云在大气顶的长波辐射强迫（$LWCRF_{TOA}$）为 55.5 W・m^{-2}，水云为 15.7 W・m^{-2}；Allan(2011)提到，高纬度的卷云长波辐射强迫对大气顶的加热起主导作用，并且在云分布较高情况下，其发射到地表的长波辐射较小，而到达地面的向下长波辐射通量主要是由接近地表的低层潮湿大气造成的。而在云较低的情况下，其发射到地表的长波辐射较大，水云在地表的长波辐射强迫（$LWCRF_s$）为 31.1 W・m^{-2}，冰云对其为 12.2 W・m^{-2}。在大气中，水云和冰云的长波辐射强迫（$LWCRF_{atm}$）符号相反，其在东亚地区的均值分别为－15.5 W・m^{-2} 和 43.5 W・m^{-2}，这是由冰云和水云的长波辐射强迫分别在大气顶和地表主导造成的。

表 2.7 东亚地区水云和冰云的辐射强迫(单位：W・m^{-2})

辐射强迫	短波(SWCRF)		长波(LWCRF)		全波段(CRF)	
	水云	冰云	水云	冰云	水云	冰云
大气顶(TOA)	−72.4	−88.5	15.7	55.7	−56.7	−32.7
大气(atm)	25.5	19.1	−15.5	43.5	10.0	62.6
地表(s)	−97.9	−107.5	31.1	12.2	−66.7	−95.3

云对地气系统辐射收支的影响为其在长短波作用综合结果。图 2.40 和图 2.41 的第三列为水云和冰云在总波段造成的辐射强迫。在大气顶，水云为负的辐射强迫（CRF_{TOA}），其在东亚地区的均值为－56.7 W・m^{-2}，这是由水云的反照率效应起主导作用造成的；而冰云在塔克拉玛干沙漠为正的辐射强迫，这是由于沙漠上空冰云的光学厚度较小，薄云在大气顶为正辐射强迫，Min 等(2010)利用 CALIPSO-MODIS 资料和 Fu-Liou 模式得到中纬度卷云为正辐射强迫，而本研究利用 MODIS 数据集中的冰云光学厚度值较高，其在东亚地区 CRF_{TOA} 的均值为－32.7 W・m^{-2}。在大气中，水云和冰云均为正的辐射强迫（CRF_{atm}），其在东亚地区的均值分别为 10.0 W・m^{-2} 和 62.6 W・m^{-2}，冰云对大气中的加热作用明显。在地表处，水云和冰云在东亚地区的辐射强迫（CRF_s）分别为－66.7 W・m^{-2} 和－95.3 W・m^{-2}。Allan(2011)利用卫星资料和模式再分析资料得到云在全球的净辐射强迫在地表有正有负，在东亚地区存在小于－40 W・m^{-2} 的低值区。

云光学厚度作为辐射模式中最重要的参数之一，其多年的变化同样会导致辐射强迫发生变化，本研究利用以上卫星观测得到东亚地区水云和冰云光学厚度每年的均值输入到 BCC_RAD 辐射传输模式中，获取云辐射强迫的年变率来定量讨论近 18 年以来水云和冰云光学厚度的变化事实对大气及地表辐射收支所造成的影响程度和大小。

本节主要讨论了东亚地区 COT_w 和 COT_i 的变化对 TOA、地面和大气中总（SW＋LW）辐射收支的影响。结果表明，COT_w 的变化导致东亚 TOA 和地面总 CRE 的上升趋势不明显，上升速率分别为 0.003 W・m^{-2}・a^{-1} 和 0.004 W・m^{-2}・a^{-1}（图 2.42）。这导致大气总 CRE 有轻微下降的趋势（－0.001 W・m^{-2}・a^{-1}）。但 COT_i 变化对 CRETOA 和 CRE_{sur} 均产生了显著的负面影响，其速率分别为－0.079 W・m^{-2}・a^{-1} 和－0.095 W・m^{-2}・a^{-1}。这可能会部分抵消该期间温室气体造成的变暖效应。通过比较，我们发现东亚地区 COT_i 变化引起的 CRE 趋势要强于 COT_w 变化引起的 CRE 趋势。

2.3.3 不同种类云对中国典型地区近地面气温的影响

为了探究不同类型云对近地表气温的影响，本节采取以下试验方案（表 2.8）。其中，试验

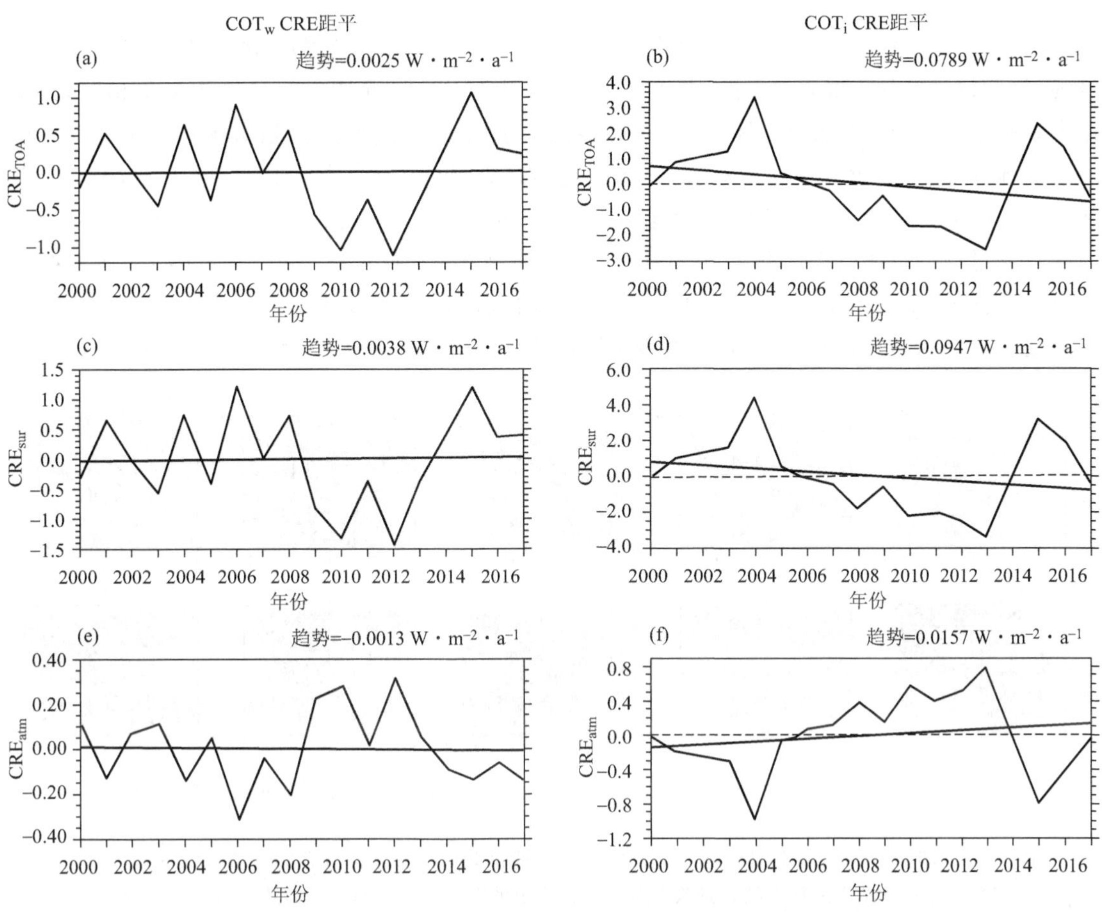

图 2.42　东亚地区 18 年水云(第一列)和冰云(第二列)光学厚度的变化对大气顶(第一行)、地表(第二行)和大气中(第三行)辐射强迫的影响

1 将一维辐射对流模式(Radiative-Convective Model,RCM)设定为单层云模式:采用 CERES 数据,分别将中国每个格点对应的夏季不同类型云的年平均云量及其光学厚度输入到模式中。然后通过模式模拟计算得到 4 种不同类型云对应的近地表气温。另一方面,为探究总云对近地表气温的温度效应,RCM 模式设定为多层云模式:将 4 类云的云高,云量和云光学厚度同时输入到模式中,通过模式模拟得到相应的近地表气温,从而获得总云对近地表气温的影响。模式从地面到 70 km 左右高度将大气不等间距地分为 50 层(第 50 层为地面),为了将模式的云层高度与 CERES 定义的云层高度相对应,模式中将低云固定在第 49 层(850.9～1013.0 hPa),中低云在第 47 层(590.1～710.0 hPa),中高云在第 45 层(398.2～487.0 hPa),高云在第 41 层(165.6～209.0 hPa)。

表 2.8　云对近地表气温影响试验设计

试验序号	研究内容	模式设置	云高
试验 1	不同类型云对近地表气温的影响	单层云模式	低云(850.9～1013.0 hPa) 中低云(590.1～710.0 hPa)
试验 2	总云对近地表气温的影响	多层云模式	中高云(398.2～487.0 hPa) 高云(165.6～209.0 hPa)

2.3.3.1 不同类型云量与近地表气温的相关性

图 2.43 为 2001—2017 年夏季中国不同类型云量(CERES_SYN1deg_Ed4A 资料)与近地表气温(ERA5 再分析资料)的相关性分布图。中国总云量与近地表气温整体呈负相关,其中在中国中东部呈显著负相关(图 2.43a),高值区位于西南及华南地区,极大值达-0.87。在中国西部地区,除新疆地区呈弱正相关,西部其他地区为弱负相关。结合图 2.44 发现,中国中东部和西部总云量每年正(负)距平与近地表气温负(正)距平有较好的对应关系,这表明夏季中国的总云量与近地表气温整体都呈负相关,与 Sun 等(2000)和 Warren 等(2007)的研究结论一致。中低云、中高云量与实际近地表气温在中国整体呈负相关性。中国西部和东北部高云与近地表气温为明显的正相关性,在中国南部为较弱负相关性。

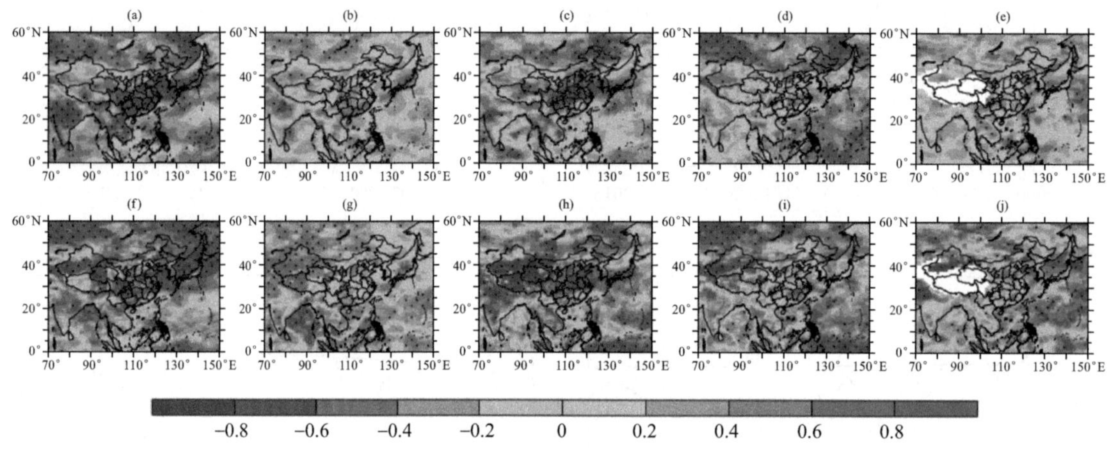

图 2.43 2001—2017 年中国夏季不同类型云量分别与 ERA5 再分析资料的近地表气温(a~e)、RCM 多层云模式输出结果的近地表气温(f~j)的相关性分布,其中(a 和 f)总云、(b 和 g)高云、(c 和 h)中高云、(d 和 i)中低云、(e 和 j)低云

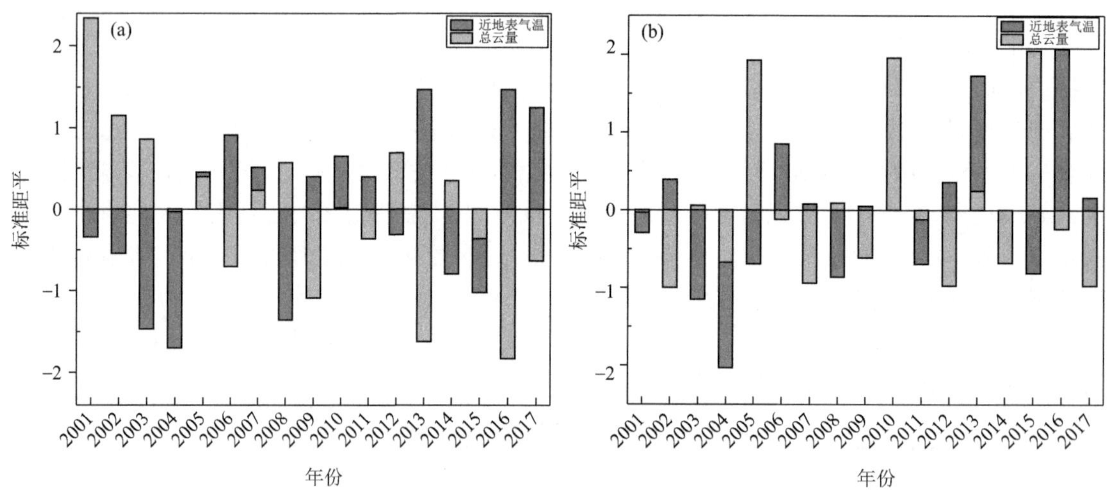

图 2.44 2001—2017 年中国中东部(a)与西部(b)夏季总云量与近地表气温(ERA5 再分析资料)距平的年际变化

云可以通过改变地气系统辐射收支平衡来影响近地表气温。实际大气中,温度会受到其他因素(大气环流和降水等)的影响。为了排除这些因素的影响,本节将中国夏季年平均的云

量及其光学厚度，输入到 RCM 模式中，得到由云变化引起的近地表气温。夏季中国总云量和不同类型云量（CERES_SYN1deg_Ed4A 资料）与 RCM 多层云模式输出的近地表气温的相关性分布（图 2.43f～j）和云量与实际近地表气温的相关性（图 2.43a～e）整体具有较好的一致性，其中，中国中东部地区的总云量和不同类型云量与近地表气温总体呈负相关，在中国西部地区，高云与模式近地表气温在中国西部呈显著正相关，其他类型云呈负相关性，相关性总体大于实际数据结果。RCM 得到的近地表气温变化只受云变化的影响，这表明夏季中国的实际近地表气温也很大程度受到云的影响。

2.3.3.2　云辐射强迫的空间变化特征

图 2.45 为 CERES_SYN1deg_Ed4A 资料得到的 2001—2017 年夏季平均地表云净辐射强迫的空间分布，其空间分布与云量和云光学厚度的分布相似，呈由南向北的减少趋势。西南及华南地区为地表云净辐射强迫的高值区，极大值达 −113.9 W・m^{-2}，这与总云量与近地表气温的负相关高值区相对应。这种负相关表明中国近地表气温与云的辐射效应存在强烈的耦合关系（Yu et al.，2004）。中国西部云净辐射强迫偏小，特别是新疆地区，云净辐射强迫平均值为 −71.2 W・m^{-2}。这是因为该地区云量少，云光学厚度小，使得云的冷却效应较弱。

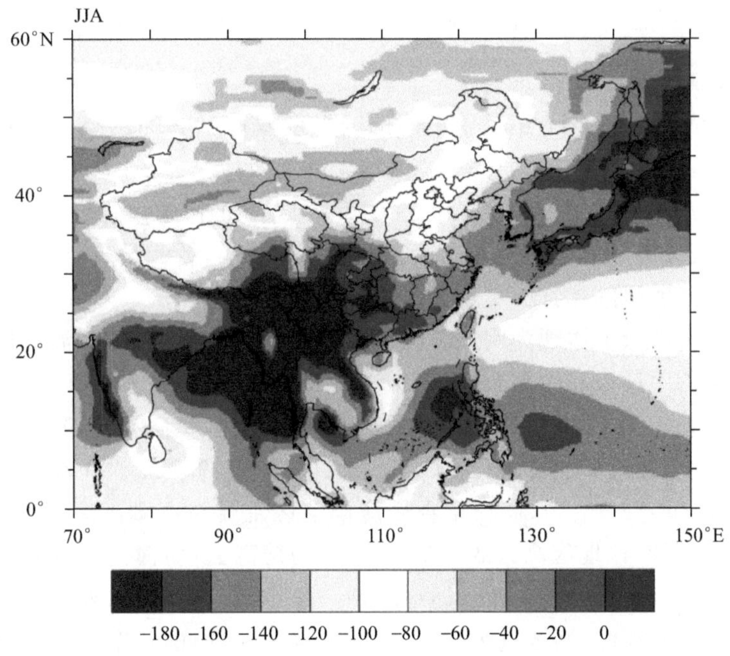

图 2.45　2001—2017 年中国夏季平均地表云净辐射强迫的空间分布（单位：W・m^{-2}）

图 2.46 为 RCM 模式和 CERES_SYN1deg_Ed4A 得到的夏季平均地表云短波和净辐射强迫距平的年际变化，RCM 模式输出的地表云短波（净）辐射强迫和 CERES 数据的云短波（净）辐射强迫年际变化有很好的一致性。云短波（净）辐射强迫都呈现弱增加趋势，模式输出与 CERES 数据的地表云短波（净）辐射强迫相关性分别为 0.82（0.56）。这都表明 RCM 对模拟云辐射变化引起的近地表气温的变化具有一定的可靠性。为进一步探究云对近地表气温的影响，将利用 RCM 定量分析不同类型云对近地表气温的影响。

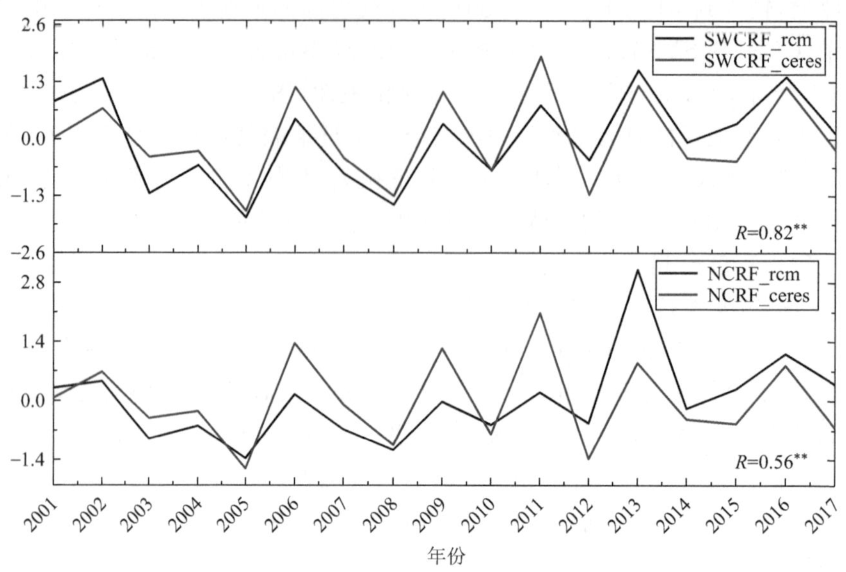

图 2.46　2001—2017 年中国夏季平均地表云短波和净辐射强迫距平的年际变化

（** 表示通过置信度水平为 95%的 t 检验）

2.3.3.3　不同类型云的温度效应

图 2.47 分别为 2001—2017 年夏季中国的云温度效应（CET）的空间分布。对于单层低云，中国中东部地区 CET 年均值为－2.9 ℃，均为降温效应。这是因为低云一般为温度较高的水云，反射大量短波辐射，导致地表降温。低云冷却效应的高值区主要位于华北平原和长江中下游地区，近地表气温降低可达 5 ℃以上。而内蒙古地区，低云量少且光学厚度小，云的降温效应较弱，近地表气温降温为 0～1 ℃。

单层中低云和中高云都体现为明显降温效应，且中东部地区云的降温效应整体强于中国西部。中东部地区的中低云和中高云 CET 年均值分别为－2.7 ℃和－2.2 ℃，西部地区 CET 年均值分别为－1.1 ℃和－2.2 ℃。在内蒙古地区，中云冷却效应弱，CET 年均值为－1.4 ℃，四川和云贵地区为中云降温效应高值区，CET 极大值可达－7.8 ℃。而高云在中国西部整体表现为增温效应（CET＝2.3 ℃），高云增温效应高值区主要在青藏高原西部，CET 极大值可达 6.2 ℃。由上文可知，该地区高云的光学厚度小，为薄高云，而薄高云具有较高的透过率使得较多的太阳短波辐射可以穿过云层到达地表，同时阻止长波辐射向外空出射使得地气系统增温。在中国蒙古高原地区，高云也为 0～1 ℃的增温效应，中国中东部其他地区高云均为降温效应，且在中国南部由于高云光学厚度较大，呈－1.7 ℃的年均降温效应，但弱于中低云。

总云的温度效应为各类型云的温度效应的综合体现。从总云温度效应（CET）的空间分布（图 2.47a）可见：中国中东部整体体现为降温效应。总云降温效应分布与光学厚度、总云量的分布具有很好的一致性，由南到北逐渐减弱。总云冷却效应高值区主要在四川盆地和云贵地区，与云地表净辐射强迫高值区（图 2.45）相吻合。川黔地区中高云占主导作用，中高云量和光学厚度都偏大，云的反照率效应强，导致该地区大幅度降温，平均可使该地区近地表气温降低 16.8 ℃。而中国西部，青藏高原中西部和新疆中南地区分别为平均 1.7 ℃，0.9 ℃的增温效应，其他地区为弱的降温效应。这是因为中国西部地区分布着大量薄高云，导致该地区云整体为增温效应。

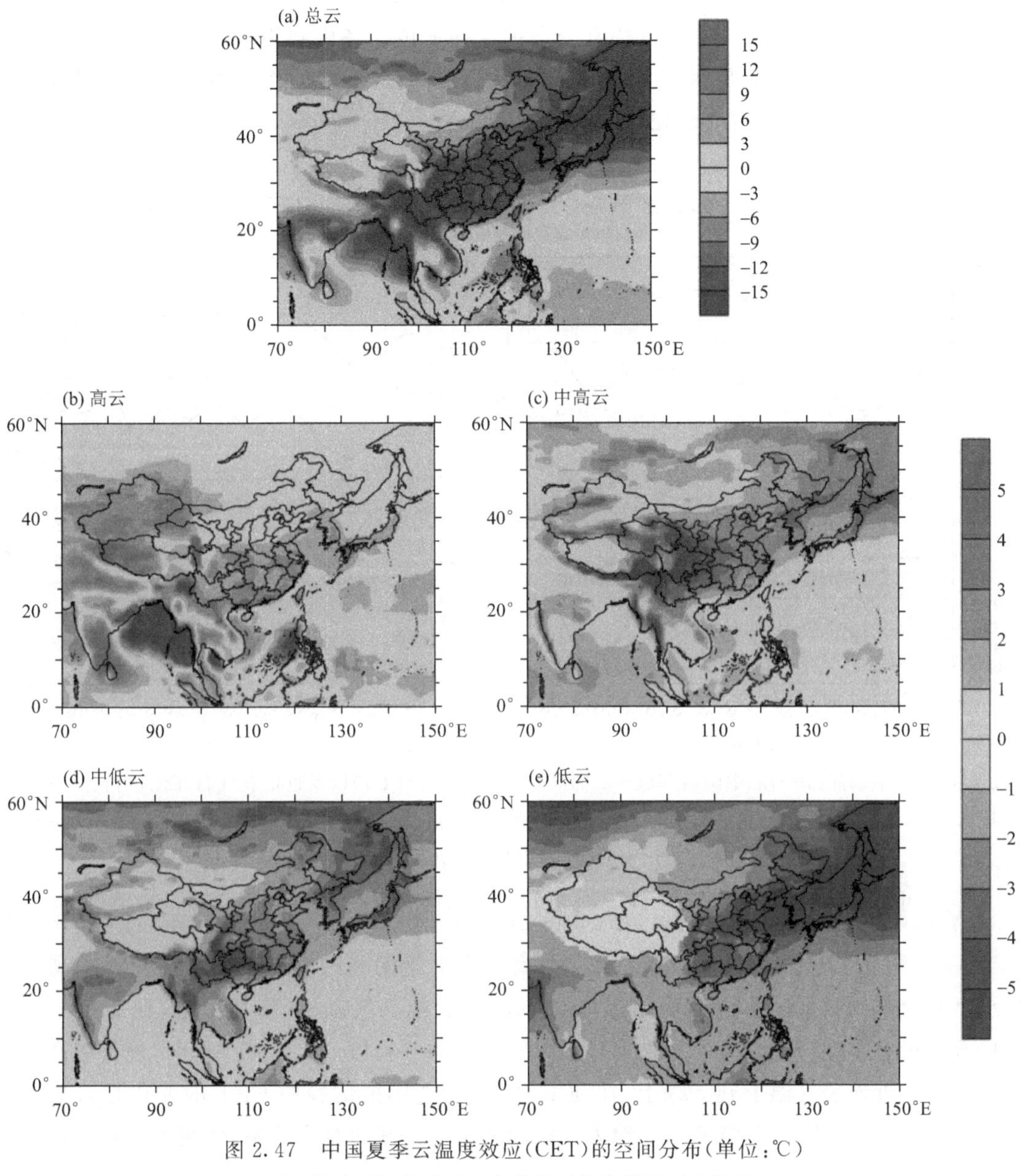

图 2.47　中国夏季云温度效应(CET)的空间分布(单位:℃)
(a)总云,(b)高云,(c)中高云,(d)中低云,(e)低云

图 2.48 为 2001—2017 年夏季中国中东部和西部的云温度效应(CET)以及近地表气温的年际变化,近地表气温与云温度效应的年际变化具有较好的一致性。中国中东部,以 2004 年为界,2001—2004 年近地表气温呈现下降趋势(-0.21 ℃ • a^{-1}),而不同类型云和总云的 CET 在此期间均呈下降趋势,即云降温效应增强。相反地,2004—2017 年,近地表气温为 0.02 ℃ • a^{-1} 的上升趋势,中低云、中高云、高云及总云降温效应在该期间减弱,除低云降温效应在 2004—2007 年有所增强外,此后低云降温效应也显著减弱。综上结果表明,夏季中国中东部近地表气温与 4 种不同类型云的温度效应都呈正相关关系,在 2001—2004 年近地表降温,4 种不同类型云的降温效应都增强,进一步加大地表降温;2004—2017 年近地表增温,4 种不同类型云的降温效应减弱,进一步加大地表增温。值得注意的是,中高云 CET 与近地表气

温的相关系数高达 0.63,表明夏季中国中东部近地表气温与中高云的温度效应有更为密切的关系,这可能是由于夏季中国中东部中高云量占主导地位。考虑到模式结果受云量和云光学厚度的影响,云的温度效应是两者共同作用的结果。以中高云为例,结合中高云量及其光学厚度的变化来解释其温度效应的变化。

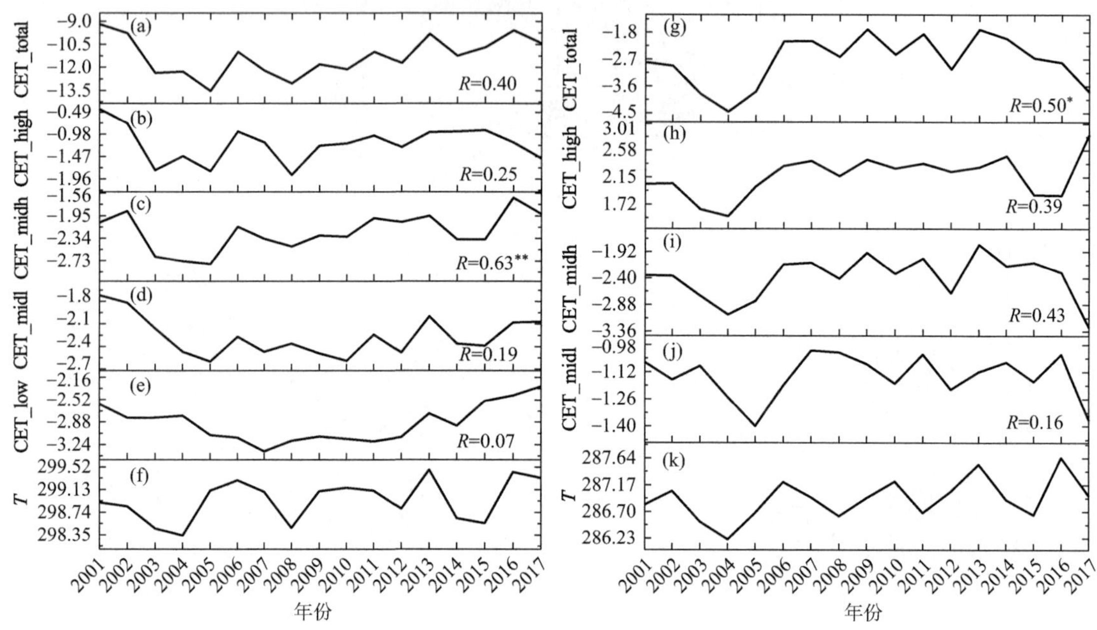

图 2.48 中国中东部(a～f)和中国西部(g～k)的夏季云温度效应(CET)以及近地表气温(ERA5 再分析资料)的年际变化(单位:℃・a^{-1}):(a 和 g)总云、(b 和 h)高云、(c 和 i)中高云、(d 和 j)中低云、(e)低云、(f 和 k)近地表气温(** 和 * 分别表示通过 95%,90%的显著性检验,下同)

结合图 2.49c、图 2.50c 可知:从 2001—2004 年,中高云量和中高云光学厚度分别为 1.55% a^{-1} 和 0.20 a^{-1} 的显著增加趋势。中高云光学厚度和中高云量的增加使得中高云反射更多短波辐射,中高云降温效应增强(图 2.48c),近地表气温下降;相反地,在 2004—2017 年,中高云量和中高云光学厚度分别为−0.01% a^{-1} 和−0.11 a^{-1} 的减少趋势,使得中高云降温效应减弱,近地表气温上升。综上,在利用 RCM 模式模拟试验中 CET 的变化是云量和光学厚度共同作用的结果,且与实际近地表气温的变化有良好的对应关系,体现了云对近地表气温变化有重要影响。

中国西部地区与中国中东部地区近地表气温和 CET 呈相似的年际变化趋势。同样以 2004 年为界,2001—2004 年中国西部地区的近地表气温呈现−0.237 ℃・a^{-1} 的下降趋势,而不同类型云和总云的降温效应增强。相反地,2004—2017 年,近地表气温为 0.043 ℃・a^{-1} 的上升趋势,中低云、中高云、高云及总云降温效应在该期间减弱。综上结果表明,夏季中国西部近地表气温与 4 种不同类型云的温度效应也都呈正相关关系,其中总云 CET 与近地表气温的相关系数达 0.50,通过 90%的置信度检验。

需要说明的是,当前气候系统模式对未来气候变化的情景预估存在很大的不确定性,而气候模拟的偏差和不确定性在很大程度上与云辐射过程及其反馈有关(Curry et al.,2011)。本节定量分析了夏季中国不同类型云辐射效应对近地表气温的影响,有助于深入理解云在地气

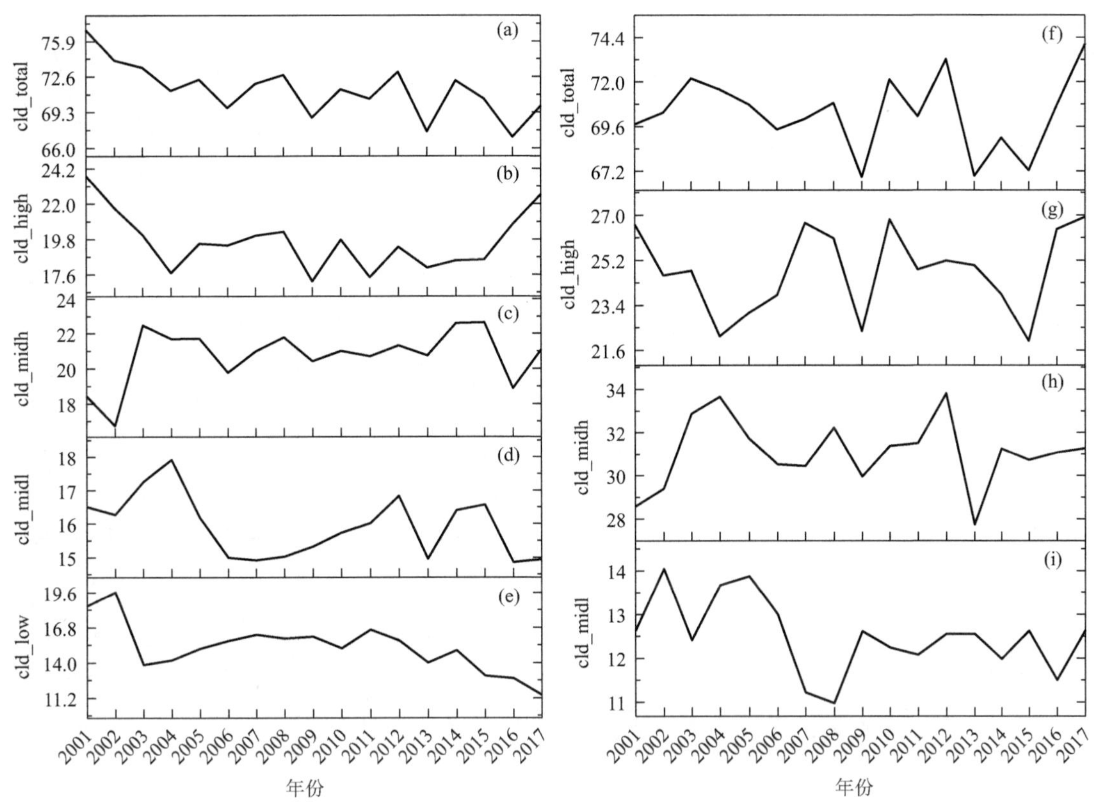

图 2.49　2001—2017 年中国中东部(a～e)和中国西部(f～i)夏季不同类型云量的年际变化：(a 和 f)总云量、(b 和 g)高云量、(c 和 h)中高云量、(d 和 i)中低云量、(e)低云量

系统的作用、改进云参数化方案，减小其不确定性。但云还可通过影响大气环流和降水(水循环)等过程来间接影响近地表气温。反过来，近地表气温的变化也会导致云的变化，二者之间的反馈机制很复杂，它们如何通过大气环流、降水和云辐射等过程相互作用是目前科学界的重大挑战(Bony et al.，2015；张华 等，2017)，有待未来给予进一步更深入的研究。

2.3.4　未来全球变暖情景下东亚地区云量与云辐射效应的响应

目前全球变暖背景下云的响应的研究主要集中在全球以及热带海洋区域，缺少对东亚地区的研究。本节采用国家气候中心的大气环流模式 BCC_AGCM2.0，对 CO_2 增加为工业化前水平的 4 倍[1139 ppmv，浓度接近于 Schneider 等(2019)使层积云消失时的 CO_2 浓度]导致的东亚地区云和云辐射效应的变化进行了研究。Schneider 等(2019)的研究采用的是大涡模拟(LES)，且只对一小块层积云进行了模拟，本节则希望通过全球气候模式来分别研究低云量和高云量的变化，并分解为快响应和慢响应分别进行分析。

包括云在内的气候系统对于强迫因子的响应可以分为强迫导致的大气辐射加热变化的直接影响，即快响应(fast response)，以及强迫引起的全球地表温度特别是海洋表面温度(SST)的变化引起的一系列气候响应，即慢响应(slow response)(Gregory et al.，2004；Hansen et al.，2005；Andrews 和 Forster，2010；Bala et al.，2010)。快响应是在全球平均地表温度发生变化前平流层、对流层和陆地表面的调整，时间尺度为几天至几个月；而慢响应则依赖于对全球平均地表温度变化的响应，时间尺度为数年至数十年。当大气中 CO_2 浓度增加时，会吸收

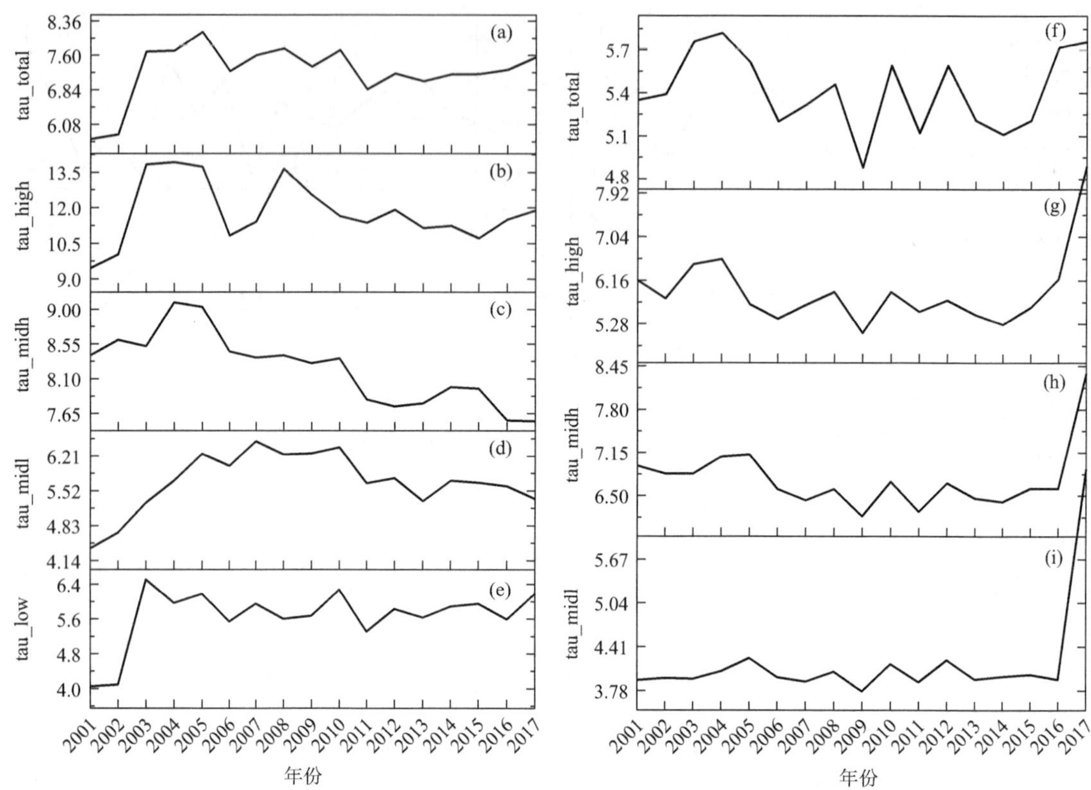

图 2.50　2001—2017 年中国中东部(a～e)和中国西部(f～i)夏季不同类型云光学厚度的年际变化:(a 和 f)总云光学厚度、(b 和 g)高云光学厚度、(c 和 h)中高云光学厚度、(d 和 i)中低云光学厚度、(e)低云光学厚度

更多的长波辐射来加热大气,从而改变大气温度和湿度廓线的垂直分布,导致云量发生改变,即为云对温室气体强迫的快响应;而 CO_2 浓度增加引起地表和海表温度增加,从而改变水汽蒸发量和大气环流等,最终影响云量,即为云对温室气体强迫的慢响应。因此,本研究采用 4 个试验,分为 CO_2 浓度保持在工业化前水平(284.7 ppmv)的对照试验(CTL)和 CO_2 浓度突然增加到工业化前水平的 4 倍(1139 ppmv)的 4 倍 CO_2 强迫试验(4CO_2)。在对照试验和 4 倍 CO_2 强迫试验中,首先固定海洋表面温度(SST)和海冰(SI),得到的两个试验(CTL_Fix 和 4CO_2_Fix)的结果之差即为快响应(4CO_2_Fix-CTL_Fix);而将 BCC_AGCM2.0 与浅层海洋模式(SOM)耦合得到的两个试验(CTL_Som 和 4CO_2_Som)的结果之差即为总响应(4CO_2_Som-CTL_Som);将总响应减去快响应即可得到慢响应(Hansen et al.,2005;Ganguly et al.,2012;Samset et al.,2016;Duan et al.,2018)。

2.3.4.1　云量对 4 倍 CO_2 强迫的响应

CO_2 作为大气中最重要的人为温室气体,其浓度的增加会导致全球地表气温(SAT)的增加。图 2.51 给出了东亚地区的地表气温对 4 倍 CO_2 的响应。地表温度的增加呈现出随纬度的升高而升高和陆地升温大于海洋的特点,这是由于海洋的热容量大于陆地。青藏高原的增温幅度最大,达到 12 K 以上。东亚地区的平均地表温度的增加量为 7.19 K,其中慢响应对地表温度的贡献达到 6.40 K,快响应仅贡献了 0.79 K 的增加量,这反映了海洋在温室气体增加引起的气候变化中的重要性。

地表温度的增加会引起地表蒸发量和大气环流的变化,进而影响云量。图 2.52(a～c)给

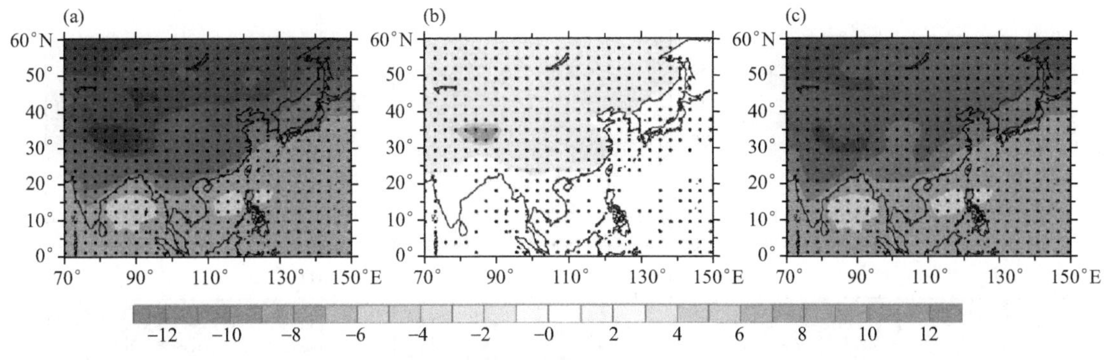

图 2.51　东亚地区地表气温的变化(单位:K)
(黑色小圆点代表通过 95%的 t 检验的区域)
(a)总响应,(b)快响应,(c)慢响应

出了东亚地区总云量(TCC)对 4 倍 CO_2 的响应。东亚地区总云量在总响应、快响应和慢响应下平均的变化量分别为－0.74%、1.05%和－1.79%(表 2.9)。总云量的快响应与慢响应相反,慢响应在总响应中占据主导地位。总云量的变化与纬度密切相关,总响应和慢响应中在 40°N 以南减少,在 40°N 以北增加;快响应在 40°N 以南增加,在 40°N 以北减少。快响应下青藏高原的总云量增加最为显著,最高可达 10%以上,而慢响应下青藏高原的总云量减少最为显著,最高减少达 12%以上。根据总云量的变化特点,本节选择了三个典型区域进行分析,分别是青藏高原、中国东北和南方地区,它们的区域分布范围为:青藏高原(TP):27°～38°N,78°～100°E;南方(South):22°～33°N,108°～123°E;东北(NE):40°～55°N,120°～135°E。其中青藏高原、南方和东北的总云量变化分别是－5.43%、－4.81%和 5.54%(表 2.9)。三个区域的总云量在快响应和慢响应下均出现相反的变化,且慢响应下的变化数值更大,主导了总的响应。

图 2.52(d～f)给出了东亚地区低云量(LCC)的变化。低云量的快响应与慢响应相反,且快响应下的低云变化量很小,总响应由慢响应主导。东亚平均的低云变化量在总响应(总)、快响应(快)和慢响应(慢)中分别为 0.38%、－0.03%和 0.41%(如表 2.9 所示)。在总响应和慢响应中,低云量在 40°N 以北显著增加,在 20°～40°N 从中国西南至日本一带显著减少,在 20°N 以南以减少为主,但在中国南海区域有较明显的增加。在快响应中,低云量在 40°N 以北减少,20°～40°N 增加,在 20°N 以南以减少为主,但印度半岛有明显的增加。青藏高原因为海拔较高,在模式中的低云量很少,因此其变化量也非常小,我们主要关注南方和东北地区的低云量变化。南方和东北地区的低云量变化分别为－5.34%和 7.14%(表 2.9),且主要由慢响应决定,二者在快响应中的变化量都很小(分别为 0.77%和－1.59%),且符号与慢响应相反。

图 2.52(g～i)给出了东亚地区高云量(HCC)的变化。总响应中高云量在 40°N 以北增加,20°N 以南减少,且由慢响应主导;在 20～40°N 高云量在海洋上空和青藏高原处增加,而在中国陆地其他区域减少。慢响应中高云量在 40°N 以北增加,40°N 以南减少,与总响应的差别主要出现在青藏高原。快响应中大部分区域高云量增加,其中 20～40°N 的增加最为明显,特别是青藏高原的变化量(6.56%)超过了慢响应中的变化量(－4.45%),这使得总响应中青藏高原的高云量增加了 2.11%。南方地区在快响应和慢响应中有明显的相反变化(2.92%和－3.51%),因此总响应中变化较小(－0.59%)。东北地区在快响应和慢响应中的变化都较小,总响应中增加了 2.01%。

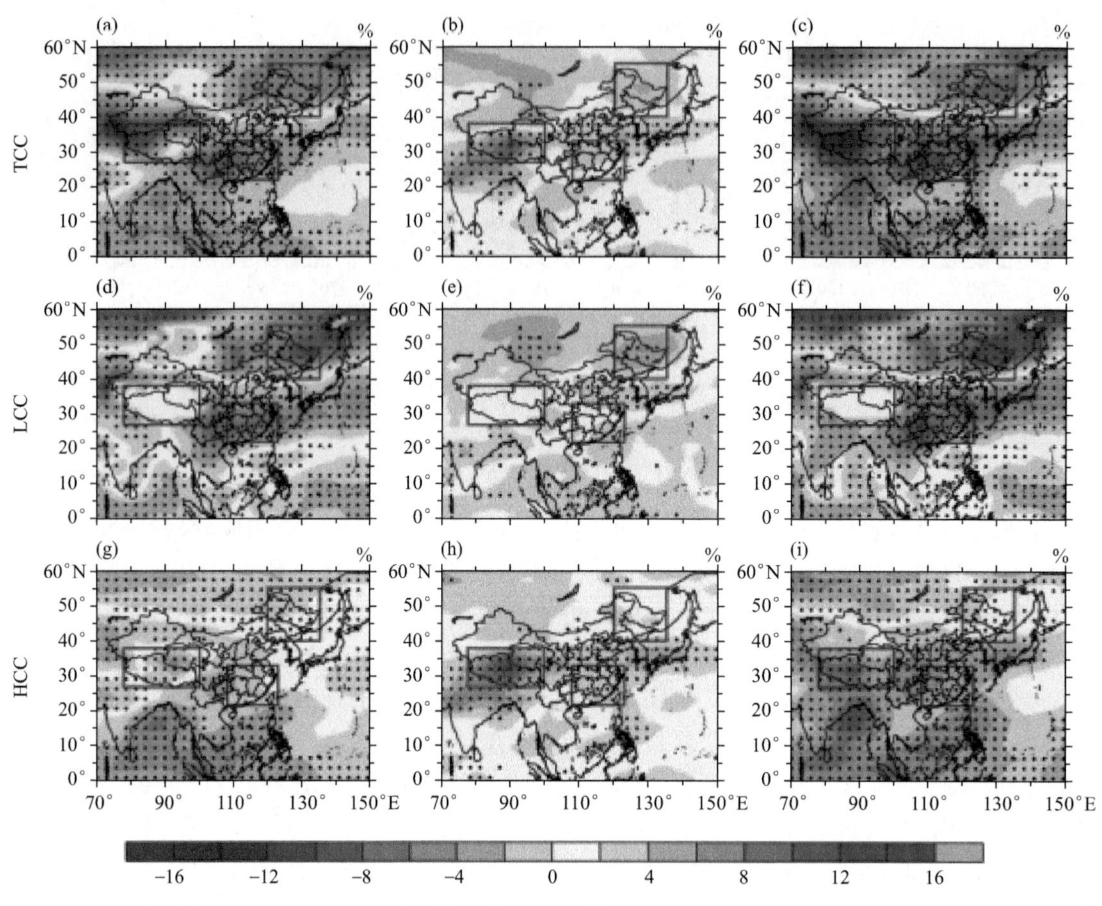

图 2.52 东亚地区(a～c)总云量、(d～f)低云量和(g～i)高云量的变化(%)

[(a,d,g)为总响应,(b,e,h)为快响应,(c,f,i)为慢响应,黑色小圆点代表通过 95%的 t 检验]

表 2.9 东亚和青藏高原、南方、东北地区平均的云量变化

	东亚			青藏高原			南方			东北		
	总	快	慢	总	快	慢	总	快	慢	总	快	慢
总云量(%)	−0.74*	1.05*	−1.79*	−5.43*	4.38*	−9.81*	−4.81*	2.21*	−7.02*	5.54*	−0.47	6.01*
低云量(%)	0.38*	−0.03	0.41*	0.27*	0.18	0.09	−5.34*	0.77	−6.11*	7.14*	−1.59	8.73*
高云量(%)	−0.38*	1.63*	−2.01*	2.11*	6.56*	−4.45*	−0.59	2.92*	−3.51*	2.01*	0.80	1.21*

星号(*)代表数值通过 95%的 t 检验

2.3.4.2 快响应下云量变化的机制

图 2.53(a～c)分别给出了快响应下相对湿度(RH),大气温度和经向环流的纬度-气压垂直剖面的变化。在 30°—40°N,大气升温剧烈,产生了强烈的上升运动,这有利于水汽凝结成云,因此这一纬度带的总云量、低云量和高云量增加均最为显著。同时这一纬度带 100～250 hPa 大气温度的降低造成了饱和水汽压的减少,使得其高层大气相对湿度和高云量大幅度增加。在 10°N 以南,大气增强下沉运动,造成低云量减少;在 100～300 hPa 的高层大气,水汽随着环流从较高的纬度向低纬度传输,使得 10°N 以南高云量略有增加。40°N 以北的大气主要增强下沉运动,且低层大气温度的增加增大了饱和水汽压,因此低云量减少。

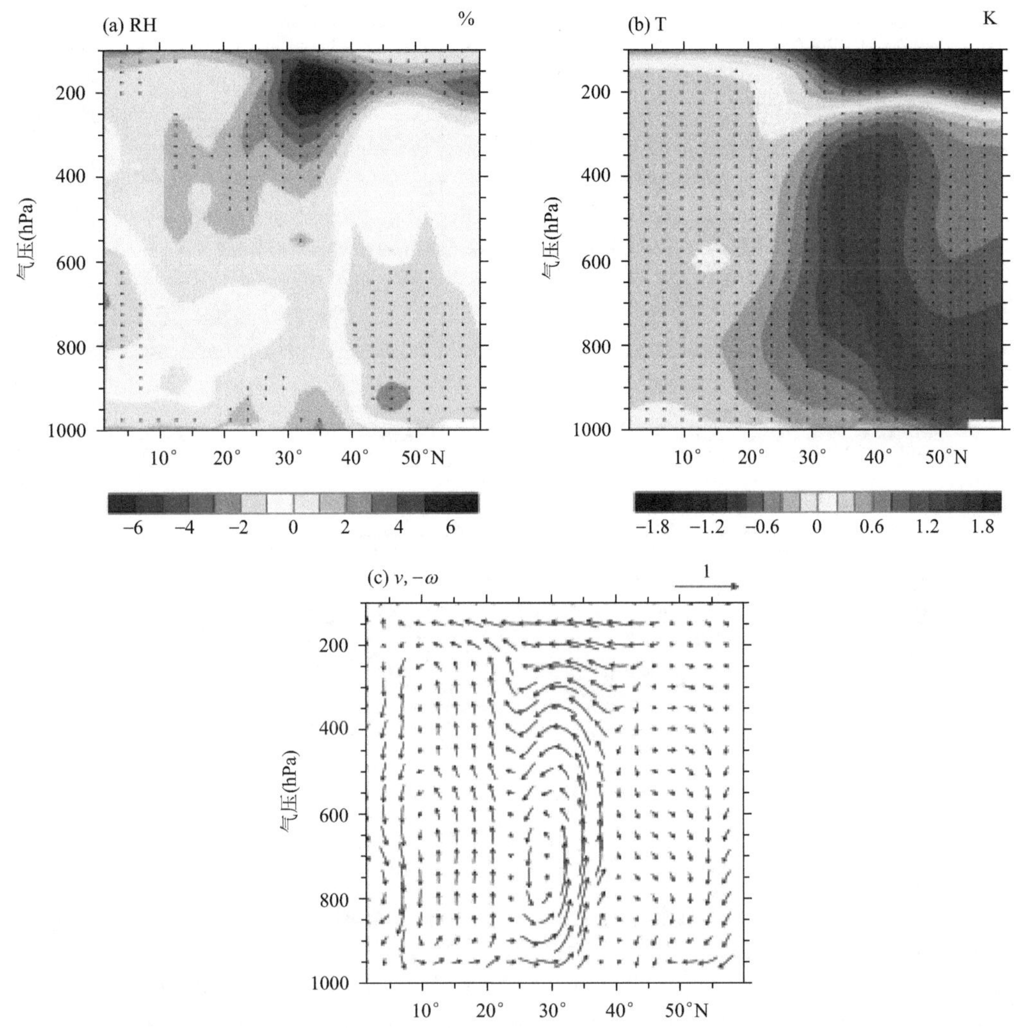

图 2.53　快响应下东亚地区(a)大气相对湿度(%),(b)大气温度(单位:K)和(c)经向环流(v,$-\omega$)(其中 v 为经向速度,单位:$m \cdot s^{-1}$;$-\omega$ 为垂直速度,单位:10^{-2} $Pa \cdot s^{-1}$)的纬度-气压垂直剖面的变化。(黑色小圆点代表通过 95%的 t 检验的区域)

图 2.54a 给出了 850 hPa 水平风场和 500 hPa 垂直速度(ω_{500})的变化,华北地区存在显著的 ω_{500} 的负异常,导致其低云量和高云量的大幅增加。在 10°—20°N,印度半岛和菲律宾附近出现了上升运动增强,这有利于其低云量和高云量的增加。水汽供应是有助于云形成和维持的重要大气条件之一(Li et al.,2020)。图 2.54b 进一步给出了 1000~680 hPa 总的水平水汽通量($QF_{1000\sim680}$)及其散度($QD_{1000\sim680}$)的变化,可以看出印度半岛和菲律宾附近的水汽通量散度大幅减少(水汽聚合大幅增强),造成其低云量的增加。图 2.54c 给出了 440~100 hPa 总的水平水汽通量($QF_{440\sim100}$)及其散度($QD_{440\sim100}$)的变化,日本附近水汽聚合的大幅增强使得其高云量增加。

图 2.55 给出了青藏高原、南方和东北三个典型区域的相对湿度、大气温度和垂直速度随气压的变化,其中负的垂直速度代表上升运动。三个区域的相对湿度增加均在 200 hPa 处达到最大值,且大气温度均在 100~250 hPa 降低。由于青藏高原的海拔较高,我们只展示了其

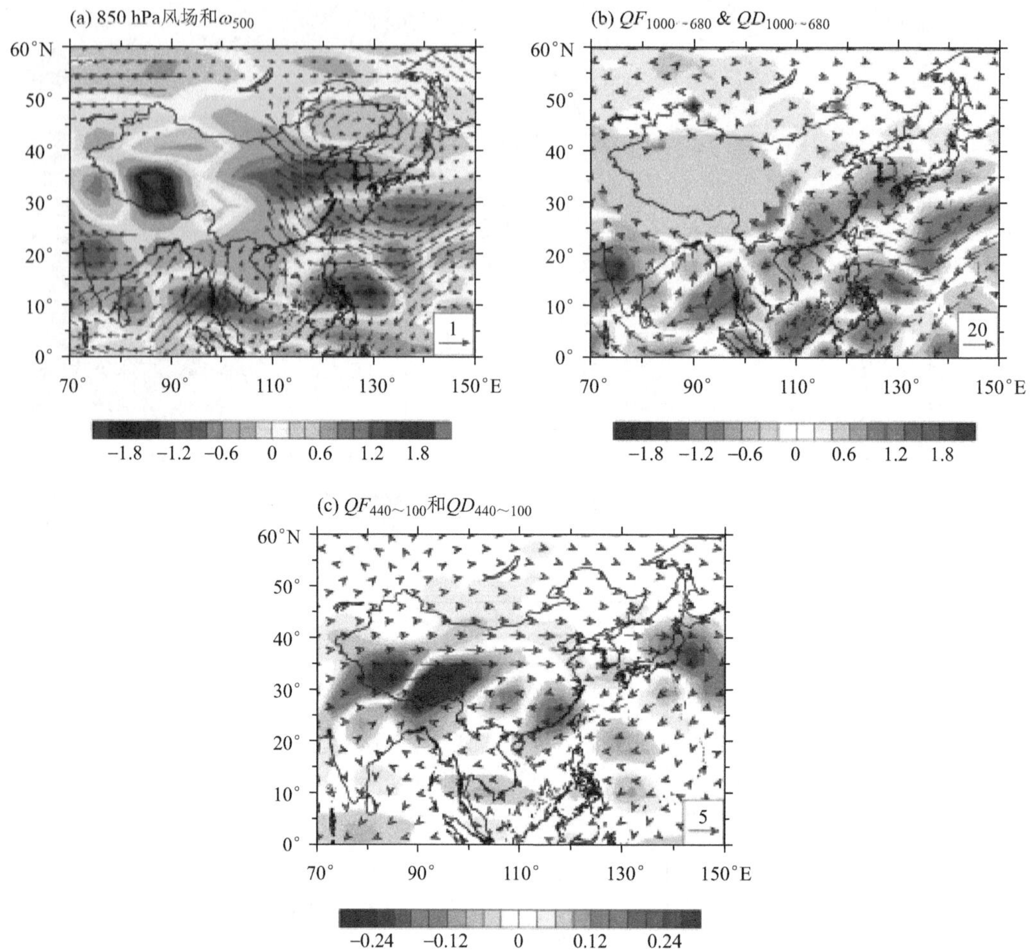

图 2.54　快响应下东亚地区(a)850 hPa 水平风场(矢量,单位:m·s^{-1})和 500 hPa 垂直速度(ω_{500},填色,单位:10^{-2} Pa·s^{-1},正值代表下沉运动)的变化,(b)1000～680 hPa 总的水平水汽通量(矢量,单位:kg·m^{-1}·s^{-1})和水汽通量散度(填色,单位:10^{-5} kg·m^{-2}·s^{-1},正值代表向外扩散)的变化,(c)440～100 hPa 相应的总的水平水汽通量及其散度的变化

在 600 hPa 以上的变化。青藏高原的上升运动强烈增加,在 450 hPa 处达到最大的垂直速度(约-0.63×10^{-2} Pa·s^{-1}),且 250 hPa 以上大气温度降低,因此青藏高原的高层大气相对湿度大幅增加,在 200 hPa 处达到最大值(约 8%),高云量增加在整个东亚地区最为显著,平均为 6.56%(表 2.9)。南方地区从地表到 100 hPa 均增强了上升运动,其中最大的垂直速度变化出现在 850 hPa(约-0.55×10^{-2} Pa·s^{-1})。水汽从海洋向南方地区输送,造成南方地区水平水汽通量散度 $QD_{1000\sim680}$ 的减少(-0.55×10^{-5} kg·m^{-2}·s^{-1},即增强了水汽聚合)(图 2.54b),因此南方地区的低层大气相对湿度和低云量均增加。由于南方地区的垂直上升运动一直持续到高层,并且 250 hPa 以上的大气温度降低,440～100 hPa 总水汽通量散度 $QD_{440\sim100}$ 也减少(-0.056×10^{-5} kg·m^{-2}·s^{-1},图 2.54c),因此南方地区的高层大气相对湿度和高云量也是增加的。东北地区从地表到 100 hPa 均增强了下沉运动,因此其低云量减少,但由于 250 hPa 以上大气温度的降低,因此其高层相对湿度和高云量仍然有所增加。

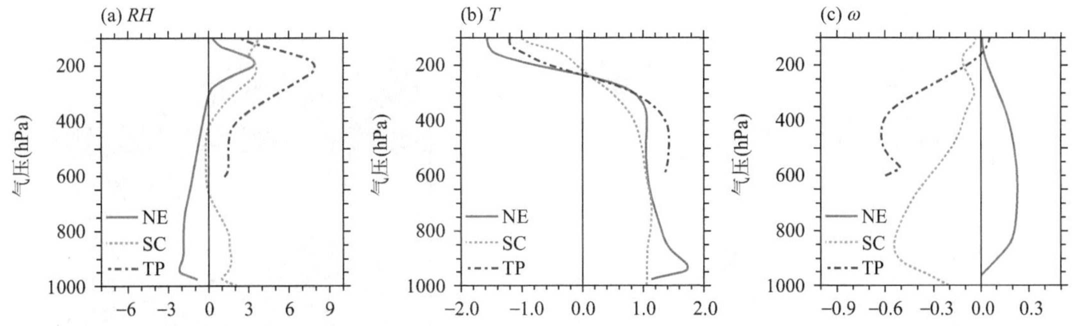

图 2.55　快响应下东亚地区三个典型区域(a)大气相对湿度(%),(b)大气温度(单位:K)和(c)垂直速度(单位:10^{-2} Pa·s^{-1},正值代表下沉运动)的变化。青藏高原、中国南方和东北地区的变化分别以 TP 线、SC 线和 NE 线指示。

2.3.4.3　慢响应下云量变化的机制

图 2.56(a~c)分别给出了慢响应下相对湿度(RH),大气温度和经向环流的纬度-气压垂直剖面的变化。慢响应下,陆地升温远大于海洋,在 40°N 以北的低层大气和高层大气之间的温差进一步加大,增强了大气的不稳定性,因此 40°N 以北的大气加强了上升运动,这导致了 40°N 以北低云量和高云量的增加。40°N 以南,大气主要增强下沉运动,导致低云量和高云量的减少。特别是 20°N 以南下沉运动极大增强,并且高层大气(100~400 hPa)的剧烈升温增大了饱和水汽压,使得高层大气相对湿度和高云量显著减少。

图 2.57 给出了慢响应下 850 hPa 水平风场、ω_{500}、柱水汽通量及其散度的变化。东北地区逆时针气旋性环流的增强和 40°N 以北 ω_{500} 和 1000~680 hPa 水汽通量的减少使得低云量显著增加。从中国西南至朝鲜半岛,ω_{500} 和 1000~680 hPa 水汽通量的显著增加使得这些区域低云量减小最为显著。而在中国南海及其以东洋面上出现的低云量增加可归功于这些区域 1000~680 hPa 水汽通量的减少带来的水汽聚合增强。青藏高原 440~100 hPa 水汽通量的强烈增加导致其高云量的增加。

图 2.58 给出了青藏高原,南方和东北三个典型区域的相对湿度、大气温度和垂直速度随气压的变化。青藏高原处大气升温强烈,且高层大气存在强烈的水汽扩散($QD_{440\sim100}$ 变化量平均为 0.42×10^{-5} kg·m^{-2}·s^{-1},图 2.57c),因此其高云量大幅减少(平均值为-4.45%,表 2.9)。南方地区在整层大气中均增强了下沉运动,在 700 hPa 处出现垂直速度的最大增加(约 0.7×10^{-2} Pa·s^{-1}),且在 1000~680 hPa 的水汽从陆地流向海洋,水汽通量散度大幅增加(平均为 1.61×10^{-5} kg·m^{-2}·s^{-1},图 2.57b),因此南方地区低云量减少。由于 100~400 hPa 的大气升温强烈(7~9 K),高层大气也出现水汽扩散的增强(平均 $QD_{440\sim100}$ 为 0.11×10^{-5} kg·m^{-2}·s^{-1},图 2.57c),因此高云量在南方地区也减少。东北地区增强的上升运动从地面一直延伸到 300 hPa,而到了 300 hPa 以上大气升温幅度大幅降低,因此东北地区的低云量和高云量均呈现增加。

2.3.4.4　云辐射强迫对 4 倍 CO_2 强迫的响应

云的辐射效应是调节地气系统能量收支的重要因子之一(Liou,1992),通常用“云辐射强迫”(CRF)来表示,定义为某一给定大气在有云与晴空时大气顶的净辐射通量之差(石广玉,2007)。其中短波云强迫(SWCF)为大气顶有云净向下短波通量(SW)与晴空净向下短

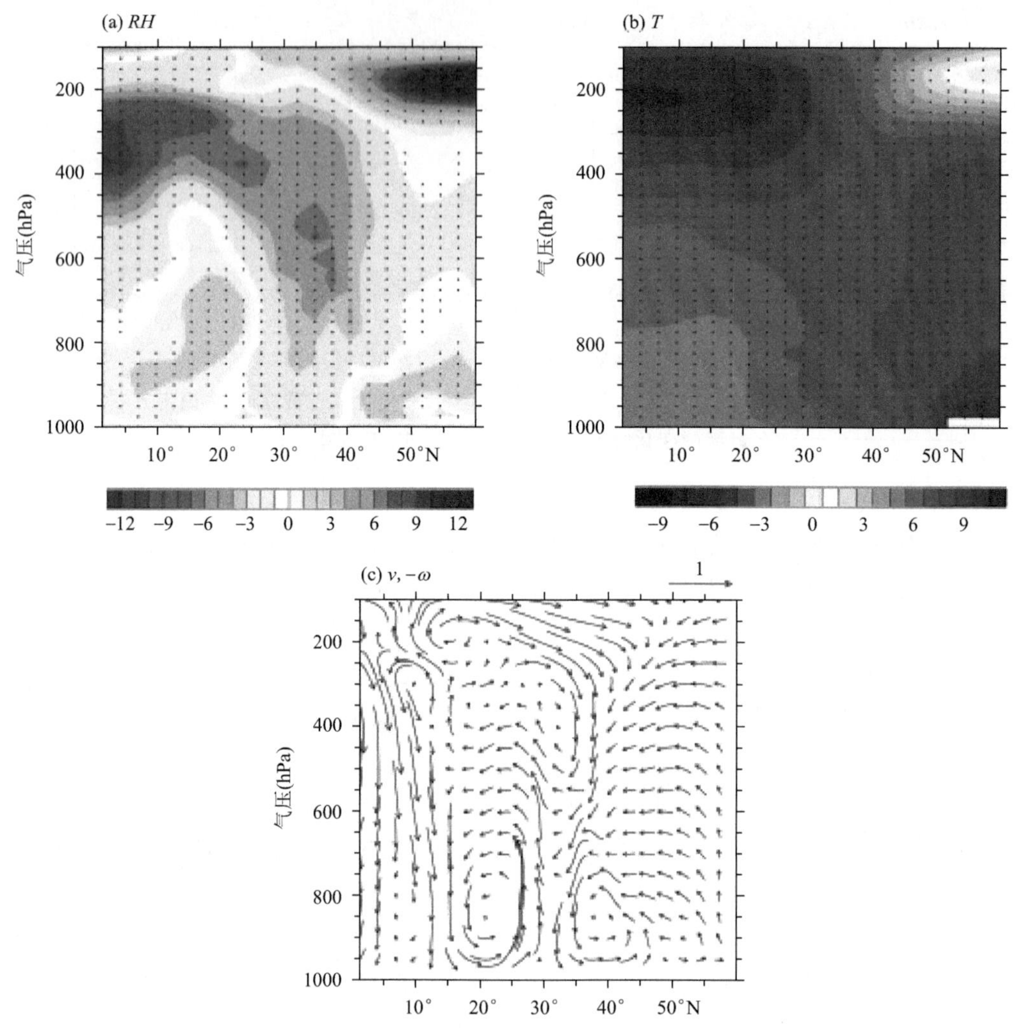

图 2.56　慢响应下东亚地区(a)大气相对湿度(%)，(b)大气温度(单位:K)和(c)经向环流(v，$-\omega$)(其中 v 为经向速度，单位:$m \cdot s^{-1}$；$-\omega$ 为垂直速度，单位:10^{-2} $Pa \cdot s^{-1}$)的纬度-气压垂直剖面的变化

(黑色小圆点代表通过 95%的 t 检验的区域)

波通量(SW_{clear})之差($SW-SW_{clear}$)，长波云强迫(LWCF)为大气顶晴空净向上长波通量(LW_{clear})与有云净向上长波通量(LW)之差($LW_{clear}-LW$)，净云强迫(NCF)为短波和长波云强迫之和。

图 2.59 给出了东亚地区 4 倍 CO_2 下大气层顶的 SWCF、LWCF 和 NCF 的变化。在大部分区域，云强迫在快响应与慢响应中都呈现相反的变化，且慢响应强于快响应，所以总响应由慢响应主导。这些特点与云量的变化是一致的。SWCF 与 LWCF 也呈现相反的变化。云的短波辐射效应大于长波辐射效应，而 SWCF 的变化也比 LWCF 要大，因此 NCF 变化的分布格局与 SWCF 相似。SWCF 和低云量变化的分布格局相反，这是由于低云对短波辐射有很强的反射作用，可以减少地面接收到的短波辐射。在 40°N 以北，低云量大幅增加，同时 SWCF 也大幅减少；青藏高原在快响应与慢响应中 SWCF 均减少，因此总响应中 SWCF 也大幅减少；从中国西南至日本的低云减少量最多，伴随着 SWCF 有最大幅度的增加。LWCF 和高云量的

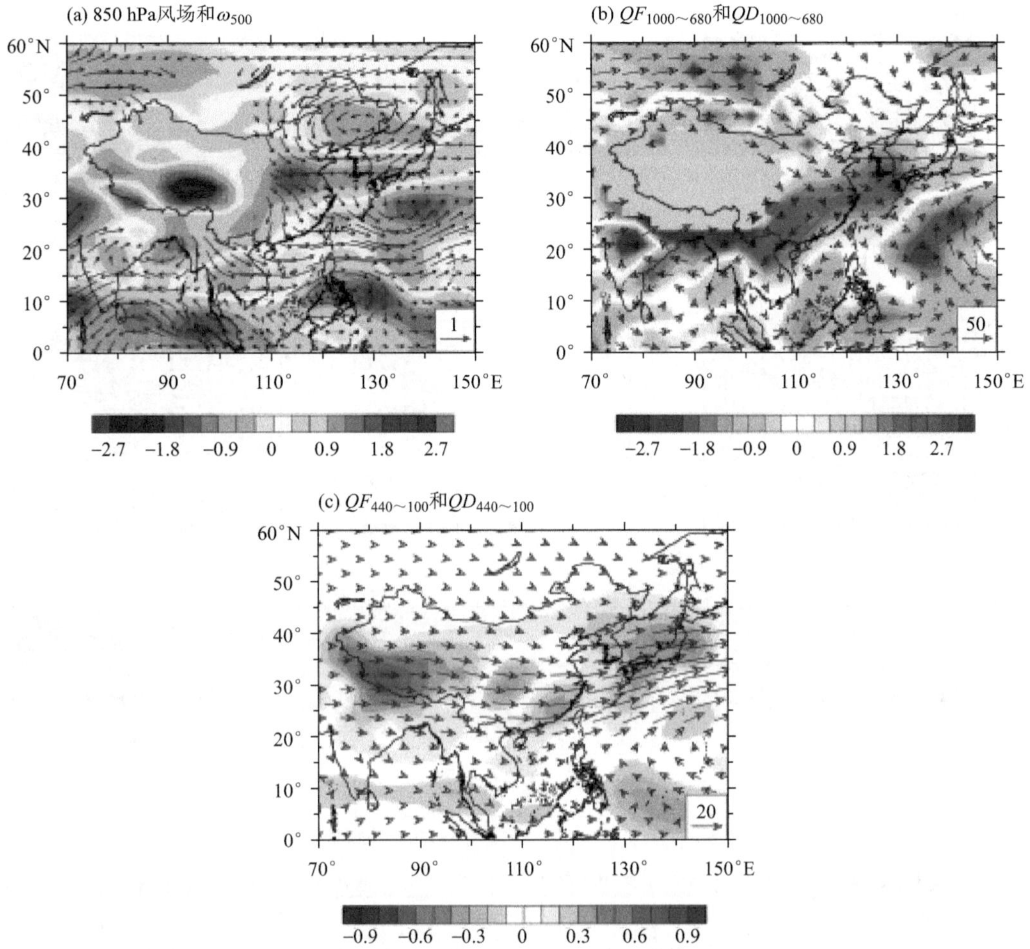

图 2.57　慢响应下东亚地区(a)850 hPa 的水平风场(矢量,单位:m・s^{-1})和 500 hPa 垂直速度(ω_{500},填色,单位:10^{-2} Pa・s^{-1},正值代表下沉运动)的变化,(b)1000～680 hPa 总的水平水汽通量(矢量,单位:kg・m^{-1}・s^{-1})和水汽通量散度(填色,单位:10^{-5} kg・m^{-2}・s^{-1},正值代表向外扩散)的变化,(c)440～100 hPa 相应的总的水平水汽通量及其散度的变化

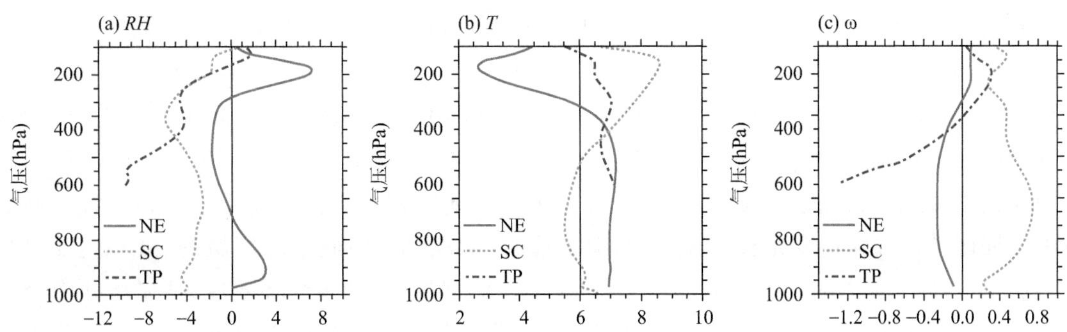

图 2.58　慢响应下东亚地区三个典型区域(a)大气相对湿度(%),(b)大气温度(单位:K)和(c)垂直速度(单位:10^{-2} Pa・s^{-1},正值代表下沉运动)的变化。青藏高原、中国南方和东北地区的变化分别以 TP 线、SC 线和 NE 线指示

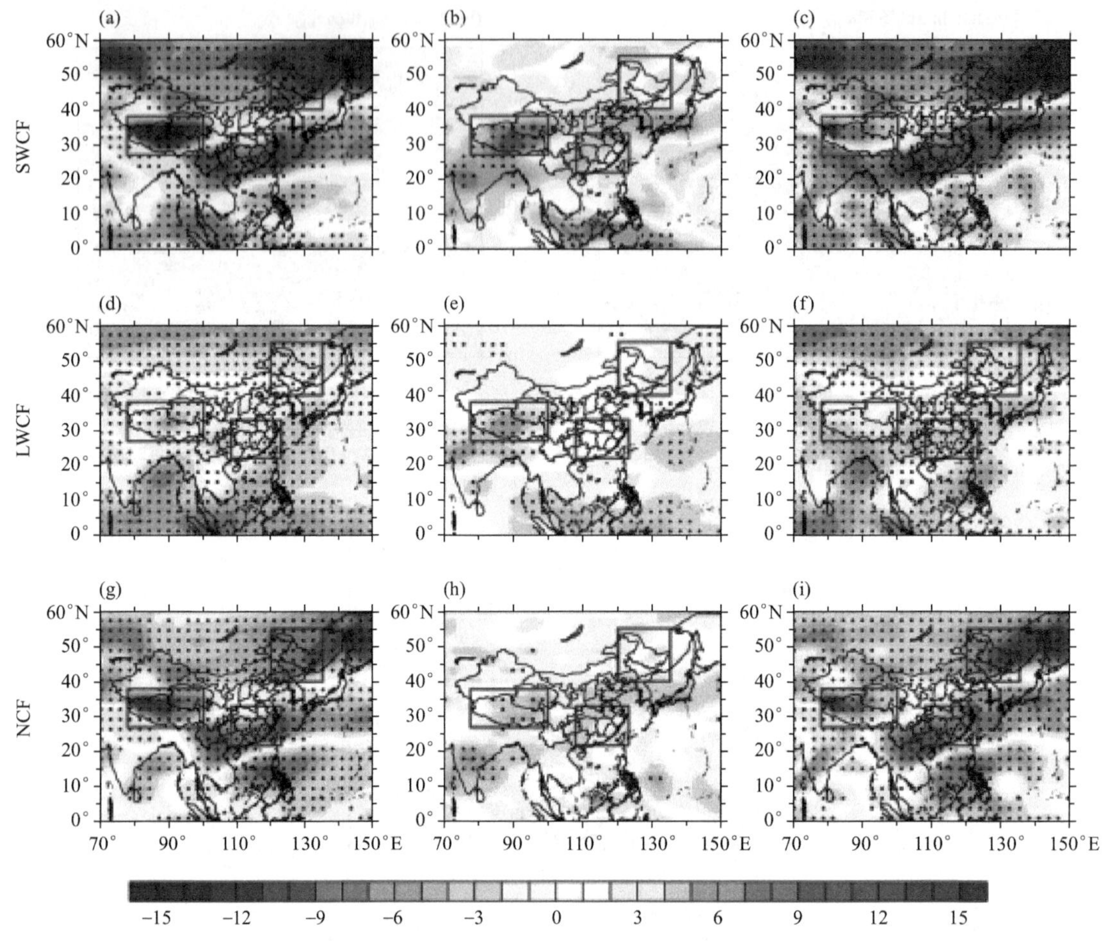

图 2.59 东亚地区(a～c)短波云强迫、(d～f)长波云强迫和(g～i)净云强迫的变化(单位:W・m^{-2})
[(a,d,g)为总响应,(b,e,h)为快响应,(c,f,i)为慢响应,黑色小圆点代表通过 95%的 t 检验]

变化具有相似的分布格局,这是由于高云对长波辐射有很强的吸收作用,能够减少地球向外出射的长波辐射。在青藏高原和 40°N 以北,高云量和 LWCF 均出现增加,而在中国南方地区和低纬度海洋地区,高云量和 LWCF 均减少。

表 2.10 列出了东亚和典型区域的 SWCF、LWCF 和 NCF 变化的平均值。其中东亚平均的 SWCF 和 LWCF 变化在总响应中分别为－0.72 W・m^{-2} 和－1.08 W・m^{-2},这表明东亚地区短波和长波云强迫的变化均可以抵消一部分 4 倍 CO_2 带来的变暖。东亚平均的 NCF 变化在总响应、快响应和慢响应中分别为－1.80 W・m^{-2}、－0.75 W・m^{-2} 和－1.05 W・m^{-2},表明无论是快响应还是慢响应,4 倍 CO_2 强迫下东亚地区云的变化都会带来冷却效应。慢响应中不同区域的云强迫变化有很大差别,但都远高于快响应,因此不同区域的 NCF 主要由慢响应决定。在低纬度海洋、青藏高原和 40°N 以北,NCF 减少,产生冷却效应;从中国西南至日本一带 NCF 增加,产生增暖效应。青藏高原、南方和东北地区总响应中的 NCF 变化分别为－6.74 W・m^{-2}、6.11 W・m^{-2} 和－7.49 W・m^{-2},这表明青藏高原和东北地区的云变化均造成了很强的冷却效应,明显抵消了 4 倍 CO_2 造成的增暖效应,而南方地区的云变化则扩大了 4 倍 CO_2 造成的增暖效应。

表 2.10　东亚和青藏高原、南方、东北地区的云辐射强迫的变化(单位：$W \cdot m^{-2}$)

	东亚			青藏高原			南方			东北		
	总	快	慢	总	快	慢	总	快	慢	总	快	慢
SWCF	−0.72*	−0.46	−0.26	−8.92*	−5.40*	−3.52*	7.66*	−1.86	9.52*	−9.66*	−0.33	−9.33*
LWCF	−1.08*	−0.29	−0.79*	2.18*	3.42*	−1.24*	−1.55*	0.77	−2.32*	2.17*	−0.05	2.22*
NCF	−1.80*	−0.75*	−1.05*	−6.74*	−1.98	−4.76*	6.11*	−1.09	7.20*	−7.49*	−0.38	−7.11*

星号(*)代表数值通过 95%的 t 检验

参考文献

段安民，吴国雄，张琼，等，2006. 青藏高原气候变暖是温室气体排放加剧结果的新证据[J]. 科学通报，51(8)：989-992.

石广玉，2007. 大气辐射学[M]. 北京：科学出版社 .

杨冰韵，张华，彭杰，等，2014. 利用 CloudSat 卫星资料分析云微物理和光学性质的分布特征[J]. 高原气象，(4)：1105-1118.

张华，谢冰，刘煜，等，2017. 东亚地区云对地球辐射收支和降水变化的影响研究[J]. 中国基础科学，19(5)：18-22.

周喜讯，张华，荆现文，2016. 中国地区云量和云光学厚度的分布与变化趋势[J]. 大气与环境光学学报，11(1)：1-13.

ALLAN R P，2011. Combining satellite data and models to estimate cloud radiative effect at the surface and in the atmosphere [J]. Meteorological Applications，18(3)：324-333.

ANDREWS T，FORSTER P M，2010. The transient response of global-mean precipitation to increasing carbon dioxide levels[J]. Environmental Research Letters，5(2)：025212.

BALA G，CALDEIRA K，NEMANI R，2010. Fast versus slow response in climate change：Implications for the global hydrological cycle[J]. Climate dynamics，35(2)：423-434.

BOND T C，BHARDWAJ E，DONG R，et al，2007. Historical emissions of black and organic carbon aerosol from energy-related combustion，1850—2000 [J]. Global Biogeochemical Cycles，21，GB2018，doi：1029/2006GB002840.

BONY S，STEVENS B，FRIERSON D M W，et al，2015. Clouds，circulation and climate sensitivity[J]. Nature Geoscience，8(4)：261-268.

BOUCHER O，RANDALL D，ARTAXO P，et al，2013. Clouds and aerosols[R]//Stocker T F，Qin D，Plattner G K，et al. Climate Change 2013：The Physical Science Basis. Contribution of Working Group I to the Fifth Assessment Report of the Intergovernmental Panel on Climate Change. Cambridge University Press.

DAI T，CHENG Y，ZHANG P，et al，2018. Impacts of meteorological nudging on the global dust cycle simulated by NICAM coupled with an aerosol model[J]. Atmospheric Environment，190：99-115.

DUAN L，CAO L，BALA G，et al，2018. Comparison of the fast and slow climate response to three radiation management geoengineering schemes[J]. Journal of Geophysical Research：Atmospheres，123(21)：11980-12001.

GANGULY D，RASCH P J，WANG H，et al，2012. Fast and slow responses of the South Asian monsoon system to anthropogenic aerosols[J]. Geophysical Research Letters，39(18).

GREGORY J M，INGRAM W J，PALMER M A，et al，2004. A new method for diagnosing radiative forcing and climate sensitivity[J]. Geophysical Research Letters,31(3):L03205.

HANSEN J,SATO M K I,RUEDY R,et al,2005. Efficacy of climate forcings[J]. Journal of Geophysical Research:Atmospheres,110(D18).

HOESLY R M,SMITH S J,FENG L,et al,2018. Historical(1750—2014)anthropogenic emissions of reactive gases and aerosols from the Community Emissions Data System(CEDS)[J]. Geoentific Model Development,11(1):369-408.

HUANG Y,SHEN H,CHEN Y,et al,2015. Global organic carbon emissions from primary sources from 1960 to 2009[J]. Atmospheric Environment,122:505-512.

KATO S,ROSE F G,RUTAN D A,et al,2018. Surface irradiances of edition 4.0 clouds and the earth's radiant energy system(CERES)energy balanced and filled(EBAF)data product[J]. Journal of Climate,31(11):4501-4527.

KIM D Y,RAMANATHAN V,2008. Solar radiation budget and radiative forcing due to aerosols and clouds [J]. Journal of Geophysical Research:Atmospheres,113:D02203.

LI J D,WANG W C,MAO J Y,et al,2019. Persistent spring cloud shortwave radiative effect and the associated circulations over southeastern China[J]. Journal of Climate,32:3069-3087.

LI J D,YOU Q L,HE B,2020. Distinctive spring shortwave cloud radiative effect and its inter-annual variation over southeastern China[J]. Atmospheric Science Letters,21:e970,doi:10. 1002/asl. 970.

LIOU K N,1992. Radiation and Cloud Processes in the Atmosphere[M]. Oxford University Press.

LOEB N G,DOELLING D R,WANG H,et al,2018. Clouds and the earth's radiant energy system(CERES)energy balanced and filled(EBAF)top-of-atmosphere(TOA)edition-4.0 data product[J]. Journal of Climate,31(2):895-918.

MERCADO L M,BELLOUIN N,SITCH S,et al,2009. Impact of changes in diffuse radiation on the global land carbon sink[J]. Nature,458:1014-1017.

MIN M,ZHANG Z,2014. On the influence of cloud fraction diurnal cycle and sub-grid cloud optical thickness variability on all-sky direct aerosol radiative forcing[J]. Journal of Quantitative Spectroscopy & Radiative Transfer,142(6):25-36.

OHMURA A,2004. Cryosphere during the twentieth century[J]. The State of the Planet:Frontiers and Challenges in Geophysics,Geophys. Monogr. Ser,150:239-257.

PINKER R T,ZHANG B,DUTTON E G,2005. Do satellites detect trends in surface solar radiation? [J]. Science,308(5723):850-854.

RASCHKE E,KINNE S,ROSSOW W B,et al,2016. Comparison of radiative energy flows in observational datasets and climate modeling[J]. Journal of Applied Meteorology and Climatology,55(1):93-117.

SAMSET B H,MYHRE G,FORSTER P M,et al,2016. Fast and slow precipitation responses to individual climate forcers:A PDRMIP multimodel study[J]. Geophysical Research Letters,43(6):2782-2791.

SCHNEIDER T,KAUL C M,PRESSEL K G,2019. Possible climate transitions from breakup of stratocumulus decks under greenhouse warming[J]. Nature Geoscience,12(3):163-167.

SIMMONS A J,JONES P D,BECHTOLD V D C,et al,2004. Comparison of trends and low-frequency variability in CRU,ERA-40,and NCEP/NCAR analyses of surface air temperature[J]. Journal of Geophysical Research:Atmospheres,109(D24).

STANHILL G,COHEN S,2001. Global dimming:a review of the evidence for a widespread and significant reduction in global radiation with discussion of its probable causes and possible agricultural consequences[J]. Agricultural and Forest Meteorology,107(4):255-278.

SU S,LI B,CUI S,et al,2011. Sulfur dioxide emissions from combustion in China:from 1990 to 2007[J]. Environmental Science & Technology,45(19):8403-8410.

SUN B,GROISMAN P Y,BRADLEY R S,et al,2000. Temporal changes in the observed relationship between cloud cover and surface air temperature[J]. Journal of Climate,13(24):4341-4357.

TAO S,RU M Y,DU W,et al,2018. Quantifying the rural residential energy transition in China from 1992 to 2012 through a representative national survey[J]. Nature Energy,3:567-573.

WANG K,DICKINSON R E,2013. Contribution of solar radiation to decadal temperature variability over land [J]. Proceedings of the National Academy of Sciences of the United States of America,110(37):14877-14882.

WANG R,TAO S,SHEN H,et al,2014. Trend in Global Black Carbon Emissions from 1960 to 2007[J]. Environmental Science & Technology,48:6780-6787.

WANG Y,WILD M,SANCHEZ-LORENZO A,et al,2017. Urbanization effect on trends in sunshine duration in China[J],Annales Geophysicae,35,839-851.

WANG Z,LIN L,XU Y,et al,2021. Incorrect Asian aerosols affecting the attribution and projection of regional climate change in CMIP6 models[J]. Climate and Atmospheric Science,4:2.

WANG Z,WANG C,YANG S,et al,2022. Evaluation of surface solar radiation trends over China since the 1960s in the CMIP6 models and potential impact of aerosol emissions[J]. Atmospheric Research,268(15): 105991.

WARREN S G,EASTMAN R M,HAHN C J,2007. A survey of changes in cloud cover and cloud types over land from surface observations,1971—1996[J]. Journal of Climate,20(4):717-738.

WILD M,2009. Global dimming and brightening:A review[J]. Journal of Geophysical Research:Atmospheres, 114(D10).

WILD M,2012. Enlightening global dimming and brightening[J]. Bulletin of the American Meteorological Society,93:27-37.

WILD M,FOLINI D,HAKUBA M Z,et al,2015. The energy balance over land and oceans:an assessment based on direct observations and CMIP5 climate models[J]. Climate Dynamics,44(11):3393-3429.

WILD M,FOLINI D,SCHÄR C,et al,2013. The global energy balance from a surface perspective[J]. Climate Dynamics,40(11):3107-3134.

WILD M,GILGEN H,ROESCH A,et al,2005. From dimming to brightening:Decadal changes in solar radiation at Earth's surface[J]. Science,308(5723):847-850.

WILD M,OHMURA A,SCHÄR C,et al,2017. The Global Energy Balance Archive(GEBA)version 2017:A database for worldwide measured surface energy fluxes[J]. Earth System Science Data,9(2):601-613.

WILD M,TRUSSEL B,OHMURA A,et al,2009. Global dimming and brightening:an update beyond 2000 [J]. Journal of Geophysical Research,114:D00D13.

YANG S,WANG X L,WILD M,2019. Causes of dimming and brightening in China inferred from homogenized daily clear-sky and all-sky in situ surface solar radiation records(1958—2016)[J]. Journal of Climate,18: 5901-5913.

YANG S,WANG X L,WILD M,2018. Homogenization and trend analysis of the 1958—2016 in situ surface solar radiation records in China[J]. Journal of Climate,31(11):4529-4541.

YANG S,ZHOU Z,YU Y,et al,2021. Cloud "shrinking" and "optical thinning" in the "dimming" period and a subsequent recovery in the "brightening" period over China[J]. Environmental Research Letters,16(3):034013.

YU R,WANG B,ZHOU T,2004. Climate effects of the deep continental stratus clouds generated by the Tibetan Plateau[J]. Journal of Climate,17(13):2702-2713.

ZELINKA M D,RANDALL D A,WEBB M J et al,2017. Clearing clouds of uncertainty[J]. Nature Climate Change,7:674-678.

第3章　东亚地区云与降水变化的关系研究

云和降水是地球水循环过程中的重要因子。云覆盖地球表面约60%的区域。通过反射太阳辐射和吸收地表长波辐射并以较低的温度向外发射长波，云显著地影响着地气系统的辐射能量收支平衡。同时，云还通过影响大气中的水分输送和降水分布调节着大气中的水循环。IPCC AR6报告(Forster et al.，2021)和很多研究认为，云对全球变暖响应的净效应是放大人类引起的变暖，即云的反馈作用是正的。同时，报告也指出，云是影响气候变化诸多因子中非常重要的、但不确定性最大的因子之一。气候变化正在加剧水循环和影响降雨特征，带来更强的降雨和洪水，在高纬度地区降水可能会增加，而在亚热带的大部分地区则预估可能会减少。气候模式间模拟的云差异大是导致未来气候预测不确定性的一个重要原因。本章利用地面观测和卫星资料，获取降水的长期变化特征和极端降水的变化；研究东亚地区不同类型云的长期变化趋势和分布特征；探讨云与降水变化之间的关系。基于统计分析与数值模拟等方法，研究云对降水频率、持续时间以及强度等的主要影响，探讨云与降水变化的关系及机理。结合再分析资料和数值模拟，研究大尺度环流和季风变化对云和降水变化的影响。建立东亚地区云对降水变化影响的定量关系，揭示该地区云对降水的影响和机理。

3.1　降水的变化

在气候变暖的背景下，我国夏季降水的强度、频次、季节性(包括雨季起始时间及时间长度)、持续性及降水出现的形式(单日强降水或多日连续降水)均发生了明显的变化，对我国的防洪抗旱等应对措施提出了新的挑战，亟须准确、深入地理解这些降水的新变化、变化原因及未来风险。本节主要讨论我国东部极端降水强度和频次的变化以及夏季降水的结构性变化，以为我国降水大尺度模态形成和变化成因提供一些见解。

3.1.1　中国东部极端降水变化检测

极端降水及由此引发的洪水等气象水文灾害是对人民的生命和财产安全威胁最大的自然灾害之一(Witze，2018)。理解极端降水的变化及其原因对于应对气候变化带来的自然灾害而言十分重要，因此对极端降水的研究一直是气候变化领域的前沿和核心内容之一(Groisman et al.，2005；Allan，2011)。根据克劳修斯-克拉珀龙热力学关系(C-C关系)，大气每升温1 ℃，其中的含水量预期增加6.5%左右，由此可推知降水在气候变暖背景下将增强，因此理论上极端降水将会越来越频繁、越来越强(Allen和Ingram，2002；Fischer和Knutti，2016)。温室气体的热力效应对降水的影响已经在很多地区的实际观测记录中得到了验证(Donat et al.，2016；Fischer和Knutti，2015)。随着未来大气中温室气体含量进一步上升，可能极端降水发生的频次会变得更多、强度更大(Masson-Delmotte et al.,2018;Fischer 和 Knutti,2015;Zhang 和 Zhou,2019a)。

除了量化极端降水过去和未来的变化,很多研究将重点放在识别造成这种变化的驱动因子,其中最常见的一个科学问题就是人类活动是否与这种变化有关,有多大的贡献?想得到这个问题的答案,需要借助"检测归因"科学(Hegerl et al.,2010)。随着过去20年这门科学的繁荣发展,人类活动造成的变暖已经影响大陆尺度到全球尺度的降水变化,甚至在一些高影响个例中的证据逐渐增加,信度也在不断地提升(Min et al.,2011;Paik et al.,2020;Fischer 和 Knutti,2015;Zhang et al.,2019;Angélil et al.,2017;van Oldenborgh et al.,2017;Risser 和 Wehner,2017)。但是,当聚焦到区域尺度极端降水变化时,比较强的内部变率(自然演变的大气和海洋模态、厄尔尼诺等)和区域尺度特有的一些强迫因子(如人类活动排放的气溶胶、土地利用、灌溉等)可能会掩盖或者放大人类活动造成的影响(Sarojini et al.,2016;Zhou et al.,2020;Kirchmeier 和 Zhang,2020)。然而,区域尺度的气候变化信息对于决策者制定适应和减缓措施至关重要(Seneviratne et al.,2016;Diffenbaugh et al.,2018),尤其是针对如中国东部这样的人口稠密、频繁受到极端降水影响的季风区(Zhang et al.,2018;Luo et al.,2016)。2020年夏季袭击中国南方地区的致洪暴雨和2021年发生在河南地区的破坏力极强的极端降水进一步增强了人们更好理解这个地区极端降水变化特征和变化原因的意愿,以更好地了解和防范这类事件的未来风险。

截至目前,针对中国季风区的极端降水变化的检测归因工作仍然相对有限,绝大多数研究都是基于采用气候模式的指纹法(Ma et al.,2017;Chen 和 Sun,2017;Li et al.,2017;Lu et al.,2020)。然而,即便是对目前最先进的气候模式而言,复杂的季风环流和季风降水也是极难模拟的(Yao et al.,2017)。不同模式之间的模拟结果存在明显差异,这使得基于气候模式的检测结论信度大打折扣(Chen 和 Sun,2017;Li et al.,2017;Zhang et al.,2015)。实际上,在这些研究中,最重要的热力驱动因子——温室气体的信号只能勉强被检测到或者检测不到(Chen 和 Sun,2017;Li et al.,2017)。而且,基于模式方法的检测结果与基于观测数据检测方法得到的检测结果似乎存在差异,这也表明目前关于极端降水变化的检测结论信度并不高(Li et al.,2018;Zhang 和 Zhou,2019b)。

尽管近年来日尺度极端降水与人类活动的关系日渐清晰,关于更短持续时间(如小时尺度)的极端降水的检测结论仍然非常少(在我国基本没有),但短时强降水与基础设施的防灾设计和应急措施的制定关系更加密切(Trenberth et al.,2017;Zhang et al.,2017)。小时尺度降水和日尺度极端降水变化可检测性的差异也引起了广泛关注,但目前这类比较工作还很少(Barbero et al.,2017;Guerreiro et al.,2018)。这主要受限于高质量小时尺度降水观测资料的匮乏和可用于小时尺度降水检测分析的对流可分辨尺度的强迫试验的缺乏(Kendon et al.,2018)。鉴于上述限制条件,很多研究转而量化局地极端降水与当地气温的关系,预期提供一些关于小时尺度极端降水对变暖响应的合理推测(Lenderink 和 van Meijgaard,2008;Westra et al.,2014)。最常用的方法就是气温分级法(temperature-binning),但这个方法未能充分考虑其他能够影响当地极端降水的因子,如明显的降水和温度的季节循环和年循环(Zhang et al.,2017)、造成降水的环流系统的差异(Molnar et al.,2015)和独特的地形效应(Broucke et al.,2019)。对这些因素的忽视也导致了所得到的温度-小时尺度极端降水之间的关系可能并不能表示任何的因果关系(Zhang et al.,2017;Bao et al.,2017;Barbero et al.,2018;Sun et al.,2020)。在数据时空覆盖比较完备的地区,完全基于观测数据的检测方法为解决这一问题提供了另外的一种可能途径,同时还可以促进小时尺度极端降水和日尺度极端降水信号可检测性的比较(Guerreiro et al.,2018;Barbero et al.,2017)。

中国东部地区的日尺度和小时尺度降水观测质量都很高,不同尺度的极端降水变化研究较多,其变化特征已有清晰解释,相应的理解也较为全面,为部分回答上述问题奠定了很好的研究基础(Zhai et al.,2005;Zhang 和 Zhai,2011;Yu 和 Li,2012)。

从致灾性的角度考虑,本小节主要关注 1970 年以来排名前 100 的小时尺度和日尺度极端降水事件。就发生概率而言,历史上最强的 100 次小时降水超过了 99.9%小时的降水量,最强的 10 次小时降水更是超过了 99.99%的观测记录。最强的 100 次日尺度降水超过了 98%的日数,最强的 10 次降水比 99.8%的历史日降水都强。如此小概率的事件,在年总降水量中只占一小部分,因此与普通的非极端降水基本没有重合,受到全球的能量平衡的约束更小,更适合用于极端降水变化与可检测性的研究(Li et al.,2019;Pendergrass,2018)。历史上最强的排名前 10 小时降水的强度从西北向东南递增,在西北部 25 mm/h 到东南地区的 90 mm/h;而日尺度的累积降水排名前 10 事件的日降水量从西北部的 55mm/d 到东南部超过 300 mm/d(图 3.1e)。在如此短的时间降下如此多的降水极可能引发洪涝及其他水文灾害。

在站点尺度上,降水量和事件频次呈现增加的站点要多于减少的站点(图 3.1a～d),南方地区降水的变化更加具有空间一致性,北方地区降水的增加和减少交错分布。从区域平均的角度而言,所有分级的小时尺度和日尺度极端降水都表现出强度的明显增强,越强的降水事件增强的幅度越大(图 3.2a、b)。小时尺度的极端降水增强幅度与全球地表平均气温的关系大概为两倍的 C-C 关系(图 3.2a)。而日尺度极端降水,历史前 50 次事件的增强幅度超过了两倍的 C-C 关系,10 次最强事件的增强幅度甚至超过了 3 倍的 C-C 关系(图 3.2b)。小时尺度的极端降水和日尺度极端降水的增强幅度均超过了由随机变率导致的变化(灰色阴影,图 3.2a、b),这意味着外强迫引起的变化已经在观测记录中显现出来。与 Kendon 等(2018)关于英国极端降水的检测和 Barbero 等(2017)关于美国极端降水的检测结果类似,所采用的分级方法并未显示中国东部短时强降水的可检测性高于日尺度极端降水。

南方地区空间上较为一致的极端降水增强信号和北方地区极端降水增强、减弱交错分布的特征使得下一步分析有必要考虑区分南北方地区。这样的分析表明上述发现的极端降水的可检测性以及超过两倍 C-C 关系的增强幅度主要取决于南方地区的变化。相对比而言,北方地区由于站点间相反的变化导致区域平均的信号很弱,导致变化的幅度稳定地落在了随机变率的范畴里,即便是仅考虑最强的降水等级。

进一步考虑较暖的时段(1994—2017 年),可以发现强度超过较冷时段的前 100 强事件的事件频次增长了 5%～30%,强度越大的等级频次增加得越多(图 3.2c、d)。从理论上而言,这样的频次增强应该源于强度上 2～3 倍于 C-C 关系的增长(虚线,图 3.2c、d),这与实际观测的结果非常一致。将所有考虑的强度等级视作一个整体,可以发现上述极端降水的变化不太可能完全由随机变化支配。进一步考虑站点的取样误差(误差线,图 3.2c、d),外强迫的信号能够在第 1～5 个等级的小时尺度极端降水频次变化和 1～3 个等级的日降水极端降水频次变化中被检测到。

从区域平均的角度而言,1970—2017 年间年最强的小时尺度降水约以 1.8%/(10 a)的速度增强,相较于年最强日降水的 2.5%/(10 a)的增强速度较弱,这与上述分级检测的结论是一致

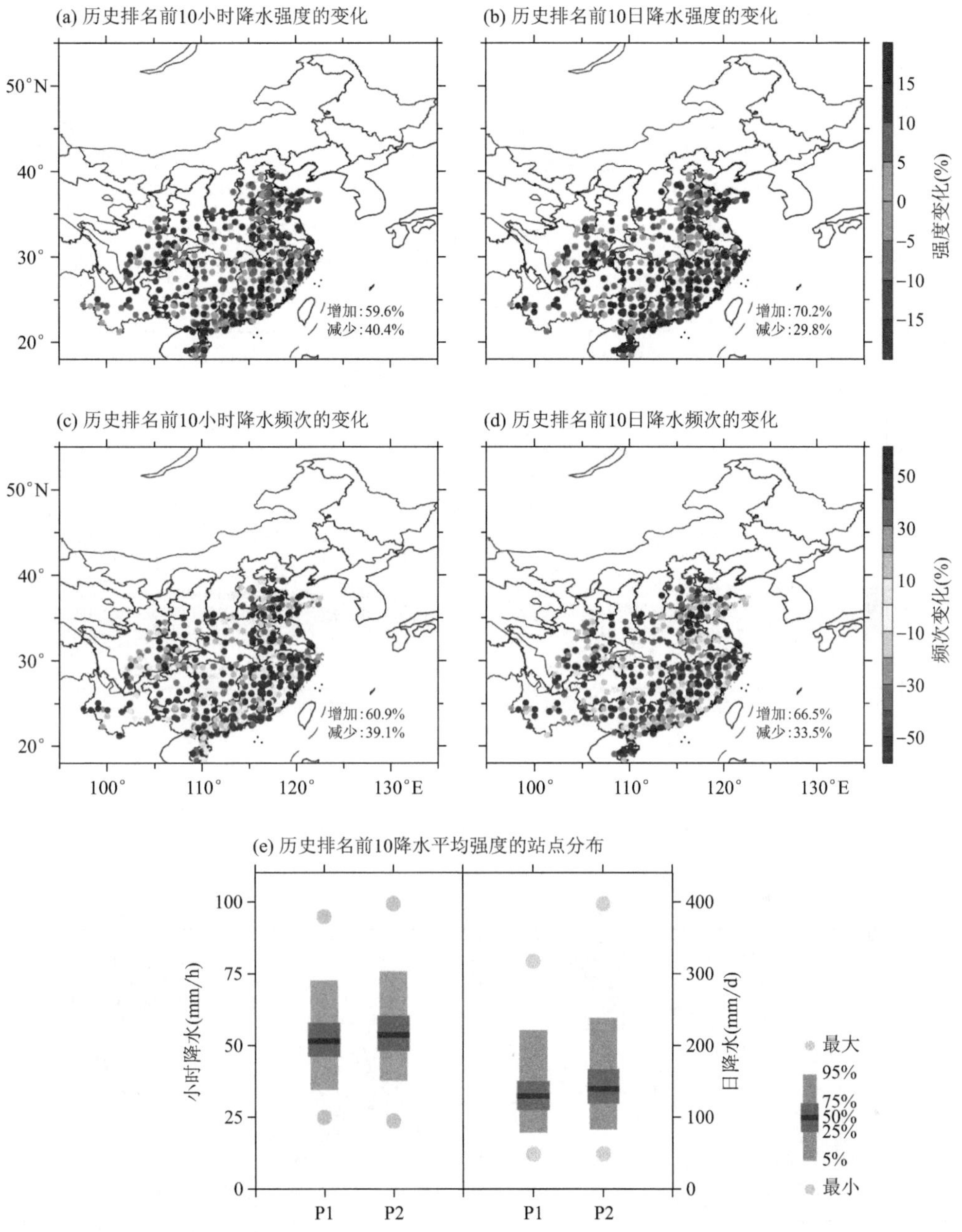

图 3.1　历史排名前 10 小时尺度和日尺度极端降水强度(a、b)和频次(c、d)的变化及降水量的站点分布(e)

的。与全球地表平均气温升高有关的小时尺度降水的显著增强发生在大约 9.3%的站点上，而日尺度的最强降水这一比例达到 9.5%(图 3.3)。这样大范围的显著增强，无论是日尺度还是小时尺度极端降水中，都不太可能完全由随机变率解释(图 3.3a、b)。也就是说，人类活动造成的变暖在这样的变化起到了一些作用，若没有这个作用，日尺度和小时尺度极端降水的增强不会像观测到的这么强和广泛。相似地，采用这种场检验的方法也没有发现短时强降水的增强信号比日尺度降水的增强更容易检测到。与分级检测方法一致，上述场检验得到的可检测性信号主要来源于南方地区更加系统性的、更强的响应。相比之下，全球变暖驱动的降水变弱仅仅发生在 1.4%(小时尺度)和 1.9%的站点上(日尺度)，仍然在随机变率的范围之内(图 3.3a、b)。

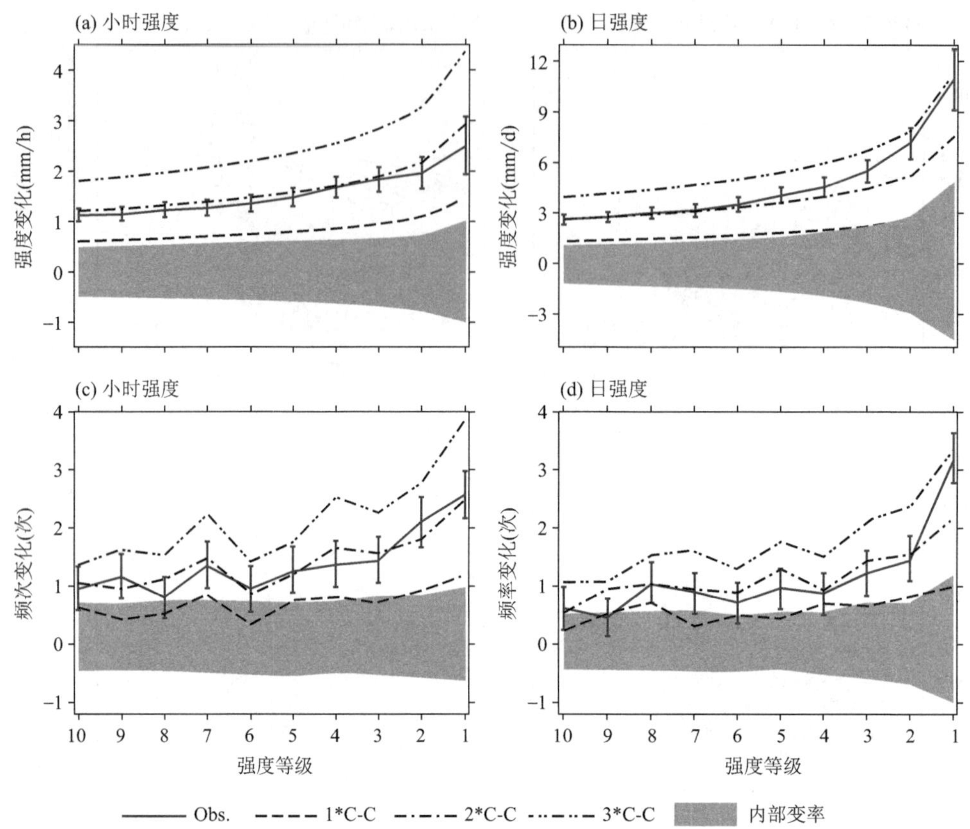

图 3.2　小时尺度极端降水(a、c)和日尺度极端降水(b、d)的变化速度及其与随机变化的关系

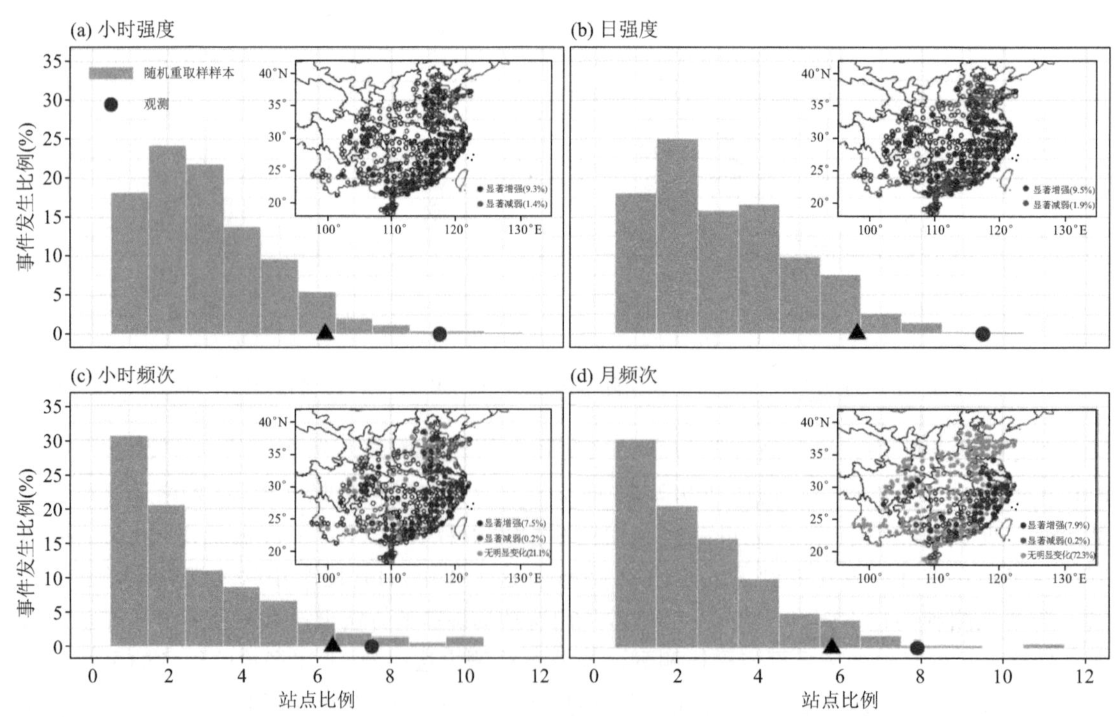

图 3.3　基于场检验的极端降水增强检测

值得注意的是，南方地区的降水机理复杂多样，既包括与季风系统有关的强降水，也包括与台风有关的强降水(Luo et al.，2016)。这些不同机制下的极端降水可能受内部变率的支配程度和对外强迫的响应幅度也有明显差异(Chang et al.，2012)。因此，将不同机制的极端降水混合考虑可能会导致对信号可检测性的估计出现一定偏差。考虑到这一点，可以将台风降水去除之后，重新考虑非台风降水的可检测性。去除台风之后，极端降水的频次和强度变化的可检测性并没发生本质变化(图略)。这意味着那些超出自然变率的增强和变多主要是源于非台风降水对全球变暖的响应，在日尺度和小时尺度均是如此。

综上所述，在1970—2017年间，作为对全球变暖的响应，中国东部的小时尺度和日尺度极端降水都在以超过C-C关系的速度增强，日尺度事件的增强速率稍快。与之不同的是，基于观测的检测方法一致性地表明，观测到的区域尺度的日尺度和小时尺度的极端降水增多、变强本质上是对全球变暖的系统性响应，而非受到自然变率的主导作用。从空间分布而言，南方地区更加均一、更强的响应是整个区域极端降水变化可检测性的来源；从机理来源而言，非台风引起的极端降水，即与季风系统有关的极端降水或对流性极端降水是整个区域极端降水变化信号可检测性的根本来源。

3.1.2　降水结构的变化及其对南涝北旱的影响

除了频次和强度之外，降水持续性的变化也与其影响高度相关，但受到的关注相对较少(Schmidli和Frei，2005；Chen和Zhai，2013；Trenberth et al.，2017；Ye，2018)。ETCCDI[①]推荐了一个常用的衡量持续时间的指标——持续湿期(CWD)(Zhang et al.，2011)。显然，这个指数不能完全代表离散的雨期多样的持续性，所以这个指数的变化也不能很好的解释与降水持续性有关的洪水和干旱的变化趋势(Zolina et al.，2010)。因此，为了弥补这些空白，有必要对雨期不同持续性变化进行全面分析。将降水持续性变化和洪涝、干旱联系起来的另一种方式是通过降水在季节内分布的不均匀性。例如，如果某地雨日在时间上倾向于聚集出现，那么洪涝期间的累积降水增多，洪涝严重，同时干期延长，从而增加该地区洪涝和干旱风险(Zolina，2014；Chen和Zhai，2014)。这种重组又称为“降水结构”变化(Zhang et al.，2012；Zolina，2014)。显然，以往研究关注的这种结构仅代表一种“基于持续时间的结构”。更广泛的降水结构框架应扩展为“强度-持续时间相联合的结构”。将降水分解成多个持续时间和强度类别的事件并评估它们各自的变化趋势有利于揭示过去被忽视的显著变化，这些变化以前由于组成成分不同或者相反趋势之间的混合或抵消而未能被识别(Zheng et al.，2015；Karl和Knight，1998；Ma和Zhou，2016)。对不断变化的降水结构的研究能有助于揭示主要降水类型的转变，并进一步为缓解和适应降水变化中特定的降水类型提供科学信息(Zolina et al.，2010)。尽管有这些科学意义和实际意义，但过去大多数陆地区域的降水结构变化在很大程度上仍然未知。此外，相关研究仅关注结构变化本身而忽视了它们与洪涝和干旱等气象灾害的客观联系。因此，本小节以中国东部地区为例，旨在探讨该地区降水的持续性和强度联合结构是否发生变化以及发生了怎样的变化，并进一步阐述检测到的结构变化对于洪涝、干旱空间分布模态的影响。

近几十年来，我国东部夏季降水变化呈现出著名的偶极型模态，即“南涝北旱”(SFND)，以长江中下游地区降水异常偏多而华北地区降水异常偏少为特征(Hu，1997；Zhu et al.，

① ETCCDI：The Expert Team on Climate Change Detection and Indices，气候变化检测和指数专家组。

2011)。自从“南涝北旱”型提出以后，大量的研究从多个角度探讨了其背后的机理，包括季风环流的年际到年代际变率(Zhu et al.，2011；Preethi et al.，2017)、海-气耦合作用(Yang 和 Lau，2004；Xu et al.，2017)以及人为排放的温室气体和气溶胶的强迫作用(Lei et al.，2011；Persad et al.，2017；Tian et al.，2018)。也有一些研究指出“南涝北旱”型是由于雨日数的变化导致的(Zhai et al.，2005；Ma 和 Zhou，2016)，或者研究了长江流域仅基于持续性结构的降水变化(Han et al.，2015)。然而，据我们所知，目前通过夏季降水的持续性-强度联合结构变化来解释南涝北旱型成因方面的相关研究相对缺乏。

虽然前人研究倾向于将“南涝北旱”作为年代际变率模态(Zhang，2015；Zhu et al.，2011；Huang et al.，2013)，但是最近的研究结果表明，线性趋势估计也能够反映出这一偶极型模态(Nigam et al.，2015；Preethi et al.，2017)。此外，我们的降水变化趋势估计结果能够很好地反映出中国东部夏季显著的“南涝北旱”变化模态(图 3.4a)，即不同时段选择也有显著的长期变化趋势[如本小节中的 1961—2012 年、Nigam 等(2015)中的 1951—2009 年以及 Preethi 等(2017)中的 1970—2014 年]。另外，这样的偶极型模态能够体现出南方变湿和北方变干的相关空间变化特征(图 3.4b，浅色填色)，即在各自对应的区域内大部分站点(约 98%)的变化趋势符号一致。特别需要指出的是，观测到不同符号最强变化趋势的站点分别聚集在长江中下游地区(蓝色方框)和华北中部地区(红色方框)。因此选择这两个区域从而更好地代表“南涝北旱”型。

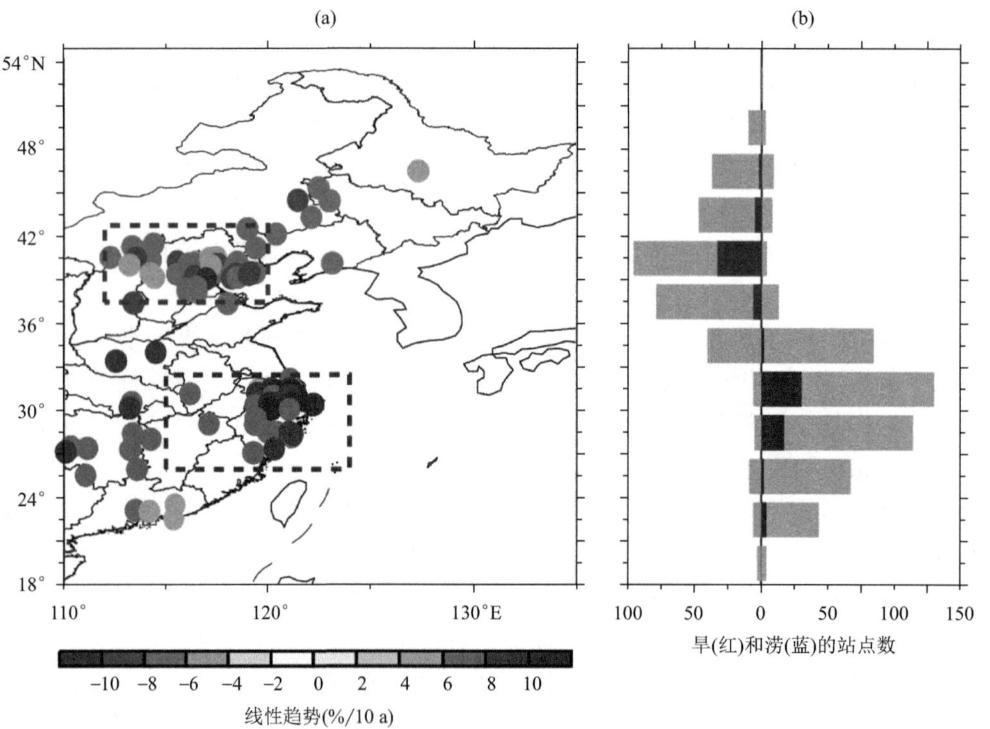

图 3.4 夏季(6—8 月)总降水量的变化趋势的空间分布(a)以及每个 3°纬度带内趋势符号为正(蓝色)和趋势符号为负(红色)的站点数量分布(b，彩图见书后)

[在图(a)中，绝对变化趋势[mm/(10 a)]通过除以 1961—1990 年夏季气候态转化为相对变化趋势[%/(10 a)]，并且只显示变化趋势显著性水平达到 0.05 的站点。在图(b)中，变化趋势显著和不显著的站点数分别用深色和浅色的颜色表示]

基于已识别的代表性区域，区域平均的序列也能体现出这两个区域相反的显著变化趋势（图 3.5）。通过将总降水分为“短持续事件”（1～2 d）和“长持续事件”（大于等于 3 d）可以发现，在“北旱”地区，“长持续事件”的降水量是显著减少的，并且其变化速率是“短持续事件”的两倍以上。这个结果表明“北旱”主要是由于与“长持续事件”有关的降水量减少导致的。“南涝”则是由于“长持续事件”和“短持续事件”的降水量共同增长导致的，并且它们的增长幅度是可比较的。进一步分析结果显示，对于不同强度等级的降水，“北旱”和“南涝”区域的总降水量的变化趋势主要由强降水的显著变化所主导。强降水的这种主导作用在“南涝”区域更为明显，即其对总降水量变化的贡献比例高达 92%。到目前为止，由于“北旱”区域的“长持续事件”（图 3.5a，绿色）和强降水事件（图 3.5c，蓝色）的减弱趋势对于“北旱”趋势的贡献相似（约为 70%），所以难以确定是由单独的降水持续性结构变化还是由降水强度结构变化，抑或是由二者共同作用导致的。这种不明确性使得有必要对降水持续性变化和强度变化之间的内在联系做更深入的研究，相关内容如随后分析所示。弱降水对“南涝北旱”的贡献作为余项，可以忽略不计（约为 1%）。值得注意的是，“南涝”区域的降水变化趋势的估计结果可能对 1998—1999 年的降水极端正异常值敏感。因此，通过将这两年中的任意一年或者两年都剔除进行敏感性试验。结果表明，变化趋势的符号、显著性以及主要的定性变化都没受到影响，但是其中的增加趋势的幅度有轻微的减弱。

我们进一步分析了“南涝北旱”趋势中降水的“持续时间结构”和“强度结构”变化。在“北旱”区域，“持续时间结构”变化可以在降水量（图 3.6a）和雨日数（图 3.6b）中反映出来。其中，“短（长）持续事件”的降水对降水量和雨日数的贡献比例逐渐增加（减少），其特点为从 1980 年之前降水事件以“长持续事件”形式为主，转向 1995 年以后的降水事件以“短持续事件”形式为主。与“持续时间结构”的这种变化相一致，“北旱”区域的平均降水时长以 1.8%/(10 a）的速率缩短，其显著性水平为 0.05。与之相反，“南涝”区域的降水“持续时间结构”没有系统的变化趋势（如降水事件以“长持续事件”或“短持续事件”为主的长期变化趋势），而是以十年到年代际的振荡（“短持续事件”以“正负正”的变化分布，“长持续事件”以“负正负”的变化分布）为主，降水量和雨日数的结构都是如此。相应地，其平均降水时长几乎保持不变，以 0.72%/(10 a）的微弱且不显著的变化速率增加。就“强度结构”而言，“北旱”区域没有显著的变化趋势（图 3.6e）。弱降水和中等强度降水频次增加使其平均强度以 3.4%/(10 a）的速率减弱，但不显著。“南涝”区域则经历了降水“强度结构”的显著变化，即强降水事件显著增加而弱降水和中等强度降水大幅减少。这种降水越来越多的以强降水形式出现的结构变化，使得“南涝”区域的降水强度以 3.9%/(10 a）的速率显著增强（基于 1961—1990 年的平均降水强度）。其中，相较于强降水事件，极端降水事件经历了频次上的小幅增长，而其对降水量的贡献出现了较大的增加。这种现象表明，在“南涝”区域，强降水-极端降水的强度在增强，这使得长江中下游地区暴露于严重洪涝灾害的风险中。将中等强度降水事件进一步细分为中等强度偏弱降水事件（25%～50%百分位）和中等强度偏强降水事件（50%～75%百分位），上述关于降水“强度结构”变化的检测结果尤其显著。总而言之，在“南涝”区域，越来越多的降水事件以强度更强的降水事件出现这一“强度结构”变化为主；而在“北旱”区域，降水事件以“短持续事件”在总降水量和总雨日数中比例显著增多这一“持续时间结构”变化为主。

关于降水的“持续时间结构”和“强度结构”之间是否存在联系以及有何种联系的问题值得进一步讨论。显然，雨期中不同持续时间的降水事件也包含弱降水、中等强度降水和强降水的

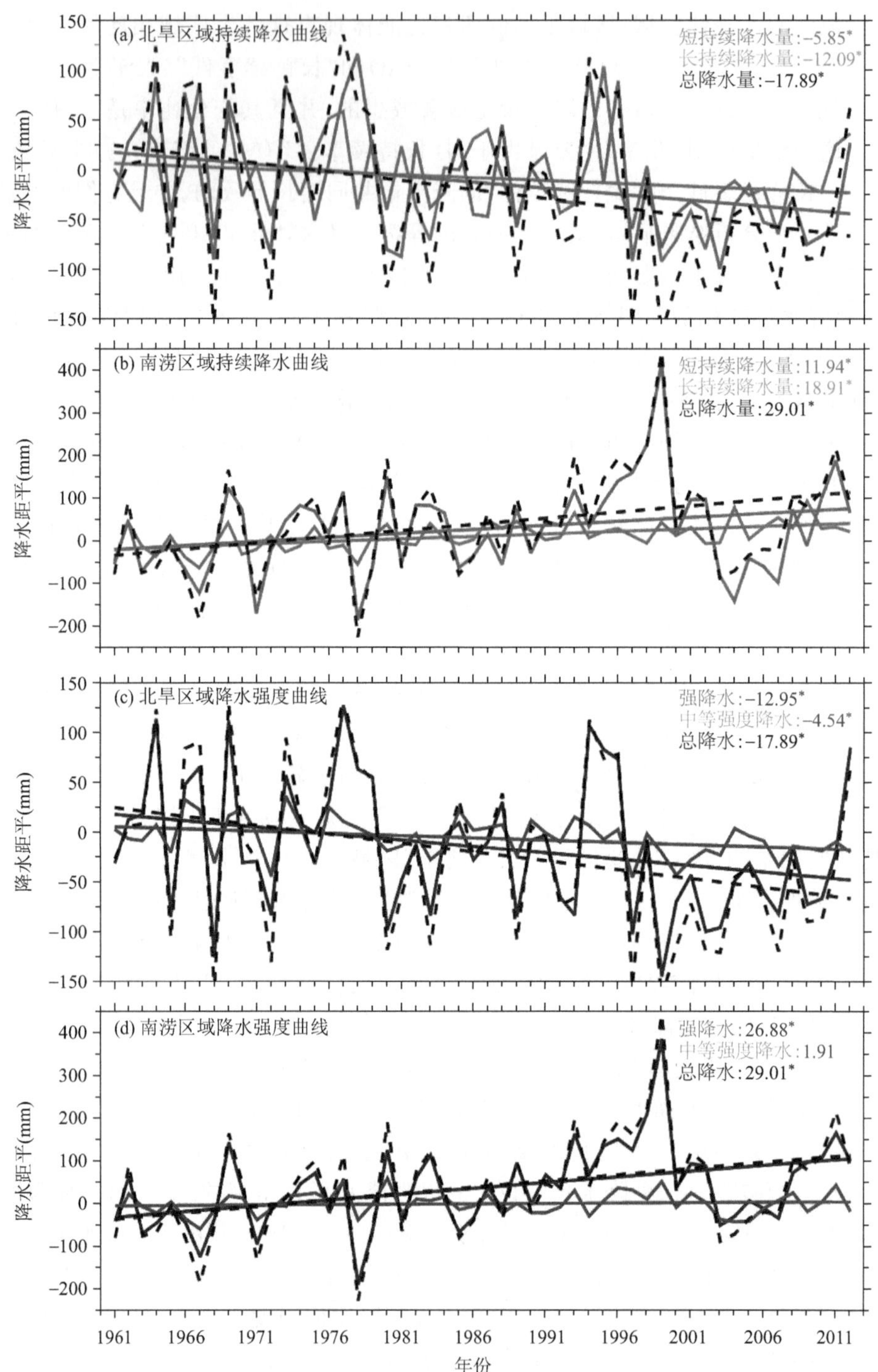

图 3.5 "南涝"和"北旱"区域的区域平均的夏季降水距平(基于 1961—1990 年的降水气候态)(彩图见书后)

[图(a)和图(b)中曲线分别表示"北旱"和"南涝"区域的夏季总降水量(黑色)、"短持续事件"总降水量(橘黄色)、"长持续事件"降水量(绿色)及其各自的线性拟合结果。图(c)和图(d)分别表示"北旱"和"南涝"区域的夏季总降水量(黑色)、中度强度降水的降水量(红色)、强降水的降水量(绿色)及其各自的拟合结果。线性趋势的估计结果[mm/(10 a)]位于每幅子图的右上角,其中星号表示显著性水平达到 0.05]

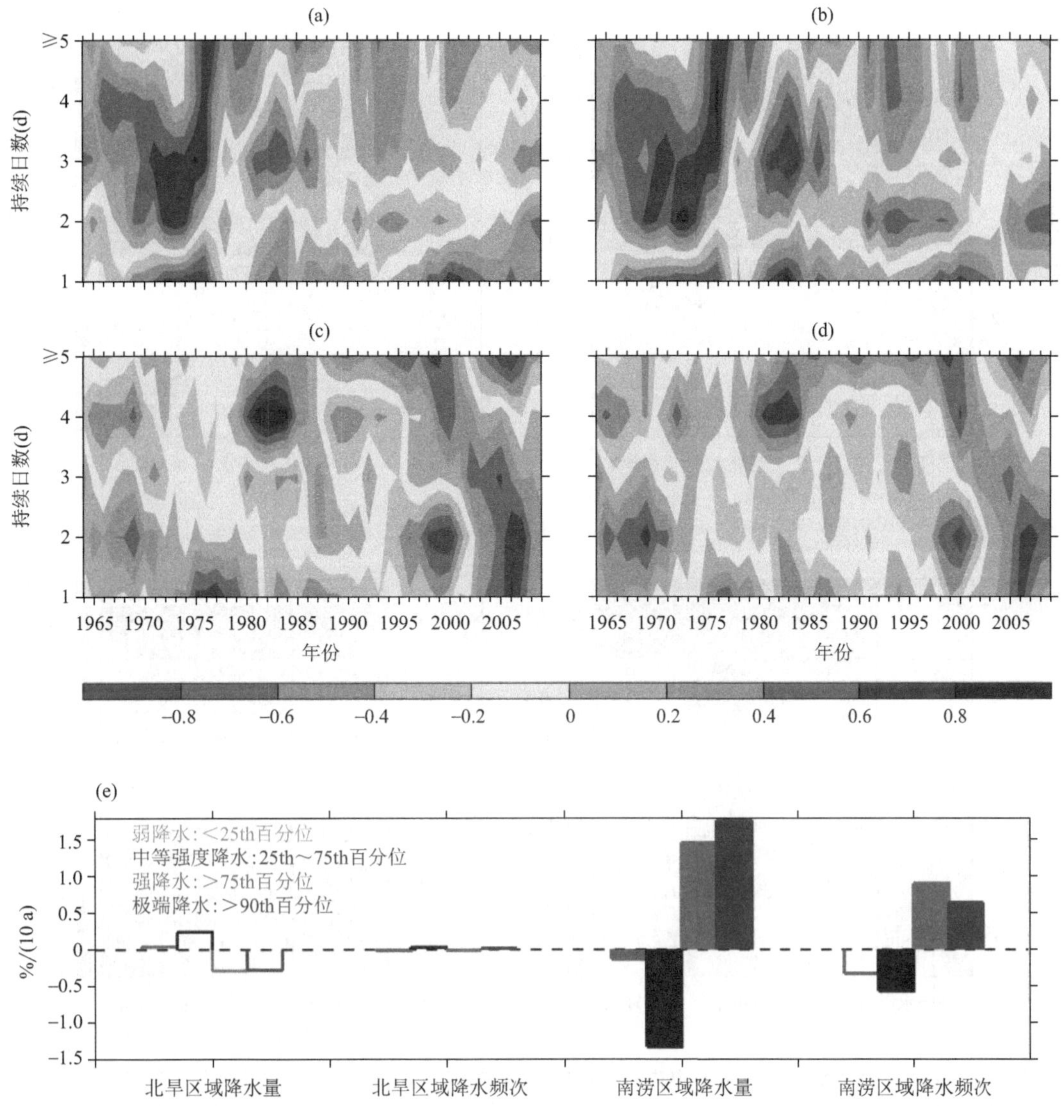

图 3.6　“北旱”区域标准化的不同降水事件对夏季总降水量(a)和夏季总雨日数(b)的贡献距平时间变化，其中通过7年滑动平均突出持续性结构的直接变化。图(c)(d)与图(a)(b)结果相似，但对应长江中下游地区。图(e)为不同降水强度等级的雨日数对夏季总降水量和总雨日数的贡献比例的变化趋势。填色和未填色的柱状图分别表示显著和不显著的变化趋势(彩图见书后)

雨日(包含极端降水)，所以它们也有各自的降水“强度结构”。基于此种考虑，我们进一步探讨了不同持续时间降水事件的降水“强度结构”变化特征。在“北旱”区域，越来越多的“短持续事件”以强降水-极端降水为主，而“长持续事件”则相反(图 3.7a 和图 3.7b)。因此，图 3.6e 中“北旱”区域的降水“强度结构”变化主要由“长持续事件”的降水“强度结构”变化影响，其变化幅度部分被“短持续事件”的降水“强度结构”变化所抵消。在“南涝”地区，不同持续时间的降水事件的降水“强度结构”变化都是倾向于以强(极端)降水事件为主。如图 3.6e 所示，不同的降水事件的降水“强度结构”同相变化从而显著地重塑了整个“南涝”区域的降水“强度结构”变化。

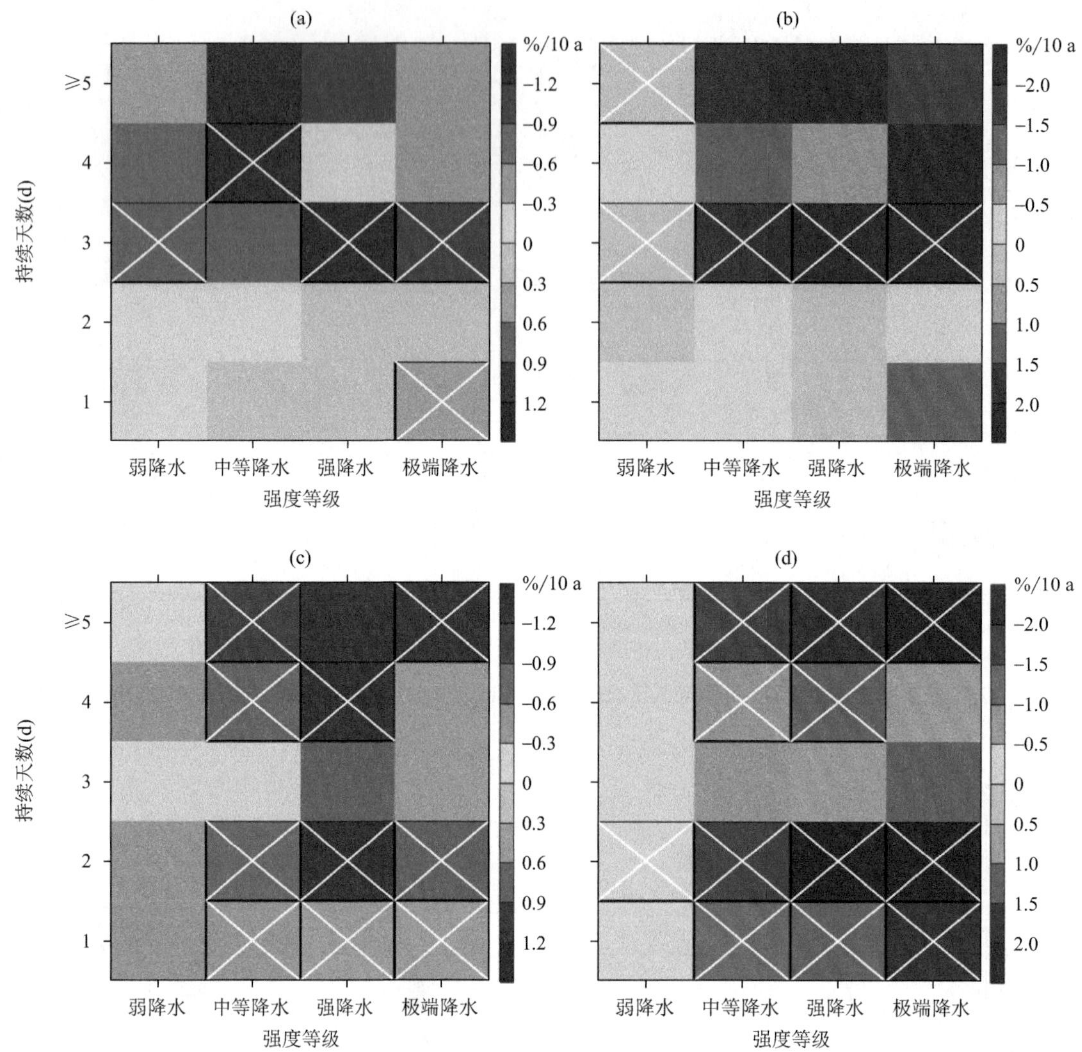

图 3.7　不同降水强度等级的雨日数对总雨日数(图 a 代表“北旱”区域,图 c 代表“南涝”区域)以及总降水量(图 b 代表“北旱”区域,图 d 代表“南涝”区域)的贡献比例在不同持续时间类别的降水事件中的变化趋势(显著变化的趋势用黑色边框和白色的“×”表示)

虽然图 3.6 和图 3.7 反映了降水的“持续时间结构”和“强度结构”,但是这些结构的变化是否是“南涝北旱”发生的原因仍未可知。这是因为这些结构的变化是对总雨日数和总降水量的绝对变化趋势而言是相互独立的,如贡献比例之间的变化。因而接下来,我们探讨不同持续时间、不同强度等级的降水事件频次的绝对变化。如图 3.8a 所示,在“北旱”区域,弱降水(平均强度在 1～10 mm/d)在增加且倾向于以 1 日或 2 日的降水事件的形式出现,这使得降水事件的累计降水量不超过 15 mm。与之相反,超过 50 mm 大量降水的事件频次在显著减少,即高强度(超过 15 mm/d)和长持续时间(超过 3 日)组合的“长持续-强降水”事件在显著减少,其减少速率超过 10%/(10 a)。并且,“短持续-弱降水”事件带来的降水量微弱增加[3.23 mm/(10 a)]明显很难弥补“长持续-强降水”事件带来的降水量大量减少[21.14 mm/(10 a)]。所以,研究降水的“持续性-强度二维结构”一方面可以挖掘出被单独持续性结构或者强度结构分析所掩盖的显著变化趋势，例如“短持续-弱降水”的显著增长（而不是图 3.5a 和图 3.5c 中“短持续事件”和弱降水趋于减少的变化趋势）；另一方面，它能明确指出“北旱”变化趋势的根本原因，即“长持续-强降水”显著减少。这一精确的结论消除了上述图 3.4 中“长持续事件”或者强降水事件的减少是造成该现象原因的相关歧义。在“南涝”区域，降水“强度结构”变化明显超过“持续时间结构”的变化，即“短持续-强降水”（每个事件降水量为 20～60 mm）和“长持续-强降水”（每个事件降水量为 70～150 mm）同时显著增长。这种倾向于以强降水为主导的“强度结构”变化很好地解释了这个区域的“短持续事件”和“长持续事件”的可比较的降水量增长趋势（图 3.5b），以及图 3.5d 所示的强降水和中等强度降水不成比例的增长趋势。值得注意的是，“长持续-强降水”事件可能和空间延展的锋面系统（spatially-extending frontal systems）有关（Chen 和 Zhai，2015；Day et al.，2017），所以“长持续-强降水”事件的频次增多是长江中下游地区洪涝灾害频发的主要原因（Chen 和 Zhai，2013）。

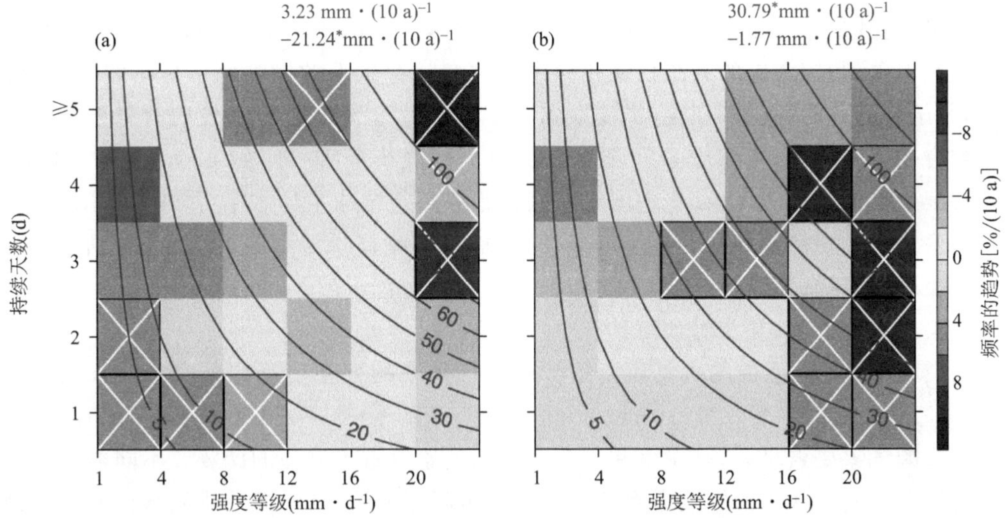

图 3.8　“北旱”(a)和“南涝”(b)区域降水事件频次在不同持续时间（y 轴）和平均强度（x 轴）的变化趋势。所有的趋势已转化为基于 1961—1990 年气候态的百分率变化[%/(10 a)]。变化趋势达到显著水平为 0.05 的用黑色方框和“×”标记显示。绿色等值线表示不同持续时间-强度类别的降水事件的累计总降水量。右上角的蓝色和红色的数值表示降水事件的总降水量的变化趋势，其中蓝色和红色分别表示增加趋势和减少趋势（彩图见书后）

本小节分析重新解读了中国东部地区大范围的洪涝-干旱型的长期变化趋势，并从降水的持续性和强度联合结构的角度揭示了其发生原因。在 1961—2012 年，中国东部地区的南侧经历了变湿趋势而北侧经历了变干趋势，形成了著名的“南涝北旱”的降水变化偶极子模态。在这个背景下，中国东部北侧出现了以持续性结构变化为主的显著变化，即“短持续事件”（小于等于 2 d）变为降水主导类型。“强度结构”中“短持续事件”和“长持续事件”（大于等于 3 d）二者变化趋势相互抵消，因而没有检测出北侧降水“强度结构”系统性变化。上述结构变化表现为“长持续事件”出现频次减少。由此导致的降水不足是北方趋于干旱的原因。基于降水“强度结构”的变化很好地解释了中国东部南侧的降水变化，即强降水-极端降水对总雨日数和总降水量的贡献比例显著增加，而弱降水到中等强度的降水的贡献比例在减少。这种显著的倾向于以强度更强的降水事件形式为主导的降水结构变化是明确地由于不同持续时间的强降水-极端降水事件增长的贡献。因此,“短持续-强降水”(骤发性洪水)和“长持续-强降水”(流域性洪水)同时增加共同导致了近来长江中下游地区变湿的趋势。

3.1.3 El Niño对中国夏季降水持续性结构和强度的影响

ENSO是目前发现的全球气候和海洋环境变化最强的信号,对全球许多地区的气候有重要影响(Huang et al.,1989;Zhang et al.,1996;任福民 等,2012)。El Niño是指赤道中、东太平洋海表温度大范围持续异常偏暖的热带海-气相互作用的一种气候现象,其发生过程包括两类:太平洋东部海温异常增暖并向西扩展的东部型El Niño和赤道中太平洋海温异常增暖并向东扩展的中部型El Niño(任福民 等,2012)。中部型El Niño对南美、北美西海岸、甚至日本和新西兰气候的影响可能会与东部型El Niño的影响完全相反(Larkin et al.,2005;Ashok et al.,2007)。中国位于东亚季风区、太平洋西海岸,邻近El Niño发生区,气候必然会受到El Niño现象的影响。20世纪90年代以来,中部型El Niño事件发生频率显著增加,这可能与全球气候变暖,尤其是赤道太平洋海温的年代际增暖有关(Yeh et al.,2009)。Tang等(2021)在其最新研究中提到,模式中的系统性偏差导致全球变暖背景下的极端厄尔尼诺频率变化被显著高估,基于订正后的气候态变化,极端厄尔尼诺频率将几乎不变;全球变暖背景下,ENSO的气候影响会显著增强,未来ENSO可能会造成更大的气候灾害(Hu et al.,2021)。如今全球仍处于持续变暖的趋势中,近百年中国气候变暖趋势高于全球平均水平(严中伟 等,2020),全球变暖更稳定地体现在海洋(Cheng et al.,2019),探讨此背景下不同类型海温异常对中国地区气候变化有何影响、如何影响,对全面认识不同类型海温异常事件、提高对它们所引起的极端天气气象灾害的预测,并及时预防具有非常重要的科学意义和应用价值。

不同类型El Niño事件的大气环流特征以及气候影响存在明显差异(Yuan et al.,2012;Yuan et al.,2012;袁媛 等,2012;Chen et al.,2014;李丽平 等,2015;汪婉婷 等,2018)。降水作为最重要的气象要素之一,其发生和演变一直是气象界重点关注的课题。不同类型El Niño事件对次年中国夏季降水的影响方面已经有了许多研究成果,其中多数研究结果表明:东部型El Niño事件次年夏季中国形成南北两条异常雨带,位于长江流域和华北、内蒙古与东北南部地区,而江淮地区少雨(Huang et al.,1989;陈文,2002;Juan et al.,2011;王钦 等,2012;吴萍 等,2017);中部型El Niño事件次年夏季中国形成一条异常雨带,位于长江以北,而长江以南少雨(Juan et al.,2011;王钦 等,2012;吴萍 等,2017)。超强El Niño事件衰减年夏季长江流域发生极端降水的概率比正常年份高出一倍,而华南和华北地区概率降低(刘明竑 等,2018)。

近几十年来,我国季节内降水分布越来越不均匀,干旱持续时间延长,短时洪水发生概率增加,旱涝急转风险增大(Chen,2020);小时尺度和日尺度事件的增强幅度均已远超出自然变率范围(Chen et al.,2020);中国大部分地区极端降水量(持续和非持续)趋于增多,华北、西南地区极端降水量(持续和非持续)趋于减少(贺冰蕊 等,2018)。除了总降水量和降水强度之外,降水过程持续的时间长短也可用于衡量降水变化特征(Zolina et al.,2010;江志红 等,2013)。近年来,已有部分研究从日尺度来进行降水持续时间的相关研究(Zolina et al.,2010;Zhang et al.,2012;Chen et al.,2014;周可 等,2018)。Bai等(2007)关于中国湿期气候特征和变化趋势的相关研究发现,中国西部大部分地区年累计持续降水日数及其产生的降水量趋于增多,而华北、华中以及中国东南地区则显著减少。Chen等(2014)分析发现,中国西南地区的降水越来越多地表现为短持续性降水和单日降水,长持续性降水在总降水中的比重显著下降。

余荣等(2018)利用逐日降水数据分析了 El Niño 事件对长江中下游地区夏季持续性降水结构的影响,结果表明:El Niño 事件的发生将导致次年夏季长江中下游地区降水事件更多地以持续性降水为主,不同持续性降水事件的强度加强。不同类型的 El Niño 事件对应的大气环流形势及其对气候的影响均有很大差异,把两类事件放在一起研究其对降水持续性结构的影响不太合适。赵晓琳等(2019)和周可等(2018)分别就典型的东部型(2016 年和 1998 年)和中部型 El Niño(2010 年)事件次年夏季长江中下游的超长持续性降水过程及其相关环流特征进行了分析,但范围只针对长江中下游地区,且只分析了这些年持续时间最长且强度大的几次降水过程。本小节期望将 El Niño 事件分为两种类型来分析其对中国地区次年夏季降水持续型结构和降水强度的影响;按降水异常空间分布特征划分区域进行更细致的研究。这有助于全面、深入、系统地认识气候变暖大背景下海-气相互作用的异常影响中国夏季旱涝变化的规律,也可为极端天气气候灾害预测提供更多的可参考信息,为防灾减灾工作的策划提供依据,尽可能减小降水异常造成的国民经济和人民生命财产损失。

我们采用的是中国 2400 多站地面常规观测的逐日降水数据,数据长度为 1961—2018 年,研究季节选为夏季(6—8 月),研究范围主要是中国东部(100°E 以东)地区。为尽可能提高研究结果的准确性和可靠性,本小节在此基础上对数据进行了更进一步的站点筛选,站点筛选条件如下:①100°E 以东,1961—2018 年都存在且有观测记录;②1961—2018 年间,站址迁移水平变化不超过 0.2 个经度或纬度,且海拔变化不超过 150 m;③数据缺测率小于 5%,且连续缺测不超过 1 个月。经以上条件控制以后,最终选用的站点有 1530 个。

根据 2017 年 5 月中国气象局颁布气象行业标准 El Niño/La Niña 事件判别方法(QB/T33666—2017)将各数据相应时间长度范围内的 El Niño 事件进行分类。以东部型(EP)和中部型(CP)来区分不同分布型的 El Niño 事件。将 El Niño 现象开始的年份称为 El Niño 当年,El Niño 事件发生的后一年称为 El Niño 次年,本小节探讨的是 El Niño 事件次年夏季中国东部地区降水持续型结构和强度的变化特征。1961—2018 年间共有 15 个 El Niño 事件,包括东部型 10 个事件和中部型 5 个事件,分类后两类事件对应年份和强度等级见表 3.1。

表 3.1　1961—2018 年间 El Niño 事件的分类

东部型(EP)El Niño(10 个事件)			中部型(CP)El Niño(5 个事件)		
序号	年份	强度等级	序号	年份	强度等级
1	1963/1964	弱	1	1968/1970	弱
2	1965/1966	中等	2	1994/1995	中等
3	1972/1973	强	3	2002/2003	中等
4	1976/1977	弱	4	2004/2005	弱
5	1982/1983	超强	5	2009/2010	中等
6	1986/1988	中等			
7	1991/1992	中等			
8	1997/1998	超强			
9	2006/2007	弱			
10	2014/2016	超强			

参考余荣等(2018)研究中的定义:日降水量大于 1 mm 视为有效降水量,持续 N 天降水

量≥1 mm/d 为持续 N 天的降水；$N=1$ d 定义为非持续性降水，$N=2\sim5$ d 定义为短持续性降水，$N>5$ d 定义为长持续性降水；不同持续性降水事件的日数总和占该年夏季总降水日数的比例定义为相应持续性事件的降水日数比例，持续 N 天的累积降水量与 N 的比值定义为降水强度。取 1981—2010 年夏季平均作为气候态，以 El Niño 次年相对于气候平均态的距平和距平百分率来表示 El Niño 事件对降水的影响，采用 T 检验方法对二者的差异是否具有统计上的显著性进行检验。

两种类型 El Niño 事件次年夏季累计降水相对于气候态的距平分布形势如图 3.9 所示。东部型事件次年夏季(图 3.9a)，中国东部地区形成南北两条增加的异常雨带，长江流域，华北、内蒙古和东北南部地区降水增加，降水异常大值中心位于华北，极大值超过 20%；黄淮、江淮地区降水减少，减少中心位于江淮地区，其中 5.10%的站点都通过了 95%的显著性检验。中部型事件次年夏季(图 3.9b)，中国东部地区形成一条增加的异常雨带，华北南部、东北南部、黄淮和江淮地区等地区降水增加明显，降水异常大值中心位于黄淮地区和东北南部，极大值超过 20%；内蒙古、黑龙江和长江以南地区少雨，不过只有 1.44%的站点通过了 95%的显著性检验。通过差异显著性检验的站点基本位于两类 El Niño 事件的异常雨带大值区，说明虽然 El Niño 事件个例不是很多，但其对应的降水相对于气候平均状况的异常增加是具有统计显著性意义的。该分析结果与前人研究(吴萍 等，2017)基本一致，在西北地区和异常雨带范围上存在一些差异，可能是由于选取的气候背景场和站点数量不一致所引起的。

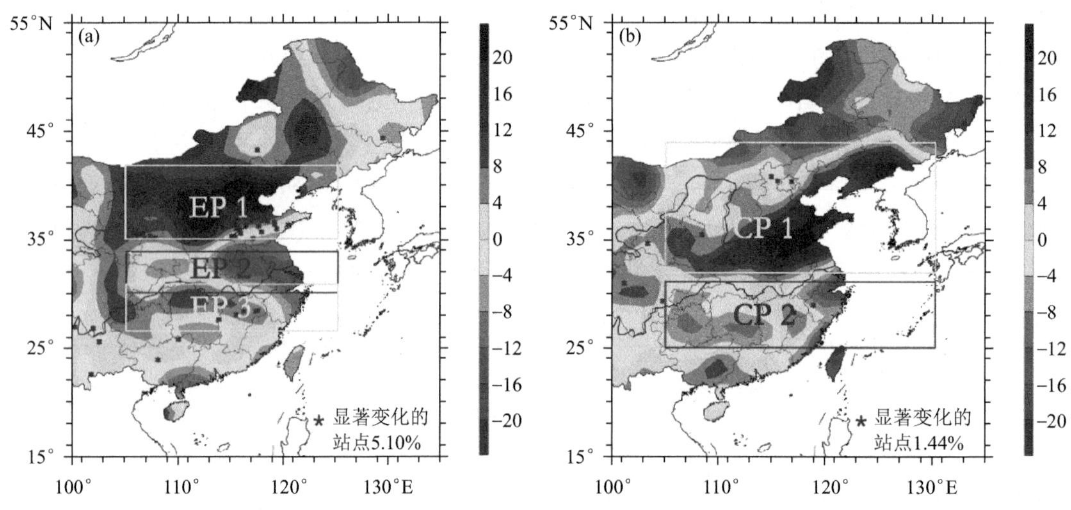

图 3.9　El Niño 事件次年夏季累计降水相对于气候平均值的距平百分率(%)

(a、b 分别为东部型和中部型，通过显著性检验的站点以 * 标注)

本小节主要关注中国东部地区夏季降水，根据图 3.9 中 El Niño 次年夏季降水量异常的情况，分别对两类事件中中国东部地区降水异常区域进行了划分(表 3.2)：东部型分为北异常雨带区(EP1 区)、南北异常雨带间旱区(EP2 区)和南异常雨带区(EP3 区)；中部型分为北部异常雨带区(CP1 区)和长江以南异常旱区(CP2 区)。各区域具体范围如图 3.9 所示。其中，白色方框为异常雨带区(EP1、EP3 和 CP1)，选取各个白色方框内合成降水为正异常的站点进行各自的区域平均；黑色方框为异常干旱区(EP2 和 CP2)，选取各个黑色方框内合成降水为负异常的站点进行各自的区域平均。

表3.2　各区域范围及所选站点情况

区域	区域范围及站点		
	经纬度范围	选取站点数	选取站点数/总站点数
EP1区(EP北异常雨带)	36°—42°N,105°—125°E	263	90.38%
EP2区　(EP异常旱带)	30°—34°N,105°—125°E	206	79.54%
EP3区(EP南异常雨带)	27°—31°N,105°—125°E	154	58.11%
CP1区　(CP异常雨带)	32°—44°N,105°—130°E	491	78.18%
CP2区　(CP异常旱带)	25°—31°N,105°—130°E	257	66.41%

图3.10是El Niño次年夏季不同持续性降水量异常占总降水量异常的百分比。东部型事件对应的北异常雨带主要是由于非持续性降水(图3.10a)和短持续性(图3.10c)增加主导。内蒙古、东北和华北地区短持续性降水异常占总降水异常的75%～100%,长持续性降水异常对雨带的贡献比例基本为负值。南异常雨带(长江上中游流域)上是长持续性降水量大幅增加(图3.10e)起主导作用,大值中心在湖北-湖南-江西交界区域,占比极值甚至超过100%。中部型事件对应的异常雨带上,东北南部和华北地区降水异常主要是短持续性降水(图3.10d)的贡献;江汉、黄淮和江淮地区是长持续性降水(图3.10f)异常起主导作用。也就是说,东部型事件的南、北异常雨带分别是长持续性和短持续性降水量异常增加导致的;南北雨带间旱带短持续性降水量减少明显。中部型事件的异常雨带的形成是短持续性(雨带北部)和长持续性(整个雨带)降水量异常增加的结果;短持续性和长持续性降水量异常减少是长江以南地区干旱形成的主要原因。

表3.3是按图3.9进行区域划分之后,各个区域内区域平均的不同持续性降水事件的夏季累计降水异常占夏季总降水量异常的百分比。EP1异常雨带内,各类降水对总降水量异常均有贡献,但短持续性事件夏季累计降水异常占夏季总降水量异常的比重极大,达到82.65%;EP3异常雨带内长持续性事件夏季累计降水异常占夏季总降水量异常的比重达到119.06%,非持续性和短持续性事件降水量异常比重为负值,也就是说在长江以南流域东部型El Niño次年夏季降水异常增加表现为长持续性降水量增加,并且短持续性降水呈异常减少趋势;CP1异常雨带内短持续性事件夏季累计降水异常占夏季总降水量异常的比重达到59.16%,对异常雨带的形成起到主导作用,其次是长持续性,占比24.40%,对该异常雨带的形成也有一定的贡献。EP2异常旱带的形成也主要是由于短持续性降水量明显减少而形成的,其对总降水量异常减少的贡献率达到84.16%,长持续性降水异常占比16.34%;CP2异常旱带中,非持续性和长持续性事件降水量减少对该异常旱带的形成具有一定的作用,但短持续性降水量异常减少仍然起着主导性的作用,贡献率达到61.09%。由此可知,东部型事件次年夏季长江以北地区的降水异常增加(减少)都表现为短持续性降水量增加(减少)明显,其贡献率超过80%;长江以南流域降水异常增加则表现为长持续性降水量异常大幅增加,短持续性降水量有所减少。中部型事件次年夏季,长江以北(南)降水异常增加(减少)主要是由于短持续性降水量异常增加(减少)引起的,短持续性降水量异常贡献均接近60%,长持续性降水量异常贡献均接近24%。区域平均的结果与图3.10所得结果一致。

图3.11是El Niño事件次年夏季降水平均持续日数相比于气候平均态的异常,总降水(图3.11a、b)与夏季总降水量异常的分布(图3.9)基本一致,两类El Niño事件对应的异常雨区中夏季降水平均持续日数均是增加的,异常降水大值中心和夏季降水持续日数大值中心基

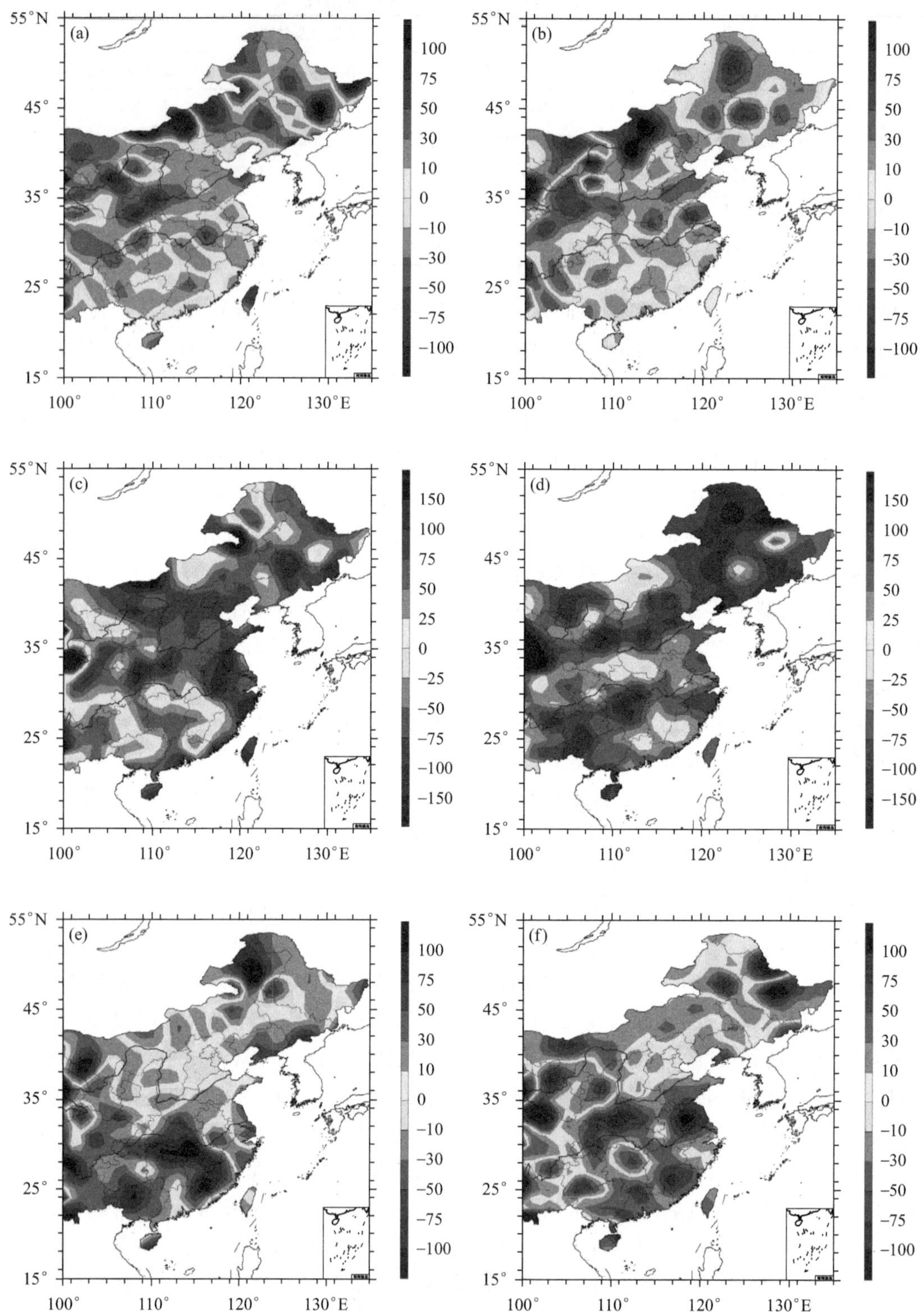

图 3.10 El Niño 次年夏季不同持续性降水量异常占总降水量异常的百分比(%)
(a、c、e)东部型,(b、d、f)中部型;(a、b)非持续性,(c、d)短持续性,(e、f)长持续性

表 3.3　不同持续性降水事件的夏季累计降水异常占夏季总降水量异常的百分比(%)

区域	降水持续类别		
	非持续性降水	短持续性降水	长持续性降水
EP1 区(EP 北异常雨带)	12.41	82.65	4.94
EP2 区　(EP 异常旱带)	−0.50	84.16	16.34
EP3 区(EP 南异常雨带)	−0.21	−18.85	119.06
CP1 区(CP 异常雨带)	16.44	59.16	24.40
CP2 区(CP 异常旱带)	14.74	61.09	24.17

本吻合。东部型事件对应的总降水持续日数(图 3.11a)增加极值中心位于山西和长江中游流域;东北南部、华北和长江中上游流域的短持续性降水持续时间(图 3.11c)有所增长;长江以南地区长持续性降水明显增长(图 3.11e),大值区位于江南地区,幅度超过 8%。中部型事件对应的总降水持续日数(图 3.11b)增加极值中心位于江苏;短持续性降水(图 3.11d)只在山东西部、河南、陕西、四川和广西地区略有增长,其余地区降水持续时间均表现为缩短;在长江-黄河中下游流域之间区域和江南东部地区,长持续性降水持续时间略有增长(图 3.11f)。

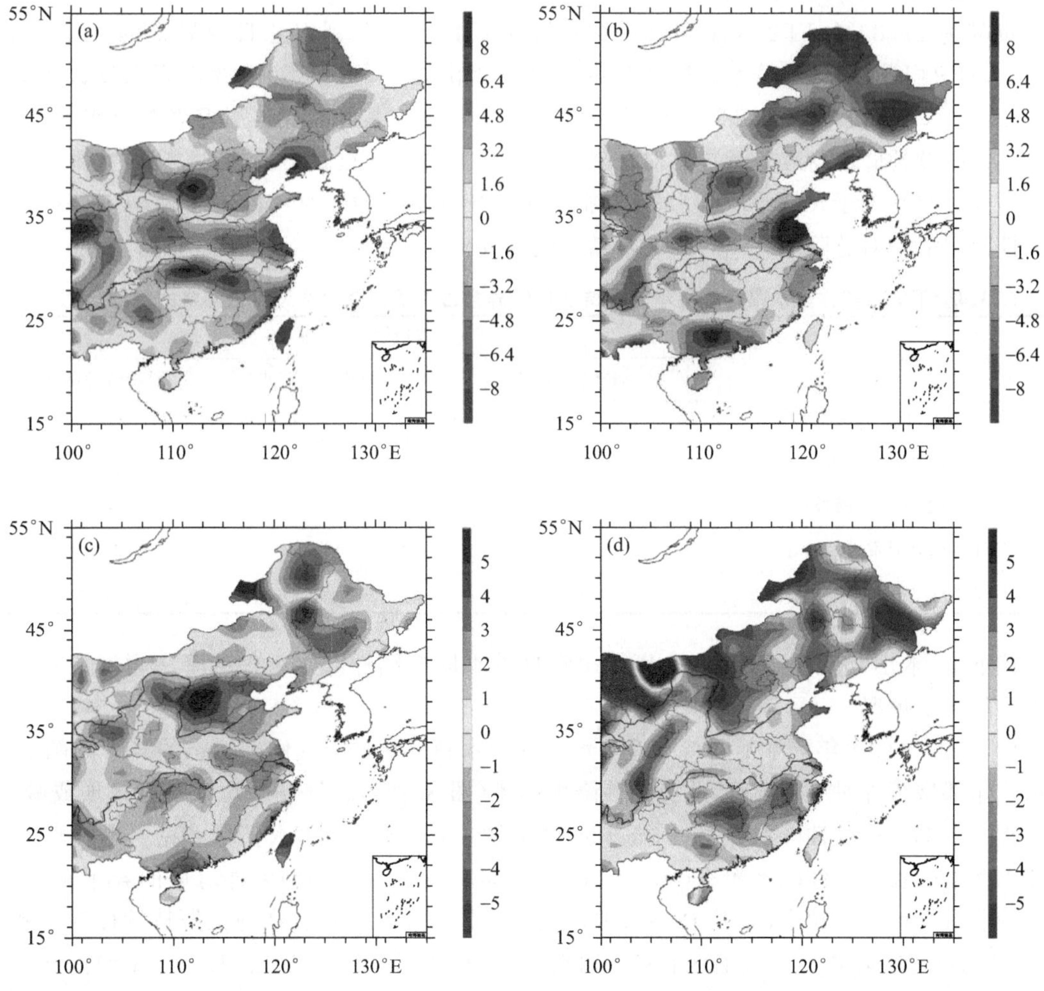

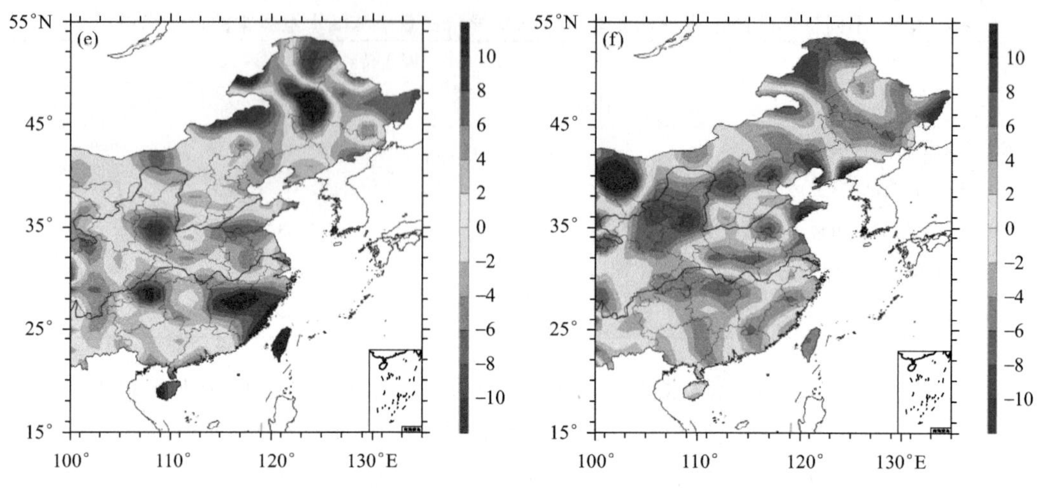

图 3.11　El Niño 次年夏季降水平均持续日数距平百分率(%)
(a、c、e)东部型,(b、d、f)中部型;(a、b)总降水,(c、d)短持续性,(e、f)长持续性

表 3.4 是各区域内区域平均的不同持续性降水夏季降水持续日数异常占夏季总降水持续日数异常的百分比。EP1 区短持续性降水日数增长占总日数异常的 70.18%,短持续性降水日数增长贡献为 29.82%;EP2 区短和长持续性降水日数缩短分别占总日数异常的 38.48%和 61.52%;EP3 区长持续性降水日数增长占总日数变化的 95.97%,短持续性降水日数增长只占了 4.03%,也就是说,EP3 区总降水持续时间增长主要来源于长持续性日数异常增长明显。CP1 区短持续性降水持续日数异常对总降水持续日数异常的贡献为负值,即 CP1 区降水持续时间增长完全来源于长持续性降水,且是抵消短持续性降水的−21%贡献之后。CP2 区短、长持续性降水缩短对总降水持续时间的贡献大约为 6∶4。

表 3.4　不同持续性降水事件的夏季降水持续日数异常占夏季总降水持续日数异常的百分比(%)

区域	降水持续类别		
	非持续性降水	短持续性降水	长持续性降水
EP1 区(EP 北异常雨带)	0	70.18	29.82
EP2 区(EP 异常旱带)	0	38.48	61.52
EP3 区(EP 南异常雨带)	0	4.03	95.97
CP1 区(CP 异常雨带)	0	−21.00	121.00
CP2 区(CP 异常旱带)	0	58.47	41.53

接下来,本小节分析了 El Niño 事件次年夏季不同持续性降水事件的降水频率相对于气候平均的异常情况。

El Niño 事件次年夏季不同持续性降水事件降水频率相比于气候平均态的异常如图 3.12 所示。东部型事件对应的雨区,非持续性降水频率(图 3.12a)较气候平均态略有增加或减少,北异常雨带上短持续性降水频率(图 3.12c)增加明显,北异常雨带大值区和南异常雨带以及长江以南地区长持续性降水频率(图 3.12e)增加非常明显。中部型事件对应的异常雨带上,华北的非持续性降水频率(图 3.12b)增加,东北南部、华北南部和黄淮地区短持续性降水频率(图 3.12d)增加;降水异常大值区长持续性降水频率(图 3.12f)明显增加;长江中游南侧短持续性降水频率增加、长持续性降水频率减少,长江中游北侧则正好相反。由图 3.12 可知,El

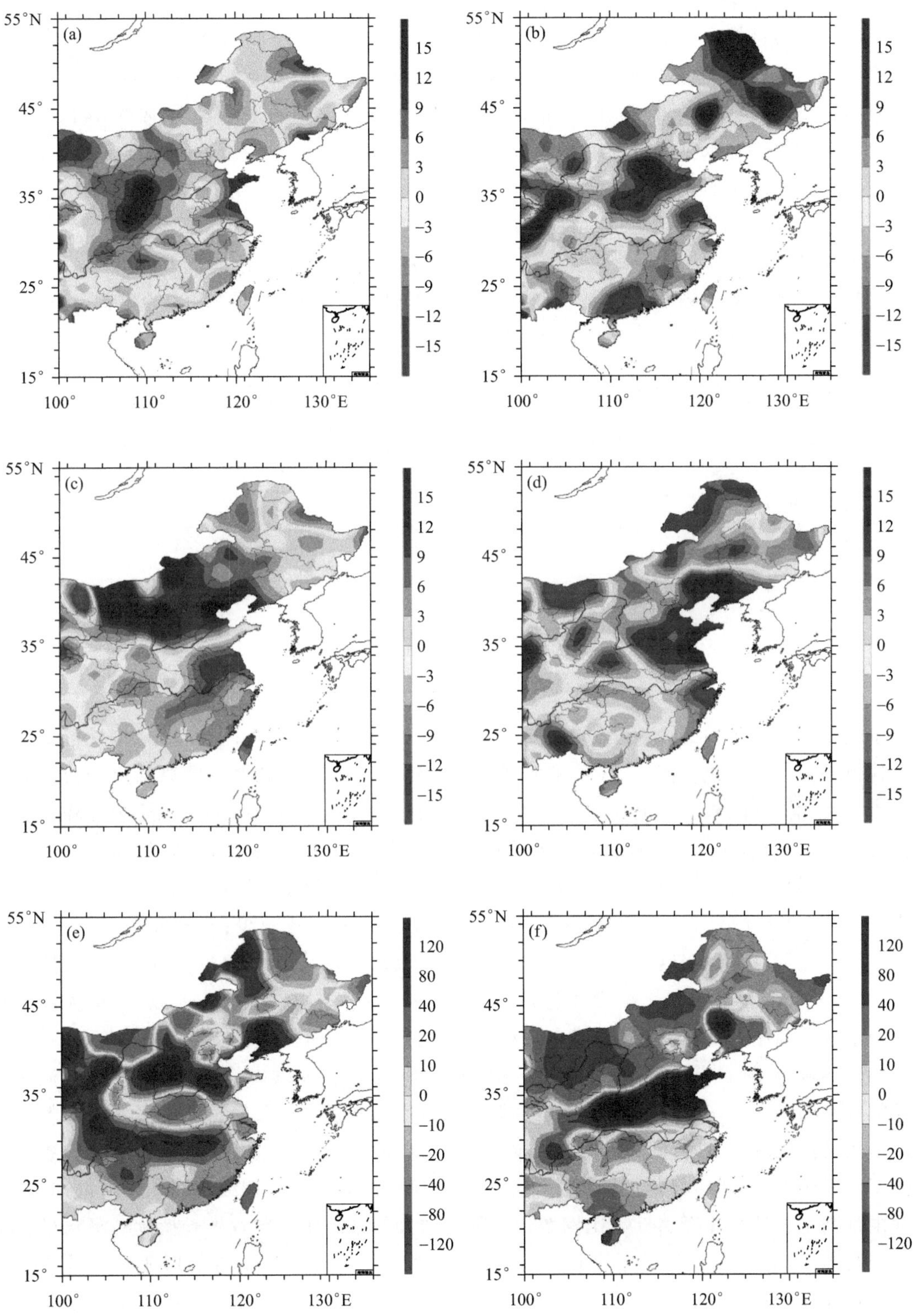

图 3.12　El Niño 次年夏季不同持续性降水频率距平百分率(%)

(a、c、e)东部型，(b、d、f)中部型；(a、b)非持续性，(c、d)短持续性，(e、f)长持续性

Niño 事件的发生提高了雨带所在位置降水事件的发生频率。

表 3.5 是各区域内区域平均的不同持续性降水夏季累计降水频率异常占夏季总降水频率异常百分比。EP1 区短持续性降水频率增加占总频率异常的 70.22%，非持续性降水频率增加贡献占比 26.60%；EP2 区短和长持续性降水频率减少分别占总频率异常的 144.21% 和 15.20%，非持续性降水频率呈增加趋势，占比 −59.41%；EP3 区短持续性降水频率变化是总频率增加的 1.4 倍，非持续性降水贡献 26.55%，长持续性降水频率变化则占总降水频率增加的 −67.38%，也就是说，EP3 区短持续性频率异常增加明显，但被长持续性降水频率减少部分抵消。CP1 区和 CP2 区非、短、长持续性降水频率异常对总降水频率异常的贡献均接近 3∶6∶1，雨带（旱带）上各类降水频率均增加（减少），以短持续性降水频率增加（减少）为主，其比例接近 60%，其次是非持续性降水，比例接近 30%。

表 3.5　不同持续性降水事件的夏季降水频率异常占夏季总降水频率异常的百分比（%）

区域	降水持续类别		
	非持续性降水	短持续性降水	长持续性降水
EP1 区（EP 北异常雨带）	26.60	70.22	3.18
EP2 区　（EP 异常旱带）	−59.41	144.21	15.20
EP3 区（EP 南异常雨带）	26.55	140.83	−67.38
CP1 区（CP 异常雨带）	28.39	60.76	10.85
CP2 区（CP 异常旱带）	30.27	59.42	10.31

不同持续性降水在 El Niño 次年夏季降水异常中起着重要作用，下面进一步分析其降水日数比例和强度的变化。图 3.13 是东部型事件次年不同持续性降水事件总降水日数占夏季总降水日数比例和降水强度的异常。东部型事件对应的南北异常雨带上，非持续性降水日数比例（图 3.13a）均呈减少趋势，北异常雨带降水强度（图 3.13b）有所增加；雨带间旱区则正好与此相反，日数比例有所增加但强度减少。北异常雨带上，短持续性降水的日数比例（图 3.13c）和降水强度（图 3.13d）呈一致增加趋势；而雨带间旱区二者一致减少；南异常雨带上，短持续性降水日数比例减少但强度略有增加。北异常雨带大值区和南异常雨带及其以南，长持续性降水日数比例（图 3.13e）呈大幅增加趋势，极大值中心与两条雨带大值中心吻合，极大值达到 100%，也就是说在该区域长持续性降水日数比例增加了一倍；但长持续性降水的强度（图 3.13f）只有长江流域和江南中部是增加的，强度变化幅度基本在 20% 以内，其余地区减少明显。北部异常雨带的内蒙古东部地区是长持续性降水日数比例和强度以及短持续性降水强度的同步增加造成了该区域持续性降水异常增加，内蒙古西部和华北地区是短持续性降水的日数比例和强度同时增大、东北南部是短持续性降水日数比例增加导致了短持续性降水异常增加；南部异常雨带则是长持续性降水日数比例增加和强度增大的共同作用导致了长持续性降水量异常增加。与图 3.10a、c、e 所得结果一致，东部型事件对应的北部异常雨带的形成主要是短持续性和长持续性降水日数比例增加以及短持续性降水强度增大而形成的；南异常雨带主要是长持续性降水日数比例增加且降水强度造成的；雨带间旱区则主要是持续性降水向非持续性降水转变且各类降水强度均减弱引起的。

图 3.14 是中部型事件次年不同持续性降水事件总降水日数占夏季总降水日数比例和降

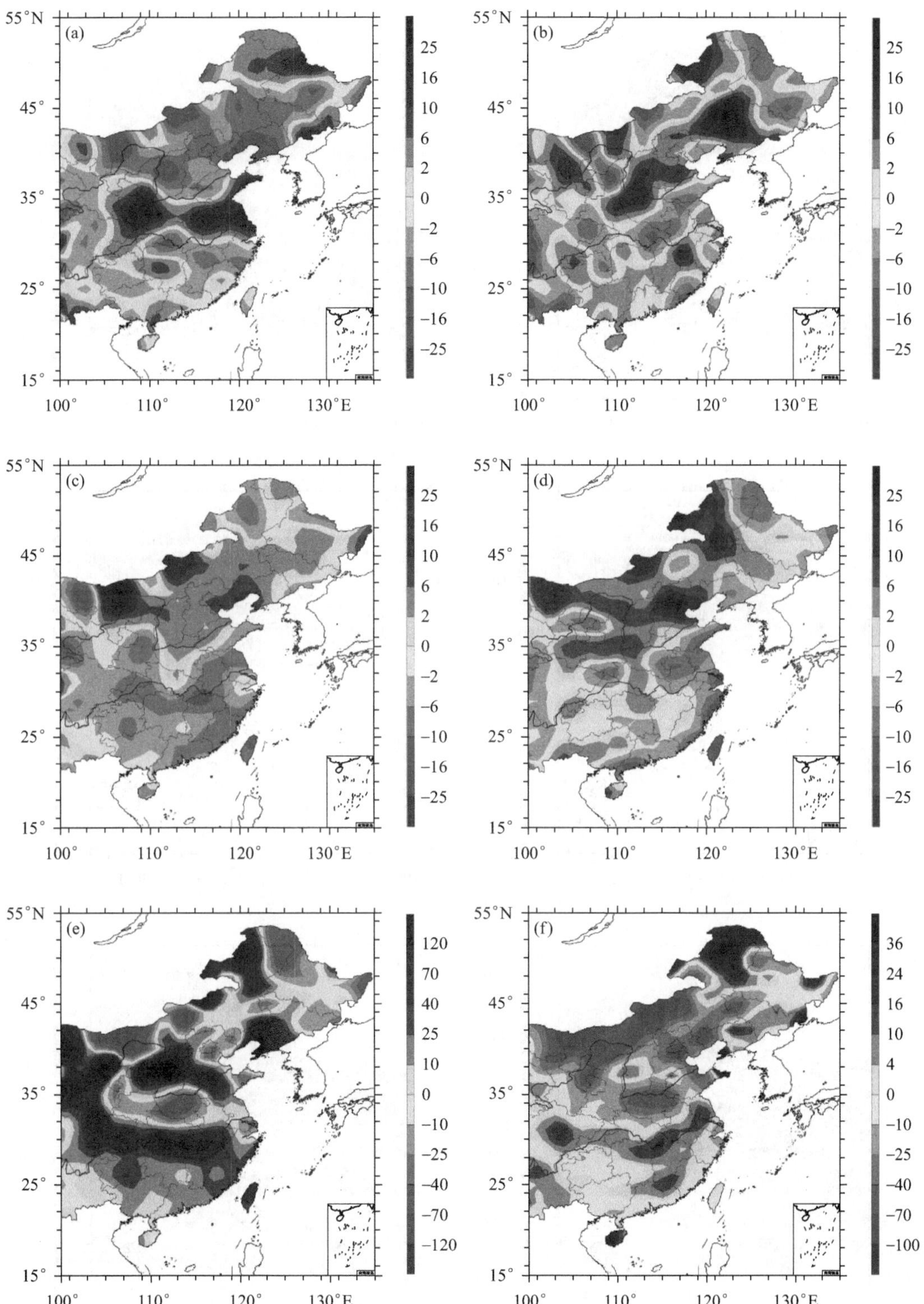

图3.13　东部型El Niño次年夏季不同持续性降水占总降水日数比例(a、c、e)和强度(b、d、f)距平百分率(%)

(a、b)非持续性,(c、d)短持续性,(e、f)长持续性

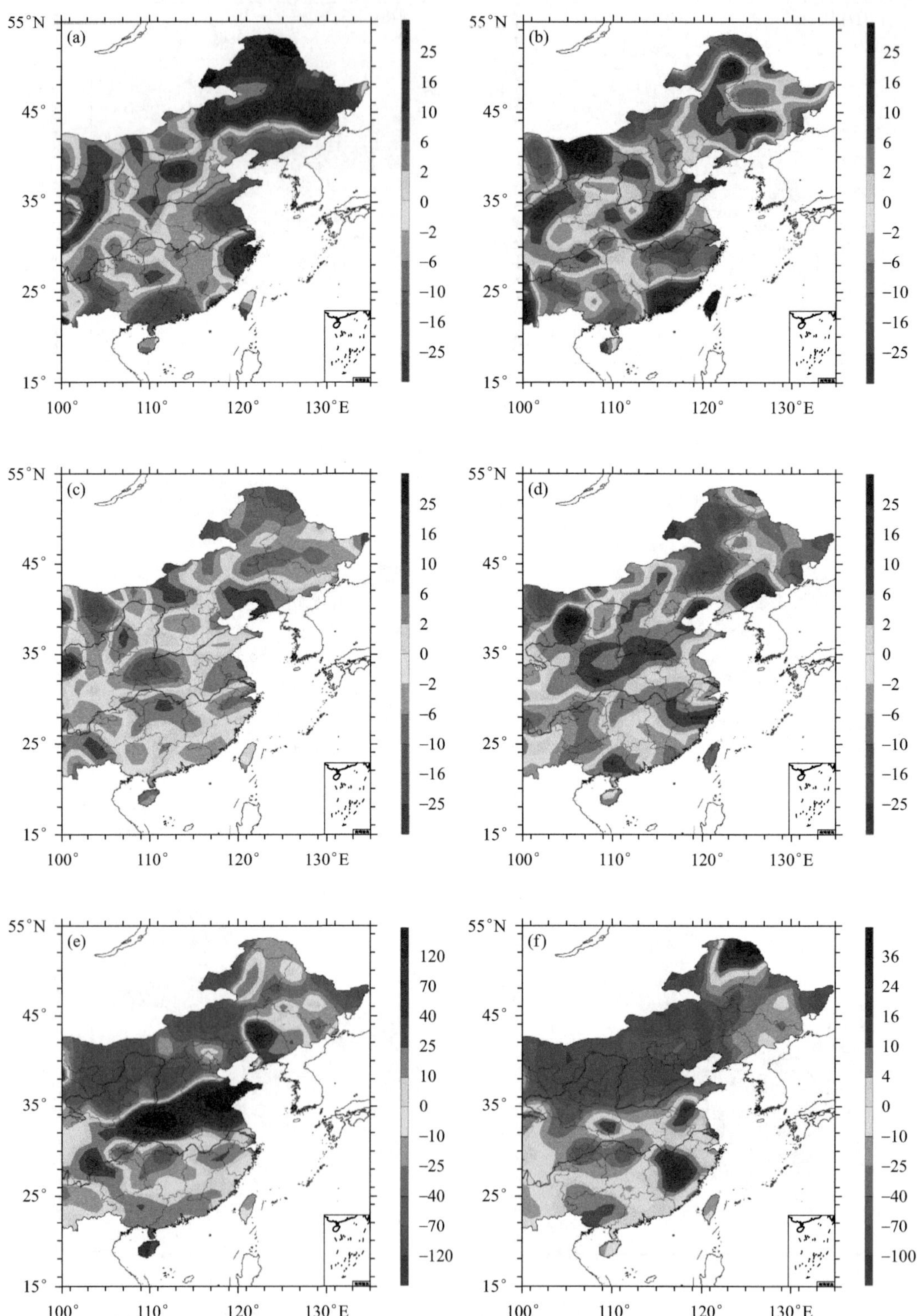

图 3.14　中部型 El Niño 次年夏季不同持续性降水占总降水日数比例(a、c、e)和强度(b、d、f)距平百分率(%)(a、b)非持续性,(c、d)短持续性,(e、f)长持续性

水强度的异常形势。中部型对应的中国东部异常雨带上，非持续性降水日数比例（图 3.14a）呈减少趋势，但其降水强度（图 3.14b）有所增加；长持续性降水日数比例（图 3.14e）呈大幅增加趋势，黄淮东部地区增加幅度最大，超过 100%，但其强度（图 3.14f）略有增加或减少，即降水日数比例增加明显但强度变化不大；短持续性降水日数比例（图 3.14c）在东北南部和江淮地区略有增加，降水强度（图 3.14d）在异常雨区内基本是增加的，但在黄淮、江汉等降水异常大值区短持续性降水强度略有增加或减少，变化不明显。异常雨带南北的降水减少区域上，非持续性降水日数比例略有增加或减少，长持续性降水日数比例和降水强度则呈大幅减少趋势。与图 3.10b、d、f 所得结果一致，中部型事件对应的异常雨带北部降水异常增加是由于短持续性降水强度增大造成的，而异常雨带南部降水异常增加则是长持续性降水日数比例大幅增加导致的；长江以南旱区主要是长持续性降水向短持续性和非持续性降水转变且长持续性降水强度减弱而形成的。

表 3.6 是各区域内区域平均的不同持续性降水事件的夏季降水强度异常占夏季总降水强度异常百分比。EP1 各类降水强度均有所增强，对总降水强度异常贡献比例之比接近 1∶2∶3；EP2 区短持续性降水强度减弱对该区域总强度异常贡献最大，比例达到 83.47%，其次是非持续性强度减弱贡献 23.21%，长持续性降水强度略有增强，对比图 3.13f 可知，是江淮地区的长持续性降水强度有所增强；EP3 各类降水强度均有所增强，对总降水强度异常贡献比例之比接近 1∶2∶14，长持续性降水强度异常增加的贡献比例达到 81.97%。CP1 区降水强度的增强有 54%来源于长持续性降水，其余 46%分别是非持续性和短持续性降水强度增强各占一半；CP2 区非持续性和短持续性降水强度变化对总强度减弱贡献分别为 67.49%和 77.00%，长持续性降水强度的贡献是−44.49%，结合图 3.14f 可知，是 CP2 区中江南中部地区的长持续性降水强度增强导致该区域平均贡献为负值。

表 3.6 不同持续性降水事件的夏季降水强度异常占夏季总降水强度异常的百分比(%)

区域	降水持续类别		
	非持续性降水	短持续性降水	长持续性降水
EP1 区(EP 北异常雨带)	16.85	35.69	47.46
EP2 区(EP 异常旱带)	23.21	83.47	−6.68
EP3 区(EP 南异常雨带)	6.39	11.64	81.97
CP1 区(CP 异常雨带)	22.06	23.94	54.00
CP2 区(CP 异常旱带)	67.49	77.00	−44.49

图 3.15 所示为东部型事件对应的北异常雨带（EP1 区）上不同持续性降水日数比例和强度距平随时间的变化。大约 80%的东部型事件次年夏季，非持续性降水日数比例（图 3.15a）减少而降水强度（图 3.15b）增大，短持续性降水日数比例（图 3.15c）增加且降水强度（图 3.15d）增大。长持续性降水日数比例（图 3.15e）随时间的变化幅度不大但降水强度（图 3.15f）减小明显，对比图 3.13e 可知，降水日数比例变化不大是因为 EP1 区北部（内蒙古中部）长持续性降水日数比例减少而南部增加，区域平均时北部负值和南部正值相互抵消了一部分。从图 3.15 中也可以得到，EP1 区的降水异常增加主要是非持续性降水向短持续性降水转变，同时短持续性降水明显增强而造成的。

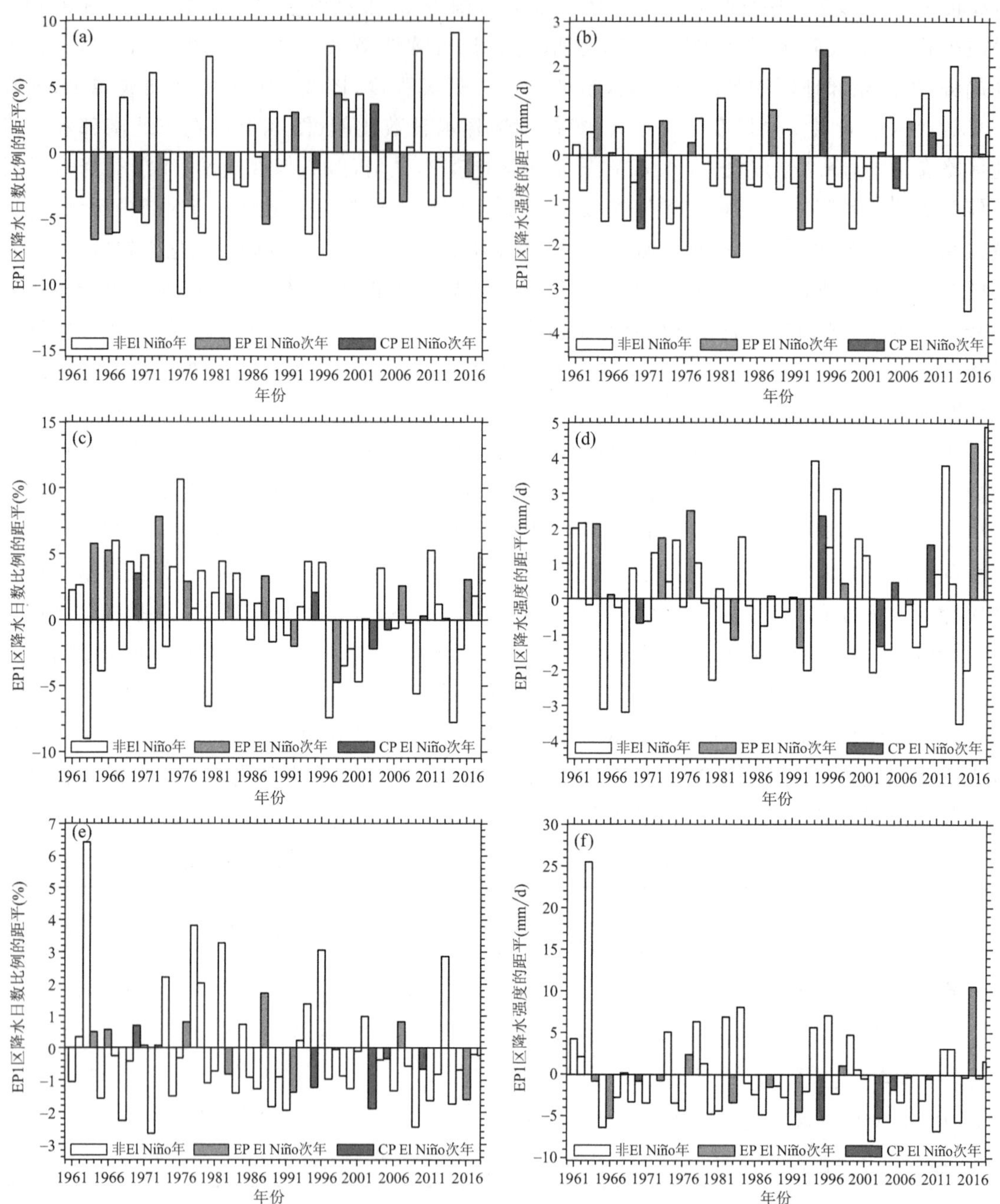

图 3.15　1961—2018 年夏季 EP1 区不同持续性降水日数比例(a、c、e，%)和强度(b、d、f，mm/d)的距平演变。(a、b)非持续性，(c、d)短持续性，(e、f)长持续性

(空心柱：非 El Niño 次年；灰色柱：EP El Niño 次年；黑色柱：CP El Niño 次年)

EP2 区的距平演变如图 3.16，大约 60％的东部型事件次年夏季，非持续性降水日数比例(图 3.16a)增加、短持续性(图 3.16c)和长持续性降水日数比例(图 3.16e)减小，三类降水的强度(图 3.16b、d、f)都是减小的，其中短持续性降水强度减弱较为明显，其余 40％年份虽然变化趋势与此相反，但变化幅度较小。由此也可得到，EP2 区的降水异常减少主要是由于持续性降水向非持续性降水转变，同时各类降水强度均减弱的结果，短持续性降水强度减弱较为明显。

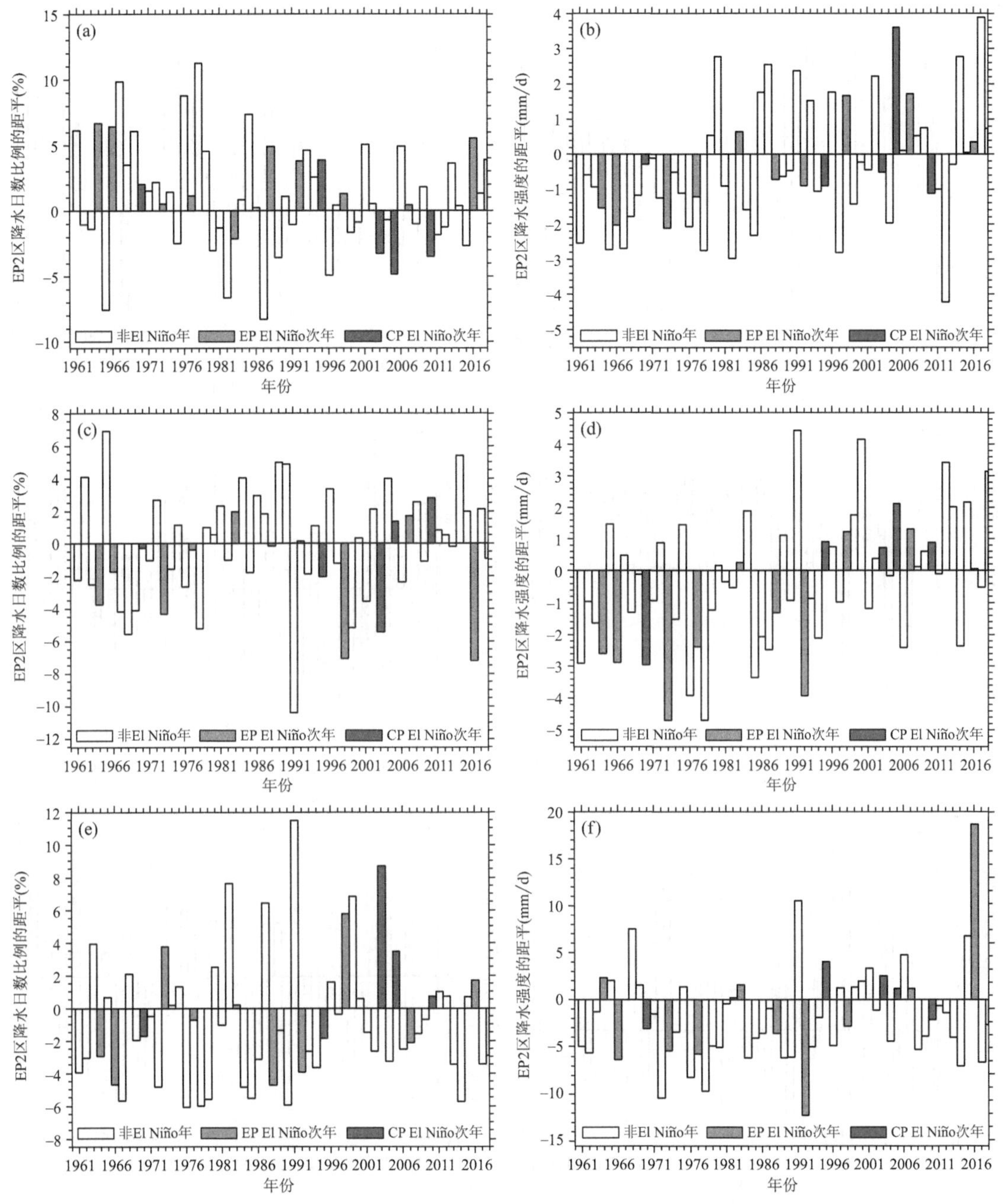

图 3.16　同图 3.15,但为 EP2 区

图 3.17 为 EP3 区的距平随时间的变化,60%～80%的东部型事件次年夏季非持续性(图 3.17a)和短持续性降水日数比例(图 3.17c)减小,长持续性降水日数比例(图 3.17e)明显增大;非持续性降水强度(图 3.17b)减小,短持续性(图 3.17d)和长持续性降水强度(图 3.17f)增大。1983 年、1998 年和 2016 年是三个超强 El Niño 事件的次年,这三年夏季所对应的各类持续性降水强度都有非常明显的增加。El Niño 事件的强度对 EP3 区的降水持续性时间和降水强度也有着重要的影响。非持续性和短持续性降水向长持续性降水转变,且持续性降水强度明显增加导致了 EP3 区的降水异常增强,形成了东部型事件的南异常雨带。

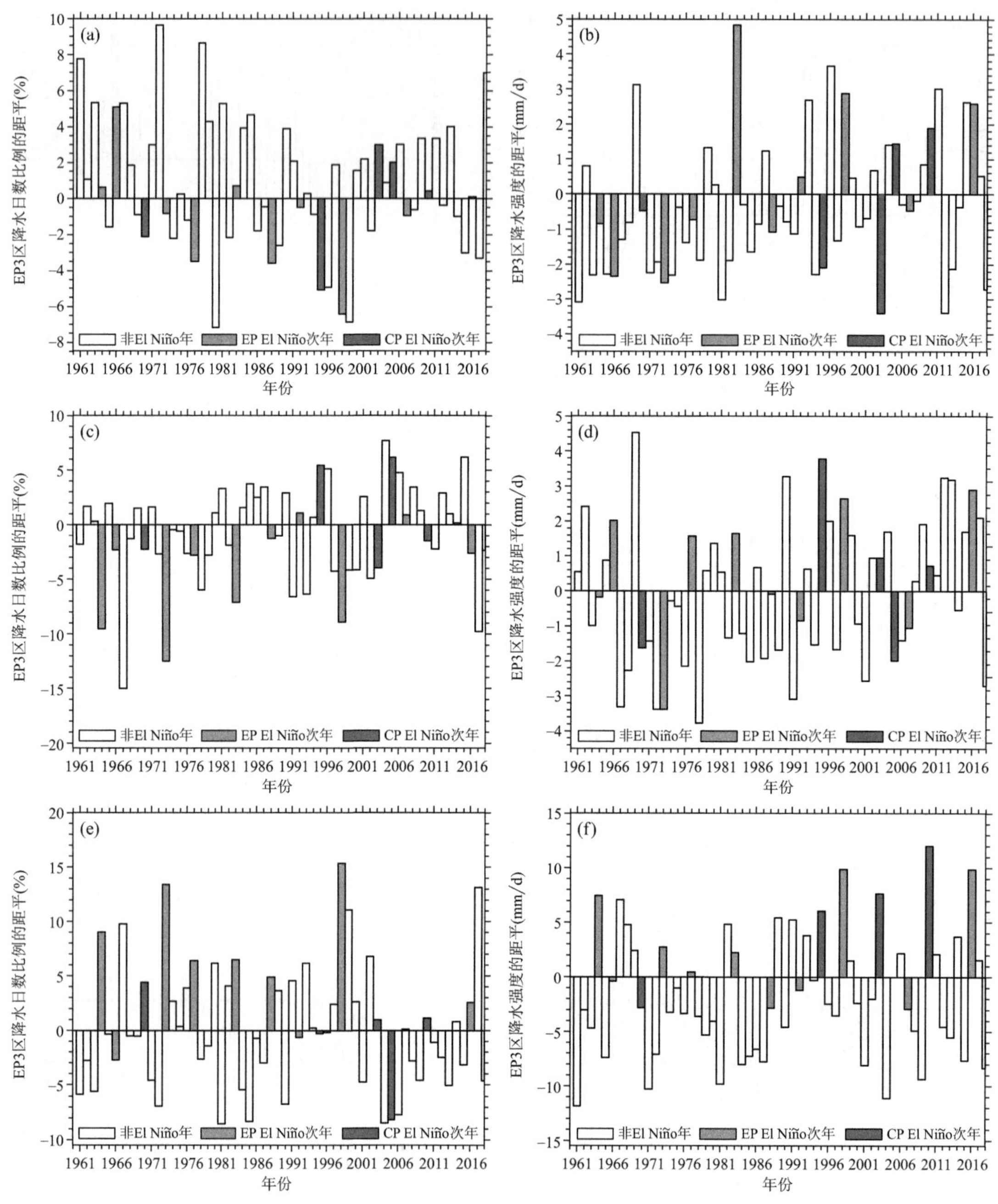

图 3.17 同图 3.15,但为 EP3 区

CP1 区的异常变化(图 3.18)中,几乎所有中部型事件次年夏季非持续性降水日数比例(图 3.18a)减小而降水强度(图 3.18b)增加;短持续性降水日数比例(图 3.18c)随时间无明显变化趋势但降水强度(图 3.18d)基本都是增加的;长持续性降水日数比例(图 3.18e)增加明显且降水强度(图 3.18f)也有一定程度增大。CP1 区的短持续性降水日数比例在区域上不具有一致性,所以区域平均后随时间的变化也没有一定的趋势。在短持续性降水强度增强和长持续性降水日数增加的共同作用下,CP1 区的降水增加异常明显。

由图 3.19 可知,CP2 区中非持续性和短持续性降水日数比例没有明显趋势,强度减弱;长

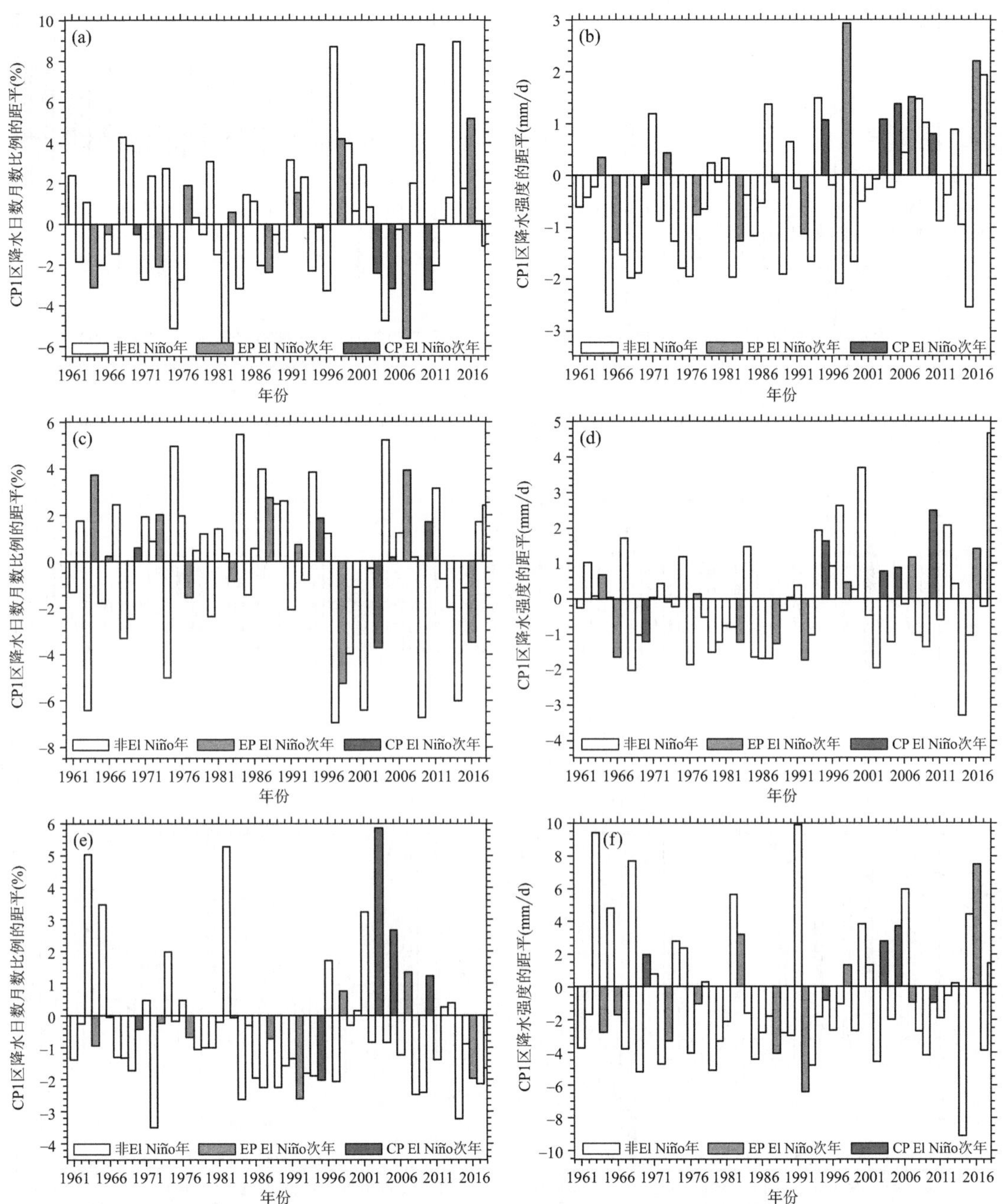

图 3.18 1961—2018 年夏季 CP1 区不同持续性降水日数比例(a、c、e,%)和强度(b、d、f,mm/d)的距平演变。(a、b)非持续性,(c、d)短持续性,(e、f)长持续性

持续性降水日数比例略减少,强度变化不大。虽然 CP2 区的各个降水合成值基本都出现负异常,但是各种持续性降水日数比例和降水强度异常均不具有空间一致性,故而区域平均后二者随时间的演变(图 3.19)也不具有特别明显的趋势。

本小节主要利用 1961—2018 年中国 2400 多站的地面台站常规观测降水数据,探讨了不同分布型 El Niño 事件对中国东部地区降水空间分布、持续时间和强度的影响,然后根据降水异常空间分布的情况划分区域,分析了不同区域内不同类型 El Niño 事件次年夏季中国东部

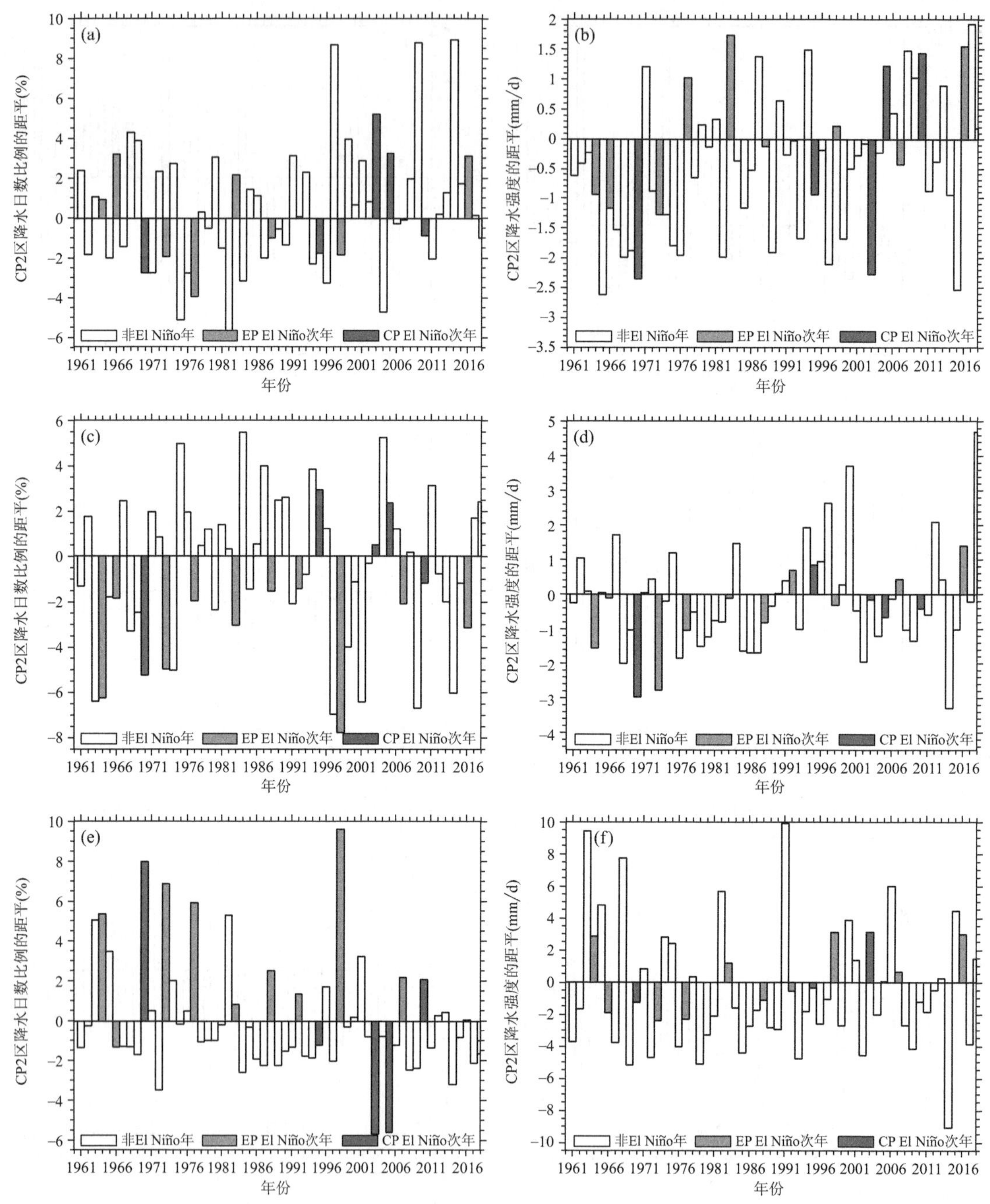

图 3.19　同图 3.18，但为 CP2 区

地区降水持续性结构和强度的特点。东部型 El Niño 事件发生后次年夏季，在东亚-太平洋遥相关型和中高纬双阻型环流的共同作用下，中国出现大范围降水变化，形成两条异常雨带，江淮地区少雨；中部型 El Niño 事件次年夏季在菲律宾异常反气旋的作用下，在我国东部形成一条异常雨带，降水异常大值区位于长江-黄河流域之间。东部型 El Niño 事件对应的北异常雨带主要是由于短持续性降水频率和强度同步增加而形成的，短持续性降水对该区域内降水异常的贡献率超过 80%；南异常雨带形成的原因则是长持续性降水频率和累计降水日数比例同

步增加。中部型 El Niño 事件中的异常雨带形成最主要的原因是短持续性降水量异常增加，其贡献占比约为 60%，其次是长持续性降水占比约为 24%；短持续性降水的增加主要表现为频率增加和强度增大，而长持续性降水增加主要发生在雨带南部，是频率和累计日数比例同时增加的结果。两类 El Niño 事件次年夏季，中国东部地区短持续性降水的变化对总降水量异常变化的贡献最大，在长江流域长持续性降水的增强对总降水量增加也有重要作用；异常雨带形成的最主要原因是短持续性和长持续性降水频率的明显增加。不同持续性降水对各雨带的贡献差异可能与具体天气过程的发生频率、维持时间和强度以及雨带形成位置的气候特征有关。

3.2　云的变化及其与降水的关系

从云中降到下垫面上的液态或固态水称为降水。云滴增长成雨滴能够克服空气阻力和上升气流的托举，并且在降落至地面的过程中不被蒸发掉，才能形成降水。云和降水是地球水循环过程中的重要因子，其中云是气候系统中最复杂的因素之一，对气候系统的辐射能量收支起着重要的作用，与云相关物理量的任何变化，都可能对全球气候产生重大影响。上一节分析了东亚地区夏季降水的变化特征，这一节将关注东亚地区夏季云的变化及其与降水变化之间的关系。

3.2.1　中国地区云的变化

云对地气系统的辐射收支和能量平衡有重要的调节作用，还影响着水循环过程和天气、气候变化，既可以通过反射太阳辐射减少到达地球表面的短波辐射，也可以通过吸收地表发射的长波辐射使地气系统增温。不同类型云的云顶温度和反射率不同，对气候的影响也不同：低云云顶温度和反射率较高，对气候有降温作用；而高云的云顶温度较低，反射率小，对气候有弱降温或增温作用(Stephens et al.，1981；邓涛 等，2010)。IPCC 第六次报告(Forster et al.，2021)预估，在未来几十年里，所有地区的气候变化都将加剧。报告显示，全球温升 1.5 ℃时，热浪将增加，暖季将延长，而冷季将缩短；全球温升 2 ℃时，极端高温将更频繁地达到农业生产和人体健康的临界耐受阈值。气候变化正在加剧水循环和影响降雨特征，带来更强的降雨和洪水，在高纬度地区降水可能会增加，而在亚热带的大部分地区则预估可能会减少。云变化对全球变暖的响应的净效应是放大人类引起的变暖，即净云反馈为正。

(1)常规观测资料质量控制及比对分析

基于国家信息中心提供的两套不同时间段的站点观测云量数据，为进一步分析中国地区云量的长期变化趋势，需要对两套资料进行拼接，首先对两套资料进行质量控制以及对重合时间段进行对比分析。

第一套资料为 1951—2005 年的一日 4 次(02、08、14、20 时，北京时)的 753 站人工观测的云量数据，包括总云量和低云量。

从总云量年均值的趋势分布(图 3.20a)来看，中国大部分地区总云量年均值都呈显著下降趋势(0.05 显著性水平)，而低云量年均值(图 3.20c)没有表现出全国一致性的趋势，主要是新疆地区和东北地区呈增加趋势，华北、华中地区呈下降趋势；从年均云量序列的标准差来看

(图 3.20b)，总云量的年序列标准差总体上呈增加趋势，这意味着总云量年序列的波动性加大，而低云量年序列标准差则没有表现出全国一致性的变化(图 3.20d)，主要在西北地区、东北地区和华南地区呈增加趋势，华北、华中地区呈下降趋势，即西北地区、东北地区和华南地区低云量年序列波动性加大，华北、华中地区低云量年序列波动性减小。

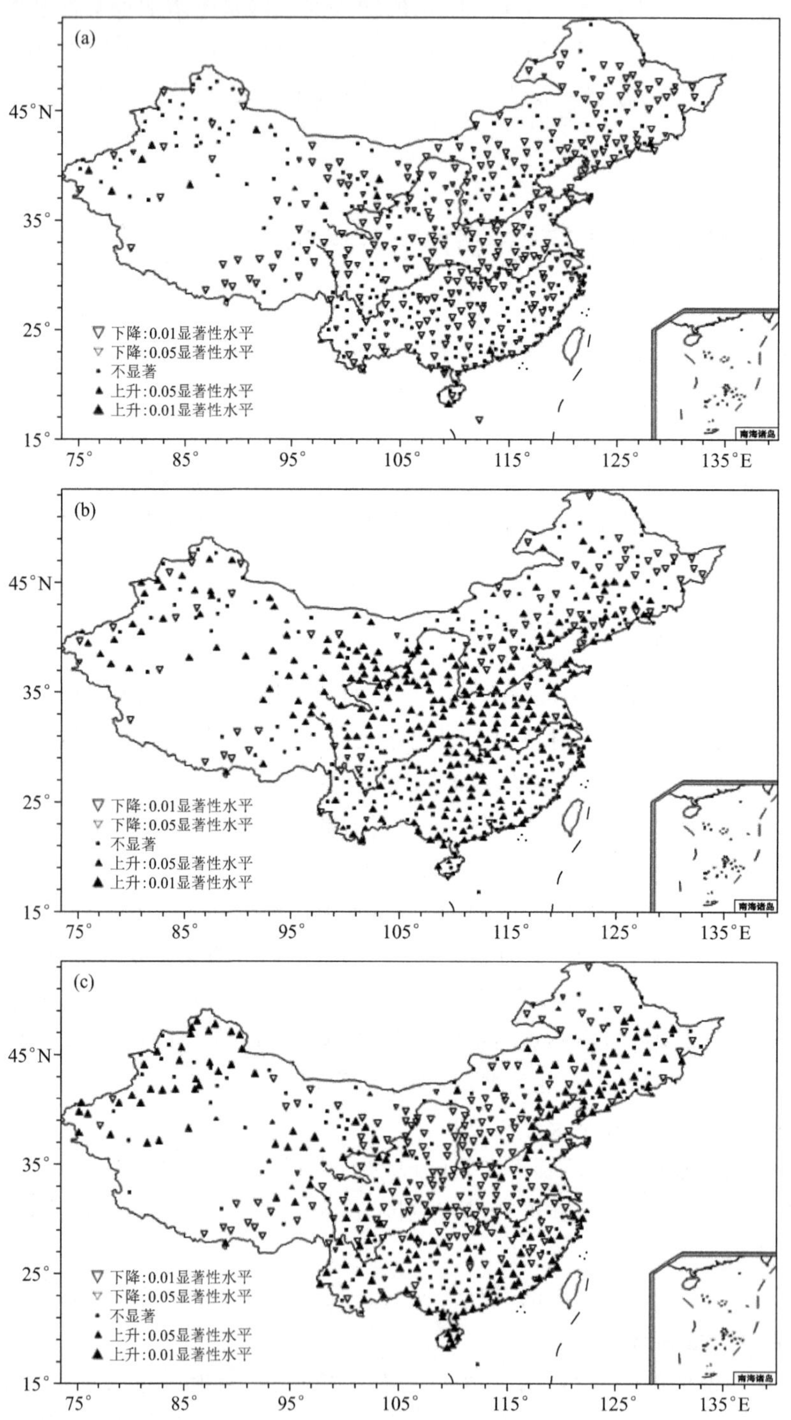

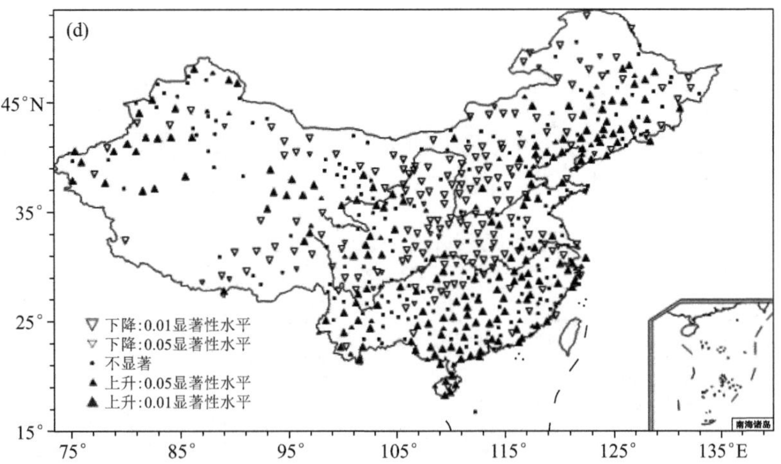

图 3.20 1961—2005 年云量年均值(a、c)和序列标准差(b、d)的 MK 趋势分布(a、b)总云量,(c、d)低云量

图 3.21 和图 3.22 所示,分别为 1961—2005 年白昼(即 8 时、14 时)总云量、低云量的年序列均值和标准差 MK 趋势空间分布。从图中可以看出,白昼的总云量、低云量的 MK 趋势空间分布与年序列的总云量、低云量的 MK 趋势空间分布相吻合,具体不再赘述。

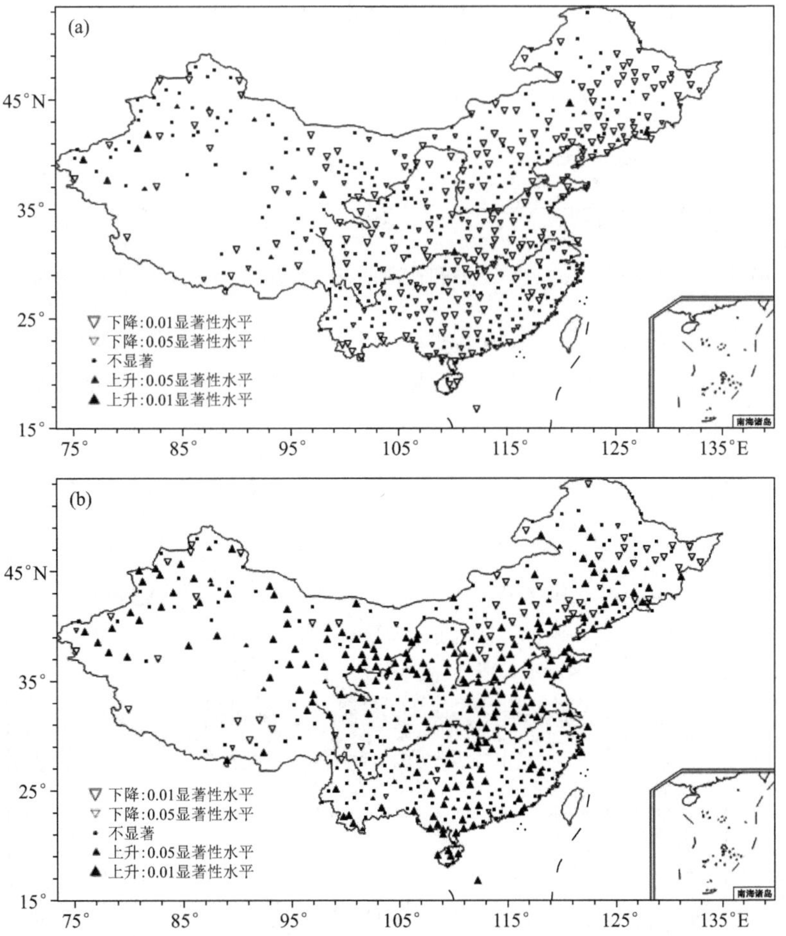

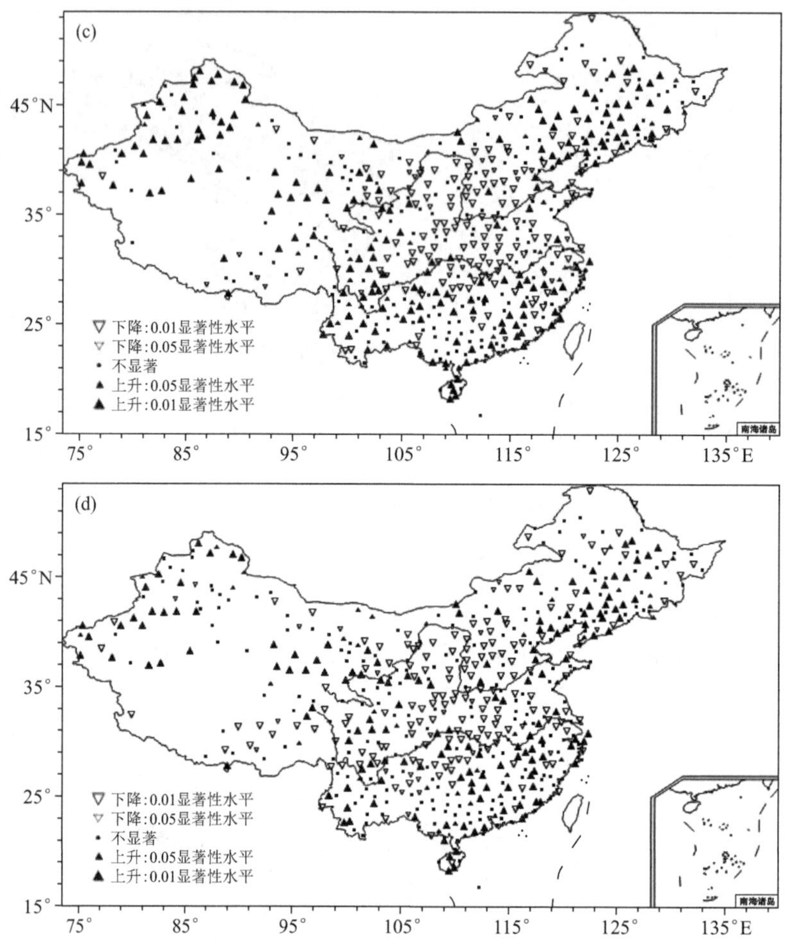

图 3.21　1961—2005 年 8 时云量均值(a、c)和标准差(b、d)MK 趋势分布(a、b)总云量,(c、d)低云量

第二套资料为 2000—2016 年逐小时的 2659 站自动观测的云量数据,包含总云量和低云量。两套资料的观测时段在 2000—2005 年重合,对两套资料重合时段的数据进行比较,进行二者差异的显著性检验。

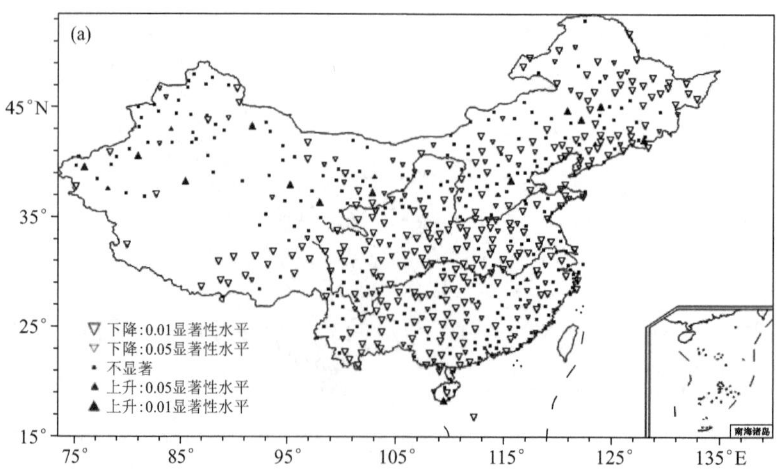

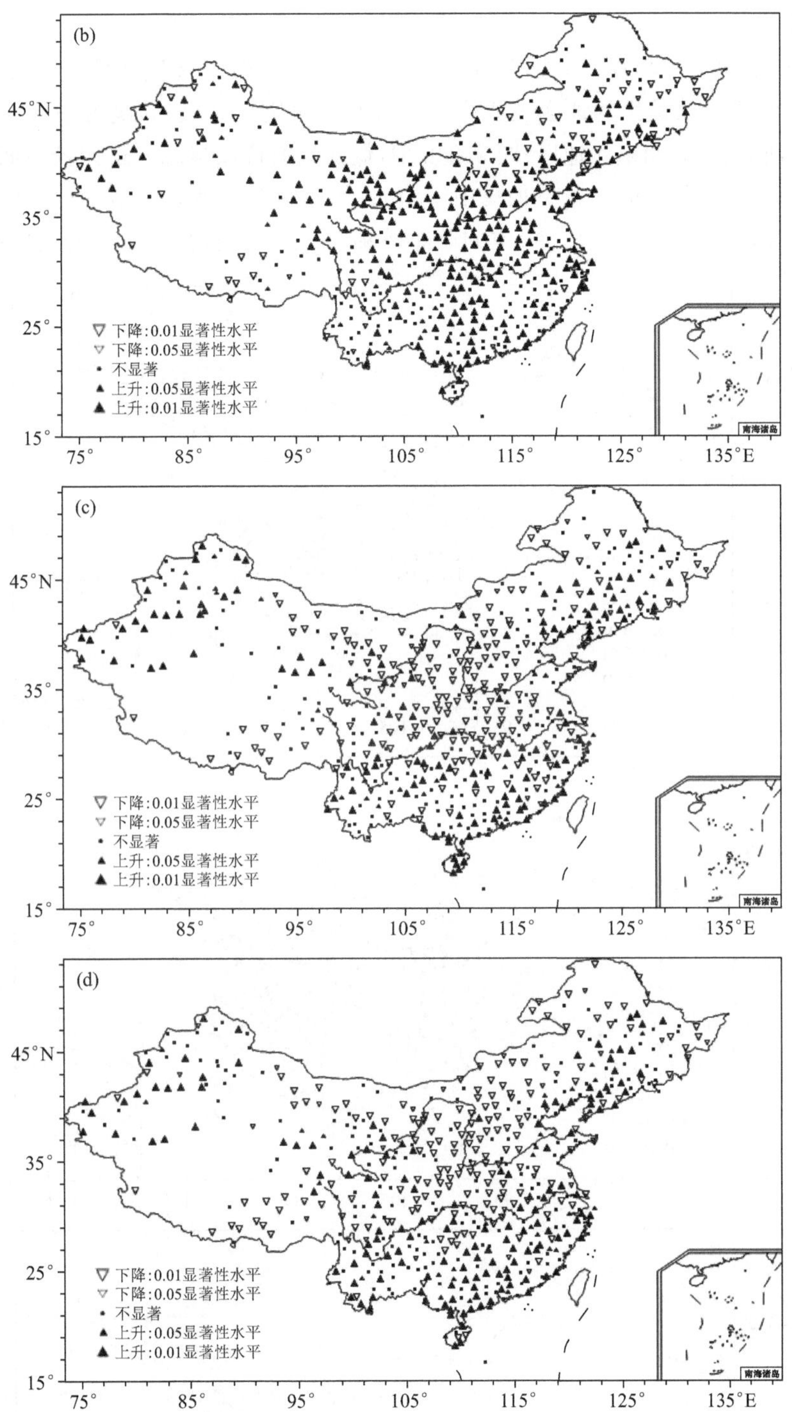

图3.22 1961—2005年14时云量均值(a、c)和标准差(b、d)MK趋势分布(a、b)总云量，(c、d)低云量

两套资料中，2005年前的人工观测序列有659站无缺测，2000年后的自动观测序列仅仅133站无缺测。t检验表明，总云量均值、低云量均值、总云量标准差、低云量标准差，在共同的133个站点中，均仅在不超过10个站两套资料存在显著性差异。其中低云量均值的差异在10个站达到0.1显著性水平。因此初步认为，两套资料在2000—2005年的观测数据，绝大部分

站点无显著性差异。

图 3.23 显示的是两套资料共同时间段 2000—2005 年的总云量和低云量均值空间分布。由图 3.23a 可见，总云量最大的地区主要位于四川盆地和陕南等地，其次为华南和江南地区，低值主要分布在西北、华北和东北地区；图 3.23b 中，低云量的特征与总云量比较类似，但是在华南也有云量高值的分布，低值的分布更加集中于西北、华北和东北地区。第二套资料（图 3.23c、d）的缺测站点较多，站点数仅为 133 个，空间分布较稀，但是总体特征与第一套资料的结果类似。

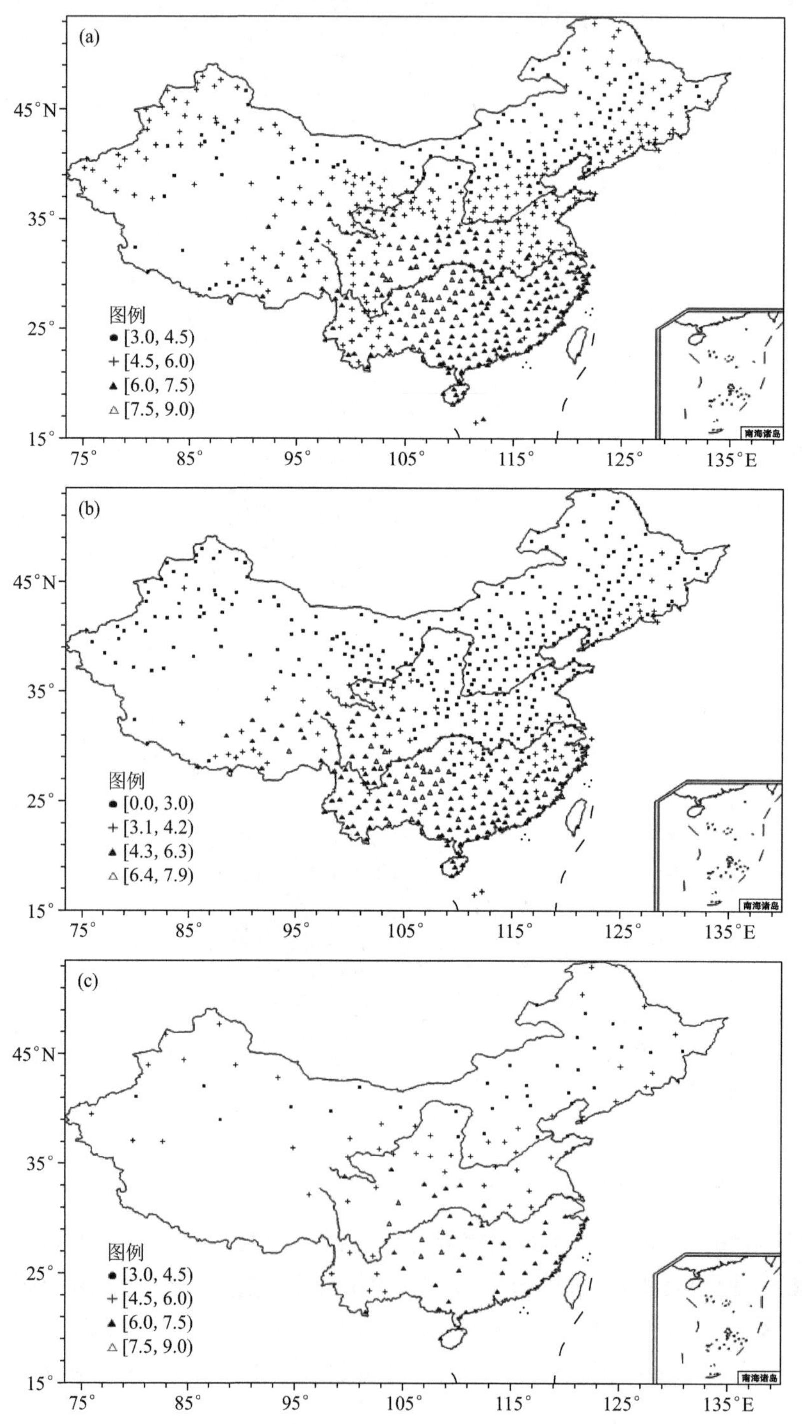

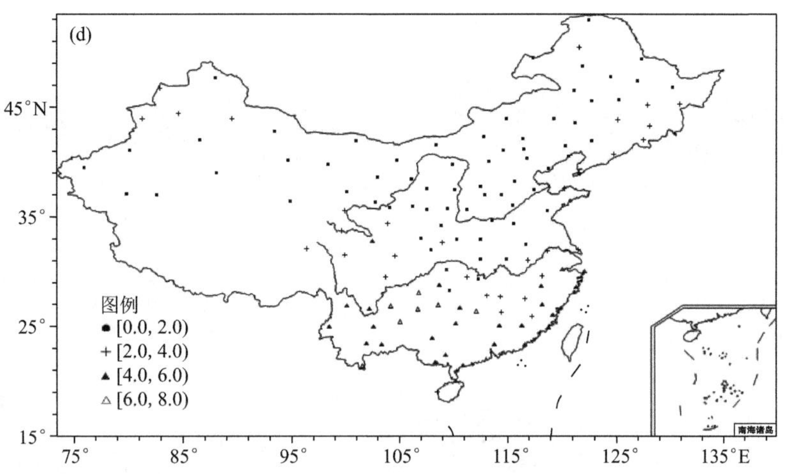

图 3.23　第一套(a、b)和第二套资料(c、d)2000—2005 年的云量均值分布。(a、c)总云量,(b、d)低云量

(2)云量长期变化趋势

基于以上的分析,两套资料在重合时间段(2000—2005 年)空间分布较一致,差异较小,因此拼接两套观测资料,延长得到较可靠的云观测资料,即 1954—2016 年的一日四次云量观测资料。图 3.24—图 3.26 分别为 1954—2016 年年平均、季节平均的云量变化趋势。从年平均云量变化来看,除了西藏地区没有站点,我国大部分地区总云量都呈下降趋势,少数地区包括山西、青海以及新疆东部地区则呈上升趋势(图 3.24a);而低云量方面,则是四川地区到山东沿海呈下降趋势,其他地区呈增加趋势(图 3.24b)。

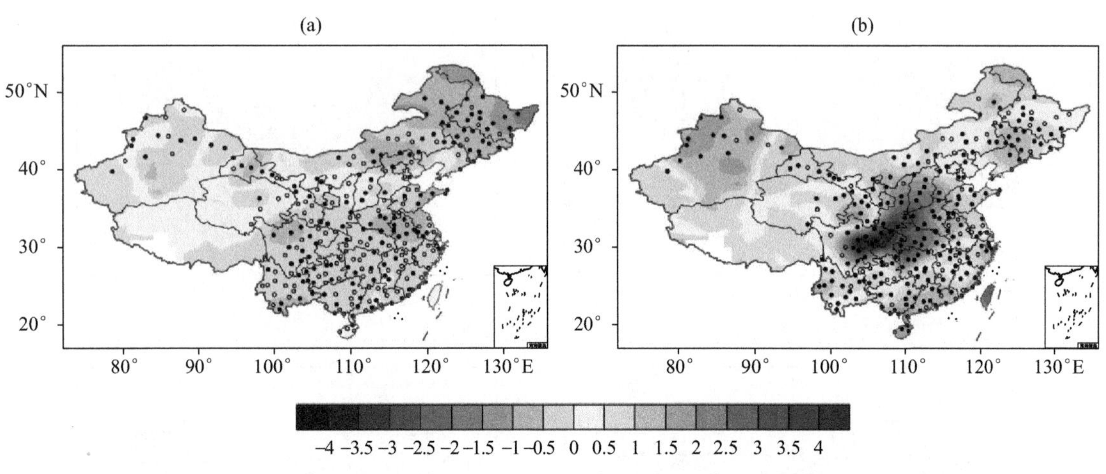

图 3.24　1954—2016 年我国年平均云量变化趋势

(a)总云量,(b)低云量

(实心表示该站点变化趋势通过 $\alpha=0.05$ 水平的显著性检验)

从季节平均的总云量(图 3.25)来看,云量的季节变化趋势有差异,春季除青海、云南和广东中部呈上升趋势外,其他大部分地区呈下降趋势;夏季大体跟年平均空间分布相似;秋季和冬季我国华北、西北和东南沿海呈增加趋势外,西南和东北呈下降趋势。从季节平均的低云量来看,四季的季节差异性不大,跟年平均的低云量变化趋势空间分布大体相似(图 3.26)。

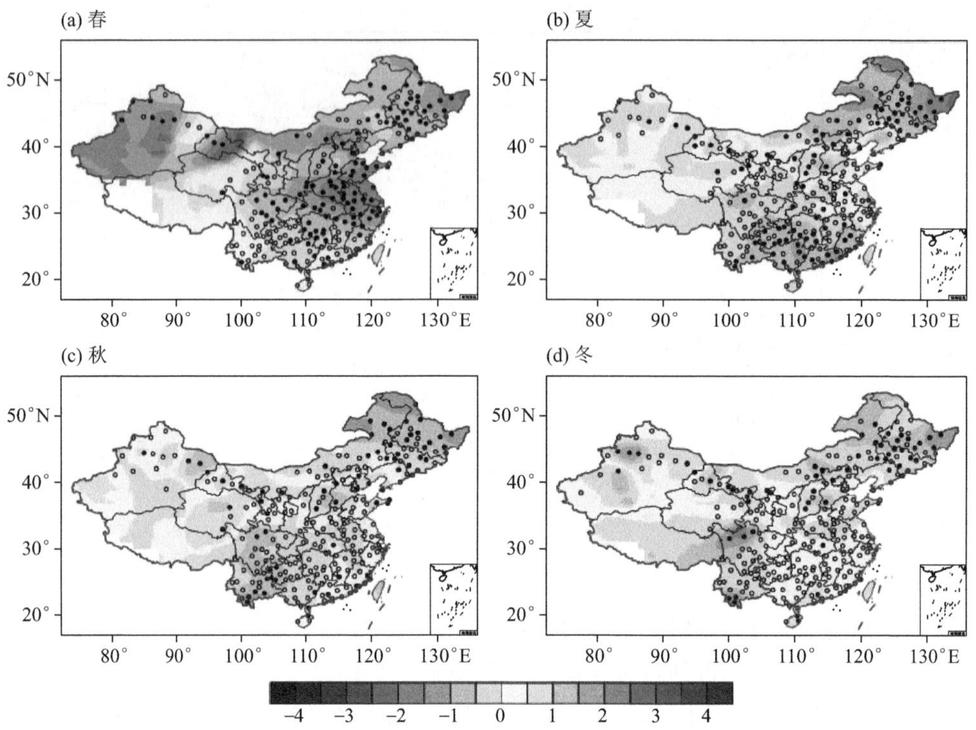

图 3.25 1954—2016 年我国季节平均总云量变化趋势

(a)春季,(b)夏季,(c)秋季,(d)冬季

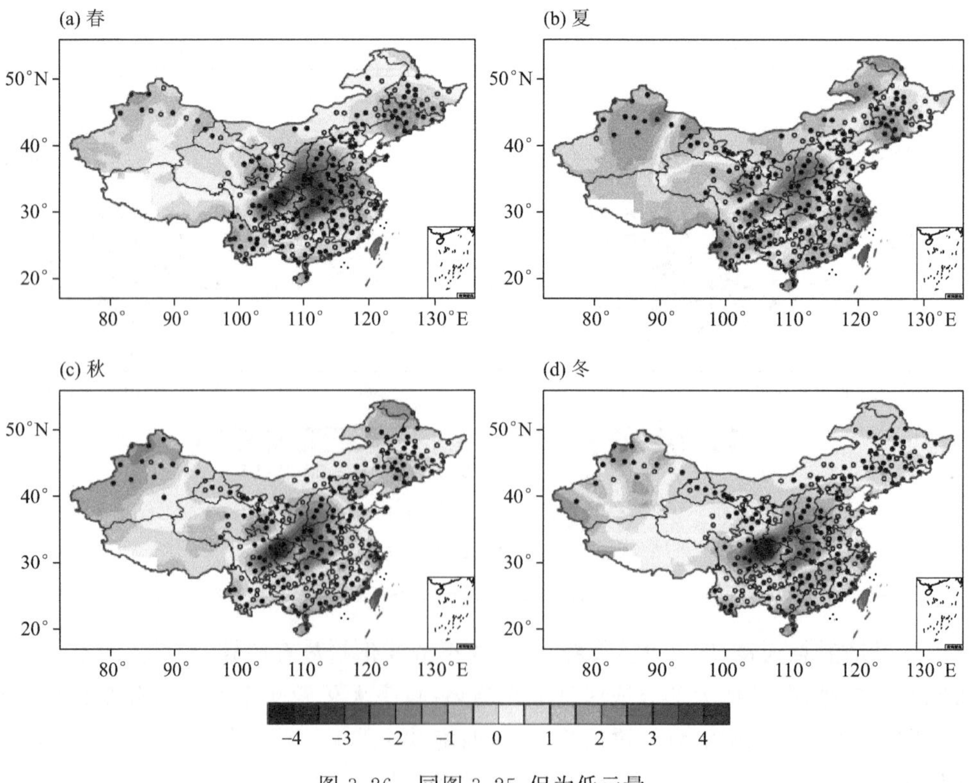

图 3.26 同图 3.25,但为低云量

本小节基于国家信息中心的站点观测云量资料，对现有资料进行拼接，并验证可靠性及进行质量控制，分析了中国地区云量变化的长期趋势。接下来，针对常规观测资料，进一步结合卫星资料，进行质量比对和订正，并分析云量变化与降水变化之间的可能联系及其机制。

3.2.2　中国地区云状与降水的关系

本小节使用 2000—2012 年中国地区地面气象站的云和降水监测资料，基本站和基准站每天选 8 观测时次（02、05、08、11、14、17、20、23 时）。云资料包括总云量、低云量和高、中、低云状和云高。云状按云的外形特征、结构特点和云底高度进行分类，具体见表 3.7。云量为目测的云遮蔽天空视野的成数，因高、中、低云会有相互遮蔽的情况，因此一般只统计总云量和低云量。

表 3.7　高、中、低云分类

代码	高云(ch)	中云(cm)	低云(cl)
1	毛卷云	透光高层云	淡积云
2	密卷云	蔽光高层云	浓积云
3	伪卷云	透光高积云	秃积雨云
4	钩卷云	荚状高积云	积云性层积云
5	卷层云(<45%)	系统发展的辐辏状高积云	普通层积云
6	卷层云(>45%)	积云性高积云	层云雨层云或碎层云
7	卷层云(布满)	复高积云或蔽光高积云	碎雨云
8	卷层云(稳定,未布满)	堡状或絮状高积云	不同高度的积云和层积云
9	卷积云	混乱天空的高积云	鬃积雨云、砧状积雨云

鉴于我国地理气候特点，本小节根据云的主要特征划分 8 个区进行统计分析。分区情况如图 3.27 所示。各类云状的形成与大气环流和天气系统的发生、发展及各地的地形特点有关。青藏高原及西南地区西部，对流云发展通常旺盛，是我国浓积云和积雨云出现频率最高的地区，西南地区南部和华南也是浓积云和积雨云出现频率较高的地区。层云除了系统性天气之外，可由雾层缓慢抬升或者由层积云演变而来，在山地、潮湿地区多有发生。夏季，浓积云和

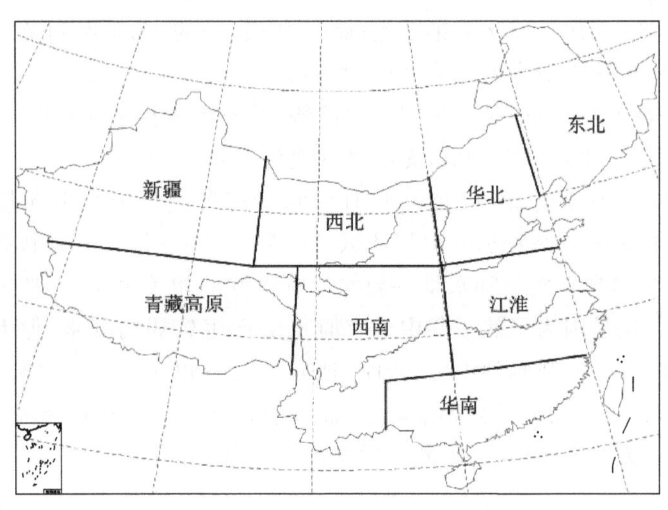

图 3.27　云统计分区示意图

积雨云我国除新疆、西北之外的大部分地区都很常见，尤其青藏高原、西南、华南和江淮地区出现的频率较高。全国大部分地区出现层云的频率都不很高，只有青藏高原南部和西南地区多有发生，其次为华南沿海附近。雨层云多连续性降水，也是在西南、华南出现频率较高。高层云在我国中部地区和西北、新疆等地区频率较高。下面分区域具体介绍各地云的特征及其与降水关系。

(1)东北地区

东北地区地面观测总云量(图 3.28)平均值为 4.25 成，低云量为 2.77 成，月均降水量 39.4 mm。其中降水量与总云量相关系数为 0.78，与低云量相关系数为 0.87。过去 13 年(2000—2012 年，下同)以来，总云量持平，低云量略有上升，13 年总体上升大约 0.5 成。降水量也略有上升，但幅度较小。各类云年均出现的频次中，高云平均出现 57.8%，中云 33.6%，低云 32.8%，其中高云频次季节变化幅度最小，其次中云；而低云出现频次具有非常强的季节特征，夏天频次高，冬天频次低。长期变化趋势上，三类云出现频次均呈下降趋势(图略)，与云量的变化情形并不一致。

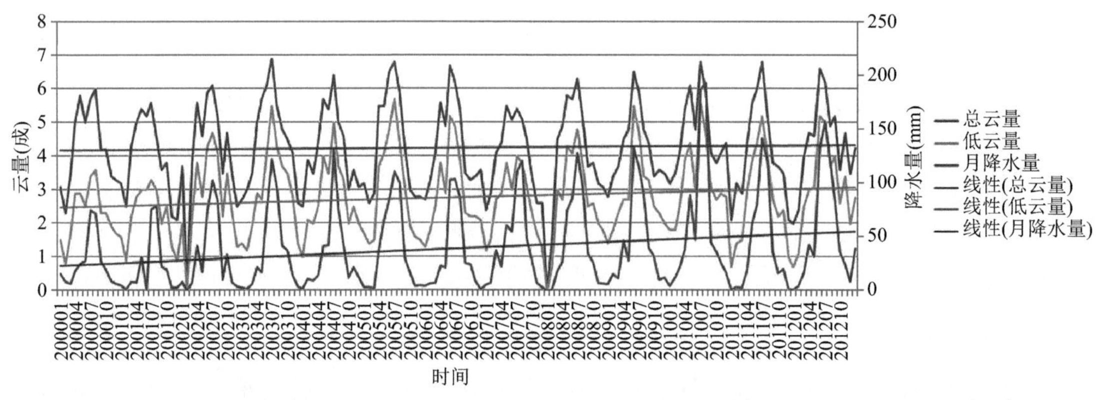

图 3.28　东北地区总云量、低云量、降水变化趋势(彩图见书后)

图 3.29 给出了低、中、高不同云状出现的月均次数(一个观测时次出现了某类云，记为一次)。从图中可见，低云以第 1 类(淡积云)、第 5 类(层积云)、第 9 类(积雨云)频率较高，平均每月出现频次分别为 22.5、25.7、21.1，尤其在夏季频次更高。中云以第 3 类(透光高积云)出现频率最高，频次为 56.9 次。其次为第 2 类(蔽光高层云)的 15.1 次和第 1 类(透光高层云)的 7.1 次。高云状出现频率最高的是第 2 类(密卷云)126.9，其次为第 7 类(卷层云)13.3，其他类观测到的频次较少或未做记录。长期变化趋势看，与降水相关的积雨云观测到的频次，呈略微下降趋势；而雨层云出现频次较低，无明显的变化趋势。

从降水与云状的相关性上看(图 3.30)，月降水量与各类低云状出现频次均呈正相关关系。其中与第 1(淡积云)、2(浓积云)、5(层积云)、6(层云)、9(积雨云)云状频次的相关系数均超过 0.5。中、高云状出现频次与降水量一般并没有很好的相关关系，一些云状频次与降水量还会呈负相关关系。这是因为虽然一些中云有时也会产生较弱的降水，但大多数情况下，中、高云是不产生降水的。而能观测到中、高云时，通常低云量也比较少。另外，即使某类云与降水关系很好，也并不意味着该类云会导致降水，而可能是该类云与实际降水云经常相伴出现。

因与降水主要相关的还是低云，因此之后文中有关分析以低云为主。

(2)华北地区

华北地区地面观测总云量平均值为 3.96 成，低云量为 2.21 成，月均降水量 32.9 mm。其

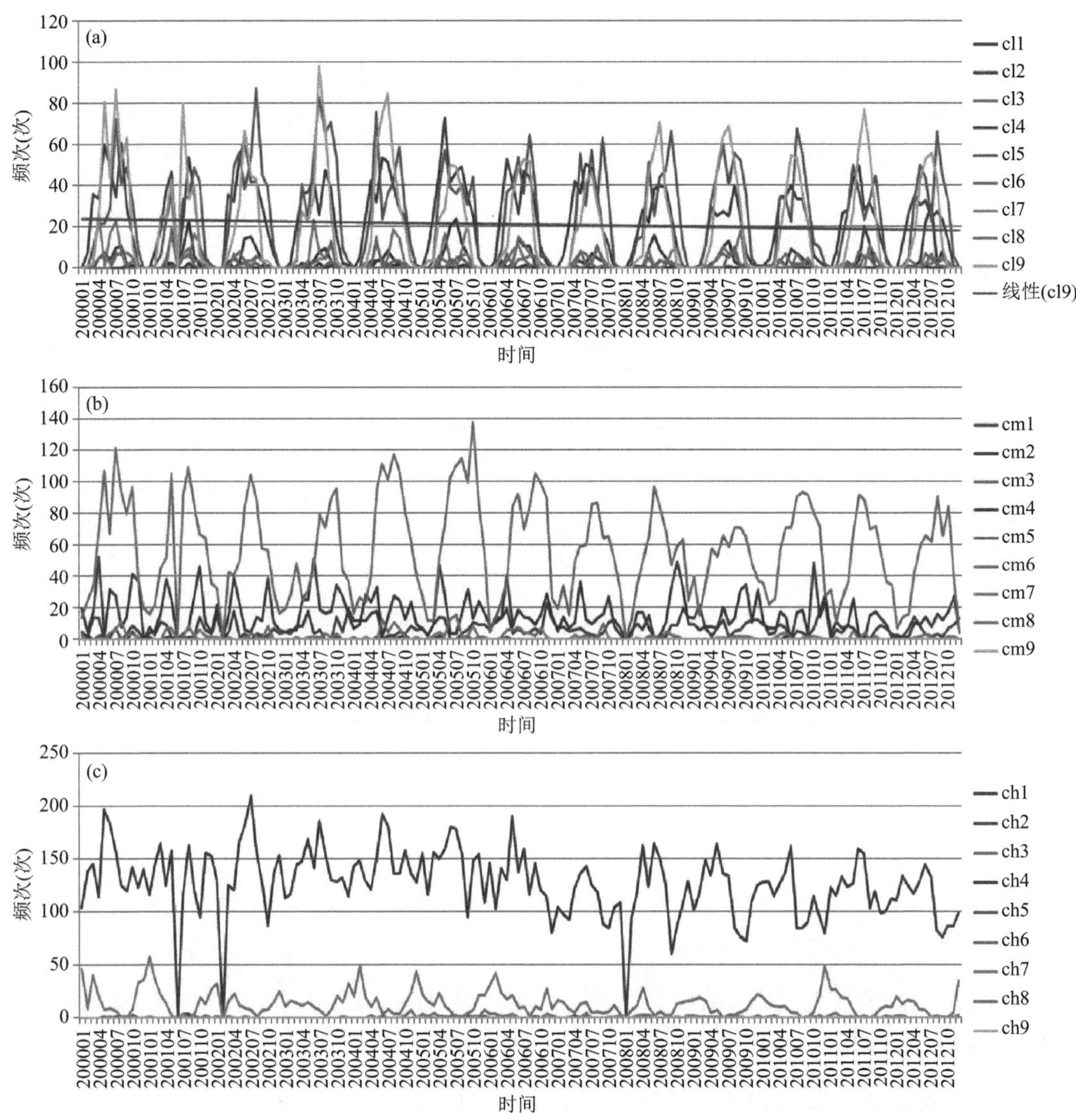

图3.29　东北地区低云状(a)、中云状(b)、高云状(c)的月均出现次数(彩图见书后)

中降水量与总云量相关系数为0.77,与低云量相关系数为0.84。过去13年变化趋势是:总云量、低云量略有上升趋势,降水量也呈上升趋势(图3.31)。

华北地区云状频次特征与东北地区类似(图略),高云平均观测到的频次65.2%,中云频次37.7%,低云频次36.9%。相比而言,高云频次季节变化幅度最小,其次是中云;而低云出现频次具有非常强的季节特征,夏天频次高,冬天频次低。在长期变化趋势上,三类云出现的频次均呈下降趋势,与降水、云量的变化情形并不一致。

华北地区的低云状(图3.32)以第1类(淡积云)、第5类(层积云)、第9类(积雨云)频率较高,平均每月出现频次分别为25.3、28.8、23.7,尤其在夏季频次更高。月降水量与各类低云状出现频次均呈正相关关系:其中与第1(淡积云)、2(浓积云)、5(层积云)、6(层云)、9(积雨云)云状频次的相关系数均超过0.5,尤其积雨云,相关系数达到0.78。中高云状与降水没有明显的变化特征。

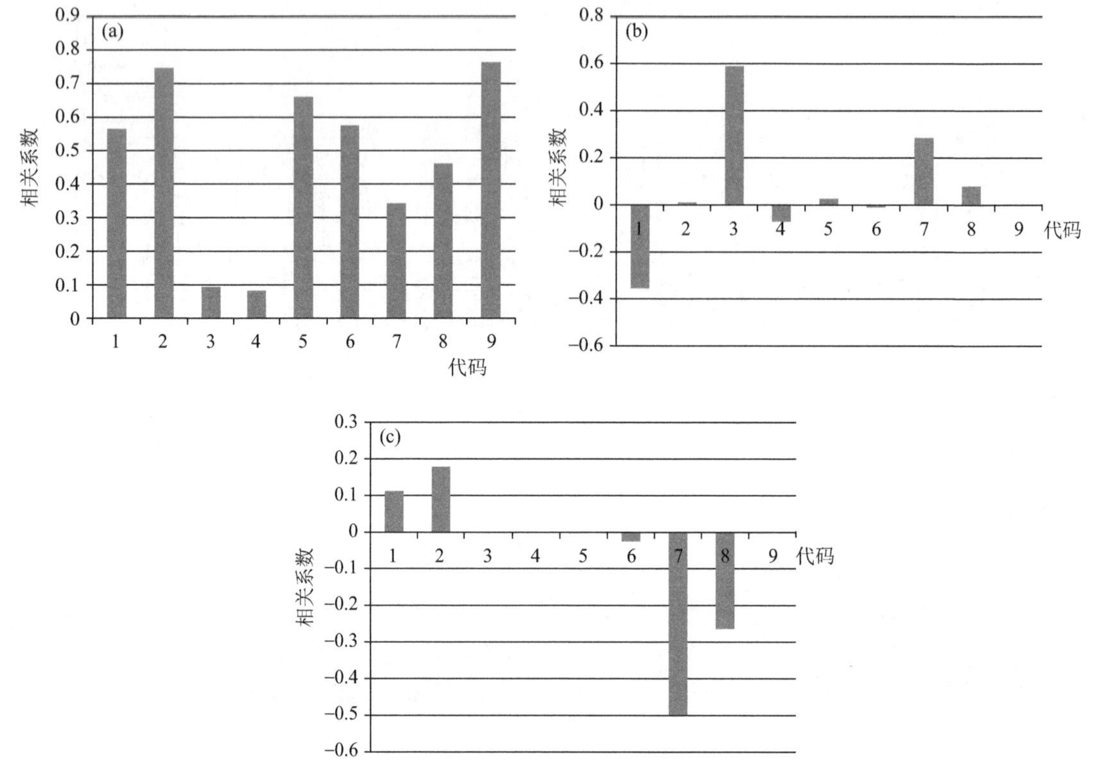

图 3.30　东北地区低(a)、中(b)、高(c)各类云状与降水相关系数

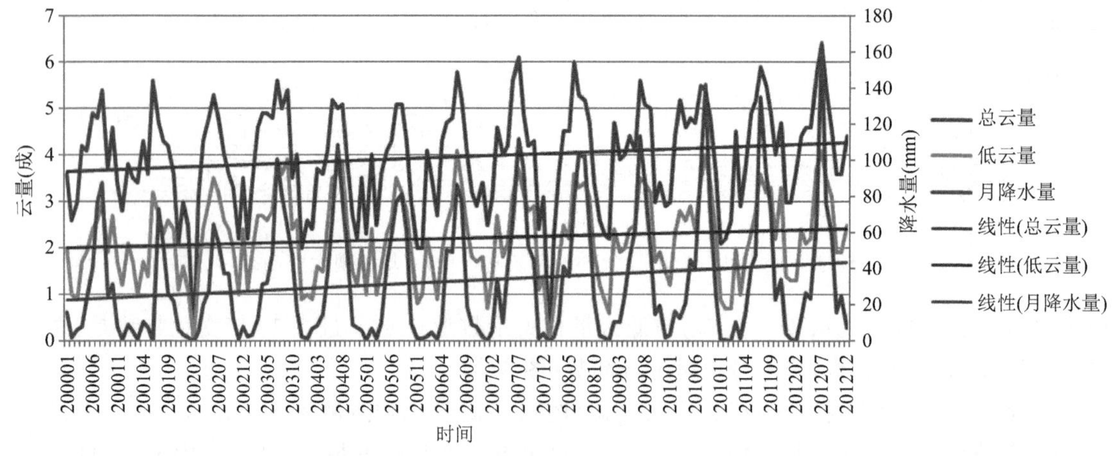

图 3.31　华北地区总云量、低云量、降水变化趋势(彩图见书后)

(3)西北地区

西北地区(图 3.33)地面观测总云量平均值为 4.55 成,低云量为 2.27 成,月均降水量较少,平均仅为 21.1 mm。其中降水量与总云量相关系数为 0.63,与低云量相关系数为 0.88。13 年变化趋势总体为:总云量持平,低云量略有上升趋势,降水量也呈上升趋势。

高云平均观测到的频次为 43.8%,中云频次为 14.3%,低云频次为 30.7%,中云频次明显小于其他地区。相比而言,高云频次季节变化幅度最小,其次是中云;而低云出现频次具有

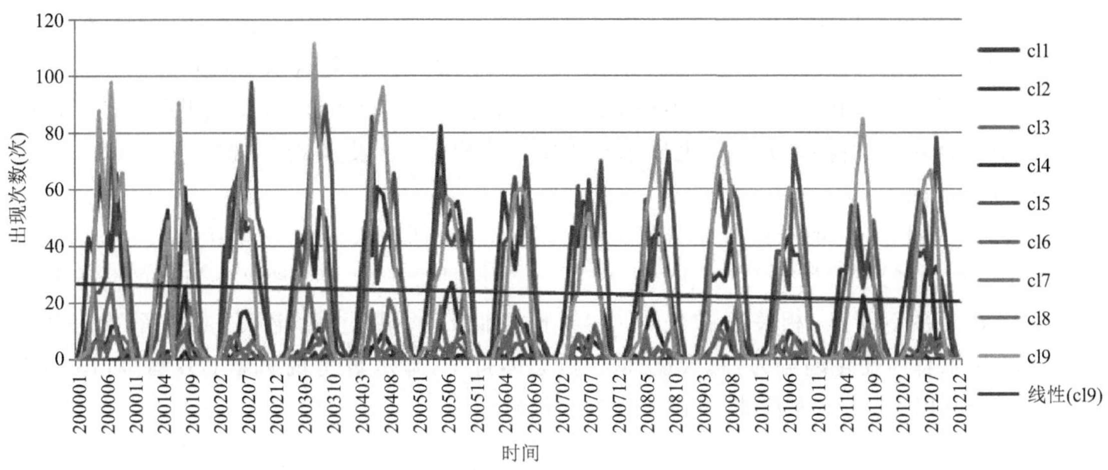

图3.32 华北地区低云状的月均出现次数(彩图见书后)

非常强的季节特征，夏天频次高，冬天频次低。长期变化趋势上，低云状频次有升高趋势，其他持平。

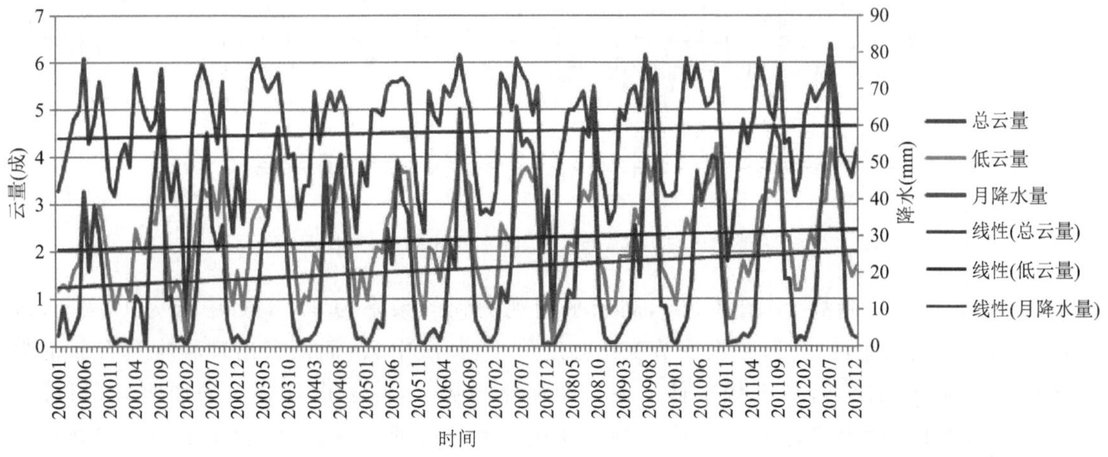

图3.33 西北地区总云量、低云量、降水变化趋势(彩图见书后)

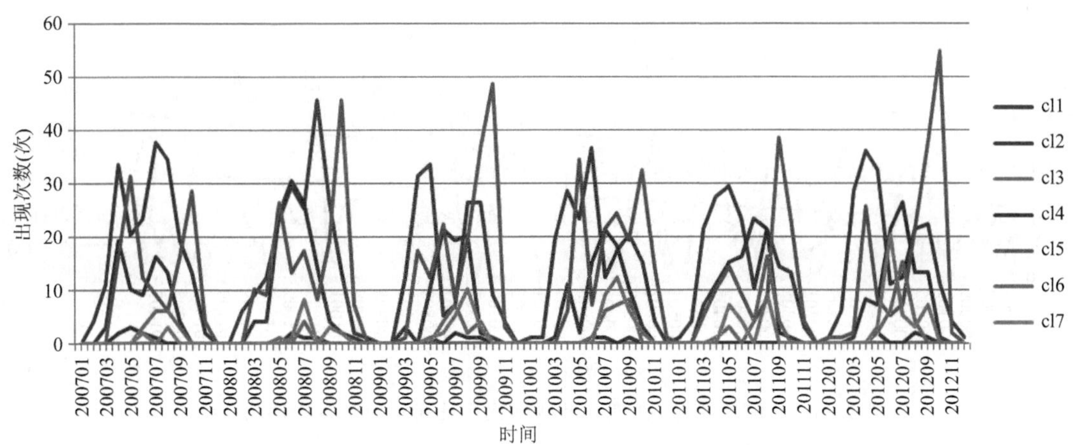

图3.34 西北地区低云状的月均出现次数(彩图见书后)

西北地区的低云以第9类(积雨云)频率较高,为36.0,其次为第1类(淡积云)15次,第5类(层积云)15次、第2类(浓积云)7次频率较高。降水量与各类低云状出现频次均呈正相关关系。其中与第9类(积雨云)云状频次的相关系数最高,达到0.82。这也说明西北地区的降水较少,并且以对流性降水为主,因此降水与积雨云的相关关系更紧密。

(4)新疆地区

新疆地区(图3.35)的总体特征与西北地区类似,地面观测总云量平均值为4.47成,低云量为2.11成,为各地区最少;月均降水量10.7 mm,也是最少的一个地区。新疆的降水量与总云量相关关系不明显,相关系数仅为0.45,但与低云量相关关系较好,相关系数达到了0.72。13年来总体变化趋势为:总云量、低云量总体持平,降水量呈现明显上升趋势,13年来升高约6 mm(以2000年为基准,升高了大约1倍)。

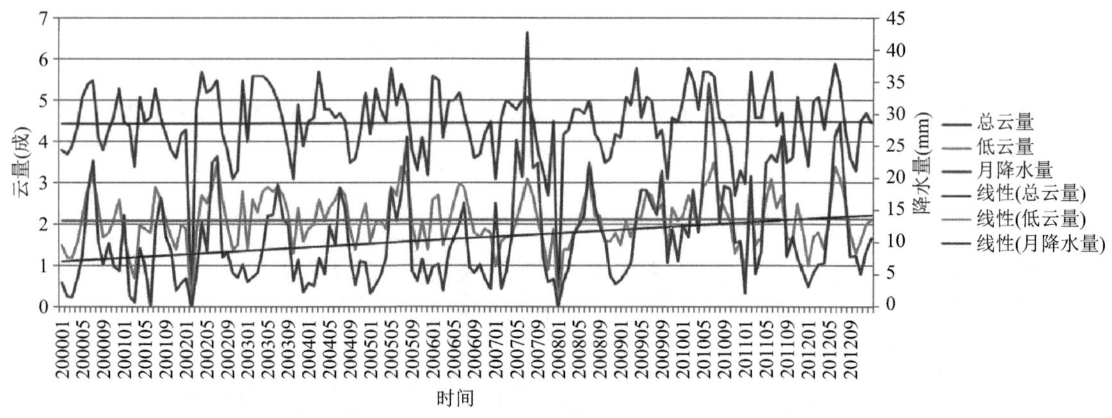

图3.35　新疆地区总云量、低云量、降水变化趋势(彩图见书后)

在云的长期变化趋势上(图3.36),高云平均观测到的频率为43.8%,中云为17.2%,低云为30.3%。相比而言,高云频次季节变化幅度最小,其次中云;而低云出现频次具有非常强的季节特征,夏天频次高,冬天频次低。在长期变化趋势上,高云出现频次增加明显,超过了100%,低云增加幅度也接近100%,中云频次变化不大。这种高、低云量的变化趋势与降水比较一致。

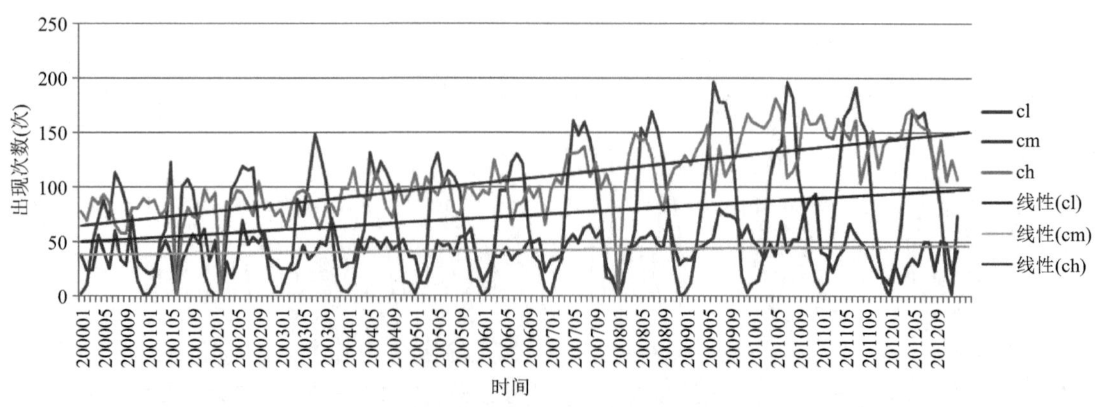

图3.36　新疆地区高、中、低云出现频次及其变化趋势(彩图见书后)

在云状上(图 3.37),低云以第 9 类(积雨云)出现频次最多,平均每月 42 次,并且呈现频次升高趋势。其次为第 1 类(淡积云)20 次、第 2 类(浓积云)7 次。高云状出现频率最高的是第 2 类(密卷云),平均每月出现 99.5 次,也呈明显的增加趋势。月降水量与各类低云状出现频次均呈正相关关系,其中与第 2 类(浓积云)、9 类(积雨云)云状频次的相关系数均超过 0.5。

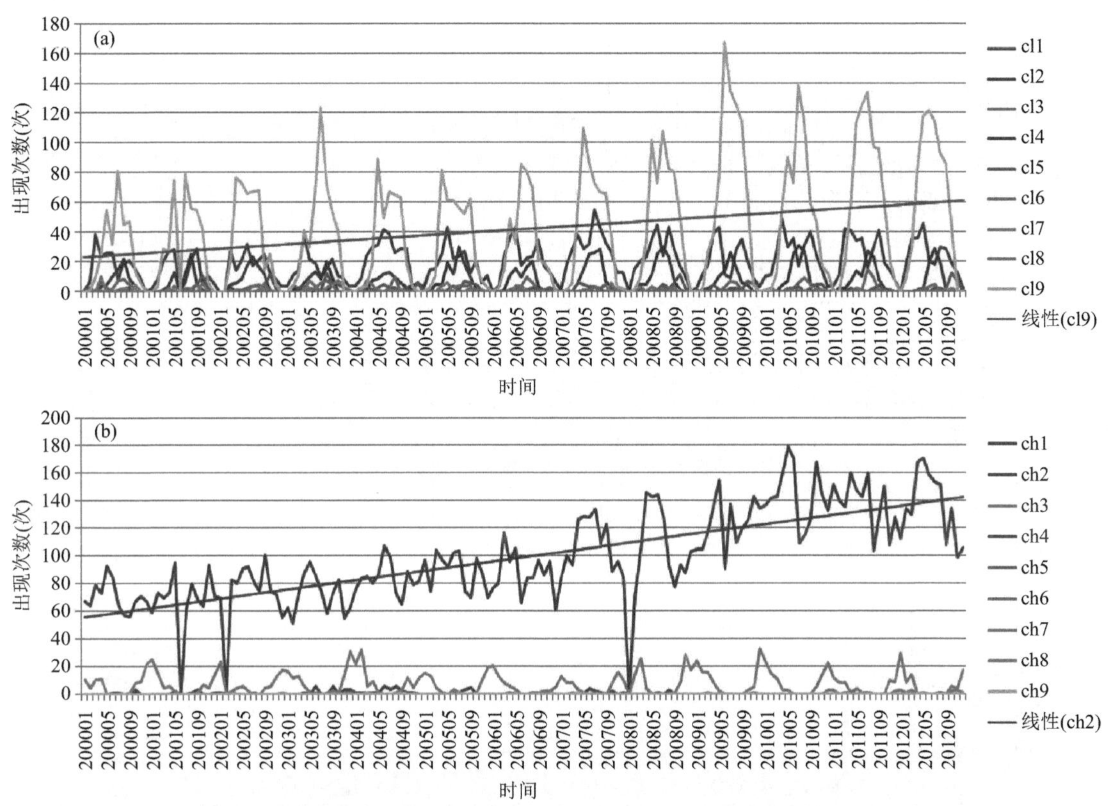

图 3.37　新疆地区低云状(a)、高云状(b)月均出现次数(彩图见书后)

2000—2012 这 13 年间,新疆地区在云量、降水、积雨云出现频率、密卷运出现频率等方面有明显的升高趋势,说明这段时间新疆地区的气候特征发生了明显的变化,其原因还需做进一步的分析研究。

(5)江淮地区

这一地区包括淮河流域和长江中下游地区。地面观测总云量平均值为 6.02 成,低云量为 4.89 成,月均降水量 79.0 mm。其中降水量与总云量相关系数为 0.51,与低云量相关系数 0.44。过去 13 年以来,江淮地区总云量持平,低云量、降水量呈现上升趋势(图 3.38)。

江淮地区高云平均观测到的频率为 47.9%,中云频率为 24.2%,低云频率为 38.9%。高云频次季节变化幅度最小,其次中云;而低云出现频次具有非常强的季节特征,夏天频次高,冬天频次低,总体出现频率呈略微下降趋势。

江淮地区的低云以第 5 类(层积云)、第 1 类(淡积云)和第 9 类(积雨云)出现频次较最多,分别为 18.1、15.2、10.4 次,其中积雨云观测到的频次呈增加趋势。在云状与降水的关系中,月降水量与各类低云状出现频次均呈正相关关系。其中与第 1 类(淡积云)、第 2 类(浓积云)、第 9 类(积雨云)云状频次的相关系数较高,相关系数均超过了 0.62(图 3.39)。

(6)华南地区

地面观测总云量平均值为 6.62,低云量为 5.84,月均降水量 106.5 mm,均为全国各地区最高。其中降水量与总云量相关系数为 0.37,与低云量相关系数为 0.19,相关关系并不明显。过去 13 年来的总体变化趋势为:总云量持平,低云量、降水量呈现上升趋势(图 3.40)。

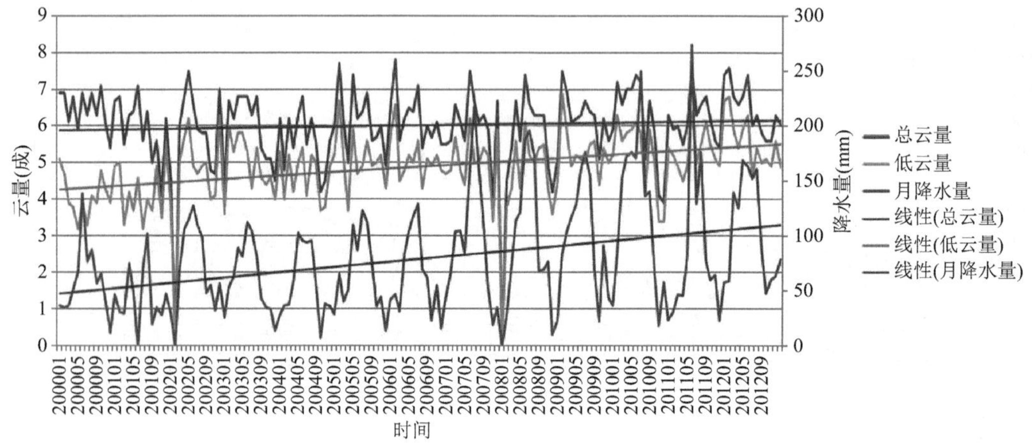

图 3.38　江淮地区总云量、低云量、降水变化趋势(彩图见书后)

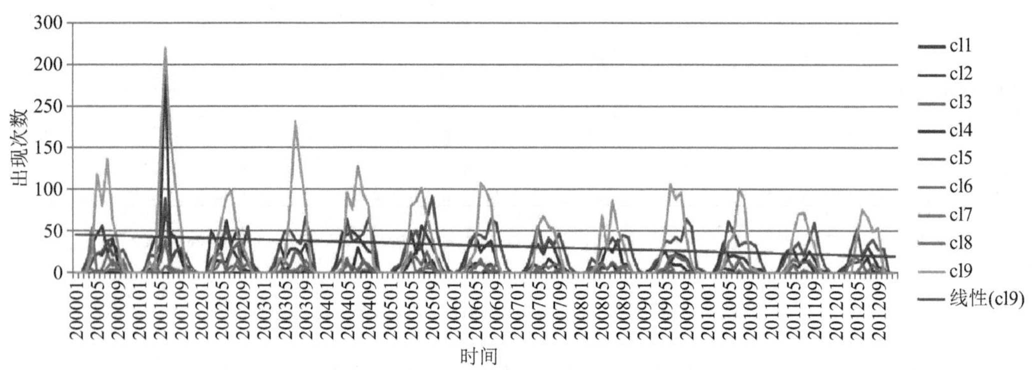

图 3.39　江淮地区低云状的月均出现次数(彩图见书后)

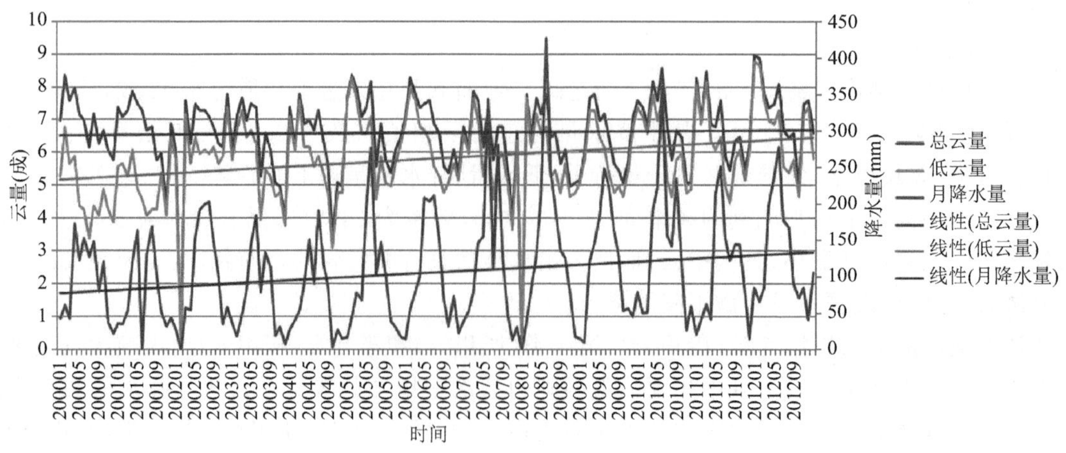

图 3.40　华南地区总云量、低云量、降水变化趋势(彩图见书后)

华南地区云状观测频次较低，主要受观测因素影响，一些测站经常性缺测。根据有限的观测资料分析(图 3.41)，低云以第 5 类(层积云)、第 1 类(淡积云)第 9 类(积雨云)出现频次较最多，分别为 18.1、15.2、10.4 次，其中积雨云观测到的频次呈略微增加趋势。月降水量与各类低云状出现频次均呈正相关关系。其中与第 1 类(淡积云)、第 2 类(浓积云)、第 9 类(积雨云)云状频次的相关系数较高，相关系数也都超过了 0.62。

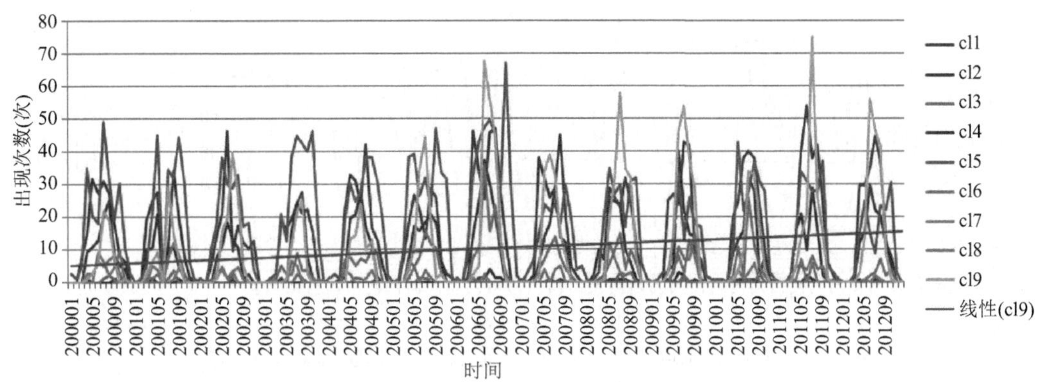

图 3.41　华南地区低云状的月均出现次数(彩图见书后)

(7)西南地区

西南地区地面观测总云量平均值为 6.35 成，低云量为 5.47 成，月均降水量 65.8 mm。其中降水量与总云量相关系数为 0.67，与低云量相关系数为 0.63(图 3.42)。13 年变化总体趋势为：总云量持平，低云量、降水量呈现上升趋势。西南地区高云平均观测到的频率为 4.8%，略微有下降趋势；中云频率为 24.8%，无明显变化趋势；低云频率为 47.7%，也略有下降趋势。因西南地区低云频次高，因此中、高云经常会被遮挡而观测不到，因此观测资料中的中、高云出现的频次较低，但是这并不能表示中高云的实际情况。

西南地区降水与云状的相关关系不如其他地区显著(图略)，与雨层云、积雨云相关略好一些。

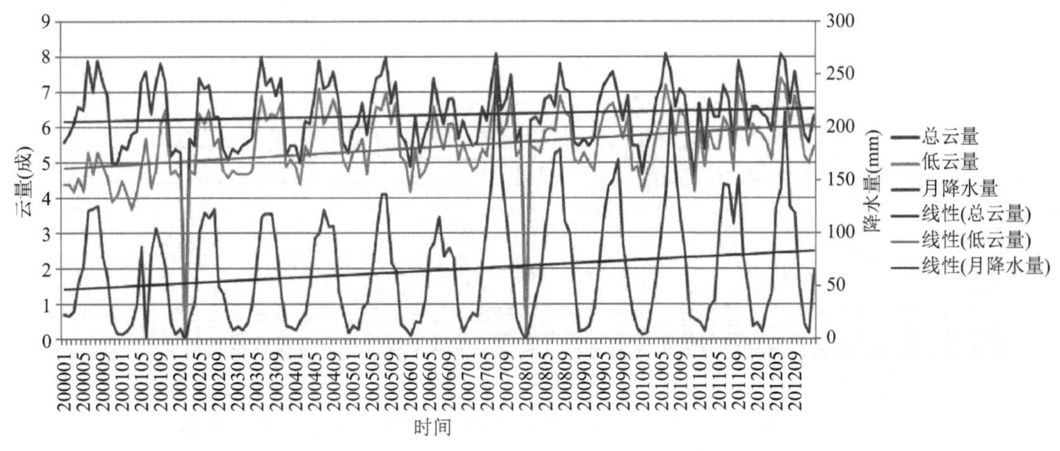

图 3.42　西南地区总云量、低云量、降水变化趋势(彩图见书后)

(8)青藏高原地区

青藏高原地区(图 3.43)地面观测总云量平均值为 5.02 成，低云量为 4.21 成，月均降水量 36.8 mm，三者季节变化都很明显，夏季云量、降水较多，冬季较少。其中降水量与总云量相关系数为 0.83，与低云量相关系数为 0.83。13 年总体变化趋势为：总云量略有下降，低云量略有上升，降水量基本持平。

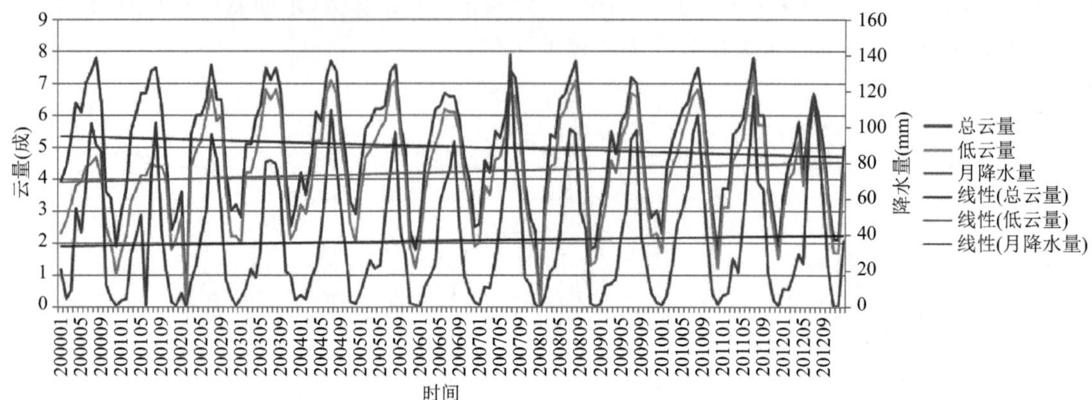

图 3.43　青藏高原地区总云量、低云量、降水变化趋势(彩图见书后)

高原上的高云观测到频率较高，平均为 47.0%，呈现上升趋势；中云频率为 11.7%，基本持平；低云观测到的频率为 32.8%，略有下降趋势(图 3.44)。

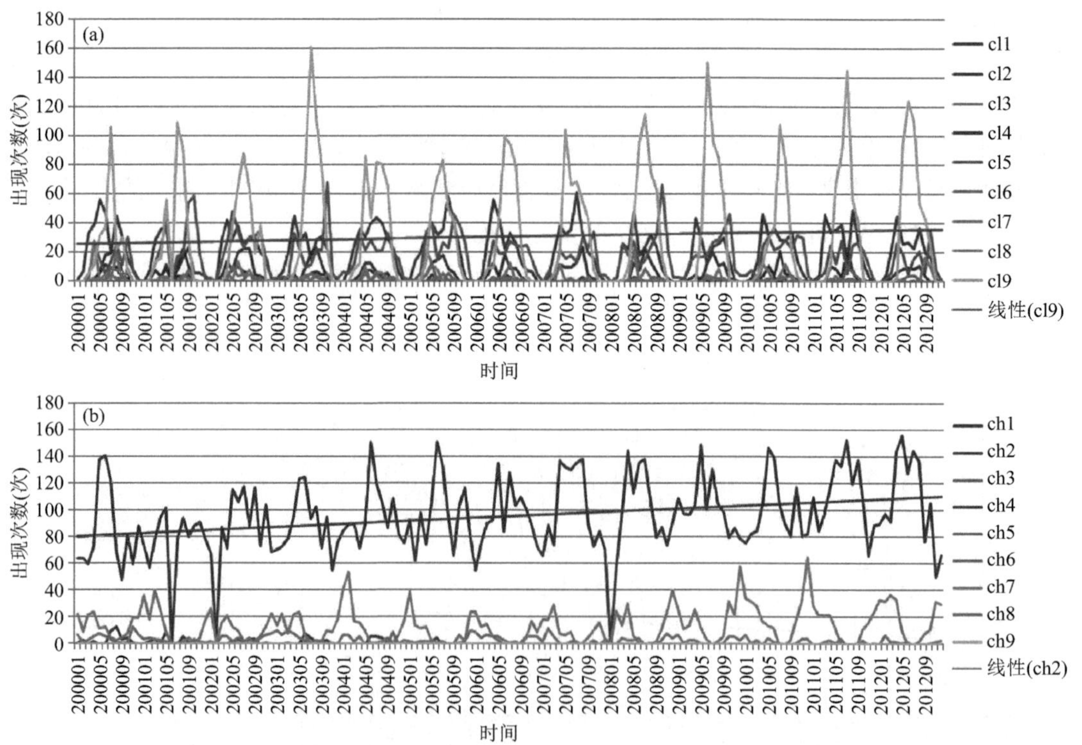

图 3.44　青藏高原地区低云状(a)和高云状(b)的月均出现次数(彩图见书后)

青藏高原地区的低云以第 9 类(积雨云)、第 1 类(淡积云)、第 5 类(层积云)出现频次最多，月均分别出现为 30.1、20.5、17.4 次，其中积雨云观测到的频次略有增加趋势。高云以第 2 类(密卷云)为主，平均每月可观测到 96 次，并且呈明显的上升趋势。

综上所述，中国各地区的云和降水特征关系有显著的地域特征。北方地区云量较少，降水也较少，降水与低云中的积状云相关显著，尤其以新疆地区更为显著。多数地区降水、云量呈现为增加趋势。南方地区云量较多，降水量大，降水和云，尤其是积雨云、雨层云关系较为显著。虽然云量、低云量一般与降水关系很好，但中、高云通常与降水并无明显关系，甚至呈现负相关。2000—2012年，中国地区的降水和云量的变化表现为：青藏高原地区降水持平，其余地区降水增加；青藏高原总云量略有减少，华北地区总云量略有增加，其余地区总云量持平；新疆地区低云量持平，其余地区低云量增加。

3.2.3 中国东部地区云与降水变化的关系

地面常规观测资料的观测时间序列长、局地代表性强，但测站分布极为不均；卫星遥感资料具有覆盖范围广、时间分辨率高、能够反演云的多种物理量等特点，但由于对云识别技术还不完善，对云的分层描述和低云的准确识别还不理想(王旻燕 等，2009)。并且，地基与天基的云观测视角不同，反映云的特性也不同，例如：深对流云，地基观测根据云底高度，其为低云，卫星观测根据云顶高度，其为高云。考虑到每种数据都有其局限性和视角的不同，本小节主要用到中国地面台站常规观测的降水和云量数据、MICAPS降水和云相关数据、国际卫星云气候学计划(ISCCP D2)数据、中分辨率传感器MODIS数据(MOD08_M3)和热带测雨卫星数据(TRMM 3A25)等数据集的夏季(6—8月)数据来做这个研究，以尽可能提高所得结果的可靠性。资料介绍如下。

(1)中国国家级地面气象站1961—2010年逐日降水和云量数据。数据集由中国气象局国家气象信息中心提供，原始数据经过严格的数据质量检测与控制。

(2)MICAPS系统(Meteorological Information Combine Analysis and Process System，气象信息综合分析处理系统)2000—2013年第一类地面全要素填图数据。该数据集是气象观测台站每3 h的原始观测数据，包含云状等数据集(1)中没有的信息。本小节主要用到降水、云量和低云状等要素，用于数据集(1)所得结果的补充。

(3)ISCCP(International Satellite Cloud Climatology Project，国际卫星云气候计划)1984—2009年的D2数据集。D2数据集的空间分辨率为2.5°×2.5°，共有130个与云相关的物理量，含3 h和日平均数据，本小节主要用到日平均的云量、云顶气压、云顶温度、光学厚度和云水路径等气象要素。

(4)MODIS(Moderate-Resolution Imaging Spectroradiometer，中分辨率成像光谱仪)2000—2017年的MOD08_M3数据集。MOD08_M3是MODIS三级全球1°×1°格点的月平均大气标准产品，是全球气溶胶、水汽和云月合成产品。

(5)TRMM(Tropical Rainfall Measuring Mission satellite，热带测雨任务卫星)1998—2014年的3A25降水数据。3A25产品是TRMM星载降水雷达(PR)格点化月平均降水资料3级产品。分辨率是0.5°×0.5°，数据集经过严格的质量控制。

中国地区多年平均总云量分布的总体形势是南多北少、东多西少。总云量、高云量和低云量呈减少趋势，中云量稍有增加(Kaiser，1998；丁守国 等，2004，2005；吴涧 等，2011)。但是，段皎等(2011)的结果则显示中国大部分地区总云量没有显著的变化趋势，在华南地区和渤海湾以及西北部分地区有增加趋势，青藏高原中部有减少趋势；中国大部分地区高云量没有明显的趋势；华南和东北地区以及青藏高原西部中云量有增加趋势。东亚季风区低云发生频率最大，夏季深对流云频率增加明显（刘建军 等，2017）。在云和降水的关系方面，前人已有较多研究成果。我国年平均总云量与年降水量之间有良好的线性正相关关系（曾昭美 等，1993）。对流云多产生阵性降水，时间短强度大，层状云可产生连续性降水，雨强相对较小但维持时间长（胡亮 等，2010；杜振彩 等，2011）；对流降水主要来自深对流云和卷层云；层云降水主要来自高层云和层积云（李昀英 等，2015）。夏季降水表现为对流和层云混合降水，主要来源于地面观测的浓积云、积雨云、雨层云、层积云和层云/碎层云，从分布看可对应于 ISCCP 定义的深对流云、卷层云、雨层云、高层云和层积云（李昀英 等，2015）。西南地区夏季雨层云、高层云和深对流云与雨量和雨日有着较好的一致关系（李跃清 等，2014）；西北地区云水路径值较大的层状云类的云量多寡与降水多寡相一致，积状云类和层积云类云量多少与降水没有一定的关系（陈勇航 等，2005）。也有一些学者利用 FY 卫星相关数据针对中国部分地区探讨了云特征参数与降水相关性，认为有些云结构特征参数对降水有着很好的指示作用（周毓荃 等，2011；张中波 等，2017；王磊 等，2019）。

利用中国 2400 多台站观测数据，以 1981—2010 年夏季平均作为气候背景场，探讨了中国地区 1961—2010 年这 50 年间降水和云量距平百分率之间的相关关系，并将通过正相关显著性检验的站点选取出来，分析了这些站点的降水距平百分率随云量距平百分率线性变化的特点。使用数据之前对数据进行了筛选，筛选条件如下：1961—2010 年间，夏季数据缺测率（同

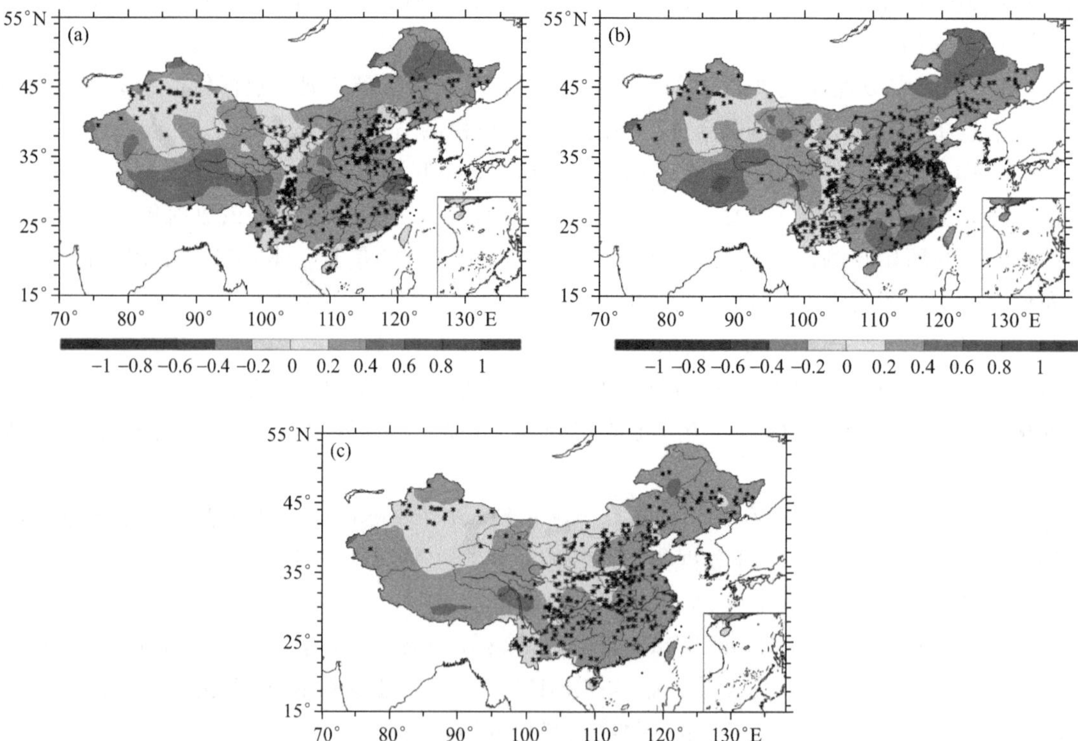

图 3.45 1961—2010 年夏季站点降水和云量距平百分率的相关（站点数据）

（a）白天降水和总云量，（b）白天降水和低云量，（c）夜间降水和低云量

（通过 0.05 水平显著性检验的区域以 * 标注）

时考虑降水和云量)小于5%且连续缺测不超过1个月;水平距离变化小于20 km;海拔高度变化小于150 m。选取站点:1653站。北京时间02:00的低云量、02:00和20:00的总云量由于缺测率过高,未选用。

1961—2010年夏季降水和云量距平百分率之间的相关情况如图3.45所示。在全国区域范围内,白天降水与平均总云量距平百分率(图3.45a)、平均低云量距平百分率(图3.45b)以及夜间降水与平均低云量距平百分率(图3.45c)均呈现出极好的正相关关系,中国东部地区许多站点都通过了显著性水平为0.05的相关显著性检验,表明降水异常与云量变化高度相关。

将图3.45中通过0.05显著性水平正相关检验的站点挑选出来,对这些站点的云量和降水距平百分率进行线性回归拟合,结果如图3.46所示。云量和降水距平百分率之间有着非常好的线性关系,且都通过了极高的显著性检验;白天总云量和降水异常的增加比例(图3.46a)为1∶2.23,白天(图3.46b)和夜间(图3.46c)低云量与降水异常的增加比例分别为1∶0.46和1∶0.43。云量异常和降水异常之间的正相关关系和线性增长关系,总云量每增加1%,降水随之增加约为2.23%;低云量每增加1%,降水随之增加约为0.46%。

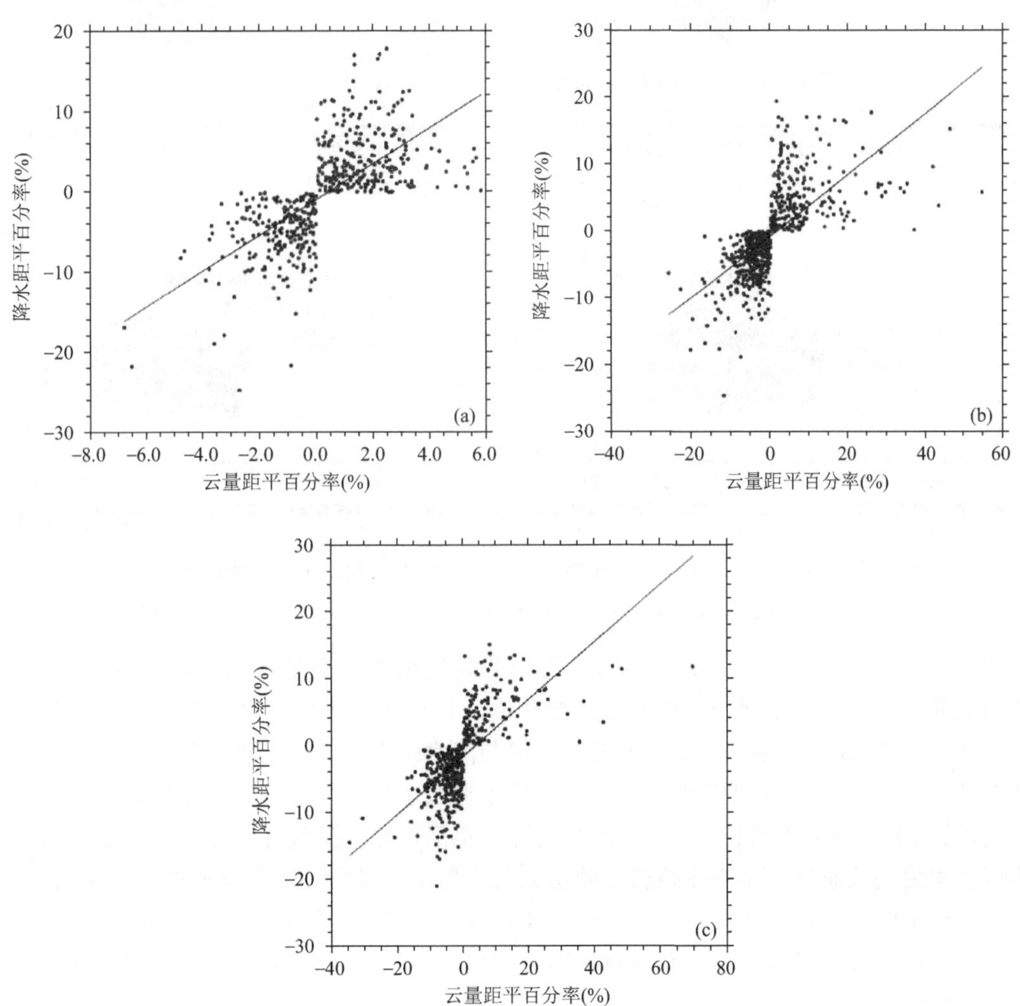

图3.46　1961—2010年夏季站点降水和云量距平百分率的线性回归

(a)白天降水和总云量,(b)白天降水和低云量,(c)夜间降水和低云量

将 1984—2009 年夏季站点降水和 ISCCP 卫星数据中云量等多种云相关物理量的距平百分率进行了相关分析，包括云量、云顶气压、云顶温度、云光学厚度和云水路径。

图 3.47 是 1984—2009 年夏季站点降水和 ISCCP 云量距平百分率之间的相关分布，在全国范围内，二者之间存在着很好的正相关关系。除内蒙古中西部、华北北部、西北、西南部分地区和江南部分地区外，全国大部分地区总云量与降水距平百分率的正相关关系（图 3.47a）都通过了 0.05 水平的显著性检验。高云量（图 3.47b）以及高云中的卷层云（图 3.47c）和深对流云云量（图 3.47d）与降水距平百分率的正相关关系除了北方部分地区外，也基本都通过了显著性检验。

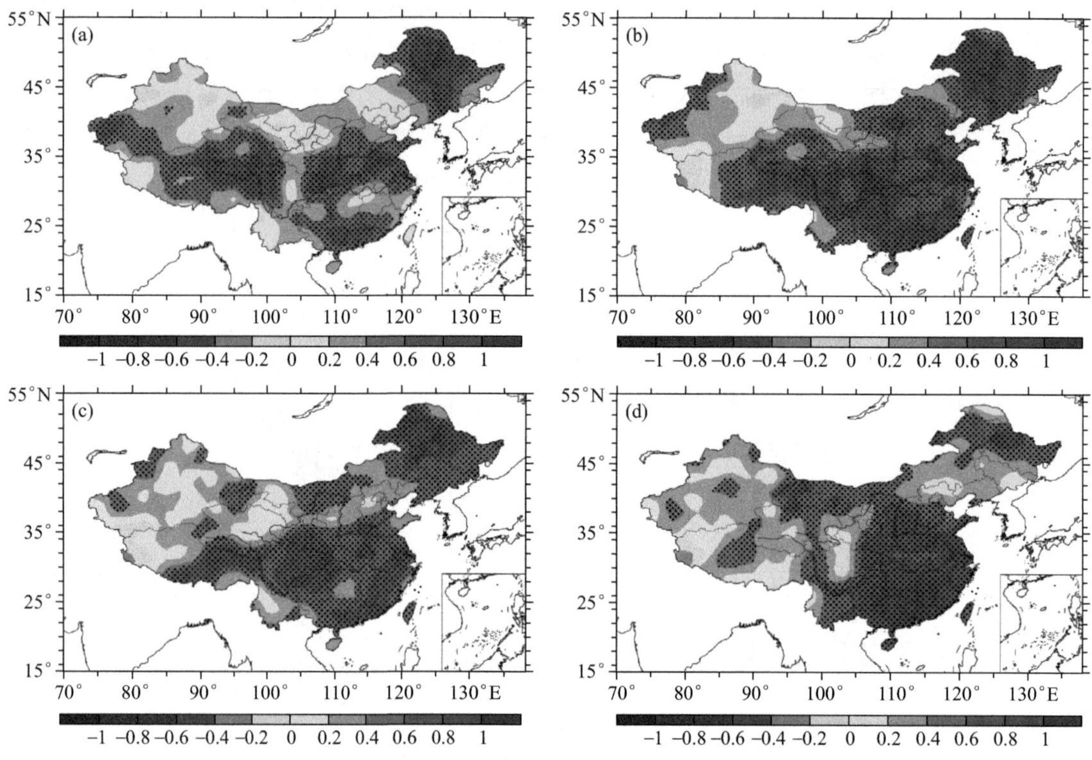

图 3.47 1984—2009 年夏季站点降水和 ISCCP 云量距平百分率的相关

（a）总云量，（b）高云量，（c）卷层云云量，（d）深对流云云量（通过 0.05 水平显著性检验的区域打点标注）

图 3.48 是 1984—2009 年夏季 ISCCP 总云的其他相关物理量与站点降水距平百分率之间的相关分布。除了东北、西北、黄河流域部分地区和长江流域部分地区外，全国大部分地区总云云顶气压（图 3.48a）和云顶温度（图 3.48b）与降水距平百分率基本呈负相关关系，但只有江淮东部、华南南部和西南北部地区的负相关关系通过了显著性检验。在全国范围内，总云光学厚度（图 3.48c）和云水路径（图 3.48d）均与降水距平百分率呈很好的正相关关系，超过一半的地区正相关关系通过了显著性检验。卷层云云顶气压、云顶温度、光学厚度和云水路径与降水距平百分率的相关关系（图略）与总云情况相似，但相关关系不如总云理想，深对流云相关物理量与降水距平百分率的相关关系（图略）则更不理想，相关系数绝对值在 0.4 以内，较少区域通过显著性检验。

将 2000—2017 年夏季站点降水和 MODIS 卫星数据中云量等多种云相关物理量的距平百分率进行了相关分析，包括云量、云顶气压、云顶温度、云光学厚度、云水路径和云粒子有效半径。

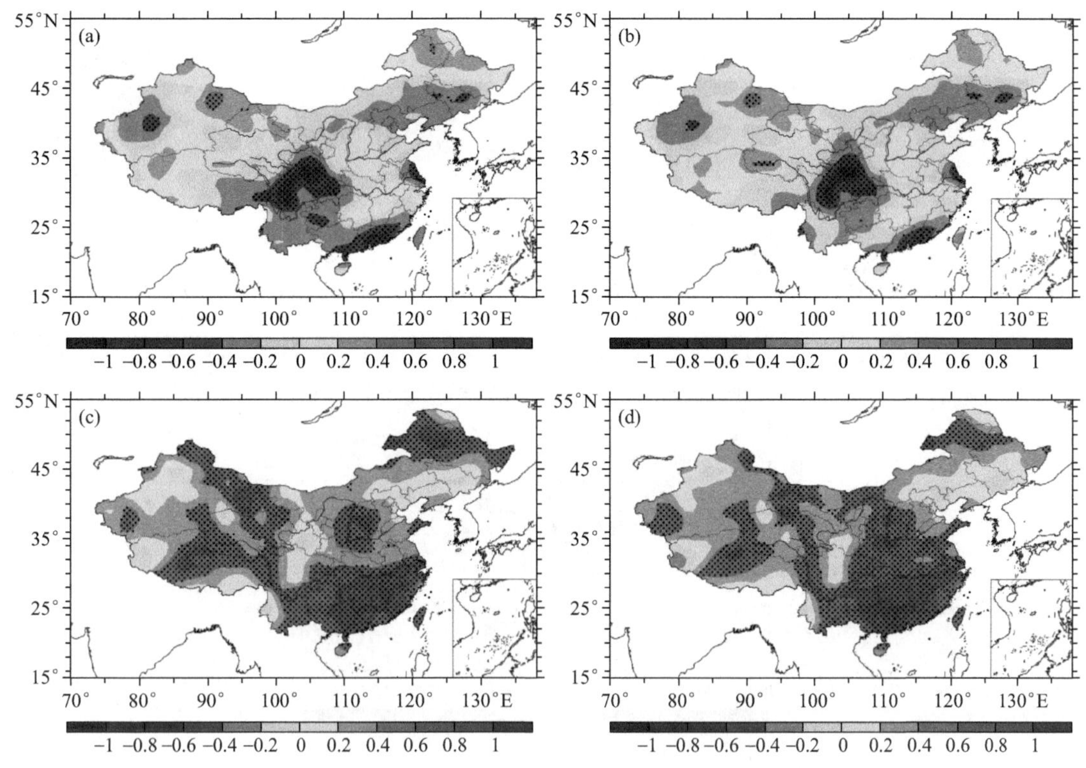

图3.48 1984—2009年夏季站点降水和ISCCP总云相关物理量距平百分率的相关
(a)云顶气压,(b)云顶温度,(c)光学厚度,(d)云水路径

图3.49是2000—2017年夏季站点降水和MODIS云量距平百分率的相关分布形势。降水与总云量(图3.49a)、高云量(图3.49b)和卷云量(图3.49c)的距平百分率在中国北方地区基本呈较好的正相关关系,有不少区域的正相关关系都通过了显著性检验;而在长江以南地区则是负相关关系,但负相关系数的数值在0.4以内,基本未通过显著性检验。

图3.50是2000—2017年夏季站点降水和MODIS总云相关物理量距平百分率的相关。降水与总云云顶气压(图3.50a)、云顶温度(图3.50b)和光学厚度(图3.50c)距平百分率在中国的北方地区存在着较好的相关关系,云顶气压和云顶温度与降水距平是负相关关系,光学厚度与降水距平是正相关关系,35°N附近有一带状区域相关关系较好,通过了显著性检验;在长江以南地区,云顶气压、云顶温度和光学厚度与降水距平百分率呈微弱的正相关关系,未通过检验的区域。

图3.51是2000—2017年夏季站点降水和MODIS总云云水路径距平百分率的相关,图3.51a、b、c、d分别是液相、冰相、不确定相和三类云水路径总和与降水距平百分率的相关,其分布形势大致同光学厚度与降水距平百分率的相关(图3.50c),中国东部地区基本成正相关关系,但江汉和华南部分地区是负相关关系。在东北和华北南部,冰相和总云水路径与降水距平百分率的正相关关系通过了显著性检验。云粒子有效半径和降水的相关关系较为复杂,正负相关同时存在,且无一定规律。

综上所述,本小节使用常规站点数据、ISCCP和MODIS卫星数据等数据集分析了1961—2010年夏季中国地区云(云量、云顶气压、云顶温度、光学厚度和云水路径)的变化特征与降水变化之间的联系(相关关系和线性回归关系)。站点数据中,总云量、低云量与降水的距平在全

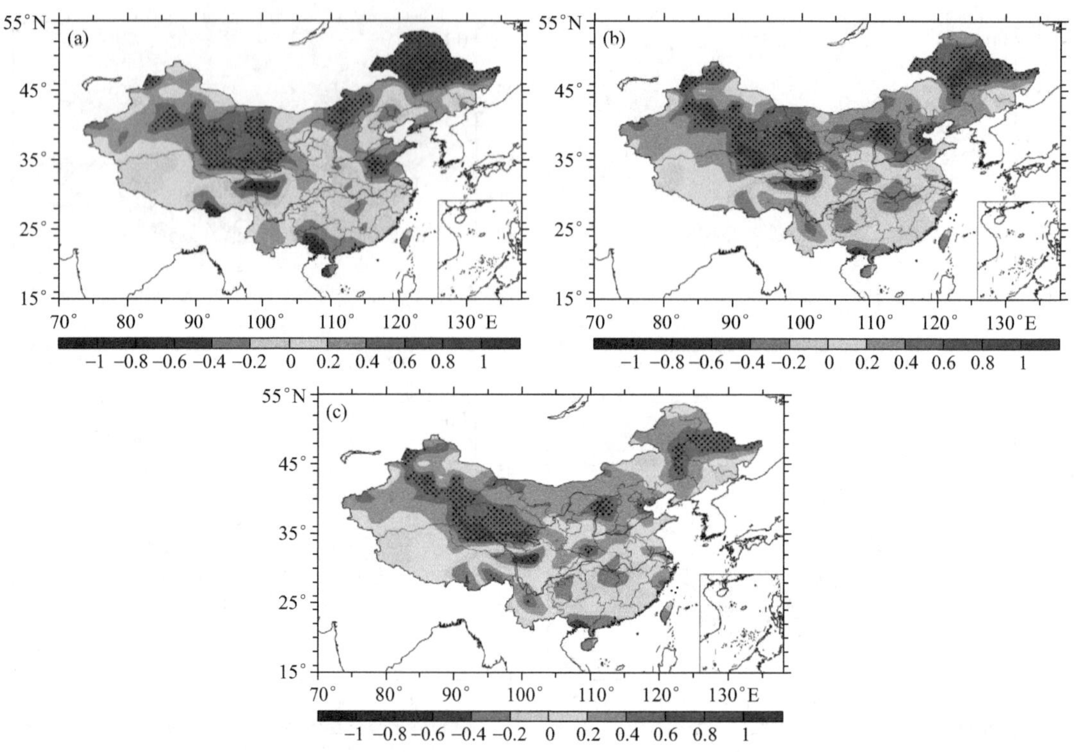

图 3.49　2000—2017 年夏季站点降水和 MODIS 云量距平百分率的相关
(a)总云量,(b)高云量,(c)卷云量

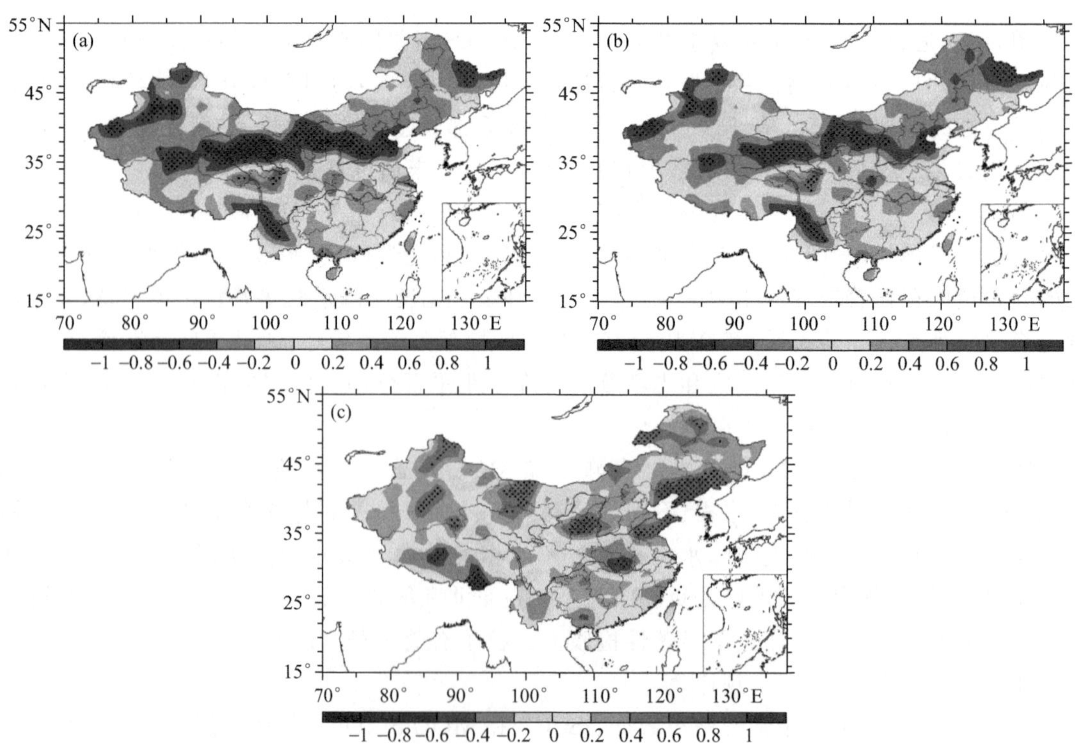

图 3.50　2000—2017 年夏季站点降水和 MODIS 总云相关物理量距平百分率的相关
(a)云顶气压,(b)云顶温度,(c)光学厚度

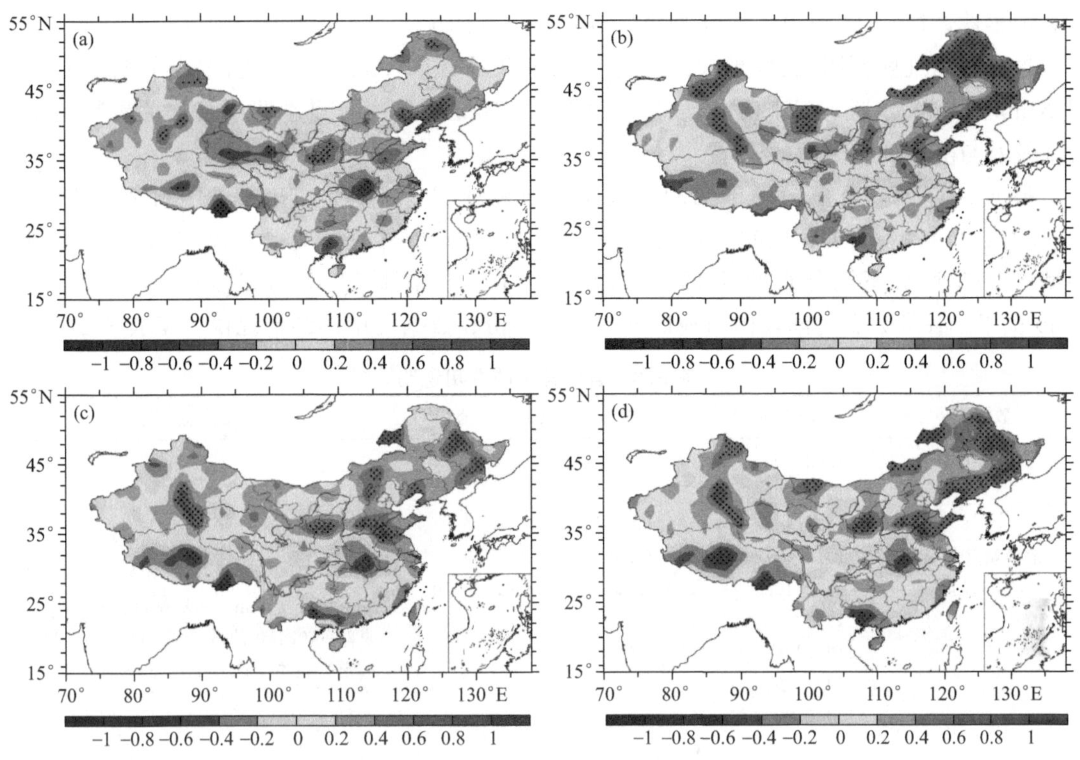

图3.51 2000—2017年夏季站点降水和MODIS总云云水路径距平百分率的相关

(a)液相,(b)冰相,(c)不确定相,(d)三者之和

国范围内表现出显著的正相关关系;在正相关关系通过显著性检验的站点上,云量和降水距平之间的线性关系较为明显,总云量和低云量与降水的增加比例分别接近1∶2.23和1∶0.46。ISCCP数据中,总云云量、光学厚度和云水路径以及高云中的卷层云和深对流云云量与降水距平呈非常好的正相关关系。MODIS数据中,在黄河以北地区,总云量、高云量和卷云量以及总云的光学厚度和云水路径与降水的距平呈现出很好的正相关关系,总云云顶气压和云顶温度则与降水距平呈现明显的负相关关系;在南方地区,云特征参数与降水距平的相关关系较差。

3.2.4 El Niño次年夏季中国地区云的变化特征及其与降水的关系

我国云量年际振荡的主要特征与ENSO相同,ENSO年份我国云量少,降水也偏少;普遍存在的ENSO尺度振荡,其主频率有由南向北、由东向西推迟的倾向(曾昭美 等,1993);ENSO通过影响高空大气环流状况,进而影响中国各地云量变化而最终影响各地的降水量(卢爱刚 等,2009)。李月洪(1987)在其研究中提到:El Niño发生年冬季西太平洋赤道地区150°E以东云量增加,以西云量减少。云的产生条件和海温有着密切的关系,在关于研究海洋和大气相互作用时,研究云与海洋的关系是十分重要的。ENSO包括不同类型的El Niño事件和不同类型的La Niña事件,且事件的影响包括事件发生当年和事件发生次年的影响,不同季节影响也有很大的不同,以上关于海温异常对云影响的相关研究过于简单、笼统。众多前人研究成果表明,El Niño事件对中国次年夏季风进程和夏季降水有着极其重要的影响,而云的形成是产生降水的必要条件,但将El Niño事件与云以及云和降水之间关系联系起来的研究成果相对缺乏。将El Niño、降水和云三者联系起来分析中国气候对不同类型El Niño事件的响应规律和敏感性，对于了解中国各地气候特征与海温异常的关系、全面认识中国气候变化、改进天气预报和短期气候预测、更好地应对全球变化等都具有重要意义。因此，本小节期望能够将 El Niño 和云、降水联系起来研究，以探讨两类 El Niño 事件次年夏季我国云相关参数的变化特征及其与降水变化之间的联系。

根据 2017 年 5 月中国气象局颁布气象行业标准 El Niño/La Niña 事件判别方法（QB/T33666-2017）将各数据相应时间长度范围内的 El Niño 事件进行分类。以东部型（EP）和中部型（CP）来区分不同分布型的 El Niño 事件。本小节中将 El Niño 发生的后一年称为 El Niño 次年。各类数据时间段内对应的两类事件年份和数据使用详细情况说明见表 3.8。

表 3.8 各数据集的选用说明

数据集	EP El Niño	CP El Niño	气候平均态（年）	数据信息/筛选
地面站点数据 （2400 站） 1961—2010 年	1963/1964 1965/1966 1972/1973 1976/1977 1982/1983 1986/1988 1991/1992 1997/1998 2006/2007	1968/1970 1994/1995 2002/2003 2004/2005 2009/2010	1981—2010	站点筛选条件：缺测率（同时考虑降水和云量）小于 5%且连续缺测不超过 1 个月；水平距离变化小于 20 km；海拔高度变化小于 150 m。选取站点：1678 站。北京时间 02:00 的低云量、02:00 和 20:00 的总云量由于缺测率过高，未选用
MICAPS 数据 2000—2013 年	2006/2007	2002/2003 2004/2005 2009/2010	2000—2013	将 2000—2013 年都有记录的站点选取出来，未对缺测率和站点迁址范围进行控制。选取：白天 905 站，夜间 879 站
ISCCP D2 数据 1984—2009 年	1986/1988 1991/1992 1997/1998 2006/2007	1994/1995 2002/2003 2004/2005	1984—2009	水平分辨率：2.5°×2.5°，选取范围：13.85°—56.25°N，71°—137°E
MOD08_3M 数据 2000—2017 年	2006/2007 2014/2016	2002/2003 2004/2005 2009/2010	2000—2017	水平分辨率：1°×1°，选取范围：15.5°—55.5°N，69.5°—137.5°E
TRMM 3A25 数据 1998—2014 年	1997/1998 2006/2007	2002/2003 2004/2005 2009/2010	1998—2014	水平分辨率：0.5°×0.5°，选取范围：15.25°—36.75°N，70.25°—137.25°E

以 El Niño 次年夏季气象要素合成值相对于夏季气候平均态的距平百分率来表示 El Niño 事件对夏季中国地区降水和云等各种气象要素的影响。本小节用到的研究方法（黄嘉佑，2004）主要有合成分析、差异分析（距平百分率）、相关分析（线性相关）、回归分析（线性回归），方法较简单常见。差异分析的显著性检验用的是 t 检验。

地面台站数据经过缺测率和迁址条件控制后一共选取 1678 个符合条件的站点，这些站点大部分都分布在中国的季风气候区，本小节研究分析的主要范围也是这一区域。El Niño 事件次年夏季总降水异常如图 3.52 所示。东部型事件次年夏季中国地区形成南北两条异常雨带（图 3.52a），长江流域、内蒙古、华北和东北西部地区多雨；江淮地区少雨。中部型事件次年夏季中国地区形成一条异常雨带（图 3.52b），华北南部、东北南部、江淮地区以及青藏高原等地区多雨；内蒙古、黑龙江和长江以南地区少雨。该分析结果与吴萍等（2017）的研究结果基本一致，在西北地区和雨带范围上存在一些差异，可能是由于选取得气候背景场和站点不一致所引起的。白天和夜间降水(图略)与总降水的距平百分率分布形势基本相同。

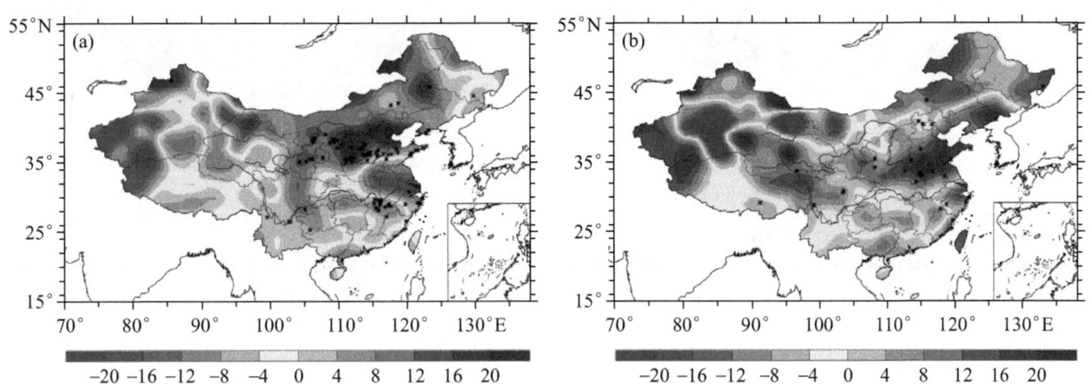

图 3.52 El Niño 事件次年夏季累计降水相对于气候平均值的距平百分率(站点数据，%)
(a)东部型，(b)中部型(通过置信度为 95%显著性检验的站点以＊标注)

在使用云的相关数据之前，对所使用的资料进行了一些相互对比和验证(图略)，资料对比所用的时间段和气象要素选为所对比资料共有的时间长度(夏季)和气象要素。常规站点、ISCCP 资料、MODIS 的数据总云量分布形势是一致的，高值中心均位于西南地区，由南向北递减，低值中心位于西北地区；在黄河以南、华北和东北大部分地区，三类数据总云量差异较小，数值基本在 6%以内；在内蒙古和西北地区三类数据的差异较明显，ISCCP 总云量比站点数据多 6%～12%，MODIS 总云量比站点数据少 6%～12%。站点数据和 MICAPS 数据的降水和云量分布形势较为吻合，在长江以南地区降水 MICAPS 数据稍小于站点数据；总云量 MICAPS 数据整体稍小于站点数据，而低云量 MICAPS 数据整体明显大于站点数据。总体而言，各种数据之间的偏差主要在西部地区，且数值偏差较小，比如总云量的偏差基本在 1 成云量以内，数据质量好，具有较高的使用价值，可用于云的变化特征及其与降水的关系研究。

(1)站点资料

El Niño 事件次年夏季相对于夏季气候平均状态中国地区日平均云量的差异分析。El Niño 事件次年夏季日平均云量合成值相对于气候平均值的异常如图 3.53 所示。东部型事件对应的白天总云量(图 3.53a)在大部分地区呈增加趋势，增加大值区在华北北部和内蒙古中部，增加幅度达到 5%；在江汉、江淮和江南地区是减少的，减少大值区位于江淮地区，减小幅度达到 5%。白天低云量(图 3.53c)在黄河流域及其以北和西北地区东部有所增加，黄河中游地区增加最为明显，幅度超过 20%；在西南、江淮和长江以南地区是减少的，减小幅度基本不超过 8%。夜间低云量(图 3.53e)与白天基本一致，但在东北地区夜间低云量是减少的。中部型事件对应的白天总云量(图 3.53b)在东北、华北、长江-黄河之间的区域呈增加趋势，增加极大值区在华北东部沿海地区，增幅在 5%左右；在内蒙古、江南和华南东部地区是减少的，减少幅度在 4%以内。低云量的异常分布(图 3.53d 和图 3.53f)大致同总云量，但低云量异常增加大值区位于华北南部，且幅度比总云量略大，接近 10%。

(2)ISCCP 资料

El Niño 事件次年夏季相对于夏季气候平均状态中国地区日平均云量的差异分析。El Niño 事件次年站点数据的夏季降水的异常分布(气候平均态是 ISCCP 数据对应的时段 1984—

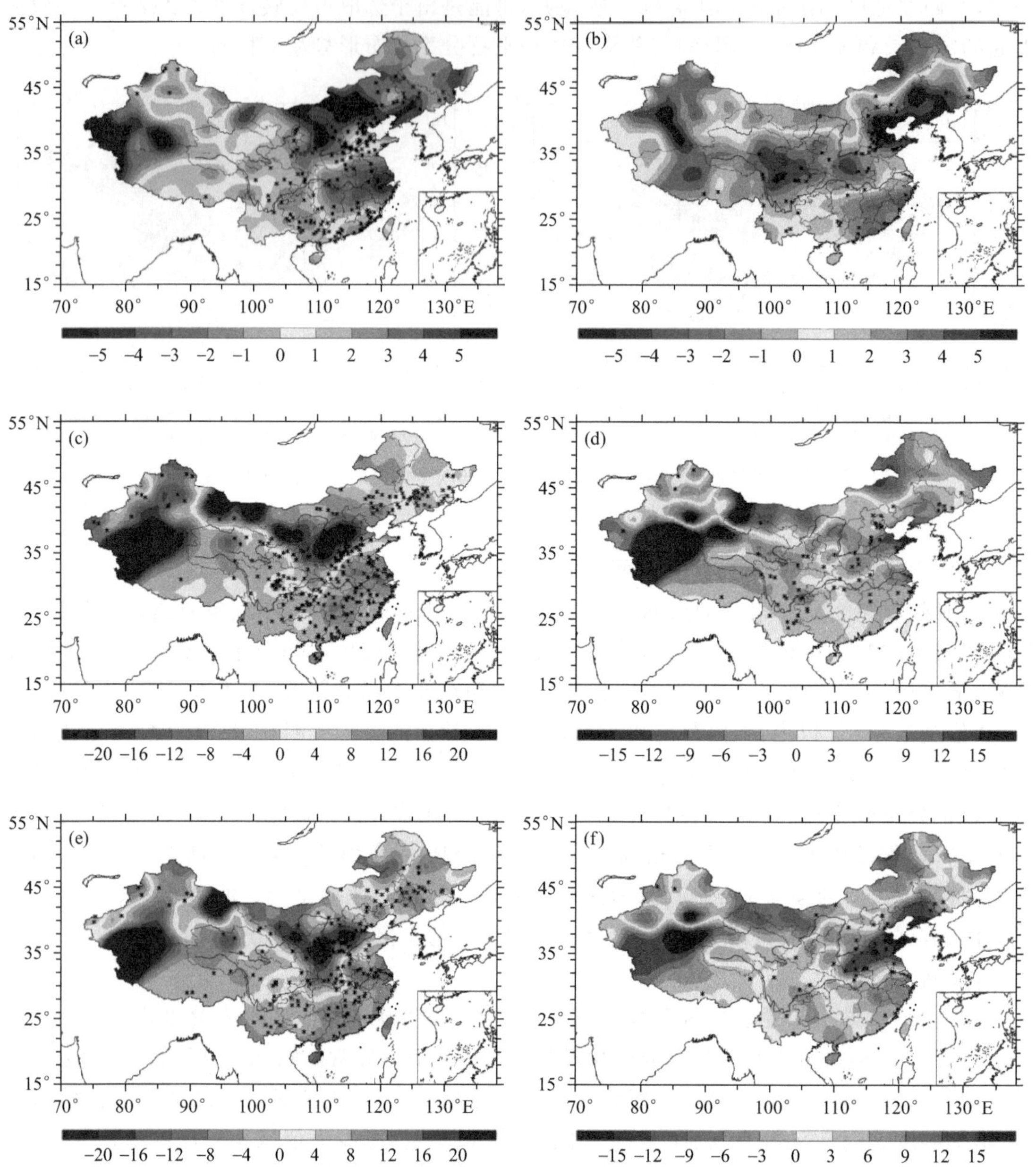

图 3.53 El Niño 次年夏季日平均云量的距平百分率(站点数据,%)
(a、c、e)东部型,(b、d、f)中部型;(a、b)白天总云量,(c、d)白天低云量,(e、f)夜间低云量

2009 年)中,两种类型事件对应的降水异常分布形势(图略)与图 3.52 基本一致,不过东部 El Niño 事件对应的南北雨带分界不明显,北部异常雨区东边界线西移,华北东部地区降水变化幅度不大,降水异常大值区在黄河中游流域。

图 3.54 是 ISCCP 数据中 El Niño 事件次年夏季云量的异常。由于卫星观测的方向是由上向下,故而其对低云量的观测结果不甚理想(低云量和中云量图略)。东部型 El Niño 对应的总云量(图 3.54a)在西北、内蒙古和西南地区是增加的;高云量(图 3.54c)在内蒙古-华北以西和长江中上游流域及其以北是增加的;卷层云云量(图 3.54e)增减分界线较高云量更偏西;

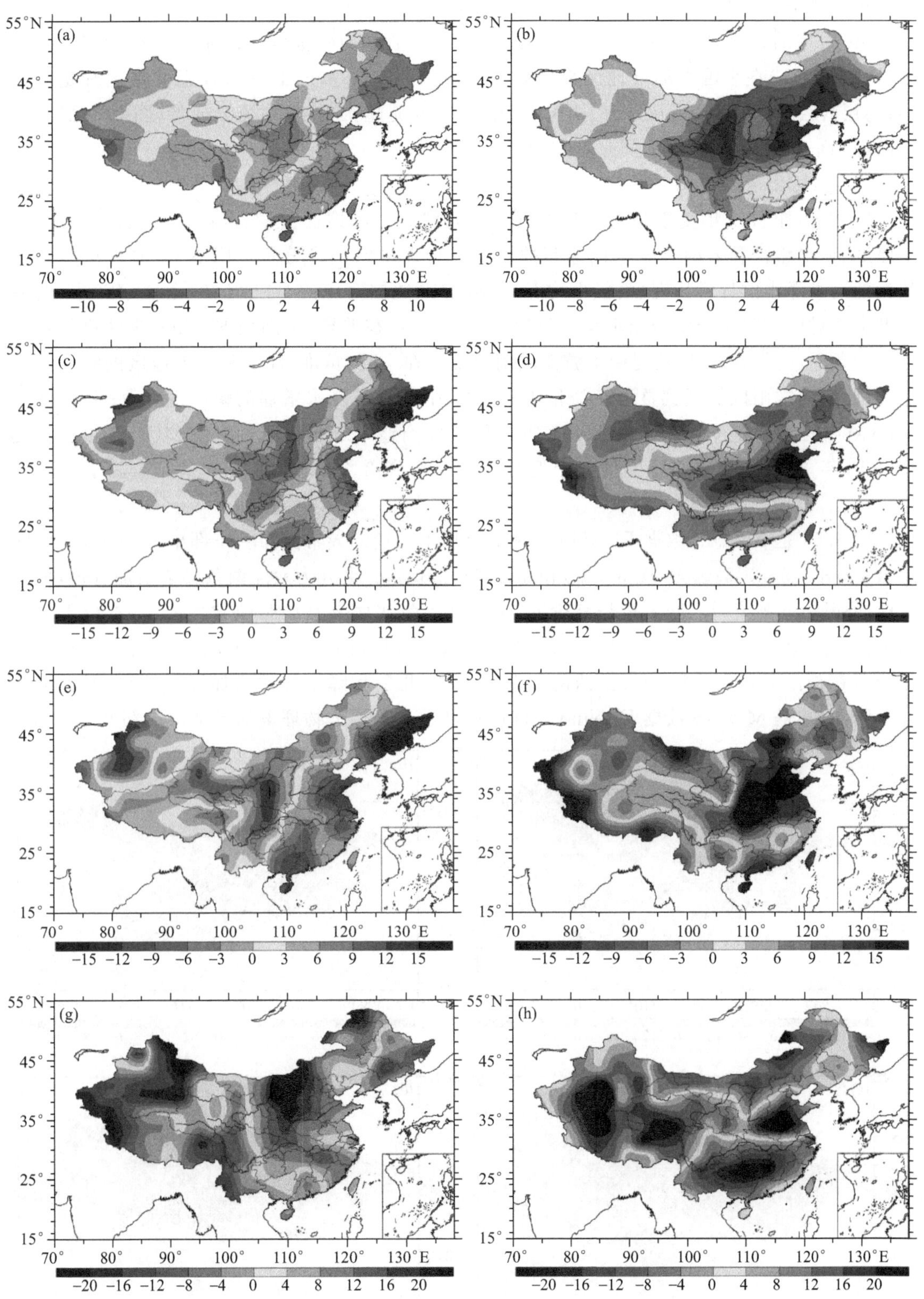

图3.54　El Niño事件次年夏季云量的距平百分率(ISCCP数据,%)

(a、c、e、g)东部型,(b、d、f、h)中部型;(a、b)总云量,(c、d)高云量,(e、f)卷层云云量,(g、h)深对流云云量

除了东北和华南南部部分地区，中国东部地区深对流云云量都是增加的（图 3.54g）。中部型 El Niño 对应的云量异常分布与降水较为一致，但云量增加的范围比降水增加范围更大。总云量（图 3.54b）在全国大部分地区都是增加的；高云量（图 3.54d）在长江以北地区都是增加的；卷层云云量（图 3.54f）在青海、四川和 108°E 以东是增加的；深对流云云量（图 3.54h）在中国西部和东部的长江-黄河之间是增加的。

（3）MODIS 数据

El Niño 事件次年夏季相对于夏季气候平均状态中国地区云量、云顶气压、云顶温度、光学厚度、云水路径和云滴有效半径等多种云相关物理量的差异分析。El Niño 事件次年站点数据的夏季降水的异常情况（气候平均态是 MODIS 数据对应的时段 2000—2017 年）中，两种类型事件对应的降水异常分布形势（图略）与图 3.52 存在差异，东部型 El Niño 事件仍然对应南北两条雨带，但在长江-黄河中下游流域南雨带连在一起，黄淮、江汉和江淮地区的降水是增加的，北部异常雨区扩展到整个新疆和西藏西部，南部雨带降水增加的幅度也更大；中部型 El Niño 对应的雨带分布差异不大，只是东北雨区扩展到整个东北地区。由于 MODIS 数据长度只有 17 年，东部型和中部型事件的个例分别为 2 个和 3 个，降水分布的差异来源于个例数量少。

图 3.55 是 MODIS 数据 El Niño 事件次年夏季云量的异常分布。东部型 El Niño 对应的总云量（图 3.55a）、高云量（图 3.55c）和卷云量（图 3.55e）也分为南北两条异常增加云带，但在长江-黄河中下游流域之间云量是减少的，南异常云带比南异常雨带位置偏南，基本位于长江以南。中部型 El Niño 对应的总云量（图 3.55b）、高云量（图 3.55d）和卷云量（图 3.55f）增加区分布在长江与黄河之间、西北、西南和东北地区，几乎和降水异常增加形势一致，但云南除外。图 3.56 是 MODIS 数据 El Niño 事件次年夏季总云相关物理量的异常。东部型 El Niño

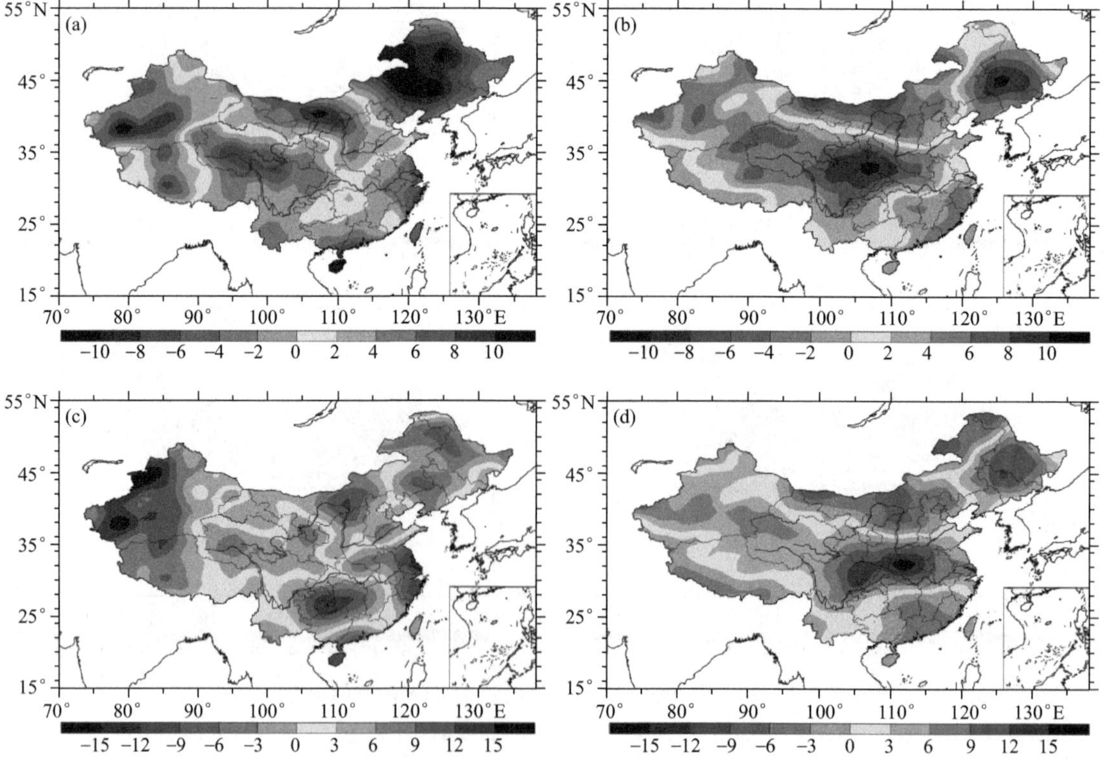

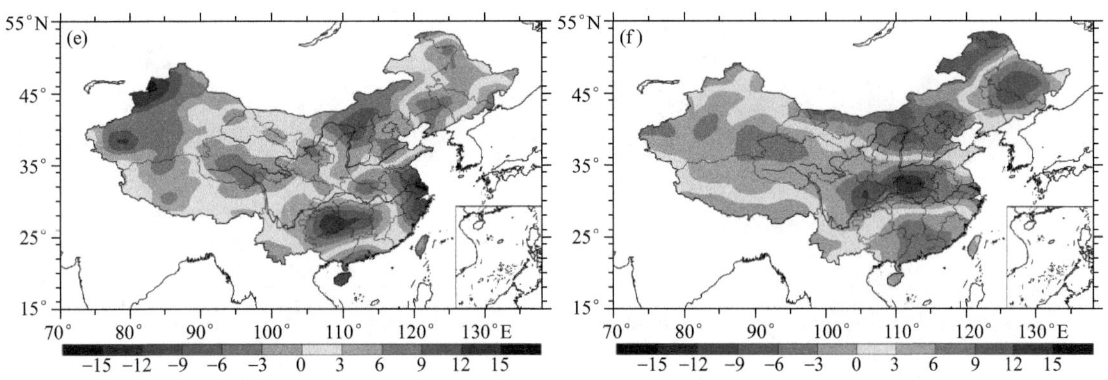

图 3.55　El Niño 次年夏季云量的距平百分率(MODIS 数据,%)
(a、c、e)东部型,(b、d、f)中部型;(a、b)总云量,(c、d)高云量,(e、f)卷云云量

对应的总云云顶气压(图 3.56a)和云顶温度(图 3.56c)的异常分布形势与降水异常相反,在降水增加的区域上云顶气压和云顶温度是降低的;光学厚度(图 3.56e)与降水距平百分率增加区虽然存在较大差异,但在降水异常增加大值区光学厚度是增加的。中部型 El Niño 对应的总云云顶气压(图 3.56b)和云顶温度(图 3.56d)与降水的距平百分率分布形势都呈大致相反趋势,即:云顶气压减小和云顶温度降低的区域对应降水增加,云顶气压增大和云顶温度升高的区域对应降水减少;光学厚度(图 3.56f)和降水异常分布差异较小且正的大值区基本重合。夏季平均总云不同相态云水路径的异常分布形势(图略)基本同光学厚度。也就是说在降水异常增加区域,不仅总云云量增加,光学厚度增大,云水含量增加,而且云顶气压和云顶温度降低,对流活动增强,云顶高度增加,云层增厚。

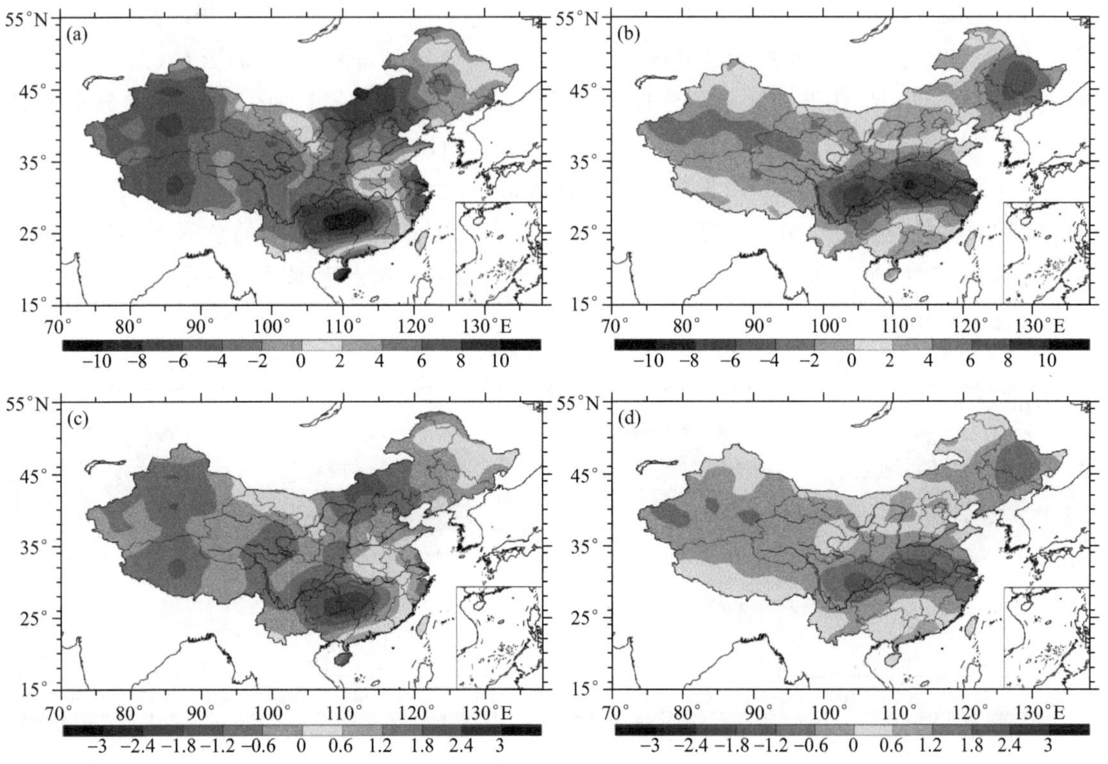

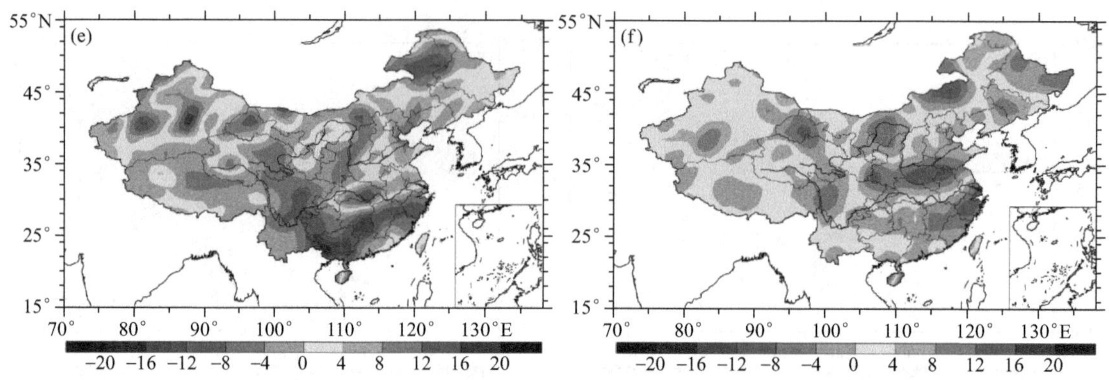

图 3.56 El Niño 次年夏季总云相关物理量距平百分率(MODIS 数据,%)
(a、c、e)东部型,(b、d、f)中部型;(a、b)云顶气压,(c、d)云顶温度,(e、f)光学厚度

(4)MICAPS 数据

El Niño 事件次年夏季相对于夏季气候平均状态中国地区日平均云量、9 种低云状出现频率的差异分析。由于数据长度只有 14 年,东部型和中部型事件的个例分别为 1 个和 3 个,所得结果可能不具有统计上的显著意义和广泛代表性,但其包含的低云状等量可用于对常规站点数据进行一些补充分析。

图 3.57 是 MICAPS 数据中 El Niño 事件次年夏季白天降水和云量的异常分布情况。东部型 El Niño 对应的降水(图 3.57a)在全国范围内基本都是大幅增加的,只在黑龙江和新疆部分区域降水减少;总云量(图 3.57c)在东北、内蒙古东部、新疆、西藏、四川西部、华南西部和江南东部是减少的,在其余地区是增加的;低云量的分布形势(图 3.57e)同总云量,但云量减少区域的范围更大。东部型总云量和低云量的异常分布与降水相似,但异常增加区域稍小一些,云量的增减幅度都在 20%以内。中部型 El Niño 降水(图 3.57b)在东北、华北南部、黄淮西部、江淮、西南北部、青海-西藏大部分区域是增加的,其余地区是减少的;总云量(图 3.57d)在内蒙古中西部、华北、江淮和江南部分地区是减少的,其余地区是增加的;低云量的分布形势(图 3.57f)大致同总云量,但云量减少区较小。与降水相比,中部型 El Niño 的云量减小区域面积小且幅度基本不超过 10%,增加区域面积大,部分地区幅度超过 25%。东部型 El Niño 对应的降水和云量异常与站点数据差距较大,可能是因为 MICAPS 数据的东部型事件只有一年,不具有代表性;中部型 El Niño 对应的降水和云量异常与站点数据较为一致。夜间分布形势基本同白天(图略)。

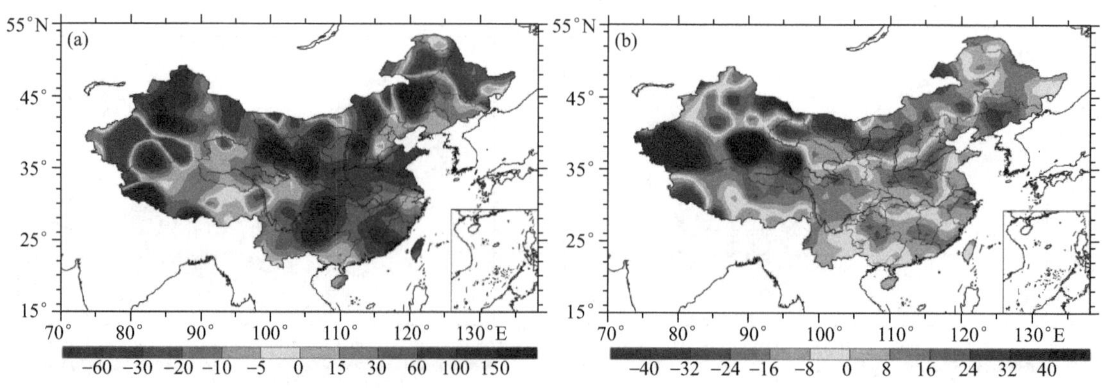

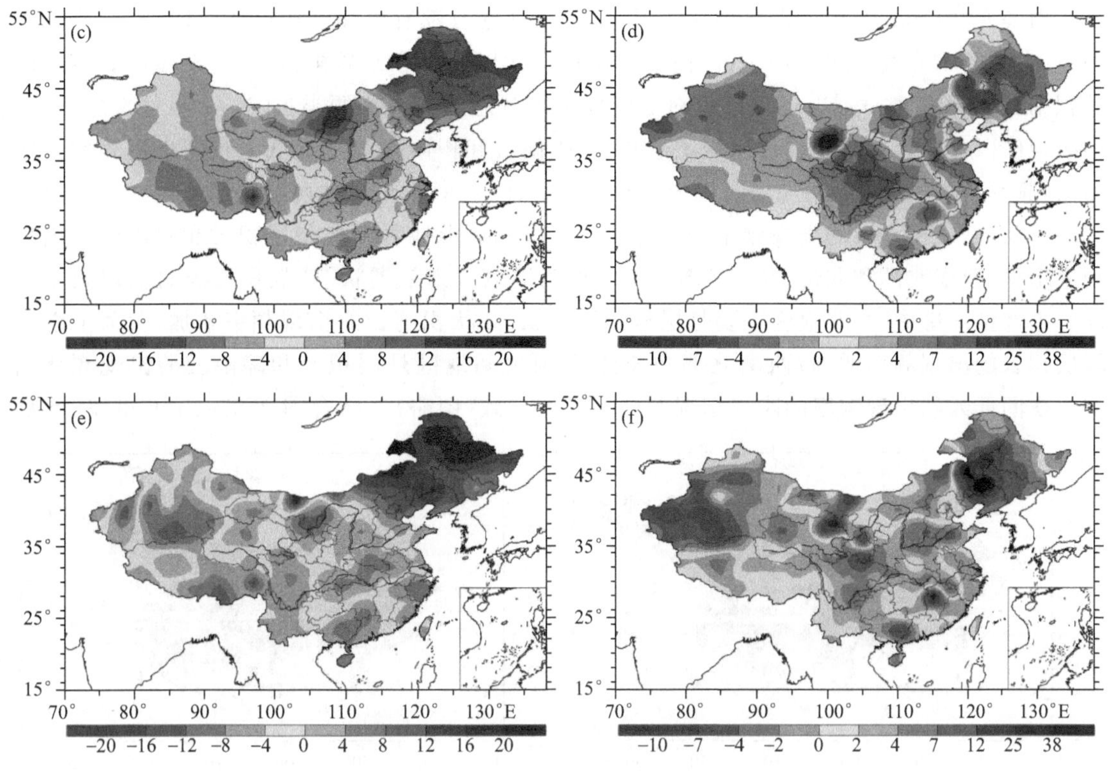

图 3.57　El Niño 次年夏季白天降水和云量距平百分率(MICAPS 数据,%)
(a、c、e)东部型,(b、d、f)中部型;(a、b)降水,(c、d)总云量,低云量(e、f)

MICAPS 数据中含有低云状的记录,将低云状分为 9 种,其编码和伴随的天气现象(中国气象局,2003)如表 3.9 所示。参考高翠翠等(2015)关于云出现频率的统计量:各站点各类云的发生频率等于各站点各类云出现的次数与各站点的观测次数的比值,以百分数表示(%)。由于低云状种类较多,细分之后会出现气候平均数值为 0 的情况,无法计算距平百分率,故而低云状的出现频率异常用距平数据进行分析。接下来对 El Niño 事件次年中国夏季 9 种低云的出现频率进行差异分析。

表 3.9　MICAPS 数据低云状的类别及其伴随天气现象

编码	低云状	天气现象
31	淡积云(cumulus humilis)	淡积云在晴天常见
32	浓积云(cumulus congestus)	浓积云有时可产生阵性降水
33	秃积雨云(cumulonimbus calvus)	积雨云常产生雷暴、降雨(雪)
34	积云性层积云(stratocumulus cumulogenitus)	层积云有时可降雨、雪,通常量较小
35	普通层积云(stratocumulus)	层积云有时可降雨、雪,通常量较小
36	层云或碎层云(stratus or stratus fractus)	层云可降毛毛雨或米雪
37	碎雨云(fractonimbus)	雨层云常有连续性降水,碎雨云常出现在雨层云、积雨云等降水云层之下
38	不同高度的积云和层积云(cumulus and stratocumulus)	积云和层积云有时可产生降水
39	鬃状/砧状积雨云(cumulonimbus capillatus and incus)	积雨云常产生雷暴、降雨(雪)

由表3.9可知，淡积云常出现在晴天，其他8种低云都有可能产生降水。图3.58所示为El Niño事件次年夏季平均白天部分低云[层积云(图3.58a、b)，碎雨云(图3.58c、d)，鬃状/砧状积雨云(图3.58e、f)]出现频率相对于气候平均状态的距平。两类El Niño事件次年夏季，中国地区白天低云量异常增加区域上层积云、碎雨云和积雨云等三类低云状的出现频率是增加的，频率增加幅度基本在3.5%以内。东部型事件中，华北西部和西北东部地区主要是层积云和鬃状/砧状积雨云的出现频率增加；陕西、江汉和黄淮地区主要是层积云和碎雨云的出现频率增加；西南北部和北部、华南东部、江南和江淮地区则是鬃状/砧状积雨云的出现频率增加。中部型事件中，东北地区主要是层积云和鬃状/砧状积雨云的出现频率增加；黄河上游流域层积云的出现频率增加；西南北部和长江-黄河之间地区是层积云和碎雨云的出现频率增加。夜间低云状出现频率的距平情况与白天基本一致(图略)。结合图3.57a、b可知，两类El

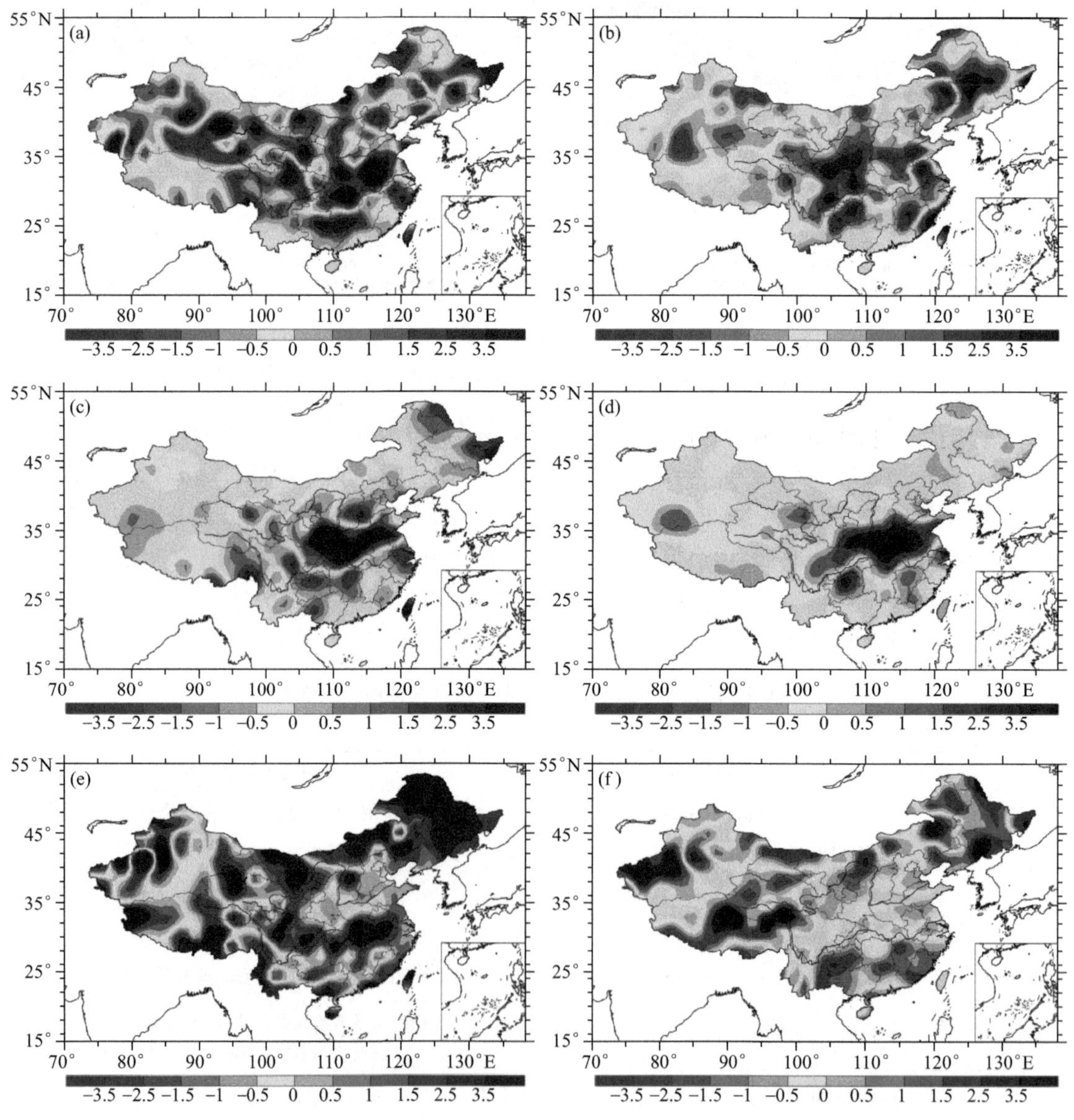

图3.58 El Niño次年夏季白天低云出现频率距平百分率(%，MICAPS数据)
(a、c、e)东部型，(b、d、f)中部型；(a、b)普通层积云，(c、d)碎雨云，(e、f)鬃状/砧状积雨云

Niño 异常雨区的形成与层积云、雨层云和积雨云等低云状的出现频率增加密切相关。

曾昭美等(1993)在其研究中提到,我国年平均总云量与年降水量之间有良好的线性正相关关系(相关系数为 0.624,达 0.001 信度水平),本小节对 El Niño 次年夏季降水和云多种相关物理量的异常进行了线性相关分析。

(1)站点数据的降水和云量距平百分率的相关

El Niño 事件次年夏季降水和云量异常之间的相关情况如图 3.59 所示。东部型 El Niño 次年夏季,除内蒙古和新疆的小部分区域外,降水距平百分率与白天平均总云量(图 3.59a)、白天平均低云量(图 3.59c)和夜间平均低云量(图 3.59e)距平百分率基本呈现正相关关系,中国东部地区较多站点都通过了显著性水平为 0.05 的相关显著性检验。中部型 El Niño 对应

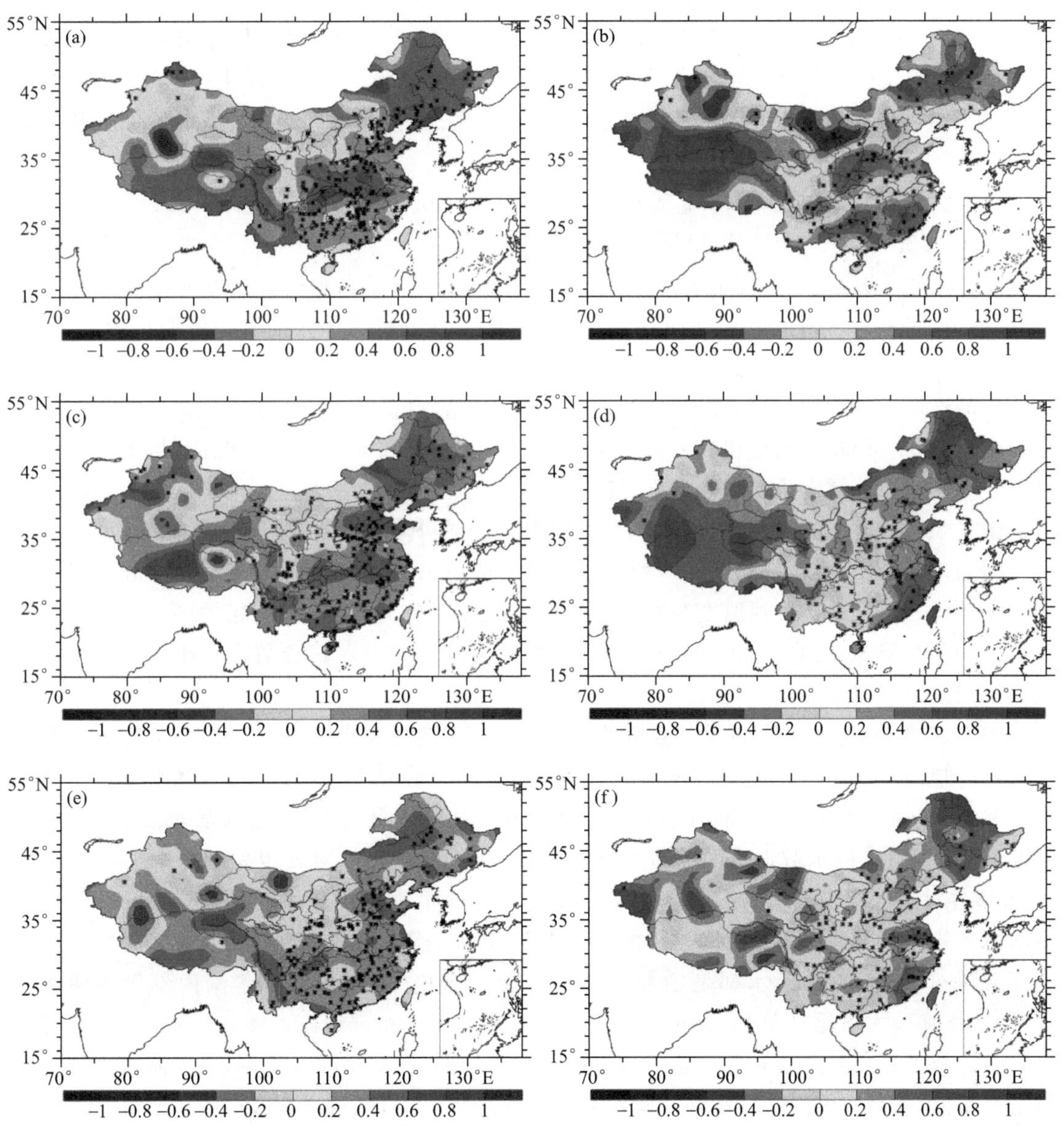

图 3.59　El Niño 次年夏季降水和云量距平百分率的相关(站点数据)

(a、c、e)东部型,(b、d、f)中部型;(a、b)白天降水和总云量,(c、d)白天降水和低云量,(e、f)夜间降水和低云量

的情况(图 3.59b、d、f)更复杂一些，在内蒙古、华北和西南等地区的小部分区域存在负相关，但总体也呈正相关关系，在正相关区域还是有不少站点通过了相关显著性检验。

(2)站点数据的降水和云量距平百分率的线性回归分析

将通过降水和云量正相关显著性检验的站点挑选出来，对这些站点的云量和降水距平百分率进行线性回归分析。图 3.60 所示为 El Niño 事件次年夏季降水和云量距平之间的线性回归关系。东部型 El Niño 对应的云量和降水的线性关系非常明显，且都通过了较高的显著性检验；白天总云量和降水异常的增加比例(图 3.60a)为 1∶2.82，低云量(图 3.60c 为白天，图 3.60e 为夜间)和降水异常的增加比例为 1∶0.82～0.91。中部型 El Niño 对应情况则较为复杂，云量和降水的线性关系不如东部型 El Niño 明显，但也都通过了显著性检验；总云量和降水异常的增加比例(图 3.60b)为 1∶3.00，低云量(图 3.60d 为白天，图 3.60f 为夜间)和降水异常的增加比例为 1∶1.11～1.17。云量异常和降水异常之间有着很好的相关关系，低云量异常与降水异常的线性回归关系更为明显(显著性水平高 2～3 个量级)：总云量异常增加 1%，降水异常增加约为 3%；低云量异常增加 1%，降水随之异常增加约为 1%。

(3)站点数据的降水和 ISCCP 云相关物理量距平百分率的相关分析

图 3.61 是 El Niño 事件次年夏季降水和 ISCCP 云量距平百分率之间的相关分布。东部型 El Niño 对应的总云量(图 3.61a)和高云量(图 3.61c)与降水距平百分率基本呈正相关关系，高云中的卷层云(图 3.61e)和深对流云云量(图 3.61g)和降水异常有很好的正相关关系。中部型 El Niño 对应的总云量(图 3.61b)与降水异常的相关关系较差，高云量(图 3.61d)以及高云中的卷层云(图 3.61f)和深对流云(图 3.61h)云量和降水距平百分率有很好的正相关关系。由图 3.61 可知，总云量和高云量与降水异常的正相关关系是比较理想的，接下来我们研究了云的其他相关物理量与降水异常之间的相关。

图 3.62 是 El Niño 次年夏季 ISCCP 数据中，总云的其他相关物理量与站点降水距平百分率之间的相关分布。在大部分地区，两类事件对应的总云光学厚度和云水路径与降水异常呈正相关关系，云顶气压、云顶温度与降水异常的相关关系较为复杂，正负相关同时存在。对于卷层云和深对流云(图略)，云顶气压、云顶温度、光学厚度和云水路径与降水距平百分率的相关关系较差，正负相关同时存在。

对于 El Niño 事件次年夏季站点降水率和 TRMM 地表降水率的分布形势进行了一个数据对比(图略)。在空间分布上，TRMM 卫星与站点降水形势表现出一致性，降水率从西北向东南递增；在降水幅度上，TRMM 卫星在全域存在高估降水量的现象，与杨东等(2009)关于洞庭湖流域 TRMM 降水数据精度的相关研究结论一致。利用 TRMM 卫星的降水资料研究 El Niño 事件对不同类型降水的影响。图 3.63 是 El Niño 事件次年夏季近地表对流降水和层云降水总和的距平百分率以及总降水异常中二者所占的比例。东部型事件次年夏季，淮河流域、长江流域和珠江流域总降水都是增加的(图 3.63a)，云南、江南东部和华南南部等地降水减少；降水增加极大值超过 20%，大值区位于江汉北部和西南东部地区。图 3.63c 和 e 是东部型事件对流降水和层云降水异常对总降水异常的贡献比例，在整个南方区域，对流降水异常的贡献都是正值，表明对流降水异常与总降水异常分布趋势一致，且贡献率基本在 80%以上；除江南西部等小部分地区是负值外，层云降水异常的贡献率也基本都是正值，大部分地区贡献率在 30%以内。中部型事件对应的降水异常增加区域主要在长江以北地区(图 3.63b)，降水大值区

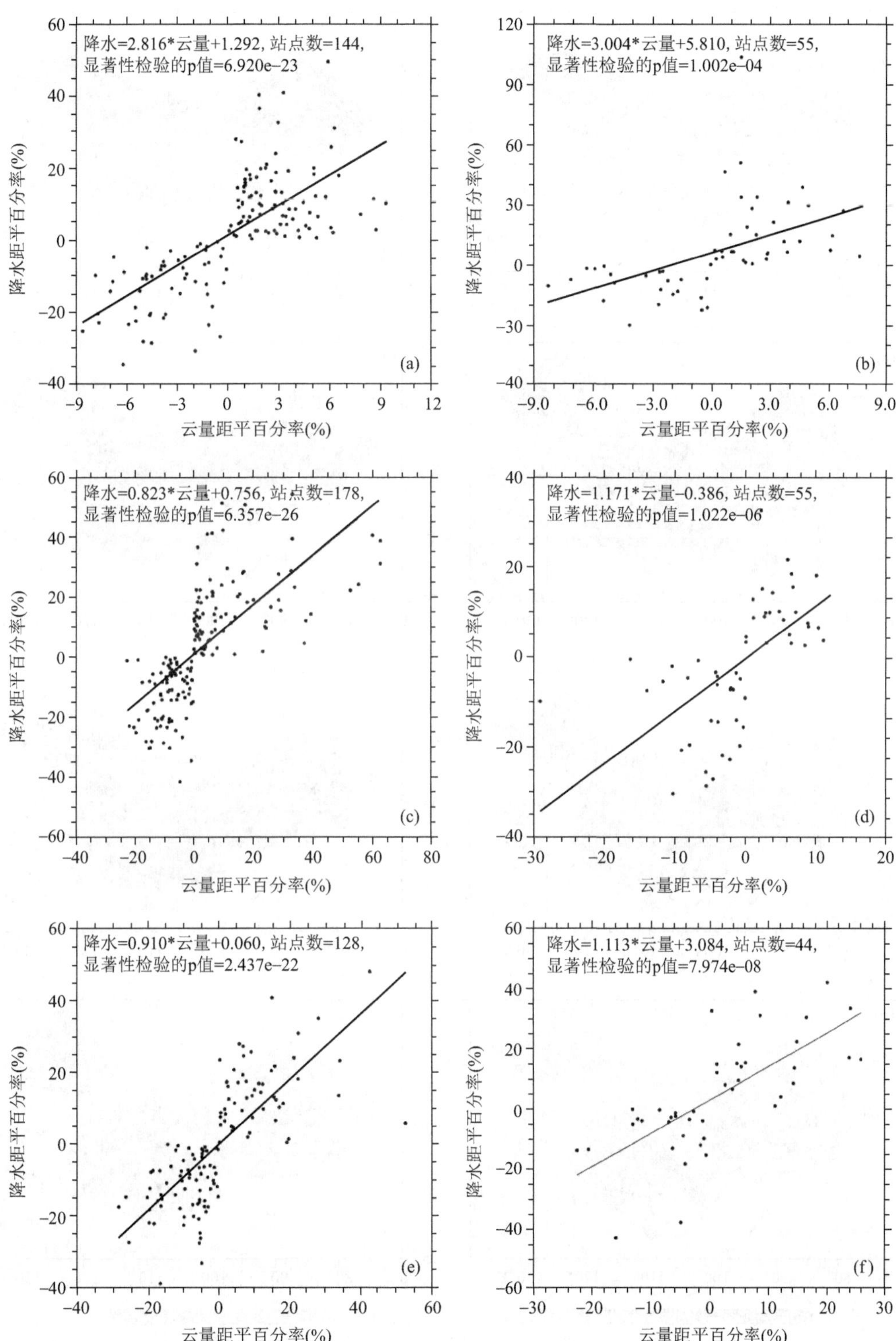

图3.60　El Niño次年夏季降水和云量距平百分率的线性回归(站点数据)(a、c、e)东部型，(b、d、f)中部型；(a、b)白天降水和总云量，(c、d)白天降水和低云量，(e、f)夜间降水和低云量

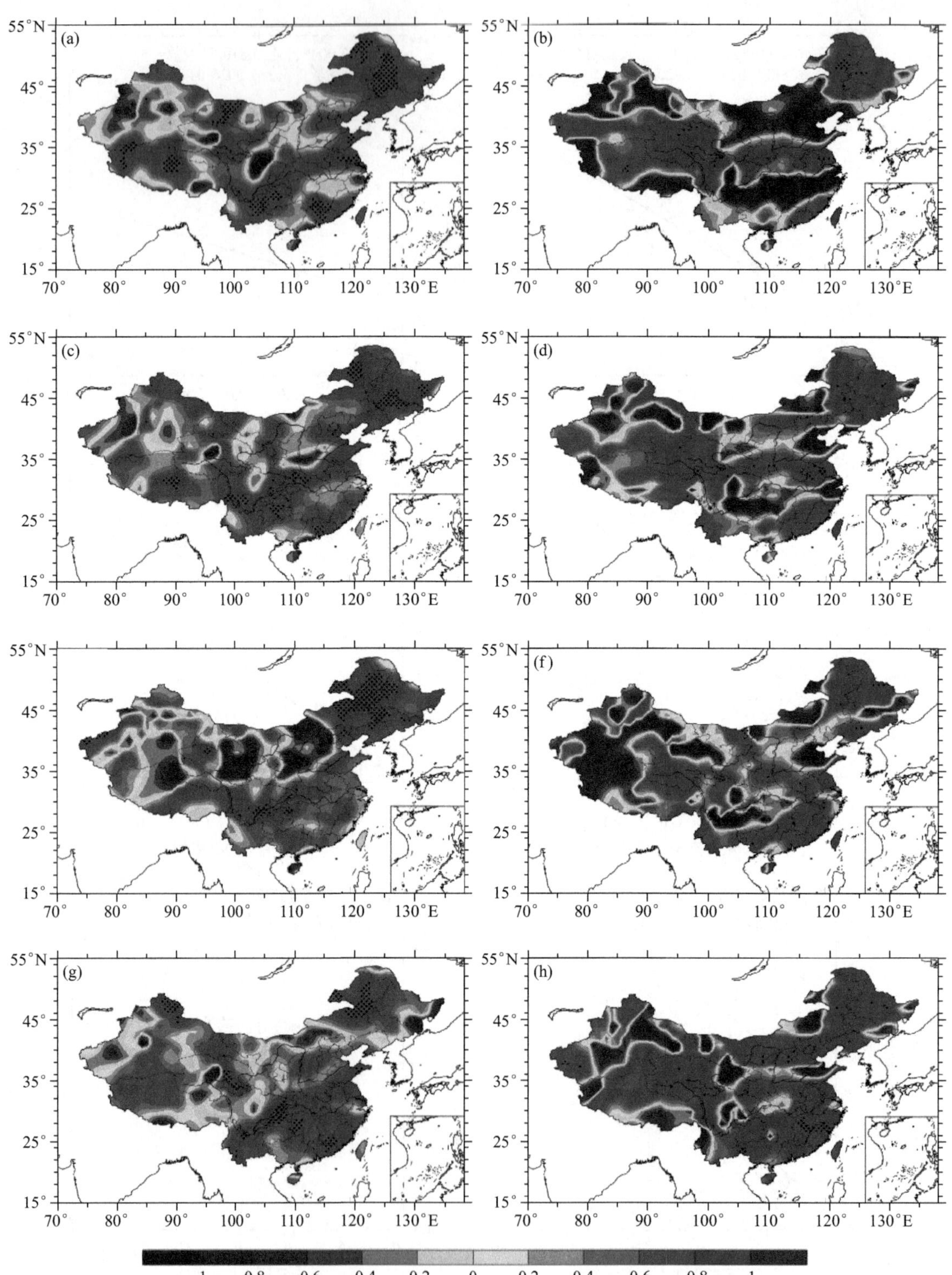

图 3.61 El Niño 次年夏季站点降水和 ISCCP 云量距平百分率的相关
(a、c、e、g)东部型，(b、d、f、h)中部型；(a、b)总降水与总云量，(c、d)总降水与高云量，
(e、f)总降水与卷层云云量，(g、h)总降水与深对流云云量（通过显著性检验的区域打点标注）

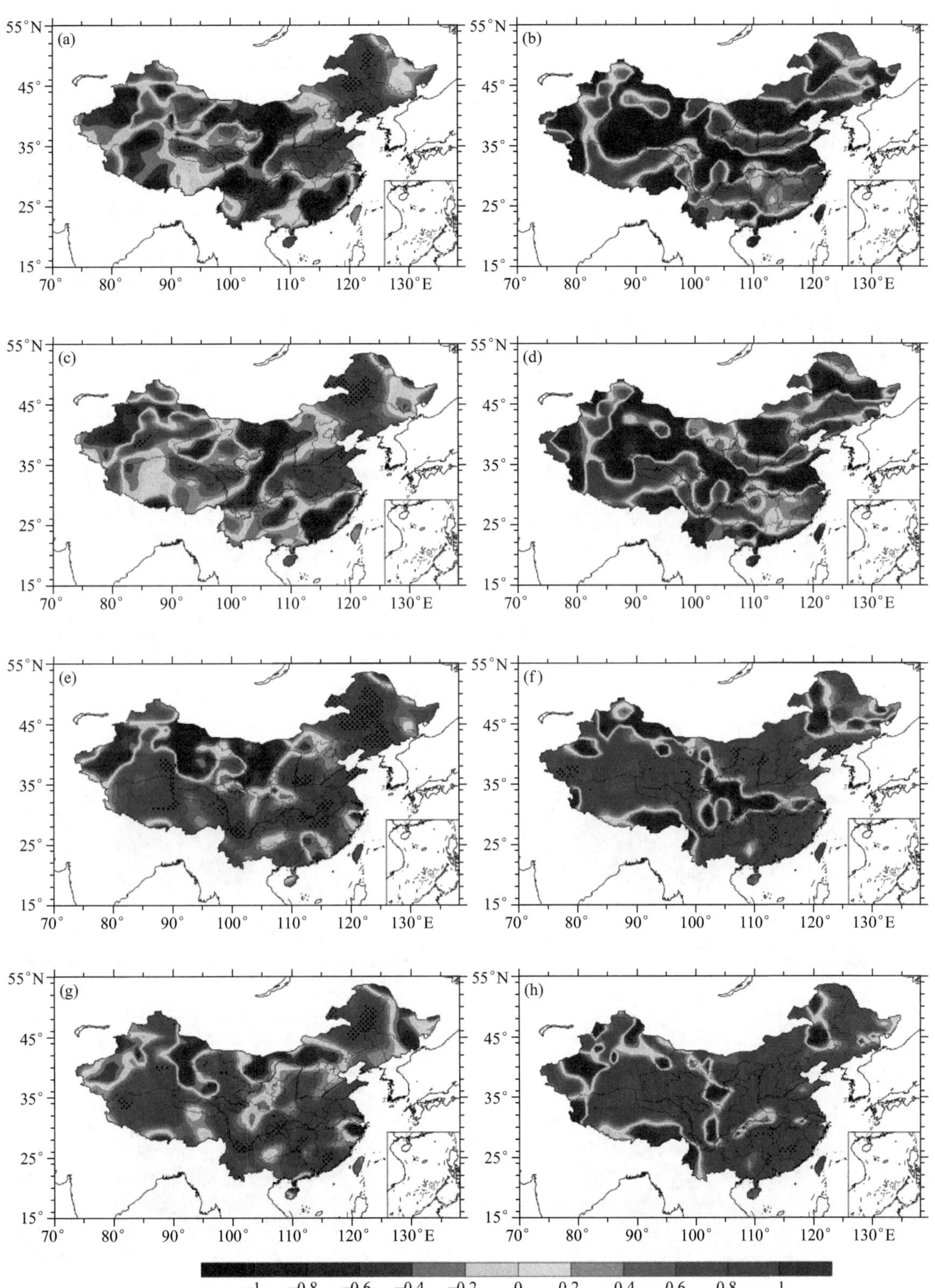

图3.62　El Niño次年夏季站点降水和ISCCP总云相关物理量距平百分率的相关
(a、c、e、g)东部型，(b、d、f、h)中部型；总降水与总云(a、b)云顶气压，
(c、d)云顶温度，(e、f)光学厚度，(g、h)云水路径

位于华北南部和西北南部地区，增加幅度基本不超过20%。图3.63d和f是中部型事件对流降水和层云降水异常对总降水异常的贡献比例，整个区域内对流降水对总降水异常的贡献也都是正的，贡献率也基本超过80%；层云降水异常对总降水的贡献也几乎均为正值，表现为与总降水变化一致，在西南东部和华南东部等地区占比幅度超过30%。对比图3.63a、b和相同年份站点数据两类事件的降水距平(图略)可知，TRMM降水异常分布与站点降水大致相同。综上可知，东部型事件次年夏季黄河以南地区对流降水和层云降水均有增加，中部型事件次年夏季长江以北地区两类降水同步增加、长江以南地区两类降水同步减少，两类事件中对流降水增加对总降水变化的贡献率在大部分地区都达到了80%。孙齐颖等(2017)利用CMORPH 3 h卫星降水数据分析了北半球夏季对流性降水与El Niño(一个东部型和三个中部型合成)的关

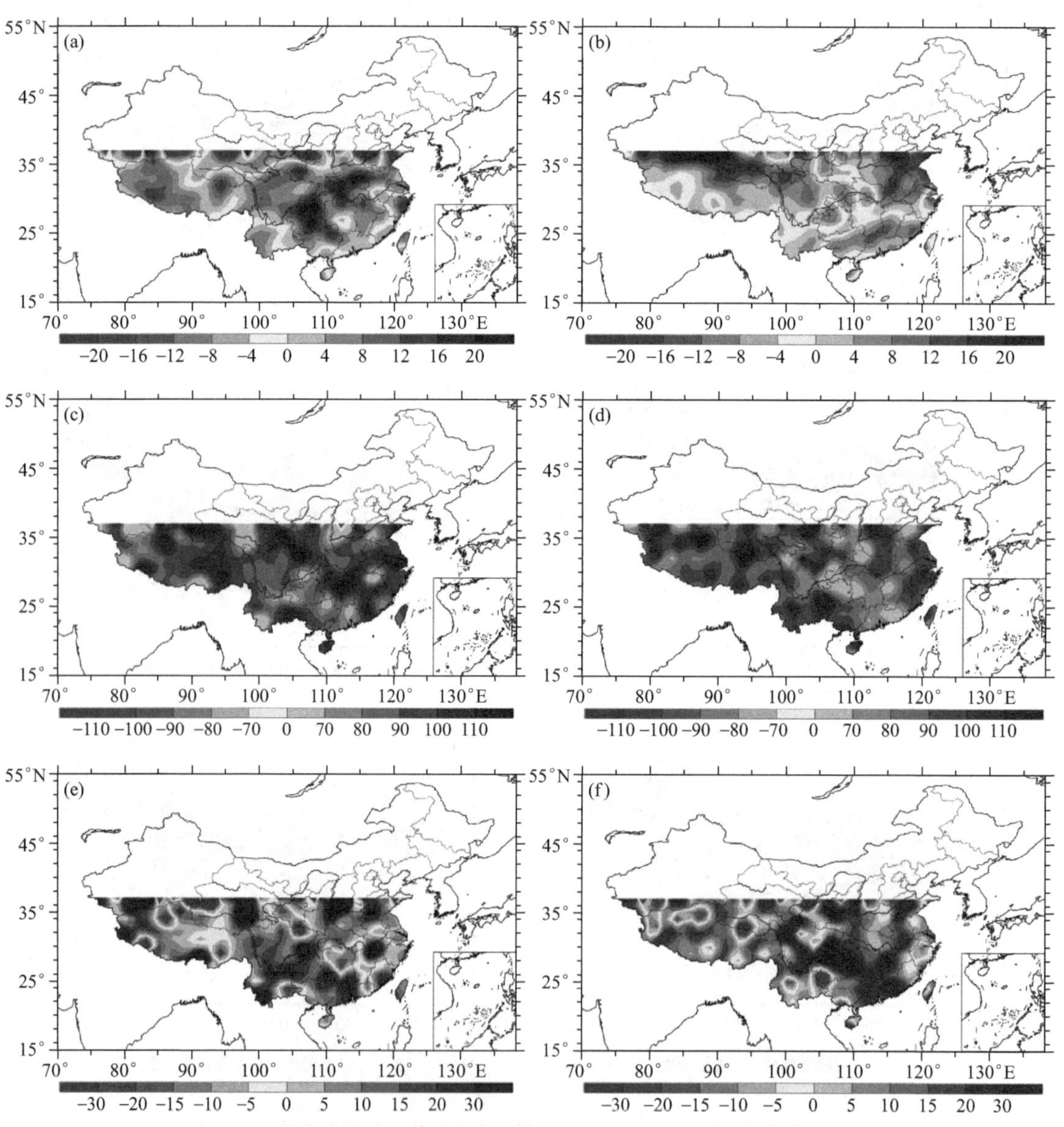

图3.63　El Niño次年夏季近地表总降水的距平百分率(a、b)以及对流降水(c、d)和层云降水(e、f)异常占总降水异常的百分数(%，TRMM数据)

(a、c、e)东部型，(b、d、f)中部型

系，也得出了 El Niño 次年中国陆地（尤其是黄河以南）对流性降水明显偏多、非对流性降水则表现为长江-黄河之间偏多和江南偏少的结论。

东部型 El Niño 次年夏季，东亚-太平洋遥相关型建立，副高西侧的强西南气流将来自太平洋的大量水汽持续输送至中国中东部地区；同时，中高纬度异常双阻型环流建立，将北冰洋的水汽带到中国北部地区（吴萍 等，2017）。两条水汽通道导致了中国除江淮地区外，各地云量的异常增加，由此形成南北两条异常雨带。中部型 El Niño 次年夏季，菲律宾异常反气旋强，影响范围广，夏季风将来自西太平洋的水汽集中输送到江淮地区，中国北方地区水汽不足而长江以南地区被副高控制，故而在长江-黄河流域云量异常增加，形成了一条异常雨带（吴萍 等，2017）。贾子康等（2020）的研究也指出，夏季华南型和江淮型高温分别与东部型和中部型 El Niño 衰减密切相关，中部型事件中副高偏强西伸北抬，控制范围更偏北，故而雨带北移。

东部型事件对应的降水异常和云相关物理量之间的关系呈现出一定的规律性，结果较为理想；中部型事件对应的降水异常和云相关物理量之间的关系则更无规律可循，也表明虽然中部型都是中等和弱 El Niño 事件，但其对气候的影响更大、更复杂和具有更大的不确定性。全球变暖背景下东太平洋 El Niño 变率增加（Cai et al. ，2018）；20 世纪 90 年代以来，中部型 El Niño 事件发生频率显著增加，可能与全球气候变暖，尤其是赤道太平洋海温的年代际增暖有关（Yeh et al. ，2009）。Tang 等（2021）认为模式中的系统性偏差导致全球变暖背景下的极端厄尔尼诺频率变化被显著高估，基于订正后的气候态变化，极端厄尔尼诺频率将几乎不变。全球变暖背景下，同样振幅的 ENSO 能导致更大的对流层水汽异常，进而造成更大的全球大气环流、气温和降水异常，揭示了全球变暖下 ENSO 的气候影响会显著增强，未来 ENSO 可能会造成更大的气候灾害（Hu et al. ，2021）。El Niño 事件是影响东亚夏季风最显著的自然因子，温室效应至今仍不断增强，全球变暖是 21 世纪最重要的环境问题；全球变暖背景下，El Niño 事件发生更加频繁、复杂，不确定性更大，对气候产生的影响也具有更大的不确定性。

本小节主要探讨了不同类型 El Niño 事件次年夏季中国地区云（云量、云顶气压、云顶温度、云水路径、光学厚度和低云状出现频率）的变化特征及其与降水变化之间的联系（相关关系和线性回归关系）。研究工作中使用到多种数据，由于站点数据时间长度较长、缺测率较低且经过严格的质量控制，以站点资料为标准进行比较，各种数据之间的偏差主要在西部地区，且数值偏差较小，这些数据质量高、使用价值高，所得结果具有较高的可信度。

El Niño 事件次年夏季总云量和低云量的异常和降水异常分布形势大致相同；积雨云、雨层云和层积云等低云状的出现频率有所增加。云量和降水的异常在全国范围内表现出显著的正相关关系；在通过显著性检验的正相关站点，云量和降水异常之间的线性关系也通过了显著性检验，总云量和低云量与降水的增加比例分别接近 1∶3 和 1∶1。El Niño 事件次年夏季高云量、深对流云量、光学厚度和云水路径的变化与站点降水异常基本呈正相关关系；黄河以南地区总降水变化主要来源于对流降水的异常，其贡献比例高达 80%。中国东部地区低云对降水具有很好的指示作用；El Niño 事件次年夏季南方地区总降水的异常主要来自对流降水的变化；对流降水异常增加与深对流云的异常增加有关。El Niño 事件的发生使得次年夏季中国季风区对流活动增强，对流云云量增加，云层增厚，云顶向上发展，故而对流降水增加，异常雨带形成。

3.3 降水变化的影响因子

自工业革命以来，人类活动向大气系统排放了大量气溶胶和温室气体，对气候产生了极大的影响，极端天气气候事件频发，又影响到人类的生产生活。因此，人类活动和气候变化的相互影响也受到了社会各界的广泛关注。气溶胶和温室气体对地气系统的辐射平衡、水循环和能量循环有着重要影响而成为气候和天气预测中的重要组成部分，但因缺乏对其辐射过程与大气环流作用等的深入了解，也使其成了不确定的部分。本节旨在研究近现代人类活动造成的气溶胶和温室气体持续增加对东亚地区季风系统的影响机理，从而探讨二者对东亚地区云和降水的影响。

空气中悬浮的液态固态颗粒物的总称为气溶胶，一般粒径尺度从 0.001 μm 到 100 μm。它们在空气中的寿命大概在几个小时至 1 周，主要有硝酸盐气溶胶、硫酸盐气溶胶、碳类气溶胶(黑碳和有机碳)、海盐气溶胶、铵盐气溶胶和沙尘气溶胶等六类七种。气溶胶能够显著的影响全球和区域的气候变化，自工业革命以来，气溶胶的浓度有明显的增加。气溶胶能够直接或间接地影响气候。第一，气溶胶可以强烈的吸收或者散射太阳短波辐射，从而造成大气顶能量收支改变，使大气中的热力、动力和水汽循环过程发生变化(Schwartz，1996)。第二，气溶胶可以充当云凝结核或冰核从而影响云微物理过程。当云滴数浓度增加时，在云水含量不变的情况下，云滴有效半径将会减小，从而增加了云的光学厚度和云顶反照率(Twomey，1977)。同时，由于云滴半径变小，云滴数浓度增加，降水会被抑制，从而直接增加了云的覆盖范围和云的生命周期并增强了云的气候强迫(Albrecht，1989)。第三，吸收性气溶胶(黑碳和沙尘)会吸收太阳的短波辐射，从而直接加热大气，导致云滴的蒸发速度加快，使云量减少(Hansen et al.，1997)。在气候变化研究中，气溶胶的间接气候效应在气候变化中具有最大的不确定性(IPCC，2021)。人们对间接效应的认识程度还不深，不同的气候模式对间接效应的评估结果存在很大的差异(Penner et al.，2001)。由于最近几十年快速的经济发展，东亚尤其是中国东部地区成了世界上污染最严重的地区之一。中国总的二氧化硫排放量从 1950—2000 年这 50 年的时间里增加了五倍之多，其中 1970 年以后是增长的最快的时间段。空气污染带来的人为气溶胶能够影响大气的辐射平衡、云和降水。亚洲大陆和印度洋-太平洋之间的热力差异为东亚季风的形成提供了动力条件，东亚季风又反过来影响东亚各国的气候。自从 1970 年后，东亚夏季风在强度上具有明显随时间减弱的特征，并且雨带南移(Yu et al.，2004；Yang et al.，2005；Ding et al.，2008)，这种变化趋势由很多种原因导致(Zhou et al.，2009)，包括海表温度的变化(Yang et al.，2005；Li et al.，2010)，青藏高原热源的变化(Ding et al.，2009)，人为气溶胶(Xu，2001；Menon et al.，2002)以及自然变率的影响(Lei et al.，2011)。气溶胶强迫地表温度，从而减弱了南亚与印度洋和孟加拉湾的海陆温度梯度和局地的哈得来环流，进而减弱印度夏季风(Ramanathan et al.，2005)。Lau 等(2006)提出的“抬升热力泵”假说认为黑碳气溶胶被抬升到对流层中上层，引起增温，可以增强对流层中上层经向的温度梯度，从而增加印度季风和降水的发生概率。Bollasina 等(2011)研究表明，人为气溶胶使南亚夏季风环流减弱；气溶胶强迫在南亚区域气候变化中起主要作用。反过来，季风的强弱又可以对气溶胶的产生、输送和分布造成影响。因此，季风和气溶胶的相互作用一直是气溶胶研究中的热点和难点。

大气中的温室气体能透过太阳的短波辐射，吸收地表和大气发射的长波辐射，使地表与低层大气增温，造成温室效应。自然过程产生的温室气体包括水汽(H_2O)、二氧化碳(CO_2)、臭氧(O_3)、甲烷(CH_4)、氧化亚氮(N_2O)等，它们产生的温室效应维持着地球适宜的气候。近代人类工业活动排放出大量温室气体，既包括大气中原有成分 CO_2，也有大气中原来没有的氟利昂(CFC_S)、氢氟碳化物(HFC_S)、全氟化碳(PFC_S)、六氟化硫(SF_6)等，导致温室效应增强，全球气候变暖。气候变暖导致的天气气候灾害对作物产量和质量有重要影响，可能威胁粮食安全(初征和郭建平，2018；侯英雨 等，2018；霍治国 等，2019；任三学 等，2020)。近代人类活动排放出大量温室气体，导致温室效应增强，全球气候变暖，这是一种气候变化的长期趋势。众多学者研究表明，全球气候变暖使得海表温度升高，冰川消融，海平面上升，对流层高度升高，El Niño 事件的发生更加频繁和复杂，季风发生变化，由此引发一系列极端天气现象，如持续性严重干旱、强降水、极端高温等频繁发生并加剧。大气中温室气体浓度持续增加对东亚气候系统的影响是一直以来深受科学界关注的热点课题。

在过去的20年里，NCAR(美国国家大气研究中心)气候与全球动力部为了分析和了解全球的气候变化，研发了一个复杂的三维全球大气模式。由于被广泛使用，这个模式被指定为一个公共的研发工具并且大家给他起了一个名字叫作公共气候模式(CCM)。CAM3 是第五代 NCAR 公共气候模式，这次的名字更改是为了更好地反映 CAM3 在完全耦合的气候系统中的作用。CAM4 版本在物理过程的表述上有很大的提高。尤其是对物理过程参数化的整合使它能模拟气溶胶和云的相互作用，其中包括气溶胶影响的云滴活化过程，受云滴谱分布影响的降水过程和具体的云与辐射之间的相互作用。本节中使用 CAM5(Neale et al.，2010)模式。

为了进一步处理主要气溶胶种类[硫酸盐、黑碳(BC)、一次有机气溶胶(POM)、二次有机气溶胶(SOA)、细沙尘和海盐]的特性和各类主要气溶胶之间的相互作用过程，一个新的气溶胶模块(MAM)被加入到 CAM5 中(Liu et al.，2012)，气溶胶的粒径谱分布用三个对数正态模表示，分别为爱根模态、积聚模态和粗模态。每个模态中不同种类气溶胶的质量混合比和数浓度是分开计算的。模态中气溶胶假设为内部混合状态，而模态之间假设为外部混合状态。模块对每个种类的气溶胶使用体积混合法来计算气溶胶的光学特性和吸湿性(Ghan 和 Zaveri，2007)。POM 和 SOA 在模块中被分开处理。当 POM 从初始排放源中释放出来之后，半挥发性有机气溶胶通过凝结过程在 POM 上形成 SOA。对比卫星观测资料和气溶胶自动观测网络(AERONET)资料，MAM 能够较好模拟出东亚 AOD 的空间分布和季节变化特征(Liu et al.，2012)。

CAM5 中使用一个双参数方案来计算云水和云冰的质量混合比和数浓度(Morrison 和 Gettelman，2008；Gettelman et al.，2010)。气溶胶对层云的微物理过程影响，粒径分布和体积平均吸水性由云次网格尺度的垂直速度参数化的液滴核化过程得到(Abdul Razzak 和 Ghan，2000)。边界层湍流方案基于 Bretherton 和 Park(2009)。辐射方案基于全球气候模式快速辐射传输方法(RRTMG)得到(Iacono et al.，2008)。

相较于之前的版本，新的方案 CAM5 在气溶胶-云-气候相互作用上有以下几个方面的改进。首先，MAM 气溶胶模块对不同气溶胶种类的混合状态和它们对气溶胶光学特性的影响有一个更加可靠的表达，这对 BC 对太阳辐射的吸收过程尤为重要(Jacobson，2001)。CAM3 和 CAM4 的气溶胶模块仅仅假设不同气溶胶种类为外部混合状态。其次，气溶胶对层状云的间接气候效应在模块中被合理的表达。因此，CAM5 能够分别模拟气溶胶的直接、半直接和间接效应。

CMA5 中还没有气溶胶间接效应对对流云影响的微物理过程。研究发现，气溶胶可以削弱对流过程中的降水，从而在高层产生额外的潜热，造成对流发展得更高（Rosenfeld et al.，2008）。尽管学者们分别使用了传统的云参数化方案（Menon 和 Rotstayn，2006；Lohmann，2008）和多尺度模式结构（MMF），开始尝试将气溶胶对对流云影响的微物理过程加入到全球气候模式中，但是这种尝试是否成功仍然未知。一些近期的研究认为，气溶胶加强对流的效应可能在云解析模式（CRM）中并未被模拟出来（Lebo 和 Seinfeld，2011）。虽然气溶胶加强对流的效应在某些模拟个例和时间段中可以看出，但是由于气溶胶对对流云的影响受制于很多环境因素如风切变和云底温度，这种效应在更长的时间尺度和更大空间尺度上究竟有多强仍然是个未知数（Fan et al.，2012）。

（1）辐散风和无辐散风的计算方法

根据亥姆霍兹速度分解定理，水平风场可以分解为无辐散风（$\boldsymbol{v}_\psi$）和辐散风（$\boldsymbol{v}_\chi$）

$$\boldsymbol{v} = \boldsymbol{v}_\psi + \boldsymbol{v}_\chi \tag{3.1}$$

其中

$$\boldsymbol{v}_\psi = \boldsymbol{k} \times \nabla\psi$$
$$\boldsymbol{v}_\chi = -\nabla\chi \tag{3.2}$$

其中 ψ 表示流函数，χ 表示速度势，动能方程经过区域平均后可写为

$$\frac{\partial k_\psi}{\partial t} = B_\psi + f\,\nabla\psi \cdot \nabla\chi + \nabla^2\psi\,\nabla\psi\,\nabla\chi + \nabla^2\chi(\nabla\psi)^2/2 + \omega J\left(\psi, \frac{\partial\psi}{\partial p}\right) + F_\psi \tag{3.3}$$

$$\frac{\partial k_\chi}{\partial t} = B_\chi - f\,\nabla\psi \cdot \nabla\chi - \nabla^2\psi\,\nabla\psi\,\nabla\chi - \nabla^2\chi(\nabla\psi)^2/2 - \omega J\left(\psi, \frac{\partial\psi}{\partial p}\right) + F_\chi - \chi\,\nabla^2\psi \tag{3.4}$$

其中

$$k_\psi = \frac{1}{2}(\nabla\psi)^2$$
$$k_\chi = \frac{1}{2}(\nabla\chi)^2 \tag{3.5}$$

分别表示单位质量空气的无辐散风动能和辐散风动能，J 为雅克比算符，B_ψ 和 B_χ 表示边界通量，F_ψ 和 F_χ 表示耗散作用。

从（3.3）式可知，对于闭合系统（$B_\psi = B_\chi = 0$），在没有耗散的情况下（$F_\chi = F_\psi = 0$），无辐散风的动能只能通过其与辐散风动能的转换起变化，因为（3.3）式右边除 B_ψ 和 B_χ 以外的四项都出现在（3.4）式中并且符号相反。再由（3.4）式可知，对闭合系统和无耗散的情况，如果辐散风动能要转换为无辐散风动能，则只有 $-\chi\,\nabla^2\psi$ 项可以给辐散风动能提供能量。

从区域平均的全位能方程

$$\frac{\partial}{\partial t}(P + I) = B_{P+I} + \chi\,\nabla^2\psi + G_{P+I} + D_{P+I} \tag{3.6}$$

可以看出 $\chi\,\nabla^2\psi$ 是全位能与辐散风动能之间的转换项，（3.6）式中 $P+I$ 表示位能和内能之和全位能，B_{P+I}，G_{P+I} 和 D_{P+I} 分别表示全位能的边界通量、全位能产生和耗散项。

对于闭合系统，

$$\chi\,\nabla^2\psi = \varphi\,\nabla^2\chi = \psi\,\frac{\partial\omega}{\partial p} = -\omega\,\frac{\partial\psi}{\partial p} = \omega\alpha = \frac{R}{p}\omega T \tag{3.7}$$

因此，暖区中为上升运动或者冷区中为下沉运动时，$\chi\ \nabla^2\psi<0$，方程(3.7)说明，对于这种情况全位能向辐散风动能转换，再由(3.6)式，对闭合系统这一转换必须由全位能产生项 G_{P+I} 来补偿，G_{P+I} 的定义是不均匀加热与温度场的协方差，也就是说，暖区加热和冷区冷却制造全位能，反之消耗全位能。当产生不均匀加热时，破坏了风压场的平衡，产生全位能并转化成辐散风动能，为了使风压场恢复平衡，辐散风通过转换项转换为无辐散风，使季风得以维持(陈隆勋 等，1991)。

(2)大气热源的计算方法

再分析资料热源的计算所用资料为 NCEP/NCAR 逐日再分析资料，包括表面气压(单位：hPa)和大气温度 T(单位：℃)、纬向风 u(单位：m/s)、垂直速度 ω(单位：Pa/s)、经向风 v(单位：m/s)，他们分别位于 1000、925、850、700、600、500、400、300、250、200、150、100 hPa 共 12 个等压面上，资料的水平分辨率均为 2.5°×2.5°。大气热源的计算方法采用倒算法(Yanai et al.，1973)

$$Q=c_p\left[\frac{\partial T}{\partial t}+\mathbf{V}\cdot\nabla T+\left(\frac{p}{p_o}\right)^k\omega\frac{\partial\theta}{\partial p}\right]\tag{3.8}$$

Q 为单位质量大气中的热源，$p_o=1000$ hPa，$k=R/c_p$，其他为常用符号，将其对整层大气进行垂直积分

$$Q_a=\frac{1}{g}\int_{p_t}^{p_s}c_p\left[\frac{\partial T}{\partial t}+\mathbf{V}\cdot\nabla T+\left(\frac{p}{p_o}\right)^k\omega\frac{\partial\theta}{\partial p}\right]\mathrm{d}p\tag{3.9}$$

其中 p_s 为地表气压；p_t 为大气顶气压，此处我们取 100 hPa，所得 Q_a 即为整层大气柱的热量源汇。

模式计算的大气热源根据模式的输出结果采用正算法

$$HS=\int_{pt}^{p_s}(\Delta S+\Delta F+LP)\,\mathrm{d}p+SH\tag{3.10}$$

其中 HS 表示大气热源，ΔS 和 ΔF 分别表示大气对太阳辐射的加热率、大气的长波辐射的加热率，LP 为凝结潜热加热率，SH 表示来自地面的湍流感热输送。从 1000 hPa 到 100 hPa 进行整层大气积分得到大气热源。

(3)显著性检验算法

我们采用 F 检验方法检验试验 A 和 B 之间气候变化的显著性。计算两组样本标准差的平方，即

$$S^2=\sum(X-\overline{X})^2/(n-1)\tag{3.11}$$

X 是气象要素，$\overline{X}$ 是平均值，n 是序列长度。得到 S_A^2 和 S_B^2，再计算 F 值

$$F=\frac{S_A^2}{S_B^2}\tag{3.12}$$

我们选取 99.5%置信度。在图中，达到信度的区域用点标注。

3.3.1　气溶胶对亚洲夏季风的影响

近年来，有很多学者对气溶胶影响东亚夏季风的机理进行了研究。观测发现中国东部地区的地表冷却部分是由于气溶胶引起的(Qian et al.，2003)。气溶胶对东亚地区的影响与区域季风有关，夏季风使得东亚地区暖湿，气溶胶可能增强对流和降水(Rosenfeld et al.，2008;

Li et al.,2011)。Menon 等(2002)利用全球气候模式研究气溶胶直接气候效应对中国和印度地区降水和地表温度的影响,发现吸收性气溶胶(如黑碳)加热大气,改变区域大气稳定度和大气垂直运动,会造成夏季中国东部地区降水出现“南涝北旱”异常现象。Gu 等(2006)发现中国北部地区降水的减少是由于硫酸盐气溶胶增加引起的地表温度降低造成的,而中国南部降水的增加是由于局地哈得来环流的增强造成的,黑碳和沙尘气溶胶对大气的增温作用使中高纬地区降水向内陆移动。Liu 等(2009)研究了中国区域硫酸盐和黑碳气溶胶的直接气候效应对东亚夏季风及其降水的影响,结果显示,中国区域硫酸盐气溶胶和黑碳气溶胶均减小了海陆热力差异,使东亚夏季风减弱;其中硫酸盐气溶胶对中国地区的对流活动起抑制作用,而黑碳气溶胶加强了中国东南部地区的对流活动;两者的综合作用类似硫酸盐气溶胶的影响。Zhang 等(2009)的发现,黑碳气溶胶的直接和半直接效应会增强西太平洋副高输送的暖湿气流,引起中国南部云量和降水的减少和中国北部降水的增加,这与“南涝北旱”现象相反。Li 等(2010)研究了多种气溶胶的综合效应,结果显示气溶胶增加使得夏季风有微弱的增强。另外一些研究认为,东亚夏季风降水的变化与地表冷却是有关的,气溶胶引起的地表冷却使海陆温差缩小,从而减弱了季风环流和有关的降水(Wang et al.,2014;Ye et al.,2013;Guo et al.,2013)。但是,He 等(2013)进行了一组不同外部强迫试验,发现在较大时间范围中温室气体比气溶胶的直接效应对地表冷却的贡献要大,而在较小范围中气溶胶的直接效应的贡献更大;而且,外部强迫作用造成的东亚季风区的地表温度减少比观测到的要弱。内部强迫如太平洋年际振荡可能起到了比气溶胶直接效应更重要的作用(Li et al.,2010;Zhou et al.,2013;Lei et al.,2014)。

Jiang 等(2013)利用 CAM5 气候模式研究了气溶胶直接和间接效应对东亚夏季风的影响,发现人为气溶胶的影响在一定程度上减弱了东亚夏季风,并且使中国北部降水减少。Wang 等(2014)的结果显示人为气溶胶对东亚季风起到了削弱作用,并且抑制了中国 30°N 左右地区的对流。Song 等(2014)利用 CMIP5 的多模式结果,发现气溶胶和温室气体对低层环流分别起了减弱和增强的作用,由于散射性气溶胶削弱了到达地表的太阳辐射,地表温度降低,海陆温差缩小,从而削弱了东亚夏季风。Zhou 等(2014)使用 RegCM4.1 模式研究了东亚夏季风与硫酸盐气溶胶的关系,发现硫酸盐气溶胶在东亚夏季风前期(5、6 月)和后期(7、8 月)分别增强和减弱了季风的强度。沈新勇等(2015)利用 RegCM4.3 对 1995—2010 年的东亚夏季风进行了模拟,得到了自然和人为气溶胶使东亚夏季风指数减小 5%,气溶胶使除中国东南地区外的夏季风爆发时间推迟一候左右的结论。Li 等(2015)利用 CMIP5 多模式结果,分析了 20 世纪的季风情况和 RCP8.5 情景下的 21 世纪季风情况,认为 20 世纪季风的干旱趋势和 RCP8.5 情境下的降水增加是由于动力作用和热力作用对总平均水汽辐合的相对贡献大小决定的,降水在气溶胶的影响下减少而在温室气体的影响下增多。

从上述气溶胶对亚洲夏季风影响的研究可以发现,大部分结果表明气溶胶造成亚洲夏季风减弱(南亚和东亚),对于造成季风减弱的原因多归咎于气溶胶造成陆地降温,海陆热力差异减小。这些研究都一致认为海陆热力差异的减小是夏季风减弱的原因,但并没有进一步说明造成夏季风减弱的具体机理。此外,由于气溶胶气候效应(包括直接和间接效应)对云的影响,一些陆地区域的地面气温增加,因此不能简单用海陆热力差异减小来解释夏季风的减弱。

南亚和东亚夏季风的共同特点是对流层低层盛行西南风,对流层高层为东风急流。季风的加强和中断对应着西南气流和东风急流的加强和减弱(陈隆勋 等,1991)。研究表明季风流场纬向动能的加强是海陆和地形引起的不均匀加热造成的，不均匀加热产生全位能，全位能释放加强辐散风动能，辐散风通过与无辐散风的相互作用，其动能转为无辐散风动能，从而加强季风环流（Krishnamurti et al.，1982；谢立安，1986；陈隆勋 等，1991）。因此，不均匀加热对季风环流的形成和维持起着重要作用。也就是说，大气热源的时空分布变化是关键。本小节尝试通过 CAM5 模式进行敏感性试验来研究气溶胶对大气热源时空分布的影响，进一步探讨气溶胶对亚洲夏季风的影响和造成亚洲夏季风减弱的具体机理。

本部分使用有限体积动力核（FV）的 CAM5 模式，水平分辨率为 1.9°×2.5°，垂直高度分为 30 层，海表温度和海冰使用实时的月平均气候数据。模式从 1991—2010 年总共运行 20 年，取后 10 年，每年 6—8 月月平均的结果进行分析。其他条件不变，敏感性试验分别使用 IPCC 第五次报告（Lamarque et al.，2010）的 1850 年排放源（敏感试验 B）和 2000 年排放源（参考试验 A）进行模式计算，分别代表工业革命前的气溶胶情景和当前状态下的气溶胶情景，差值代表人为气溶胶对气候造成的影响。

图 3.64a 和 b 分别为试验 A 和 B 模拟的 2001—2010 年夏季地表黑碳气溶胶的平均浓度分布，图 3.64c 和 d 则为试验 A 和 B 模拟的地表硫酸盐气溶胶的平均浓度分布，对比两试验的结果可以看出，在 2000 年排放情景下北美东部、南美中部、欧洲、非洲中部、阿拉伯半岛、印度北部、中国东部、东南亚以及日本地区的气溶胶浓度显著增加。

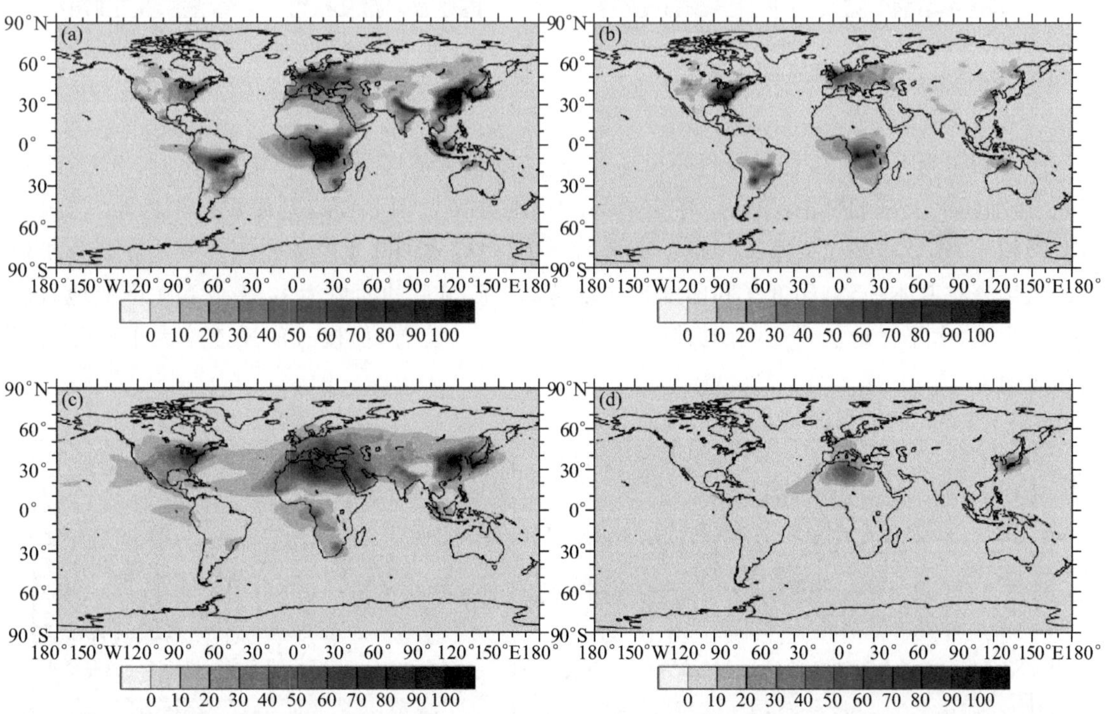

图 3.64　2001—2010 年夏季平均的气溶胶地表浓度 (a)试验 A 黑碳(10^{-10} kg/kg)，(b)试验 B 黑碳(10^{-10} kg/kg)，(c)试验 A 硫酸盐(10^{-9} kg/kg)，(d)试验 B 硫酸盐(10^{-9} kg/kg)

图 3.65a 是由再分析资料计算的大气热源分布，大气热源中心分布在孟加拉湾北部、中南半岛南部和菲律宾以东的太平洋，前两个热源的中心值在 400～500 $W \cdot m^{-2}$，太平洋地区在 300～400 $W \cdot m^{-2}$；与巩远发等(2007)的计算结果分布大致相同。图 3.65b 是模式结果计算

的大气热源，从图中可以看到，模式结果基本上反映了热源的分布特征，热源主要位于印度半岛、孟加拉湾、中南半岛、中国南海和菲律宾以西的太平洋以及青藏高原。但模拟的热源中心分布在印度半岛西部和青藏高原，中心值超过了 400 W·m^{-2}。再分析资料计算的热汇主要分布在中东地区、阿拉伯半岛及其南部沿海地区以及赤道以南大部分地区。模式结果的热汇主要位于南半球，中心在阿拉伯半岛西南部、印度洋西侧以及大部分赤道以南地区。模式结果和再分析资料结果的差异主要体现在热源和热汇的数值大小上，热源和热汇中心位置有偏差，模式模拟的热源中心极值较大，热汇中心极值则偏小。模式的大气热源数值整体偏大，高估了某些加热因子的大小。

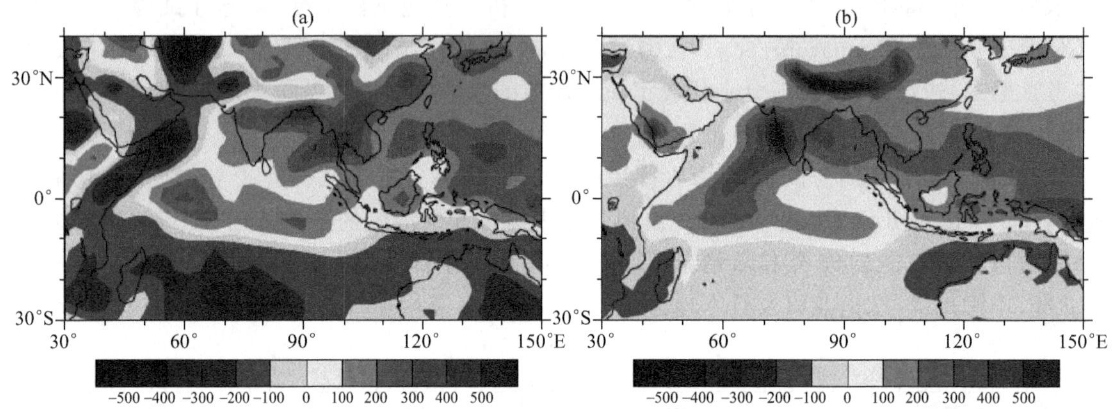

图 3.65　2001—2010 年夏季平均大气热源(W·m^{-2})

(a)再分析资料(NCEP)，(b)试验 A

图 3.66a 为 NCEP 再分析资料的风场和降水，降水大值区分布在热带海洋地区、印度半岛西侧、孟加拉湾及其北部沿岸地区、中南半岛和南海地区。图 3.66b 是模式模拟结果，与再分析资料相比，模式模拟结果基本再现了降水的分布，但模式的降水结果略大。模式和再分析资料的风场分布基本一致，印度洋和印度半岛以越赤道气流后的西风为主，南亚和东南亚地区以西南风为主，太平洋地区为反气旋式环流，再现了副高的位置，但模式的风速略大于再分析资料的风速。

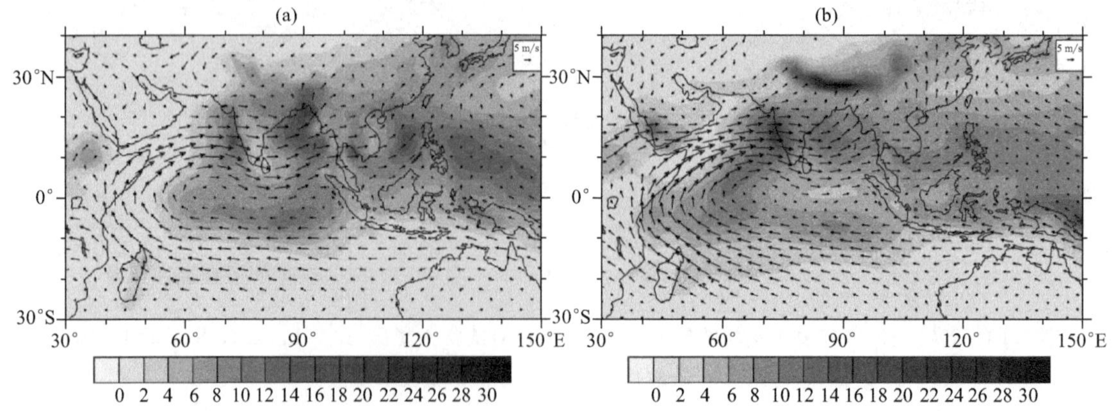

图 3.66　2001—2010 年夏季平均 850 hPa 风场(矢量，m/s)和降水(阴影，mm/d)

(a)再分析资料(NCEP)，(b)试验 A

图 3.67 是再分析资料和模式的 850 hPa 温度场结果，从图中可以看出，两者分布大体一致，由北向南温度递减，大陆为暖区，海洋为冷区，在阿拉伯半岛和中东地区是温度的极大值地区，但模式的结果偏大 5 K 左右。其他地区温度分布较为平均，模式结果偏差较小。

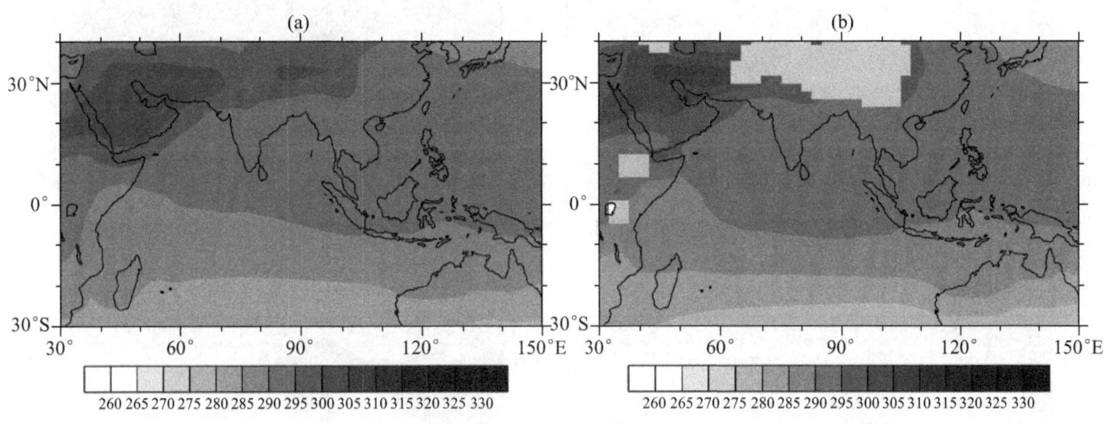

图 3.67　2001—2010 年夏季平均 850 hPa 温度(K)

(a)再分析资料(NCEP)，(b)试验 A

通过对比再分析资料和模式结果，可以看出，除了部分地区存在一定的数值大小偏差，模式较好地再现了东亚和南亚区域气象要素场分布的主要特征，可以用来对气溶胶和温室气体影响夏季风的机理进行进一步研究。

图 3.68a 和 b 为试验 A 减去试验 B 的 850 hPa 风场和总的降水量的差值，可以看到，气溶胶的增加使中国北部和中部、中南半岛、东海、日本南部和印尼地区降水减少，而中国南部沿海及南海、东南亚、孟加拉湾、印度洋地区的降水增加，极值大小均超过了 1.5 mm/d。风场受到了气溶胶的影响，我国东南地区、中南半岛以及印度半岛北部的风矢量差均为东北风，与夏季季风区的西南风，东南风的方向相反，说明人为气溶胶使东亚夏季风一定程度上减弱。季风的减弱使进入我国的暖湿气流也相应减少，造成我国内陆地区降水的减弱，而近海地区的降水增强了。图 3.68c 为气溶胶对无辐散风的影响，通过前文分析可知，无辐散风是维持季风环流的重要因素，气溶胶加入后，无辐散风在我国东南部、中南半岛北部和印度北部受到一定程度的削弱，而在印度南部及其西部阿拉伯海加强，无辐散风变化的分布和总风场变化的分布保持一致。图 3.68d 是气溶胶对地表温度的影响，可以看到，中亚地区和青藏高原西部增温；我国东部部分地区和四川盆地有小幅度增温，主要是由云量减少造成的；其余亚洲大陆大部分地区为降温，印度半岛西北部有一极值区，大小超过了－2 K，中南半岛的极值区为－0.4～－0.6 K。而海洋上均为微弱的增温，幅度在 0.2 K 以下，说明气溶胶对地表温度的改变在大陆上主要以降温为主，而在海洋上表现为小幅的升温。这些与 Jiang 等(2013)的结论一致。图中打点部分为通过置信度为 99.5%显著性检验的地区，亚洲季风区基本通过了显著性检验。下面我们尝试从不均匀加热影响辐散风和无辐散风的角度上探讨气溶胶对季风的影响。

由方程(3.6)可知，不均匀加热(G_{P+I})将造成全位能的增加或者减少，还将影响全位能向辐散风的转换。图 3.69 是试验 A 减去试验 B 的大气热源差值，从图中可以看到热源的差值分布与降水的变化分布较为一致，极小值主要分布在青藏高原及我国内陆大部分地区、东海地区和印度尼西亚附近，气溶胶的增加使得这些地区的热源减小，极值大小分别为超过$-100\ \mathrm{W \cdot m^{-2}}$、

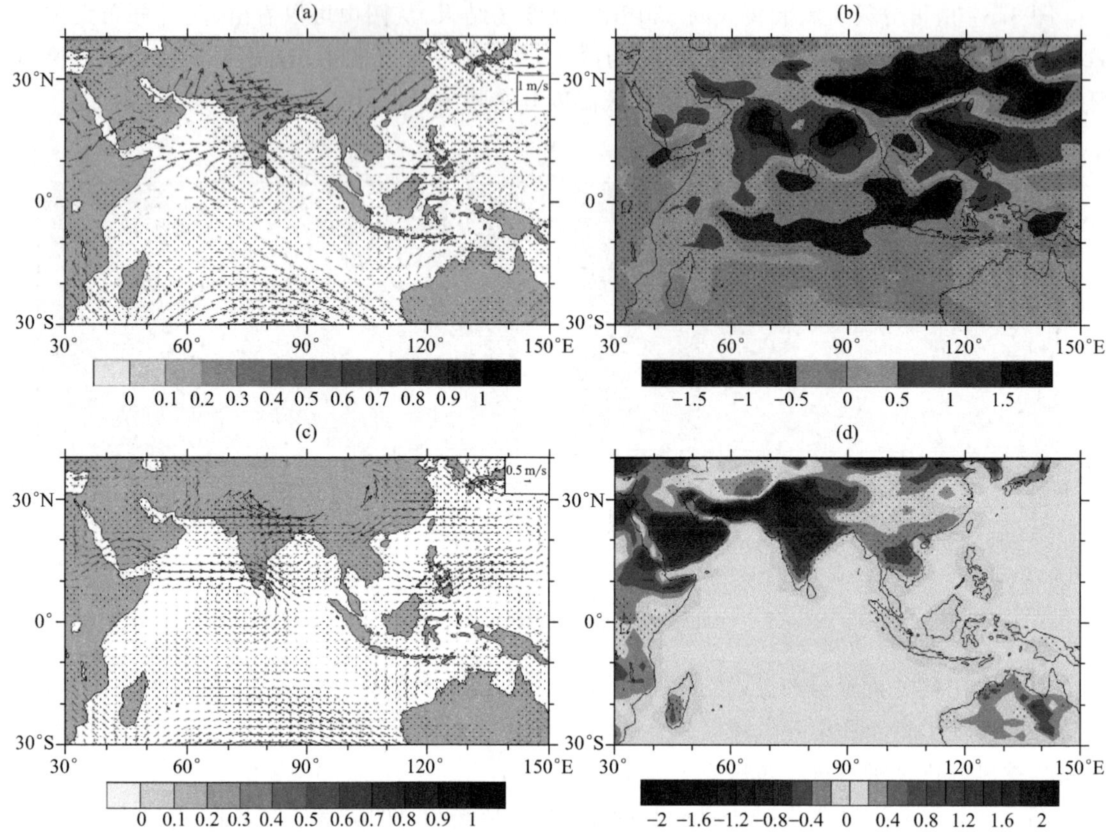

图 3.68　2001—2010 年夏季平均气象要素试验 A 与试验 B 的差值

(a)850 hPa 风场(m/s),(b)降水(mm/d),(c)850 hPa 无辐散风(m/s),

(d)地表温度(K)(打点部分为通过 F 检验的部分,置信度为 99.5%)

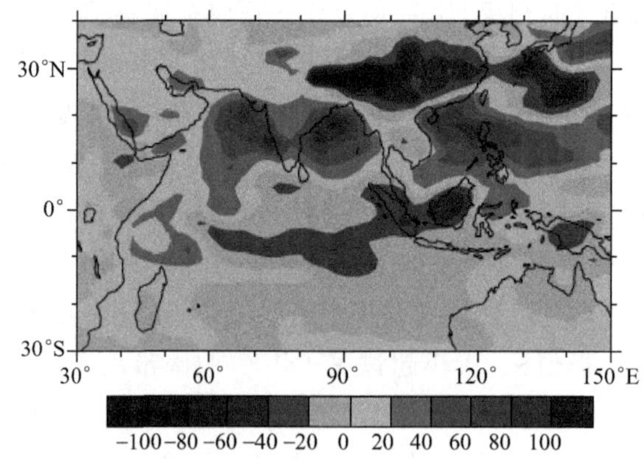

图 3.69　2001—2010 年夏季平均大气热源试验 A 与试验 B 的差值(W·m^{-2})

−60 W·m^{-2} 和−40 W·m^{-2};极大值主要分布在海洋地区,气溶胶使阿拉伯海,孟加拉湾和南海菲律宾地区的热源增加,极值大小均为 60～80 W·m^{-2}。人为气溶胶增加后,我国东部地区和中南半岛大气热源减少,对比图 3.68d 可知,相较于海洋,这些地区均为温度的暖区,当这些地区热源减弱时,对应的不均匀加热将减弱,全位能产生项(G_{P+I})相应的减少。

为了进一步探究气溶胶对热源的影响,图 3.70 分别给出方程(3.10)中四项的差值,从图中可以发现气溶胶主要通过影响凝结潜热加热率来改变大气热源，与图 3.68b 中的降水变化分布基本一致，其次是大气长波辐射，在印度半岛南侧连接孟加拉湾和南海有两个极大值区，极值大小为 20～40 W・m^{-2}，而对大气短波辐射和地表感热的影响不大。这说明人为气溶胶主要通过改变云来影响大气的辐射平衡和夏季风。

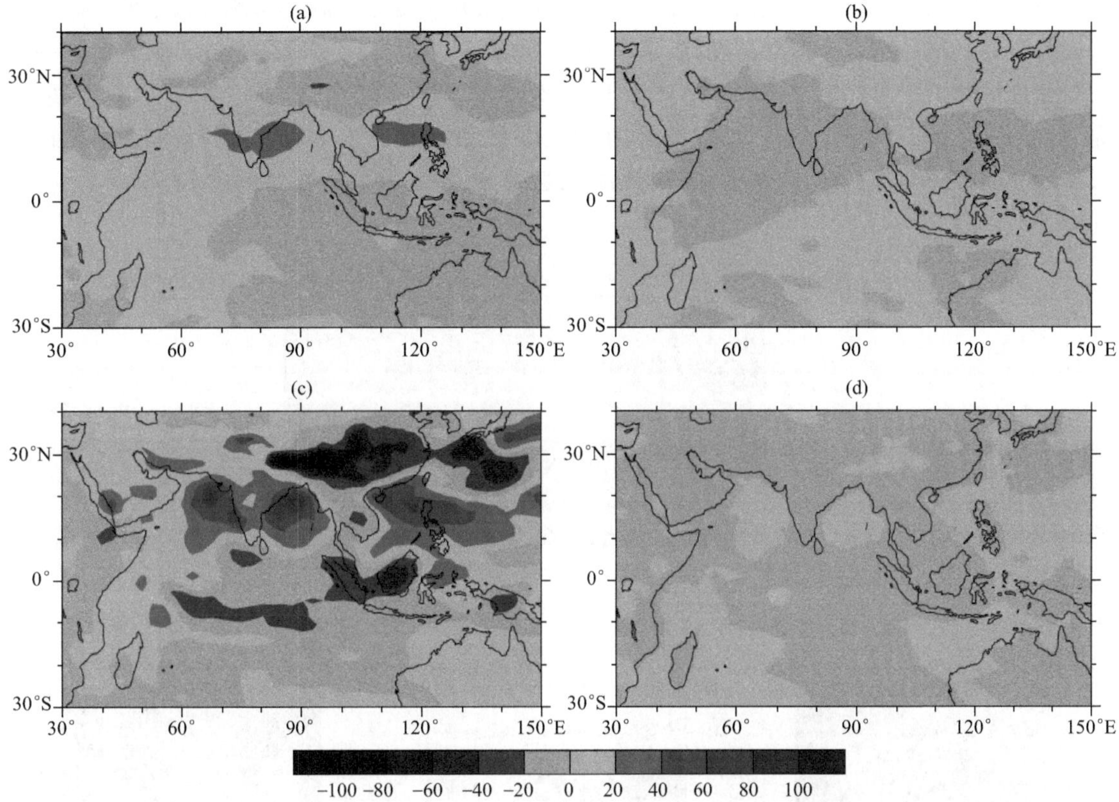

图 3.70　2001—2010 年夏季平均大气热源试验 A 与试验 B 的差值(W・m^{-2})

(a)长波辐射加热率，(b)短波辐射加热率，(c)凝结潜热加热率，(d)地表感热通量输送

凝结潜热中包含了对流过程和大尺度过程两部分，图 3.71 分别是气溶胶对对流过程产生的凝结潜热和大尺度过程产生的凝结潜热的影响。从图中可以看出，对流过程的变化远大于

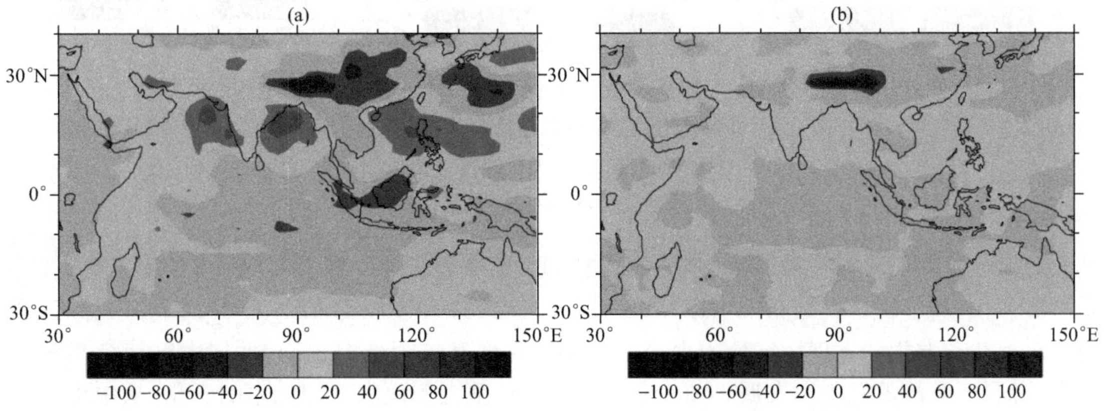

图 3.71　2001—2010 年夏季平均凝结潜热试验 A 与试验 B 的差值(W・m^{-2})

(a)对流过程的凝结潜热加热率，(b)大尺度过程的凝结潜热加热率

大尺度过程的变化。对流过程产生的凝结潜热的变化形势基本和凝结潜热的变化(图 3.70c)一致,东亚大陆和中南半岛减少,南海和印度半岛及其附近洋面增加,变化幅度极值大于 60 W·m^{-2}。大尺度过程的变化主要在青藏高原,极值超过 40 W·m^{-2};其他地区分布形势和对流过程的变化相似,但数值明显较小,极值大于 20 W·m^{-2}。结果表明,人为气溶胶对凝结潜热的作用主要是影响大气的对流凝结活动,而对大尺度凝结过程的影响是次要的。

为了进一步证实对流活动的变化,下文将对对流云厚度(对流云顶高度与云底高度的差)的变化进行分析。图 3.72a 是试验 A 与试验 B 对流云厚度的差值,从中可以看出,在青藏高原、中国东部地区和中南半岛,对流厚度减小;而在阿拉伯海、印度半岛、孟加拉湾和南海地区,对流云厚度增加,其与对流凝结潜热的变化相对应。这进一步说明对流活动的变化。

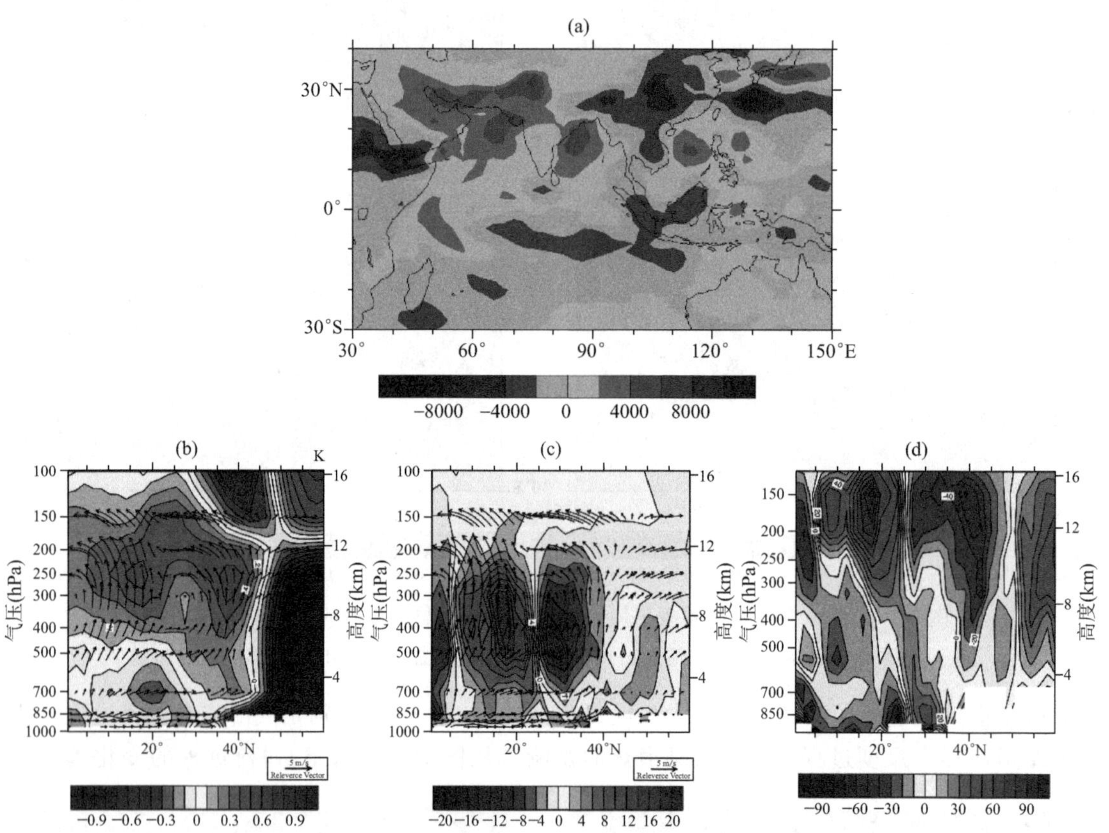

图 3.72　2001—2010 年夏季平均气象要素试验 A 与试验 B 的差值

(a)对流云厚度(Pa),(b)115°E 温度垂直剖面(K,叠加试验 A 风场),(c)115°E 大气加热率垂直剖面(10^{-5} K/s,叠加试验 A 风场),(d)115°E 大气温度通量散度垂直剖面(10^{-5}K/s)

(打点部分为通过 F 检验的部分,置信度为 99.5%)

为进一步分析对流活动变化的原因,选取 115°E 垂直剖面分析温度层结的变化,图 3.72b 是温度变化,从中可以看到在中国东部中高层大气增温、低层大气减温,大气层结趋向稳定,抑制了对流活动发生和发展。在南海上空 700 hPa 高度有一个减温中心,低层大气层结趋向不稳定,有利于对流的发生和发展。图 3.72c 是 115°E 垂直剖面大气加热率的变化,从中可以发现在海上有一个加热率增加的中心,高度在 300～400 hPa;在陆地有一个加热率减少的中心,中心在 400～500 hPa,加热率的变化对应着大气热源的变化。温度变化除了受热源变化影响外，还受热量输送的影响，图 3.72d 是温度经向通量(VT)和垂直方向通量(WT)散度(二维的，不包括纬向)的变化，对比温度、加热率和热量输送的变化可以理解温度变化是由热源和热量输送变化共同造成的。从中也反映出气溶胶的气候效应引起了复杂的热力和动力反馈作用。

根据方程(3.7)，暖区中为上升运动或者冷区中为下沉运动时，$\chi\ \nabla^2\psi<0$，表明全位能转换成辐散风的动能，这部分大小由 $R\omega T/P$ 来决定。图 3.73a 是全位能向辐散风动能转换项($\chi\ \nabla^2\psi$)的分布，除了我国东南及其沿海地区和印度半岛东南，亚洲季风区大部分都为负值，负值区说明这些地区有全位能向辐散风动能转换；而正值区表示辐散风动能向全位能转换(如我国东南部)。图 3.73b 是气溶胶对全位能向辐散风动能转换项的影响，人为气溶胶的增加使得我国东部地区、中南半岛和印度北部地区全位能向辐散风动能转换项的差值为正值，说明在这些地区出现了不同程度的全位能向辐散风动能转换的减弱，或者辐散风动能向全位能的转换的增强(我国东南部地区)；南海地区、孟加拉湾、印度中北部以及阿拉伯海地区全位能向辐散风动能的转换项出现了增加。全位能向辐散风动能转换项减弱的区域与辐散风动能向全位能转换增强的区域之和与图 3.69 中大气热源减弱的地区基本相同，结果说明气溶胶使这些地区全位能的产生减弱，并造成全位能向辐散风动能转换的减少，或者辐散风动能向全位能转换的增加。

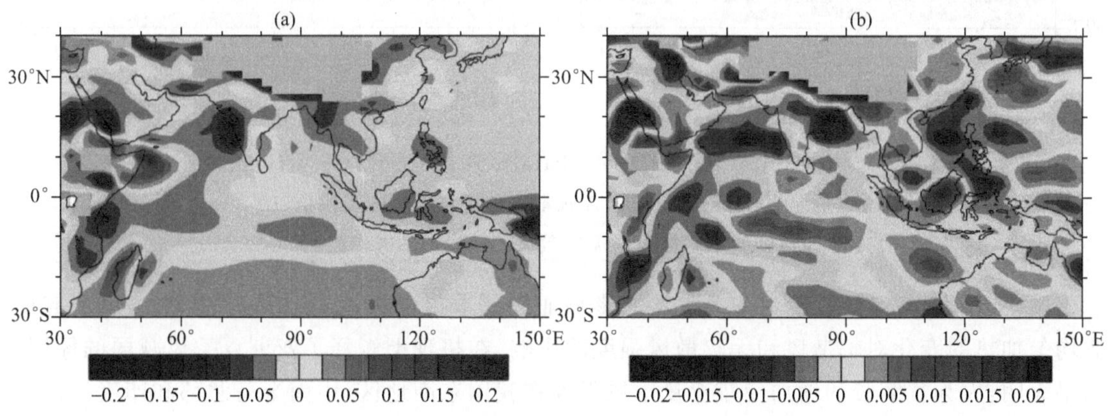

图 3.73　2001—2010 年夏季平均 850 hPa (a)试验 A 全位能向辐散风转换项($W\cdot kg^{-1}$)，(b)试验 A 与试验 B 全位能向辐散风的转换项的差值($W\cdot kg^{-1}$)

图 3.74a 是试验 A 中 850 hPa 辐散风的分布，由图可知，东亚季风区夏季的辐散风以西南风为主，其中在印度南部、印度东北部、中南半岛北部和我国南部存在较大的辐散风。图 3.74b 显示了气溶胶的增加对辐散风的影响，我国南部、中南半岛北部、印度北部的辐散风减弱较为明显。由方程(3.6)和(3.7)可知，方程右侧第二到第五项为辐散风和无辐散风之间能量的转换项，图 3.74c 是试验 A 中 850 hPa 辐散风向无辐散风转换项的分布，正值代表辐散风向无辐散风转换，从图中可以看出，印度北部，我国东部为负值，存在无辐散风向辐散风的转换，而中南半岛北部和印度南部为正值，存在辐散风向无辐散风的转换。图 3.74d 是气溶胶对辐散风向无辐散风转换项的影响，从图中可以看到我国东部和印度北部为负值区，对比图 3.74c 可知这些区域无辐散风向辐散风的转换增强了，这将减弱该区域的夏季风。中南半岛北部也是辐散风向无辐散风转换项变化的负值区，对应该区域辐散风向无辐散风转换项的正值，说明这个地区的辐散风向无辐散风的转换减弱了，随之会造成夏季风减弱。

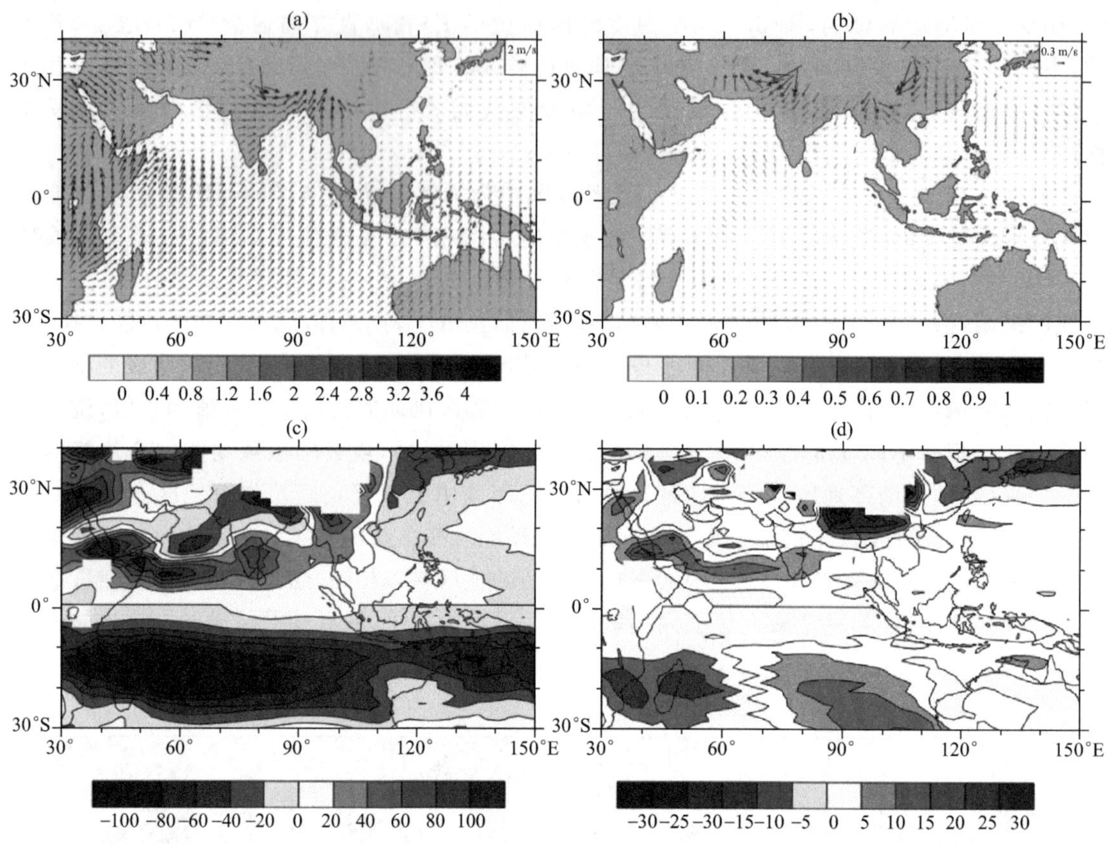

图 3.74　2001—2010 年夏季平均 850 hPa(a)试验 A 辐散风(m/s),(b)试验 A 与试验 B 辐散风的差值(m/s),(c)试验 A 辐散风向无辐散风的转换项($10^{-5}\ m^2/s^3$),(d)试验 A 与试验 B 辐散风向无辐散风的转换项的差值($10^{-5}\ m^2/s^3$)

本小节通过敏感试验探讨人为气溶胶影响亚洲夏季风的机理,分析讨论了气溶胶引起的非均匀加热的变化对辐散风和无辐散风强度的影响,在机理上解释了亚洲夏季风减弱的原因,结果表明:人为气溶胶的增加使东亚夏季风强度在我国东南地区、中南半岛北部和印度半岛北部减弱,而我国东南部季风的减弱促使我国内陆降水减少,沿海降水增加。进一步分析人为气溶胶增加的作用发现,它改变了大气热源的分布,造成阿拉伯海、孟加拉湾和南海大气热源的增强,我国东部地区和中南半岛大气热源的减弱,其中气溶胶主要通过影响凝结潜热来改变大气热源,主要是对对流过程的影响。另一方面,大气热源分布的变化改变了季风区的热力结构,使我国东南地区和中南半岛北部的非均匀加热减弱,从而减少了全位能的产生,使得全位能向辐散风的转换减小,辐散风减弱;同时,我国东南部和中南半岛北部季风由于辐散风向无辐散风转换的减弱,无辐散风减弱,最终导致了夏季风强度的减弱。而且,人为气溶胶对亚洲夏季风的影响通过热力和动力响应共同产生作用。

3.3.2　温室气体对亚洲夏季风的影响

工业革命在促进社会经济迅猛发展的同时,也对自然环境和气候变化产生了负面影响。近百年,全球气候持续变暖(王绍武 等,1998),这对气候承载力有明显影响,未来气候风险将增大(王玉洁 等,2016)。全球变暖背景下,海陆温差夏季增大冬季减小,引起东亚季风夏季加强冬季减弱(布和朝鲁,2003;He et al.,2019),多雨季延迟1个月(布和朝鲁,2003),季风雨带移向西北(Yang et al.,2015;Pang et al.,2019;王欢和李栋梁,2019;Chen et al.,2020);南亚夏季风呈减弱趋势(Sun和Ding,2011;Chen et al.,2019);地面风速变化趋势与东亚夏季风较为一致(丁一汇 等,2020)。温室气体增加使东亚夏季风有所增强(李巧萍 等,2008;陆波,2013;宋丰飞,2015);东亚季风区整体偏北,主要是全球变暖导致的北半球环流加强所致(Wu et al.,2009;汪佳伟 等,2012;Li et al.,2015);CO_2倍增会使亚洲夏季风的变率增强15%(Wu et al.,2009)。降水在温室气体增加时增多(李巧萍 等,2008;He et al.,2013;Li et al.,2015;Chen et al.,2019);温室气体强迫对地面的增温作用有利于增强东亚夏季风环流(Song et al.,2014)。Li和Tang(2016)基于CMIP5多模式集合数据预测CO_2直接辐射效应有利于季风降水增加。然而,夏季海陆温差呈现减小趋势,不利于东亚夏季风增强(李霞 等,2007;杨明 等,2008),丁一汇 等(2020)认为温室气体对东亚夏季风的增强作用被其自然减弱周期所掩盖。Liu等(2009)研究显示气溶胶增加使东亚夏季风减弱。CMIP3和CMIP5预估21世纪全球季风将恢复和增强,北半球季风增强更加显著(陆波,2013)。以上研究多集中于温室气体对夏季风和降水量的影响,关于温室气体对降水过程和云的相关研究较少。

大部分相关研究结果显示,温室气体增加对夏季东亚季风和降水有一定增强的作用,且亚洲夏季风增强由海陆温差增大导致。郭增元等(2017)和马肖琳等(2018)基于CAM5模式,从大气热源和能量的角度对气溶胶影响亚洲季风具体机制进行的研究发现,气溶胶增加造成大气热源减弱,全位能向辐散风动能转换减少,辐散风动能向无辐散风动能转换减少,无辐散风减弱,最终导致季风减弱。CAM5模式是研究气溶胶和温室气体影响亚洲夏季风的实用工具,本小节将利用CAM5模式从大气能量变化角度探讨温室气体增加影响夏季东亚季风、降水和云等气象要素的更多细节,为更好地适应和减缓全球气候变暖提供依据和参考。

本次研究试验中海洋采用固定的月平均海温和海冰观测数据。以1850年代表工业革命前,2000年代表当前状态,通过改变温室气体和气溶胶排放情景设计3个数值试验,试验方案如表3.10所示。其中,试验TA与再分析资料作比较以检验模式的可靠性,试验TB与试验TC的差值表示温室效应加剧产生的影响。CAM 5.1中包含的具有长波辐射效应的主要温室气体是H_2O、CO_2、O_3、CH_4、N_2O、CFC-11和CFC-12。模式所用水平分辨率是1.9°×2.5°,模式运行时间为1991—2010年,取2001—2010年夏季(6—8月)的运行结果进行诊断分析。

表3.10 数值试验设计

试验	温室气体排放情景	气溶胶排放情景
TA	2000年	2000年
TB	2000年	1850年
TC	1850年	1850年

图3.75a为试验TB与TC地面气温差值分布。由图3.75a可知,工业革命导致大气中温室气体增加后,亚洲大部分陆地区域地面气温均出现不同程度升高,大致以30°N为界,30°N以南地面升温幅度较小,基本不超过0.2 K;30°N以北地面气温上升幅度明显增大,升温极大值区出现在塔克拉玛干沙漠以西的地区,升温极大值达到1.4～1.6 K。阿拉伯半岛、印度半岛西北部及中部地面气温有所下降,极小值区出现在印度半岛西北部,下降−0.8～−0.6 K。中国四川盆地的地面气温也略有下降。宋丰飞(2015)、陆波(2013)和He等(2013)研究均表

明，温室效应加剧使亚洲大部分区域升温。郭增元等(2017)对气溶胶影响亚洲夏季风的研究认为气溶胶强迫下四川盆地升温是云量减少所致，因此，本小节认为四川盆地的降温可能是由云量增加引起的。

图3.75b为试验TB与TC的850 hPa风场差值分布。由图3.75b可知，在温室气体增加背景下，阿拉伯海出现西南风异常且风速较大；印度半岛中部、中南半岛、中国南海和菲律宾为西南风异常，中国东部地区为南风或东南风异常。因此，工业革命所造成的温室气体增加对亚洲夏季风具有一定增强作用。丁一汇等(2020)指出，气候变暖背景下，未来中国夏季地面平均风速将呈上升趋势。Song等(2014)通过MV-EOF分析认为，温室气体强迫对地面有增温作用，有利于增强东亚夏季风环流。亚洲夏季风增强使进入印度半岛、中南半岛和中国东部地区等季风区的暖湿气流增加，相应地，这些地区的夏季降水也有所增加。

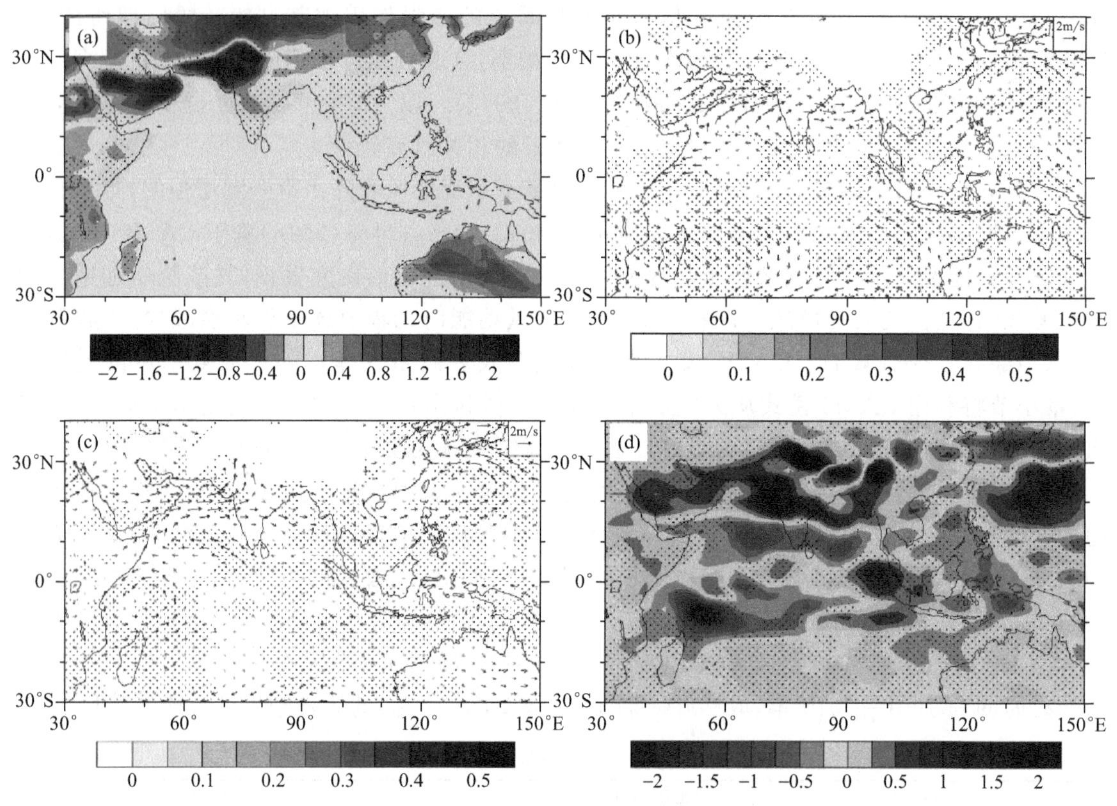

图3.75 试验TB与试验TC夏季不同要素差值

(a)地面大气温度场(K)，(b)850 hPa 风场(m/s)，(c)850 hPa 无辐散风风场(m/s)，

(d)降水(mm/d)(打点部分为通过 F 检验的部分，置信度为99.5%)

无辐散风作为维持季风环流的重要因子，也受到温室气体影响，其在850 hPa的分布如图3.75c所示。对比图3.75b可知，850 hPa上无辐散风风场的差值分布和总风场变化基本一致，印度半岛中部和中南半岛无辐散风变化为西风，印度半岛北部、中国南海、菲律宾、中国东部地区和日本等地无辐散风变化为南风或东南风，表明总风场变化主要来自无辐散风变化。

图3.75d为试验TB与TC日平均降水量差值，可见温室气体的增加使印度半岛中部及北部、孟加拉湾、中南半岛中北部和中国东部地区等地降水有所增加，极大值出现在印度西部和北部以及缅甸北部，降水差值超过1.5 mm/d；印度半岛南部、青藏高原南侧、中国中西部地区、菲律

宾和日本等地的降水有所减少，极小值出现在青藏高原南侧，降水差值小于－1.5 mm/d。布和鲁朝(2003)对东亚季风未来变化的模拟究表明：全球变暖将使江淮流域和华北地区的夏季降水量显著增强，东亚季风区的夏季多雨区向北延伸。Tada 等(2016)在其研究中猜测：中亚的沙漠化、东亚冬季风的加强以及印度北部季风降水的减少可能是由于 CO_2 减少以及随后的全球气候变冷造成的。图 3.75d 中温室气体增加时印度北部和中亚南部降水差值为正，这一点可能验证了 Tada 等的猜测。对比图 3.75b 和图 3.75d 可知，日平均降水增加的区域与夏季风增强的区域基本一致；工业革命以来温室气体不断增加显著影响了东亚沿岸的大气环流和降水，西太平洋暖池增暖(对流增强)、降水偏多，西太平洋副热带高压位置倾向于偏北，类似于黄荣辉等(1994)和 Bueh 等(2008)提到的东亚—太平洋(EAP)遥相关型的正位相环流，与之对应，日本南部降水减少，而我国华北和东北降水偏多。

(3.6)式表明：大气热源引起的不均匀加热(G_{P+I})将会引起全位能($P+I$)的变化，全位能的变化又会通过其与辐散风动能转换项 $\chi\nabla^2\psi$ 影响辐散风动能的变化。图 3.76 为温室气体增加引起的大气热源的变化，即试验 TB 与 TC 大气热源强度差值分布。印度半岛南部、青藏高原南侧、中国中西部、中南半岛南部、菲律宾和日本等地为大气热源差值的负值区，极小值出现在青藏高原南侧，热源强度变化可达－120～－100 W・m^{-2}；其他陆地区域均为大气热源差值的正值区，极大值分布在印度西部及北部和缅甸北部，热源强度变化分别达到 100～120 W・m^{-2} 和 80～100 W・m^{-2}。在工业化引起的温室气体增加背景下，亚洲大陆大部分地区大气热源均有不同程度增强。在阿拉伯海北部、印度半岛中部、孟加拉湾、中南半岛大部分地区和中国东部地区大气热源增加，同时，由 850 hPa 温度分布(图 3.67b)可知，相较于海洋，这些区域均为暖区，大气热源增加对应不均匀加热增强，引起全位能相应的增加。

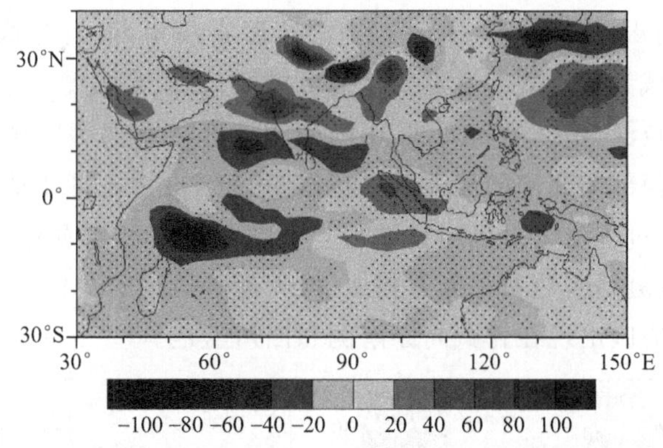

图 3.76　试验 TB 与试验 TC 夏季大气热源差值(W・m^{-2})

图 3.77 是人类工业活动影响下大气热源变化情况。温室气体增加对太阳短波辐射和地表感热输送的影响都较小，变化幅度为－10～10 W・m^{-2}；对大气长波辐射的影响稍强，大部分陆地区域为正值，小部分区域的辐射强度变化超过 10 W・m^{-2}；对凝结潜热加热项的影响最大，其极大值超过了 50 W・m^{-2}，极小值也超出了－50 W・m^{-2}。对比图 3.77c 与图 3.75d 发现凝结潜热加热率的差值分布与降水的差值分布非常相似。由此可推断，温室气体对大气热源的影响主要来自凝结潜热的变化。

为进一步了解凝结潜热过程对温室气体变化的响应，对凝结潜热过程进行分类，对流过程和大尺度凝结过程产生的凝结潜热变化如图 3.78 所示。图 3.78a 为对流过程凝结潜热变化，

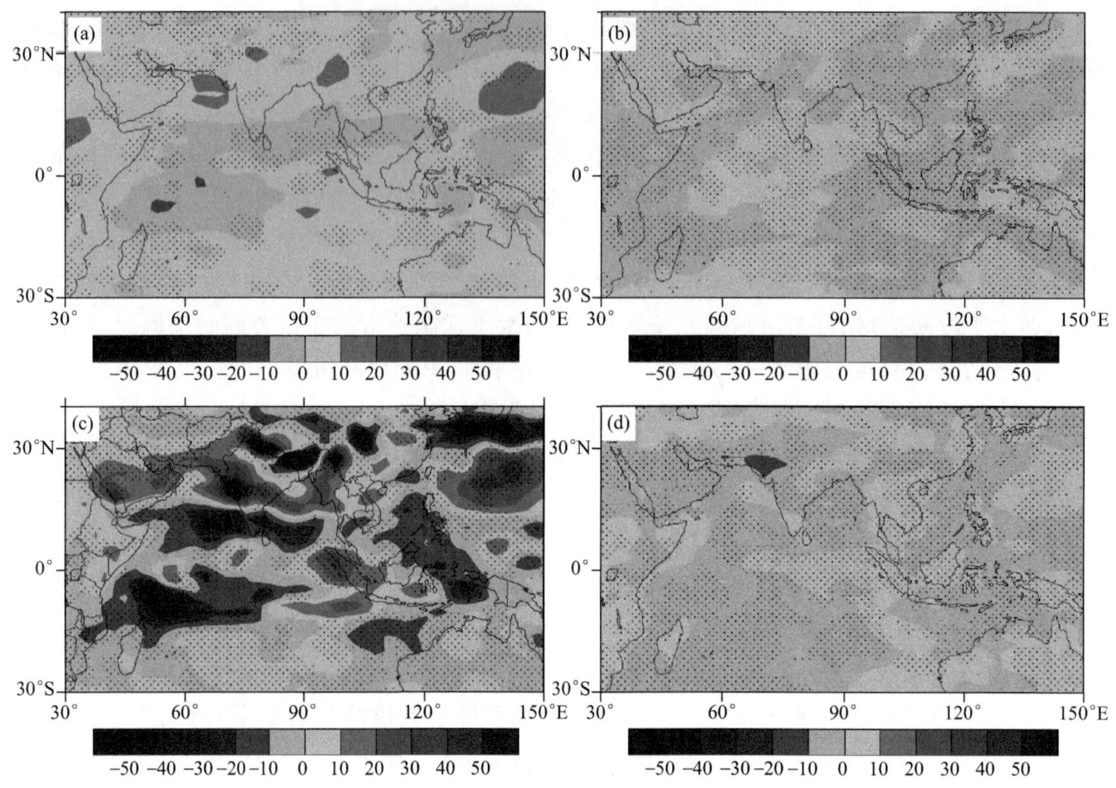

图 3.77　试验 TB 与试验 TC 夏季 4 个热源差值(W·m^{-2})

(a)长波辐射加热率,(b)短波辐射加热率,(c)凝结潜热加热率,(d)地表感热通量输送

它与总凝结潜热分布情况基本一致(图 3.77c)。印度半岛南部、青藏高原南侧、中南半岛南部、菲律宾和日本等区域为对流凝结潜热变化的负值区,其减小幅度不超过 30 W·m^{-2};印度半岛中部及北部、孟加拉湾、中南半岛大部、中国西南地区及东部等区域为对流凝结潜热变化正值区,其中印度半岛西部和北部的极大值均超过 50 W·m^{-2}。即工业发展引起的温室气体增加会使亚洲大陆对流过程凝结潜热明显增加。由图 3.78b 可以看到,大尺度凝结过程引起凝结潜热的变化与对流凝结潜热变化分布相似,但大部分地区的变化幅度较小;极大值出现在青藏高原东南侧,极小值区出现在青藏高原南侧和四川盆地。

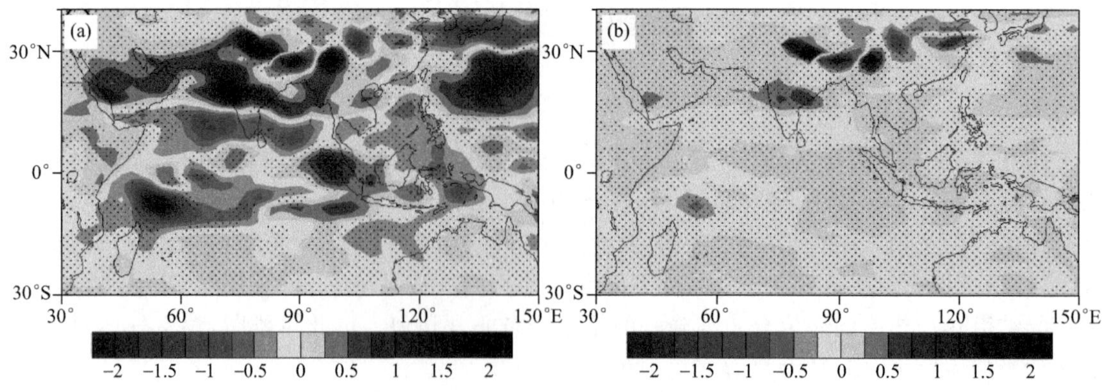

图 3.78　试验 TB 与试验 TC 夏季凝结潜热加热率差值(W·m^{-2})

(a)对流过程,(b)大尺度过程

图 3.79 是不同高度上对流云云量的变化。300～850 hPa 等各个高度上对流云云量的差值分布相一致，均与降水差值的分布（图 3.75d）非常相似：印度半岛中部、孟加拉湾和除江淮地区以外的中国东部地区，对流云云量都是增加的，增加极大值位于印度半岛西部沿海地区，500～850 hPa 上云量增加明显。对流云云量的变化反映了陆地区域大气对流活动有所增强。

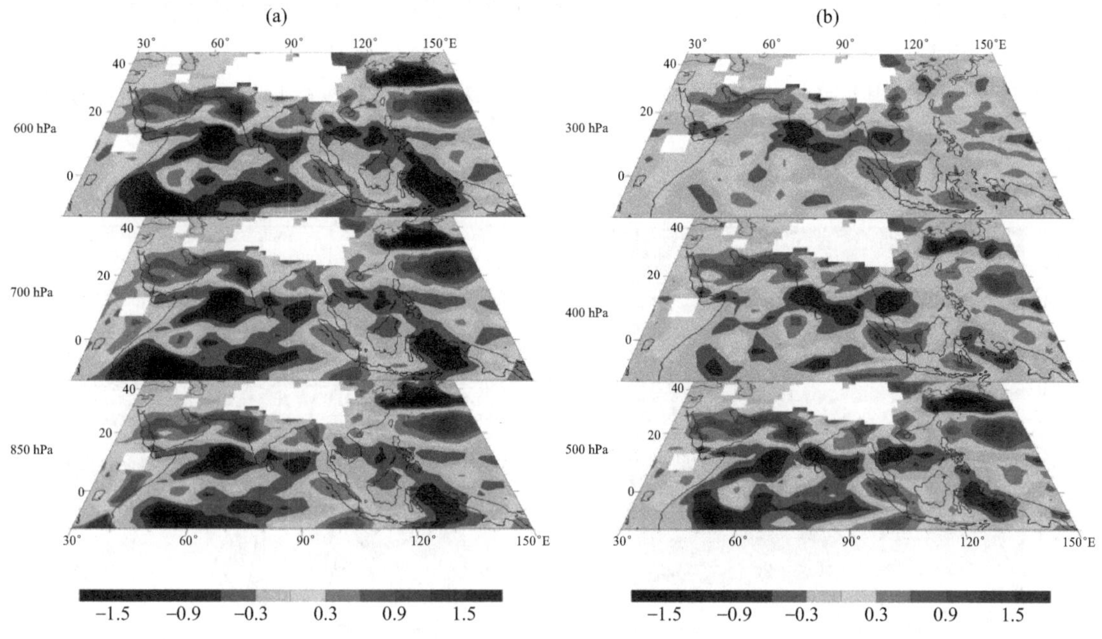

图 3.79　试验 TB 与试验 TC 夏季各个层次上对流云云量差值（%）

（a）850、700、600 hPa，（b）500、400、300 hPa

对流云厚度变化也可反映对流活动变化。图 3.80 为试验 TB 与 TC 对流云厚度差值，由图 3.80 可知，印度半岛南部、中南半岛中南部和中国华东近海区域的对流云厚度有所减小；印度半岛西部和北部、孟加拉湾、中南半岛北部、中国西南地区和中国东部大部地区对流云厚度有所增加，其分布形势与对流凝结潜热变化一致。

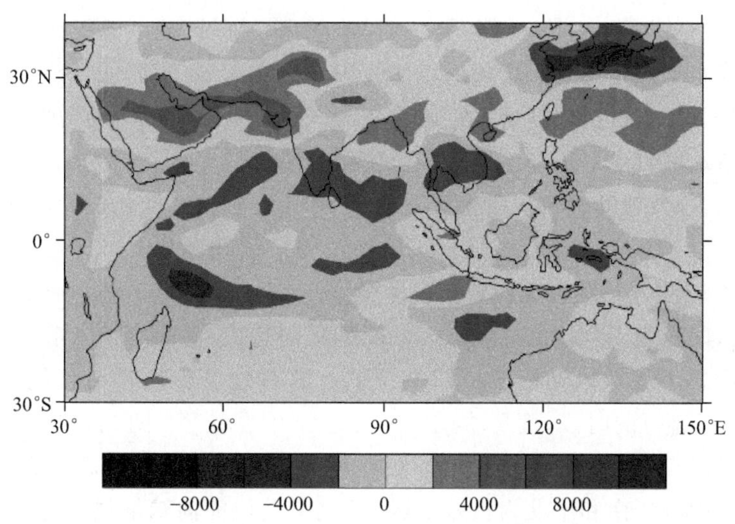

图 3.80　试验 TB 与试验 TC 夏季对流云厚度差值（Pa）

分析沿 115°E 温度和加热率垂直剖面以进一步了解对流活动变化过程。图 3.81a 为温度垂直剖面，可以看到大气在变暖，其中在 35°N 以南 250～600 hPa 高度层存在两个增温低值中心，低值中心下大气层结不稳定性将增强，有利于对流活动的发生。图 3.81b 为大气加热率垂直剖面，可以看到在海上有一个加热率减小的中心，高度为 300～700 hPa；在陆地上加热率增大。温度变化除了受加热率影响外，还受到热量输送的影响，温度经向通量和垂直通量散度(图略)表现出复杂变化。温度变化、加热率变化和热通量变化相对照可知，温度变化是加热率和三维热通量两者共同作用的结果，反映出工业发展导致的温室效应加剧引起了大气复杂的热力和动力反馈作用。

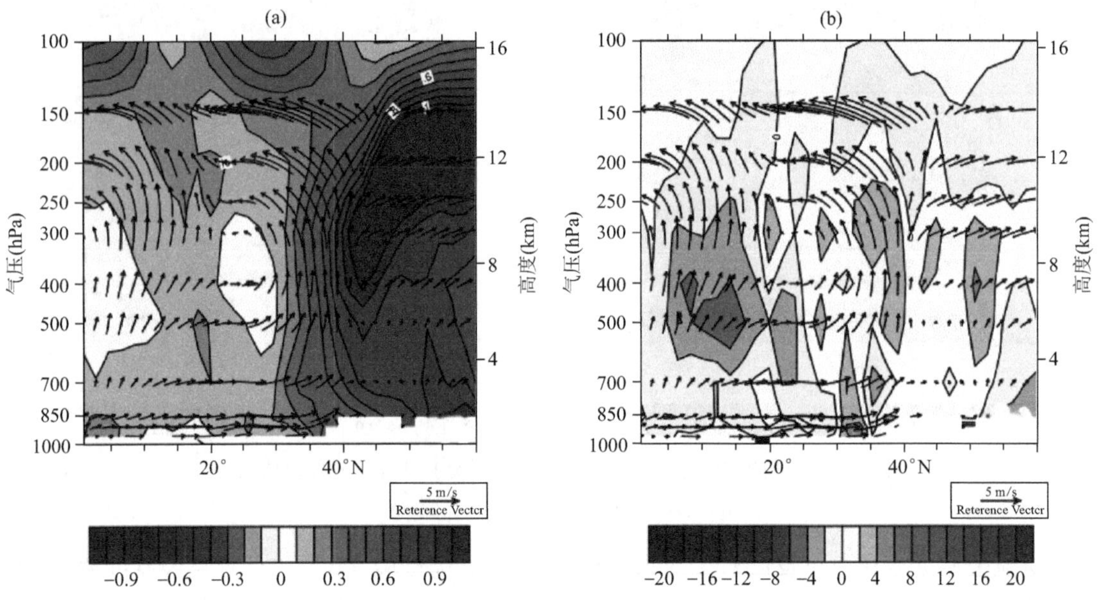

图 3.81 试验 TB 与试验 TC 夏季 115°E 垂直剖面上不同要素差值

(a)温度(K，叠加垂直风场)，(b)大气加热率(10^{-5} K/s，叠加垂直风场)

结合图 3.75d、图 3.78a、图 3.80 和图 3.81 可知，工业革命导致的温室气体增加造成大气稳定度降低，对流活动加强，对流云厚度加大，对流降水增加，因此对流凝结潜热增加明显。也就是说，对流性降水增加是总降水增加的主要原因。史文丽等(2013)的研究也表明，全球变暖通过增加对流层低层水汽含量、气层不稳定性和大气热含量使对流活动增强，促进对流性天气形成，长江中下游地区夏季对流降水频率和强度明显增大。

(3.7)式表明：全位能和辐散风动能之间的转换项 $\chi\ \nabla^2\psi$ 可以化成 $R\omega T/p$ 的形式，即当气团上升时，$R\omega T/p<0$，能量由全位能形式转换成辐散风动能形式。图 3.82a 为试验 TB 的 850 hPa 高度上全位能与辐散风动能转换项 $\chi\ \nabla^2\psi(R\omega T/p)$空间分布。亚洲季风区的大部分区域均为负值区，即发生了全位能向辐散风动能的正向转换；仅印度半岛东南部和中国东南部为正值区，能量形式由辐散风动能转换成全位能。这些地区出现正值可能是因为本小节将 6—8 月作为夏季风盛行的时段，而夏季风在 8 月已经开始南退。图 3.82b 为 850 hPa 全位能与辐散风动能间转换项的试验 TB 与试验 TC 差值分布情况。印度半岛中部、孟加拉湾北部、中南半岛西北部、中国华南和华北为负差值区，发生了全位能向辐散风动能转换的增强，负极值出现在印度半岛西部沿海地区。印度半岛南部及北部、中南半岛南部和日本及其附近洋面

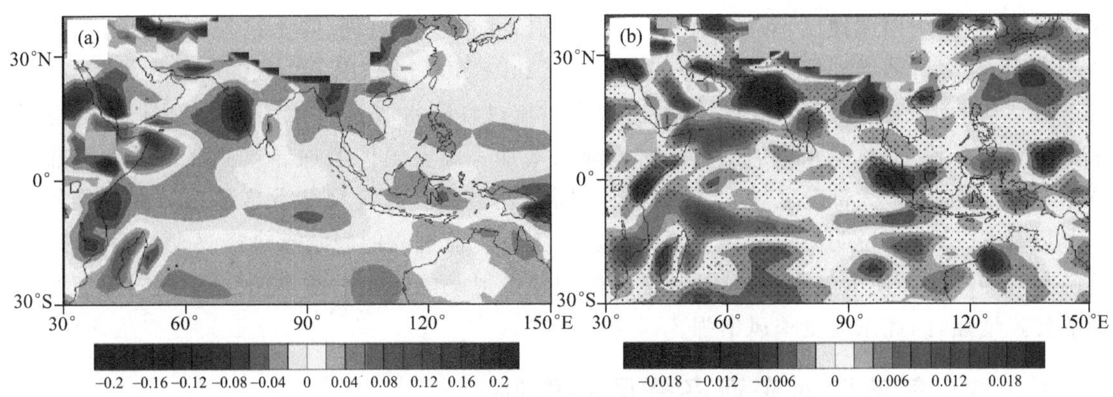

图 3.82　夏季 850 hPa 全位能向辐散风动能转换项(m^2/s^3)

(a)试验 TB,(b)试验 TB 与试验 TC 的差值

为正差值区,表明这些区域发生了不同程度的辐散风动能向全位能转换的增强,极值出现在印度半岛东南部和日本。图 3.82b 负值区和图 3.76 大气热源增强区大致相同,表明温室气体使得大气热源增强,导致全位能的产生项增大,增强了全位能向辐散风动能的转换。简而言之,温室气体的增加对全位能向辐散风动能的转换有促进作用。

由式(3.3)和(3.4)式可知,辐散风与无辐散风之间的能量转换是由两式右端 2～5 项决定。当这 4 项总和为正时,辐散风动能向无辐散风动能转换。试验 TB 的 850 hPa 辐散风与无辐散风的能量转换如图 3.83a 所示。印度半岛北部、中国东部地区和日本为正值区,表明这些区域有辐散风动能向无辐散风动能的转换;印度半岛南部和中南半岛等地区为负值区,表明这些地区存在无辐散风动能向辐散风动能的转换。图 3.83b 为温室气体排放增加后 850 hPa 上辐散风与无辐散风之间能量转换的变化情况。由图 3.83b 可以看到,印度半岛中部、中南半岛及中国东部等地区为正值区,即发生了辐散风动能向无辐散风动能转换的增加,或者无辐散风动能向辐散风动能转换的减少,这将使这些区域的无辐散风增强,从而导致夏季风增强。对比图 3.83b 和图 3.75c,可以发现辐散风动能向无辐散风动能转换增加的区域和无辐散风增强的区域大致相同,表明工业化造成的温室气体增加背景下亚洲夏季风有所增强。

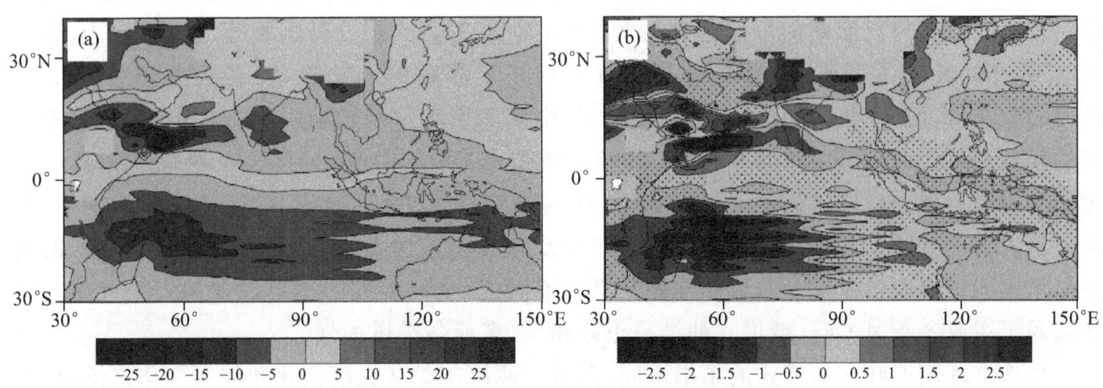

图 3.83　夏季 850 hPa 辐散风动能向无辐散风动能转换项(10^{-4} m^2/s^3)

(a)试验 TB,(b)试验 TB 与试验 TC 的差值

全球温室气体持续增加背景下,印度半岛中部、中南半岛和中国东部等地区的夏季风有所增强;印度半岛中部及北部、中南半岛中北部和中国东部地区降水增加;印度半岛南部、青藏高

原东南侧、中国中西部地区、菲律宾和日本等地的降水减少。温度、降水过程和对流云的变化结果表明:温室气体增加使中国东部对流层中层(250～600 hPa)以下大气的不稳定性增加,造成对流活动增强,对流云云量和厚度增加,故而对流过程降水增加。对流降水变化形势与总降水变化分布一致,即总降水增加主要是对流降水增加。温室气体增加导致亚洲地区大气热源分布改变,东亚陆地大部分区域大气热源有不同程度增强。对流凝结潜热和总降水变化的分布形势基本一致,这说明温室气体主要通过影响大气对流过程的凝结潜热释放改变大气热源。暖区大气热源增强使大气全位能增加,全位能向辐散风动能转换增强,辐散风动能向无辐散风动能转换增强,因此东亚夏季风增强。

3.3.3 气溶胶对东亚冬季风的影响

许多研究对东亚冬季风的变化原因进行了探讨,如:厄尔尼诺、北极涛动、西伯利亚高压和温室效应等因素。近 30 年来,随着亚洲经济的不断发展,人类活动造成大气中气溶胶浓度逐渐增加。张小曳等(2013)的观测分析显示,中国东部地区气溶胶浓度呈增加趋势,浓度仅次于南亚地区的城市。IPCC(2013)指出,气溶胶作为人为影响气候的因子,其作用力仅次于温室气体,它引起的气候效应以及健康问题越来越受到人们的关注。

Liu 等(2009)使用较早版本的公共大气模式(CAM3.0)模拟了中国地区气溶胶的气候效应,发现黑碳和硫酸盐气溶胶的直接效应均可减弱东亚冬季风,且这两种气溶胶对温度和降水的共同作用远大于硫酸盐和黑碳气溶胶单独的影响,它使冬季风强度指数(20°—40°N,100°—140°E)降低 5.135%。邓洁淳等(2014)使用了公共大气模式(CAM5.1),它包括了气溶胶的直接和间接气候效应,也包括了黑碳气溶胶作用于冰雪反照率的结果,研究了我国东部地区人为气溶胶对东亚地区冬季风的影响,发现冬季我国东部地区人为气溶胶使得近地面层温度普遍降低,对流层中高层明显增温,我国东部沿海地区地面气压普遍下降,造成东亚冬季风低层的偏北风分量减弱;阻止中层的东亚长波槽南伸,不利于中高纬度强冷空气向南爆发,且削弱高层西风急流的强度。蒋益荃(2013)为了探究人为气溶胶的增加对东亚气候的作用,同样使用了公共大气模式(CAM5),模式考虑了气溶胶的直接和间接气候效应,包括黑碳对冰雪反照率的影响,结果表明人为气溶胶的增加会减弱东亚冬季风,同时使中国南方降水减少,黑碳气溶胶对青藏高原积雪反照率的影响起着主要作用(马岚 等,2003)。吴国雄等(2015)认为,人为气溶胶减弱东亚冬季风,同时弱的冬季风不利于气溶胶向外输送,二者关系密切。Li 等(2016)从 20 世纪 70 年代初至 21 世纪 10 年代中期冬季雾霾的长期观测资料中得出,东亚季风的年际变化会对中国中东部雾霾天气产生严重影响,弱的东亚季风会导致更多的雾霾天气。黄伟等(2013)采用区域气候模式(RegCM4.0)模拟东亚人为气溶胶对东亚冬季风的影响,结果显示人为气溶胶引起陆地降温,使得海-陆温差和气压差加大,东亚冬季风加强。不同的研究显示人为气溶胶对东亚冬季风影响的结果是不同的,全球模式的结果表现为人为气溶胶增加减弱了东亚冬季风,而区域模式的结果正好相反,东亚冬季风加强。

虽然全球模式和区域模式的结果不同,但对于原因都是从温度变化和气压变化来解释,并没有进一步分析具体的变化机理。冬季风主要受寒潮的影响,王为德和缪锦海(1984)以及仇永炎和朱亚芬(1984)研究了寒潮中期的能量学特征。Ding 等(1987)用合成法计算了西伯利亚高压的热量收支分析西伯利亚高压演变的机制。我们知道,太阳辐射的季节变化、海陆差异和青藏高原等因素是东亚季风形成的根本原因。这些因素的作用将反映在大气热源的特性上，通过热源影响季风，因此，从能量和大气热源的变化探讨气溶胶对季风的影响可以更直接地揭示季风变化的机理。郭增元等(2017)利用 Krisnamurti 等(1982)分析亚洲夏季风的方法，分析了气溶胶对亚洲夏季风影响的机理，结果表明气溶胶增加造成大气热源减弱，全位能向辐散风转化减小，辐散风向无辐散风转换减少，无辐散风减弱，最终导致夏季风减弱。我们尝试借鉴这个方法从能量变化的角度探讨气溶胶影响冬季风的机理。

我们采用气候态月平均海温海冰数据，模式取 2001 年至 2010 年的结果，书中用 2001—2010 年冬季平均来表示。其他条件不变，试验 A 采用 2000 年的气溶胶排放源，2000 年的温室气体排放源；试验 B 采用 1850 年的气溶胶排放源，2000 年的温室气体排放源；试验 C 采用 1850 年的气溶胶排放源，1850 年的温室气体排放源。进行敏感实验，试验 A 与 B 的差值代表气溶胶所造成的影响，试验 B 与 C 的差值代表温室气体的影响，试验 A 与 C 的差值代表气溶胶和温室气体的共同作用。

图 3.84a 和 b 分别为试验 A 和 B 模拟的 2001—2010 年冬季地表黑碳气溶胶的平均浓度分布，图 3.84c 和 d 为硫酸盐气溶胶浓度分布。对比得出，在 2000 年排放情境下的东亚、非洲中部及欧洲西部等地气溶胶浓度显著增加。这个结果与邓洁淳等(2014)和蒋益荃(2013)的结果一致。

图 3.85a 是由再分析资料计算的大气热源分布，大气热源中心分布在西太平洋 30°—60°N、帕米尔高原以及菲律宾以东的热带太平洋，而在我国东南部为热源的低值区，热源的中心值超过 200 W·m^{-2}；其余大部分区域为热汇，在 50°—70°N 有一呈东北—西南走向的热汇高值带，其极值达到 −200 W·m^{-2}；在我国的西北、东北、华北和西南地区为热汇。这个结果与陈

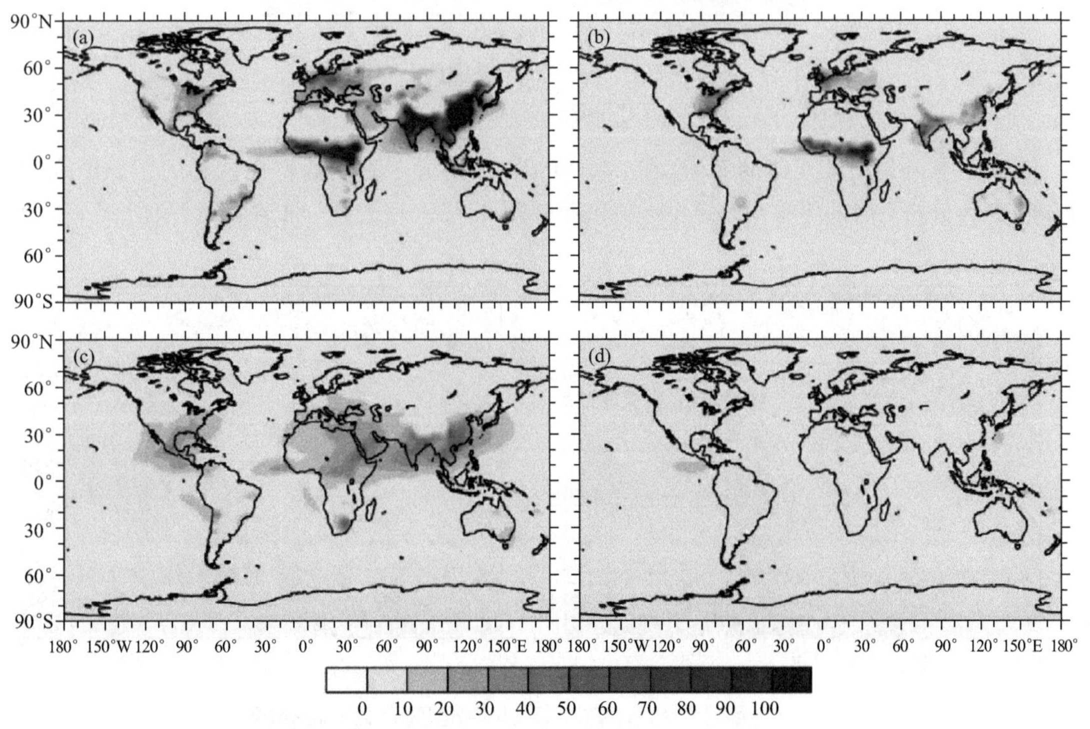

图 3.84　2001—2010 年冬季平均地表浓度

(a)试验 A 黑碳(10^{-10} kg/kg)，(b)试验 B 黑碳(10^{-10} kg/kg)，

(c)试验 A 硫酸盐(10^{-9} kg/kg)，(d)试验 B 硫酸盐(10^{-9} kg/kg)

玉英等(2008)的结果一致。可以从图 3.85b 中看到模式模拟的大气热源结果大致呈现了热汇和热源的分布特点,模拟的热源主要位于西北太平洋和菲律宾以东的太平洋,中心值超过了 240 W·m^{-2},略大于再分析资料的结果;模式没有再现帕米尔高原的热源;模式模拟的我国东部的热源低值区位置偏北。模拟的热汇主要分布在我国的青藏高原、西北、东北、华北和西南地区,但模拟的热汇没有再现西北、东北、华北和西南地区热汇中心的分布特点;中南半岛、印度半岛和西太平洋 10°—30°N 为热汇,这与再分析资料一致;在 60°—70°N 有一热汇高值带,位置比再分析资料偏北,数值也偏小。模式模拟结果与再分析资料结果基本一致,但也有部分地区存在差异,热源和热汇的位置和数值不完全一致,其中模式的热源数值偏大,热汇则偏小。

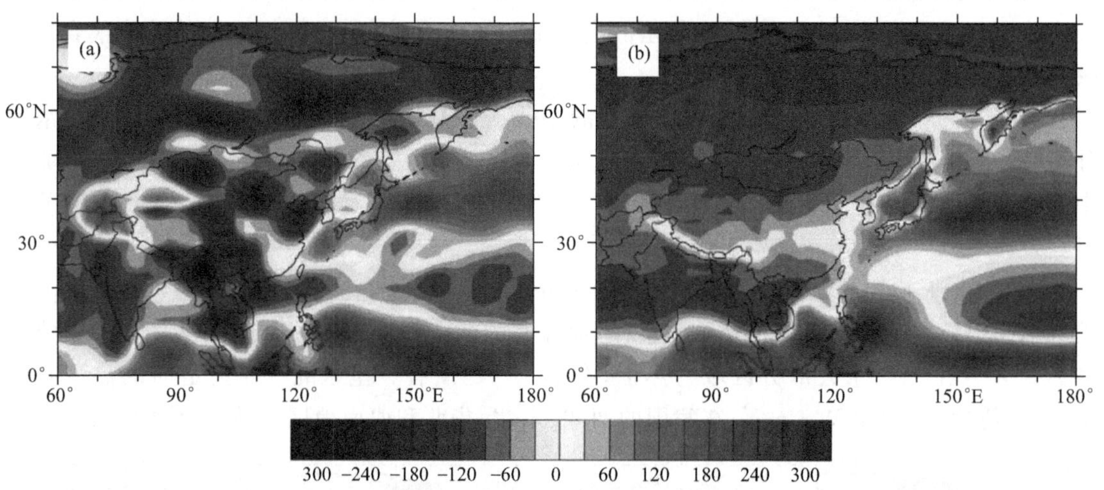

图 3.85 2001—2010 年冬季大气热源的分布(W·m^{-2})

(a)NCEP 再分析资料,(b)试验 A

东亚冬季风是比较浅薄的系统,在 850 hPa 中国南方冬季风的特征就消失了。图 3.86a 为 NCEP 再分析资料的冬季 925 hPa 风场和降水分布,降水高值区分布在西太平洋 30°—40°N、

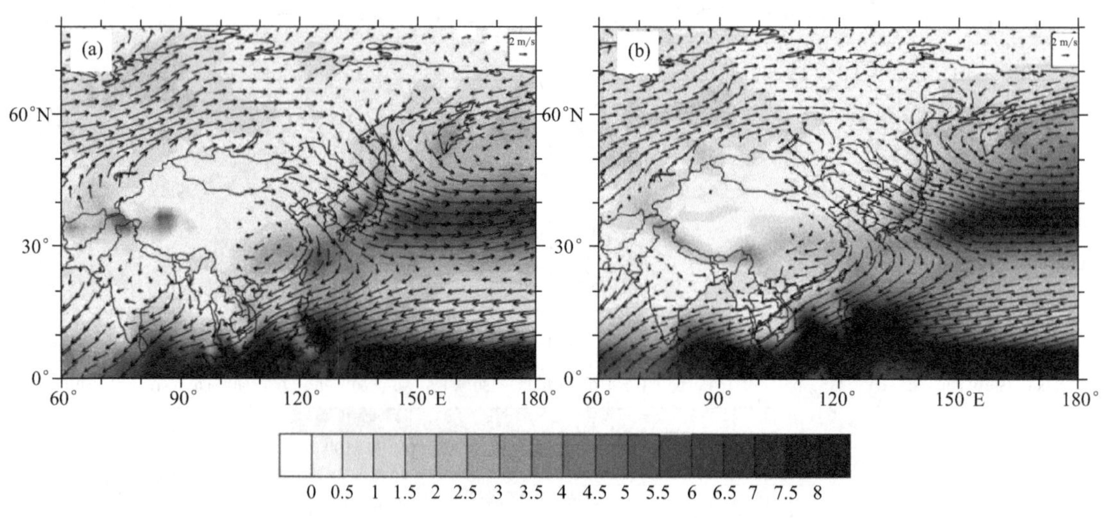

图 3.86 2001—2010 年冬季降水(填色, mm/d)和 925 hPa 风场(矢量,m/s)

(a)NCEP 再分析资料,(b)试验 A

菲律宾以东的热带太平洋、帕米尔高原等地。图 3.86b 是模式模拟结果，较好地再现了风场和降水的分布，同时，降水高值区也分布在上述地区，但模式结果数值略大。模式和再分析资料的风场分布基本一致，在我国东北、华北和长江以北地区为西北风，朝鲜半岛和日本列岛及附近也为强劲的西北风；在东南沿海和长江以南地区为东北风。日本以东的西太平洋地区为气旋式环流，西太平洋 25°—50°N 地区以西风为主，60°N 附近的北太平洋为东风。菲律宾附近的热带地区以东风为主。模式的风速略大于再分析资料的风速。在蒙古东部风场的偏差是由于插值造成的，一些情况下这一地区 925 hPa 高度低于地形高度。

图 3.87 是 925 hPa 再分析资料(a)和模式模拟(b)的温度场，两者分布相近，均为由北向南温度递增；海洋温度高于大陆温度；菲律宾群岛附近以及热带太平洋是温度的高值地区，在西伯利亚为温度的低值区。但在热带海洋，模式结果偏低。对比得出，模式较好地模拟了东亚区域气象要素场和大气热源的主要分布特征征。由此，我们可以更深入地探讨气溶胶对东亚季风影响的机理。

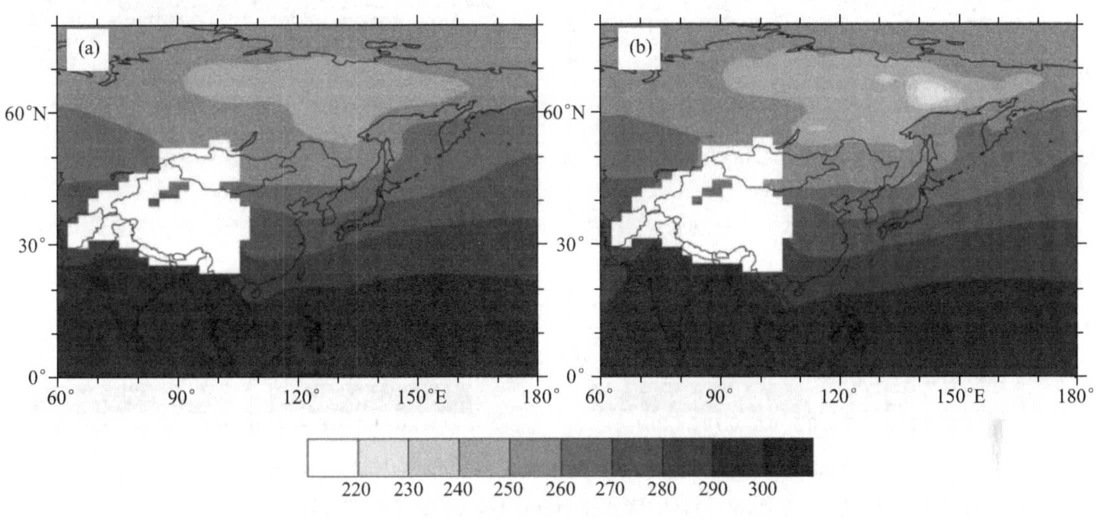

图 3.87　2001—2010 年冬季 925 hPa 温度(单位:K)

(a)NCEP 再分析资料,(b)试验 A

图 3.88a 为试验 A 减去试验 B 的 925 hPa 风场的差值，即气溶胶对风场的影响，可以看到，中国东部地区冬季风减弱，特别是我国东北地区、朝鲜半岛和日本列岛冬季风减弱的最显著。同时，在西太平洋的风矢量差形成一个反气旋，北太平洋的东风也减弱；在陆地高纬大部分地区西风减弱。图 3.88b 为试验 A 减去试验 B 总降水量的差值，气溶胶的增加使我国东南部、华北地区、云贵高原和中南半岛等地的降水量减少，其中长江中下游和中南半岛的减少较为显著。同时，菲律宾群岛北部附近，日本南部附近和太平洋北部降水量增加；50°N 以北的大部分陆地降水略有增加。图 3.88c 为气溶胶对无辐散风的影响，通过与风场变化对比可知，无辐散风的变化与风场的变化基本一致，说明风场变化主要来自无辐散风。图 3.88d 是气溶胶对地表温度的影响，可以看到，亚洲大陆大部分地区为降温，主要分布在我国的东南部地区、印度半岛、中南半岛和西伯利亚地区，大小约为 1.2 K；我国的青藏高原、华北地区和东北地区南部，以及哈萨克斯坦和西伯利亚有升温，极值超过 2 K。图中季风区通过显著性检验。

上述试验结果表明人为气溶胶增加将造成东亚冬季风减弱。气溶胶是如何造成冬季风减弱的呢？我们将通过分析气溶胶对能量平衡的影响进行研究。由方程(3.6)可知，位能产生项

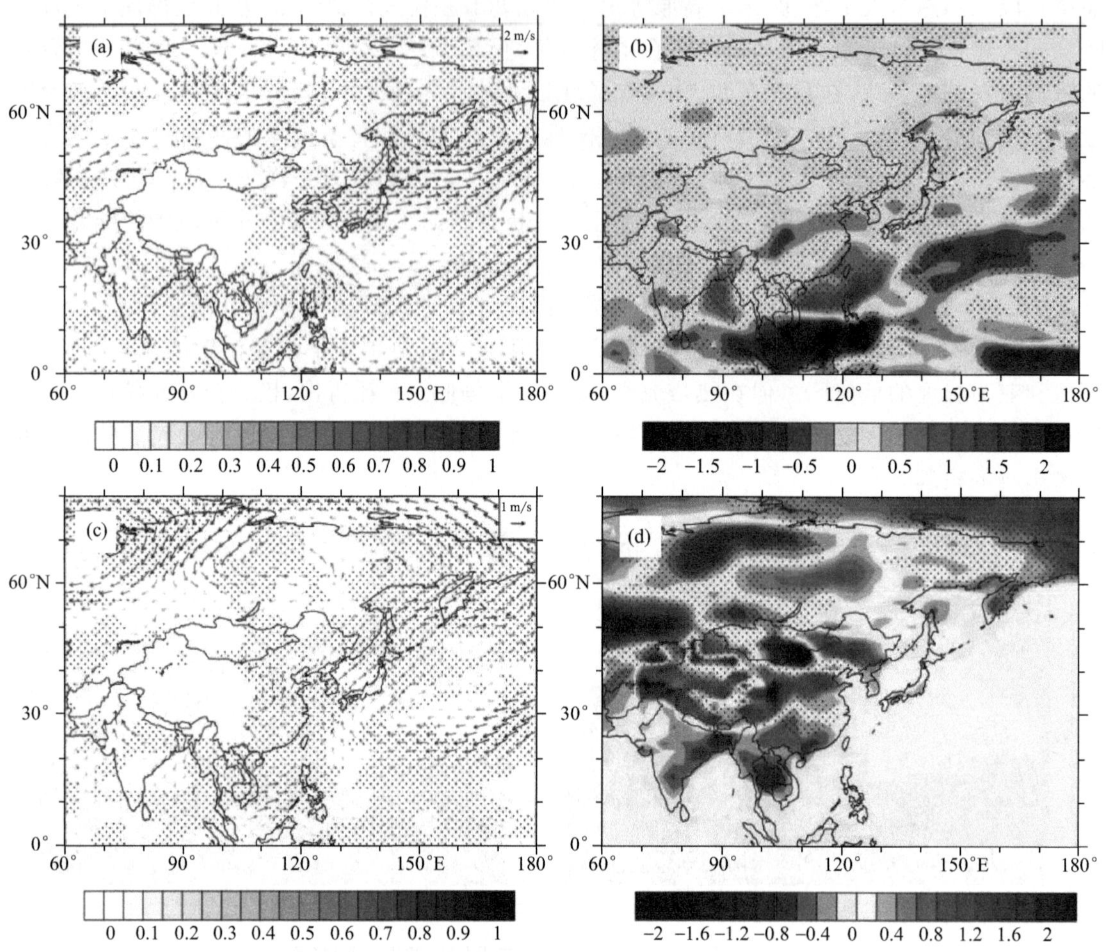

图 3.88 2001—2010 年冬季基本要素的试验 A 与试验 B 的差值

(a)925 hPa 风场(矢量,m/s),(b)降水率(mm/d),(c)925 hPa 无辐散风(矢量,m/s),

(d)地表温度(K)(打点部分为通过 F 检验的部分,置信度为 99.5%)

(G_{P+I})是由不均匀加热与温度的协方差决定的,这说明了暖区加热或者冷区冷却使位能增加,反之会使位能减少。不均匀加热不仅影响全位能的变化,还将影响全位能向辐散风动能的转换。图 3.89 是大气热源差值,由试验 A 减试验 B 可得,在我国华北以南的东部地区、中南半岛、热带海洋和 25°—40°N 西太平洋的大部分地区为负值区;也就是说,气溶胶的增加使得这些地区的热源减小,或者热汇加强,极值大小超过 −20 W · m^{-2}。

在我国东北地区、50°N 以北的陆地、西太平洋北部、菲律宾群岛附近和青藏高原西部与南部为正值区;即气溶胶使这些地方热源增加,或者热汇减弱,极值大小超过 20 W · m^{-2}。与图 3.87b 对比可以发现热源的差值分布与降水的变化分布有较好地对应。

人为气溶胶增加使得 50°N 以北陆地热汇减弱,由于该地区是温度的低值区(图 3.87),所以热汇减弱造成这个地区位能的产生减少。我国东南部地区和中南半岛热汇加强和热源减弱,由于该地区是温度的高值区,因此其全位能消耗增加,全位能的产生减弱。由于热源在北太平洋,热汇在西太平洋南部(图 3.85),因此西太平洋是位能的消耗区。在海洋上热源和热汇的变化比较复杂,气溶胶增加使得 40°N 以北的大部分太平洋区域热源加强,使得位能的消

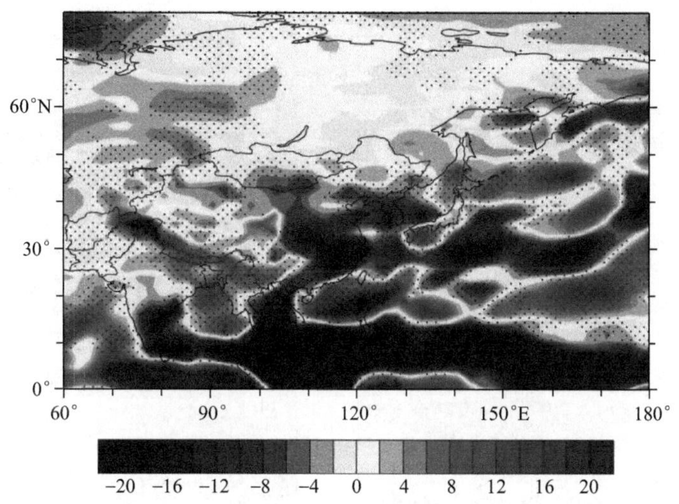

图 3.89 2001—2010 年冬季试验 A 与试验 B 大气热源差值(W · m^{-2})

耗进一步加大。25°N 以南大部分太平洋地区热汇减弱,位能消耗减弱。在南海和菲律宾中北部及其附近海域热源加强,位能产生项加强。大气热源由四部分组成,分别为短波辐射加热率、长波辐射加热率、凝结潜热加热率和感热通量。为了更细致地了解气溶胶导致大气热源的变化,分别给上述四项作差,即为图 3.90,由图可知,在四项变化中,凝结潜热的变化最大,它与热源的变化(图 3.89)基本一致,数值相当,在我国长江以南为极小值,约为 −20 W · m^{-2};菲律宾岛处为极大值,约为 25 W · m^{-2}。这些说明凝结潜热的变化是热源变化主要原因。同时,热源的变化与降水变化(图 3.88b)的分布相似也进一步印证这一点。大气短波辐射、长波辐射和地表感热通量的变化在我国东南部地区热源变化中也有不可忽视影响,其极值也超过 10 W · m^{-2},显示出气溶胶对大气能量平衡过程影响的复杂性。图 3.90 中打点部分为通过显著性检验的部分,长波辐射加热率几乎没通过显著性检验,凝结潜热加热率最为显著,与图 3.89 打点区域接近。

对流过程和大尺度过程凝结潜热加热率是凝结潜热变化的组成部分。图 3.91a 和图 3.91b 分别是对流过程和大尺度过程凝结潜热加热率的变化。对比可得,大尺度过程的变化大于对流过程的变化。大尺度过程产生的凝结潜热的变化形势基本与凝结潜热的变化(图 3.90c)一致。在陆地,大尺度过程的影响远大于对流过程的影响,我国东南部地区大尺度过程产生的凝结潜热减少;而在青藏高原南部、哈萨克斯坦和 60°N 附近的陆地大尺度过程产生的凝结潜热增加。在菲律宾群岛北部直到日本列岛和西太平洋北部大尺度过程产生的凝结潜热增加,最大值大于 16 W · m^{-2}。对流过程的变化主要发生在热带海洋、菲律宾群岛附近和西太平洋南部。在 40°N 以南的西太平洋上,对流过程的变化与大尺度过程相当。结果表明,人为气溶胶对凝结潜热的作用主要通过大尺度过程影响大气热源,而对流过程的影响是次要的,在部分地区对流过程的作用超过大尺度过程。图中打点部分为通过置信度 99.5%显著性检验的地区,可见大部分地区通过检验。

根据方程(3.7),在上升运动时,$\chi\nabla^2\psi<0$,$R\omega T/P$ 的大小决定全位能向辐散风动能转换($\chi\nabla^2\psi$)的大小,图 3.92a 是它的分布,由图可见,在 50°N 以北的大部分地区全位能向辐散风的转换项为负值,如:西伯利亚和乌拉尔山以东,以及南海和菲律宾以东也为负值。而在中国

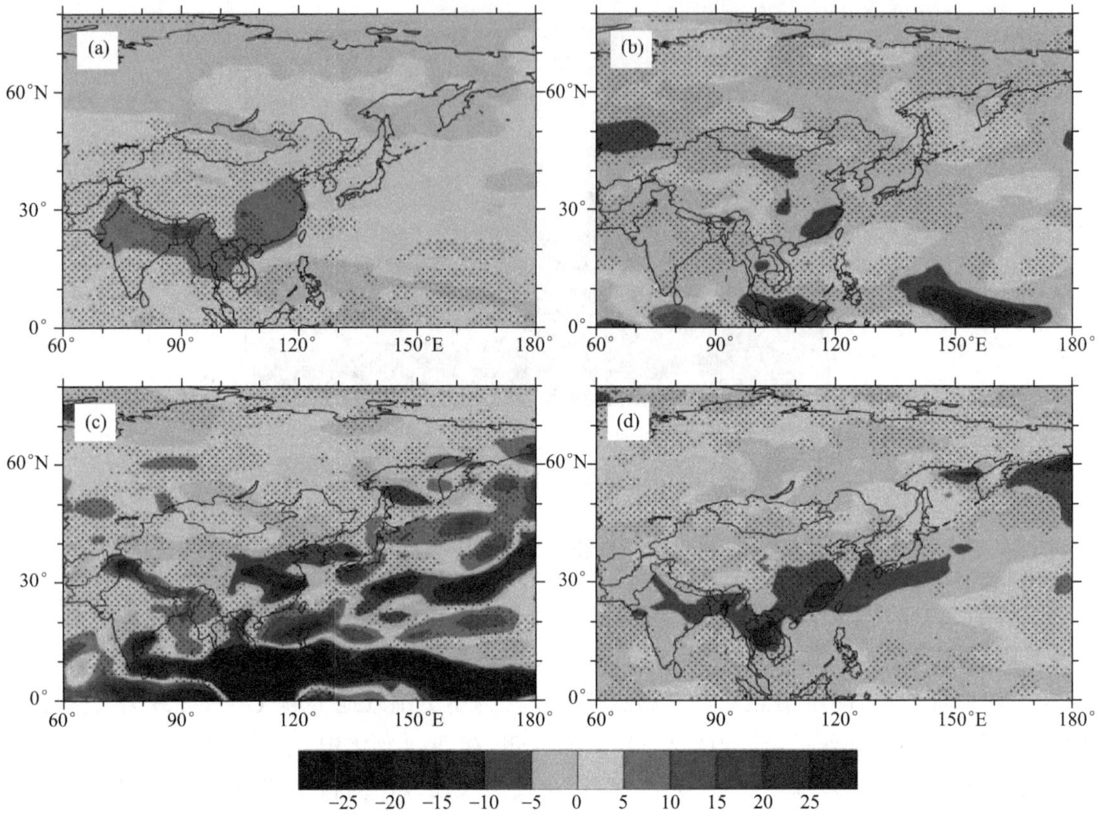

图 3.90 2001—2010 年冬季大气热源的计算分量的试验 A 与试验 B 的差值(W·m^{-2})

(a)长波辐射加热率,(b)短波辐射加热率,(c)凝结潜热加热率,(d)地表感热通量输送

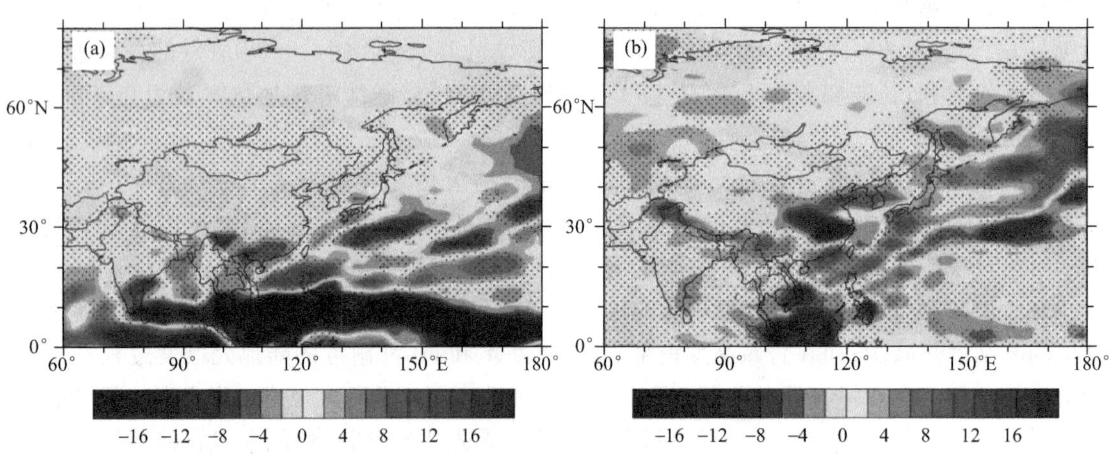

图 3.91 2001—2010 年冬季试验 A 与试验 B 的凝结潜热加热率差值(W·m^{-2})

(a)对流过程的凝结潜热加热率,(b)大尺度过程的凝结潜热加热率

东南部及其近海和中南半岛等为正值,我国东北地区、朝鲜半岛、日本列岛和库页岛地区总体为正值。在西太平洋上,35°N 以北大部分为负值,35N°以南大部分为正值。全位能向辐散风动能转换在图中显示为负值区域,辐散风动能向全位能转换则显示为正值区。图 3.92b 是气溶胶对全位能向辐散风转换项的影响,打点区域通过显著性检验,从图中可以看到,在我国东部大部分地区全位能向辐散风转换项的变化为正值,表示辐散风向全位能的转化加强(或者全

位能向辐散风转换的减弱)。在东北亚地区(35—55°N,115—150°E;包括我国东北地区、朝鲜半岛、日本列岛和库页岛),气溶胶造成该地区辐散风向全位能转化项的变化正负相间,统计显示该区域正值略大,说明地区辐散风向全位能的转化有所增加。中南半岛、菲律宾群岛南部和太平洋海中部为正值区,说明此处辐散风动能向全位能转换的增强,或者全位能向辐散风动能转换的减弱。全位能向辐散风动能转换项减弱的区域(或者辐散风动能向全位能转换增强的区域)与全位能产生(或消耗)的变化有较好对应,如:我国东南部地区,大气热源减弱(热汇增强),全位能的产生减弱(消耗加强),对应辐散风动能向全位能转换增强;我国东北地区、朝鲜半岛、日本列岛和库页岛地区,热汇减弱(热源加强),全位能的产生减弱(消耗加强),对应着辐散风动能向全位能转换略有增强。结果说明气溶胶使这些地区全位能的产生减弱,并造成辐散风动能向全位能转换增加,或全位能向辐散风动能转换减少。

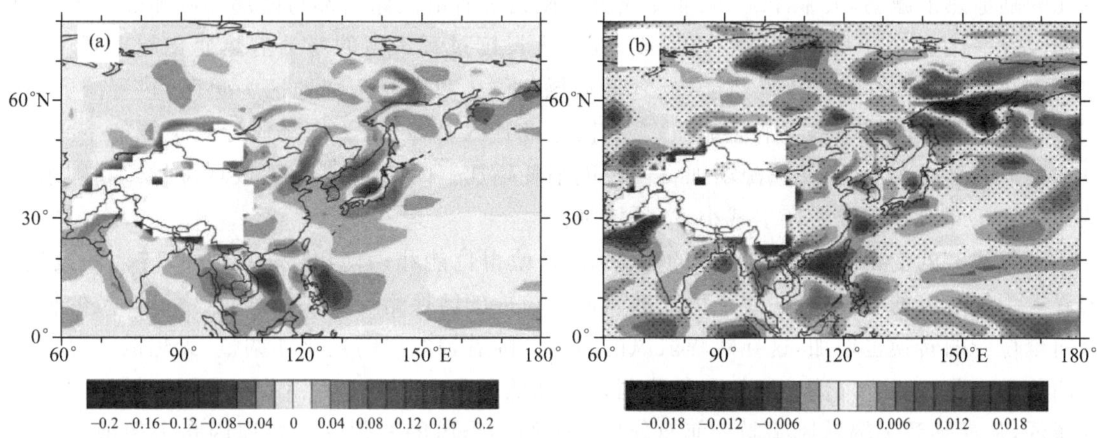

图 3.92　2001—2010 年冬季 925 hPa 全位能向辐散风转换项(W·kg^{-1})

(a)试验 A,(b)试验 A 与试验 B 差值

由方程(3.6)和(3.7)可知,辐散风和无辐散风之间转换项位于方程右侧第二到第五项,其试验 A 的分布即为图 3.93a,正值代表辐散风向无辐散风转换,由图可知,在蒙古以北的大部分区域辐散风向无辐散风转换项为正值;在我国东部、朝鲜半岛、日本列岛等地附近为正值,显示辐散风向无辐散风的转换。而在印度半岛和太平洋中部大部分区域为负值,说明无辐散风

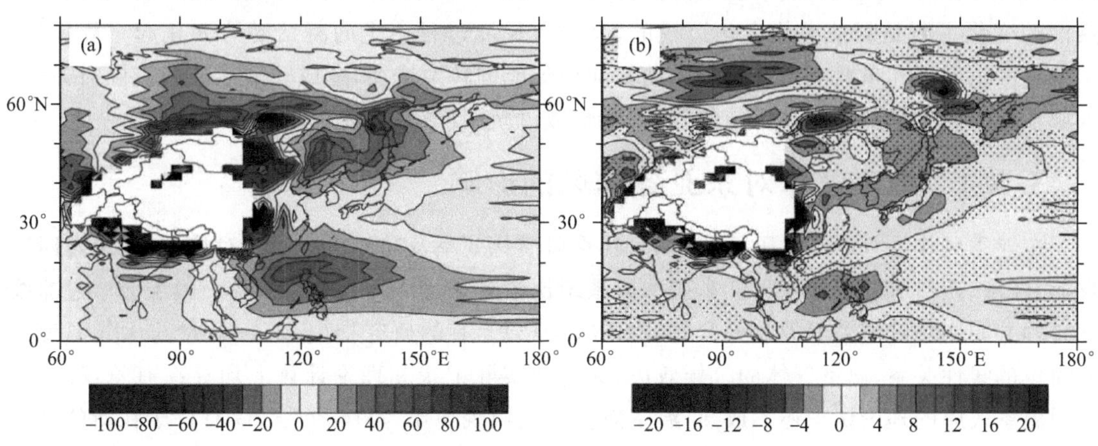

图 3.93　2001—2010 年冬季 925 hPa 辐散风向无辐散风的转换项(10^{-5} m^2·s^{-3})

(a)试验 A,(b)试验 A 与试验 B 差值

向辐散风的转换。图 3.93b 是气溶胶对辐散风向无辐散风转换项的影响，图中打点区域通过显著性检验，由图可知，在中国东部、朝鲜半岛和日本列岛，以及北纬 60°N 以北大部分区域辐散风向无辐散风转换向的变化为负值，即辐散风向无辐散风的转换减弱了，无辐散风减小，冬季风减弱。在西伯利亚为正值区，与图 3.93a 比对可知，西伯利亚区域辐散风向无辐散风的转换加强了。

人为气溶胶增加使我国东部地区，朝鲜半岛和日本列岛冬季风减弱；25°—30°N 太平洋上西风减弱，60°N 北太平洋东风减弱。同时，我国东南部降水受气溶胶增加的影响，降水量减少，菲律宾北部、日本和太平洋北部降水增加。我国东南部地区温度降低。

气溶胶的增加改变了大气热源的分布，造成在我国华北以南的东部地区、中南半岛、热带海洋和 25°—40°N 西太平洋的大部分地区热源减弱或者热汇加强。气溶胶的增加使得在 50°N 以北的陆地热汇减弱，太平洋北部、菲律宾群岛附近和青藏高原西部与南部热源加强。大气热源的变化主要是由于凝结潜热变化造成，其中大尺度过程产生的凝结潜热变化起主要作用。暖区加热和冷区冷却将产生全位能，反之将消耗位能。我国东南部地区为暖区，热源减弱（热汇加强）将使位能产生减弱（消耗加强）。我国东北地区为冷区，热汇减弱导致位能产生减小，日本列岛北部也为冷区，其热源增加将使位能消耗增加。因此，人为气溶胶增加导致我国东南部地区和东北亚地区位能产生减小，消耗增加。

大气热源的变化改变了季风区的热力结构，使得位能和动能以及它们之间转换的改变。随着人为气溶胶的增加，东北亚地区辐散风向全位能的转换略有增加，我国东南部区域的辐散风向全位能的转换也增加，这导致辐散风的减弱。随着辐散风的变化和调整，无辐散风也将随之调整和变化。人为气溶胶增加引起我国东南部地区和东北亚地区辐散风向无辐散风的转换的减弱，从而导致无辐散风减弱。前面分析已表明冬季风的变化的主要原因是无辐散风的变化，所以无辐散风的减弱导致东亚冬季风减弱。此结论与 Liu 等（2009）和邓洁淳等（2014）的研究结果一致。

综上所述，我们可以得到如下结论：①人为气溶胶增加使我国东南部地区和东北亚地区（35°—55°N，115°—150°E）冬季风减弱。同时，造成我国东南部地区降水减少。②人为气溶胶增加改变了大气热源的分布，造成在我国东南部地区热源减弱，热汇加强；我国东北地区热汇减弱，日本列岛热源加强；气溶胶增加使得这些区域全位能的产生减弱，消耗加强。③热源和热汇的变化主要是凝结潜热变化造成的，其中大尺度过程产生的凝结潜热变化起主要作用。④在我国东南部和东北亚地区辐散风动能向全位能的转换增加，造成辐散风减弱。同时，这个区域辐散风向无辐散风的转换减弱，导致无辐散风减弱，最终造成东亚冬季风减弱。

3.3.4 温室气体对东亚冬季风的影响

东亚季风作为全球季风子系统之一，其季风演化变率及动力机制研究对该地区自然环境、农业、经济、人口有着重要意义。东亚季风系统比较复杂，影响因子诸多，各个因子会通过非线性过程共同制约其演变发展和异常（洪梅 等，2015）。有的研究指出，CO_2 含量与大气温度并非简单的线性关系，温室气体的气候效应，无论从实际记录和理论计算上均存在有争议之处，说明温室效应的理论认识还不成熟，温室效应的气候表现作为科学问题，尚有待于在新的高度上加以深化（《全球变化及其区域响应》科学指导与评估专家组，2012）。20 世纪全球人类活动加剧，CO_2 排放量增加，全球气候变暖主要受温室气体的调制，此时中国 20 世纪气候也属于相对温暖期，在研究时段内驱使季风气候增强。温室气体（CO_2、CH_4、N_2O），尤其是20世纪人类活动加剧，浓度增大加快，对东亚季风影响比较大，但稍有差别。CO_2体积分数和N_2O体积分数值增大（与之相关的所有项累积相对贡献率分别达17.41%和24.74%），驱使东亚季风强度增强。而CH_4体积分数值增加（与之相关的所有项累积贡献率为17.6%），却驱使东亚季风强度减弱。可见温室气体与季风并非简单线性关系。随着大气温室气体含量的持续增加，东亚地区地表温度不断升高，平均升温速率为0.343 ℃/(10 a)，是过去全球平均地表升温速率的3倍；东亚大槽逐年减弱，预示冬季风略呈减弱的趋势（尹依雯，2016）。然而，在温室气体共同作用下的东亚冬季风的变化的研究较少，本小节就温室气体浓度变化对东亚冬季风的影响进行了讨论。

图3.94a是925 hPa上试验B与试验C风场的差值，即代表在温室气体的影响下，925 hPa风场的变化。可以看出，西西伯利亚平原、中西伯利亚高原和东西伯利亚海等地区，也就是说在大部分西伯利亚地区，西风显著增强。我国东北部、朝鲜半岛和日本群岛部分地区冬季风减弱。图3.94b为试验B减去试验C总降水量的差值，温室气体的增加使得青藏高原附近、印度半岛处降水量显著增加，我国东北地区降水微弱增加。而在我国东南部、西太平洋东部、台湾岛和海南岛、南海诸岛一带，降水量减少，台湾岛处变化较为明显。由前文得知，温室气体的增加可能导致东亚冬季风一定程度上的减弱，季风减弱致使进入内陆的气流减弱，故内陆大部

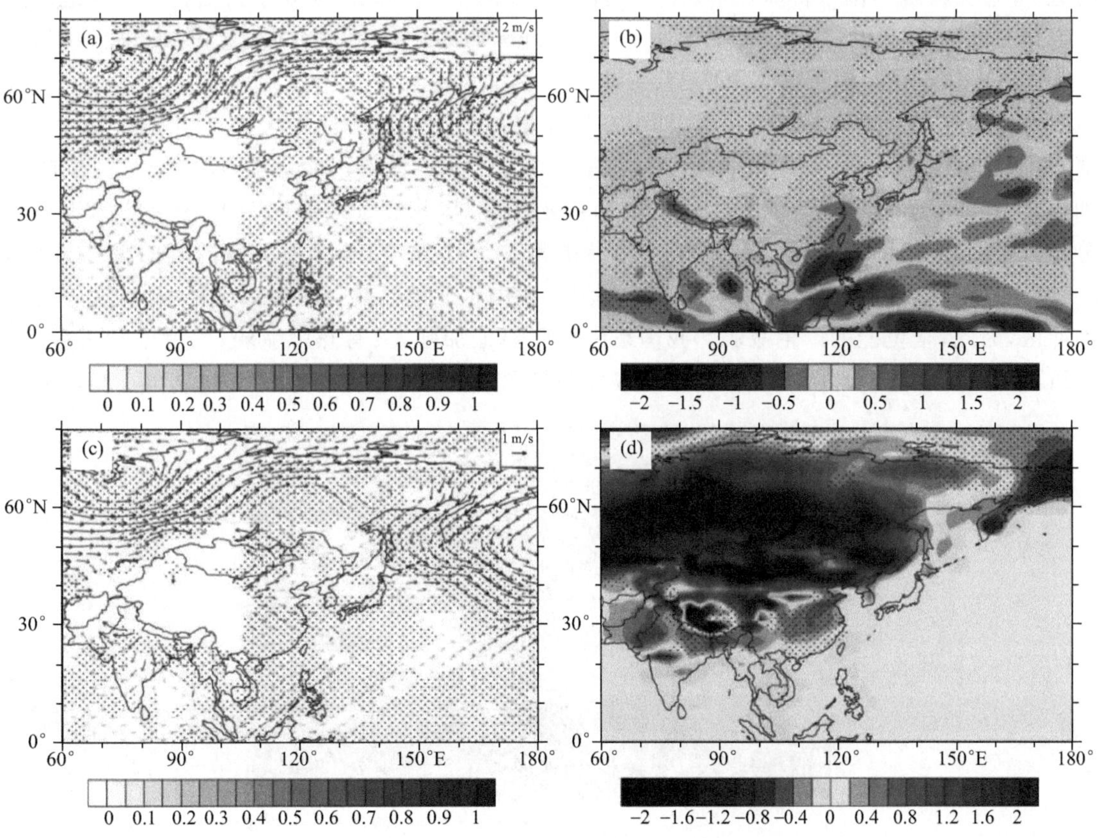

图3.94　2001—2010年冬季基本要素的试验B与试验C的差值

(a)925 hPa风场(m/s)，(b)降水率(mm/d)，(c)925 hPa无辐散风(m/s)，(d)地表温度(K)

（打点部分表示通过F检验，置信度为99.5%）

分地区降水减少。图 3.94c 为温室气体对无辐散风的影响，对比图 3.94a，无辐散风的变化与风场变化基本一致，说明风场的变化主要来自无辐散风。而无辐散风是维持东亚冬季风的重要组成部分，无辐散风减弱导致东亚冬季风减弱。在我国东北地区、朝鲜半岛和日本群岛附近，矢量差为西南风和东南风，对比试验 B 风场，此处原为西北风，说明北风减弱，东亚冬季风减弱。图 3.94d 的地表温度随着温室气体增加的变化，可以看出西伯利亚地区和我国大部分地区，温度增幅极为显著，增幅大小超过 2 K。但是也有少部分地区温度降低，如青藏高原处和马卡罗夫海盆等地，极值约为－1.6 K，可见温室气体的增加导致东亚地表大范围的明显升温。此处印证了 Jiang 等(2004)的结论，北半球高纬度地区表面气温升温幅度最大(与雪量、海冰覆盖面积及厚度减小有关)，海陆热力吸收差异导致了同纬度带的大陆升温幅度普遍大于海洋。我们知道，海陆热力差异是季风形成的重要原因，而由图 3.94d 可知，陆地升温明显，海洋温度几乎没有变化，海陆温差降低，海陆热力差异减少，更进一步说明了东亚冬季风是减弱的。图中打点部分为通过置信度 99.5% 显著性检验的地区，季风区基本通过检验。

上述试验结果初步表明温室气体增加将造成东亚冬季风减弱。我们将从能量平衡的角度探究温室气体变化对东亚冬季风的影响。研究方法与气溶胶一致，暖区加热或者冷区冷却使位能增加，反之会使位能减少。不均匀加热不仅影响全位能的变化，还将影响全位能向辐散风动能的转换。图 3.95 是在温室气体影响下大气热源的差值，由试验 B 减试验 C 可得，在赤道附近、菲律宾群岛与南沙群岛一带、我国长江中下游、中西伯利亚高原和东西伯利亚海等地区热源变化为负，也就是说，温室气体的增加使得这些地区的热源减小，或者热汇加强，极值大小超过 $-20\ \mathrm{W \cdot m^{-2}}$。在我国青藏高原西部、华北平原、孟加拉湾、中南半岛、菲律宾群岛北部一带，以及西太平洋部分地区等地为正值，即温室气体增加使这些地方热源增加，或者热汇减弱，极值大小超过 $20\ \mathrm{W \cdot m^{-2}}$。我们知道，冷区冷却或暖区加热使得位能增加，反之减少。位能增加通常增强东亚冬季风，位能减少通常减弱东亚冬季风，我们按照温度的大小(图 3.87)来划分冷区暖区。温室气体增加使得 50°N 以北陆地热汇增加，由于该地区是温度的低值区(图 3.87)，所以这个地区位能增加，对应风场加强。我国东北地区热源增加大于热汇加强，该地区为冷区，因此，全位能的产生减弱。我国东南地区热汇加强，又有热汇减弱，二者中和之后，冬季风有减弱的趋势。与图 3.94b 对比可以发现热源的差值分布与降水的变化分布有较好地对

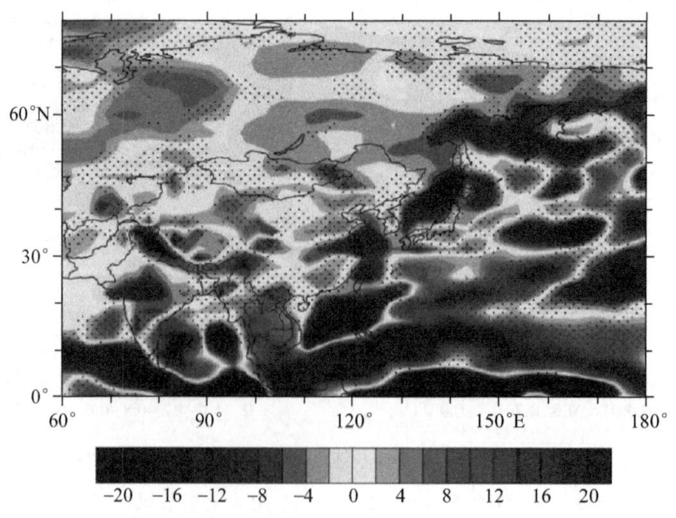

图 3.95　2001—2010 年冬季试验 B 与试验 C 大气热源差值($\mathrm{W \cdot m^{-2}}$)

应。由于热源增加或热汇减少使气流受到加热导致上升运动，降水增多，反之降水减少，故热源对地表降水影响较大。

热源分解方法如前文，我们分别从短波辐射加热率、长波辐射加热率、凝结潜热加热率和感热通量四个角度更细致的解释温室气体的增加对大气热源产生的影响，分别给上述四项作差，即为图 3.96，在四项变化中，凝结潜热的变化最大，它与热源的变化（图 3.95）基本一致，数值相当，台湾岛南部地区为极小值，约为 $-25\ \mathrm{W \cdot m^{-2}}$；菲律宾岛及南沙群岛附近处为极大值，约为 $25\ \mathrm{W \cdot m^{-2}}$。这些说明凝结潜热的变化是热源变化的主要原因。同时，热源的变化与降水变化（图 3.94b）的分布相似也进一步印证这一点。其次，短波辐射、长波辐射加热率和地表感热通量的变化也不可忽视，短波辐射加热率在赤道附近极大值约为 $10\ \mathrm{W \cdot m^{-2}}$，地表感热通量的极小值位于日本海，数值小于 $-15\ \mathrm{W \cdot m^{-2}}$，以上同样显示出温室气体对大气能量平衡过程影响的复杂性。

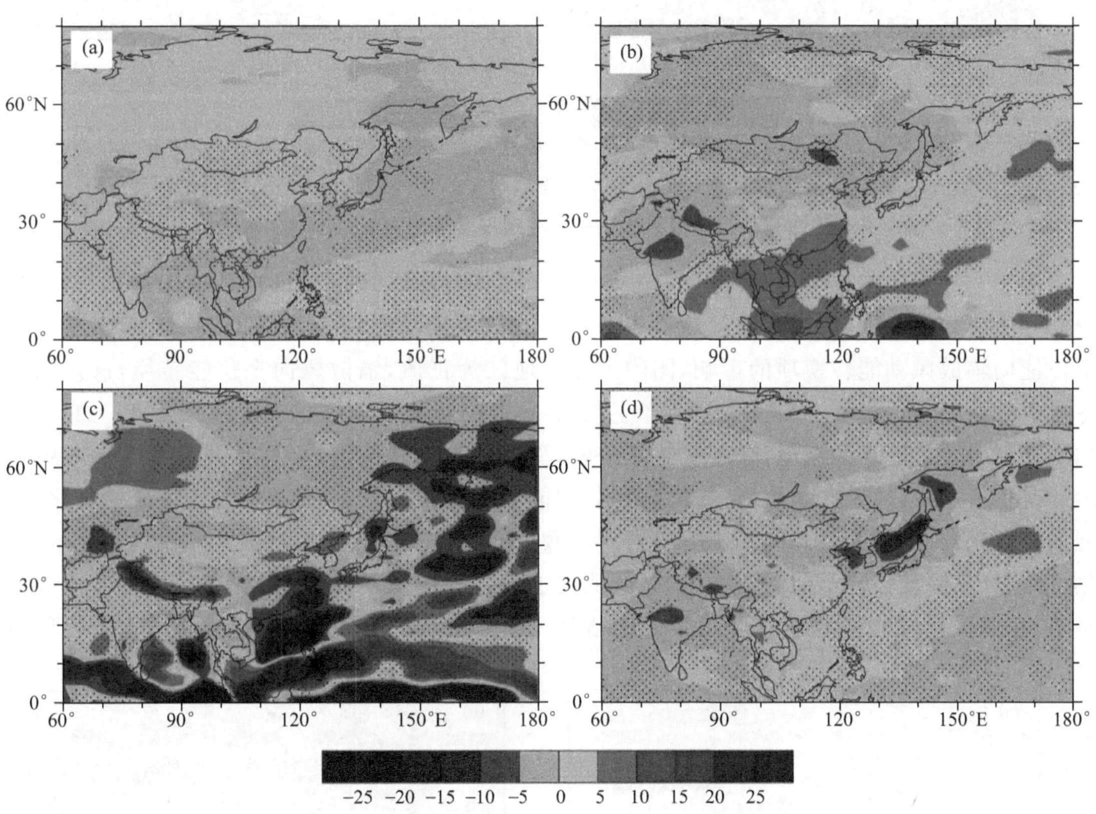

图 3.96　2001—2010 年冬季大气热源的计算分量的试验 B 与试验 C 的差值（$\mathrm{W \cdot m^{-2}}$）
(a)长波辐射加热率，(b)短波辐射加热率，(c)凝结潜热加热率，(d)地表感热通量输送

图 3.96 中打点部分为通过显著性检验的部分，长波辐射加热率几乎没通过显著性检验，凝结潜热加热率最为显著，与图 3.95 打点区域接近。图 3.97 分别是温室气体对对流过程产生的凝结潜热和大尺度过程产生的凝结潜热的影响。大尺度过程的变化更接近于凝结潜热的变化（图 3.96c）。在陆地，大尺度过程的影响大于对流过程的影响，我国东南部地区、台湾岛和菲律宾群岛处大尺度过程产生的凝结潜热减少；而在青藏高原南部和我国东北部陆地大尺

度过程产生的凝结潜热增加最大值约为 15 W·m^{-2}。对流过程的变化主要发生在赤道附近的热带海洋、南海诸岛和西太平洋南部。在 40°N 以南的西太平洋上，对流过程的变化程度与大尺度过程相当。结果表明，温室气体对凝结潜热的作用主要通过大尺度过程影响大气热源，但是在部分地区对流过程的作用超过大尺度过程。图中打点部分表示达到 0.005 显著性水平。

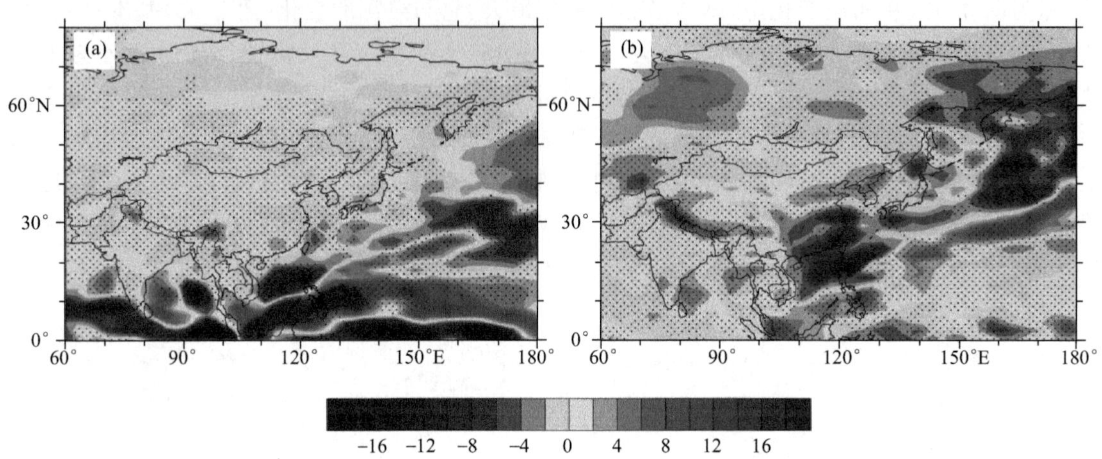

图 3.97　2001—2010 年冬季试验 B 与试验 C 的差值(W·m^{-2})
(a)对流过程的凝结潜热加热率，(b)大尺度过程的凝结潜热加热率

图 3.98a 为在 1850 年排放源下，10 年冬季全位能向辐散风的转换项数值，与图 3.92a 从分布到数值几乎一致，图中负值区域代表全位能向辐散风动能转换。图 3.98b 为温室气体对全位能向辐散风动能转换项的影响，图中大部分地区为正值，辐散风向全位能转换，这是东亚冬季风维持的条件之一。与大气热源产生联系，更好的解释了全位能对季风的影响。如：西西伯利亚地区，图 3.95 为正值，在冷区热汇减弱，冷区加热消耗位能，同样位置在图 3.98b 中显示的是负值，为辐散风向全位能的转换减弱，位能减少。我国中东南地区大气热源减弱，全位能的产生减弱(消耗加强)，图 3.98b 中对应辐散风动能向全位能转换增强。在我国东北地区，热汇减弱(热源加强)，全位能的产生减弱(消耗加强)，辐散风动能向全位能转换加强，辐散风减弱，东亚冬季风减弱，对应了图 3.94a 的结果。结合图 3.95 的热源差，温室气体的变化导致

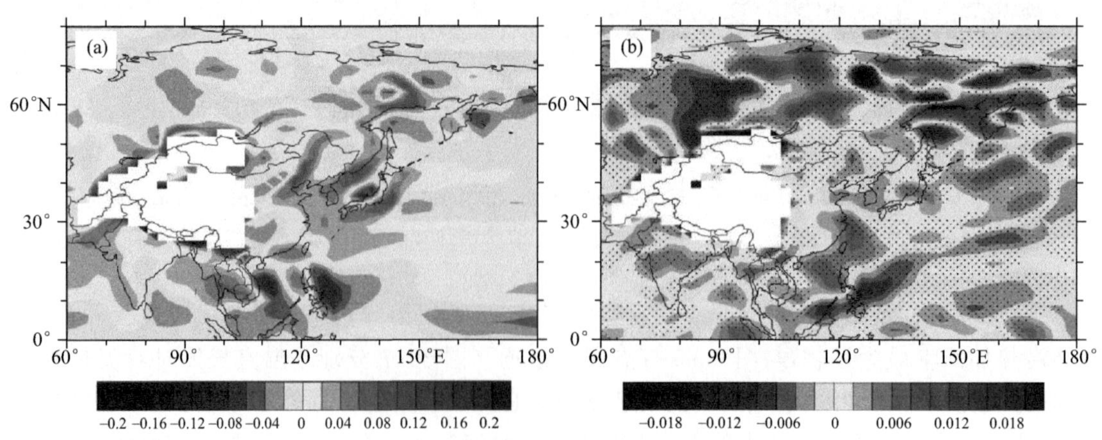

图 3.98　2001—2010 年冬季 925 hPa 全位能向辐散风转换项(W·kg^{-1})
(a)试验 B，(b)试验 B 与试验 C 差值

东亚大部分地区辐散风动能向全位能转换加强，或全位能向辐散风动能转换减弱，也就是说温室气体使东亚大部分地区全位能的产生减弱，东亚冬季风减弱。图中打点区域通过显著性检验。

试验 B 中辐散风向无辐散风转换项的分布即为图 3.99a，正值代表辐散风向无辐散风转换，负值代表无辐散风向辐散风的转换。与图 3.93a 分布和数值相近。图 3.93b 是温室气体对辐散风向无辐散风转换项的影响，负值代表辐散风向无辐散风转换率降低，无辐散风减弱，冬季风减弱。图中打点区域通过显著性检验，由图可知，西伯利亚地区的转换项是正值，说明冬季风增强，与前文风场结果一致；在中国东北部、朝鲜半岛和日本列岛，以及北纬 60°N 以南大部分区域辐散风向无辐散风转换向的变化为负值，台湾岛以南靠近赤道出为正值，即东亚大部分地区辐散风向无辐散风的转换减弱了，无辐散风减小，冬季风减弱。

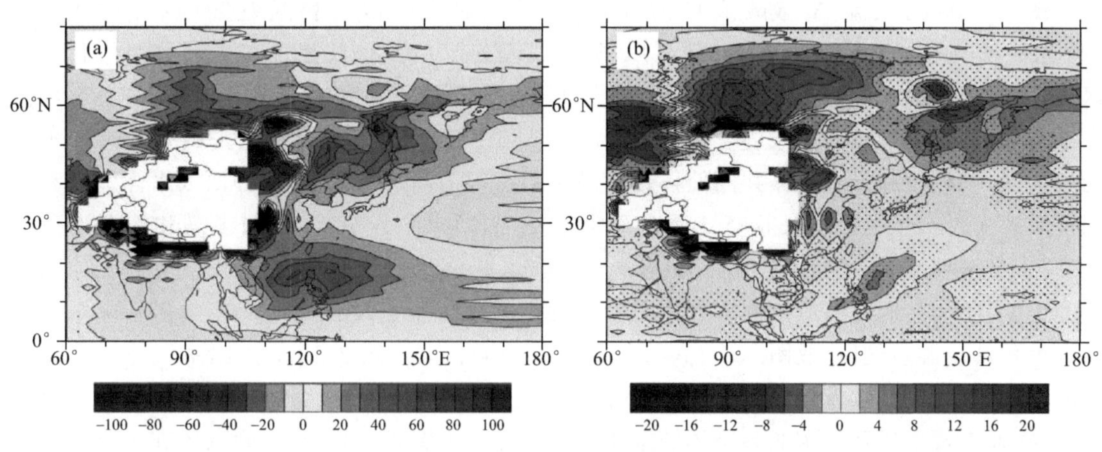

图 3.99　2001—2010 年冬季 925 hPa 辐散风向无辐散风的转换项（$10^{-5}m^2 \cdot s^{-3}$）

(a)试验 B，(b)试验 B 与试验 C 差值

从风场的变化来看，温室气体增加使我国东北部地区、朝鲜半岛和日本列岛冬季风减弱，东亚大部分地区的东亚冬季风呈减弱趋势。同时，温室气体的增加使得青藏高原附近、印度半岛处降水量增加，我国东北地区降水微弱增加。而在我国东部、台湾岛和海南岛、南海诸岛一带，降水量减少，台湾岛处变化较为明显。

降水的变化与热源密切相关，温室气体的增加改变了大气热源的分布，赤道附近、菲律宾群岛与南沙群岛一带、我国长江中下游、中西伯利亚高原和东西伯利亚海等地区热源变化为负，也就是说，温室气体的增加使得这些地区的热源减小，或者热汇加强。在我国青藏高原西部、华北平原、孟加拉湾、中南半岛、菲律宾群岛北部一带，以及西太平洋部分地区等地为正值，即温室气体增加使这些地方热源增加，或者热汇减弱。大气热源的变化主要是由于凝结潜热变化造成，其中大尺度过程产生的凝结潜热变化起主要作用。热源的变化伴随位能的变化，暖区加热和冷区冷却将产生全位能，反之将消耗位能。根据温度来区分冷区暖区，东亚大部分地区位能产生减弱，冬季风减弱。温室气体的变化改变了季风区的热力结构，使得位能和动能以及它们之间转换的改变。随着温室气体的增加，东亚大部分地区辐散风向全位能的转换减弱，位能减少，季风减弱。东亚大部分地区辐散风向无辐散风的转换项为负值，说明辐散风向无辐散风的转换减弱，无辐散风减弱。由前文的无辐散风风场差可知，温室气体的增加使无辐散风减弱，而无辐散风是风场的重要组成部分，冬季风减弱。此结论印证了尹依雯(2016)的结论。

综上所述,我们可以得到如下结论:①温室气体的增加使我国东北、朝鲜半岛和日本列岛冬季风减弱。同时,造成我国东南部地区降水减少,青藏高原处降水增多。②温室气体增加改变了大气热源的分布,使得东亚大部分区域全位能的产生减弱,消耗加强。③热源和热汇的变化主要是凝结潜热变化造成的,其中大尺度过程产生的凝结潜热变化起主要作用。④在东亚大部分地区辐散风动能向全位能的转换减弱,造成全位能减弱。同时,这个区域辐散风向无辐散风的转换减弱,导致无辐散风减弱,东亚冬季风减弱。

3.3.5 气溶胶和温室气体对东亚冬季风的影响

前两个小节分别讨论了气溶胶和温室气体浓度变化对东亚冬季风的影响,本小节主要讨论气溶胶和温室气体共同作用下东亚冬季风的变化特征。

图 3.100a 是试验 A 与试验 C 的风场差,即代表在气溶胶和温室气体共同影响下,925 hPa 风场的变化。西西伯利亚地区风场矢量差形成气旋,也就是说在大部分西伯利亚地区,西风显著增强。而且我国东部、朝鲜半岛和日本群岛及我国台湾南部等地风场矢量差后,大部分地区为西南风,北风减弱,东亚冬季风减弱。图 3.100b 为试验 A 减去试验 C 总降水量的差值图,气溶胶和温室气体共同使得青藏高原附近等地降水量增加,部分西太平洋地区和西西伯利亚的降水量也呈增长状态。而在我国东中部、西太平洋东部、马来半岛和南海诸岛一带,降水量减少,赤道附近变化较为明显。冬季风减弱导致气流减少,降水减少。对比图 3.94b 和图 3.100b,气溶胶和温室气体对降水的影响在低纬度处差异明显,气溶胶对降水的影响强度更甚于温室气体,故图 3.100b 与图 3.88b 趋势相似。图 3.100c 为温室气体对无辐散风的影响,对比图 3.100a,无辐散风的变化与风场变化基本一致,说明风场的变化主要来自无辐散风,而无辐散风正是东亚冬季风的重要组成部分。由图可以看出,无辐散风在东亚地区呈现减弱趋势。图 3.100d 是地表温度随着温室气体和气溶胶的变化,升温部分与图 3.94d 类似,位于西伯利亚地区和我国大部分地区,其中西伯利亚地区和我国东北、西南地区极为显著,增幅大小超过 2 K。降温部分与图 3.88d 类似,主要集中在青藏高原处、印度半岛和中南半岛等地,极值约为−1.5 K。可见温室气体的增加导致升温,气溶胶的增加导致降温,二者相互作用,在温度方面,温室气体的影响程度大于气溶胶,东亚升温地区范围大。温室气体的增加使内陆的温度增加,海陆热力差异减少,东亚冬季风减弱。图中打点部分为通过置信度 99.5%显著性检验的地区,可见季风区基本通过检验。

上述试验结果表明气溶胶和温室气体增加将造成东亚冬季风减弱。我们将从能量平衡的角度探究气溶胶和温室气体变化对东亚冬季风的影响。研究方法与气溶胶一致,暖区加热或者冷区冷却使位能增加,反之会使位能减少。不均匀加热不仅影响全位能的变化,还将影响全位能向辐散风动能的转换。图 3.101 是在气溶胶和温室气体共同影响下大气热源的差值,在我国东南部、朝鲜半岛、日本群岛及我国台湾附近为负值,也就是说,气溶胶和温室气体的增加使得这些地区的热源减小,热汇加强,极值大小超过 $-20\ \mathrm{W \cdot m^{-2}}$,这些地区为暖区,暖区冷却,位能减少。在我国东北地区热源变化为正值,即气溶胶和温室气体的增加使这些地方热源增加,热汇减弱,东北地区为冷区,冷区加热,位能减弱。与图 3.100b 对比可以发现热源的差值分布与降水的变化分布有较好地对应。热源通过影响热量输送,影响风场和气流,对地表降水影响较大。

为了说明气溶胶和温室气体的增加对大气热源产生的变化,分别给短波辐射加热率、长波辐射加热率、凝结潜热加热率和感热通量四项作差,即为图 3.102,在四项变化中,凝结潜热的

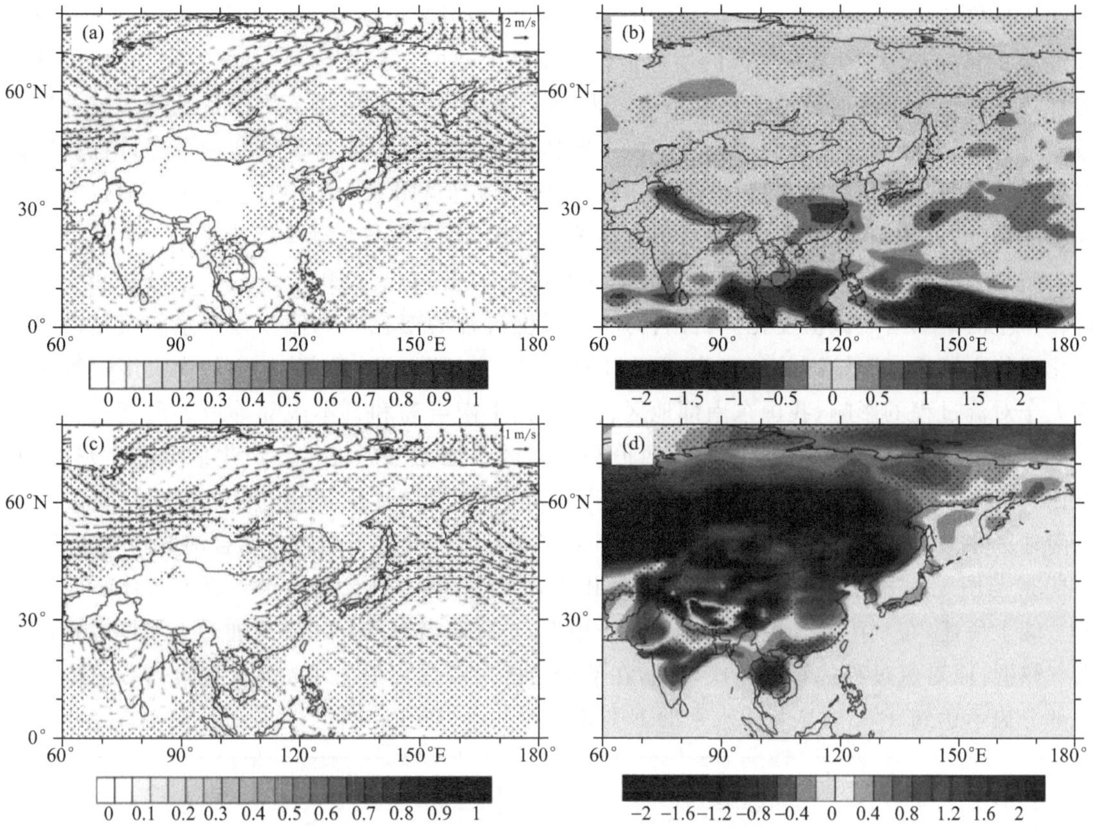

图 3.100　2001—2010 年冬季基本要素的试验 A 与试验 C 的差值

(a)925 hPa 风场($m\cdot s^{-1}$),(b)降水率($mm\cdot d^{-1}$),(c)925 hPa 无辐散风($m\cdot s^{-1}$),(d)地表温度(K)(打点部分表示通过 F 检验,置信度为 99.5%)

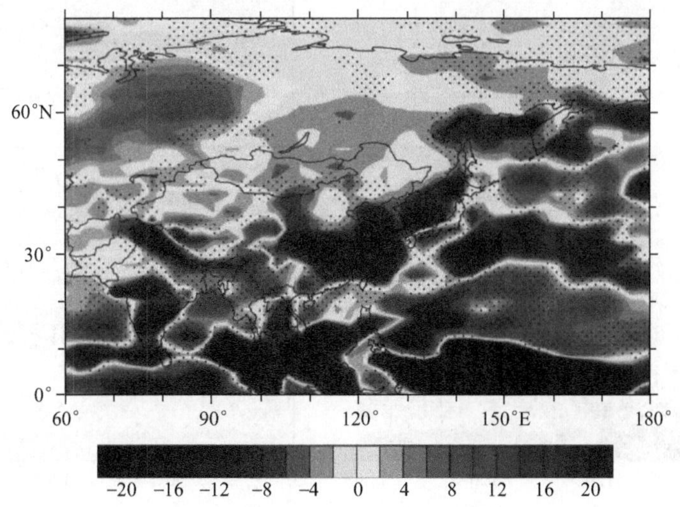

图 3.101　2001—2010 年冬季试验 A 与试验 C 大气热源差值($W\cdot m^{-2}$)

(打点部分表示通过 *F* 检验,置信度为 99.5%)

变化最大,它与热源的变化(图 3.101)基本一致,数值相当,菲律宾岛及南沙群岛附近等地为极小值,约为−25 $W\cdot m^{-2}$;青藏高原周围为极大值,约为 25 $W\cdot m^{-2}$。这些说明凝结潜热的变化是热源变化主要原因。将图 3.91c、图 3.96c 和图 3.102c 对比，可看出来图 3.96c 对图 3.102c 的影响较大，即温室气体的增加是影响凝结潜热的主要原因。同时，短波辐射、长波辐射加热率和地表感热通量的变化也不可忽视，大气长波辐射和地表感热通量受气溶胶的影响较多，短波辐射受温室气体影响较多。以上同样显示出温室气体对大气能量平衡过程影响的复杂性。热源的变化与降水变化（图 3.100b）的分布相似，图 3.102 中打点部分为通过显著性检验的部分，长波辐射加热率几乎没通过显著性检验，凝结潜热加热率最为显著。

图 3.103 分别是在气溶胶和温室气体的共同影响下，对流过程产生的凝结潜热和大尺度过程产生的凝结潜热数值变化。由图得知，大尺度过程的变化比对流过程产生的凝结潜热的变化形势更接近于凝结潜热的变化（图 3.102c）。与前文结论一致，陆地上的大尺度过程的影响大于对流过程的影响，我国东南部地区、台湾岛、中南半岛和日本南部等地大尺度过程产生的凝结潜热减少；青藏高原附近和西西伯利亚地区等地的大尺度过程产生的凝结潜热增加。对比气溶胶和温室气体，大尺度凝结潜热受气溶胶变化的影响大。对流过程的变化主要在 20°N 以南地区和太平洋等地显著，对流过程的变化程度与大尺度过程相当。结合前面两个实验，图 3.103a 与图 3.96c 的数值在西北太平洋处相近，对流凝结潜热更倾向于受温室气体影响较明显。综上所述，在气溶胶和温室气体共同作用下，对凝结潜热的作用主要通过大尺度过程影响大气热源，而对流过程的影响是次要的，在部分地区对流过程的作用超过大尺度过程。图中打点部分表示达到 99.5%显著性水平的 F 检验。

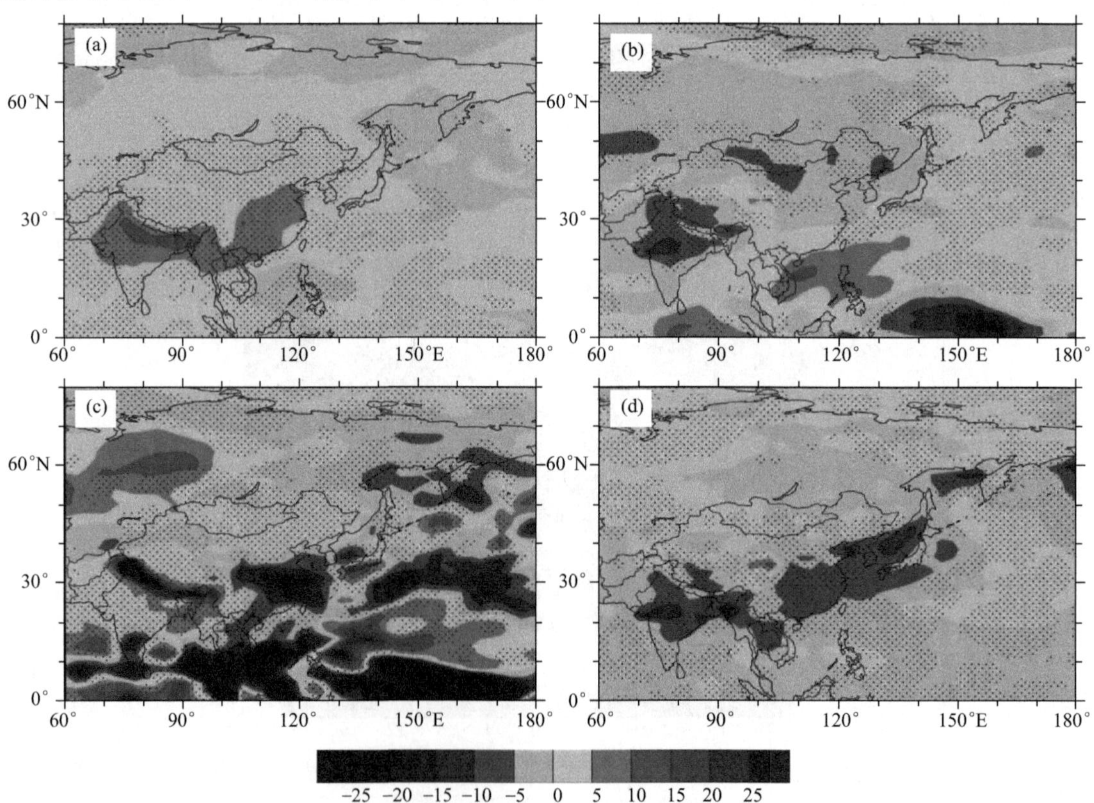

图 3.102　2001—2010 年冬季大气热源的计算分量的试验 A 与试验 C 的差值（$W \cdot m^{-2}$）

（a）长波辐射加热率，（b）短波辐射加热率，（c）凝结潜热加热率，（d）地表感热通量输送（填色）

（打点部分表示通过 F 检验，置信度为 99.5%）

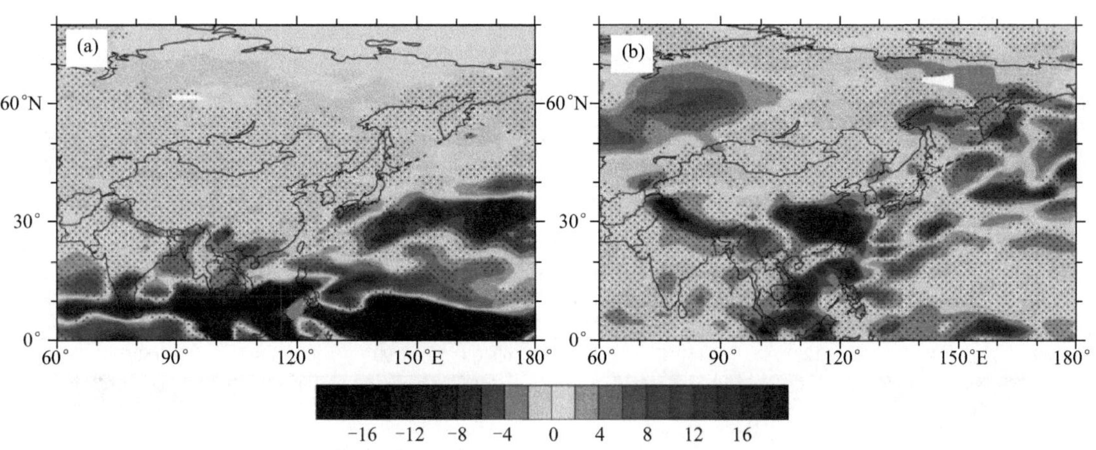

图 3.103　2001—2010 年冬季试验 A 与试验 C 的差值(W·m^{-2})

(a)对流过程的凝结潜热加热率,(b)大尺度过程的凝结潜热加热率

(打点部分表示通过 F 检验,置信度为 99.5%)

图 3.104a 与图 3.92a 相同,都为 2001—2010 年冬季 925 hPa 全位能向辐散风的转换项数值。图 3.104b 为气溶胶和温室气体对全位能向辐散风动能转换项的影响,图中全位能向辐散风转换项的变化为正值,表示辐散风向全位能的转化加强(或者全位能向辐散风转换的减弱),辐散风减弱。全位能向辐散风动能转换项减弱的区域(或者辐散风动能向全位能转换增强的区域)与全位能产生(或消耗)的变化有较好对应,如:我国东部地区,热汇增强幅度大于热源增强幅度,全位能的产生减弱,辐散风动能向全位能转换略有增强,在气溶胶和温室气体的共同作用下,辐散风减弱。图中打点区域通过 99.5%显著性水平的 F 检验。

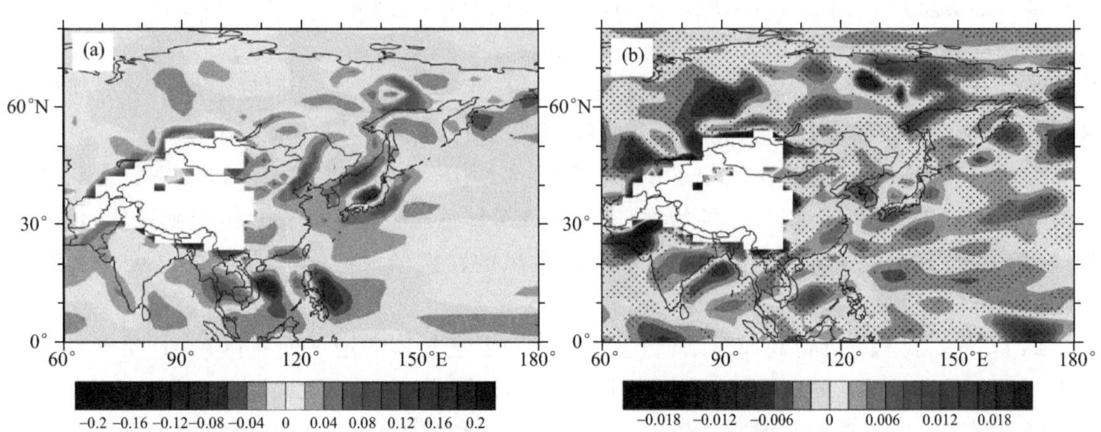

图 3.104　2001—2010 年冬季 925 hPa 全位能向辐散风转换项(W·kg^{-1})

(a)试验 A,(b)试验 A 与试验 C 差值(打点部分表示通过 F 检验,置信度为 99.5%)

图 3.105a 即为图 3.93a,都是试验 A 的 925 hPa 辐散风向无辐散风的转换项,正值代表辐散风向无辐散风转换。图 3.105b 是气溶胶和温室气体的共同作用对辐散风向无辐散风转换项的影响,图中打点区域通过显著性检验,由图可知,在我国东部、朝鲜半岛和日本列岛,以及东亚大部分区域辐散风向无辐散风转换项的变化为负值,即东亚地区辐散风向无辐散风的转换减弱了。由于东亚地区的转换项大部分为负值,结合前文结论,东亚辐散风减弱,故在气溶胶和温室气体的共同作用下,无辐散风减弱,冬季风减弱。

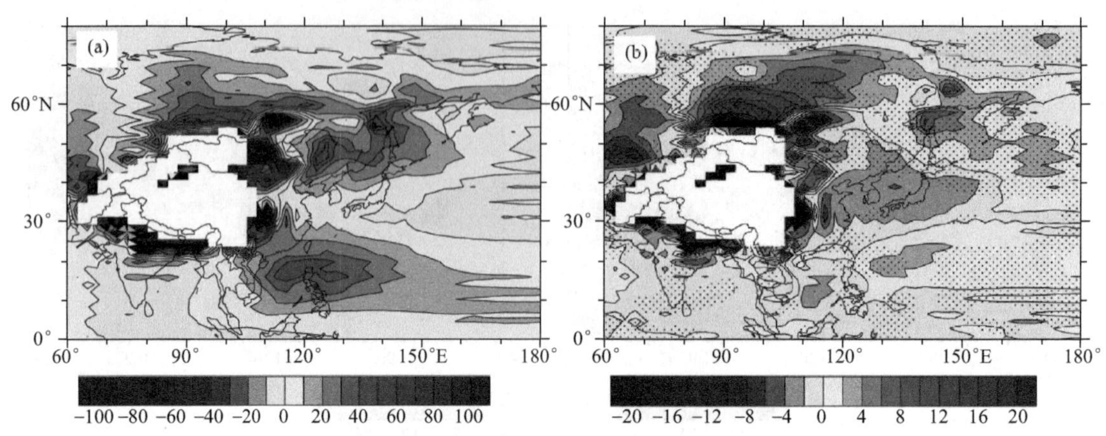

图 3.105　2001—2010 年冬季 925 hPa 辐散风向无辐散风的转换项($10^{-5}\ m^2 \cdot s^{-3}$)
(a)试验 A,(b)试验 A 与试验 C 差值(打点部分表示通过 F 检验,置信度为 99.5%)

从风场的变化来看,气溶胶和温室气体增加使我国东北部地区、朝鲜半岛和日本列岛冬季风减弱,东亚大部分地区的东亚冬季风呈减弱趋势。同时,温室气体的增加使得青藏高原附近、印度半岛和马来西亚半岛、南沙群岛、菲律宾群岛处降水量增加,南沙群岛一带降水增加显著。而在我国东部、长江中下游、西太平洋东部、台湾岛和海南岛、南海诸岛一带,降水量减少,台湾岛处变化较为明显。

降水的变化与热源密切相关,气溶胶和温室气体的增加改变了大气热源的分布,我国东南部、朝鲜半岛、日本群岛及我国台湾附近为负值,也就是说,气溶胶和温室气体的增加使得这些地区的热源减小,热汇加强。在我国东北地区热源变化为正值,即气溶胶和温室气体的增加使这些地方热源增加,热汇减弱,东北地区为冷区,冷区加热,位能减弱。大气热源的变化主要是由于凝结潜热变化造成,其中大尺度过程产生的凝结潜热变化起主要作用。热源的变化伴随位能的变化,暖区加热和冷区冷却将产生全位能,反之将消耗位能。根据温度来区分冷区暖区,东亚大部分地区消耗位能。相比于气溶胶,温室气体的变化对热源影响大。

气溶胶和温室气体的变化改变了季风区的热力结构,使得位能和动能以及它们之间转换的改变。随着气溶胶和温室气体的增加,东亚大部分地区全位能向辐散风的转换减弱,位能减少,辐散风减弱;东亚大部分地区辐散风向无辐散风的转换项为负值,说明辐散风向无辐散风的转换减弱,无辐散风减弱,冬季风减弱。

综上所述,我们可以得到如下结论:①气溶胶和温室气体的增加使我国东部、朝鲜半岛和日本列岛冬季风减弱。同时,造成我国东南、东北地区降水减少,青藏高原处和海南岛、台湾岛一带降水增多。②气溶胶和温室气体增加改变了大气热源的分布,其增加使得东亚大部分区域全位能的产生减弱,消耗加强。温室气体对热源的影响较大。③热源和热汇的变化主要是凝结潜热变化造成的,其中大尺度过程产生的凝结潜热变化起主要作用。④在东亚大部分地区全位能向辐散风动能的转换减弱,造成辐散风减弱。同时,这个区域辐散风向无辐散风的转换减弱,导致无辐散风减弱,东亚冬季风减弱。

3.3.6　云滴谱相对离散度效应对气溶胶气候效应的影响

Lohmann 和 Lesins(2002)认为,全球气候模式可能高估了气溶胶间接效应,他们利用卫星反演资料发现,全球气候模式高估了云滴有效半径随气溶胶浓度升高而降低的变化率。Liu

和 Daum(2008)提出了离散度效应的概念,即云滴谱相对离散度的变化也会对云滴有效半径产生影响,这种效应将使气溶胶的第一间接效应被高估10%到80%。

一些专家利用全球气候模式证明了离散度效应对气溶胶间接气候效应确实存在影响。Rotstayn 和 Liu(2003)使用全球气候模式 CSIRO,将以观测结果为基础的参数化相对离散度(Liu 和 Daum,2002)和固定的相对离散度两种情况进行比对实验,发现在考虑离散度效应后,第一间接效应将降低12%～35%。Peng 和 Lohmann(2003)使用相同的参数化方案,将两个加拿大地区的云数据(Li et al., 1998; Curry et al., 2000; Korolev et al., 1999)放到 ECHAM4 全球气候模式中去来研究离散度效应对气溶胶间接效应的影响,当考虑离散度效应后,气溶胶的间接效应将降低15%。Rotstayn 和 Liu(2005)认为还需要考虑离散度效应对云水转化率的影响,随着离散度的提高,云水转化率也会随之提高,从而抵消气溶胶的第二间接效应。他们将新的云水转化率参数化方案放到模式 CSIRO 中发现第二间接效应减少了61%。

由于云滴谱相对离散度是十分重要的参数,因此有很多研究关注它。观测分析显示,云滴谱相对离散度既有和云滴数浓度成正相关的(Martin et al.,1994;Miles et al.,2000;Liu 和 Daum,2002;Liu et al.,2006a),也有成负相关的(Pawlowska et al.,2006;Ma et al.,2010;Lu et al.,2012),还有观测研究表明,云滴谱相对离散度随着云滴数浓度的增加呈收敛趋势的(Zhao et al.,2006;Lu et al.,2007)。这说明两者之间的关系十分复杂,表明还有其他因素影响云滴谱的相对离散度。早期的相对离散度参数化方案单纯地把相对离散度作为云滴数浓度的函数,但是这与观测结果明显不符。Peng 等(2007)运用气块模型分析认为云底部的气溶胶浓度增加会减少过饱和度,这将导致云水转化率减小,因此云滴尺寸减小,云滴谱变得更宽。当上升速度变大时,离散度效应将减弱。Yum 和 Hudson(2005)和 Liu 等(2006b)也得到了一致的结果,即上升速度和离散度效应呈负相关。Lu 和 Seinfeld(2006)通过三维大涡模拟发现在气溶胶数浓度小于1000 cm^{-3} 时,相对离散度随着数浓度增加而减小。Rogers 和 Yau(1989)还发现,凝结增长过程增加了云中的液态含水量,并且减少了相对离散度,因此在参数化过程中还要考虑液态含水量的影响。

为了解决云滴谱相对离散度的参数化问题,Khvorostyanov 等(1999a,b)通过建立云滴谱伽马分布形状参数的动力学方程,通过假定简化从而得到简化的云滴谱形状参数的解析表达式,但应用到实际中效果并不好。Wood(2000)发现,用体积平均半径来参数化相对离散度效果比用云滴数浓度好得多。Liu 等(2008)根据 Wood(2000)的结论提出了新的离散度参数化方案,该方案使用平均云滴数浓度来表示相对离散度,相比于 Rotstayn 和 Liu(2003)的方案,离散度随云滴数浓度的变化更快了。Rotstayn 和 Liu(2009)运用气候模式 CSIRO 对新的相对离散度参数化方案(Liu et al.,2008)进行计算,新旧方案对第一间接效应的大小的评估分别为$-0.38\ W \cdot m^{-2}$ 和$-0.43\ W \cdot m^{-2}$。Liu 等(2006b)通过简化云滴凝结增长方程,得到能够求解云滴谱相对离散度解析表达式,但是由于在推导过程中没有考虑碰并与湍流过程,因此只能用于没有降水的层云。Milbrandt 等(2005a,b)建立三参数云微物理方案增加雷达反射率(云滴半径的六阶矩)作为预报量,可以通过计算求解伽马分布云滴谱的形状参数,但是,由于计算量过大,且该方法不能解析求解形状参数,所以还没有被广泛运用于模式中。Kogan 和 Belochitski(2012)建立多参数云微物理方案,利用分档模式的结果建立了云滴半径高阶矩量的关系式,该方案模拟结果虽有改进,但与双参数方案相比改进有限,且因增加了预报量,使得计算量增加。

通过近期研究我们发现,影响云滴谱离散度的因子很多,包括上升速度、液态含水量,甚至温度、气溶胶成分等，不同的参数化方案之间也存在着较大的差异。总的来说，云滴谱离散度和云滴数浓度之间的关系还存在很大的不确定性，需要我们对背后的机理进行进一步的研究。

刘煜等(2015)针对双参数方案存在的问题，在双参数云微物理方案的基础上，根据云滴凝结增长方程和伽马函数的性质，得到求解云滴平均半径和云滴谱伽马分布形状参数的方程。利用云滴体积半径、云滴平均半径和它们的比值来求解云滴谱形状参数方程，可以得到伽马分布云滴谱的形状参数、相对离散度和云滴的谱分布。这是一个可以解析求解云滴三参数伽马分布的方法。它使得双参数方案成为三参数方案。这个方法优点是解析解，计算量小。利用观测资料对方法进行了检验，该方法得到的结果与观测有很好的相关，并应用到 WRF 模式中 Morrison 双参数方案中，对降水模拟有一定改进。这说明这个方法是可行的。本小节尝试将新的参数化方案加入到 CAM5 模式中，与不同参数化方案进行比对，评估新参数化方案对观测模拟的准确性，并对不同方案间气溶胶气候效应进行比较。

(1)新的云滴谱相对离散度计算方法

刘煜等(2015)提出了一个新的计算云滴谱离散度的方法。

Pruppacher 和 Klett(1980)提出云滴的凝结增长方程为

$$\frac{\mathrm{d}m}{\mathrm{d}t}=4\pi\rho_w r\,\frac{S}{G} \tag{3.13}$$

其中，m 为云滴质量，r 为云滴半径，S 为水汽过饱和度，ρ_w 为水密度。

$$G=\left(\frac{L_v}{R_v T}-1\right)\frac{L_v\rho_w}{K_d T}+\frac{\rho_w R_v T}{D_v e_s} \tag{3.14}$$

其中，D_v 为水汽扩散系数，T 为气温，R_v 为热传导系数，R_v 为水汽气体常数，L_v 为水汽凝结潜热，e_s 为饱和水汽压，对于云滴来说($r>1\ \mu$m)，可以同时忽略 Kelvin 效应、Raoult 效应、容纳效应和通风效应。

对(3.13)进行云滴谱积分

$$\int n(r)\,\frac{\mathrm{d}m}{\mathrm{d}t}\mathrm{d}r=4\pi\rho_w\,\frac{S}{G}\int n(r)\,\mathrm{d}r \tag{3.15}$$

式中，左侧为由凝结增长产生的液态水含量的变化率，根据平均半径的定义，可以将(3.15)式写成

$$\frac{\mathrm{d}L_w}{\mathrm{d}t}=4\pi\rho_w\,\frac{S}{G}Nr_1 \tag{3.16}$$

其中，r_1 为云滴平均半径，L_w 为液水含量，N 为云滴数浓度，导出 r_1 可得

$$r_1=\frac{\dfrac{\mathrm{d}L_w}{\mathrm{d}t}}{\left(4\pi\rho_w N\,\dfrac{S}{G}\right)} \tag{3.17}$$

同时可以得到体积半径 r_3

$$r_3=\left(\frac{3}{4\pi\rho_w}\right)^{\frac{1}{3}}\left(\frac{L_w}{N}\right)^{\frac{1}{3}} \tag{3.18}$$

在双参数云微物理参数化方案中，云滴数浓度与云的液水含量是预报量，并且在液水含量的预报中分别计算凝结和蒸发等多个过程对液水含量变化的贡献。

通过观测可知，云滴谱分布可以被伽马分布较好地再现出来

$$n(r)=N_0 r^{\mu} e^{-\lambda r} \tag{3.19}$$

其中 N_0，μ 和 λ 是参数，云滴半径的任意阶矩 M_p 可以表示为

$$M_p=\left(\frac{1}{\lambda}\right)^p \frac{\Gamma(\mu+p+1)}{\Gamma(\mu+1)} \tag{3.20}$$

其中 Γ 为伽马函数，p 为阶数。

通过(3.20)式可以得到

$$\frac{M_3}{M_1}=\frac{r_3^3}{r_1^3}=\frac{(\mu+3)(\mu+2)}{(\mu+1)^2} \tag{3.21}$$

假设

$$x=\mu+1 \tag{3.22}$$

$$a=\frac{r_3^3}{r_1^3} \tag{3.23}$$

可以将(3.21)式改写成

$$(1-a)x^2+3x+2=0 \tag{3.24}$$

$$x=\frac{-3\pm\sqrt{9-8(1-a)}}{2(1-a)} \tag{3.25}$$

由 $x=\mu+1=\frac{1}{\varepsilon^2}$，$\varepsilon$ 为云滴谱相对离散度，即标准差与平均半径的比值。因此，$x>0$，当 $a<1$ 时，x 无解，当 $a>1$ 时，

$$x=\frac{-3-\sqrt{9-8(1-a)}}{2(1-a)} \tag{3.26}$$

通过(3.26)式可以进一步得到形状参数 μ 和相对离散度 ε，然后利用平均半径和体积半径得到 λ，再利用云滴数浓度得到 N_0。

(2)纬向平均标准误差的计算方法

由于不同方案间，模式结果和观测结果相减的数量级与模式和观测结果的数量级不同，因此使用纬向平均的标准误差 S

$$S_i=\sqrt{\frac{\sum_{i=1}^{n}(MOD-OBS)^2}{n}} \quad (i=1,2,3,4,5) \tag{3.27}$$

其中 MOD 表示模式结果，OBS 表示观测结果，n 表示纬向格点数，i 表示不同方案。

比较不同方案较原方案的变化时，我们计算

$$S_{1j}=S_1-S_j \quad (j=2,3,4,5) \tag{3.28}$$

当 $S_{1j}>0$ 时，表示 j 号方案和原方案相比更为接近观测值，当 $S_{1j}<0$ 时，表示 j 号方案和原方案相比远离观测值，当 $S_{1j}=0$ 时，表示 j 号方案和原方案相比没有区别。

试验设计与3.3.1节一致，在这个基础上，我们分别将下面5个云滴谱相对离散度方案进行参考和敏感试验。

方案1：CAM5原始的计算方案(相对离散度随云滴数浓度递增)

$$\varepsilon=0.0005714N_C+0.2714 \tag{3.29}$$

方案2：固定相对离散度方案 $\varepsilon=0.5$。

方案 3：相对离散度随云滴数浓度递减的方案 $\varepsilon=1.6N_c^{-0.25}$（Lu et al.，2012）。

方案 4：新的相对离散度计算方案。

方案 5：新的相对离散度计算方案中加入新的云水转化率计算方案（Xie et al.，2013）替代原方案，即在云水转化率的计算中考虑云滴谱相对离散度的变化，

$$
\begin{cases}
P=P_0T_c \\
P_0=1.1\times10^{10}\left[\dfrac{(1+3\varepsilon^2)(1+4\varepsilon^2)(1+5\varepsilon^2)}{(1+\varepsilon^2)(1+2\varepsilon^2)}\right]N^{-1}L_w^3 \\
T_c=\dfrac{1}{2}(x_c^2+2x_c+2)(1+x_c)e^{-2x_c} \\
x_c=9.7\times10^{-17}N_C{}^{3/2}L_w^{-2}
\end{cases}
\tag{3.30}
$$

其中 ε 为云滴谱相对离散度，N_C 为云滴数浓度，P 为云水自动转化率，P_0 为率函数，T_c 为阈值函数，L_w 为云水含量。

图 3.106 是方案 1 的结果和观测值比对的纬向平均，a、c、e、g、i 分别对应了总云量、地面气温、降水量、云长波辐射强迫和云短波辐射强迫，可以看出，模式结果基本再现了观测值的纬向平均的分布特征。但在数值上存在一定的偏差，特别是云量和气温在极地和高纬地区偏差较大；云的短波辐射强迫在赤道和低纬地区偏差较大。图 3.106 中 b、d、f、h、j 分别对应了总云量、地表温度、降水量、云长波辐射强迫和云短波辐射强迫的标准误差（S）。在总云量上（图 3.106b），方案 1 存在较大的误差，在南极、70°S、30°S、10°S、30°N 和 80°N 存在六个极大值，分别为 27%、29%、20%、21%、23%和 17%，在南北半球 60°附近和赤道地区误差较小，但也超过了 3%。方案 1 在中纬度和低纬度对温度的模拟误差较小（图 3.106d），基本都在 2 K 以下，而高纬度误差较大，在南半球达到了 11 K，而在北半球则达到了 5 K。对降水的误差（图 3.106f）在 60°S 和赤道地区存在两个极大值均为 1.5 mm/d，其他地区误差较小，都在 0.6 mm/d 以下。图 3.106h 中为云长波辐射强迫的误差，在全球范围内起伏较大，存在了 80°S、30°S、10°N、30°N、70°N 五个极大值，说明方案 1 对长波辐射强迫的模拟非常不稳定。短波辐射强迫的模拟中（图 3.106j）在 60°S 和赤道地区的偏差较大，分别达到了 21 W·m^{-2} 和 23 W·m^{-2}，其余地区较平均，大致在 8 W·m^{-2}。

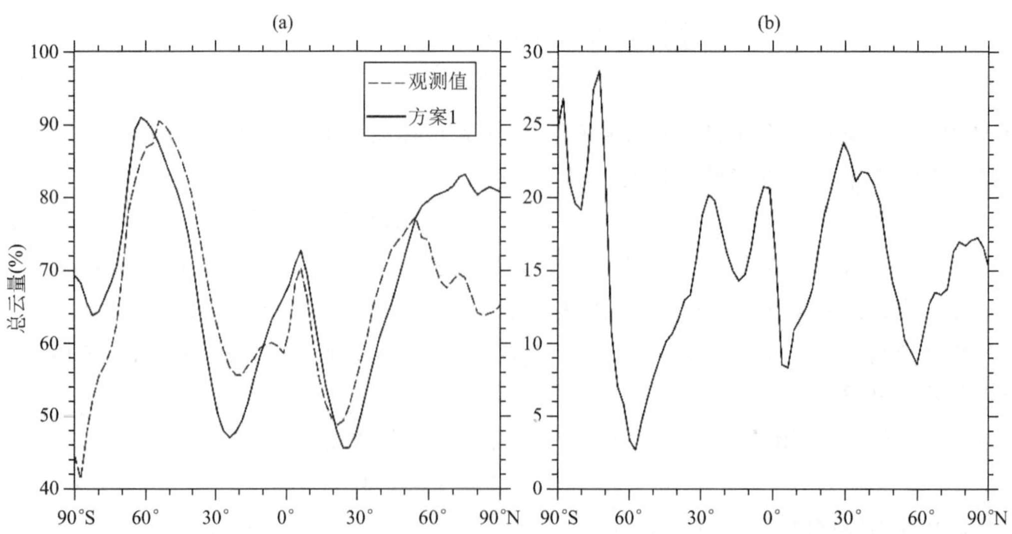

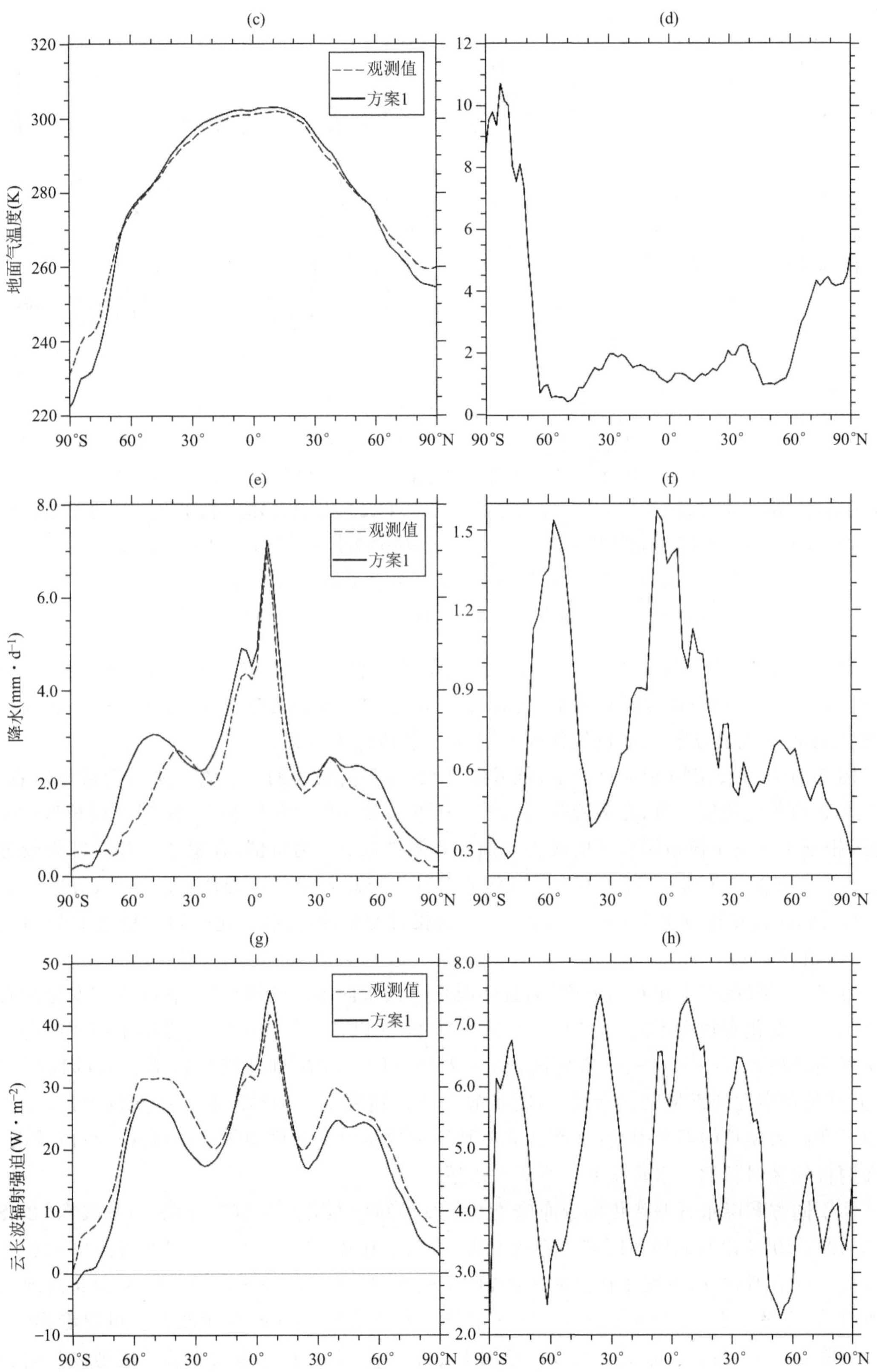
(c)
(d)
观测值
方案1
地面气温度(K)
320
300
280
260
240
220
12
10
8
6
4
2
0
90°S
60°
30°
0°
30°
60°
90°N
(e)
(f)
降水(mm·d⁻¹)
8.0
6.0
4.0
2.0
0.0
1.5
1.2
0.9
0.6
0.3
(g)
(h)
云长波辐射强迫(W·m⁻²)
50
40
30
20
10
0
−10
8.0
7.0
6.0
5.0
4.0
3.0
2.0

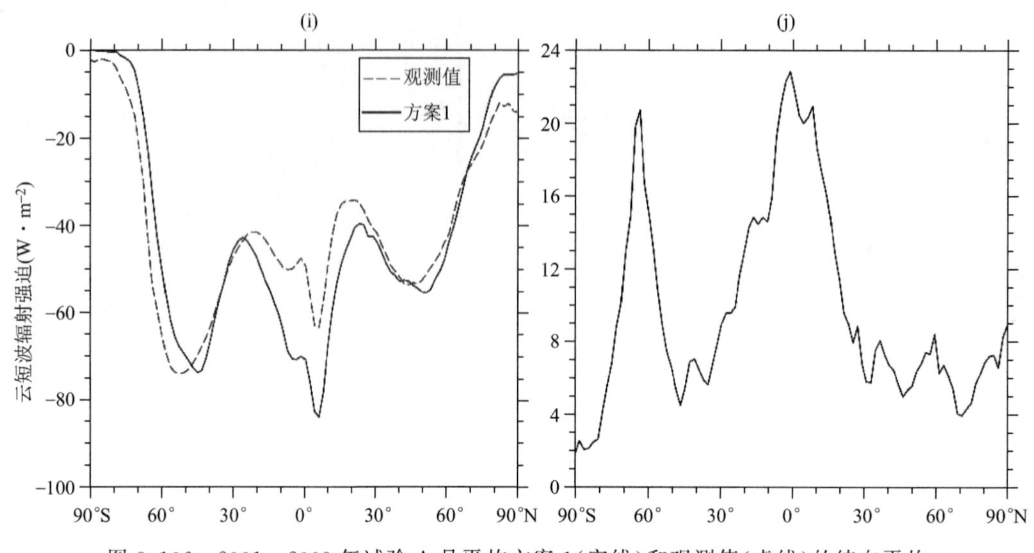

图 3.106　2001—2009 年试验 A 月平均方案 1(实线)和观测值(虚线)的纬向平均

(a)总云量[%,2001—2010 年试验 A 月平均方案 1(实线)和观测值(虚线)的纬向平均],(c)地面气温(K),(e)降水($mm \cdot d^{-1}$),(g)云长波辐射强迫($W \cdot m^{-2}$),(i)云短波辐射强迫($W \cdot m^{-2}$,2001—2009 年月平均 S1 值),(b)总云量(%,2001—2010 年月平均 S_1 值),(d)地表温度(K),(f)降水($mm \cdot d^{-1}$),(h)云长波辐射强迫($W \cdot m^{-2}$),(j)云短波辐射强迫($W \cdot m^{-2}$)

这一部分中,我们计算了方案 2、3、4、5 与观测的标准误差,并与方案 1 的标准误差做对比,即 S_{1j} 值。对比的物理量有云量、地面气温、降水和云的辐射强迫,图 3.107 中蓝色线代表方案 2,绿色线代表方案 3,红色线代表方案 4,黑色线代表方案 5。

图 3.107a、b、c、d 分别为总云量,低云量,中云量和高云量的 S_{1j} 值。从总云量可以看出,方案 2、3 和 4 变化较一致,在南极附近,40°—20°S 以及 10°—20°N 和 50°N 到北极地区 S_{1j} 为正值,相较于方案 1 模拟结果有所改善。而在赤道地区 S_{1j} 为负值,方案 2、3 和 4 结果较方案 1 变差了。方案 2、3 和 4 在低、中和高云的方差变化与总云量分布类似。总体上,方案 2、3 和 4 对低云和高云相比方案 1 有一定改善,而中云相对变差,但这些变化一般不超过 1%,只有极地略大,超过 2%。

方案 5 不仅改变了相对离散度,而且还改变了云水向雨水的转化率,它的方差变化和其他方案的方差变化有很大不同,在 80°—70°S、40°—20°S 以及 30°—60°N,模拟结果有所改善。在南半球南极附近、70°—50°S、赤道地区、10°—20°N 以及 40°N 到北极地区对云量的模拟变差了,尤其是在南北两极地区,变差的幅度非常大,S_{1j} 达到了 −10%左右。在南极地区,主要是对中云和高云模拟的偏差引起的,而在北极地区主要是由低云模拟的偏差造成。可以看出,模式在两极地区对新的云水转化率方案非常敏感。

从不同方案降水方差变化的分布来看(图 3.108a),方案 2 在 80°—70°S、50°—40°S、20°S—20°N、40°—70°N 以及北极地区有一定的改善,方案 3 在 40°S—20°N、40°—50°N、60°—70°N 以及北极地区有所改善,方案 4 在南极地区到 40°S、20°S—20°N、30°—50°N、60°N 到北极地区均有所改善,方案 5 在 70°—50°S、30°—20°S、10°S—20°N、30°—40°N 有所改善。可以看出,不同方案对降水的影响较大,方案 4 在改善范围上是最大的,并且在赤道及中低纬度地区为改善的极值地区。

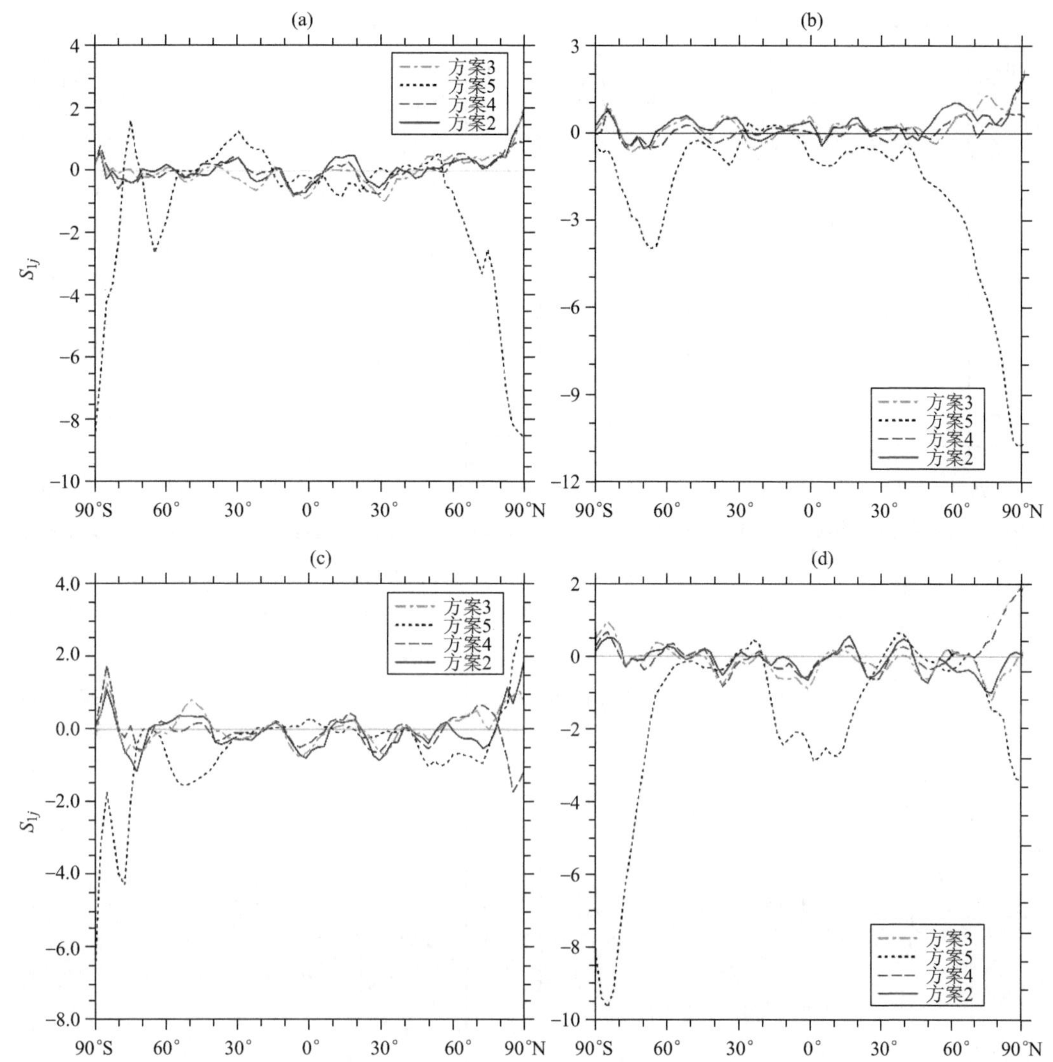

图 3.107　2001—2009 年试验 A 月平均 S_{1j} 值($j=2$:蓝色,$j=3$:绿色,$j=4$:红色,$j=5$:黑色)(彩图见书后)
(a)总云量(%),(b)低云量(%),(c)中云量(%),(d)高云量(%)

从不同方案温度方差变化的分布来看(图 3.108b),在 60°S—30°N 的地区基本没有很大变化,方案 2、3、4 在南极到 60°S 地区变差了而方案 5 在这个地区模拟能力有所改善,并在 70°S 有一个 0.4 K 的极值。在 30°—60°N,除了方案 5 有所改善外,其他方案都有所变差。在 60°—70°N 地区,只有方案 2 的模拟能力有所改善,而其他方案表现不佳。在 70°N 到北极地区,方案 2、3 有明显的变差趋势,其中方案 2 在北极到达了−0.9 K,而方案 4、5 在这个地区有所改善。不同云滴谱离散度参数化方案在中低纬度对模式温度的模拟能力影响不大,只在两极高纬度地区有一定的影响。

对于不同方案的云长波辐射强迫(图 3.109a),方案 2 在 10°S—0°、10°—30°N、60°—80°N 有所改善,但在 40°S、5°N、40°N、80°N 存在变差的极值,其中 5°N 的最大,达到了−1.0 W·m^{-2}。方案 3 除在 10°—30°N 存在改善的区域外,其他地区都有不同程度的变差。方案 4 在 60°—50°S、40°—10°S、10°—30°N 的模拟能力有所改善,幅度均不大。方案 5 全球纬向平均变化幅

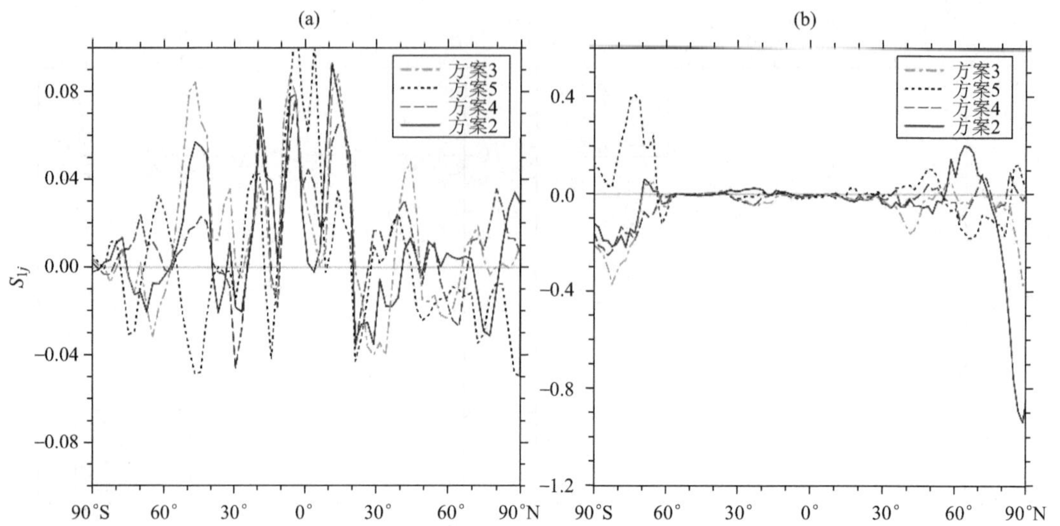

图 3.108　2001—2010 年试验 A 月平均 S_{1j} 值($j=2$:蓝色,$j=3$:绿色,$j=4$:红色,$j=5$:黑色)(彩图见书后)

(a)降水($mm \cdot d^{-1}$),(b)地表温度(K)

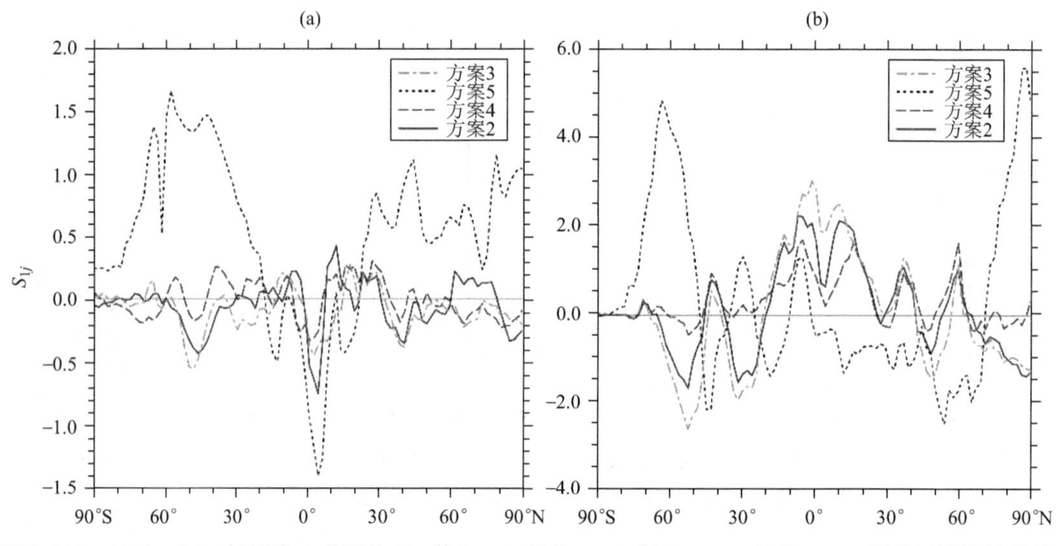

图 3.109　2001—2010 年试验 A 月平均 S_{1j} 值($j=2$:蓝色,$j=3$:绿色,$j=4$:红色,$j=5$:黑色)(彩图见书后)

(a)云长波辐射强迫($W \cdot m^{-2}$),(b)云短波辐射强迫($W \cdot m^{-2}$)

度很大,在南极地区到 20°S、20°N 到北极地区的模拟能力大幅度改善,极值达到了 1.7 $W \cdot m^{-2}$,在赤道地区模拟能力也有大幅降低,极值为 −1.4 $W \cdot m^{-2}$。其中方案 4 改善的区域最大,集中在南北半球的中纬度以及低纬度地区。

对于不同方案的云短波辐射强迫(图 3.109b),方案 2 在 50°—40°S、20°S—40°N、50°—60°N 均有一定程度的改善,方案 3 趋势与方案 2 基本一致。方案 4 在全球范围内除了个别地方有小幅的变差外,均有明显的改善。方案 5 在南极地区到 50°S、40°—20°S、10°S—0°、70°S 到北极地区模拟能力有所改善,其中在 60°S 和北极存在两个较大的极值,分别为 5 $W \cdot m^{-2}$ 和 5.5 $W \cdot m^{-2}$。可以看出,方案 4 对云的短波辐射强迫的模拟能力改善最为显著,基本覆盖了全球所有地区,而方案 5 在两极地区有明显的突变,有很强的不稳定性。

表 3.11 中为不同方案全球平均的 S_{1j} 值大小，在全球平均上看，方案 2 在低云量、降水量和云短波辐射强迫的模拟能力有所改善，分别为 0.22%、0.02 mm・d^{-1} 和 0.38 W・m^{-2}。方案 3 在低云量，降水量和云短波辐射强迫的模拟上有所改善，分别为 0.17%、−0.02 mm・d^{-1} 和 0.35 W・m^{-2}。方案 4 在低云量、降水量、云长波辐射强迫和云短波辐射强迫的模拟上相较于方案 1 有所改善，分别为 0.03%、0.02 mm・d^{-1}、0.02 W・m^{-2} 和 0.44846 W・m^{-2}，其中云短波辐射强迫的改善幅度最大，而对其他量的模拟能力则略有降低。方案 5 在地表温度、降水量和云长波辐射强迫上的模拟有所改善，分别为 0.01 K，0.01 mm・d^{-1} 和 0.39 W・m^{-2}。对比方案 5 和方案 4，地表温度和云长波辐射强迫的模拟能力都有明显提高，而对云量和云短波辐射强迫的模拟能力下降了。

表 3.11　试验 A 不同方案的全球平均 S_{1j} 值

变量	S_{1j}			
	$j=2$	$j=3$	$j=4$	$j=5$
总云量(%)	−0.02	−0.16	−0.06	−0.25
低云量(%)	0.22	0.17	0.03	−1.07
中云量(%)	−0.16	−0.08	−0.07	−0.36
高云量(%)	−0.11	−0.27	−0.12	−1.07
地表温度(K)	−0.01	−0.03	−0.02	0.01
降水量(mm・d^{-1})	0.02	0.02	0.02	0.01
云长波辐射强迫(W・m^{-2})	−0.05	−0.09	0.02	0.39
云短波辐射强迫(W・m^{-2})	0.38	0.35	0.45	−0.11

总云量的模拟上不同方案均为负值，说明在全球平均上，方案 1 对总云量的模拟最符合观测结果。地表温度中，只有方案 5 为正值，但数值也较小，幅度不明显。对降水的模拟上，四个方案均为正值，其中方案 3 最大为 0.02 mm・d^{-1}。云长波辐射强迫中，方案 2 和方案 3 均为负值，而方案 4 和方案 5 为正值，方案 5 改善较为明显，达到了 0.39 W・m^{-2}。云短波辐射强迫中，方案 2、3、4 均为正值，其中方案 4 改善最大，为 0.45 W・m^{-2}。

这一部分中对比了不同方案中的气溶胶气候效应以及所有方案的平均值，共比对了云量、降水、地表温度、云辐射强迫的变化和大气顶的净辐射通量。

不同方案的平均趋势中可以看出(图 3.110a)，气溶胶使 30°S 以南总云量以减少为主，在南极地区减少的最多，为 0.7%。而在 30°S 以北，总云量以增加为主，在 20°S、15°N、70°N 以及北极地区分别对应增加的极值，为 0.5%、1.3%、1.6%和 1.7%。观察图 3.110b 可以发现，方案 1、2、3、4 在趋势上基本一致，而方案 5 在南极地区云量增加，30°—50°N 地区云量减少，与其他方案产生明显区别。在北半球，人为气溶胶产生的间接气候效应起了主要作用，使云量有明显的增加，但是新的转化率方案的加入使一些地区云量减少了，抵消了间接效应的作用。

气溶胶对降水的影响的平均趋势使赤道地区降水减少(图 3.111a)，10°—20°N 降水增加、20°—50°N 降水减少、50°—60°N 降水增加，其他地区变化不明显。比较不同方案的区别可以发现(图 3.111b)，方案 3 在南半球的趋势与其他 4 个方案明显反向，说明当离散度随云滴数浓度增加而减小时，在以海洋为主的地区将对降水产生完全不同的影响。在赤道地区，方案 1、3、5 对降水的减少明显大于方案 2 和方案 4，而在 10°—20°N 降水增加的幅度上，方案 1、5

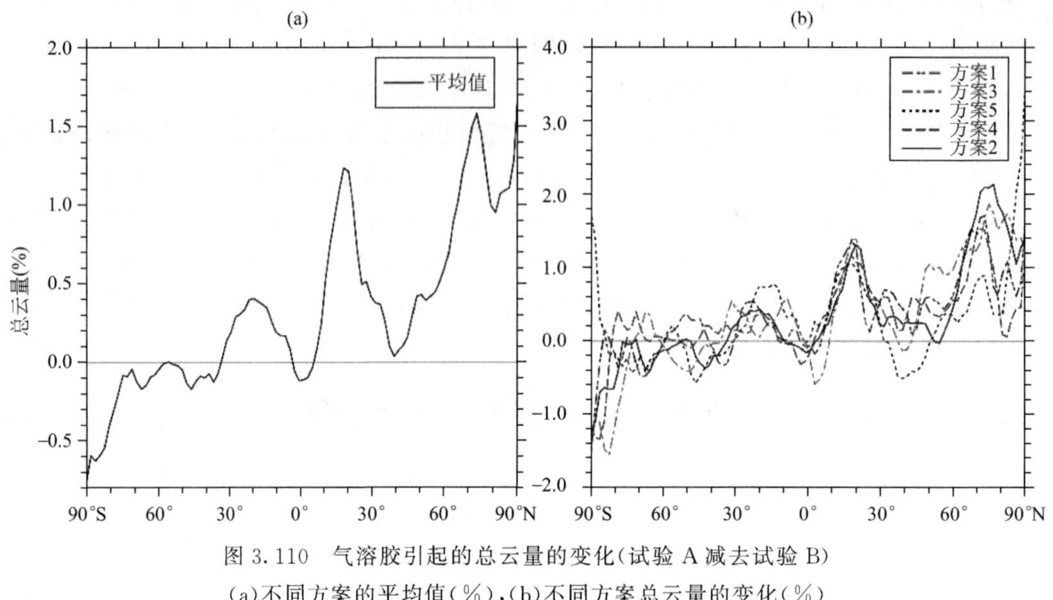

图 3.110　气溶胶引起的总云量的变化(试验 A 减去试验 B)

(a)不同方案的平均值(%),(b)不同方案总云量的变化(%)

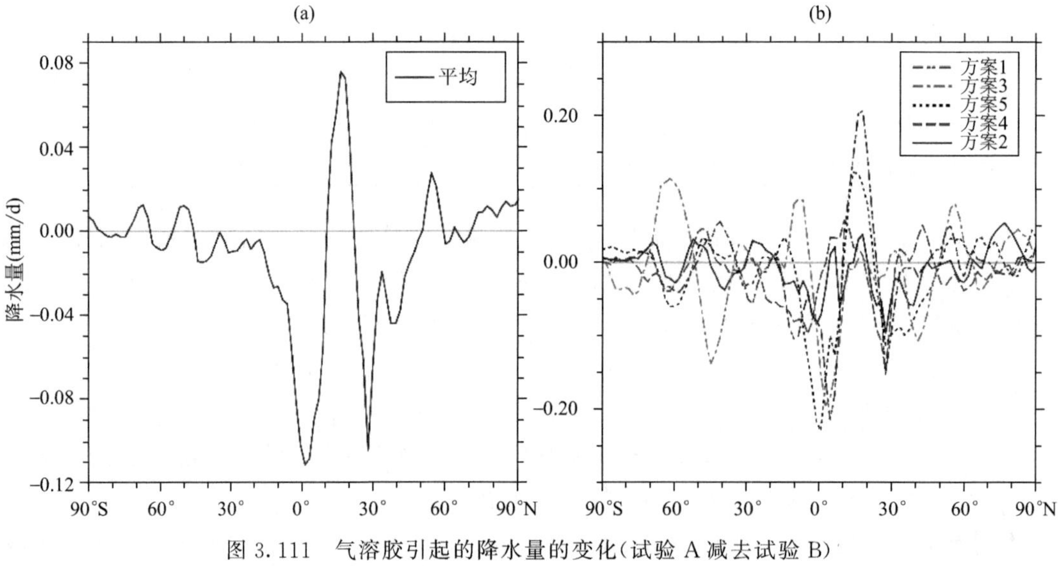

图 3.111　气溶胶引起的降水量的变化(试验 A 减去试验 B)

(a)不同方案的平均值(mm · d^{-1}),(b)不同方案降水量的变化(mm · d^{-1})

明显大于方案 2、3、4,说明在赤道低纬度地区,不同方案间产生的气溶胶对降水的影响的差别更显著。

不同方案间地表温度的变化(图 3.112a)在南极到 60°S 为增加的、在 60°S—70°N 为减少、70°N 到北极为增加。对比不同方案可以看出(图 3.112b),同降水的变化,方案 3 在南极地区到 60°S 产生的气候效应与其他方案相反。方案 1、2、4、5 在南极地区虽然都是使温度升高,但数值上差异较大。在 60°S—30°N,不同方案间差异不明显,均以减温为主。而在 30°—80°N,方案 2、3 主要表现为增温,而方案 1、4、5 主要表现为减温。北极地区除了方案 2 有明显的减温外,其余方案都以增温为主。

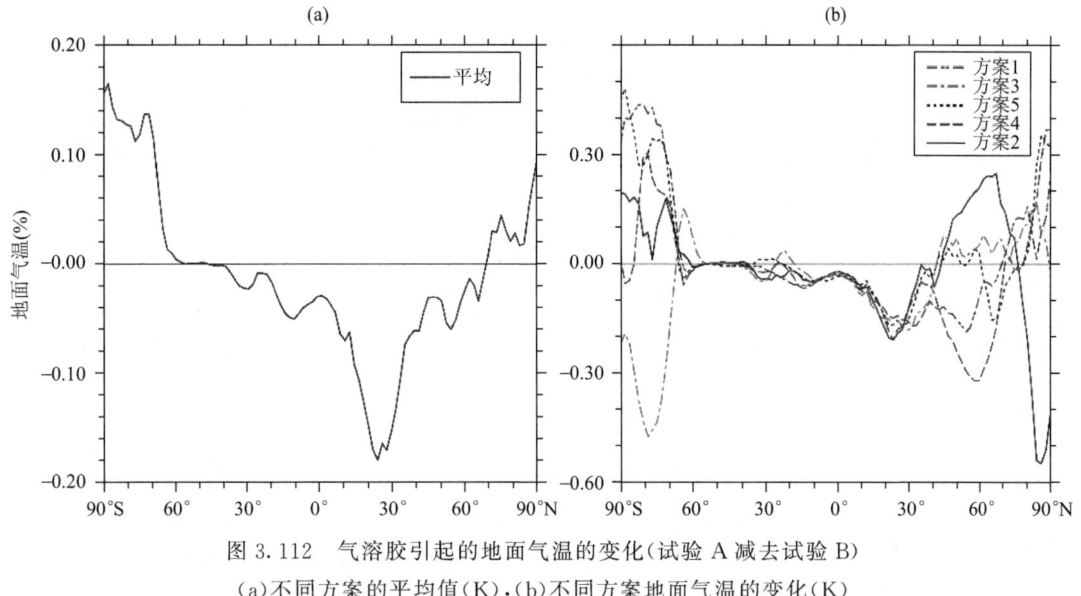

图 3.112　气溶胶引起的地面气温的变化(试验 A 减去试验 B)
(a)不同方案的平均值(K),(b)不同方案地面气温的变化(K)

不同方案云长波辐射强迫的平均值(图 3.113a)除了赤道附近有小幅度减小外,其余地区均为增加。除了方案 3 在 70°—50°S 间有明显的增加之外,不同方案的全球纬向平均趋势基本一致(图 3.113b)。不同方案云短波辐射强迫的平均值全球均表现为增强(图 3.113c)。不同方案间的趋势也基本一致(图 3.113d)。说明方案的不同对云辐射强迫的影响较小。

不同方案引起的大气顶向上净长波辐射通量变化的平均值(图 3.114a),除了南极地区和赤道地区有略微增加外,其余地区平均的通量均减少了,其中在 20°N 存在一个 $-2.5\ \mathrm{W\cdot m^{-2}}$ 的减小极值。不同方案间长波通量的变化在中纬度和低纬度地区差异不大,但在两极地区存在较大的差异,在南极地区,方案 3 表现为减少而其他四个方案表现为增加,在北极地区,方案 4 表现为增加而其他四个方案表现为减少(图 3.114b)。向下净短波辐射通量的变化的平均值除南极地区有略微的增加外,在其他地区均为负值(图 3.114c),同样在 20°N 存在一个减少的极值,为 $-5.0\ \mathrm{W\cdot m^{-2}}$。通过不同方案间向下净短波辐射通量的比对可以看出,除方案 5 在北极表现与其他方案相反外,其余地区五个方案间差异不大(图 3.114d)。

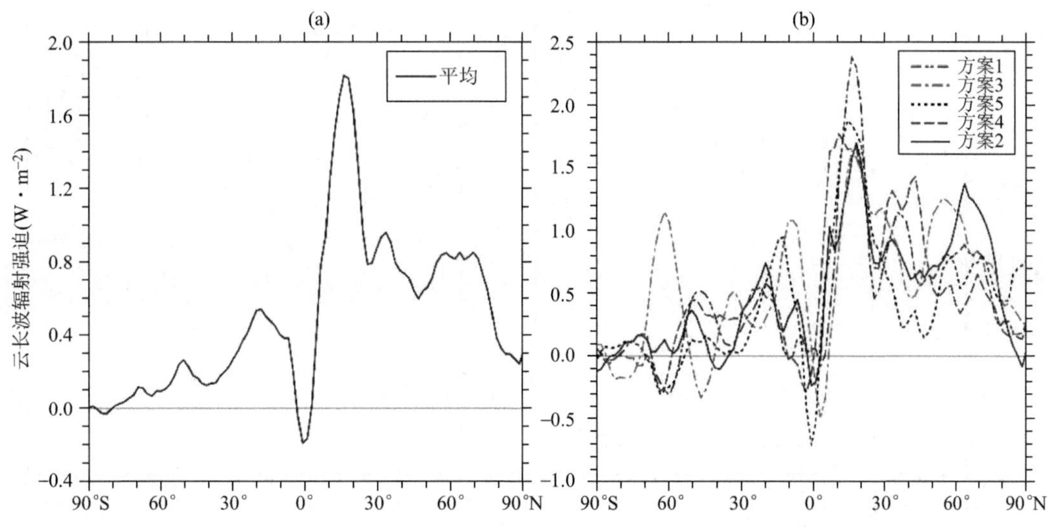

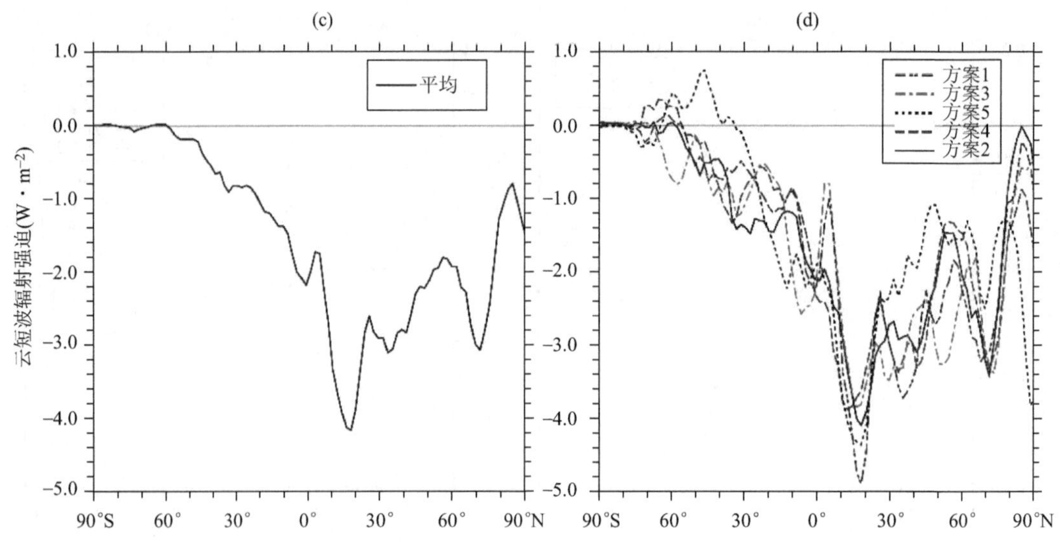

图 3.113　气溶胶引起的云辐射强迫的变化(试验 A 减去试验 B) 不同方案云长波辐射强迫(a)和云短波辐射强迫(c)的平均值(W·m^{-2}),不同方案引起的云长波辐射强迫(b)和云短波辐射强迫(d)的变化(W·m^{-2})

图 3.115 是不同方案气溶胶气候效应引起变化的标准差,图 3.115a、b、c、d、e、f、g 分别对应了总云量、地面气温、降水量、云长波辐射强迫、云短波辐射强迫、大气顶向上净长波辐射通量和大气顶向下净短波辐射通量。从图中可以看出,在总云量的变化上,不同方案在南北极地区偏差最大,在南极达到了 1.2%,在北极达到了 0.8%,在其他地区较为平均,为 0.3%左右。地面气温标准差分布中,80°S、60°N 和北极对应三个偏差最大的极大值,分别为 0.32 K、0.17 K 和 0.33 K,其他地区偏差非常小,基本接近于 0 K。降水量的标准差分布,在 60°S、45°S、10°S,赤道地区和 15°N 五个极大值区,分别对应了 0.06、0.06、0.07、0.11 mm·d^{-1} 和 0.08 mm·d^{-1},分布较不均匀。云长波辐射强迫标准差分布中,有 60°S、45°S、10°S、赤道地区,40°N 和 50°N 六个极大值区,分别对应 0.56、0.28、0.42、0.54、0.38 W·m^{-2} 和 0.34 W·m^{-2},分布起伏较大。云短波辐射强迫除南极地区有一个 1.3 W·m^{-2} 的极大值外,其余地区分布较为平均,大

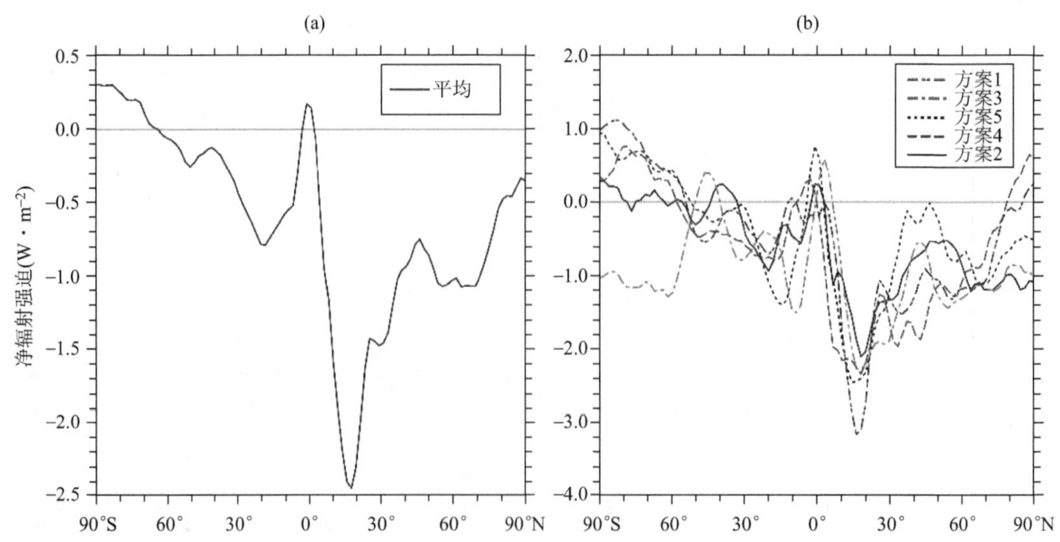

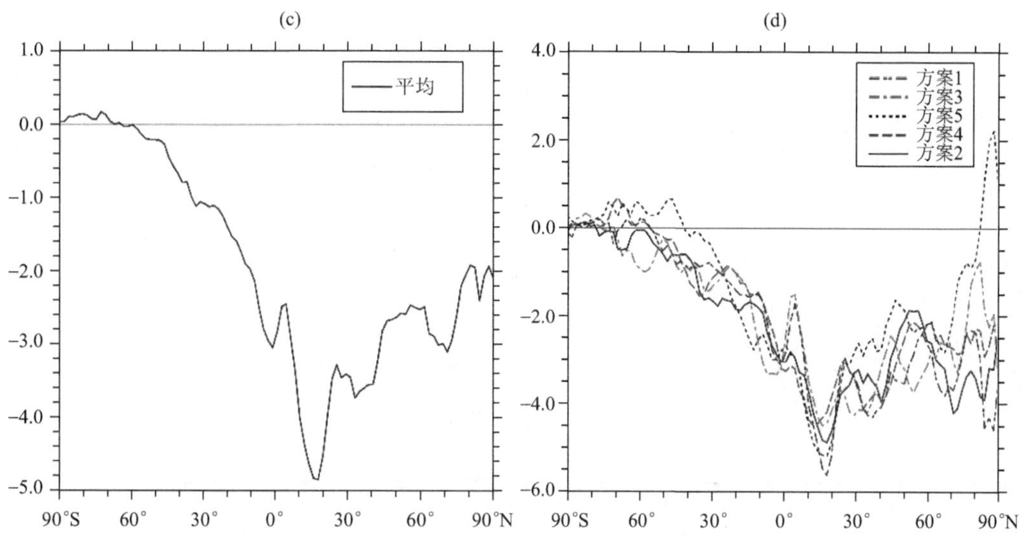

图 3.114　气溶胶引起的大气顶净辐射强迫的变化(试验 A 减去试验 B)不同方案向上净长波(a)和向下净短波辐射通量(c)的平均值(W・m^{-2}),不同方案引起的向上净长波(b)和向下净短波辐射通量(d)的变化(W・m^{-2})

致在 0.5 W・m^{-2} 左右。大气顶向上净长波辐射通量存在 80°S、10°S、赤道、40°N 和北极地区五个极大值,分别为 0.8、0.55、0.65、0.55 W・m^{-2} 和 0.65 W・m^{-2},全球分布起伏较大。大气顶向下净短波辐射通量在北极存在一个极大值,为 2.4 W・m^{-2},其他地区分布较为平均,大致在 0.4 W・m^{-2} 左右。

从上述分析的气溶胶气候效应中可以看出,不同方案的气溶胶气候效应在北半球中纬度地区和极地地区的地面气温,极地地区的云量、北极地区云短波辐射强迫、全球范围的降水量,云长波辐射强迫和大气顶向上净长波辐射通量,南极地区的大气顶向下净短波辐射通量的标准差与其平均值的比值较大,这说明这些变化存在较大的不确定性。不同方案间结果差异显著。

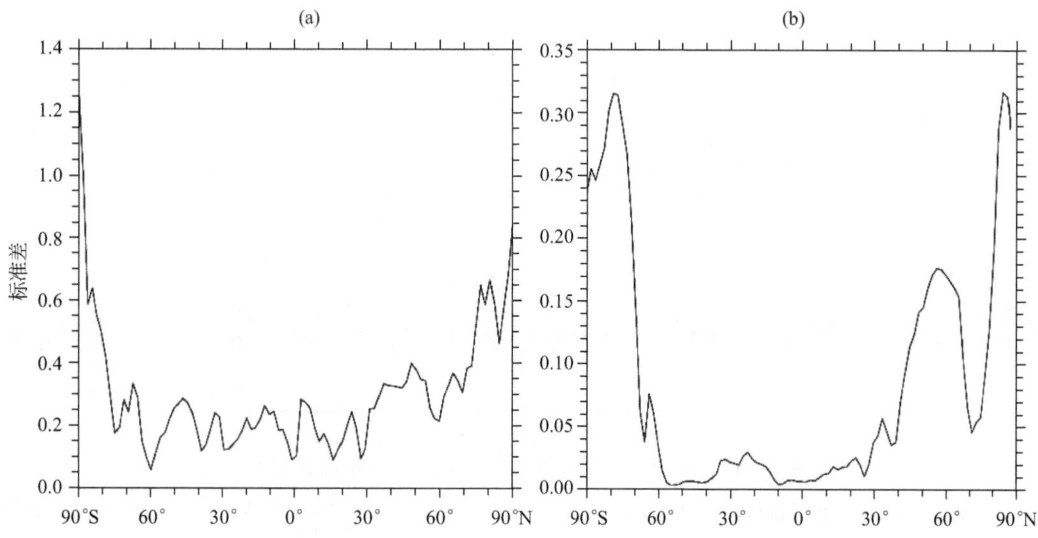

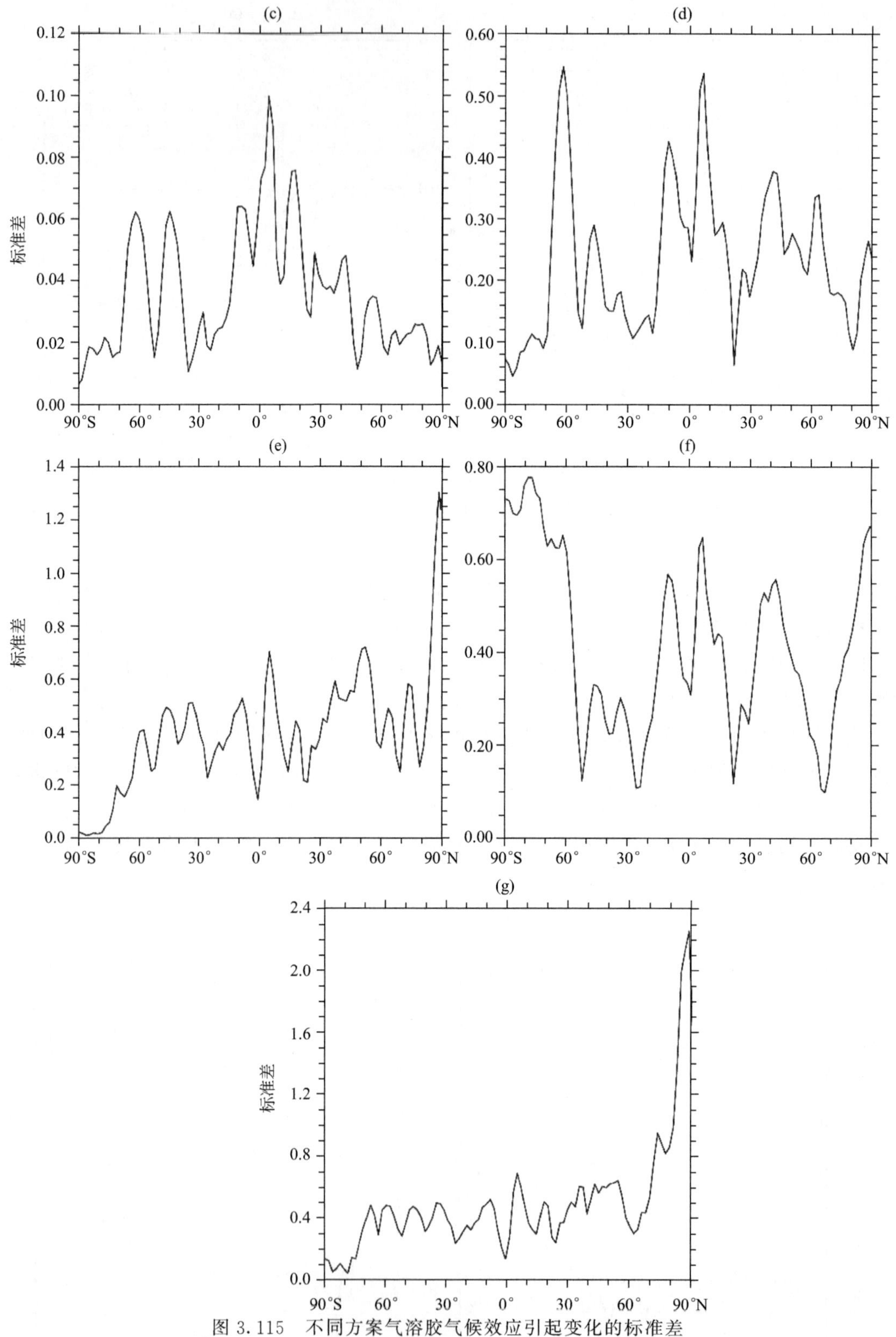

图 3.115　不同方案气溶胶气候效应引起变化的标准差

(a)总云量(%),(b)地面气温(K),(c)降水量(mm·d^{-1}),(d)云长波辐射强迫(W·m^{-2}),(e)云短波辐射强迫(W·m^{-2}),(f)大气顶向上净长波辐射通量(W·m^{-2}),(g)大气顶向下净短波辐射通量(W·m^{-2})

表 3.12　不同模拟方案的气溶胶气候效应的全球平均

变量	方案				
	方案 1	方案 2	方案 3	方案 4	方案 5
总云量(%)	0.35	0.29	0.34	0.34	0.23
地面气温(K)	−0.04	−0.02	−0.04	−0.07	−0.03
降水量($mm \cdot d^{-1}$)	−0.01	−0.01	−0.02	−0.02	−0.02
云长波辐射强迫($W \cdot m^{-2}$)	0.56	0.56	0.63	0.62	0.48
云短波辐射强迫($W \cdot m^{-2}$)	−1.81	−1.85	−1.87	−1.77	−1.57
大气顶向上净长波辐射通量($W \cdot m^{-2}$)	−0.75	−0.64	−0.92	−0.89	−0.66
大气顶向下净短波辐射通量($W \cdot m^{-2}$)	−2.31	−2.36	−2.32	−2.19	−1.98

表 3.12 显示不同方案全球平均的气溶胶气候效应，不同方案表现出的总的气溶胶气候效应正负均一致，但是在数值上有较大差异。总云量上，不同方案体现的气候效应均为云量的增加，平均值为 0.31%，其中方案 1 产生的云量增加最多，为 0.35%，方案 5 产生的云量增加最少，为 0.23%。地面气温均为减温，平均值为−0.04 K，其中方案 4 减少的最多，为−0.07 K，方案 2 减少的最少，为−0.02 K。降水量的变化均为负值，平均大小为−0.02 $mm \cdot d^{-1}$，其中方案 5 减少的最多，为 0.02 $mm \cdot d^{-1}$，方案 1 减少的最少，为−0.01 $mm \cdot d^{-1}$。气溶胶使各方案中的云长波辐射强迫均增加，平均值为 0.57 $W \cdot m^{-2}$，其中方案 3 增加的最多，为 0.63 $W \cdot m^{-2}$，方案 5 增加的最少，为 0.48 $W \cdot m^{-2}$。而云短波辐射强迫均增强，平均值为−1.77 $W \cdot m^{-2}$，其中方案 3 增加的最多，为−1.87 $W \cdot m^{-2}$，方案 5 增加的最少，为−1.57 $W \cdot m^{-2}$。各方案中大气顶向上净长波辐射通量的变化均为减少，平均值为−0.77 $W \cdot m^{-2}$，其中方案 3 减少的最多，为−0.92 $W \cdot m^{-2}$，方案 2 减少最少，为−0.65 $W \cdot m^{-2}$。大气顶向下净短波辐射通量变化的平均值为−2.23 $W \cdot m^{-2}$，其中方案 2 引起的最大，为−2.36 $W \cdot m^{-2}$，方案 5 引起的最小为−1.98 $W \cdot m^{-2}$。

对云滴谱离散度计算方法在模式中表现进行了评估，检验了五种不同离散度计算参数化方案对模拟能力的改进并对不同参数化方案间气溶胶气候效应进行了比对，通过原始方案的模拟结果与观测对比可以看出，除了在极地地区有一定偏差外，原始方案基本反映了各气象量的分布特征。新的云滴谱相对离散度计算方案加入后的方案，相较于原始方案，模式的模拟结果在降水和云短波辐射强迫上有较大改善，且在五种方案中总的改善最大。其他变量改善不明显。不同方案产生的总的气候效应较为一致，在总云量上表现为增加，在地面气温，降水量、云短波辐射强迫和大气顶净辐射通量上表现为减少，云的辐射强迫均增强了。不同方案模拟的气候效应中，降水、云长波辐射强迫和大气顶向上长波辐射通量的差异最大。总云量、地面气温、云短波辐射强迫和大气顶向下短波辐射通量只在极地地区差异较大。

3.3.7　气候模式分辨率对气溶胶气候效应的影响

气候模式是研究气溶胶气候效应的重要工具，它可以模拟气溶胶的自身演化及其对云的影响(史湘军 等，2020)。一些研究考虑和探究了间接气候效应的多方面不确定性，目的是减小不确定性。如考虑不同的气溶胶活化参数化方案(Chuang et al.，2012)、云滴到雨滴自动转换过程的参数化方案、云滴谱的相对离散度的计算方案(Michibata et al.，2015；Chandrakar et al.，2018；Wang et al，2019；Wang et al，2020)。另外，模式的分辨率作为影响气候数值模拟的重要因素,也会对气溶胶气候效应有重要的影响,值得重点关注。

随着计算能力的发展,气候模式可以在更高的分辨率情况下运行,从而可以提供区域甚至局地的气候特征。已有相关研究成果表明,精细的分辨率可以改善模拟结果的某些方面,如高分辨率的全球气候模式能够获得更逼真的大尺度大气环流以及全球和区域降水(Hack et al.,2006;Demory et al.,2014)。Bacmeister 等(2014)在两种分辨率(0.25°和 1°)下运行公共大气模型 CAM4 和 CAM5 来探究分辨率对气候模拟的影响,比较模拟结果发现,高分辨率的模拟主要在地形效应较强的地区有所改进,如夏季印度季风的模拟水平显著提高,此外还能得到更真实的热带气旋分布。Li 等(2015)利用公共大气模式 CAM5.1 在 2.8°、1.1°和 0.45°三种分辨率下进行了长期模拟,研究水平分辨率对东亚地区降水气候特征的影响,结果显示年平均降水量空间分布的模拟水平随分辨率的提高显著改善,青藏高原和高海拔山脉周围降雨的分布在高分辨率下模拟结果与观测更接近。这些研究结果证明了水平分辨率在气候模式模拟中的重要性。

近年来,模式分辨率对气溶胶与云相互作用的影响逐渐被关注。Ma 等(2015)利用 CAM5 在水平分辨率分别为 2°、1°、0.5°和 0.25°的四种情况下进行模拟试验,结果发现:相比于 2°分辨率的模拟结果,0.25°分辨率模拟产生的北半球年平均气溶胶间接辐射强迫减少了大约 1 W·m^{-2}(30%),全球年平均气溶胶间接辐射强迫减少了 0.26 W·m^{-2}(15%),该研究将气溶胶间接效应对分辨率的敏感性归因于云滴核化与降水参数化。也有一些研究基于天气模型来探索分辨率对模式结果的影响。Lee 等(2018)使用数值天气预报模型探究不同分辨率(500 m、15 km、35 km)和不同云微物理方案(Bin 方案与 Morrison 双参数方案)对云、降水以及二者相互作用的影响,结果表明低分辨率会低估上升气流以及云水路径、蒸发率、凝结率等与云有关的变量,同时降低这些变量对气溶胶浓度增加的敏感性,且发现由不同分辨率引起的云相关变量的差异远大于由不同微物理方案引起的差异,因此认为在数值天气模型中,气溶胶与云相互作用的不确定性与模式分辨率的关系更密切。在最新的一项研究中,Glotfelty 等(2020)使用数值天气模型 WRF-ACI 探索气溶胶与云相互作用的尺度依赖性,结果发现气溶胶的第二间接效应会随模式分辨率的提高而减弱,因为与吸积率(雨滴收集云滴的过程)相比,云水自动转换率的相对重要性会随分辨率的提高而减弱。综合上述研究可以发现,模式分辨率对气候模拟结果中气溶胶与云的相互作用具有一定的影响。不同的模式关注不同的方面:全球气候模式的相关研究侧重分析全球范围内气溶胶间接气候效应对不同分辨率的响应,重点关注辐射强迫等物理量;而数值天气模式的相关研究则主要针对天气过程,侧重于分析在不同分辨率模拟下,气溶胶浓度增加引起局地的降水、云以及相关微物理过程的变化。

总体而言,有关气候模式分辨率对气溶胶气候效应的研究相对较少,仍需要更多的探索。Ma 等(2015)的试验中采用实况的风场、温度、表面湿热通量,即固定气象场,而只考虑云的变化,未考虑气象要素与云之间的相互作用,该研究对气溶胶间接气候效应的估计存在一定的偏差。本小节尝试利用公共地球系统模式(CESM1.2.1)的大气模块 CAM5.3(Community Atmosphere Model,V5.3)分别在三种不同的分辨率下(2°、1°、0.5°)进行模拟试验,同时考虑气象场的影响,从长时期的气候态试验结果中,研究气溶胶和云相互作用有关的云相关物理量(包括宏观和微观)、降水和辐射强迫等的变化,更全面地分析气候模式分辨率对气溶胶气候效应的影响,以期为减小气溶胶气候效应研究的不确定性和未来气候模式的改进提供帮助。

使用的气候模式为 CAM5.3，是由美国国家大气研究中心（NCAR）开发的公用地球系统模式（CESM1.2.1）的大气部分。气溶胶模块是三模态版本（MAM3），这个模块可以动态计算硫酸盐、黑碳、一次与二次有机气溶胶、沙尘和海盐在大气中的光学属性和化学过程（Liu et al.，2012）。气溶胶粒径分为 3 个对数正态分布模态，分别是爱根核模态、积聚模态和粗模态。每个气溶胶模态中不同气溶胶的质量混合比和数浓度分别计算，并假设不同气溶胶模态间为外部混合，同一模态为内部混合。长波和短波辐射程序是基于 Iacono 等（2008）为 GCMS 开发的快速辐射传输模型。云微物理方案采用 Morrison 等提出（2008）的双参数方案，该方案预报云滴、云冰、雨滴和雪四种水成物的数浓度与混合比，并包含碰并、蒸发凝结、冻结融化、沉降、云水自动转换等多种微物理过程。云滴在气溶胶上的活化是根据微物理过程，并考虑次网格的垂直速度（郭增元 等，2017）。

试验使用有限体积动力核，从表面到 2.255 hPa 垂直分为 30 层，采用固定的气候态月平均海温与海冰数据，二氧化碳浓度设置为 367 ppm。数值试验设计如表 3.13 所示，分别在 3 种不同的分辨率下进行数值试验（2°、1°、0.5°）。每种分辨率进行两类试验，第一类试验采用 IPCC AR5（政府间气候变化专门委员会第五次评估报告）1850 年气溶胶排放源资料（PI）（Lamarque et al.，2010），第二类试验采用 IPCC AR5 2000 年气溶胶排放源资料（PD），两类试验的差值代表人为气溶胶浓度增加造成的影响。除了分辨率之外，没有改变模式的其他设置，以便区分分辨率对模拟结果的影响。PI 和 PD 模拟试验的运行时间为 15 年，取后 10 年的结果进行分析。

表 3.13　数值试验设计

试验	分辨率（°）	模拟时间（a）	气溶胶排放情景（PD）	气溶胶排放情景（PI）
2deg	2	15	AR5 2000	AR5 1850
1deg	1	15	AR5 2000	AR5 1850
0.5deg	0.5	15	AR5 2000	AR5 1850

通过 3 种不同分辨率的 PD 试验模拟的气溶胶、云、辐射和降水等关键物理量与观测资料的对比来评估模式的模拟效果，并分析改变分辨率的影响。图 3.116 为各物理量的多年平均纬向分布情况。

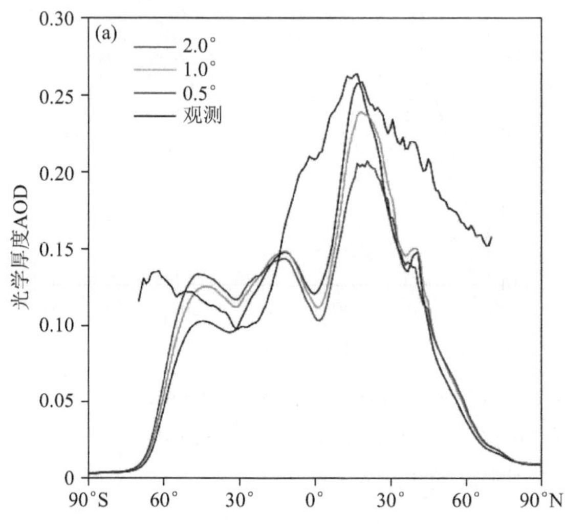

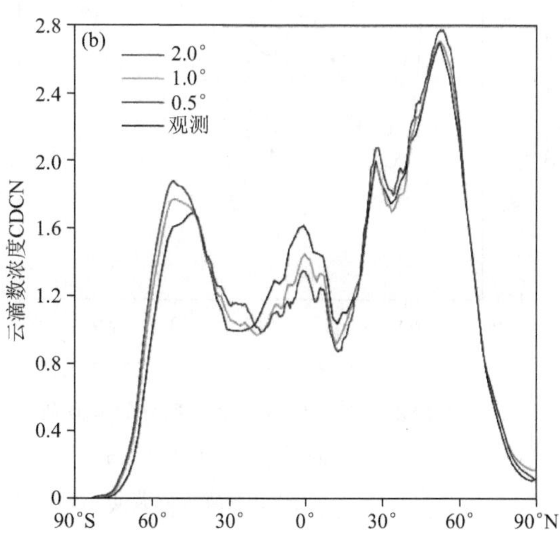

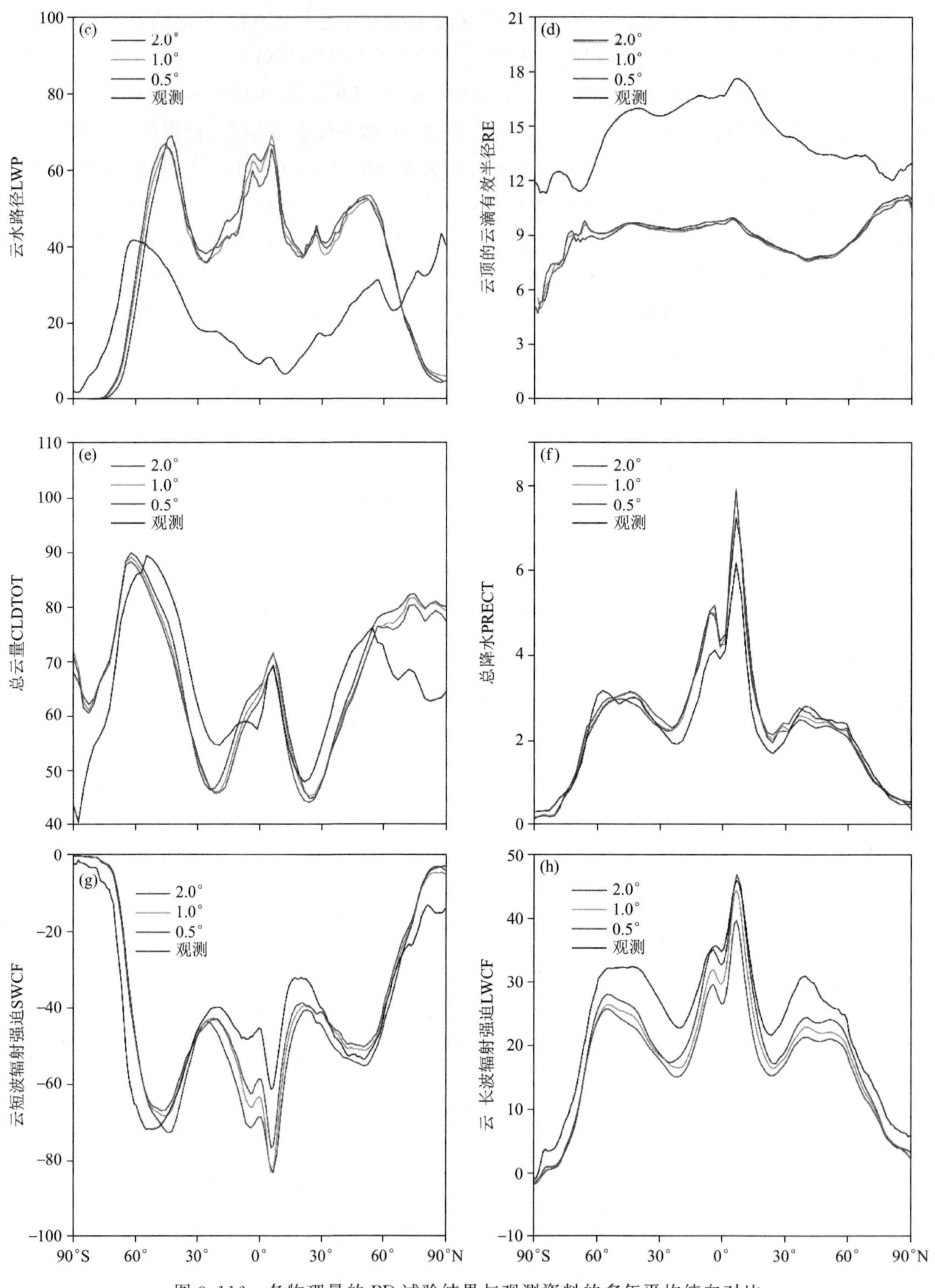

图 3.116 各物理量的 PD 试验结果与观测资料的多年平均纬向对比

(a)气溶胶的光学厚度,(b)垂直积分的云滴数浓度(单位:10^{10} cm^{-2}),(c)云水路径(单位:$g \cdot m^{-2}$),
(d)云顶的云滴有效半径(单位:μm),(e)总云量(单位:%),(f)总降水(单位: $mm \cdot d^{-1}$),
(g)云短波辐射强迫,(h)云长波辐射强迫(单位: $W \cdot m^{-2}$))

从气溶胶的光学厚度(AOD,图3.116a)可以看到3种分辨率模拟的气溶胶光学厚度在北半球均被低估,其中2°分辨率的模拟结果与观测更接近。改变分辨率使得模拟的气溶胶光学厚度在低纬度地区差异较大,特别是0.5°分辨率模拟的结果在30°N附近数值最小。气溶胶光学厚度的变化主要与降水有关(图3.116f),因为3种分辨率的气溶胶排放相同,而降水可以通过湿清除影响气溶胶数浓度。云滴数浓度主要由气溶胶核化产生,如图3.116b所示,不同分辨率下模拟的云滴数浓度(CDNC)在赤道地区有较大差异,0.5°分辨率模拟的数值最小,其余各纬度带无显著变化(云滴数浓度缺乏有效的观测值未显示观测结果),这与气溶胶光学厚度的分布变化一致。

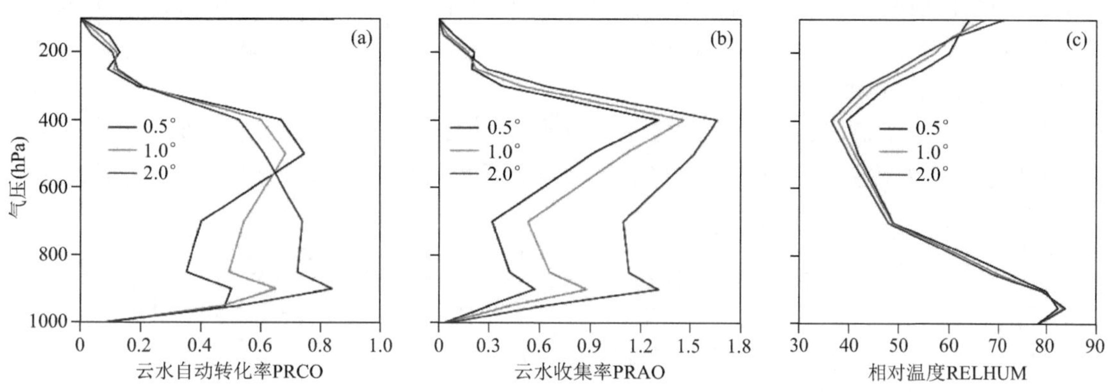

图3.117 30°S—30°N区域平均的云微物理过程和诊断量的垂直廓线

(a)云水自动转化率,(b)雨水收集率[单位:10^{-9} kg/(kg·s)],(c)相对湿度(%)

与观测相比,3种分辨率模拟的云水路径(LWP)在低纬度地区被显著高估,而在高纬度地区被低估,这与Wang等(2020)的结果一致。提高分辨率主要影响低纬度地区的云水路径,与数浓度表现一致,其中0.5°分辨率模拟的云水路径在赤道地区明显小于1°和2°分辨率的结果,可以略微改善模式对云水路径的高估(图3.116c)。这主要是因为高分辨率下该地区的云水转化和雨水收集过程更强,使得云水含量减小(图3.117a、b)。图3.116d为云顶的云滴有效半径(RE),与观测相比3种不同分辨率模拟的云顶有效半径均被显著低估,但并未随分辨率表现出明显差异,纬向平均分布形势接近。

对于总云量(CLDTOT)(图3.116e),与观测相比模式结果在中纬度地区略低估。不同分辨率下总云量的模拟变化较小,但在赤道地区和北半球高纬度地区,0.5°分辨率模拟的总云量明显小于1°和2°。模式通过相对湿度来诊断云量,当相对湿度大于临界值时才有云产生(Neale et al.,2010)。从30°S—30°N区域平均的相对湿度垂直廓线(图3.117c)可以看到,提高分辨率使得相对湿度减少,尤其在500~700 hPa,这是云量减少的重要原因。3种不同分辨率模拟的总降水(图3.116f)在低纬度地区均被高估,而在中纬度地区则被轻微低估。赤道地区降水的高估被称为双赤道辐合带(ITCZ)偏差(Bacmeister et al.,2014;周天军 等,2020),从总降水的纬向平均分布(图3.116f)也可以看到随着分辨率的提高这种偏差会进一步恶化,而北半球中纬度地区的总降水与观测更接近。总降水在模式中为大尺度降水(PRECL)和对流降水(PRECC)的总和,其变化主要是由大尺度降水的增加导致的(图略)。从30°S—30°N区域平均的云水自动转化率(图3.117a)和雨水收集率(图3.117b)的垂直廓线可以发现,提高模式分辨率使得云水向雨水转化率和雨水收集率增强,导致更多的云水转变为雨水,降水增加

(图略)。同时,降水增强会加强湿清除过程,导致该地区气溶胶数浓度降低(图 3.116a)。由于模式是在相同的海面温度和海冰浓度的情况下运行的,它们控制着海面上水分的蒸发过程,会左右降水过程,使之与水蒸发量之间趋向平衡,从而影响降水量(Michibata et al.,2015;Xie et al.,2017,2018)。

对于辐射强迫,与观测值相比模拟的云短波辐射强迫(SWCF)在低纬度地区均被高估,这与 Xie 等(2017)的结果类似,而长波辐射强迫在各纬度带均表现不同程度的低估。不同分辨率下模拟的两类辐射强迫差异显著,特别是在低纬度地区,0.5°分辨率模拟的云短波辐射强迫与观测值更接近。

为了更好地检验模式结果,将全球划分为 4 个纬度带,分别是 60°—30°S(SML),30°S—0°(SLL),0°—30°N(NLL),30°—60°N(NML),序号为 2~5,序号 1 代表全球平均。图 3.118 为各物理量与观测对比的泰勒图。

如图 3.118a 所示,总云量与观测值的标准偏差在 1.00~1.50,相关系数在 0.70~0.96,0.5°分辨率模拟的结果与其他两种分辨率相比相关系数略高,与(1,0)点更接近,这说明高分

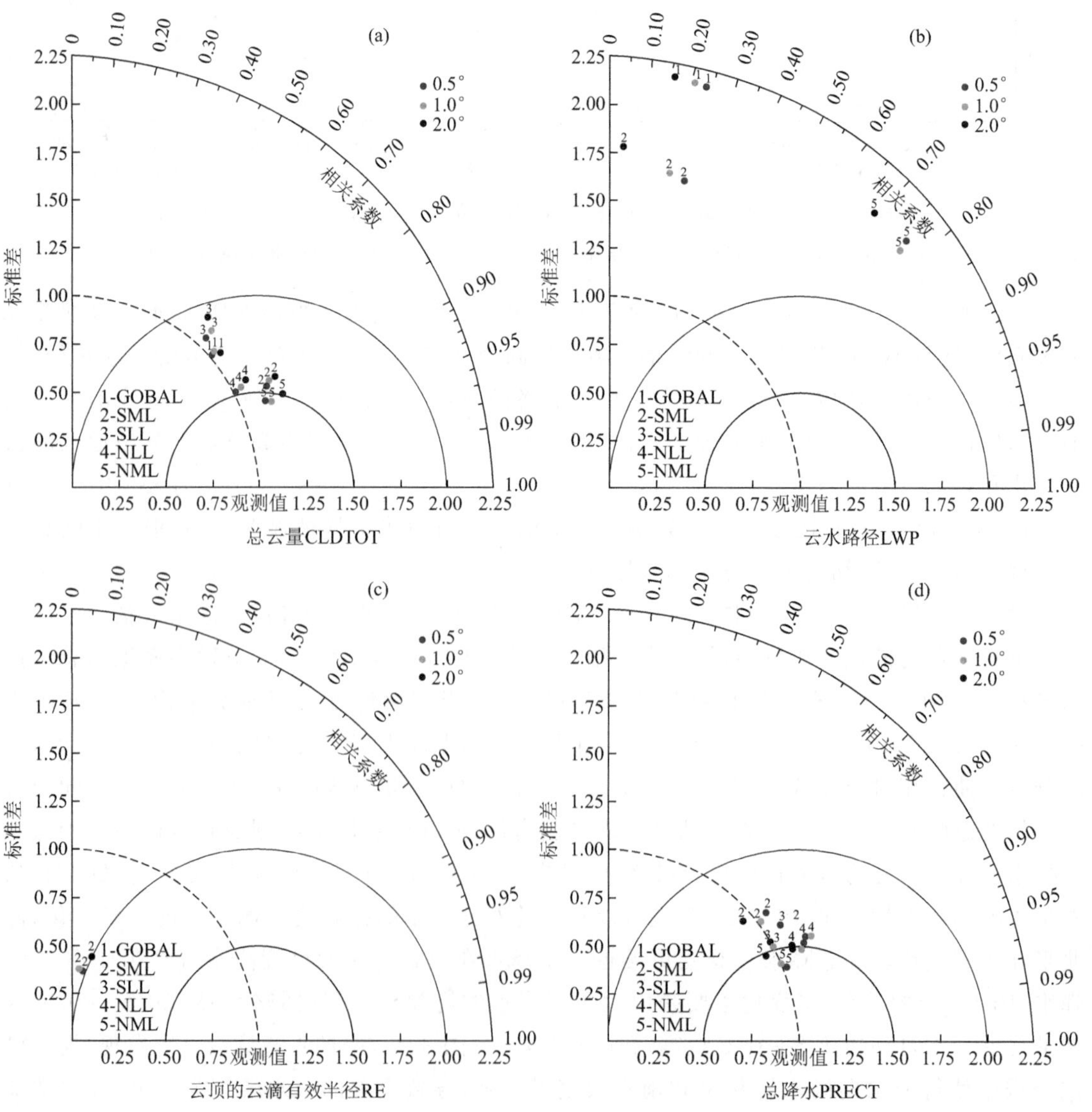

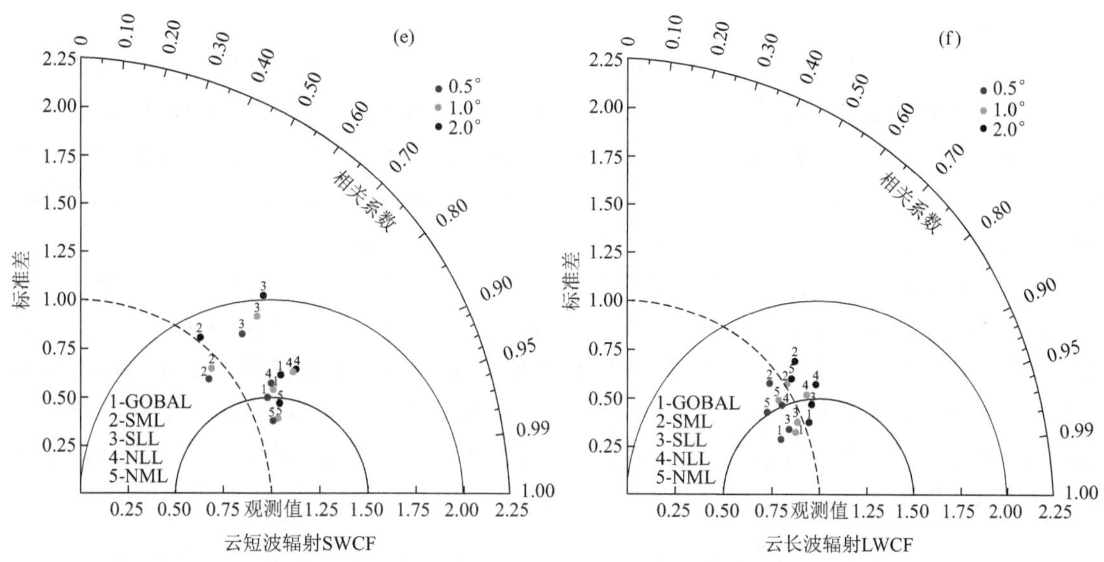

图 3.118　PD 试验与观测资料的泰勒图

(a)总云量(单位:%),(b)云水路径 (单位:g・m^{-2}),(c)云顶的云滴有效半径(单位:μm),(d)总降水(单位: mm・d^{-1}),(e)云短波辐射强迫(单位: W・m^{-2}),(f) 云长波辐射强迫 (单位: W・m^{-2}))

辨率对于总云量的模拟有一定的改进。在图 3.118b 中,北半球中纬度带(NML)云水路径与观测值的相关系数较大,在 0.70～0.80,其余纬度带很低,小于 0.30。其中,北半球低纬度带(NLL)模拟的云水路径与观测差异较大,在泰勒图所示范围外。

如图 3.118c 显示,除南半球中纬度带(SML),其余纬度带模拟云顶的云滴有效半径与观测值的相关系数为负,在泰勒图范围之外,这说明模式对于有效半径的模拟较差,并且提高分辨率对云顶有效半径的模拟无显著改善,还需要改进模式的其他方面以提高对云滴有效半径的模拟。在图 3.118d 中,总降水与观测值的标准偏差在 0.75～1.25,相关系数在 0.85～0.98,模式分辨率提高主要改善北半球中纬度带的总降水,其他纬度带没有改进。在图 3.118f 中可以看到,云短波辐射强迫与观测值的相关系数在 0.60～0.99,标准偏差在 0.75～1.50。各纬度带上 0.5°分辨率模拟的云短波辐射强迫具有更高的相关系数和更低的均方根误差,这说明提高分辨率可以改进云短波辐射强迫的模拟效果。在图 3.118e 中显示,云的长波辐射强迫与观测值的各纬度带标准偏差在 0.75～1.25,相关系数在 0.9～0.99,说明模式对于长波辐射的模拟效果较好,但提高分辨率并未显著改善长波辐射强迫的模拟。

上述结果表明模式对总云量、降水、云短波和长波辐射强迫的模拟效果较好,而对云水路径与云顶的云滴有效半径的模拟能力较差。提高分辨率可以显著改善模式对总云量、云短波辐射强迫和北半球中纬度地区总降水的模拟效果。

图 3.119 是在 3 种不同分辨率下,人为气溶胶增加对气溶胶光学厚度、云滴数浓度、云顶的云滴有效半径、云水路径的影响。气溶胶光学厚度的增加(ΔAOD)主要发生在北半球地区,最大值出现在北半球 40°N 附近(图 3.119a)。比较不同分辨率的结果可以看到,2°分辨率的模拟结果在 30°—60°N 区域最小,而在 0—20°S 区域最大,这说明提高分辨率导致不同地区的气溶胶光学厚度增加不一致。图 3.119b 为垂直积分的云滴数浓度的变化(ΔCDCN),云滴数浓度变化的分布与气溶胶光学厚度增加相似(图 3.119b),但最大值出现在北半球 30°N 附近,3 种分辨率下的纬向平均分布形势一致,数值均相近,这说明云滴数浓度的变化对模式水平分辨

率的改变不敏感。

气溶胶的第一间接效应是，气溶胶作为云凝结核会使得云滴数浓度增加，在液水含量一定的情况下云滴的有效半径减少。从云顶的云滴有效半径的变化(ΔRE)可以发现(图 3.119c)，在不同分辨率下，气溶胶增加使云顶的云滴有效半径均显著减小，在北半球 30°N 附近有最小值，这与气溶胶的第一间接效应一致(Xie et al.，2017)，但除极地外，纬向平均趋势基本重合，数值差异也很小，这说明云滴有效半径的变化对模式水平分辨率的改变也不敏感。

除了云微物理特性受到人为气溶胶的影响外，云宏观物理特性(如云水路径)也随气溶胶浓度的增加而变化(Grandey et al.，2018)。在 3 种不同分辨率下，气溶胶增加使得云水路径在各纬度带上均以增加为主(图 3.119d)，特别是在北半球地区，这主要是因为云滴尺度的减小降低了云水到雨水的自动转化率。对比不同分辨率的模拟结果可以发现，云水路径的变化(ΔLWP) 纬向分布形势基本相同，但数值上有一定差异。0.5°分辨率模拟的云水路径变化在北半球中低纬度地区比其他两种分辨率的结果更大。

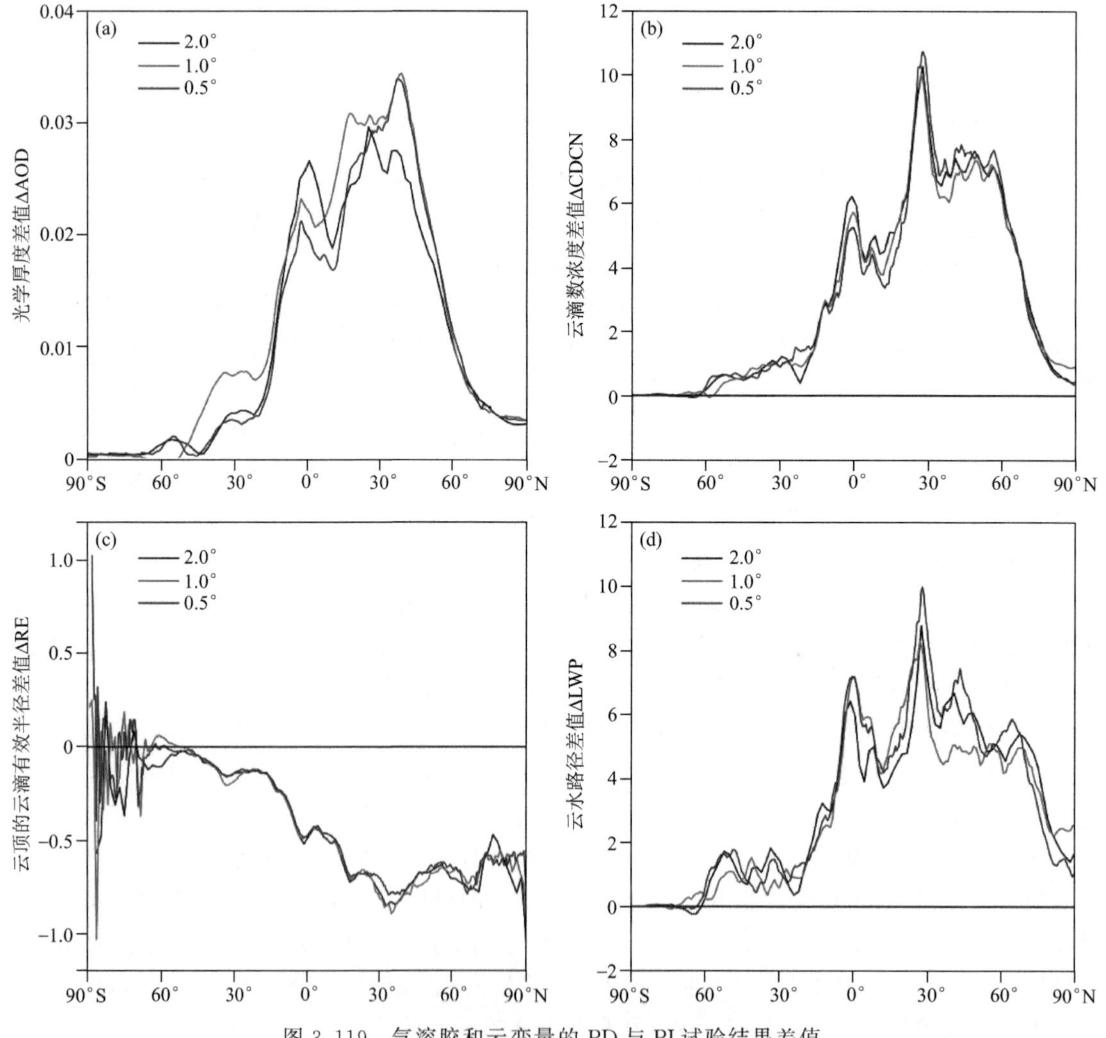

图 3.119　气溶胶和云变量的 PD 与 PI 试验结果差值

(a)气溶胶光学厚度，(b)垂直积分的云滴数浓度(单位：10^{10} cm^{-2})，

(c)云顶的云滴有效半径(单位：μm)，(d)云水路径(单位：g·m^{-2})

气溶胶的第二间接效应是，云滴数浓度的增加会降低云水自动转化过程的效率，进而影响云寿命，并改变降水，因此关注降水的变化。从总降水的变化（ΔPRECT，图 3.120a）可以看到，在不同分辨率下人为气溶胶增加引起的总降水变化在各纬度带上表现均不同。赤道地区，3 种分辨率模拟的总降水变化都显著减少，并且减少最多，极小值为 $-0.20\ \mathrm{mm \cdot d^{-1}}$；除此之外，3 种分辨率的模拟结果无相对一致的变化，这说明降水的变化对模式水平分辨率的改变很敏感。进一步分析对流降水和大尺度降水的变化（ΔPRECC、ΔPRECL）可以发现（图 3.120b、c），在低纬度地区，1°和 2°分辨率下对流降水的变化在总降水变化中起着主要作用，0.5°分辨率下对流降水和大尺度降水的变化共同决定总降水的变化。

不同分辨率下的地面气温变化（ΔTS）在南北半球高纬度地区差异明显（图 3.120d），其中 0.5°与 2°分辨率的结果均为减温。0.5°分辨率下地表温度在北半球中纬度地区减小较显著；2°分辨率下在极地减温幅度较大，最大值达到 -0.65 K；1°分辨率的结果在南北两极表现为小幅度增温。在 60°S—30°N，3 种分辨率的地面温度均减小，且地面气温变化的差异不明显。

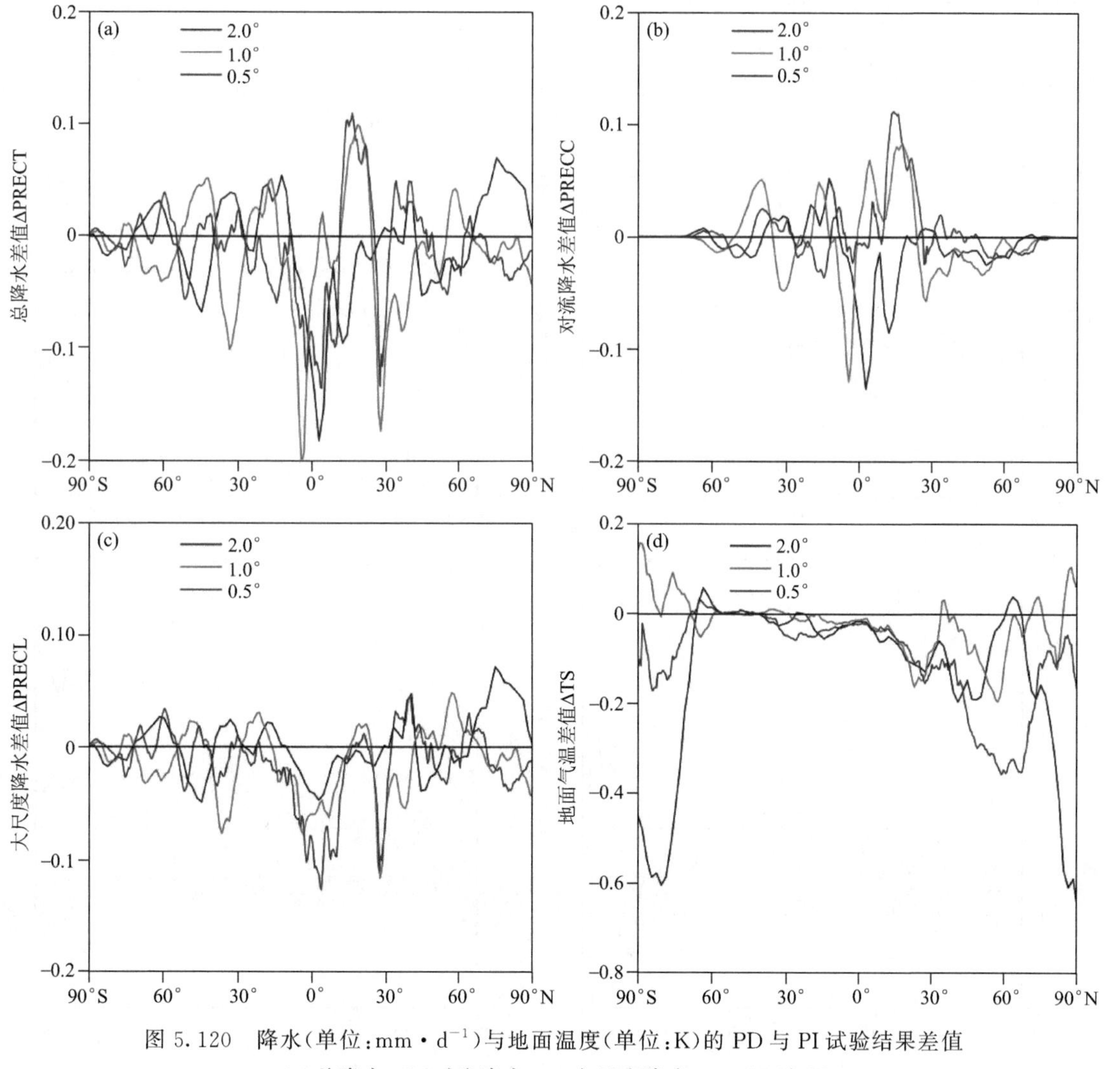

图 5.120　降水（单位：$\mathrm{mm \cdot d^{-1}}$）与地面温度（单位：K）的 PD 与 PI 试验结果差值

(a)总降水，(b)对流降水，(c)大尺度降水，(d)地面气温

从云量的变化(图 3.121)可以看到,在 3 种不同分辨率下气溶胶增加使得低云量在北半球 30°N 以北地区以增加为主,以南地区改变很小,变化幅度在 0.6%以内(图 3.121a)。对比不同分辨率的试验结果,2°分辨率模拟的低云量在北半球高纬度地区增加幅度最大,0.5°分辨率最小,而 1°分辨率模拟的低云量变化在北半球中纬度地区最小。中云量的变化(ΔCLDMED)比较复杂,不同分辨率的模拟结果表现各不相同(图 3.121b)。由于模式对中云量、高云量和总云量具有较好的模拟能力,并且高分辨率下模拟的云量与观测资料的相关系数更高,因此,着重分析 0.5°分辨率下的变化。0.5°分辨率下中云量在北半球地区变化显著,北半球 60°N 以南以增加为主,以北以减少为主;而在南半球,除南极地区增加明显外,其余地区变化幅度小于 0.1%。从高云量的变化(ΔCLDHGH,图 3.121c)可以发现,不同分辨率下高云量在全球低纬度地区以增加为主,在中高纬度地区以减小为主。0.5°分辨率下高云量变化的极大值在北半球 20°N 附近,大小为 1.63%。气溶胶增加使得总云量在不同分辨率下均以增加为主(图 3.121d),北半球的增加大于南半球。0.5°分辨率模拟的总云量在北半球中低纬度地区增加最大,而在北半球高纬度地区增加最小。

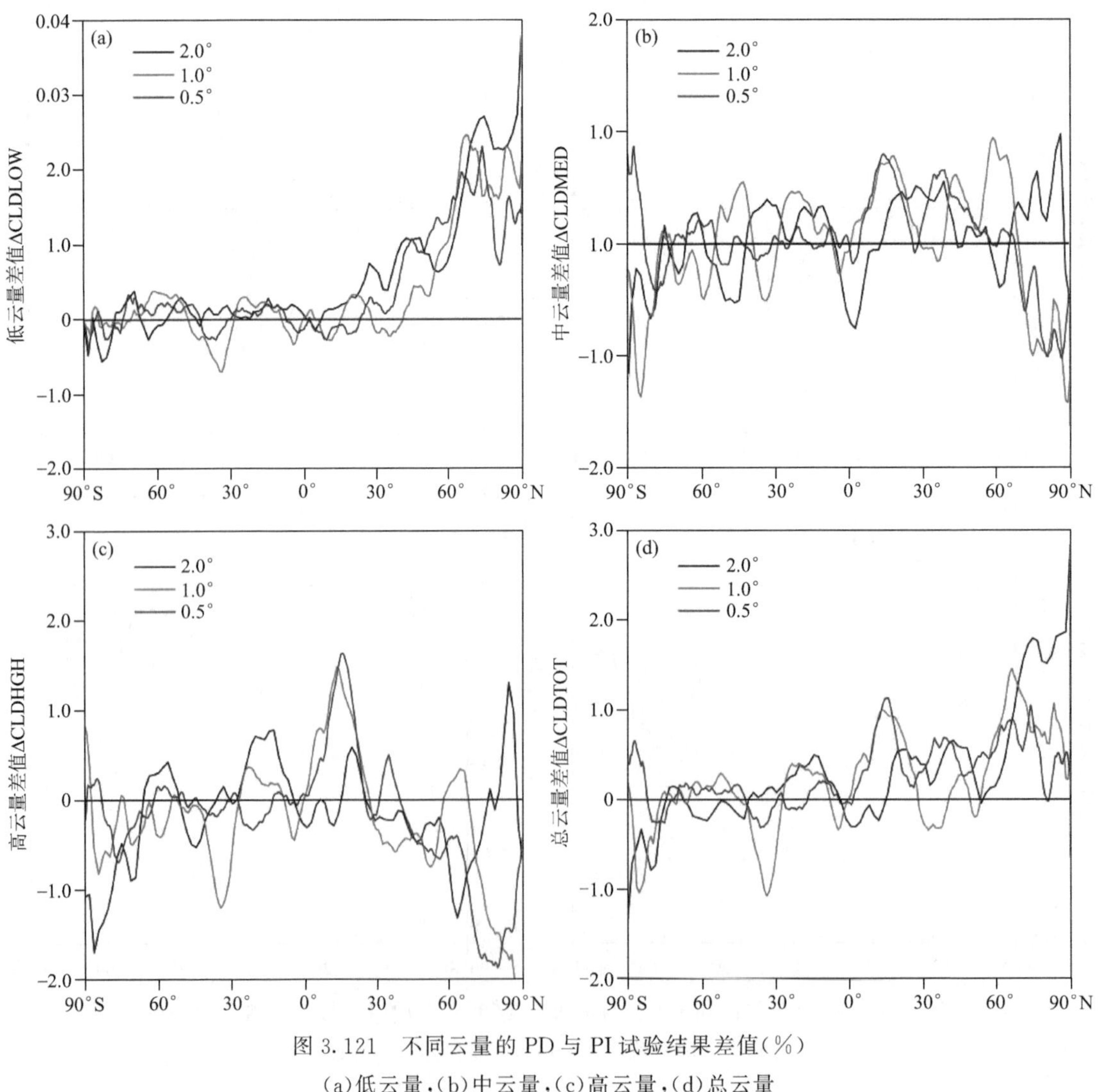

图 3.121 不同云量的 PD 与 PI 试验结果差值(%)

(a)低云量,(b)中云量,(c)高云量,(d)总云量

从云短波和长波辐射强迫的变化(ΔSWCF、ΔLWCF)(图 3.122)可以看出，气溶胶增加使得云短波辐射强迫在全球均表现为增强，北半球的变化远强于南半球。不同分辨率下云短波辐射强迫变化的分布形势相似，但数值存在差异，特别是北半球地区，极大值位于 20°—30°N 范围内，达到 $-3.0\ W\cdot m^{-2}$(图 3.122a)。长波辐射强迫的变化与短波辐射强迫变化分布类似，也在北半球产生较大的增加(图 3.122b)。3 种分辨率下，长波辐射强迫变化的分布形势相似，但在各纬度带的数值差异显著，1°分辨率模拟产生最大值为 $1.67\ W\cdot m^{-2}$。

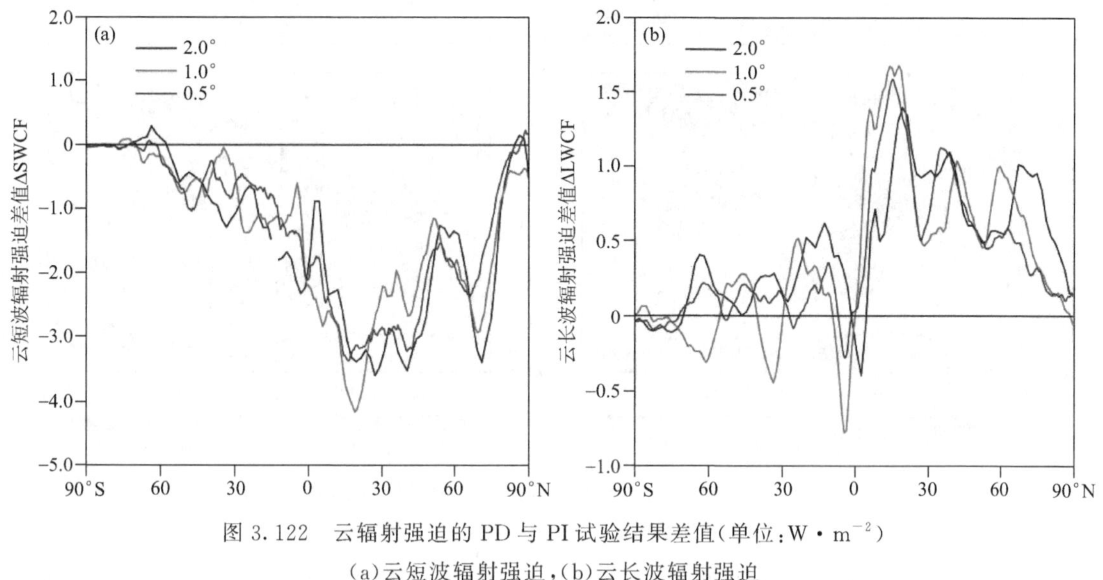

图 3.122　云辐射强迫的 PD 与 PI 试验结果差值(单位：$W\cdot m^{-2}$)
(a)云短波辐射强迫，(b)云长波辐射强迫

从上述分析可以看到，不同分辨率下气溶胶增加引起的各物理量变化不尽相同，提高分辨率使得降水和云量的变化在各纬度带的表现差异较大，而云顶的云滴有效半径的差异很小，其余物理量的纬向平均趋势相近，但大小存在一定差异。其中云水路径、降水、云量等的变化对分辨率的改变很敏感，因此进一步分析它们在全球的分布情况。

从总云量变化(ΔCLDTOT)的全球分布(图 3.123a～c)可以看到，在不同分辨率下的分布差异较大。2°分辨率模拟的总云量显著增加的地区主要位于亚洲中部、北极、非洲东部及邻近海域和北美洲的北部，显著减小的地区位于非洲南部和南美洲的北部；1°分辨率模拟的结果在南亚、东南亚地区增加明显；而 0.5°分辨率模拟的结果在阿拉伯半岛及南海地区表现出更大的增加。提高分辨率使得人为气溶胶增加引起的云量增大在北极地区明显减少，而亚洲地区显

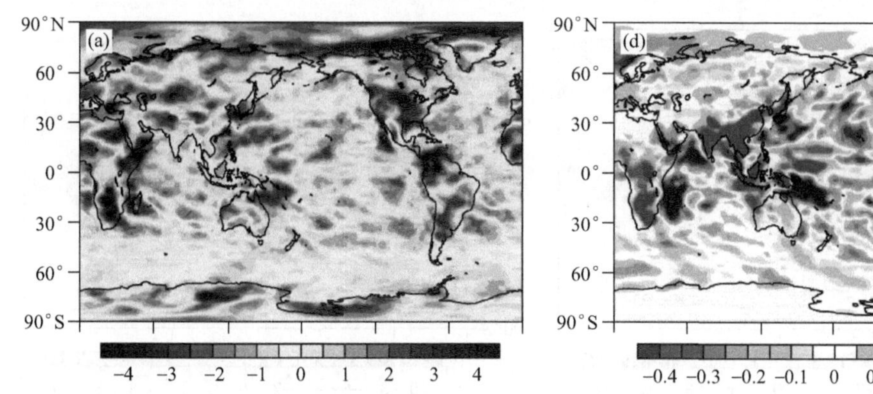

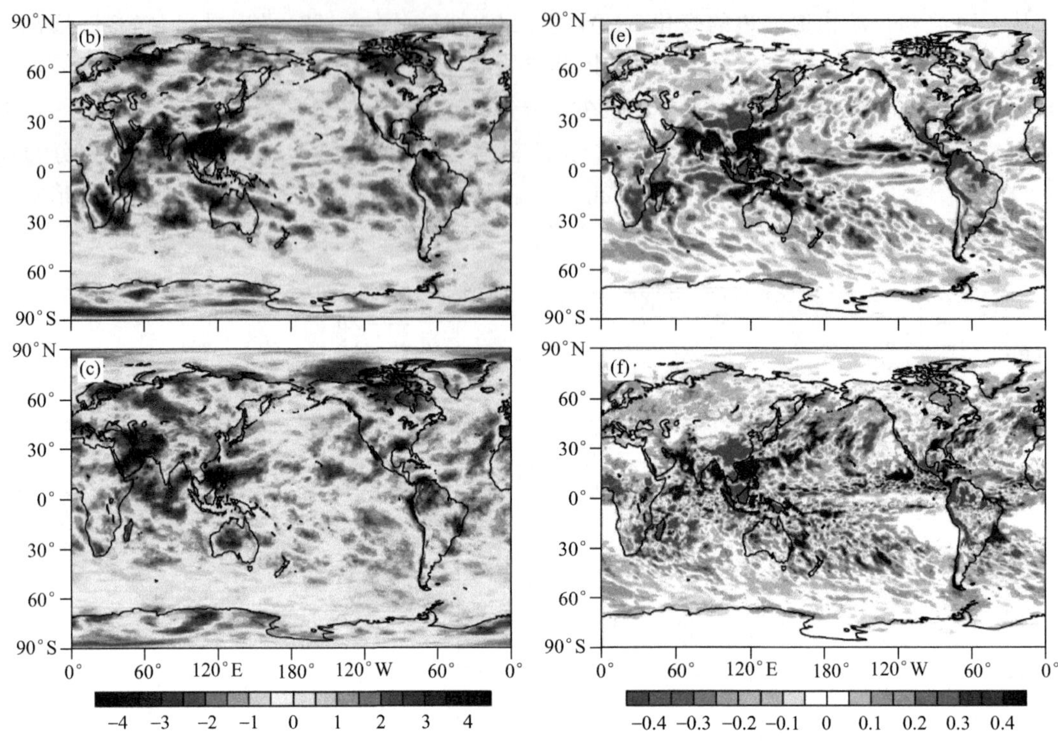

图 3.123　总云量(a～c,%)、总降水(d～f,单位:mm・d^{-1})的 PD 与 PI 试验结果差值的全球分布
(a、d:2°分辨率,b、e:1°分辨率,c、f:0.5°分辨率)

著增大,特别是阿拉伯半岛、中南半岛和南海地区。降水的变化主要集中在中低纬度,特别是亚洲地区(图 3.123d～f)。2°分辨率下,印度半岛、中南半岛以及中国东部地区的降水由于气溶胶的增加均减少,而提高分辨率后,降水减少的区域缩小,孟加拉湾和南海地区的降水显著增多。对比两者变化的全球分布可以发现,在亚洲地区云量显著增加的区域,降水也明显增多,此处的降水多为对流降水(图 3.119b)。

从云水路径变化的全球分布(图 3.124a～c)可知,云水路径变化的高值出现在人为气溶胶排放较多的地方,如欧洲、东亚和南亚、南美洲北部和非洲部分地区。提高分辨率使得云水路径的增加区域进一步扩展,如印度半岛、欧洲地区和西北太平洋地区,这与云水自动转化率减弱的范围相一致(图略)。云短波辐射强迫的变化在全球的分布(图 3.124d、e、f)可以发现,云短波辐射强迫增强显著的地区有东南亚、北太平洋和南美西海岸,这些地区位于气溶胶源区

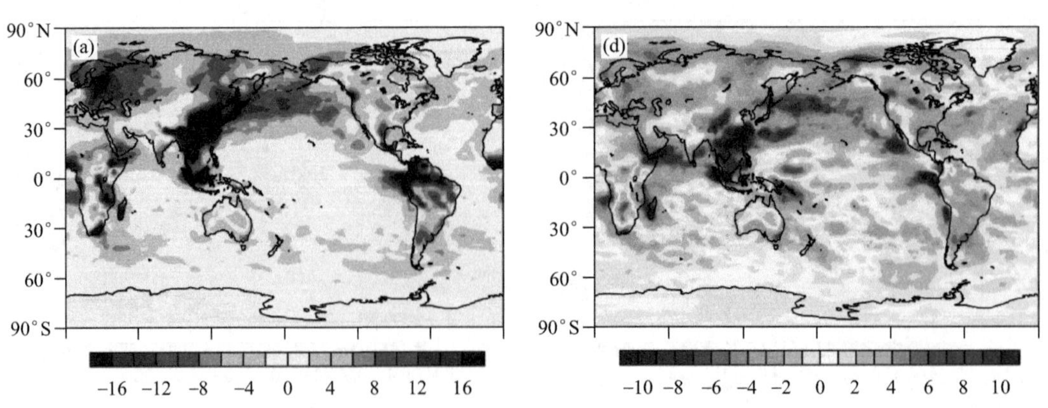

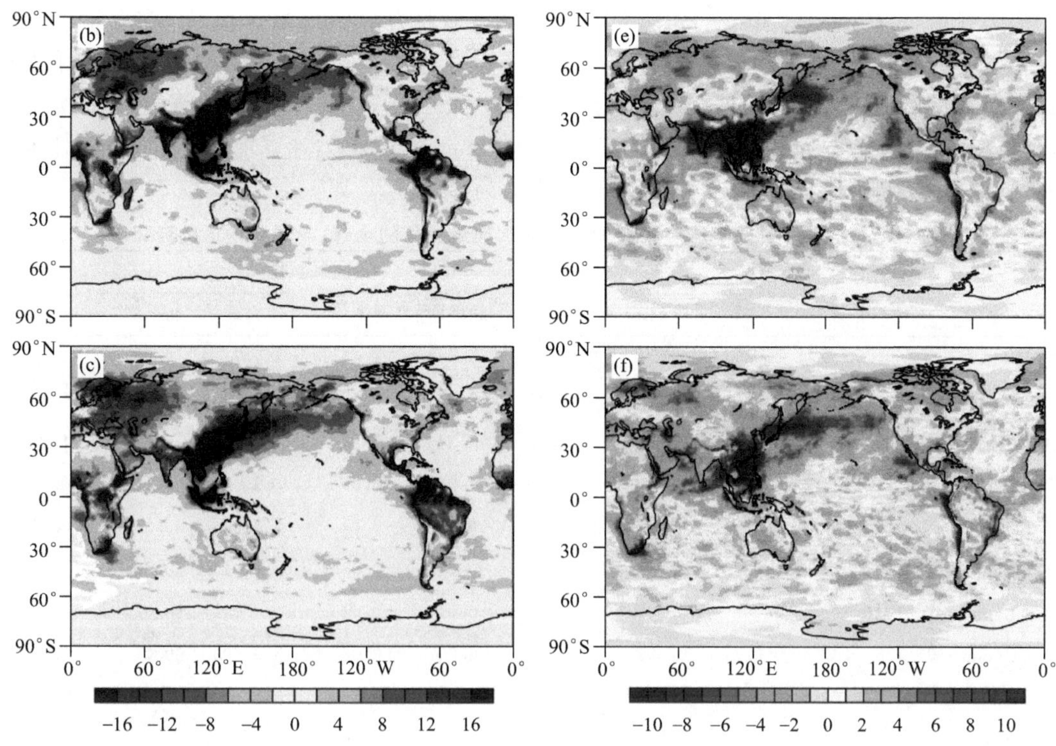

图 3.124　云水路径(a、b、c;单位:g·m^{-2})与云短波辐射强迫(d、e、f;单位:W·m^{-2})的 PD 与 PI 试验结果差值的全球分布(a、d:2°分辨率,b、e:1°分辨率,c、f:0.5°分辨率)

及其下风向区域(东南亚、东亚和亚马孙),海洋为云的发展提供了丰富的水分(Wang et al.,2020)。提高分辨率主要使得云短波辐射强迫在亚洲地区发生明显变化,1°分辨率模拟的结果在亚洲东南部和东部地区相比其他两种分辨率具有更强的云短波辐射强迫响应。

从3种分辨率下全球和半球平均的气溶胶气候效应(表3.14)可以看到,除了总云量与对流降水外,其余物理量的气溶胶气候效应表现较一致,只在数值上存在一定的差异。对于ΔCDNC,不同分辨率的结果均表现为云滴数浓度增加,2°分辨率具有最大的全球平均值为 3.79×10^{10} cm^{-2},1°分辨率最小为 3.64×10^{10} cm^{-2}。提高分辨率使得云滴数浓度先减少后增加,尤其是北半球地区。云顶的云滴有效半径的变化均为负值,其全球平均值随分辨率的提高变化微弱,0.5°分辨率下模拟的云滴有效半径的变化最小,大小为−0.39 μm。不同分辨率下云水路径均增加,0.5°分辨率模拟得到最大的云水路径变化,全球平均值为3.84 g·m^{-2},北半球平均值为5.86 g·m^{-2}。地面气温均减小,从全球平均值来看,0.5°分辨率具有最大的降温幅度,达到−0.08 K。对于总云量的变化,除1°分辨率的南半球外,其余情况下均增加。北半球总云量的变化随分辨率的提高而逐渐增加,0.5°分辨率相比2°增加了51%。人为气溶胶的增加抑制了降水的产生,总降水的变化均为负值,而这种抑制作用随着分辨率的提高而逐渐减弱,主要是因为大尺度降水和对流降水相反的效应导致的。对于大尺度降水,提高分辨率使得气溶胶对降水的抑制作用加强,0.5°分辨率下大尺度降水变化的数值最小,全球平均值为−0.021 mm·d^{-1};而对于对流降水,随着分辨率的提高气溶胶的作用由抑制转变为促进,降水增多,0.5°分辨率下模拟结果最大为0.008 mm·d^{-1}。云短波辐射强迫均表现为增强效应,北半球远强于南半球,随着分辨率的提高逐渐减少,2°分辨率下云短波辐射强迫增强最显著,全球平均值为$-1.75\ W\cdot m^{-2}$，而0.5°分辨率的模拟结果最弱为$-1.62\ W\cdot m^{-2}$。云长波辐射强迫约为云短波辐射强迫的三分之一，其全球平均值随分辨率提高改变不明显，2°分辨率下在全球具有最大的云长波辐射强迫变化，大小为$-1.25\ W\cdot m^{-2}$。气溶胶间接辐射强迫(AIF)定义为云短波辐射强迫的变化与长波辐射强迫的变化之和(Xie et al.,2017)，计算发现，0.5°分辨率下间接辐射强迫最低为$-1.17\ W\cdot m^{-2}$，2°分辨率的结果最高为$-1.25\ W\cdot m^{-2}$。

表3.14　不同分辨率下气溶胶增加引起的物理量变化的全球、半球平均值的变化

变量	2°			1°			0.5°		
	全球	北半球	南半球	全球	北半球	南半球	全球	北半球	南半球
ΔCDNC($10^{10}\ cm^{-2}$)	3.79	6.04	1.54	3.64	5.83	1.45	3.71	5.94	1.48
ΔRE(μm)	−0.41	−0.65	−0.17	−0.41	−0.66	−0.15	−0.39	−0.63	−0.15
ΔLWP($g\cdot m^{-2}$)	3.54	5.27	1.79	3.49	5.34	1.59	3.84	5.86	1.82
ΔTS(K)	−0.07	−0.09	−0.04	−0.03	−0.06	−0.00	−0.08	−0.14	−0.03
ΔCLDTOT(%)	0.20	0.33	0.08	0.18	0.41	−0.04	0.26	0.50	0.01
ΔPRECT($mm\cdot d^{-1}$)	−0.017	−0.032	−0.001	−0.017	−0.011	−0.022	−0.013	−0.007	−0.019
ΔPRECL($mm\cdot d^{-1}$)	−0.004	−0.005	−0.003	−0.017	−0.018	−0.016	−0.021	−0.024	−0.017
ΔPRECC($mm\cdot d^{-1}$)	−0.013	−0.027	0.002	0.000	0.007	−0.007	0.008	0.017	−0.002
ΔSWCF($W\cdot m^{-2}$)	−1.75	−2.52	−0.98	−1.65	−2.54	−0.76	−1.62	−2.50	−0.73
ΔLWCF($W\cdot m^{-2}$)	0.50	0.74	0.25	0.45	0.90	−0.00	0.45	0.80	0.09
AIF($W\cdot m^{-2}$)	−1.25	−1.78	−0.73	−1.20	−1.64	−0.76	−1.17	−1.70	−0.64

注：CDNC云滴数浓度；RE云顶的云滴有效半径；LWP云水路径；TS地面气温；CLDTOT总云量；PRECT总降水；PRECL大尺度降水；PRECC对流降水；SWCF云短波辐射强迫；LWCF云长波辐射强迫；AIF气溶胶间接辐射强迫

气候模式分辨率作为影响模式模拟结果的重要因素，其对气溶胶与云相互作用的影响尚未全面认识。利用公共大气模型CAM5.3在3种分辨率(2°、1°、0.5°)下，分别采用2000年和1850年气溶胶排放情景进行试验，检验提高分辨率是否能改进气候模式的模拟能力，分析不同分辨率下气溶胶气候效应的异同，探索模式分辨率对气溶胶气候效应数值结果的影响。通过观测资料与模式结果对比发现，提高分辨率可以明显改进模式对总云量、云短波辐射强迫的模拟能力，0.5°分辨率下模拟结果与观测更接近，其他变量并无明显改善。在不同分辨率下，全球平均的气溶胶气候效应较为一致，总云量、云水路径均增加，云短波和长波辐射强迫均加强，而云顶的云滴有效半径、地面气温和降水均减少。不同分辨率下，气溶胶增加引起的光学厚度、云水路径、地面温度、云短波和长波辐射强迫的变化的纬向平均分布形势相似但大小存在差异；而降水和云量的变化的纬向分布形势与大小均存在较大差异，在区域尺度上还存在较大的不确定性。全球平均而言，0.5°分辨率下气溶胶的间接辐射强迫AIF相比1°分辨率下的结果减少了2.5%，相比2°分辨率下的结果减少了6.4%。提高模式分辨率可以部分改进模式模拟能力，同时，气溶胶的间接效应随着模式分辨率的提高而减弱。但气溶胶引起的云量、降水的变化在不同分辨率下差异较大，存在较大不确定性。

参考文献

布和朝鲁，2003. 东亚季风气候未来变化的情景分析——基于IPCC SRES A2和B2方案的模拟结果[J]. 科学通报,48(7):737-742.

陈隆勋,邵永宁,张清芬,等,1991. 近四十年我国气候变化的初步分析[J]. 应用气象学报,2(2):164-174.

陈文,2002. El Niño 和 La Niña 事件对东亚冬、夏季风循环的影响[J]. 大气科学,26(5):595-610.

陈勇航,黄建平,王天河,等,2005. 西北地区不同类型云的时空分布及其与降水的关系[J]. 应用气象学报,16(6):717-727.

陈玉英,巩远发,魏娜,2008. 亚洲季风区大气热源汇的气候特征[J]. 气象科学,28(3):251-257.

初征,郭建平,2018. 未来气候变化对东北玉米品种布局的影响[J]. 应用气象学报,29(2):165-176.

邓洁淳,徐海明,马红云,等,2014. 中国东部地区人为气溶胶对东亚冬、夏季风的影响——一个高分辨率大气环流模式的模拟研究[J]. 热带气象学报,30(3):567-576.

邓涛,张镭,陈敏,等,2010. 高云和气溶胶辐射效应对边界层的影响[J]. 大气科学,34(5):979-987.

丁守国,石广玉,赵春生,2004. 利用 ISCCP D2 资料分析近 20 年全球不同云类云量的变化及其对气候可能的影响[J]. 科学通报,49(11):1105-1111.

丁守国,赵春生,石广玉,等,2005. 近 20 年全球总云量变化趋势分析[J]. 应用气象学报,16(5):670-677.

丁一汇,李霄,李巧萍,2020. 气候变暖背景下中国地面风速变化研究进展[J]. 应用气象学报,31(1):1-12.

杜振彩,黄荣辉,黄刚,等,2011. 亚洲季风区积云降水和层云降水时空分布特征及其可能成因分析[J]. 大气科学,35(6):993-1008.

段皎,刘煜,2011. 近 20 年中国地区云量变化趋势[J]. 气象科技,39(3):280-288.

高翠翠,方乐锌,李昀英,等,2015. 1985—2011 年中国不同类型云发生频率、持续时数及伴随降水概率[J]. 暴雨灾害,34(3):206-214.

巩远发,段廷扬,张菡,2007. 夏季亚洲大气热源汇的变化特征及其与江淮流域旱涝的关系[J]. 大气科学,31(1):89-98.

郭增元,刘煜,李维亮,2017. 气溶胶影响亚洲夏季风机理的数值研究[J]. 气象学报,75(5):797-810.

贺冰蕊,翟盘茂,2018. 中国 1961—2016 年夏季持续和非持续性极端降水的变化特征[J]. 气候变化研究进展,14(5):437-444.

洪梅,陈希,张韧,等,2015. 基于模糊系统的西太平洋副热带高压异常年份的影响因子检测分析和动力预报模型反演[J]. 气象学报,73(2):355-367.

侯英雨,张蕾,吴门新,等,2018. 国家级现代农业气象业务技术进展[J]. 应用气象学报,29(6):641-656.

胡亮,李耀东,何金海,2010. 东亚热带季风与副热带季风降水特征研究的回顾与展望[J]. 热带气象学报,26(6):813-818.

黄嘉佑,2004. 气象统计分析与预报方法(第 3 版)[M]. 北京:气象出版社.

黄荣辉,孙凤英,1994. 热带西太平洋暖池的热状态及其上空的对流活动对东亚夏季气候异常的影响[J]. 大气科学,18(2):141-151.

黄伟,沈新勇,黄文彦,等,2013. 亚洲地区人为气溶胶对东亚冬季风影响的研究[J]. 气象科学,33(5):500-509.

霍治国,尚莹,邬定荣,等,2019. 中国小麦干热风灾害研究进展[J]. 应用气象学报,30(2):129-141.

贾子康,郑志海,封国林,2020. 中国南方地区盛夏高温类型及其对应的大尺度环流和海温异常[J]. 气象学报,78(6):928-944.

江志红,常奋华,丁裕国,2013. 基于马尔科夫链转移概率极限分布的降水过程持续性研究[J]. 气象学报,71(2):286-294.

蒋益荃,2013. 人为气溶胶排放增加对东亚气候影响的数值模拟研究[D]. 南京:南京大学.

李丽平,宋哲,吴楠,2015. 三类厄尔尼诺事件对东亚大气环流及中国东部次年夏季降水的影响[J]. 大气科学学报,38(6):753-765.

李巧萍,丁一汇,董文杰,2008. SRES A2 情景下未来 30 年我国东部夏季降水变化趋势[J]. 应用气象学报,19

(6):770-780.

李霞,梁建茵,郑彬,2007. 南海夏季风强度年代际变化基本特征[J]. 应用气象学报,18(3):330-339.

李月洪,1987. 厄尔尼诺现象与北太平洋海温及云量场关系的初步分析[J]. 热带气象,3(2):134-141.

李跃清,张琪,2014. 西南地区夏季云量与降水的关系特征分析[J]. 自然资源学报,29(3):441-453.

李昀英,寇雄伟,方乐锌,等,2015. 中国东部云-降水对应关系的分析与模式评估[J]. 气象学报,73(4):766-777.

刘建军,陈葆德,2017. 青藏高原、东亚季风区、西北太平洋地区云系结构及相联加热机制的对比分析[J]. 热带气象学报,33(5):598-607.

刘明竑,任宏利,张文君,等,2018. 超强厄尔尼诺事件对中国东部春夏季极端降水频率的影响[J]. 气象学报,76(4):539-553.

刘煜,李维亮,2015. 一个求解云滴谱相对离散度的方法[J]. 中国科学:地球科学,45(5):639-648.

卢爱刚,康世昌,庞德谦,等,2009. 1951—1994 年中国各地云量变化对 ENSO 事件的响应[J]. 干旱区资源与环境,23(4):131-135.

陆波,2013. 温室气体和气溶胶对全球季风和东亚季风变化的影响[D]. 北京:北京大学.

马岚,吴晓京,江吉喜,等,2003. 2001 年夏季风活动与我国南方暴雨某些特征的分析[J]. 应用气象学报,14(4):445-451.

马肖琳,高西宁,刘煜,等,2018. 气溶胶对东亚冬季风影响的数值模拟[J]. 应用气象学报,29(3):333-343.

仇永炎,朱亚芬,1984. 关于寒潮中期过程的正压能量学的统计研究[M]//全国寒潮中期预报文集. 北京:北京大学出版社.

《全球变化及其区域响应》科学指导与评估专家组,汪品先,2012. 深入探索全球变化机制——国家自然科学基金委重大研究计划的战略研究[J]. 中国科学:地球科学,42(6):795-804.

任福民,袁媛,孙丞虎,等,2012. 近 30 年 ENSO 研究进展回顾[J]. 气象科技进展,2(3):17-24.

任三学,赵花荣,齐月,等,2020. 气候变化背景下麦田沟金针虫爆发性发生为害[J]. 应用气象学报,31(5):620-630.

沈新勇,黄文彦,陈宏波,2015. 气溶胶对东亚夏季风指数和爆发的影响及其机理分析[J]. 热带气象学报,31(6):733-743.

史文丽,闵锦忠,费建芳,等,2013. 全球变暖背景下对流性降水变化特征及影响因子分析[J]. 气候与环境研究,18(1):32-42.

史湘军,沈沛洁,朱寿鹏,等,2020. 基于 CMIP6 强迫模拟分析人为气溶胶的气候效应(一)——介绍 NUIST 模式评估结果[J]. 大气科学学报,43(3):506-515.

宋丰飞,2015. 自然变率和外强迫影响东亚夏季风变化的数值模拟研究[D]. 北京:中国科学院大学.

孙齐颖,余锦华,祁淼,等,2017. 北半球夏季对流性降水特征及其与厄尔尼诺的关系[J]. 气象科学,37(6):776-783.

汪佳伟,汤绪,陈葆德,等,2012. 全球变暖与亚洲夏季风北边缘带:CO_2 增倍的数值模拟[J]. 高原气象,31(2):418-427.

汪婉婷,管兆勇,2018. 夏季厄尔尼诺-Modoki 和东部型 ENSO 海表温度异常分布型特征及其与海洋性大陆区域气候异常的联系[J]. 气象学报,76(1):1-14.

王欢,李栋梁,2019. 人类活动排放的 CO_2 及气溶胶对 20 世纪 70 年代末中国东部夏季降水年代际转折的影响[J]. 气象学报,77(2):327-345.

王磊,周毓荃,蔡淼,等,2019. 华北云特征参数与降水相关性的研究[J]. 气象与环境科学,42(3):9-16.

王旻燕,王伯民,2009. ISCCP 产品和我国地面观测总云量差异[J]. 应用气象学报,20(4):411-418.

王钦,李双林,付建建,等,2012. 1998 和 2010 年夏季降水异常成因的对比分析:兼论两类不同厄尔尼诺事件的影响[J]. 气象学报,70(6):1207-1222.

王绍武,叶瑾琳,龚道溢,等,1998. 近百年中国年气温序列的建立[J]. 应用气象学报,9(4):9-18.

王为德,缪锦海,1984. 东亚寒潮中物理过程的初步分析[M]//全国寒潮中期预报文集. 北京:北京大学出版社.

王玉洁,周波涛,任玉玉,等,2016. 全球气候变化对我国气候安全影响的思考[J]. 应用气象学报,27(6):750-758.

吴国雄,李占清,符淙斌,等,2015. 气溶胶与东亚季风相互影响的研究进展[J]. 中国科学:地球科学,45(11):1609-1627.

吴涧,刘佳,2011. 近二十年全球变暖背景下东亚地区云量变化特征分析[J]. 热带气象学报,27(4):551-559.

吴萍,丁一汇,柳艳菊,2017. 厄尔尼诺事件对中国夏季水汽输送和降水分布影响的新研究[J]. 气象学报,75(3):371-383.

谢立安,1986. 夏季南海季风活动的诊断分析[J]. 南京气象学院学报,2:129-135.

严中伟,丁一汇,翟盘茂,等,2020. 近百年中国气候变暖趋势之再评估[J]. 气象学报,78(3):370-378.

杨明,徐海明,李维亮,等,2008. 近40年东亚季风变化特征及其与海陆温差关系[J]. 应用气象学报,19(5):522-530.

尹依雯,2016. CMIP5模式对东亚冬季风年际变化的评估及其预估[D]. 南京:南京信息工程大学.

余荣,翟盘茂,2018. 厄尔尼诺对长江中下游地区夏季持续性降水结构的影响及其可能机理[J]. 气象学报,76(3):408-419.

袁媛,杨辉,李崇银,2012. 不同分布型厄尔尼诺事件及对中国次年夏季降水的可能影响[J]. 气象学报,70(3):467-478.

曾昭美,严中伟,1993. 近40年中国云量变化的分析[J]. 大气科学,17(6):688-696.

张小曳,孙俊英,王亚强,等,2013. 我国雾-霾成因及其治理的思考[J]. 科学通报,58(13):1178-1187.

张中波,黎祖贤,唐林,2017. 湖南省云特征参数与降水相关性研究[J]. 气候变化研究快报,6(2):74-82.

赵晓琳,牛若芸,2019. 2016年和1998年夏季长江中下游持续性强降雨及大气环流特征异同[J]. 暴雨灾害,38(6):615-623.

中国气象局,2003. 地面气象观测规范[M]. 北京:气象出版社.

周可,王伟,任晓玥,2018. 2010年夏季长江中下游持续性异常降水低频特征分析[J]. 成都信息工程大学学报,33(4):448-455.

周毓荃,蔡淼,欧建军,等,2011. 云特征参数与降水相关性的研究[J]. 大气科学学报,34(6):641-652.

ABDUL-RAZZAK H,GHAN S J,2000. A parameterization of aerosol activation 2. Multiple aerosol types[J]. Journal of Geophysical Research-Atmospheres,105(D5):6837-6844.

ADLER R F,HUFFMAN G J,CHANG A,et al,2003. The version-2 global precipitation climatology project (GPCP) monthly precipitation analysis(1979-present)[J]. Journal of Hydrometeorology,4(6):1147-1167.

ALBRECHT B A,1989. Aerosols, cloud microphysics, and fractional cloudiness[J]. Science,245(4923):1227-1230.

ALLAN R P,2011. Climate change human influence on rainfall[J]. Nature,470(7334):344-345.

ALLEN M R,INGRAM W J,2012. Constraints on future changes in climate and the hydrologic cycle[J]. Nature,419(7417):224-232.

ANGELIL O,STONE D,WEHNER M,et al,2017. An independent assessment of anthropogenic attribution statements for recent extreme temperature and rainfall events[J]. Journal of Climate,30(1):5-16.

ASHOK K,BEHERA S K,RAO S A,et al,2007. El Niño Modoki and its possible teleconnection[J]. Journal of Geophysical Research-Oceans,112:C11007.

BACMEISTER J T,WEHNER M F,NEALE R B,et al,2014. Exploratory high-resolution climate simulations using the community atmosphere model(CAM)[J]. Journal of Climate,27(9):3073-3099.

BAI A,ZHAI P M,LIU X D,2007. Climatology and trends of wet spells in China[J]. Theoretical and Applied Climatology,88(3-4):139-148.

BAO J,SHERWOOD S C, Alexander L V, et al, 2017. Future increases in extreme precipitation exceed observed scaling rates[J]. Nature Climate Change,7(2):128-132.

BARBERO R,FOWLER H J,LENDERINK G,et al,2017. Is the intensification of precipitation extremes with global warming better detected at hourly than daily resolutions? [J]. Geophysical Research Letters,44(2): 974-983.

BARBERO R,WESTRA S,LENDERINK G,et al,2018. Temperature-extreme precipitation scaling:a two-way causality? [J]. International Journal of Climatology,38(12):4661-4663.

BOLLASINA M A, MING Y, RAMASWAMY V, 2011. Anthropogenic aerosols and the weakening of the south asian summer monsoon[J]. Science,334(6055):502-505.

BRETHERTON C S,PARK S,2009. A new moist turbulence parameterization in the community atmosphere model[J]. Journal of Climate,22(12):3422-3448.

BUEH C,SHI N,JI L,et al,2008. Features of the EAP events on the medium-range evolution process and the mid- and high-latitude Rossby wave activities during the Meiyu period[J]. Chinese Science Bulletin,53(4): 610-623.

CAI W,WANG G,DEWITTE B,et al,2018. Increased variability of eastern Pacific El Niño under greenhouse warming[J]. Nature,564(7735):201-206.

CHANDRAKAR K K,CANTRELL W,KOSTINSKI A B,et al,2018. Dispersion aerosol indirect effect in turbulent clouds: laboratory measurements of effective radius [J]. Geophysical Research Letters, 45 (19): 10738-10745.

CHANG C P,LEI Y,SUI C H,et al,2012. Tropical cyclone and extreme rainfall trends in East Asian summer monsoon since mid-20th century[J]. Geophysical Research Letters,39(18):L18702.

CHEN L,QU X,HUANG G,et al,2019. Projections of East Asian summer monsoon under 1. 5 degrees C and 2 degrees C warming goals[J]. Theoretical and Applied Climatology,137(3-4):2187-2201.

CHEN Y,ZHAI P,2013. Persistent extreme precipitation events in China during 1951—2010[J]. Climate Research,57(2):143-155.

CHEN Y,ZHAI P,2014. Changing structure of wet periods across southwest China during 1961—2012[J]. Climate Research,61(2):123-131.

CHEN Y,ZHAI P,2015. Synoptic-scale precursors of the East Asia/Pacific teleconnection pattern responsible for persistent extreme precipitation in the Yangtze River Valley[J]. Quarterly Journal of the Royal Meteorological Society,141(689):1389-1403.

CHEN Y,LI W,JIANG X,et al,2021. Detectable intensification of hourly and daily scale precipitation extremes across eastern China[J]. Journal of Climate,34(3):1185-1201.

CHEN Y,2020. Increasingly uneven intra-seasonal distribution of daily and hourly precipitation over Eastern China[J]. Environmental Research Letters,15(10):104068.

CHEN Z,DONG X,WANG X,et al,2020. Spatial change of precipitation in response to the Paleocene-Eocene thermal Maximum warming in China[J]. Global and Planetary Change,1946(NOV.):103313.

CHEN Z,WEN Z,WU R,et al,2014. Influence of two types of El Niños on the East Asian climate during boreal summer:a numerical study[J]. Climate Dynamics,43(1):469-481.

CHEN H,SUN J,2017. Contribution of human influence to increased daily precipitation extremes over China [J]. Geophysical Research Letters,44(5):2436-2444.

CHENG L,ABRAHAM J,HAUSFATHER Z,et al,2019. How fast are the oceans warming? [J]. Science,

363(6423):128-129.

CHUANG C C,KELLY J T,BOYLE J S,et al,2012. Sensitivity of aerosol indirect effects to cloud nucleation and autoconversion parameterizations in short-range weather forecasts during the May 2003 aerosol IOP[J]. Journal of Advances in Modeling Earth Systems,4(9):M09001.

CURRY J A,HOBBS P V,KING M D ,et al,2000. FIRE Arctic Clouds Experiment[J]. Bulletin of the American Meteorological Society,81(1):5-29.

DAY J A,FUNG I,LIU W,2018. Changing character of rainfall in eastern China,1951—2007[J]. Proceedings of the National Academy of Sciences of the United States of America,115(9):2016-2021.

DEMORY M E,VIDALE P L,ROBERTS M J,et al,2014. The role of horizontal resolution in simulating drivers of the global hydrological cycle[J]. Climate Dynamics,42(7-8):2201-2225.

DIFFENBAUGH N S,SINGH D,MANKIN J S,2018. Unprecedented climate events:Historical changes,aspirational targets,and national commitments[J]. Science Advances,4(2):1-10.

DING Y,SUN Y,WANG Z,et al,2009. Inter-decadal variation of the summer precipitation in China and its association with decreasing Asian summer monsoon Part II:Possible causes[J]. International Journal of Climatology,29(13):1926-1944.

DING Y,WANG Z,SUN Y,2008. Inter-decadal variation of the summer precipitation in East China and its association with decreasing Asian summer monsoon. Part I:Observed evidences[J]. International Journal of Climatology,28(9):1139-1161.

DING Y,KRISHNAMURTI T N,1987. Heat-budget of the siberian high and the winter monsoon[J]. Monthly Weather Review,115(10):2428-2449.

DONAT M G,LOWRY A L,ALEXANDER L V,et al,2016. More extreme precipitation in the world's dry and wet regions[J]. Nature Climate Change,6(5):508-513.

FAN J,ROSENFELD D,DING Y,et al,2012. Potential aerosol indirect effects on atmospheric circulation and radiative forcing through deep convection[J]. Geophysical Research Letters,39(9):L09806.

FENG J,CHEN W,TAM C Y,et al,2011. Different impacts of El Niño and El Niño Modoki on China rainfall in the decaying phases[J]. International Journal of Climatology,31(14):2091-2101.

FISCHER E M,KNUTTI R,2015. Anthropogenic contribution to global occurrence of heavy-precipitation and high-temperature extremes[J]. Nature Climate Change,5(6):560-564.

FISCHER E M,KNUTTI R,2016. Observed heavy precipitation increase confirms theory and early models [J]. Nature Climate Change,6(11):986-991.

FORSTER P,STORELVMO K,ARMOUR W,et al,2021. The Earth's Energy Budget,Climate Feedbacks, and Climate Sensitivity[R]//In:Climate Change 2021:The Physical Science Basis. Contribution of Working Group I to the Sixth Assessment Report of the Intergovernmental Panel on Climate Change.

GENT P R,DANABASOGLU G,DONNER L J,et al,2011. The Community Climate System Model Version 4 [J]. Journal of Climate,24(19):4973-4991.

GETTELMAN A,LIU X,GHAN S J,et al,2010. Global simulations of ice nucleation and ice supersaturation with an improved cloud scheme in the Community Atmosphere Model[J]. Journal of Geophysical Research-Atmospheres,115(D18):D18216.

GHAN S J,ZAVERI R A,2007. Parameterization of optical properties for hydrated internally mixed aerosol [J]. Journal of Geophysical Research-Atmospheres,112(D10):D10201.

GLOTFELTY T,ALAPATY K,HE J,et al,2020. Studying scale dependency of aerosol-cloud interactions using multiscale cloud formulations[J]. Journal of the Atmospheric Sciences,77(11):3847-3868.

GRANDEY B S,ROTHENBERG D,AVRAMOV A,et al,2018. Effective radiative forcing in the aerosol-climate model CAM5. 3-MARC-ARG[J]. Atmospheric Chemistry and Physics,18(21):15783-15810.

GROISMAN P Y,KNIGHT R W,EASTERLING D R,et al,2005. Trends in intense precipitation in the climate record[J]. Journal of Climate,18(9):1326-1350.

GU Y,LIOU K N,XUE Y,et al,2006. Climatic effects of different aerosol types in China simulated by the UCLA general circulation model[J]. Journal of Geophysical Research-Atmospheres,111(D15):D15201.

GUERREIRO S B,FOWLER H J,BARBERO R,et al,2018. Detection of continental-scale intensification of hourly rainfall extremes[J]. Nature Climate Change,8(9):803-807.

GUO L,HIGHWOOD E J,SHAFFREY L C,et al,2013. The effect of regional changes in anthropogenic aerosols on rainfall of the East Asian summer monsoon[J]. Atmospheric Chemistry and Physics,13(3):1521-1534.

HACK J J,CARON J M,DANABASOGLU G,et al,2006. CCSM-CAM3 climate simulation sensitivity to changes in horizontal resolution[J]. Journal of Climate,19(11):2267-2289.

HAN L,XU Y,YANG L,et al,2015. Changing structure of precipitation evolution during 1957-2013 in Yangtze River Delta,China[J]. Stochastic Environmental Research and Risk Assessment,29(8):2201-2212.

HANSEN J,SATO M,RUEDY R,1997. Radiative forcing and climate response[J]. Journal of Geophysical Research-Atmospheres,102(D6):6831-6864.

HE B,BAO Q,LI J,et al,2013. Influences of external forcing changes on the summer cooling trend over East Asia[J]. Climatic Change,117(4):829-841.

HE C,WANG Z,ZHOU T,et al,2019. Enhanced latent heating over the Tibetan Plateau as a key to the enhanced East Asian summer monsoon circulation under a warming climate[J]. Journal of Climate,32(11):3373-3388.

HEGERL G C,HOEGHGULDBERG O,CASASSA G,et al,2010. Good practice guidance paper on detection and attribution related to anthropogenic climate change[C]// IPCC Expert Meeting on Detection & Attribution Related to Anthropogenic Climate Change. Intergovernmental Panel on Climate Change(IPCC)Working Group.

HU K,HUANG G,HUANG P,et al,2021. Intensification of El Niño-induced atmospheric anomalies under greenhouse warming[J]. Nature Geoscience,14(6):377-382.

HU Z Z,1997. Interdecadal variability of summer climate over East Asia and its association with 500 hPa height and global sea surface temperature[J]. Journal of Geophysical Research-Atmospheres,102(D16):19403-19412.

HUANG R,LIU Y,FENG T,2013. Inter-decadal change of summer precipitation over Eastern China around the late-1990s and associated circulation anomalies,internal dynamical causes[J]. Chinese Science Bulletin,58(12):1339-1349.

HUANG R,WU Y,1989. The influence of ENSO on the summer climate change in China and its mechanism[J]. Advances in Atmospheric Sciences,6(1):21-32.

IACONO M J,DELAMERE J S,MLAWER E J,et al,2008. Radiative forcing by long-lived greenhouse gases:Calculations with the AER radiative transfer models[J]. Journal of Geophysical Research-Atmospheres,113(D13):2-9.

IPCC,2021. Chapter 7:The Earth's energy budget,climate feedbacks,and climate sensitivity:supplementary Material[M]//Climate Change 2021:the Physical Science Basis. Contribution of Working Group I to the Sixth Assessment Report of the Intergovernmental Panel on Climate Change. Cambridge University Press,Cambridge and New York.

JACOBSON M Z,2001. Strong radiative heating due to the mixing state of black carbon in atmospheric aerosols[J]. Nature,409(6821):695-697.

JIANG D B,WANG H J,LANG X M,2004. East Asian climate change trend under global warming background[J]. Chinese Journal of Geophysics-Chinese Edition,47(4):590-596.

JIANG Y,LIU X,YANG X Q,et al,2013. A numerical study of the effect of different aerosol types on East Asian summer clouds and precipitation[J]. Atmospheric Environment,70(May):51-63.

KAISER D P,1998. Analysis of total cloud amount over China,1951—1994[J]. Geophysical Research Letters,25(19):3599-3602.

KARL T R,KNIGHT R W,1998. Secular trends of precipitation amount,frequency,and intensity in the United States[J]. Bulletin of the American Meteorological Society,79(2):231-241.

KENDON E J,BLENKINSOP S,FOWLER H J,2018. When will we detect changes in short-duration precipitation extremes? [J]. Journal of Climate,31(7):2945-2964.

KHVOROSTYANOV V I,CURRY J A,1999a. Toward the theory of stochastic condensation in clouds. Part I:A general kinetic equation[J]. Journal of the Atmospheric Sciences,56(23):3985-3996.

KHVOROSTYANOV V I,CURRY J A,1999b. Toward the theory of stochastic condensation in clouds. Part II:Analytical solutions of the gamma-distribution type[J]. Journal of the Atmospheric Sciences,56(23):3997-4013.

KIRCHMEIER-YOUNG M C,ZHANG X,2020. Human influence has intensified extreme precipitation in North America[J]. Proceedings of the National Academy of Sciences of the United States of America,117(24):13308-13313.

KOGAN Y L,BELOCHITSKI A,2012. Parameterization of cloud microphysics based on full integral moments [J]. Journal of the Atmospheric Sciences,69(7):2229-2242.

KOROLEV A V,ISAAC G A,HALLETT J,1999. Ice particle habits in Arctic clouds[J]. Geophysical Research Letters,26(9):1299-1302.

KRISHNAMURTI T N,RAMANATHAN Y,1982. Sensitivity of the monsoon onset to differential heating [J]. Journal of the Atmospheric Sciences,39(6):1290-1306.

LAMARQUE J F,BOND T C,EYRING V,et al,2010. Historical(1850—2000)gridded anthropogenic and biomass burning emissions of reactive gases and aerosols:methodology and application[J]. Atmospheric Chemistry and Physics,10(15):7017-7039.

LARKIN N K,HARRISON D E,2005. On the definition of El Niño and associated seasonal average US weather anomalies[J]. Geophysical Research Letters,32(13):L13705.

LAU N C,NATH M J,2006. ENSO modulation of the interannual and intraseasonal variability of the East Asian monsoon-A model study[J]. Journal of Climate,19(18):4508-4530.

LEBO Z J,SEINFELD J H,2011. Theoretical basis for convective invigoration due to increased aerosol concentration[J]. Atmospheric Chemistry and Physics,11(11):5407-5429.

LEE H,BAIK J J,2017. A physically based auto-conversion parameterization[J]. Journal of the Atmospheric Sciences,2017,74(5):1599-1616.

LEI Y,HOSKINS B,SLINGO J,2011. Exploring the interplay between natural decadal variability and anthropogenic climate change in summer rainfall over China. Part I:observational evidence[J]. Journal of Climate,24(17):4584-4599.

LEI Y,HOSKINS B,SLINGO J,2014. Natural variability of summer rainfall over China in HadCM3[J]. Climate Dynamics,42(1-2):417-432.

LENDERINK G,VAN MEIJGAARD E,2008. Increase in hourly precipitation extremes beyond expectations from temperature changes[J]. Nature Geoscience,1(8):511-514.

LI J,WU Z,JIANG Z,et al,2010. Can global warming strengthen the East-Asian summer monsoon? [J]. Journal of Climate,23(24):6696-6705.

LI J,YU R,YUAN W,et al,2015. Precipitation over East Asia simulated by NCAR CAM5 at different horizontal resolutions[J]. Journal of Advances in Modeling Earth Systems,7(2):774-790.

LI S M,STRAWBRIDGE K B,LEAITCH W R,et al,1998. Aerosol backscattering determined from chemical and physical properties and lidar observations over the east coast of Canada[J]. Geophysical Research Letters,25(10):1653-1656.

LI X,TING M,LI C,et al,2015. Mechanisms of Asian summer monsoon changes in response to anthropogenic forcing in CMIP5 models[J]. Journal of Climate,28(10):4107-4125.

LI X,TING M,2017. Understanding the Asian summer monsoon response to greenhouse warming:the relative roles of direct radiative forcing and sea surface temperature change[J]. Climate Dynamics, 49(7-8): 2863-2880.

LI Z,LI C,CHEN H,et al,2011. East Asian studies of tropospheric aerosols and their impact on regional climate(EAST-AIRC):An overview[J]. Journal of Geophysical Research-Atmospheres,116(D7):D00K34.

LI C,ZWIERS F,ZHANG X,et al,2019. Larger increases in more extreme local precipitation events as climate warms[J]. Geophysical Research Letters,46(12):6885-6891.

LI H,CHEN H,WANG H,2017. Effects of anthropogenic activity emerging as intensified extreme precipitation over China[J]. Journal of Geophysical Research-Atmospheres,122(13):6899-6914.

LI W,JIANG Z,ZHANG X,et al,2018. On the emergence of anthropogenic signal in extreme precipitation change over China[J]. Geophysical Research Letters,45(17):9179-9185.

LIU X,EASTER R C,GHAN S J,et al,2012. Toward a minimal representation of aerosols in climate models: description and evaluation in the Community Atmosphere Model CAM5[J]. Geo-scientific Model Development,5(3):709-739.

LIU Y,DAUM P H,GUO H,et al,2008. Dispersion bias,dispersion effect,and the aerosol-cloud conundrum [J]. Environmental Research Letters,3(4):045021.

LIU Y G,DAUM P H,YUM S S,2006a. Analytical expression for the relative dispersion of the cloud droplet size distribution[J]. Geophysical Research Letters,33(2):356-360.

LIU Y G,DAUM P H,MCGRAW R,et al,2006b. Parameterization of the auto-conversion process. Part II: Generalization of sundqvist-type parameterizations[J]. Journal of the Atmospheric Sciences, 63(3): 1103-1109.

LIU Y,SUN J,YANG B,2009. The effects of black carbon and sulfate aerosols in China regions on East Asia monsoons[J]. Tellus(B),61(4):642-656.

LIU Y G,DAUM P H,2002. Anthropogenic aerosols-Indirect warming effect from dispersion forcing[J]. Nature,2002,419(6907):580-581.

LOHMANN U,LESINS G,2002. Stronger constraints on the anthropogenic indirect aerosol effect[J]. Science, 298(5595):1012-1015.

LOHMANN U,FEICHTER J,2005. Global indirect aerosol effects:a review[J]. Atmospheric Chemistry and Physics,5(3):715-737.

LOHMANN U,2008. Global anthropogenic aerosol effects on convective clouds in ECHAM5-HAM[J]. Atmospheric Chemistry and Physics,8(7):2115-2131.

LU C,LIU Y,NIU S,et al,2012. Observed impacts of vertical velocity on cloud microphysics and implications for aerosol indirect effects[J]. Geophysical Research Letters,39(21):L21808.

LU C,LOTT F C,SUN Y,et al,2020. Detectable anthropogenic influence on changes in summer precipitation in China[J]. Journal of Climate,33(13):5357-5369.

LU M L,SEINFELD J H,2006. Effect of aerosol number concentration on cloud droplet dispersion:A large-eddy simulation study and implications for aerosol indirect forcing[J]. Journal of Geophysical Research-Atmospheres,111(D2):D02207.

LU M L, CONANT W C, JONSSON H H, et al, 2007. The Marine Stratus/Stratocumulus Experiment (MASE):Aerosol-cloud relationships in marine stratocumulus[J]. Journal of Geophysical Research-Atmospheres,112(D10)D10209.

LUO Y,WU M,REN F,et al,2016. Synoptic Situations of Extreme Hourly Precipitation over China[J]. Journal of Climate,29(24):8703-8719.

MA J,CHEN Y,WANG W,et al,2010. Strong air pollution causes widespread haze-clouds over China[J]. Journal of Geophysical Research-Atmospheres,115(D18)D18204.

MA P L,RASCH P J,WANG M,et al,2015. How does increasing horizontal resolution in a global climate model improve the simulation of aerosol-cloud interactions? [J]. Geophysical Research Letters,42(12):5058-5065.

MA S,ZHOU T,2015. Observed trends in the timing of wet and dry season in China and the associated changes in frequency and duration of daily precipitation[J]. International Journal of Climatology,35(15):4631-4641.

MA S,ZHOU T,STONE D A,et al,2017. Detectable Anthropogenic Shift toward Heavy Precipitation over Eastern China[J]. Journal of Climate,30(4):1381-1396.

MARTIN G M,JOHNSON D W,SPICE A,1994. The measurement and parameterization of effective radius of droplets in warm stratocumulus clouds[J]. Journal of the Atmospheric Sciences,51(13):1823-1842.

MASSON-DELMOTTE V. 2018. An IPCC Special Report on the impacts of global warming of 1.5 °C above pre-industrial levels and related global greenhouse gas emission pathways,in the context of strengthening the global response to the threat of climate change,sustainable development,and efforts to eradicate poverty [R]. Geneva:World Meteorological Organization.

MENON S,HANSEN J,NAZARENKO L,et al,2002. Climate effects of black carbon aerosols in China and India[J]. Science,297(5590):2250-2253.

MENON S,ROTSTAYN L,2006. The radiative influence of aerosol effects on liquid-phase cumulus and stratiform clouds based on sensitivity studies with two climate models[J]. Climate Dynamics,27(4):345-356.

MICHIBATA T,TAKEMURA T,2005. Evaluation of auto-conversion schemes in a single model framework with satellite observations[J]. Journal of Geophysical Research-Atmospheres,120(18):9570-9590.

MILBRANDT J A,YAU M K,2005a. A multi-moment bulk microphysics parameterization. Part i:analysis of the role of the spectral shape parameter[J]. Journal of the Atmospheric Sciences,62(9):3051-3064.

MILBRANDT J A,YAU M K,2005b. A multi-moment bulk microphysics parameterization. Part ii:a proposed three-moment closure and scheme description[J]. Journal of the Atmospheric Sciences,62(9):3065-3081.

MILES N L,VERLINDE J,CLOTHIAUX E E,2000. Cloud droplet size distributions in low-level stratiform clouds[J]. Journal of the Atmospheric Sciences,57(2):295-311.

MIN S K,ZHANG X,ZWIERS F W,et al,2011. Human contribution to more-intense precipitation extremes [J]. Nature,470(7334):378-381.

MOLNAR P,FATICHI S,GAAL L,et al,2015. Storm type effects on super Clausius-Clapeyron scaling of intense rainstorm properties with air temperature[J]. Hydrology and Earth System Sciences,19(4):1753-1766.

MORRISON H,GETTELMAN A,2008. A new two-moment bulk stratiform cloud microphysics scheme in the Community Atmosphere Model, version 3(CAM3). Part I: Description and numerical tests[J]. Journal of Climate, 21(15): 3642-3659.

NEALE R B, CHEN C C, GETTELMAN A, et al, 2010. Description of the NCAR community atmosphere model(CAM 5.0)[R]. NCAR Tech. Note NCAR/TN-486+ STR.

NEALE R B, 2004. Description of the Community Atmosphere Model(CAM5.0)[R]. Land Model. NCAR Tech. Note NCAR/TN-486+ STR.

NIGAM S, ZHAO Y, RUIZ-BARRADAS A, et al, 2015. The south-flood north drought pattern over eastern China and the drying of the Gangetic Plains[J]. World Scientific Series on Asia-Pacific Weather and Climate, vol 6: Climate Change: Multi-decadal and Beyond Chapter 22. 10.1142/9070: 347-359.

PAIK S, MIN S K, ZHANG X, et al, 2020. Determining the Anthropogenic Greenhouse Gas Contribution to the Observed Intensification of Extreme Precipitation [J]. Geophysical Research Letters, 47(12): e2019GL086875.

PANG Y, ZHU C, MA Z, et al, 2019. Coupling Wheels in the East Asian Summer Monsoon Circulations and Their Impacts on Precipitation Anomalies in China[J]. Chinese Journal of Atmospheric Sciences, 43(4): 875-894.

PAWLOWSKA H, GRABOWSKI W W, Brenguier J L, 2006. Observations of the width of cloud droplet spectra in stratocumulus[J]. Geophysical Research Letters, 33(19): 19810.

PENDERGRASS A G, 2018. What precipitation is extreme? [J]. Science, 360(6393): 1072-1073.

PENG Y R, LOHMANN U, 2003. Sensitivity study of the spectral dispersion of the cloud droplet size distribution on the indirect aerosol effect[J]. Geophysical Research Letters, 30(10): 1507.

PENG Y, LOHMANN U, LEAITCH R, et al, 2007. An investigation into the aerosol dispersion effect through the activation process in marine stratus clouds[J]. Journal of Geophysical Research-Atmospheres, 112(D11): D11117.

PENNER J E, ANDREAE M O, ANNEGARN H, et al, 2001. Aerosols, their direct and indirect effects[M] // Climate Change 2001: The Scientific Basis. Contribution of Working Group I to the Third Assessment Report of the Intergovernmental Panel on Climate Change. Cambridge University Press, 289-348.

PERSAD G G, PAYNTER D J, MING Y, et al, 2017. Competing Atmospheric and Surface-Driven Impacts of Absorbing Aerosols on the East Asian Summertime Climate[J]. Journal of Climate, 30(22): 8929-8949.

PREETHI B, MUJUMDAR M, KRIPALANI R H, et al, 2017. Recent trends and tele-connections among South and East Asian summer monsoons in a warming environment[J]. Climate Dynamics, 48(7-8): 2489-2505.

PRUPPACHER H R, KLETT J D, WANG P K, 1980. Microphysics of Clouds and Precipitation[J]. Aerosol Science & Technology, 28(4): 381-382.

QIAN Y, LEUNG L R, GHAN S J, et al, 2003. Regional climate effects of aerosols over China: modeling and observation[J]. Tellus Series B-Chemical and Physical Meteorology, 55(4): 914-934.

RAMANATHAN V, CHUNG C, KIM D, et al, 2005. Atmospheric brown clouds: Impacts on South Asian climate and hydrological cycle[J]. Proceedings of the National Academy of Sciences of the United States of America, 102(15): 5326-5333.

RAMANATHAN V, CRUTZEN P J, KIEHL J T, et al, 2001. Atmosphere-Aerosols, climate, and the hydrological cycle[J]. Science, 294(5549): 2119-2124.

RISSER M D, WEHNER M F, 2017. Attributable Human-Induced Changes in the Likelihood and Magnitude of the Observed Extreme Precipitation during Hurricane Harvey[J]. Geophysical Research Letters, 44(24): 12457-12464.

ROGERS R R, YAU M K, 1989. A Short Course in Cloud Physics[M]. International series in natural philosophy.

ROSENFELD D,LOHMANN U,RAGA G B,et al,2008. Flood or drought:how do aerosols affect precipitation? [J]. Science,321(5894):1309-1313.

ROTSTAYN L D,LIU Y G,2003. Sensitivity of the first indirect aerosol effect to an increase of cloud droplet spectral dispersion with droplet number concentration[J]. Journal of Climate,16(21):3476-3481.

ROTSTAYN L D,LIU Y G,2005. A smaller global estimate of the second indirect aerosol effect[J]. Geophysical Research Letters,32(5):708.

ROTSTAYN L D,LIU Y,2009. Cloud droplet spectral dispersion and the indirect aerosol effect:Comparison of two treatments in a GCM[J]. Geophysical Research Letters,36(10):L10801.

SAROJINI B B,STOTT P A,BLACK E,2016. Detection and attribution of human influence on regional precipitation[J]. Nature Climate Change,6(7):669-675.

SCHMIDLI J,FREI C,2005. Trends of heavy precipitation and wet and dry spells in Switzerland during the 20th century[J]. International Journal of Climatology,25(6):753-771.

SCHWARTZ S E,1996. The Whitehouse effect-Shortwave radiative forcing of climate by anthropogenic aerosols:An overview[J]. Journal of Aerosol Science,27(3):359-382.

SENEVIRATNE S I,DONAT M G,PITMAN A J,et al,2016. Allowable CO_2 emissions based on regional and impact-related climate targets[J]. Nature,529(7587):477-483.

SONG F,ZHOU T,QIAN Y,2014. Responses of East Asian summer monsoon to natural and anthropogenic forcings in the 17 latest CMIP5 models[J]. Geophysical Research Letters,41(2):596-603.

STEPHENS G L,WEBSTER P J,1981. Clouds and climate-sensitivity of simple systems[J]. Journal of the Atmospheric Sciences,38(2):235-247.

SUN Y,DING Y,2011. Responses of South and East Asian summer monsoons to different land-sea temperature increases under a warming scenario[J]. Chinese Science Bulletin,56(25):2718-2726.

SUN Q,ZWIERS F,ZHANG X,et al,2020. A comparison of intra-annual and long-term trend scaling of extreme precipitation with temperature in a large-ensemble regional climate simulation[J]. Journal of Climate,33(21):9233-9245.

TADA R,ZHENG H,CLIFT P D,2016. Evolution and variability of the Asian monsoon and its potential linkage with uplift of the Himalaya and Tibetan Plateau[J]. Progress in Earth and Planetary Science,3(1):4.

TANG T,LUO J J,PENG K,et al,2021. Over-projected Pacific warming and extreme El Niño frequency due to CMIP5 common biases[J]. National Science Review,8(10):nwab056.

TIAN F,DONG B,ROBSON J,et al,2018. Forced decadal changes in the East Asian summer monsoon:the roles of greenhouse gases and anthropogenic aerosols[J]. Climate Dynamics,51(9-10):3699-3715.

TRENBERTH K E,ZHANG Y,GEHNE M,2017. Intermittency in precipitation:duration,frequency,intensity,and amounts using hourly data[J]. Journal of Hydrometeorology,18(5):1393-1412.

TWOMEY S,1977. Influence of pollution on shortwave albedo of clouds[J]. Journal of the Atmospheric Sciences,34(7):1149-1152.

VAN OLDENBORGH G J,VAN DER WIEL K,SEBASTIAN A,et al,2017. Attribution of extreme rainfall from Hurricane Harvey,August 2017[J]. Environmental Research Letters,12(12):124009.

VANDEN BROUCKE S,WOUTERS H,DEMUZERE M,et al,2019. The influence of convection-permitting regional climate modeling on future projections of extreme precipitation:dependency on topography and timescale[J]. Climate Dynamics,52(9-10):5303-5324.

WANG M,PENG Y,LIU Y,et al,2020. Understanding cloud droplet spectral dispersion effect using empirical and semi-analytical parameterizations in NCAR CAM5.3 [J]. Earth and Space Science,7

(8):e2020EA001276.

WANG Y,NIU S,LU C,et al,2019. An Observational study on cloud spectral width in north China[J]. Atmosphere,10(3):109.

WANG Y,ZHANG R,SARAVANAN R,2014. Asian pollution climatically modulates mid-latitude cyclones following hierarchical modelling and observational analysis[J]. Nature Communications,5:3098.

WESTRA S,FOWLER H J,EVANS J P,et al,2014. Future changes to the intensity and frequency of short-duration extreme rainfall[J]. Reviews of Geophysics,52(3):522-555.

WITZE A,2018. Why extreme rains are getting worse[J]. Nature,563(7732):458-460.

WOOD R,2000. Parametrization of the effect of drizzle upon the droplet effective radius in stratocumulus clouds[J]. Quarterly Journal of the Royal Meteorological Society,126(570):3309-3324.

WU L X,MENG S J,LIU Z Y,2009. The roles of oceans in the Asian summer monsoon response to global warming[J]. Journal of Ocean University of China,39(5):839-845.

XIE X,LIU X,PENG Y,et al,2013. Numerical simulation of clouds and precipitation depending on different relationships between aerosol and cloud droplet spectral dispersion[J]. Tellus Series B-Chemical and Physical Meteorology,65(1):19054-19054.

XIE X,ZHANG H,LIU X,et al,2017. Sensitivity study of cloud parameterizations with relative dispersion in CAM5. 1:impacts on aerosol indirect effects[J]. Atmospheric Chemistry and Physics,17(9):5877-5892.

XIE X,ZHANG H,LIU X,et al,2018. Role of microphysical parameterizations with droplet relative dispersion in IAP AGCM 4. 1[J]. Advances in Atmospheric Sciences,35(2):248-259.

XU L,HE S,LI F,et al,2017. Numerical simulation on the southern flood and northern drought in summer 2014 over Eastern China[J]. Theoretical and Applied Climatology,134(3-4):1287-1299.

XU Q,2001. Abrupt change of the mid-summer climate in central east China by the influence of atmospheric pollution[J]. Atmospheric Environment,35(30):5029-5040.

YANAI M,ESBENSEN S,CHU J H,1973. Determination of bulk properties of tropical cloud clusters from large-scale heat and moisture budgets[J]. Journal of the Atmospheric Sciences,30(4):611-627.

YANG F L,LAU K M,2004. Trend and variability of China precipitation in spring and summer:Linkage to sea-surface temperatures[J]. International Journal of Climatology,24(13):1625-1644.

YANG S,DING Z,LI Y,et al,2015. Warming-induced northwestward migration of the East Asian monsoon rain belt from the Last Glacial Maximum to the mid-Holocene[J]. Proceedings of the National Academy of Sciences of the United States of America,112(43):13178-13183.

YANG X Q,XIE Q,ZHU Y M,et al,2005. Decadal-to-interdecadal variability of precipitation in North China and associated atmospheric and oceanic anomaly patterns[J]. Chinese Journal of Geophysics-Chinese Edition,48(4):789-797.

YAO J,ZHOU T,GUO Z,et al,2017. Improved performance of high-resolution atmospheric models in simulating the East Asian summer monsoon rain belt[J]. Journal of Climate,30(21):8825-8840.

YE H,2018. Changes in duration of dry and wet spells associated with air temperatures in Russia[J]. Environmental Research Letters,13(3):034036.

YE J,LI W,LI L,et al,2013. "North drying and south wetting" summer precipitation trend over China and its potential linkage with aerosol loading[J]. Atmospheric Research,125-126(May):12-19.

YEH S W,KUG J S,DEWITTE B,et al,2009. El Niño in a changing climate[J]. Nature,461(24):511-514.

YU R,LI J,2012. Hourly rainfall changes in response to surface air temperature over eastern contiguous China [J]. Journal of Climate,25(19):6851-6861.

YU R C,WANG B,ZHOU T J,2004. Tropospheric cooling and summer monsoon weakening trend over East

Asia[J]. Geophysical Research Letters,31(22):L22212.

YUAN Y,YANG S,2012a. Impacts of different types of El Niño on the East Asian climate:Focus on ENSO cycles[J]. Journal of Climate,25(21):7702-7722.

YUAN Y,YANG S,ZHANG Z,2012b. Different evolutions of the Philippine sea anticyclone between the eastern and central Pacific El Niño: possible effects of Indian Ocean SST[J]. Journal of Climate, 25(22): 7867-7883.

YUM S S,HUDSON J G,2005. Adiabatic predictions and observations of cloud droplet spectral broadness[J]. Atmospheric Research,73(3-4):203-223.

ZHAI P M,ZHANG X B,WAN H,et al,2005. Trends in total precipitation and frequency of daily precipitation extremes over China[J]. Journal of Climate,18(7):1096-1108.

ZHANG H,WANG Z,GUO P,et al,2009. A modeling study of the effects of direct radiative forcing due to carbonaceous aerosol on the climate in East Asia[J]. Advances in Atmospheric Sciences,26(1):57-66.

ZHANG H,ZHAI P,2011. Temporal and spatial characteristics of extreme hourly precipitation over eastern China in the warm season[J]. Advances in Atmospheric Sciences,28(5):1177-1183.

ZHANG J,ZHAO T,DAI A,et al,2019. Detection and Attribution of Atmospheric Precipitable Water Changes since the 1970s over China[J]. Scientific Reports,9(1):17609.

ZHANG Q,LI J,SINGH V P,et al,2012. Changing structure of the precipitation process during 1960-2005 in Xinjiang,China[J]. Theoretical and Applied Climatology,110(1-2):229-244.

ZHANG Q,SINGH V P,LI J,et al,2011. Analysis of the periods of maximum consecutive wet days in China [J]. Journal of Geophysical Research-Atmospheres,116(D23):D23106.

ZHANG Q,SINGH V P,PENG J,et al,2012. Spatial-temporal changes of precipitation structure across the Pearl River basin,China[J]. Journal of Hydrology,440:113-122.

ZHANG R,2015. Changes in East Asian summer monsoon and summer rainfall over eastern China during recent decades[J]. Science Bulletin,60(13):1222-1224.

ZHANG R H,SUMI A,KIMOTO M,1996. Impact of El Niño on the East Asian monsoon:A diagnostic study of the '86/87 and '91/92 events[J]. Journal of the Meteorological Society of Japan,74(1):49-62.

ZHANG W,ZHOU T,ZHANG L,et al,2019a. Future intensification of the water cycle with an enhanced annual cycle over global land monsoon regions[J]. Journal of Climate,32(17):5437-5452.

ZHANG W,ZHOU T,2019b. Significant increases in extreme precipitation and the associations with global warming over the global land monsoon regions[J]. Journal of Climate,32(24):8465-8488.

ZHANG W,ZHOU T,ZOU L,et al,2018. Reduced exposure to extreme precipitation from 0.5 °C less warming in global land monsoon regions[J]. Nature Communications,9(1):3153.

ZHANG X,ZWIERS F W,LI G,et al,2017. Complexity in estimating past and future extreme short-duration rainfall[J]. Nature Geoscience,10(4):255-259.

ZHAO C,TIE X,BRASSEUR G,et al,2006. Aircraft measurements of cloud droplet spectral dispersion and implications for indirect aerosol radiative forcing[J]. Geophysical Research Letters,33(16):16809.

ZHENG F, WESTRA S, LEONARD M, 2015. Opposing local precipitation extremes[J]. Nature Climate Change,5(5):389-390.

ZHOU T,GONG D,LI J,et al,2009. Detecting and understanding the multi-decadal variability of the East Asian summer monsoon-recent progress and state of affairs[J]. Meteorologische Zeitschrift,18(4):455-467.

ZHOU T,ZHANG W,ZHANG L,et al,2020. The dynamic and thermodynamic processes dominating the reduction of global land monsoon precipitation driven by anthropogenic aerosols emission[J]. Science China-Earth Sciences,63(7):919-933.

ZHOU Y, HUANG A, JIANG J, et al, 2014. Modeled interaction between the subseasonal evolving of the East Asian summer monsoon and the direct effect of anthropogenic sulfate[J]. Journal of Geophysical Research-Atmospheres, 119(5): 1993-2016.

ZHOU Y, JIANG J, HUANG A, et al, 2013. Possible contribution of heavy pollution to the decadal change of rainfall over eastern China during the summer monsoon season[J]. Environmental Research Letters, 8(4): 044024.

ZHU Y, WANG H, ZHOU W, et al, 2011. Recent changes in the summer precipitation pattern in East China and the background circulation[J]. Climate Dynamics, 36(7-8): 1463-1473.

ZOLINA O, 2014. Multidecadal trends in the duration of wet spells and associated intensity of precipitation as revealed by a very dense observational German network[J]. Environmental Research Letters, 9(2): 025003.

ZOLINA O, SIMMER C, GULEV S K, et al, 2010. Changing structure of European precipitation: Longer wet periods leading to more abundant rainfalls[J]. Geophysical Research Letters, 37(6): 460-472.

第4章　东亚地区云辐射反馈及不确定性

云反馈被定义为全球平均地表气温每升高1°C,因为云的变化所引起的大气顶净辐射通量的变化。在气候变暖的条件下,若云的变化导致大气顶的净辐射通量减少,将会抵消部分由温室气体增加引起的变暖效应(负反馈);反之则加强这种变暖效应(正反馈)。云反馈作为气候反馈的一个重要组成部分,是模拟当前气候和预测未来气候变化最大的不确定性来源之一。4.1节利用BCC_RAD辐射传输模式计算云辐射内核,结合MODIS卫星资料,定量计算了2002—2018年东亚地区的短期云反馈,并分析了云反馈计算方法对短期云反馈的影响。4.2节基于大气环流模式BCC-AGCM和BCC_RAD辐射传输模式计算非云辐射内核,并采用调整云辐射强迫法,定量计算了东亚地区不同情景下的长期云反馈,分析其不同时间尺度的分布特征,以及云反馈不确定性机制。4.3节通过分析大气环流模式中东亚区域云反馈特征及其不确定性,确定了两个主导不确定性的模态,并利用涌现约束方法对其进行约束订正;还利用CMIP6气候模式不同情景结果,分析了东亚长期云反馈的不确定性校正及其对气候敏感度的影响。

4.1　短期云反馈定量计算

长期人为气候变化导致的云反馈的时间尺度是几十年甚至几百年,因此,这类云反馈被称为长期云反馈。在理想情况下,估算长期云反馈需要很长时间序列的观测资料,但是,目前云的观测资料很短。考虑到云反馈足以在年际时间尺度上出现,有研究认为可以用短期云反馈来代替长期云反馈。短期云反馈指的是由气候系统的内部变率(年际变率和年代际变率)引起的反馈。CMIP5模拟表示,云反馈在年际变率和气候变化两种时间尺度上存在广泛的一致性,这意味着可以基于短期云反馈的观测结果来更好地认识长期云反馈。

4.1.1　基于BCC_RAD辐射传输方案的云辐射内核计算

近年来,云辐射内核方法(Zelinka et al.,2012)被广泛应用于云反馈的计算与评估。云辐射内核(K)描述的是云量(C)的单位变化导致大气顶辐射通量(R)产生的变化:

$$K \equiv \frac{\partial R}{\partial C} \tag{4.1}$$

单位为$\mathrm{W \cdot m^{-2} \cdot \%^{-1}}$。为计算云辐射内核,我们将ERA-Interim再分析资料(Dee et al.,2011)提供的纬向平均、月平均的大气温湿压和臭氧的廓线资料输入辐射传输模式,CO_2、CH_4和N_2O混合比浓度分别设为391、1.803 ppmv和0.324 ppmv(IPCC,2014)。

计算云辐射内核所用的辐射传输模式是BCC_RAD大气辐射传输模式(张华,2016),该模式将波长(204～10^6 nm)划分为 17 个波带,1～8 带为长波区间,9～17 带为短波区间。该模式采用相关 k 分布方法(Zhang et al.,2003)来处理气体吸收和气体重叠;水云和冰云的光学性质分别采用 Nakajima 等(2000)和 Zhang 等(2015)的方法,气溶胶的光学性质采用卫晓东和张华(2011)和周晨等(2013)的方法进行计算;云垂直重叠采用的是半随机方法,辐射传输算法采用二流近似算法(Nakajima et al.,2000)。在使用 BCC_RAD 辐射传输模式计算云辐射内核的过程中,选取 60 km 为大气顶,每层高度为 1 km,太阳天顶角选取每个月中间一天每个小时的值,地表反照率分别取 0、0.5 和 1 进行重复计算。在计算晴空大气顶辐射通量时,设整个大气柱的云水含量为 0。在计算云天大气顶辐射通量时,为与云量数据匹配,分别在云顶气压为 50、180、310、440、560、680、800、1000 hPa 处,分别放入云量为 100%,云光学厚度为 0、0.3、1.3、3.6、9.4、23、60、100、150 的单层云(每次只放入一种类型的单层云进行计算)。当云顶温度高于 263 K 时设为水云,有效半径为 10 μm;当云顶温度低于 263 K 时设为冰云,有效半径为 30 μm(不考虑混合相态的云)。利用辐射传输模式计算得到大气顶辐射通量在晴空和云天的差值,再除以云量 100,可得出云辐射内核。长短波云辐射内核是云顶气压、云光学厚度、纬度和月的函数,短波云辐射内核还是晴空地表反照率(0,0.5,1)的函数。在进行下一步计算之前,利用 CERES 卫星资料提供的晴空地表向上和向下的短波辐射通量(Loeb et al.,2009)计算气候态月平均的晴空地表反照率,再对短波云辐射内核进行插值,得到每个格点上的云辐射内核。

图 4.1 给出了东亚地区的云辐射内核,长波云辐射内核(正值)描述了云吸收长波辐射的能力,短波云辐射内核(负值)描述了云反射短波辐射的能力,净的云辐射内核为长短波之和,结果表明,高层的薄云可以有效阻挡出射长波辐射,低层的厚云能够强烈反射太阳辐射。图中还将基于 BCC_RAD 建立的云辐射内核与基于 Fu-Liou 辐射传输模式建立的云辐射内核(Zelinka et al.,2012)进行了对比,两者大致吻合,长短波的差异范围为 −0.16～0.22 W·m^{-2}·$\%^{-1}$ (Wang et al.,2020);对于净的辐射内核而言,由 BCC_RAD 得到的中高层薄云和厚云的辐射内核偏小,而低层中厚云的辐射内核偏大。两组辐射内核的差异主要源于大气廓线数据和辐射传输算法的不同。

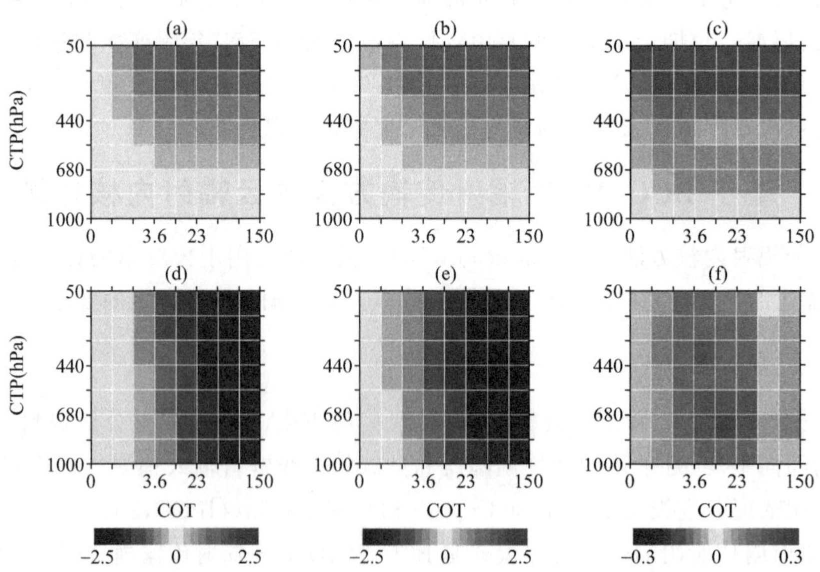

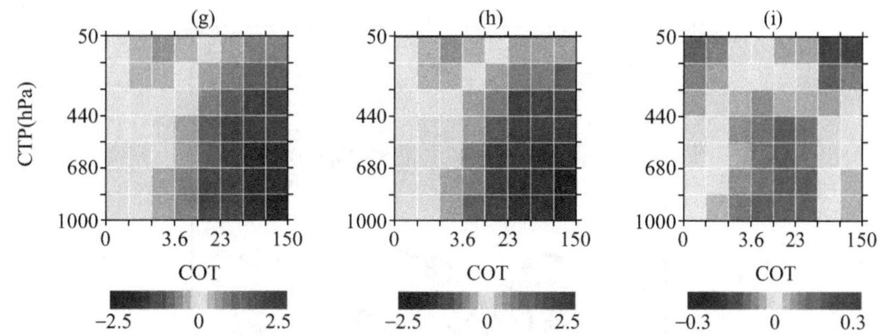

图 4.1　由(a,d,g)BCC_RAD 和(b,e,h)Fu-Liou 辐射传输模式建立的云辐射内核东亚地区的区域平均以及年平均值，以及(c,f,i)两者之间的差异(BCC_RAD－Fu-Liou)(单位：W·m^{-2}·%$^{-1}$)。Fu-Liou 云辐射内核来自 Zelinka 等(2012)
(a～c)长波波段，(d～f)短波波段，(g～i)长短波之和

4.1.2　短期云反馈评估

全球云反馈被定义为与云量有关的全球地表温度变化所引起的大气顶净辐射通量的变化：

$$f = \frac{\Delta R}{\Delta \overline{T_s}} \tag{4.2}$$

单位为 W·m^{-2}·K^{-1}。其中，ΔR 和 $\Delta \overline{T_s}$ 分别表示大气顶净辐射通量 R 和全球平均地表气温 $\overline{T_s}$ 的月距平值，ΔR 是云辐射内核 K 和云量月距平值 ΔC 的乘积：

$$\Delta R = K \Delta C$$

单位为 W·m^{-2}。短期云反馈可以通过最小二乘法对 ΔR 和 $\Delta \overline{T_s}$ 进行线性拟合得到。

计算东亚地区的短期云反馈首先要确定 $\Delta \overline{T_s}$。东亚地区大气顶净辐射通量 ΔR_{EA} 和东亚地区平均地表变温 $\Delta \overline{T_{s,EA}}$ 的相关性(R^2＝0.049)高于 ΔR_{EA} 和全球平均地表变温 $\Delta \overline{T_{s,\mathrm{globe}}}$ 的相关性(R^2＝0.006)，表明这一反馈主要由局地增暖引起，因此选择 $\Delta \overline{T_{s,EA}}$ 进行计算。地表气温的月距平值采用戈达德空间研究所地表温度分析(GISTEMP)数据集(Lenssen et al.，2019)。云量数据使用搭载于 Aqua 极轨卫星(Parkinson，2003)的 MODIS 传感器提供的 MYD08_M3 云产品资料(C6.1 版本)，分辨率为 1°×1°。该产品中包含按云顶气压和云光学厚度划分的不同类型云的云量月平均数据。

在东亚地区，长波、短波和净云反馈分别为－0.68±1.20 W·m^{-2}·K^{-1}、1.34±1.08 W·m^{-2}·K^{-1} 和 0.66±0.40 W·m^{-2}·K^{-1}(±2σ)，净云反馈主要来自短波的贡献。图 4.2 给出了东亚地区的长波、短波和净云反馈的空间分布，长波云反馈具有明显的纬向特征，这是因为长波云反馈主要来自高云的贡献，而高云的变化主要是大气环流的重排造成的(Zhou et al.，2013)，导致邻近地区的云层发生补偿变化，从而导致不同纬度出现相反符号的响应(Dessler，2013)；短波云反馈和净云反馈的高值主要位于东亚季风区，可见东亚季风对短期云反馈有重要影响。

4.1.2.1　不同类型云反馈的空间分布特征

图 4.3 给出了不同类型云反馈的空间分布，卷云的云反馈主要分布于 0°—20°N 的海洋上，为负反馈。卷层云和深对流云的云反馈的空间分布大致相同，但云反馈强度不同，卷层云

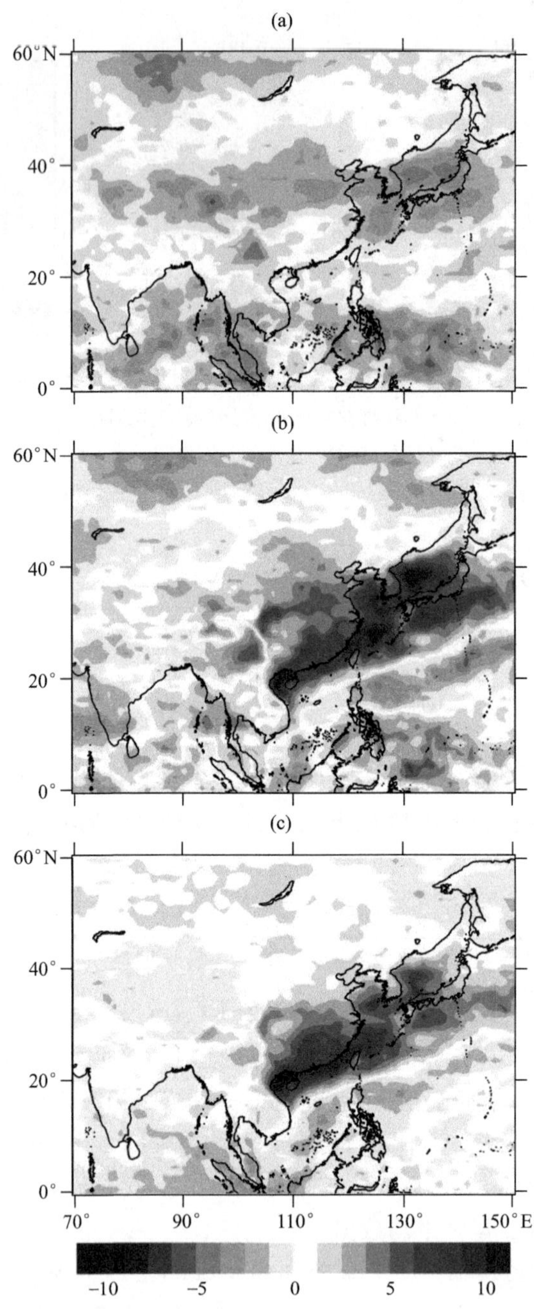

图 4.2　东亚地区短期(a)长波、(b)短波和(c)净的云反馈的空间分布(单位:$W \cdot m^{-2} \cdot K^{-1}$)

在青藏高原及西北地区存在负反馈的极大值,深对流云在中国东部及附近海域存在正反馈的极大值。高积云和积云的云反馈几乎为 0,这是因为这两类云属于中低层的薄云,云辐射内核很小导致云反馈很小。高层云、雨层云、层积云和层云的云反馈主要控制中国东部、南部以及周围海域。东亚地区的短期云反馈主要来自雨层云和层云的贡献。

为详细分析东亚地区短期云反馈的空间分布特征,我们根据地面特性选取了三个子区:青藏高原、西北地区和季风区,季风区被进一步划分为温带季风区和亚热带季风区(图 4.4)。考虑到海陆差异,我们将亚热带季风区划分为陆地和海洋。表 4.1 和表 4.2 分别给出了不同子区不同

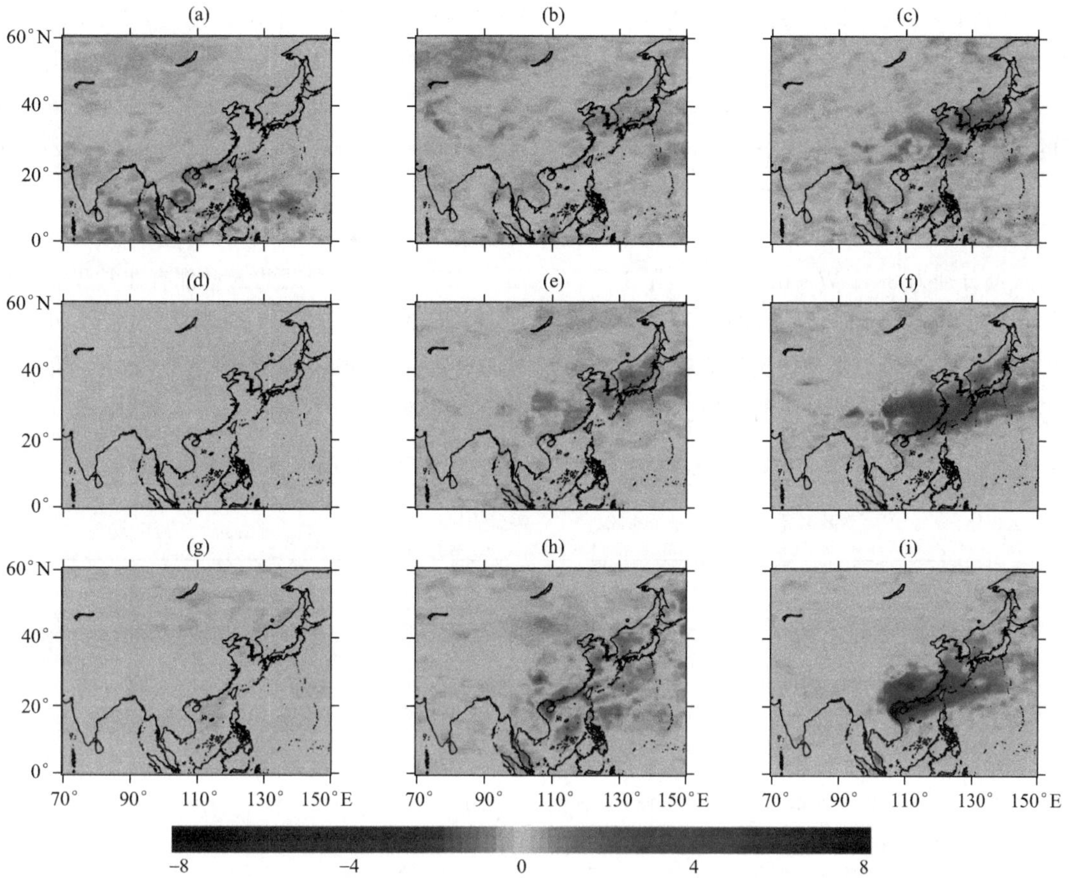

图 4.3　东亚地区不同类型云反馈的空间分布(单位:W・m^{-2}・K^{-1})

(a)卷云、(b)卷层云、(c)深对流云、(d)高积云、(e)高层云、(f)雨层云、(g)积云、(h)层积云和(i)层云。

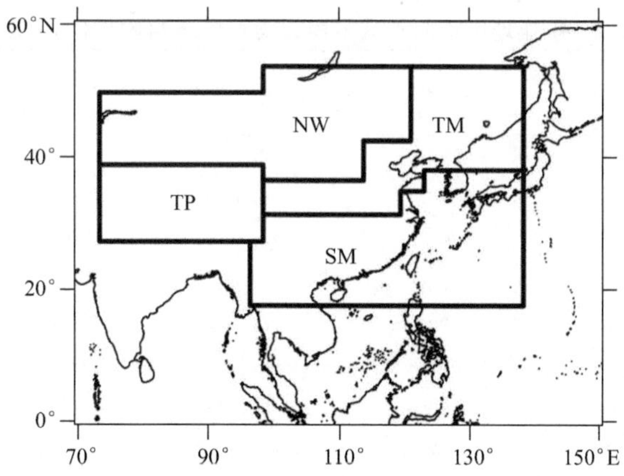

图 4.4　东亚地区的 4 个子区:青藏高原(TP)、西北地区(NW)、温带季风区(TM)和亚热带季风区(SM)

类型云的云反馈和云量响应在东亚地区的平均值,云量响应描述了地表温度变化导致云量发生的变化。青藏高原的云反馈很小,为−0.15 W・m^{-2}・K^{-1},主要来自卷层云(−0.21 W・m^{-2}・K^{-1})的贡献,卷层云的云量有非常显著的减少,但由于卷层云是高层的中厚云,吸收长波辐射和反射太阳辐射的能力都很强,两者抵消导致云反馈为一个较小的负值。西北地区的云反馈为 0.58

$W \cdot m^{-2} \cdot K^{-1}$，主要来自层积云（0.18 $W \cdot m^{-2} \cdot K^{-1}$）的贡献，层积云作为低层的中厚云，以反射太阳辐射为主，云量减少导致云反馈为正值。与云反馈不同的是，西北地区的云量响应主要来自积云云量的减少，而积云作为低层薄云，吸收和反射能力都很弱，导致积云的云反馈很小。温带季风区的云反馈为 1.37 $W \cdot m^{-2} \cdot K^{-1}$，主要来自深对流云（0.30 $W \cdot m^{-2} \cdot K^{-1}$）和雨层云（0.32 $W \cdot m^{-2} \cdot K^{-1}$）的贡献，这两类光学厚度大的云对太阳辐射有强烈的反射作用，云量减少导致云反馈为正值。受雨层云和层云的影响，亚热带季风区的云反馈远大于其他三个子区的云反馈，陆地和海洋的云反馈分别为 3.41 $W \cdot m^{-2} \cdot K^{-1}$ 和 3.51 $W \cdot m^{-2} \cdot K^{-1}$。四个子区的云量都有非常显著的减少（表 4.2），青藏高原的云量响应为－2.11％·K^{-1}，西北地区为－1.19％·K^{-1}，温带季风区为－2.03％·K^{-1}，亚热带季风区陆地和海洋分别为－2.23％·K^{-1} 和－2.52％·K^{-1}，但由于在青藏高原和西北地区起主导作用的云的云辐射内核都比较小，导致这两个区域的云反馈都很小。

表 4.1　东亚地区不同子区不同云类型的云反馈（$W \cdot m^{-2} \cdot K^{-1}$）

云反馈	青藏高原	西北地区	温带季风区	亚热带季风区	
				陆地	海洋
卷云	−0.06	0.14 *	0.06	0.05	0.01
卷层云	−0.21	0.03	0.16	0.06	0.07
深对流云	−0.05	−0.02	0.30	0.25	0.26
高积云	0.00	0.00	0.02 *	0.00	0.01 *
高层云	0.09	0.10	0.26 *	0.28 *	0.20 *
雨层云	0.07	0.04	0.32 *	1.19 *	1.01 *
积云	0.01	0.10 *	0.09 *	−0.04 *	−0.07 *
层积云	−0.03	0.18 *	0.12	0.12	0.27
层云	0.03	0.01	0.05	1.50 *	1.74 *
总和	−0.15	0.58 *	1.37 *	3.41 *	3.51 *

* 表示显著性大于 95％

表 4.2　东亚地区不同子区不同云类型的云量响应（％·K^{-1}）

云量响应	青藏高原	西北地区	温带季风区	亚热带季风区	
				陆地	海洋
卷云	−0.26	0.44 *	0.19	0.12	0.11
卷层云	−1.33 *	−0.18	−0.66 *	0.29	0.03
深对流云	−0.16	0.03	−0.36 *	−0.14	−0.27
高积云	−0.07	−0.23 *	−0.09	0.01	−0.01
高层云	−0.17	−0.22 *	−0.34 *	−0.32	−0.32 *
雨层云	−0.06	0.01	−0.31 *	−1.10 *	−0.93 *
积云	−0.06	−0.70 *	−0.59 *	0.18 *	0.26 *
层积云	0.03	−0.37 *	−0.14	−0.08	−0.21
层云	−0.03	0.03	−0.01	−1.18 *	−1.19 *
总和	−2.11 *	−1.19 *	−2.03 *	−2.23 *	−2.52 *

* 表示显著性大于 95％

4.1.2.2　不同类型云反馈的季节变化特征

东亚地区春季的平均云反馈为 1.37 $W \cdot m^{-2} \cdot K^{-1}$，夏季为 2.07 $W \cdot m^{-2} \cdot K^{-1}$，秋季为 0.73 $W \cdot m^{-2} \cdot K^{-1}$，冬季为 0.04 $W \cdot m^{-2} \cdot K^{-1}$，夏季云反馈最大，冬季最小。春季，哈萨克

斯坦、印度、中国中部以及菲律宾海面上为负的云反馈，其余地区为正反馈，南海、东海和日本海面上存在较强的正反馈。夏季云反馈的正值分布范围最广，除西北地区、印度南部海域、东海附近和俄罗斯东南部为负反馈外，其余地区都为强烈的正反馈，在黄海和日本海面上有最强的正反馈。秋季，内蒙古、中国东北、中国南部以及附近海域为正的云反馈，其余地区为负反馈。冬季云反馈很小，除了在中国南部存在较强的正反馈外，其余地区的云反馈强度都很小。

四个季节云反馈最强烈的区域都位于东亚季风区，可见季风活动对东亚短期云反馈的影响是无法忽视的。春、秋、冬三季的云反馈的控制区域都为亚热带季风区，夏季云反馈的控制区域为温带季风区。春季，亚热带季风区的云反馈为 5.22 $W \cdot m^{-2} \cdot K^{-1}$，主要来自中国南部海域层云的贡献（3.11 $W \cdot m^{-2} \cdot K^{-1}$），副热带海洋上空主要为海洋性层云（IPCC，2014），因此层云云量的减少导致正反馈。夏季，温带季风区的云反馈为 6.41 $W \cdot m^{-2} \cdot K^{-1}$，主要来自深对流云的贡献（2.75 $W \cdot m^{-2} \cdot K^{-1}$），这是因为受夏季风影响，对流旺盛有利于深厚云的发展，深对流云云量变化剧烈，导致云反馈比较强烈。秋季，亚热带季风区的云反馈为 2.35 $W \cdot m^{-2} \cdot K^{-1}$，主要来自陆地雨层云的贡献（1.65 $W \cdot m^{-2} \cdot K^{-1}$），主要控制中国南部地区。冬季，亚热带季风区的云反馈为 3.15 $W \cdot m^{-2} \cdot K^{-1}$，主要来自陆地层云的贡献（1.68 $W \cdot m^{-2} \cdot K^{-1}$），主要控制中国南部以及附近海域，层云云量减少导致云反馈为正。

4.1.2.3　云量、云顶气压、云光学厚度变化对云反馈的贡献

云反馈可以归因于云特性的三种变化，分别是云量、云顶气压和云光学厚度的变化。不同高度的云量变化是由完全不同的物理过程控制，总云量的变化通常只是不同高度云响应的残差（Zelinka et al.，2016）。图 4.5 给出了总云、高云、中云和低云的云量反馈、云顶气压反馈和光学厚度反馈，东亚地区的云反馈（0.66 $W \cdot m^{-2} \cdot K^{-1}$）主要来自云量反馈（0.41 $W \cdot m^{-2} \cdot K^{-1}$）和光学厚度反馈（0.22 $W \cdot m^{-2} \cdot K^{-1}$）；其中，云量反馈主要是中云（0.31 $W \cdot m^{-2} \cdot K^{-1}$）和低云（0.21 $W \cdot m^{-2} \cdot K^{-1}$）的贡献，光学厚度反馈主要是低云（0.12 $W \cdot m^{-2} \cdot K^{-1}$）的贡献。对不同子区的云反馈进行分解，发现，青藏高原的云反馈主要来自高云量变化的贡献；西北地区的云反馈主要来自低云量反馈；温带季风区和亚热带季风区的云反馈都主要来自中云量变化的贡献。

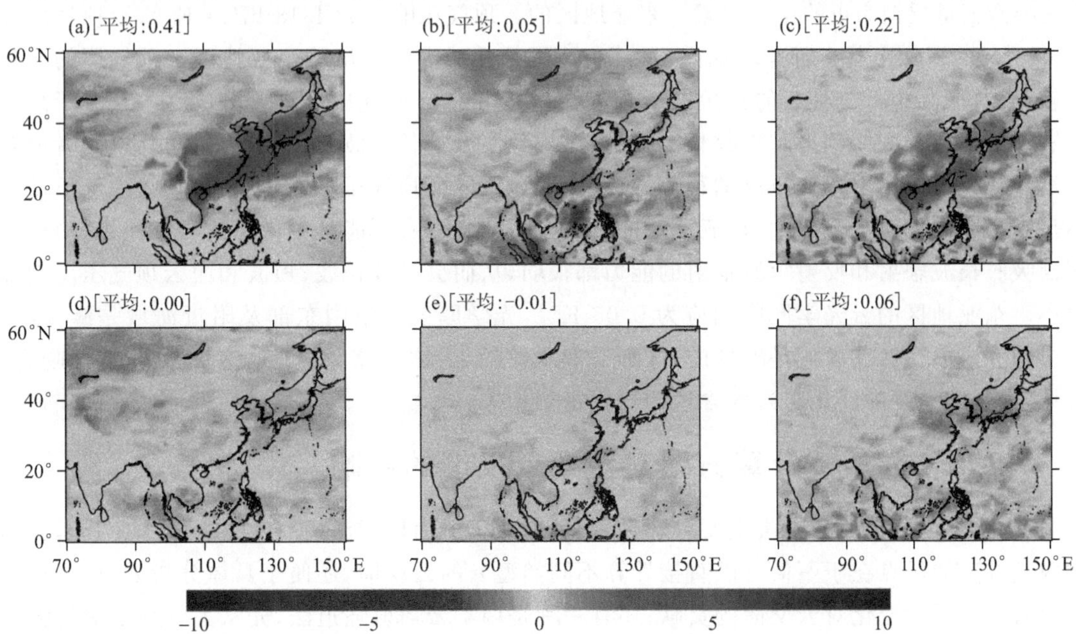

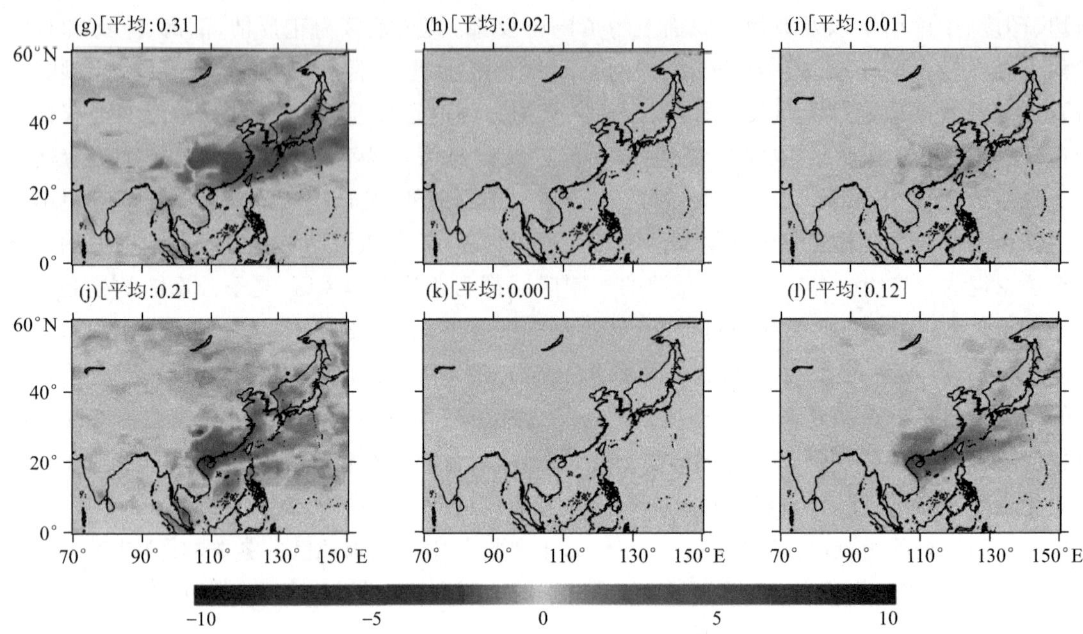

图 4.5　东亚地区(a,d,g,j)云量反馈、(b,e,h,k)云顶气压反馈和(c,f,i,l)云光学厚度反馈(单位:$W \cdot m^{-2} \cdot K^{-1}$)

(a～c)总云、(d～f)高云、(g～i)中层云、(j～l)低云

东亚地区的平均云量响应为$-0.73\%\ K^{-1}$,总云量在整个中国以及中国东部海域上都有明显地减少,在东亚北部地区有明显的增加。高云的云量响应有明显的纬向特征,云量在0°—20°N和30°—40°N减少,在20°—30°N和40°—60°N增加。中云量在中国江淮地区、东海和日本海海面上减少,低云量在中国北部、中国南部及其附近海域有明显的减少。东亚地区高云的云量变化是比较剧烈的,但由于高云的长短波云辐射核都很大,两者相互抵消导致高云的云量反馈几乎为0;中低云量响应的负值区域和云反馈的正值区域比较吻合,这表明中低云的云量减少是导致云量反馈为正的主要因素。东亚地区的云顶气压响应为1.18 $hPa \cdot K^{-1}$,云顶气压在0°—40°N的海洋上基本都是增加的,在其余地区都是减少的。虽然东亚地区云顶气压的变化比较剧烈,但高中低三种云的长短波云顶气压反馈和净云顶气压反馈都几乎为0。由于高云能够强烈地反射太阳辐射和吸收长波辐射,会导致高云的长短波云顶气压反馈很强,两者相互抵消导致高云的净云顶气压反馈很小,这和东亚地区的云顶气压反馈不符,可见云顶气压反馈不是来自高云的贡献。因此,东亚地区的云顶气压变化极有可能是中低层薄云的作用,中低层薄云吸收长波辐射和反射短波辐射的能力都很弱,从而会导致长波、短波和净云顶气压反馈都很小。东亚地区的云光学厚度响应为0.05 K^{-1},光学厚度在中国东部及附近海域是减少的,在中国和内蒙古西北区域是增加的,这和云液水路径、云冰水路径响应的空间分布特征吻合。可见,云光学厚度的变化与云水含量的变化密切相关。

4.1.3　云反馈计算方法对短期云反馈的影响

目前,定量云反馈的方法主要有两种:一种是云辐射内核方法(见4.1.1～4.1.2节),云辐射内核方法的优点在于不仅可以直接计算不同类型云的云反馈,还便于具体分析云量、云顶气压和云光学厚度变化对云反馈的贡献;还有一种是调整云辐射强迫法,先从大气顶云辐射强迫的总变化中扣除其他气候变量（不包括云）对云辐射强迫的影响，再对云反馈进行诊断（Soden et al.，2008）。不同于云辐射内核方法，调整云辐射强迫法需要用到地表温度、大气温度、水汽和地表反照率的辐射内核。为了分析这两种方法对云反馈的影响，我们同样利用 BCC_RAD 辐射传输模式计算了温度、水汽和地表反照率的辐射内核，这些辐射内核与前人结果都有较好的一致性（Wang et al.，2022）。

表 4.3 列出了基于不同方法计算得到的全球短期云反馈。在云反馈的计算过程中，调整云辐射强迫法用到的云辐射强迫源自 CERES 卫星观测资料，云辐射内核方法用到的云量源自 MODIS C6.1 数据集，另外，所有的辐射内核都是基于辐射传输模式得到。从表 4.3 中可以看出，不同的辐射内核或者不同的计算方法对云反馈不确定性的影响都很小。在使用调整云辐射强迫法计算云反馈时，不同的非云辐射内核（即温度、水汽和地表反照率辐射内核）导致净的云反馈相差 0.30 $W \cdot m^{-2} \cdot K^{-1}$，说明非云辐射内核对云反馈强度有很大的影响，云反馈差异最大的区域主要位于北极和南大洋地区。在使用云辐射内核方法计算云反馈时，我们发现基于不同辐射传输模式不同大气廓线得到的云辐射内核对云反馈计算结果的影响很小，净的云反馈只相差 0.03 $W \cdot m^{-2} \cdot K^{-1}$。这说明如果想要避免不同辐射内核对云反馈强度的影响，云辐射内核方法比调整云辐射强迫法更适合用于计算云反馈。此外，我们也对调整云辐射强迫法和云辐射内核方法的计算结果进行了对比，主要关注 BCC_RAD 辐射传输模式的辐射内核结果。从表 4.3 可知，由云辐射内核方法计算得到的长波云反馈强度（−0.15 $W \cdot m^{-2} \cdot K^{-1}$）小于调整云辐射强迫法的结果（−0.31 $W \cdot m^{-2} \cdot K^{-1}$）。Zhou 等（2013）指出，将基于辐射传输模式得到的云辐射内核与 MODIS 云观测结果用于计算云反馈时，云辐射内核与卫星反演之间的不一致（如云顶气压）会影响长波云反馈的准确性。由调整云辐射强迫法和云辐射内核方法得出的短波云反馈之间的差异（0.21 $W \cdot m^{-2} \cdot K^{-1}$）略大于长波云反馈的差异（0.16 $W \cdot m^{-2} \cdot K^{-1}$），该结果与 Zhou 等（2013）正好相反，我们将其归因为 MODIS 云数据的变化。不同于 Zhou 等（2013）所用的 MODIS C5 数据集，我们选用了最新的 MODIS C6.1 数据集来计算云量响应，该数据集在云反演算法和校准方面做了很大改进，尤其是对高云的检测算法进行了升级（Yue et al.，2017），这有助于减小两种方法在长波波段的差异。短波云反馈之间的较大差异意味着用 MODIS 云量数据与云辐射内核计算得到的短波云辐射效应不同于 CERES 卫星观测到的短波云辐射效应。MODIS 属于被动遥感卫星，对多层云的反演存在很大误差（Marchant et al.，2020），而多层云对短波云辐射效应有很大影响（Matus 和 L'Ecuyer，2017），因此会影响短波云辐射效应以及短波云反馈计算结果的准确性。另外，在利用辐射传输模式计算云辐射内核的过程中，云的参数化方案、云的垂直重叠假设以及不考虑混合相云都会影响最终的短波云辐射效应计算结果（Matus 和 L'Ecuyer，2017）。考虑到 MODIS 云观测资料以及云辐射内核计算过程中可能存在的误差，调整云辐射强迫法或者完全基于卫星观测资料计算的云辐射内核（Yue et al.，2016）也许能够更加准确地定量短期云反馈的观测结果。

表 4.3　2000—2019 年全球平均短期云反馈的观测结果（$W \cdot m^{-2} \cdot K^{-1}$；不确定性为 2σ）

	长波云反馈	短波云反馈	净云反馈
调整云辐射强迫法			
Shell 等（2008）的辐射内核	−0.42±0.28	0.73±0.50	0.32±0.44
Soden 等（2008）的辐射内核	−0.25±0.28	0.53±0.50	0.28±0.44
Huang 等（2017）的辐射内核	−0.36±0.28	0.38±0.48	0.02±0.44

续表

	长波云反馈	短波云反馈	净云反馈
Pendergrass 等(2018)的辐射内核	−0.24±0.28	0.39±0.48	0.15±0.44
BCC_RAD 辐射内核	−0.31±0.28	0.55±0.48	0.24±0.44
云辐射内核法			
Zelinka 等(2012)的辐射内核	−0.13±0.32	0.28±0.56	0.16±0.42
Zhou 等(2013)的辐射内核	−0.12±0.32	0.29±0.56	0.17±0.44
BCC_RAD 辐射内核	−0.15±0.32	0.34±0.60	0.19±0.42

注:调整云辐射强迫法所用的辐射内核是指地表温度、大气温度、水汽和地表反照率的辐射内核,云辐射内核法所用的辐射内核是指云辐射内核。

4.2 长期云反馈定量计算

4.2.1 基于 BCC-AGCM 和 BCC-RAD 的辐射内核

辐射内核方法普遍用于气候反馈分析中(Soden 和 Held,2006;Soden et al.,2008),对于不同的反馈因子或气候变量,采用其泰勒级数展开的一阶近似(Huang et al.,2021),从而捕获由单个反馈因子引起的气候反馈的线性特征。气候变量 x 的反馈参数可以表示为:

$$\lambda_x = \frac{\partial R}{\partial x}\frac{\mathrm{d}x}{\mathrm{d}T_s} \tag{4.3}$$

其中 x 表示特定的气候变量,例如地表温度(T_s)、大气温度(T)、水汽(q)、地表反照率(a)和云(C)。等式右边的$\left(\frac{\partial R}{\partial x}\right)$称为"辐射内核",即大气顶辐射通量 R 对气候变量 x 每变化一个单位的响应。等式右边的$\left(\frac{\mathrm{d}x}{\mathrm{d}T_s}\right)$称为"气候响应",即气候变量 x 对全球或局地平均地表温度变化的响应(张华 等,2022)。

通过 BCC-AGCM2.0 大气环流模式提供当前气候下每 3 h 的背景场,再利用 BCC-RAD 辐射传输方案对每个气候变量进行一系列的离线模式试验,包括控制和扰动试验。图 4.6 和图 4.7 给出了 BCC-AGCM2.0 在全天空和晴空条件下的全球年平均大气顶辐射内核。负的温度内核(T 和 T_s)表示全球温度增加会向外发射出更多的长波辐射,从而导致大气顶辐射通量的负变化。正的水汽内核(包括吸收长/短波辐射的水汽:q_{LW} 和 q_{SW})表示全球水汽增加会增强对长/短波辐射的强吸收,从而导致了大气顶辐射通量的正变化。负的地表反照率内核(a)表示全球地表反照率增加会反射更多的太阳辐射,从而导致大气顶辐射通量的负变化。

与其他气候模式或再分析资料计算的辐射内核相比,例如 CESM-CAM5(Pendergrass et al.,2018),HadGEM2(Smith,2018),ECHAM6(Block 和 Mauritsen,2013)和 ERA-Interim(Huang et al.,2017),其空间分布基本一致。对于大气温度,不同辐射内核之间的差异主要发生在对流层高层和低层(尤其是高纬度地区);对于长/短波水汽,差异主要发生在对流层低层(图 4.8)。对于地表温度和反照率辐射内核,差异分别主要发生在陆地地区和高纬度地区(图 4.9)。通常来说,不同气候模式或再分析资料计算的辐射内核之间的差异较小。例如,大

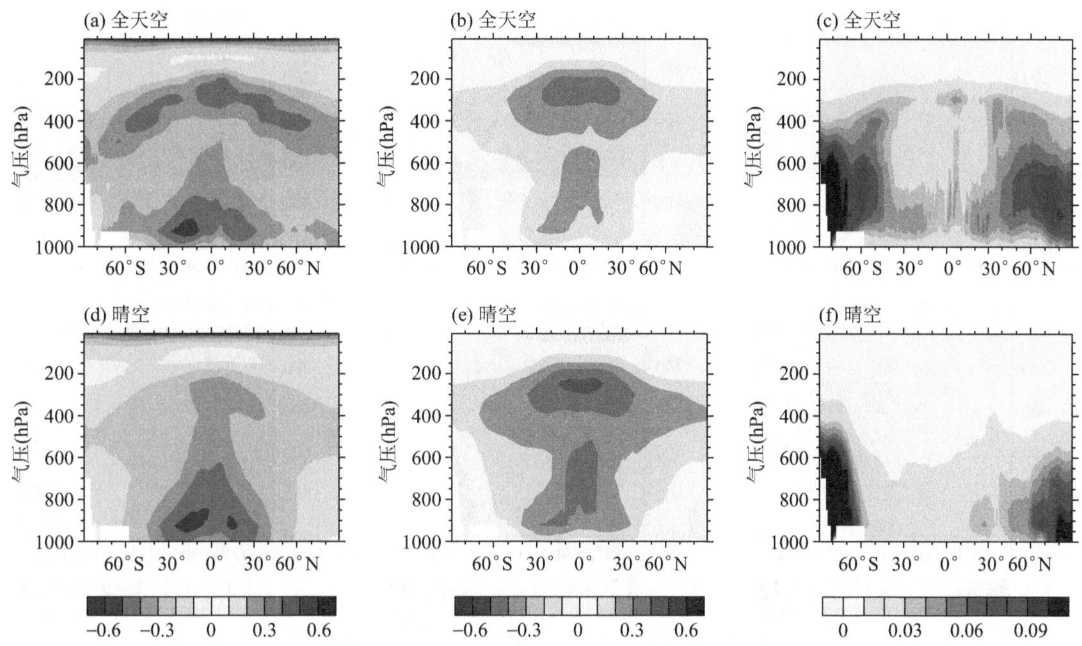

图 4.6　BCC-AGCM2.0 在(a～c)全天空和(d～f)晴空条件下的纬向年平均大气顶辐射内核

(单位：W·m^{-2}·K^{-1}·(100 hPa)$^{-1}$)

(a,d)大气温度,(b,e)水汽长波,(c,f)水汽短波

气温度的辐射内核间标准差最大,但在全天空和晴空条件下,其区域平均分别仅为 0.079、0.044 W·m^{-2}·K^{-1}·(100 hPa)$^{-1}$,远小于辐射内核本身的值。这与前人的研究结论一致,即辐射内核对气候反馈不确定性的影响相对较小(Soden et al.,2008;Andry et al.,2017)。

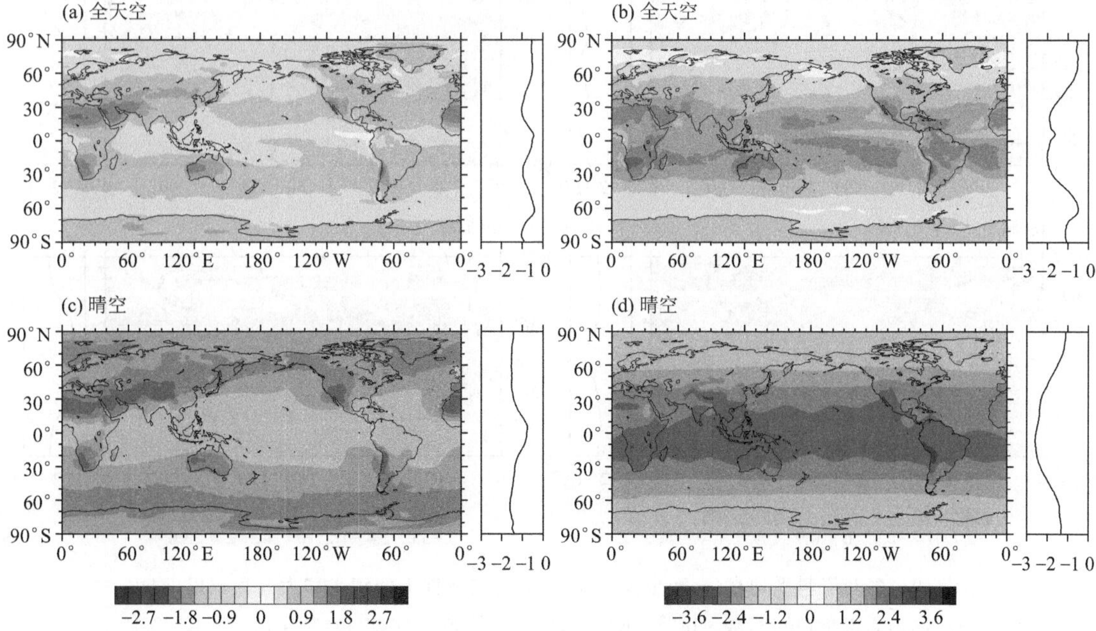

图 4.7　BCC-AGCM2.0 在(a,b)全天空和(c,d)晴空条件下的年平均大气顶辐射内核

(a,c)地表温度(单位：W·m^{-2}·K^{-1}),(b,d)地表反照率(单位：W·m^{-2}·$\%^{-1}$)

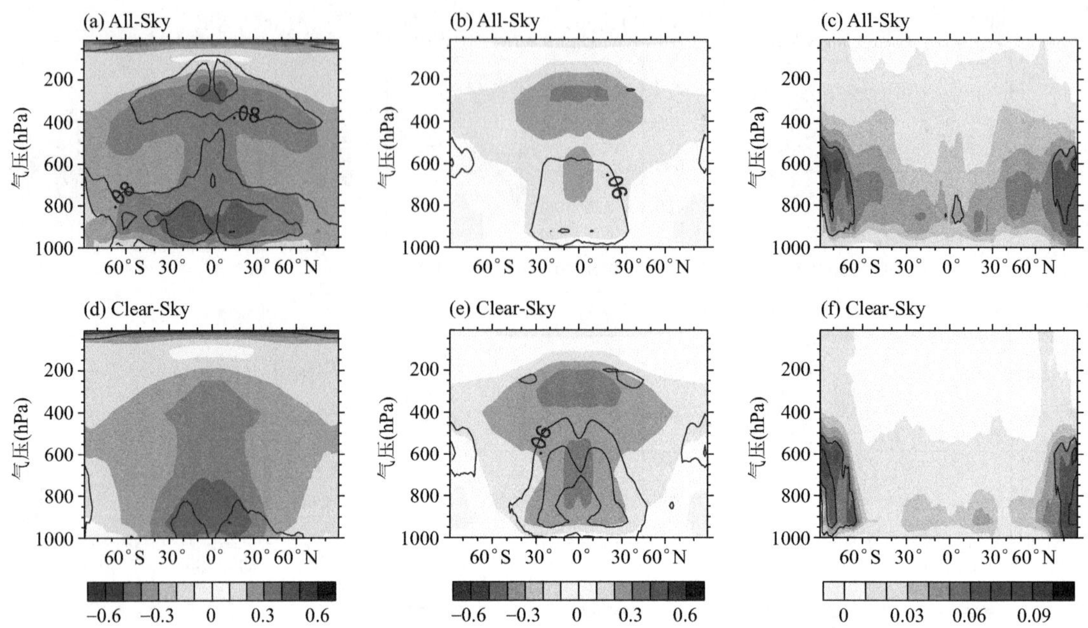

图 4.8　多套资料平均在(a～c)全天空和(d～f)晴空条件下的纬向年平均大气顶辐射内核(单位:W・m^{-2}・K^{-1}・$(100\ hPa)^{-1}$)

(a,d)大气温度,(b,e)水汽长波,(c,f)水汽短波

[辐射内核包括 BCC_AGCM2.0,CESM-CAM5(Pendergrass et al.,2018),HadGEM2(Smith,2018),ECHAM6(Block and Mauritsen,2013)和 ERA- Interim(Huang et al.,2017),等值线表示内核间标准差]

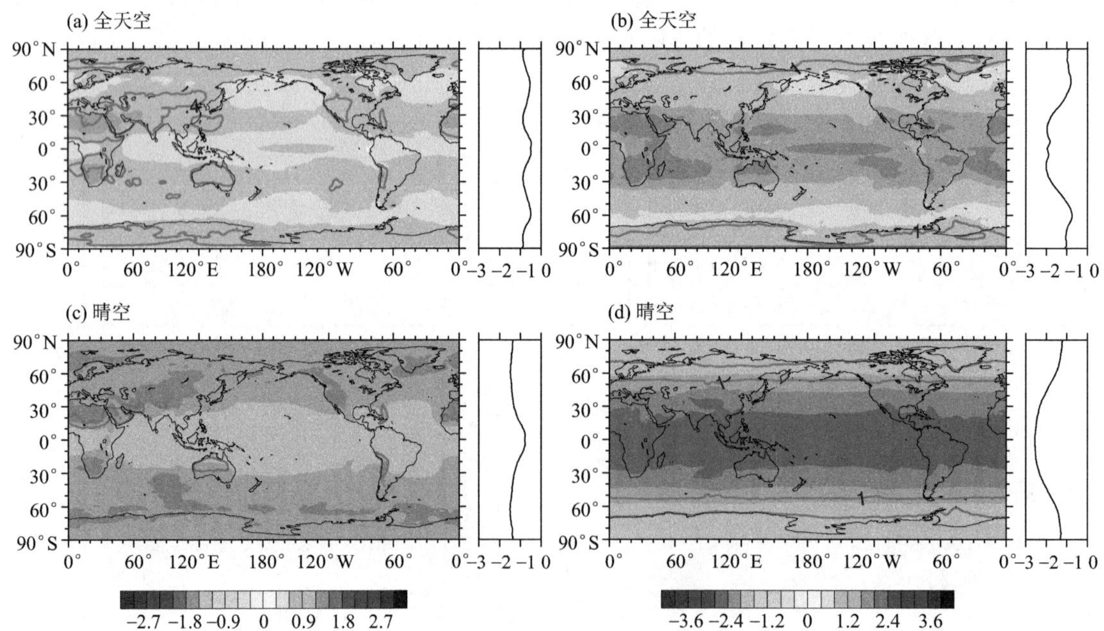

图 4.9　多套资料平均在(a,b)全天空和(c,d)晴空条件下的年平均大气顶辐射内核

(a,c)地表温度(单位:W・m^{-2}・K^{-1}),(b,d)地表反照率(单位:W・m^{-2}・$\%^{-1}$)

[辐射内核包括 BCC_AGCM2.0,CESM-CAM5(Pendergrass et al.,2018),HadGEM2(Smith,2018),ECHAM6(Block and Mauritsen,2013)和 ERA- Interim(Huang et al.,2017),等值线表示内核间标准差]

4.2.2 东亚地区长期云反馈评估

长期云反馈可以通过调整云辐射强迫法（考虑云对晴空响应的掩盖作用，从云辐射强迫的变化中扣除其他反馈变量的影响）得到，即

$$\lambda_c = \frac{\mathrm{d}C_{RF} + (K_T^0 - K_T)\,\mathrm{d}T + (K_W^0 - K_W)\,\mathrm{d}W + (K_\alpha^0 - K_\alpha)\,\mathrm{d}\alpha + (IRF^0 - IRF)}{\mathrm{d}\overline{T_s}}, \tag{4.4}$$

$$IRF^0 = \mathrm{d}R^0 - (K_T^0\mathrm{d}T + K_w^0\mathrm{d}w + K_\alpha^0\mathrm{d}\alpha), \tag{4.5}$$

$$IRF = \frac{IRF^0}{Cl}, \tag{4.6}$$

其中，λ_c 表示云反馈参数；C_{RF} 表示云辐射强迫；K_x^0 和 K_x 分别表示气候变量 x 在晴空和全天空条件下的辐射内核；IRF^0 和 IRF 分别表示晴空和全天空条件下的瞬时辐射强迫，R^0 表示晴空条件下的大气顶辐射通量，Cl 是常数，表示云对瞬时辐射强迫的掩盖作用，采用 $Cl=1.24$ 表示 CO_2 的瞬时辐射强迫（Soden et al.，2008；Pendergrass et al.，2018；Smith et al.，2018；Kramer et al.，2021）。除了云反馈时间变化的计算以外，所有气候变量 x 的变化 $\mathrm{d}x$ 由两个气候平均态（1955—1984 年和 2071—2100 年）之间的差异计算得到。

4.2.2.1　空间分布特征

基于 BCC-AGCM2.0 辐射内核和 15 个 CMIP6 模式资料（Historical，SSP2-4.5 和 SSP5-8.5 情景，所有资料的水平分辨率均转换为 1°×1°，垂直分辨率插值为 17 个标准气压层），给出了东亚地区长期云反馈的空间分布（图 4.10，图 4.11）。由多模式平均结果可以看出（图 4.11），东亚净云反馈的区域平均为正值，即增强由温室气体增加引起的东亚地表变暖，在 SSP2-4.5 和 SSP5-8.5 情景下给出的估值分别为 0.66±0.47、0.63±0.39 $\mathrm{W \cdot m^{-2} \cdot K^{-1}}$（$\pm\sigma$）。此外，两种情景下短（长）波云反馈的区域平均分别为 0.49±0.64（0.17±0.33）$\mathrm{W \cdot m^{-2} \cdot K^{-1}}$ 和 0.46±0.57（0.17±0.29）$\mathrm{W \cdot m^{-2} \cdot K^{-1}}$（$\pm\sigma$）。显然，短波分量在东亚地区净云反馈中起着主导作用。特别地，东亚季风区存在一个明显的正反馈中心，青藏高原存在一个较弱的负反馈中心，这与 Wang 等（2020）给出的东亚短期净云反馈的空间分布特征相似，也与其他长期云反馈研究一致（Gettelman et al.，2016；Ceppi et al.，2017）。可以看出，东亚季风区的正云反馈占主导作用，从而导致了东亚地区的正云反馈。

东亚季风区的正云反馈与云量及其光学特性在全球增暖背景下的长期变化密切相关。通常来说，东亚副热带陆地地区以低云为主，尤其是层积云（Klein et al.，1993）和雨层云（Yu et al.，2001，2004）。这些云量的剧烈减少（图 4.12）可能会导致反射的太阳辐射大量减少，是东亚季风区正云反馈的主要贡献因子（Wang et al.，2020）。此外，中高云云量（例如，高积云）（图 4.12）以及云水含量（云液态水和云冰）（图 4.13）的减少也有利于东亚季风区正云反馈的形成。

相反地，青藏高原负的云反馈在很大程度上可能归因于高云的长期变化。青藏高原上空普遍以高云为主，占总云量的 60%左右（吴润 等，2011），稳定维持在青藏高原上空并在 3—4 月达到其最大值（Chen et al.，2005）。在 SSP2-4.5 和 SSP5-8.5 情景下，青藏高原上空的云对局部变暖的响应主要表现出两个特征：一个是云量明显减少（图 4.12），另一个是云水含量显著增加，尤其是在夏季，这可能与云的相变有关（图 4.13）。前者允许向外发射更多的长波辐

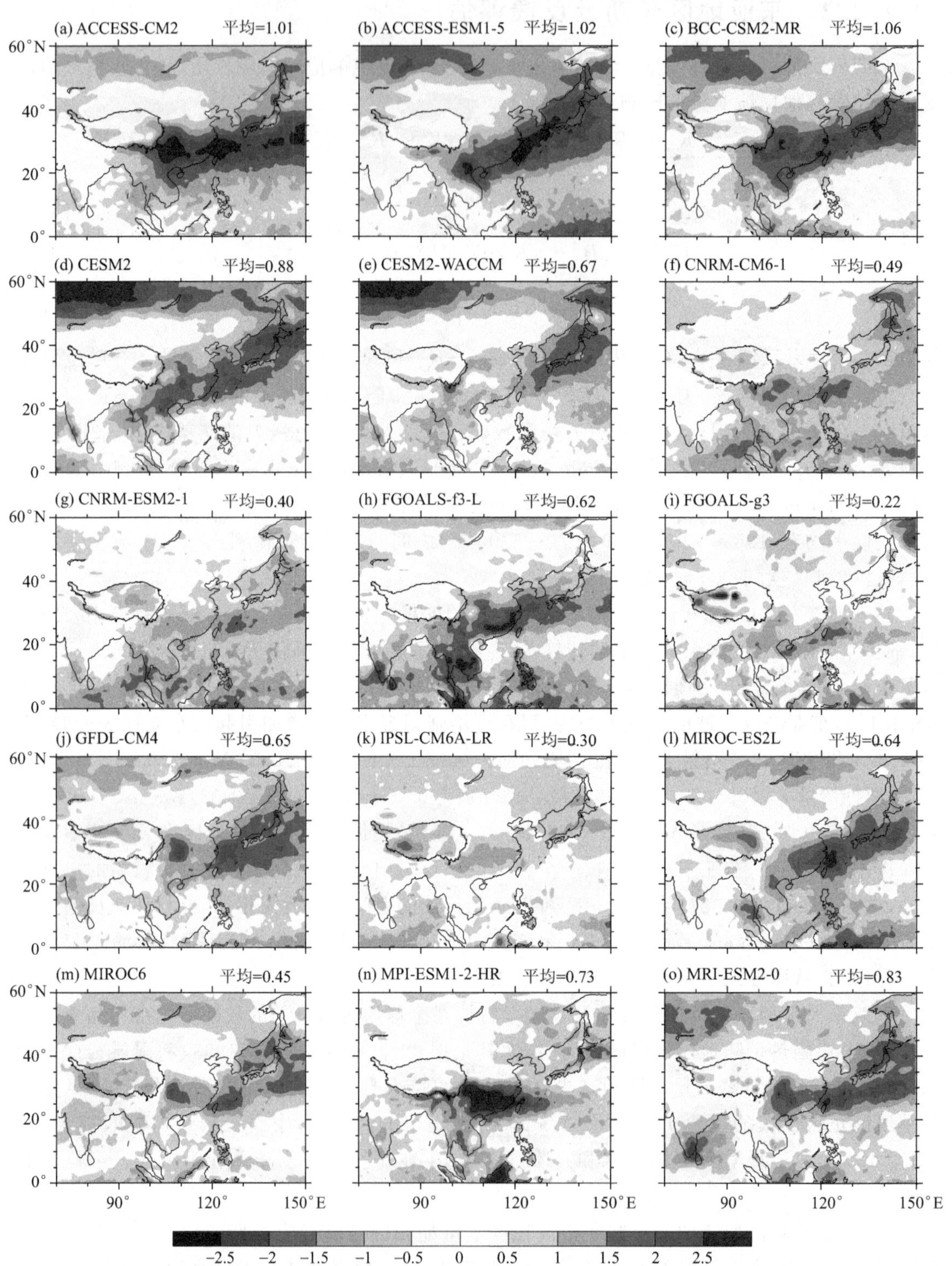

图 4.10 在 Historical 和 SSP2-4.5 情景下，基于 BCC-AGCM2.0 辐射内核和 15 个 CMIP6 模式计算得到的东亚地区长期净云反馈的空间分布（单位：W·m^{-2}·K^{-1}）

射，后者导致更大的云光学厚度并反射更多的短波辐射，两者同时抑制了青藏高原的变暖，从而在青藏高原地区形成了负的云反馈。

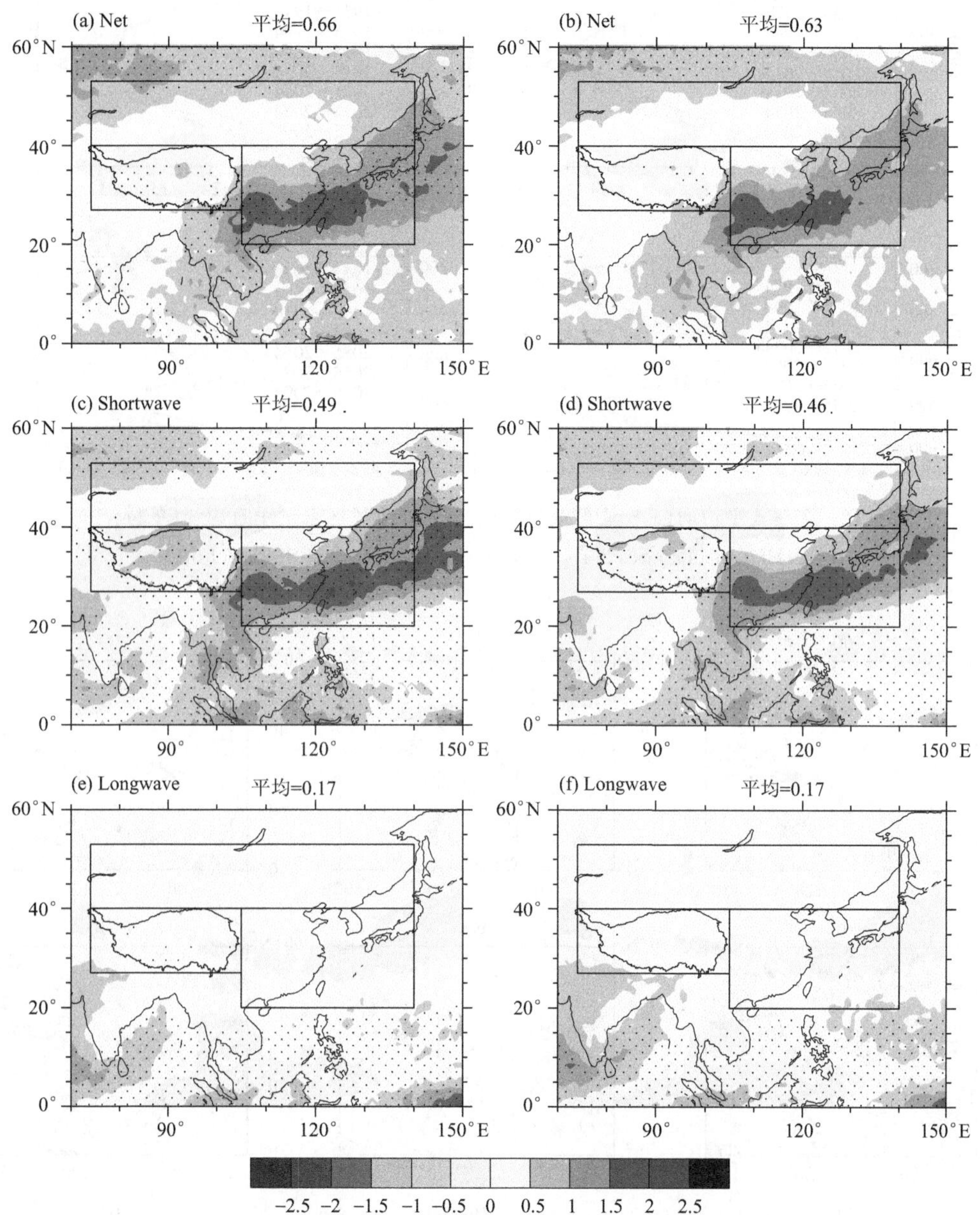

图 4.11　基于 BCC-AGCM2.0 辐射内核和 15 个 CMIP6 模式计算得到的多模式平均东亚地区长期(a,b)净(Net)、(c,d)短波(Shortwave)、(e,f)长波(Longwave)云反馈的空间分布(单位：W · m^{-2} · K^{-1})［(a,c,e)Historical 和 SSP2-4.5 情景，(b,d,f)Historical 和 SSP5-8.5 情景。打点表示模式间标准差大于 0.6 W · m^{-2} · K^{-1} 的区域，黑色方框表示所选的东亚地区范围］

除了多模式平均的东亚长期云反馈典型特征以外，其他表现出了明显的模式间不确定性，并且主要发生在东亚季风区和青藏高原。进一步指出净云反馈的模式间不确定性主要是由短波分量引起的，这表明了伴随着东亚季风，这两个关键区域的短波云辐射过程以及相关云反馈的模式模拟还存在较大的分歧。

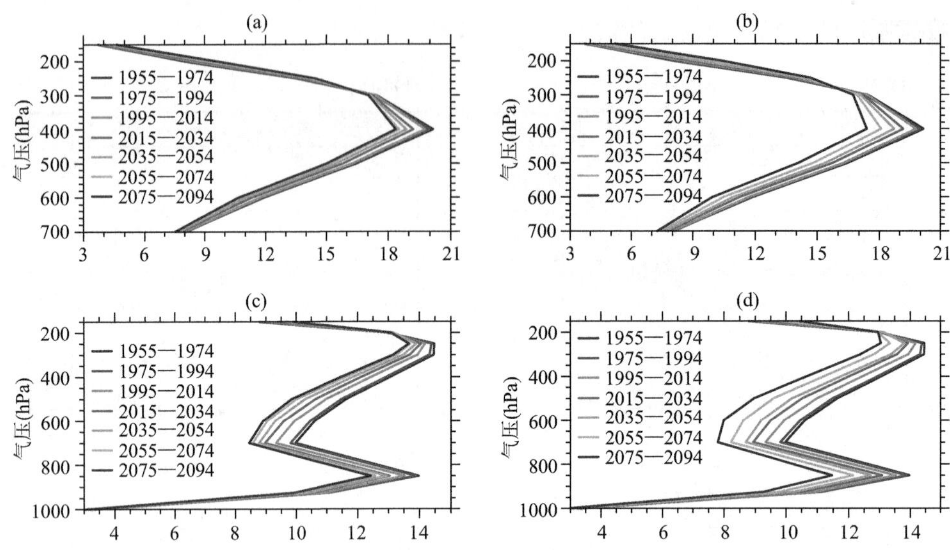

图 4.12　多模式平均的(a,b)青藏高原和(c,d)东亚季风区云量垂直廓线(单位:%)
(a,c)Historical 和 SSP2-4.5 情景,(b,d)Historical 和 SSP5-8.5 情景

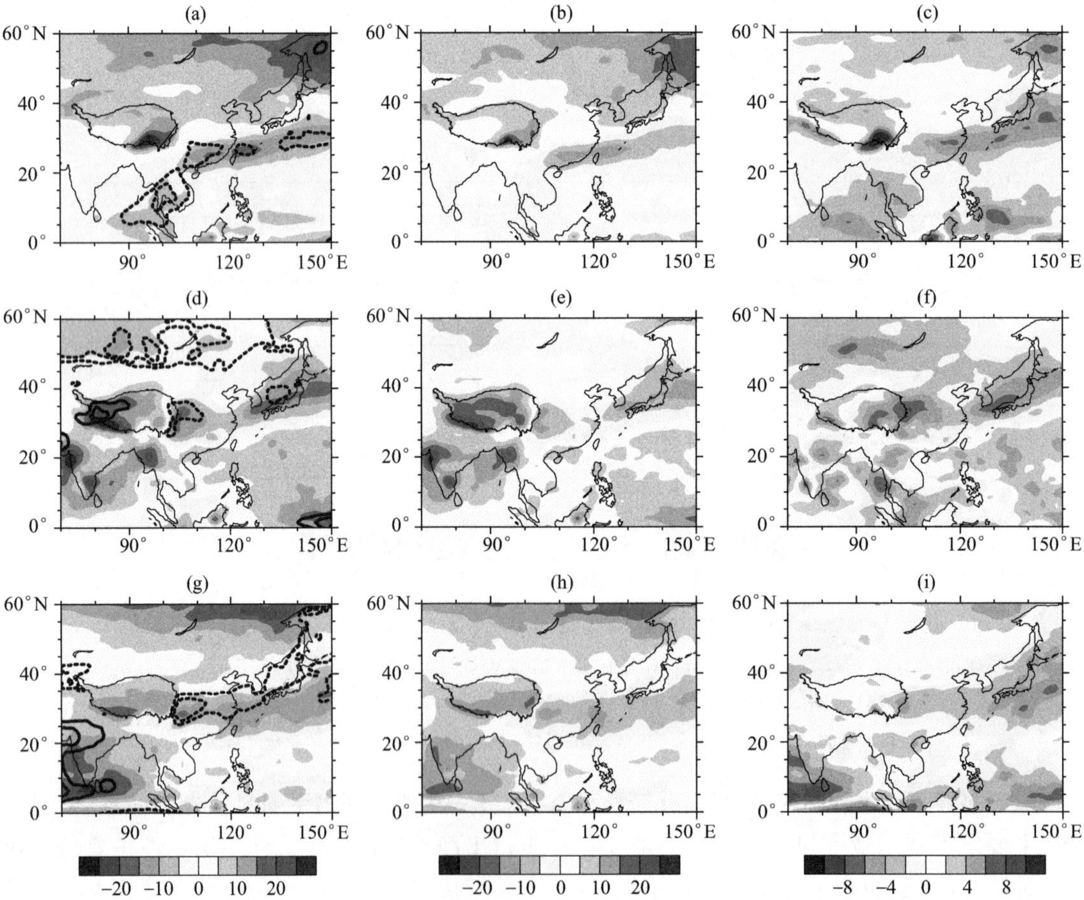

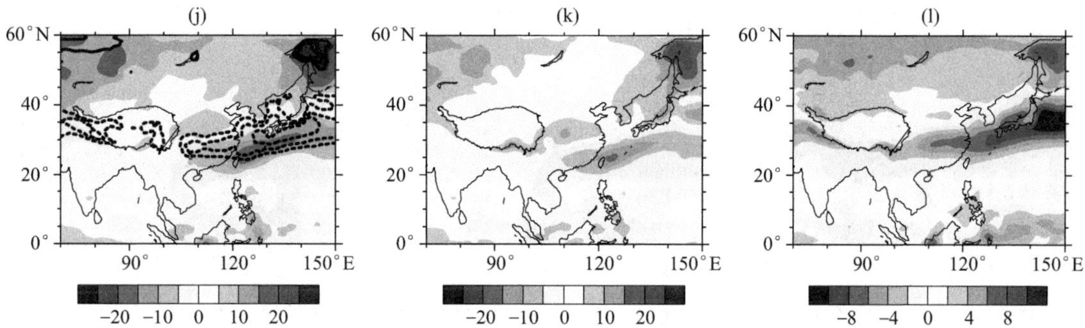

图 4.13　在 Historical 和 SSP2-4.5 情景下，多模式平均的(a,d,g,j)云凝结水(云液态水+云冰)，(b,e,h,k)云液态水，(c,f,i,l)云冰路径(单位：g・m⁻²)以及总云量(等值线：±3.0%，±4.0%，±5.0%)变化的季节空间分布(a～c)春季，(d～f)夏季，(g～i)秋季，(j～l)冬季[等值线实线表示正变化，虚线表示负变化]

4.2.2.2　季节变化特征

与年平均云反馈相似，季节尺度上的短波云反馈也在东亚净云反馈中占主导作用(图 4.14)。高原负的云反馈主要与云的长期相变有关，尤其是在夏季(图 4.13)，云的光学厚度增加导致反射更多的短波辐射，进而减缓了高原的增暖过程。在不同季节上，东亚季风区显著的正云反馈均与层积云和其他类型云(例如高积云、卷层云)的云量(Tang et al.,2006)(图 4.12)，以及云水路径的长期减少密切相关(图 4.13)。显然，云量减少和云光学厚度增大(减小)共同导致了青藏高原(东亚季风区)负(正)云反馈的结论也适用于季节尺度。

伴随着夏季风和冬季风的交替，东亚地区的云及其辐射效应表现出明显的季节特征。如图 4.14 所示，东亚地区的多模式平均云反馈在不同季节之间表现出明显差异。净云反馈的区域平均在所有季节均表现为正值，其中，在夏季达到峰值(1.03 $W \cdot m^{-2} \cdot K^{-1}$)，在秋季(0.62 $W \cdot m^{-2} \cdot K^{-1}$)和春季(0.59 $W \cdot m^{-2} \cdot K^{-1}$)变弱，在冬季降至最低(0.42 $W \cdot m^{-2} \cdot K^{-1}$)。

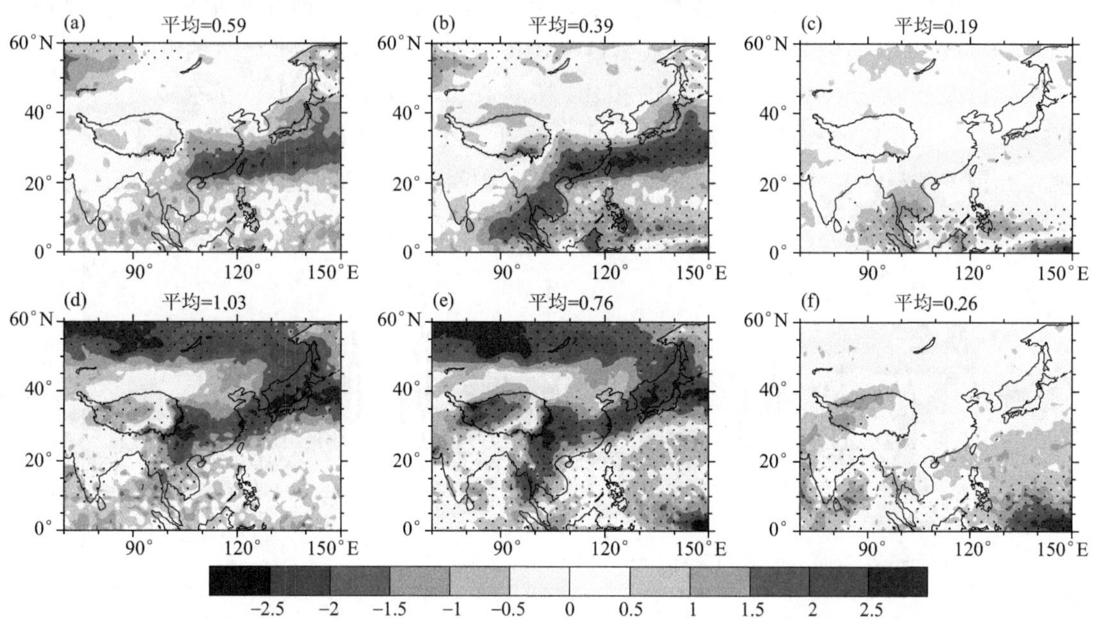

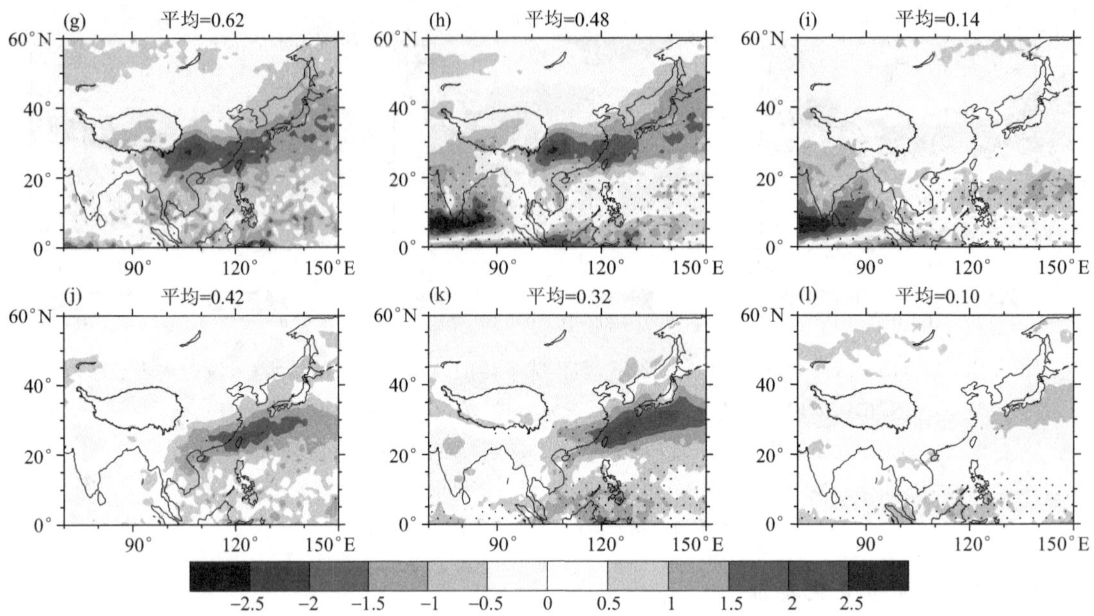

图 4.14　在 Historical 和 SSP2-4.5 情景下，基于 BCC-AGCM2.0 辐射内核和 15 个 CMIP6 模式计算得到的多模式平均东亚地区长期(a,d,g,j)净，(b,e,h,k)短波，(c,f,i,l)长波云反馈的季节空间分布(单位：$W \cdot m^{-2} \cdot K^{-1}$)(a～c)春季，(d～f)夏季，(g～i)秋季，(j～l)冬季[打点表示模式间标准差大于 1.2 $W \cdot m^{-2} \cdot K^{-1}$ 的区域]

春季，正云反馈主要分布在中国南部及其东部海洋。夏季，随着东亚夏季风的北移，正云反馈区域沿着长江流域、韩国和日本，以及 50°—60°N 附近的中高纬度地区迅速扩大。秋季和冬季，随着冬季风的南移，正云反馈迅速减弱并缩小至中国南部及其邻近海域。相比之下，除了冬季以外，青藏高原均表现为较明显的负云反馈，从而在一定程度上抑制了东亚地区的变暖。

东亚净云反馈的区域平均表现出明显的季节变化，从冬季弱到夏季强分别对应于东亚冬季风和夏季风(图 4.15)。值得注意的是，东亚净云(Net Cloud)反馈几乎在所有月份都是正的，这主要取决于其短波分量，东亚长波云(LW Cloud)反馈的多模式平均虽然也为正值，但与净云反馈以及短波云(SW Cloud)反馈相比，其量值和季节变化较小。在东亚夏季风时期(即 5—9 月)，云反馈的模式间不确定性明显较大，并且最大的不确定性出现在短波云反馈，这表明了当前气候模式在模拟与东亚夏季风相关的复杂物理过程方面还存在较大的分歧。

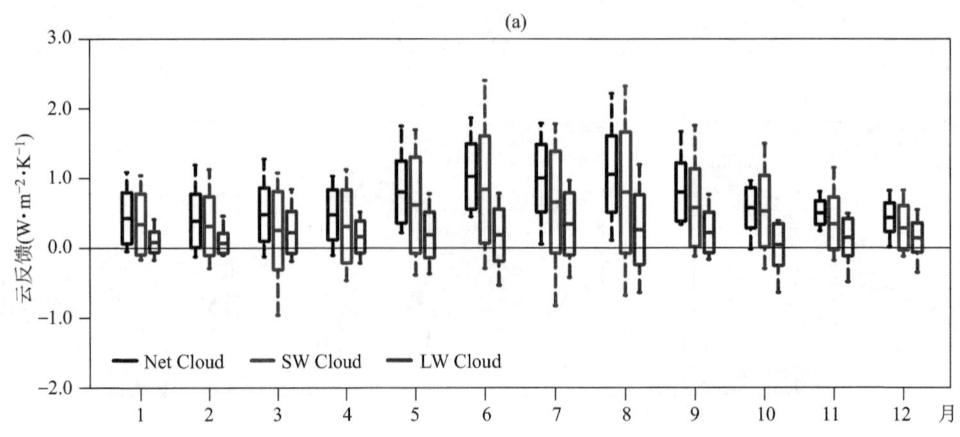

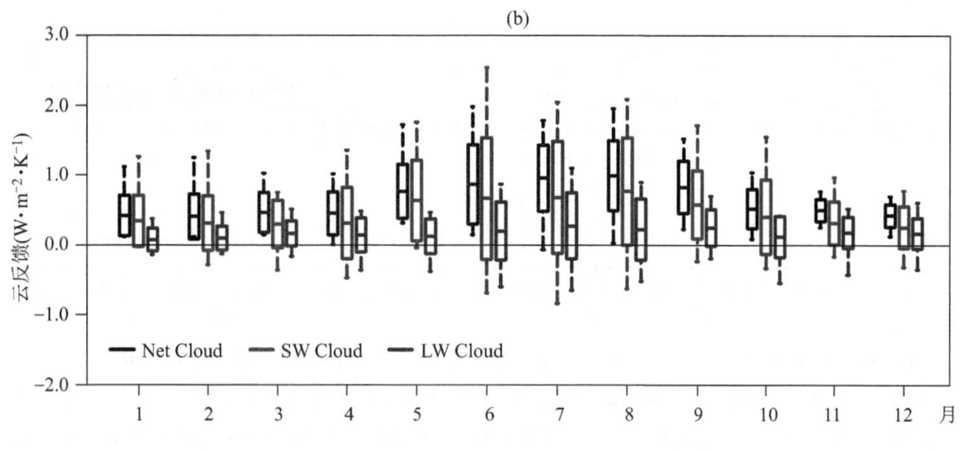

图 4.15　东亚地区长期月平均云反馈(单位：W・m^{-2}・K^{-1})
(a)Historical 和 SSP2-4.5 情景,(b)Historical 和 SSP5-8.5 情景
[箱体中心线表示多模式平均值,两端边界线表示±1σ,盒须(垂直线)表示 15 个 CMIP6 模式的模拟范围]

结合年和季节尺度上的东亚云反馈空间分布,提出了青藏高原的负云反馈和东亚季风区的正云反馈是如何与东亚季风(尤其是夏季风)相互作用或耦合的关键问题。在全球变暖的背景下,气候模式倾向于预测东亚夏季风环流会增强(Li et al.,2019)。理论上,随着全球变暖,青藏高原的热力强迫和东亚季风区陆地及其相邻海洋之间的热力差异均会增大,从而增强东亚夏季风(Wu et al.,2015)。在本节中,青藏高原负的云反馈起着减缓该地区热力强迫增强的作用,这可能会延缓东亚夏季风的增强。同时,东亚季风区正的云反馈可能会增强该地区的海陆热力差异,从而起到增强东亚夏季风的作用。然而,在全球变暖的情况下云反馈如何影响东亚夏季风的详细机制仍需要进一步研究。

4.2.2.3　时间变化特征

在以往的研究中,云反馈通常被视为在代表当前和未来气候的两个时期之间计算的恒定值。然而,许多研究表明云反馈会受到气候状态的影响。为了研究其时间变化特征,基于 BCC-AGCM2.0 辐射内核,并结合调整云辐射强迫法和时间滑动窗口方法(time shifting method;Andry et al.,2017)来计算东亚和全球的云反馈(图 4.16)及其他反馈(图 4.17)。为了更好地理解云反馈变化,其主要贡献项[即:云辐射效应项、非云反馈项和 CO_2 瞬时辐射强迫项;见第 4.2.2 节公式(4.4)～(4.6)]也一并给出。

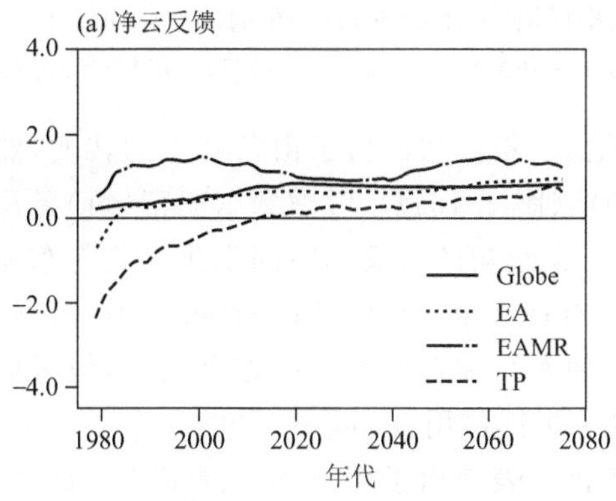

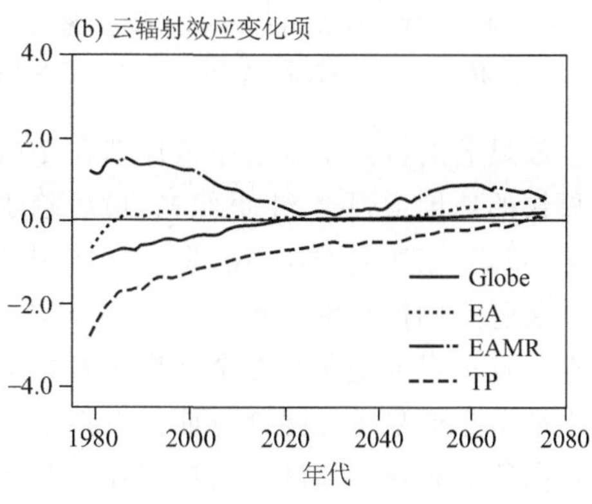

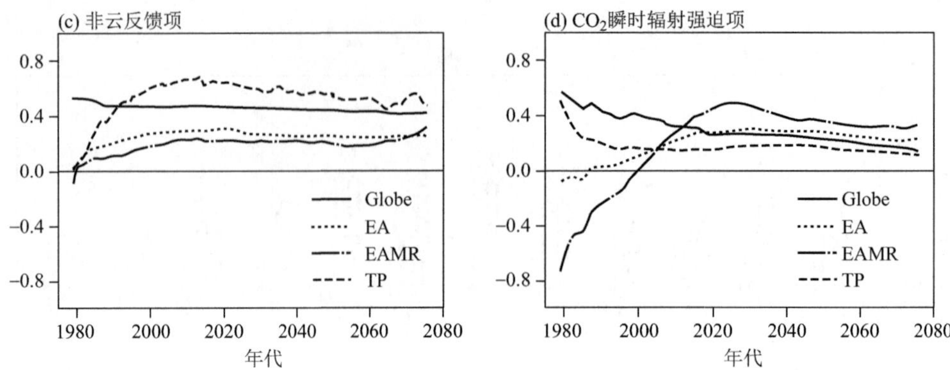

图 4.16　在 Historical 和 SSP2-4.5 情景下，(a)净云反馈(Cloud Feedback)，(b)云辐射效应变化项(Term of CRE)，(c)非云反馈项(Term of Non-cloud Feedback)和(d)CO_2 瞬时辐射强迫项(Term of CO_2 IRF)的时间变化曲线

[曲线表示多模式平均的全球(——；Globe)，东亚(……；EA)，东亚季风区(—··；EAMR)和青藏高原(---；TP)。阴影的上下限表示±0.5σ]

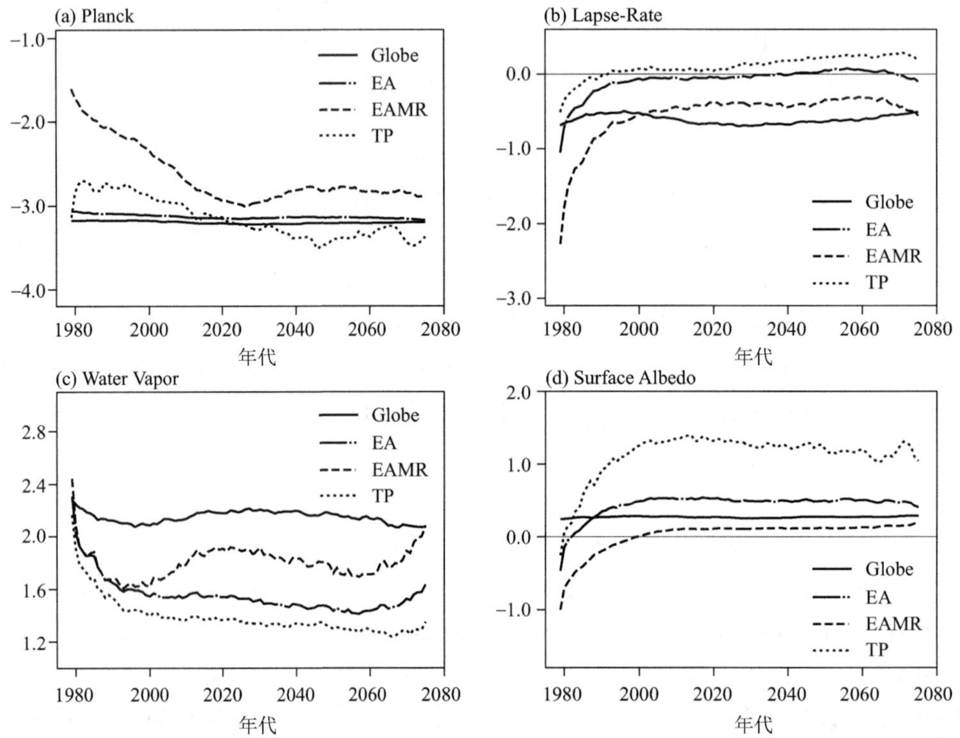

图 4.17　在 Historical 和 SSP2-4.5 情景下，(a)普朗克反馈(Planck)，(b)递减率反馈(Lapse-Rate)，(c)水汽反馈项(Water Vapor)和(d)地表反照率反馈(Surface Albedo)的时间变化曲线

[曲线表示多模式平均的全球(——；Globe)，东亚(—··；EA)，东亚季风区(---；EAMR)和青藏高原(……；TP)。阴影的上下限表示±0.5σ]

一个较显著的特征是东亚净云反馈在 20 世纪 80 年代初经历了由负到正的转变，然后以比全球更快的速度增强至 21 世纪初，最后趋于稳定(图 4.16a)。考虑到东亚正(负)云反馈有利于增强(减弱)东亚夏季风，20 世纪 80 年代至 21 世纪初的云反馈时间变化可能与东亚夏季风的减弱及随后的恢复密切相关(Wu et al,2015；Zhu et al.,2012；Liu et al.,2012)。这意味着尽管东亚夏季风的变化是在全球变暖背景下多种人为和自然因素的综合结果，但区域云反馈可能在调节东亚夏季风强度方面也发挥了一部分关键作用(Li et al.,2010)。

青藏高原和东亚季风区的云反馈在其时间变化上表现出了明显的不同特征。自 20 世纪

80 年代以来，东亚季风区的云反馈一直维持着正值。此外，在东亚季风区云反馈的时间变化中存在一个较显著的周期为 60～80 a 的波动特征，与北大西洋年代际振荡（AMO）具有较好的吻合度（Li et al. ，2016），这意味着鉴于 AMO 对东亚季风区的潜在影响，AMO 和东亚季风区云反馈之间可能存在着相关性（Lu et al. ，2006；Wang et al. ，2009）。相反地，青藏高原负的云反馈从 20 世纪 80 年代以来的前 40 年迅速减弱，然后转变为正云反馈并稳定增强至 21 世纪末。也就是说，青藏高原地区的云反馈起着先减弱后增强局地热力效应的作用。

云反馈的时间变化与云辐射效应对地表增暖的响应非常相似（图 4. 16b），这是由于云辐射效应反馈本身就包括云反馈和来自其他气候反馈变量的影响。在早期的一些研究中，云辐射效应反馈曾被用来近似表达云反馈。然而，与实际云反馈相比，这可能会引入负偏差。非云反馈项和 CO_2 瞬时辐射强迫项对云反馈的贡献主要为正值，并且在 21 世纪初以前，东亚和全球的 CO_2 瞬时辐射强迫项几乎呈现相反的趋势。值得注意的是，自 20 世纪 80 年代至 21 世纪初，青藏高原的云反馈快速增强并转变为正值，这可能与非云反馈项（尤其是地表反照率反馈）的快速增强有关（图 4. 16c，图 4. 17d），表明在相对较短的时间尺度内（时间窗为 50 年）发生的云水相变可能较少，导致反射了较少的短波辐射，从而减弱了负反馈，具体的物理解释还需要进一步研究。

此外，全球云反馈，云辐射效应项和非云反馈项的不确定性明显小于东亚地区的不确定性（图 4. 16）。在全球尺度上，气候模式需要通过调整来维持大气顶能量平衡（大气顶净辐射接近于 0），从而使得气候模式之间的全球平均大气顶净辐射趋于收敛，但在区域尺度上可能存在较大差异。相应地，云辐射效应，甚至是云反馈和其他反馈可能也是如此。有研究表明东亚由于其独特的副热带陆地层积云，导致了东亚的云辐射效应存在较大的模式间方差（吴春强 等，2011）。IPCC AR4 也表明了中国东部的短波云辐射效应模拟是世界上差异最大的地区之一。

4. 2. 2. 4　云反馈的不确定性

气候敏感度的不确定性在很大程度上可归因于当前气候模式中云反馈的不确定性。云反馈的不确定性可能来源于三个方面：气候模式、情景和量化云反馈的方法（例如，辐射内核）。如图 4. 18 所示，在 SSP2-4. 5 和 SSP5-8. 5 情景下分别利用 5 组辐射内核和 15 个气候模式估算了东亚和全球的云反馈。

从 5 组辐射内核给出的东亚和全球的多模式平均净云反馈可以看出，其结果基本一致且仅存在较小差异。对于东亚，短（长）波云反馈的模式平均在 BCC_AGCM2. 0、CESM-CAM5 和 HadECM2 之间比较相似，但小（大）于 ERA-Interim 和 ECHAM6 给出的结果。对于全球，短（长）波云反馈的模式平均在 BCC_AGCM2. 0、HadECM2，ERA-Interim 和 ECHAM6 之间更接近，但在一定程度上大（于）CESM-CAM5 给出的结果。

如图 4. 18 所示，所有模式在东亚和全球尺度上均预估了净云反馈为正值，起着放大区域或全球变暖的作用。然而，可以看到模式之间存在明显的不确定性，尤其是短波云反馈。在 SSP2-4. 5 情景下，对于净、短波和长波云反馈，东亚（全球）的云反馈范围分别为 0. 0～1. 24（0. 14～1. 21）$W \cdot m^{-2} \cdot K^{-1}$，－0. 40～1. 32（－0. 91～1. 29）$W \cdot m^{-2} \cdot K^{-1}$ 和－0. 46～0. 66（－0. 19～1. 17）$W \cdot m^{-2} \cdot K^{-1}$；在 SSP5-8. 5 情景下，东亚（全球）的云反馈范围分别为 0. 0～1. 22（0. 21～1. 16）$W \cdot m^{-2} \cdot K^{-1}$，－0. 34～1. 35（－0. 89～1. 27）$W \cdot m^{-2} \cdot K^{-1}$ 和－0. 50～0. 60（－0. 20～1. 21）$W \cdot m^{-2} \cdot K^{-1}$。此外，模拟负的长波云反馈的模式通常在某种程度上会模拟出较正的短波云反馈，例如 ACCESS-CM2[BCC_AGCM2. 0 辐射内核，东亚长（短）波云反馈为－0. 29（1. 29）$W \cdot m^{-2} \cdot K^{-1}$]，从而导致净云反馈基本上均为正值，这与 AR6 中的结

论一致。如上所述,短波云反馈的模式间不确定性远大于长波和净云反馈的不确定性,这在很大程度上可归因于模式模拟对东亚和全球云和短波辐射相互作用的不完整表达。还应注意的是,仍有少数模式给出负的短波或长波云反馈,这与大多数模式普遍模拟的正云反馈不同,表明了气候模式中云反馈过程的复杂性。

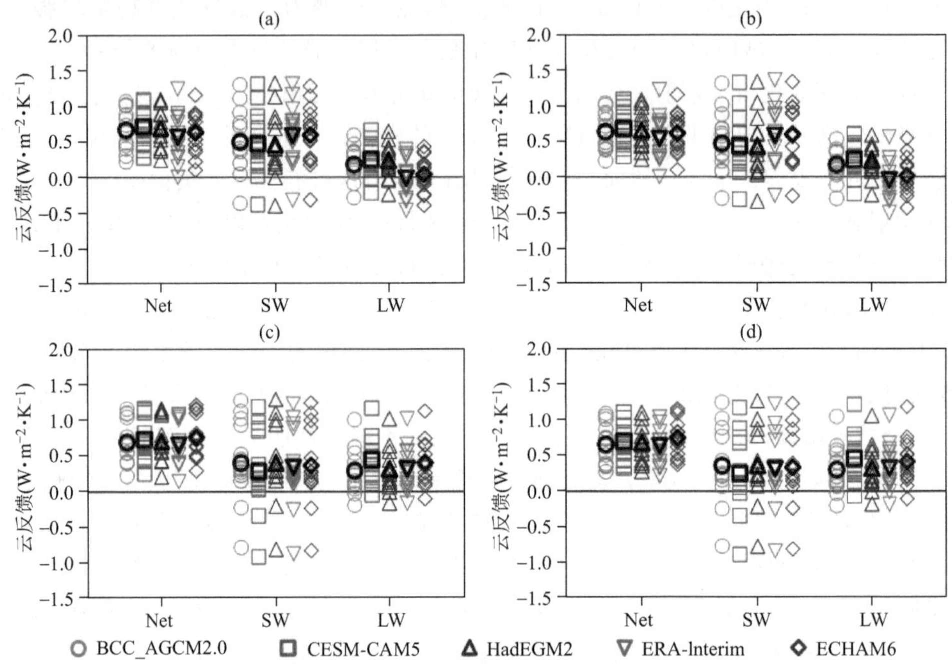

图 4.18 基于 5 组辐射内核以及 15 个 CMIP6 模式计算得到的(a,b)东亚地区和(c,d)全球长期云反馈(单位:W · m^{-2} · K^{-1})

[(a,c)Historical 和 SSP2-4.5 情景,(b,d)Historical 和 SSP5-8.5 情景]

为了量化云反馈的不确定性来源,表 4.4 给出了模式间和内核间的标准差。前(后)者是通过首先对每一组辐射内核(模式)的云反馈计算模式(辐射内核)之间的标准差,再对所有辐射内核(模式)的不确定性结果进行平均。一个显著的特点是云反馈内核间的不确定性明显小于模式间的不确定性。然而,与全球尺度相比,区域尺度上(至少在东亚)的内核间不确定性变得更大,而模式间不确定性变得更小。通常来说,与气候模式之间的不确定性相比,使用辐射内核方法的气候反馈量化对特定模式辐射内核的选择相对不太敏感(Soden et al.,2008)。然而,考虑到调整云辐射强迫法是一种间接计算方法,在区域尺度上与模式间不确定性相比,内核间的不确定性不可忽略,因为这可能会扩大区域尺度上云反馈的不确定性。因此,云反馈的不确定性可能来源于辐射内核(其他辐射内核的累积误差)和其他因素,例如云辐射强迫和大气顶晴空能量平衡的模式依赖性变化。

表 4.4 全球和东亚云反馈的不确定性(1σ,单位:W · m^{-2} · K^{-1})

	模式间标准差			内核间标准差		
	净	短波	长波	净	短波	长波
全球	0.29(0.26)	0.53(0.50)	0.30(0.31)	0.04(0.05)	0.05(0.05)	0.07(0.07)
东亚	0.28(0.27)	0.43(0.42)	0.24(0.24)	0.09(0.08)	0.07(0.08)	0.13(0.13)

注:括号外(里)表示 SSP2-4.5(SSP5-8.5 情景)。

值得注意的是，无论是在东亚还是全球，SSP2-4.5 情景下的云反馈模式平均与 SSP5-8.5 情景下的结果非常相似，尽管后者(高排放)比前者(低排放)提供了更强的地表增暖，但同时云辐射强迫变化也变得更强，从而导致了气候反馈中的气候响应项$\left(\frac{\mathrm{d}x}{\mathrm{d}T_s}\right)$在这两种情景下变化不大(图 4.19)。也就是说，云反馈可能对排放情景或地表变暖的强度，至少对于 SSP2-4.5 和 SSP5-8.5 情景不是非常敏感。

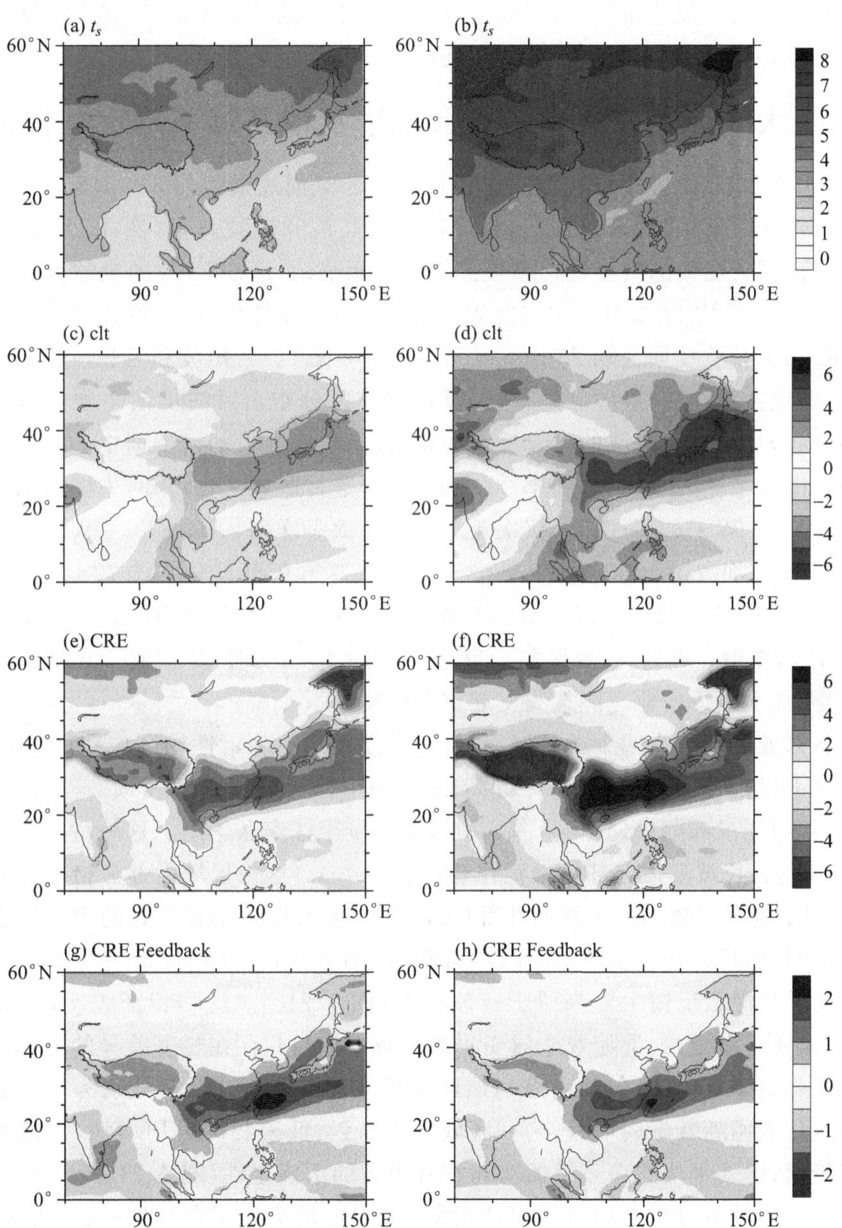

图 4.19　多模式平均的(a,b)地表温度变化(t_s;单位:K)，(c,d)总云量变化(clt;%)，(e,f)云辐射效应变化(CRE;单位:W·m^{-2})和(g,h)云辐射效应反馈(CRE Feedback，即 ΔCRE/Δt_s；单位:W·m^{-2}·K^{-1})

[(a,c,e,g)Historical 和 SSP2-4.5 情景，(b,d,f,h)Historical 和 SSP5-8.5 情景]

4.3 模式模拟的东亚云辐射反馈特征及其不确定性

云辐射反馈是气候变暖的重要反馈过程，第六次 IPCC 评估报告指出全球平均净云反馈为正值，其中主要由热带高云高度反馈和副热带海洋低云反馈贡献(Forster et al.，2021)，但是云反馈存在显著的空间分布特征，不同区域对全球平均的贡献不同，明确东亚区域云反馈特征及其不确定性，对于认识东亚地区在全球变暖中的作用至关重要。

4.3.1 大气环流模式中东亚云辐射反馈及其不确定性特征

利用 CMIP5 和 CMIP6 中均匀增暖 4 K 的大气环流模式试验(amip-p4K)，基于云辐射内核的方法计算了 16 个模式的云反馈，包括净反馈及长波和短波分量(图 4.20)。首先从全球角度考察东亚区域云反馈的重要性。多模式平均结果显示，除 60°S 外的全球大部分地区净云反馈为正值，全球平均为 0.49±0.30 $W \cdot m^{-2} \cdot K^{-1}$，其中云短波反馈为 0.23±0.41 $W \cdot m^{-2} \cdot K^{-1}$，云长波反馈为 0.26±0.30 $W \cdot m^{-2} \cdot K^{-1}$。云短波和云长波反馈在大部分地区方向相反，彼此抵消；除两极地区外，净云反馈的空间分布由短波反馈主导。净云反馈存在显著的空间分布，其中东亚区域的净云反馈为正，且是全球最大的云反馈中心之一。选取中国南部和赤道东南太平洋两个中心(图 4.20 中的黑框)进行区域平均可知，中国南部净云反馈的大小为 1.57±0.37 $W \cdot m^{-2} \cdot K^{-1}$，仅次于赤道东南太平洋的 2.04±1.19 $W \cdot m^{-2} \cdot K^{-1}$；从短波分量看，中国南部(2.31±0.49 $W \cdot m^{-2} \cdot K^{-1}$)比赤道东南太平洋(1.72±1.34 $W \cdot m^{-2} \cdot K^{-1}$)更强，只是其长波反馈(−0.74±0.41 $W \cdot m^{-2} \cdot K^{-1}$)与后者(0.33±0.67 $W \cdot m^{-2} \cdot K^{-1}$)相比起抵消作用。可见，东亚区域云反馈，特别是短波反馈，并不亚于热带大洋东岸的层积云区域，对全球变暖下的地球能量收支起重要作用。

进一步将东亚区域分为四个子区域，考察云反馈及其不确定性的区域特征(图 4.21)。东亚云反馈整体上以正反馈为主，但在青藏高原(TP)中部为较弱的负反馈。东亚南部(S-EA)正反馈最强，从中国东部向东延伸到日本以东，中心位于江南和华南。这一特征由云短波反馈主导(图 4.21b)，云长波反馈起部分抵消作用(图 4.21c)。这一区域大部分格点上的信噪比均大于 1，模式间不确定性较小。东亚西北部(NW-EA)和东北部(NE-EA)的净云反馈均为较弱的正值，短波和长波反馈均有贡献，北侧以长波正反馈为主，短波正反馈主导了南侧地区。青藏高原上较弱的负净云反馈主要来源于长波分量(图 4.21c)。这一特征表明，东亚大部分地区，无论是低云还是高云，云量随着全球变暖都会减少。与此存在显著差异的是菲律宾群岛附近的西北太平洋区域(WNP；包括南海)，该区域短波反馈和长波反馈分别为显著的负值和正值，且量值相当，表明随着海表增暖，这一区域对流增强，低云和高云均增加，由此引起的长短波反馈相互抵消，模式平均的净云反馈微弱且有很大的不确定性(图 4.21a)。

为了区分不同季节对年平均云反馈的贡献，分别定量给出了冬(12—次年 2 月，DJF)、春(3—5 月，MAM)、夏(6—8 月，JJA)、秋(9—11 月，SON)四个季节不同区域净云反馈及其长波、短波分量的平均值(图 4.22)。结果显示，东亚不同区域云反馈的季节性差异显著。在东亚南部，各个季节均出现很强的云短波正反馈，明显超过长波负反馈而居于主要地位，其中春季的正反馈最强，这可能会加剧未来东亚南部的春旱。在东亚北部，起主导作用的云短波正反

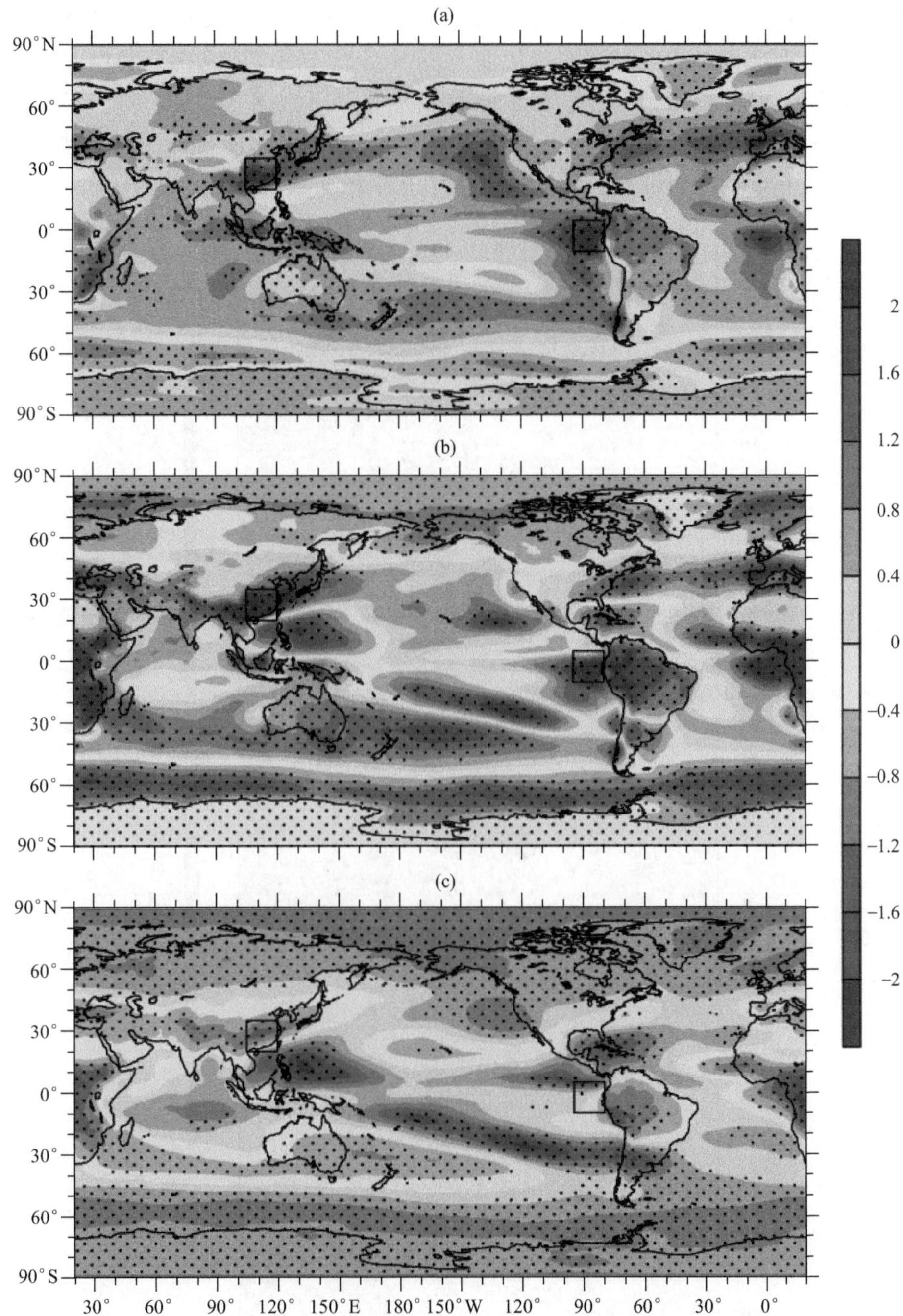

图 4.20　amip-p4K 试验下 7 个 CMIP5 和 9 个 CMIP6 模式年平均云反馈的集合平均结果(单位:W·m^{-2}·K^{-1})
(a)净反馈,(b)短波反馈,(c)长波反馈
[阴影部分为信噪比(X/σ)大于 1 的区域。两个黑框区域分别为中国南部(105°—120°E,20°—35°N)和赤道东南太平洋(10°S—5°N,95°—80°W)]

馈主要出现在夏季,冬季则由云长波正反馈主导,特别是东亚西北部地区;春季该地区模式平均的云反馈接近零,但存在很大的不确定性。在青藏高原地区,春秋两季的长短波云反馈几乎相互抵消,夏季以短波正反馈为主,冬季则以长波负反馈为主。

由以上分析可知，东亚南部是云正反馈的中心区域。这一区域受西北太平洋副热带高压影响，其云反馈与西北太平洋区域存在密切联系。图 4.21 显示，东亚南部和西北太平洋区域的云反馈呈相反位相。对于云短波反馈，东亚南部为正，西北太平洋为负；对于云长波反馈则相反。与东亚南部相比，西北太平洋区域云反馈的不确定性更大，除了长波正反馈在冬季起主导作用外，云长波正反馈和短波负反馈在其他季节几乎相互抵消(图 4.22)。

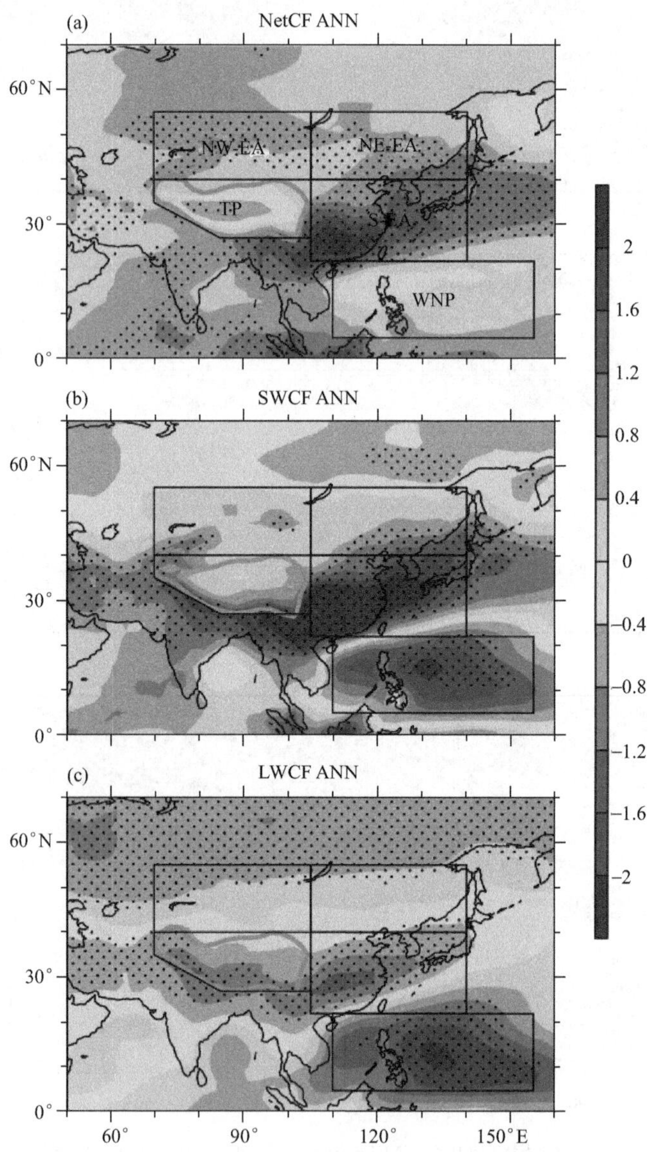

图 4.21　同图 4.20，但为东亚-西北太平洋(EA-WNP)区域
将东亚区域分为四个子区域，分别为东亚南部(S-EA)、东亚
东北部(NE-EA)、东亚西北部(NW-EA)、青藏高原(TP)

综上可知，东亚区域云反馈为正，对全球变暖起正贡献。其中，东亚南部的正反馈最强，而且在各个季节都非常显著，东亚北部的云反馈存在显著的季节性特征，青藏高原区域云反馈的不确定性最大。东亚陆地与西北太平洋上的云反馈存在显著差异。

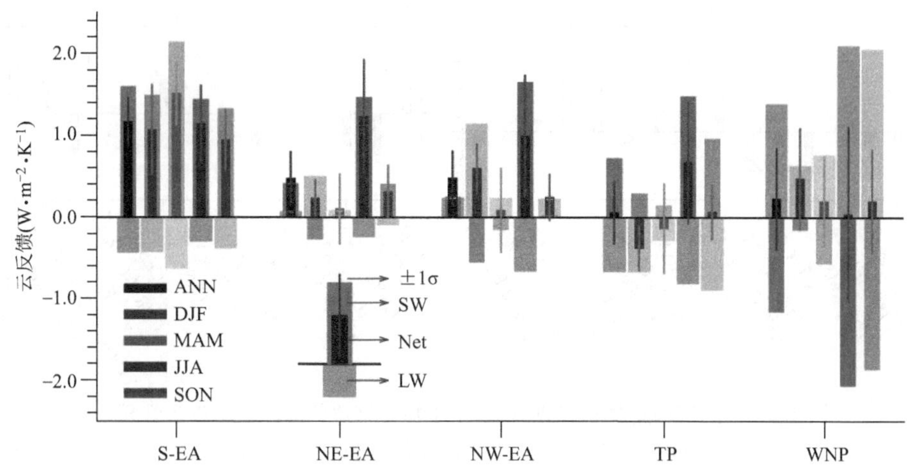

图 4.22　东亚(EA)-西北太平洋(WNP)不同子区域平均的净云反馈及其短波和长波分量,包括了年均结果和四个季节的贡献

4.3.2　东亚云反馈模拟的不确定性

尽管多模式平均结果显示东亚区域年平均的云反馈呈显著的正反馈,特别是东亚南部地区(图 4.21a),但不同模式的结果仍存在较大的不确定性(图 4.22)。为了揭示东亚区域云反馈模式不确定性的特征,采用经验正交函数方法提取模式间方差最大的前两个模态及其对应的主成分(图 4.23),其中主成分反映了每个模式不确定性的相对大小,而对应的空间型则反映了不确定性的空间分布特征。

第一模态 EOF1 的解释方差达 40.5%,给出东亚区域云反馈呈一致变化的特征,中心位于青藏高原东部。在全球范围与此不确定性相关的区域也出现在北半球中高纬度以及副热带南大洋上(图 4.23a)。这一模态主要反映了 CMIP6 各模式之间(BCC-CSM2-MR 及以后的模式)以及 CMIP6 和 CMIP5 模式之间的差异。多数 CMIP5 模式的 PC1 为负值,而 CMIP6 模式为正值(图 4.23c)。第二模态 EOF2 的解释方差为 14.0%,主要表现为内陆和东部海洋上的偶极子分布,全球范围内对应海洋上云反馈几乎一致的变化。CMIP5 和 CMIP6 模式 PC2 的值均有正有负,没有显著的区分。

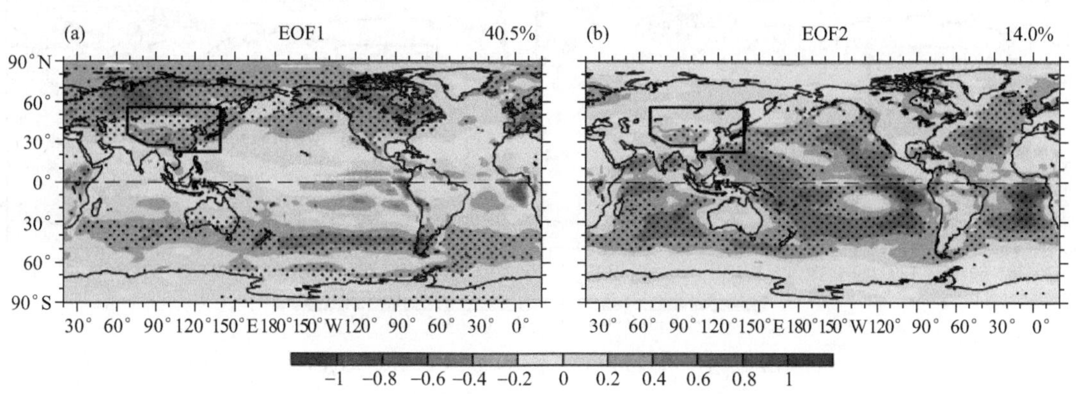

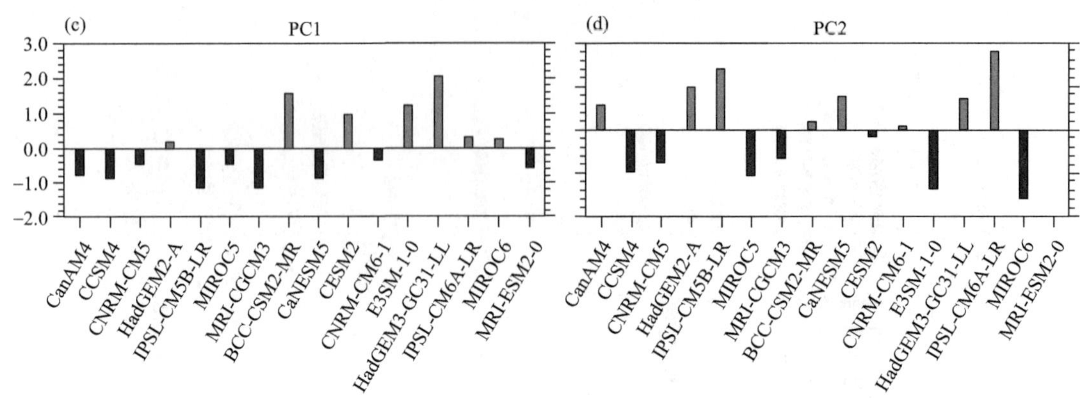

图 4.23 东亚区域(图中黑框区域)年平均云反馈的前两个不确定性模态(EOF1 和 EOF2)及其对应的主成分(PC1 和 PC2)

[PC 序列进行了标准化,EOF 为 PC 回归到全球范围上的空间型]

将 PC1 和 PC2 分别回归到云长波和短波反馈分量上可以得到两者对净云反馈不确定性的贡献。从图 4.24 中可以看出,云短波反馈的不确定性主导了 EOF1(图 4.24a),云长波反馈仅在热带和副热带起到较弱的抵消作用,在东亚区域抵消作用不显著(图 4.24c)。EOF2 也以云短波反馈的不确定性为主,但云长波反馈在一定程度上同向增强了云短波反馈在东亚陆地上的信号(图 4.24d)。在全球海洋区域,PC2 对应的不确定性在赤道印太区域由云长波反馈主导,其他包括热带外区域则以云短波反馈不确定性为主,云长波反馈起部分抵消作用。

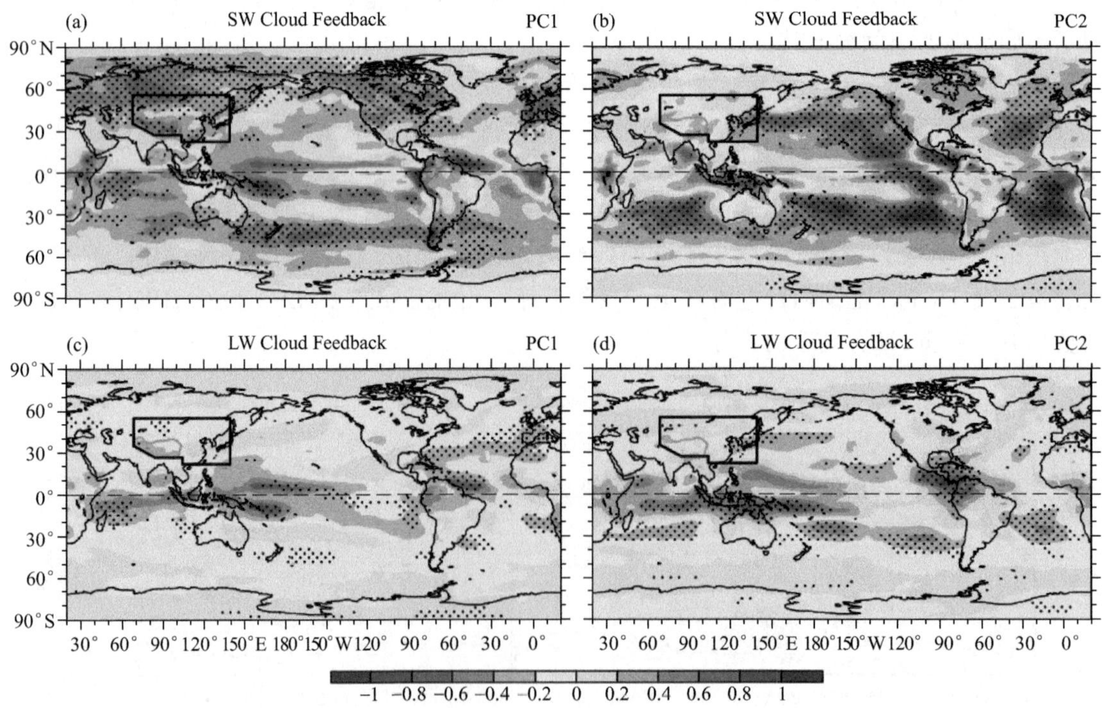

图 4.24 回归到 PC1(左列)和 PC2(右列)上的(a,b)云短波和(c,d)云长波分量

4.3.3　云辐射反馈不确定性的校正

4.3.3.1　云反馈不确定性校正方法

传统的缩小不确定性方法基于对历史气候模拟的评估，认为对当前气候模拟较好的模式在预估未来气候变化时通常具有较高的可信度，那些表现好的模式在预估气候变化时被赋予较高的权重，而那些表现差的模式往往被赋予低权重甚至被抛弃。但实际上，模式对当前气候模拟的好坏和能否准确模拟未来气候变化之间并无必然联系，二者并非同一层面的问题，因此，将模式对未来气候变化的预估能力建立在对当前气候指标模拟性能的基础上具有一定的随意性(Hall et al. ,2019)。

作为对传统模式评估方法的补充，基于观测的涌现约束(Emergent Constraints)方法近年来得到了迅速发展，逐渐成为减小气候敏感度及气候反馈不确定性最常用和最具潜力的方法(Eyring et al. ,2019;Brient,2020;Williamson 和 Sansom,2020)。涌现(Emergency)是指系统的个体遵循简单的规则，通过局部相互作用构成一个整体时，新的属性或规律会突然在系统层面诞生；从气候敏感度的角度可以理解为不同气候模式遵循相同的物理规律，但该规律经不同模式的不同诠释，在预估气候变化时 ECS(Equilibrium Climate Sensitivity,平衡态气候敏感度)会出现明显的模式间不确定性。涌现约束的基本思路是寻找模式间可观测气候物理量(或过程)的模拟(称之为预报因子 X)和未来气候变量预估(称之为预报量 Y,如 ECS)之间的经验物理关系 f,表示为：

$$Y = f(X) + \varepsilon \tag{4.7}$$

f 通常是基于模式集合样本的线性拟合关系，结合当前气候物理量(或过程)观测及模式模拟偏差，对未来气候变量的不确定性范围进行约束。一个稳定可靠的涌现约束必须满足三个基本条件：①得出的经验约束关系必须具有清晰的物理意义；②得出的统计关系必须显著；③观测物理量(或过程)的不确定性必须要小，通常要求观测资料具有较长的时段且不同观测源之间具有较好的一致性。根据约束关系所蕴含物理意义的可靠程度，可将涌现约束划分为三类(Klein 和 Hall,2015)：①可能的涌现约束(Potential Emergent Constraints)：仅包含简单的统计关系；②有前途的涌现约束(Promising Emergent Constraints)：统计关系暗含一定的物理基础；③经证实的涌现约束(Confirmed Emergent Constraints)：有证据证明约束关系的物理基础是可信的。

近年来，大量研究将涌现约束方法应用于计算 ECS 以减小其不确定性范围(Fasullo et al. ,2015;Hall et al. ,2019;Brient,2020)。多数涌现约束研究倾向于支持较高的 ECS(Volodin,2008;Trenberth and Fasullo,2010;Fasullo 和 Trenberth,2012;Sherwood et al. ,2014;Tian,2015;Brient 和 Schneider,2016),但也有研究给出较低的 ECS(Cox et al. ,2018)。不同预报因子得出的约束后的 ECS 区间表现出较大的不一致性，对进一步理解涌现约束和 ECS 造成了困惑。更重要的是，不同涌现约束的可信度直接决定了约束后 ECS 区间的可信程度，Caldwell 等(2018)在评估 19 种涌现约束时，只有其中 4 种的可信度得到验证，给出较高 ECS 的预测。此外，针对某种 CMIP 模式集合得出的约束关系，对于另一种模式集合不一定完全适用。Schlund 等(2020)发现将 CMIP5 得出的约束关系应用到 CMIP6 时相关性会明显下降，导致对 CMIP6 的 ECS 预测技巧较 CMIP5 有所降低。

云反馈尤其是低云反馈是计算 ECS 不确定性的重要来源，将云反馈作为预报量进行涌现约束也是降低 ECS 不确定性的可行方法。Qu 等(2018)通过对 4 种 ECS 涌现约束进行统计溯源，发现 ECS 涌现约束关系主要归因于短波低云反馈，是 CMIP5 模式间 ECS 不确定性的主要来源。Klein 和 Hall(2015)总结了三种与低云反馈密切相关的涌现约束关系，即低云光学厚度反馈、副热带海洋低云量反馈、对流层低层混合引起的低云变化反馈。低云光学厚度和温度的关系具有清晰的热力学基础，尤其在中高纬二者关系在时间尺度上具有较好稳定性，基于此建立的约束关系表明气候模式可能高估了中高纬度低云光学厚度反馈，意味着模式预测的气候敏感度可能被低估(Terai et al.,2016)。基于观测的约束关系预测热带低云反馈为正值，会导致较模式预测更高的气候敏感度(Kamae et al.,2016)。总体而言，目前比较可靠的与云反馈有关的约束关系多数都和低云有关，一方面说明低云反馈的重要性，另一方面也说明气候模式对低云及其辐射效应的模拟仍然存在很大的不足，同时也意味着提升低云反馈过程在模式中的代表性和模拟能力，是降低云反馈乃至气候敏感度不确定性的有效途径。

4.3.3.2 利用“涌现约束”减小东亚云反馈的不确定性

“涌现约束(Emergent Constraint)”是基于多模式模拟的当前气候与未来预估的气候变化之间的关系，利用更加准确的反映当前气候状态的观测资料来约束模式对未来气候预估的结果(Breint,2020)。该方法已广泛用于对云反馈的约束之中(Klein 和 Hall,2015)，在东亚区域也已应用于降水和西北太平洋副热带高压的预估之中(Zhou et al.,2019;Chen et al.,2020)。前人研究用于云反馈的涌现约束大多针对全球平均量，最终目的是为约束气候敏感度服务(Klein 和 Hall,2015)，近几年发展到关注区域云反馈的约束以及约束区域云反馈不确定性对全球云反馈的作用(Forster et al.,2021)，如不同纬度带上云反馈的约束研究(Lutsko et al.,2021)，但针对东亚区域云反馈的约束研究仍十分少见。

4.3.2 节已经揭示了东亚区域云反馈不确定性的两个主导模态，这里将针对这两个模态发展涌现约束方法，以减小模式中东亚区域云反馈的不确定性。前人对热带和副热带低云的研究表明，若对当前气候中这些区域的云短波辐射效应模拟偏大(即冷却效应偏强)，那么在变暖背景下云量将减少更多，由此产生更强的正反馈(Brient 和 Bony,2012;Radtkel et al,2021)。为了将东亚区域云反馈与当前气候中的云辐射效应联系起来，首先考察了模式对当前云辐射效应的模拟效果及其偏差(图 4.25)。

模式能够模拟出全球尺度上云对气候的冷却效应，主要表现在热带大洋东岸以及 30°S—30°N 以外的热带外大洋上(图 4.25a)。东亚区域是仅有的陆地上出现很强云辐射冷却效应中心的地区，主要由云短波辐射效应主导(图 4.25c)，与云短波正反馈的中心一致(图 4.20b)。这说明当前气候中东亚区域云辐射效应的强弱可能可以用于约束云反馈强度。模式对东亚南部以及大洋东岸云短波的冷却效应存在显著低估，因此模式也可能会低估云短波的正反馈作用;同时模式还低估了东亚地区云长波的增暖效应(图 4.25f)。

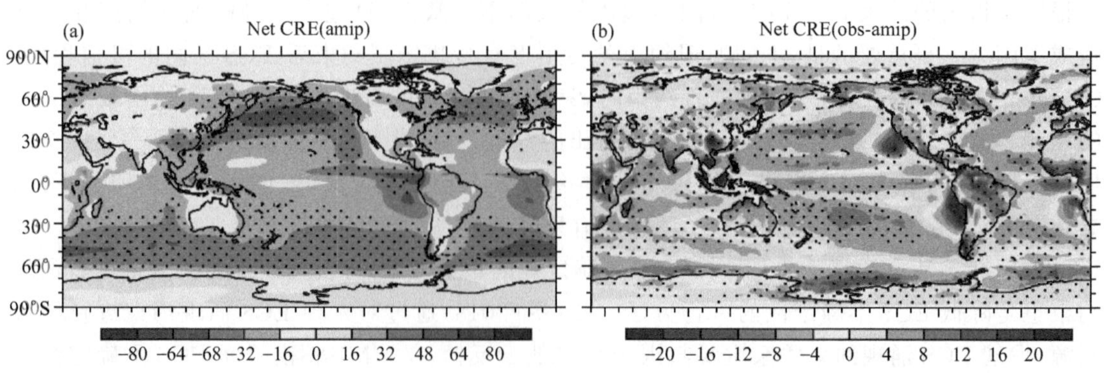

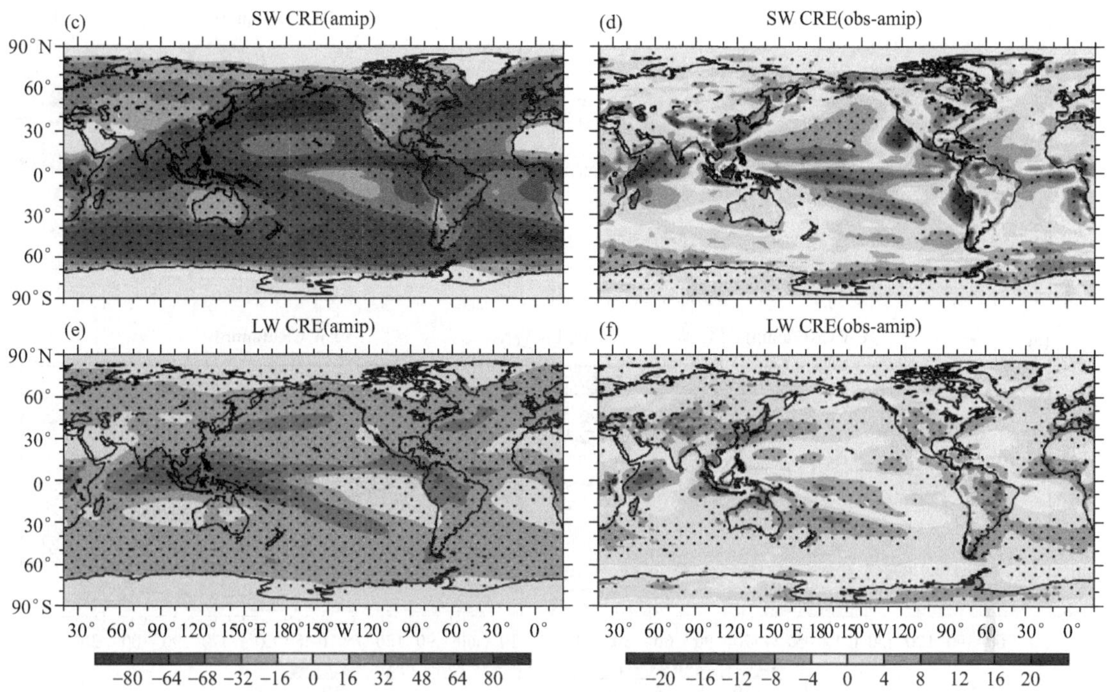

图 4.25　16 个大气环流模式模拟的年平均云辐射效应的气候态分布以及观测与模拟的差值

(a)净云辐射效应,(c)短波云辐射效应,(e)长波云辐射效应;(b)、(d)、(f)分别为(a)、(c)、(e)观测与多模式模拟的差值[包括 7 个 CMIP5 模式和 9 个 CMIP6 模式。(a,c,e)打点区域表示信噪比大于 3 的区域,(b,d,f)打点区域表示超过 12 个模式同号的区域]

进一步将多模式模拟的当前气候云辐射效应回归到 PC 上来考察可能影响东亚云反馈不确定性的关键区域。结果表明,与 PC1 所表示的云反馈不确定性相关的云辐射效应显著区域位于亚洲大陆东部,包括青藏高原和西伯利亚地区(图 4.26a),其中短波云辐射效应起主要作用(图 4.26c)。与 PC2 有关的云辐射效应主要位于热带对流区(图 4.26b),也是由短波云辐射效应主导(图 4.26d)。由于短波云辐射效应的信号更为显著,因此分别针对 PC1 和 PC2 选取亚洲大陆东部(10°—70°N,70°—140°E)和南北纬 40°之间的区域,将不同模式 AMIP 试验模拟的短波云辐射效应投影到这两个空间型上,得到反映模式模拟对应云辐射效应大小和空间分布的指数。这两个指数与 PC1 和 PC2 存在显著的正相关关系,相关系数分别为 0.88 和 0.82(图 4.27)。基于此关系,利用 2000—2013 年卫星观测的 CERES-EBAF ED2.8 数据对 PC 进行约束,可以看到约束后 PC1 和 PC2 的平均值为正值,不确定性也明显减小。结合两个 PC 各自 40.5%和 14%的解释方差(图 4.27)可知,经过此"涌现约束"订正,东亚云反馈不确定性减少了 40%左右。

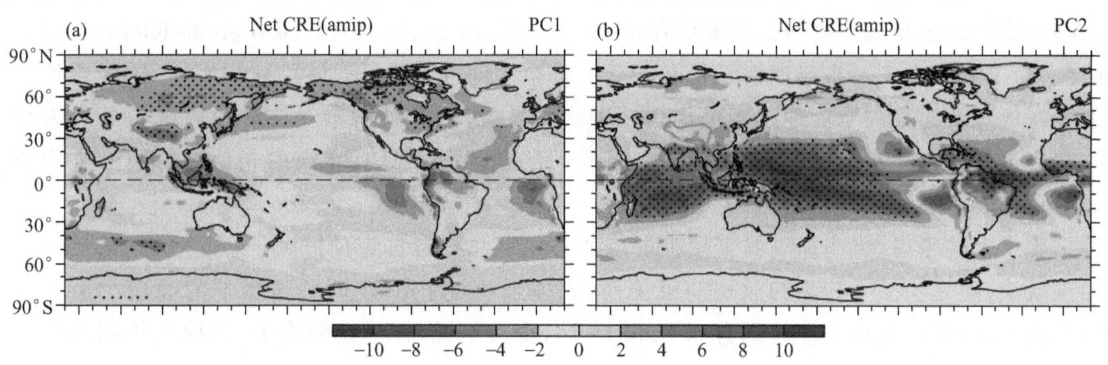

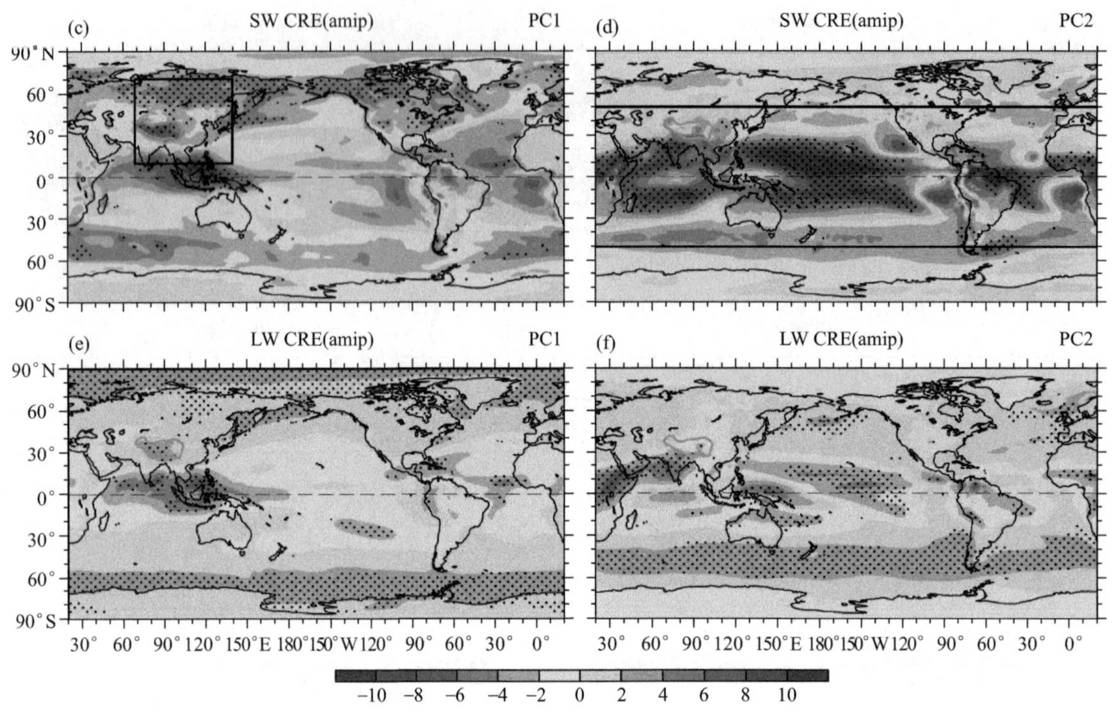

图 4.26　模式间回归到 PC1(左列)和 PC2(右列)上的当前气候下云辐射效应的回归系数(单位:W·m^{-2})

(a,b)、(c,d)、(e、f)分别为净云辐射效应、短波云辐射效应、长波云辐射效应

(打点区域表示通过了 0.05 的显著性检验)

将约束后 PC 的平均值作为最优估计,结合对应的 EOF 空间型可以对多模式平均的云反馈进行订正。订正结果显示,全球平均云反馈增加了 35%,东亚区域平均云反馈增加了 30%。从空间分布来看(图 4.28),订正后整个东亚的云反馈均有所增加,特别是中国东南部、东北亚和青藏高原东南部等季风区以及北部的半干旱区,中西部云反馈在订正前后变化不大。

4.3.3.3　东亚长期云反馈的不确定性校正及其对气候敏感度的影响

4.2.2 节基于 BCC-AGCM 辐射内核和调整云辐射强迫法,给出了 SSP2-4.5 和 SSP5-8.5 两种情景下的东亚地区长期云反馈分别为 0.66±0.47、0.63±0.39 W·m^{-2}·K^{-1}(±σ)。由于青藏高原地区负的云反馈主要与高云的云水相变有关,而东亚季风区正的云反馈主要与低云量减少有关,并且东亚季风区正的云反馈在整个东亚地区起着主导作用,这与前人的研究结果在很大程度上保持一致,即大多数模式模拟的副热带短波正云反馈通常与云量减少相联系,而高纬度负的云反馈主要与云的光学厚度有关(Zelinka et al.,2012;Gordon 和 Klein,2014)。因此,为了寻找模式对东亚地区云量和云反馈模拟之间的联系,图 4.29 给出了 CMIP6 多模式平均在可观测时段的东亚地区年平均总云量。可以看出,两种情景在该时段内模拟的总云量非常接近,此外,在东亚季风区,总云量与云反馈的空间分布具有较高的相似性,即:沿中国南部至日本附近表现出带状分布。

鉴于上述考虑,将当前气候下模拟的东亚季风区总云量作为预报因子,东亚长期云反馈作为预报量,建立了一个初步的涌现约束关系(图 4.30)。首先,在两种情景下的涌现约束关系均表现为正相关,其相关性分别为 0.72 和 0.76,也就是说,在一定程度上,当模式模拟的东亚

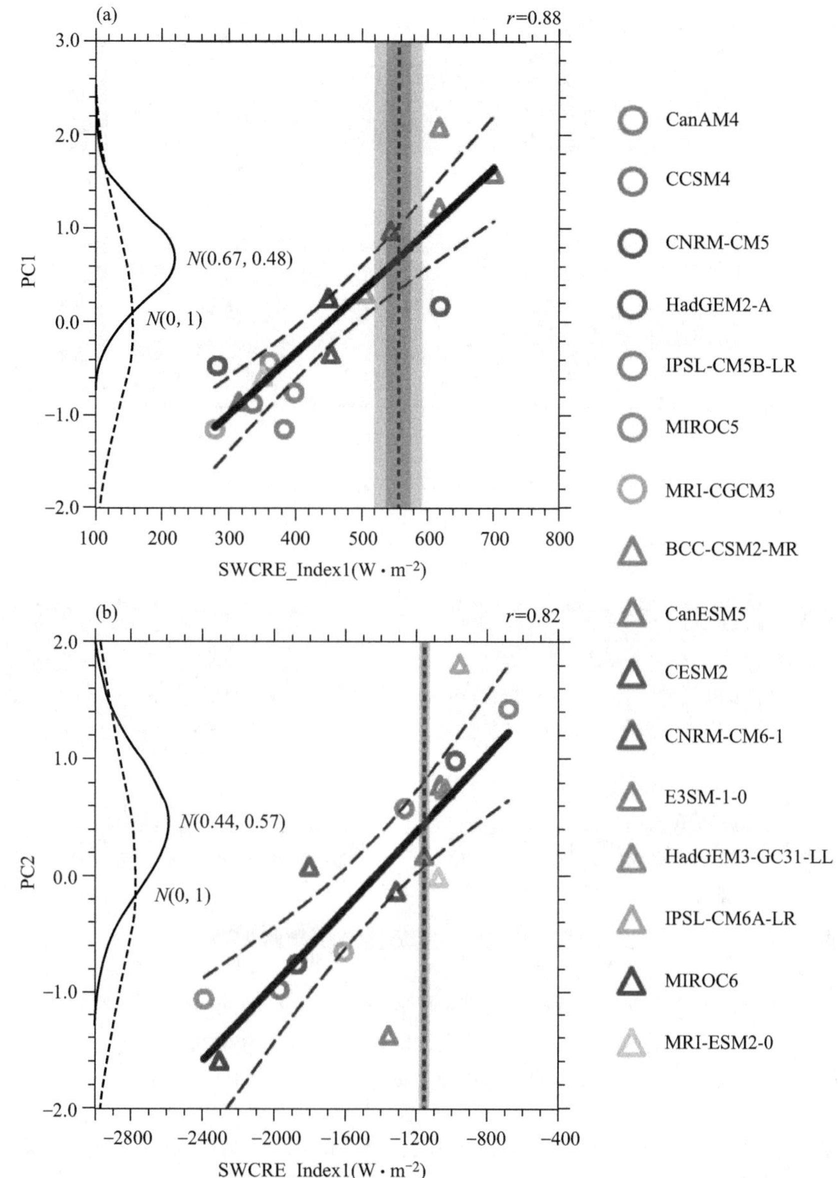

图 4.27　多模式 AMIP 试验中短波云辐射效应指数与 PC 的关系

[短波云辐射效应指数通过投影到与 PC 相关的云短波辐射效应空间型得到。图中的圆圈代表 CMIP5 模式，三角代表 CMIP6 模式。黑色粗线代表多模式线性拟合，黑色虚线代表 95%的置信区间。灰色虚线为基于 2000—2013 年 CERES-EBAF ED2.8 数据计算的结果，阴影表示不确定性范围，用年际变率标准差表示(深色为 1 倍年际标准差，浅色为 2 倍标准差)。左侧为正态分布假设下 PC 在观测约束前后的概率密度分布，分别给出了期望值和标准差。右上角数值为 PC 和对应短波云辐射效应指数的相关系数]

季风区总云量偏多(少)时，东亚云反馈也会偏高(低)。其次，可以明显看出与观测值相比，大多数模式模拟的东亚季风区总云量是偏少的。基于此涌现约束关系和总云量的观测均值(MODIS，CERES，GOCCP，以及 ISCCP 共 4 套观测资料)，可以初步得出约束后的东亚长期

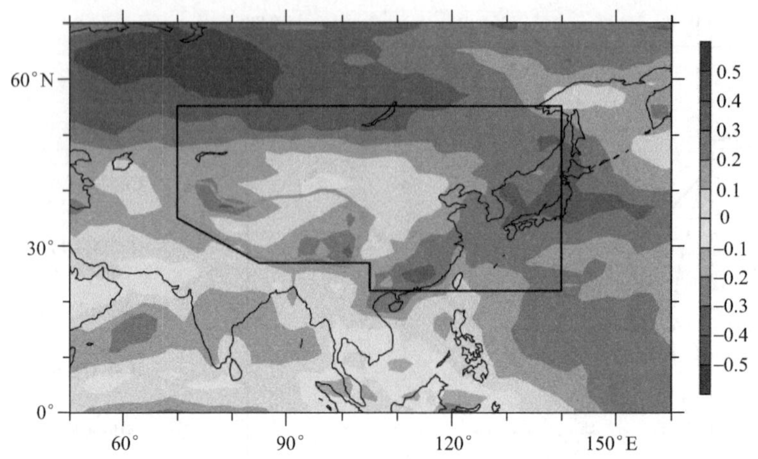

图 4.28 东亚区域净云反馈订正后与订正前的差值(单位:W·m⁻²)

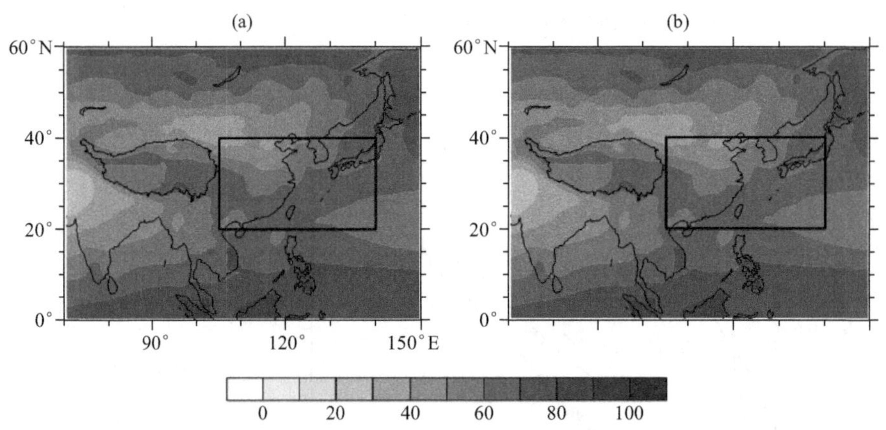

图 4.29 CMIP6 多模式东亚地区年平均(2001—2021 年)总云量(%)
(a)Historical 和 SSP2-4.5 情景,(b)Historical 和 SSP5-8.5 情景
[黑色方框表示本小节所选的东亚季风区(20°—40°N,105°—140°E)]

云反馈最佳估计值为 0.77 $W\cdot m^{-2}\cdot K^{-1}$(SSP2-4.5)和 0.73 $W\cdot m^{-2}\cdot K^{-1}$(SSP5-8.5),不确定性范围为 0.53～1.06 $W\cdot m^{-2}\cdot K^{-1}$(SSP2-4.5)和 0.52～1.01 $W\cdot m^{-2}\cdot K^{-1}$(SSP5-8.5),也就是说,模式模拟的东亚长期云反馈偏弱。

上述结论仅基于较为简单的线性关系,还需更准确地对此结论进行验证。因此,通过 Bowman 等(2018)提出的统计框架,在高斯假设下考虑观测信噪比(signal-noise ratio,SNR),建立东亚长期云反馈和东亚季风区总云量之间的涌现约束关系,给出了东亚长期云反馈的最佳估计值为 0.70±0.22 $W\cdot m^{-2}\cdot K^{-1}$(SSP2-4.5)和 0.66±0.20 $W\cdot m^{-2}\cdot K^{-1}$(SSP5-8.5)($\pm\sigma$),以及东亚长期云反馈约束前后的概率密度函数(图 4.31),可以看出,在两种情景下,约束后的云反馈中心值均向正值偏移,其不确定性范围明显缩小。此外,值得注意的是,由于此处 SNR 小于 1,其对 r 的订正效果不能忽略,这表明了不同的观测数据集在当前气候下的东亚季风区总云量方面还没有达到较理想的一致性,需要在未来进行进一步优化,但上述两种方法得出的一致定性结论表明了云反馈不确定性校正技术在东亚地区的可行性和有效性。

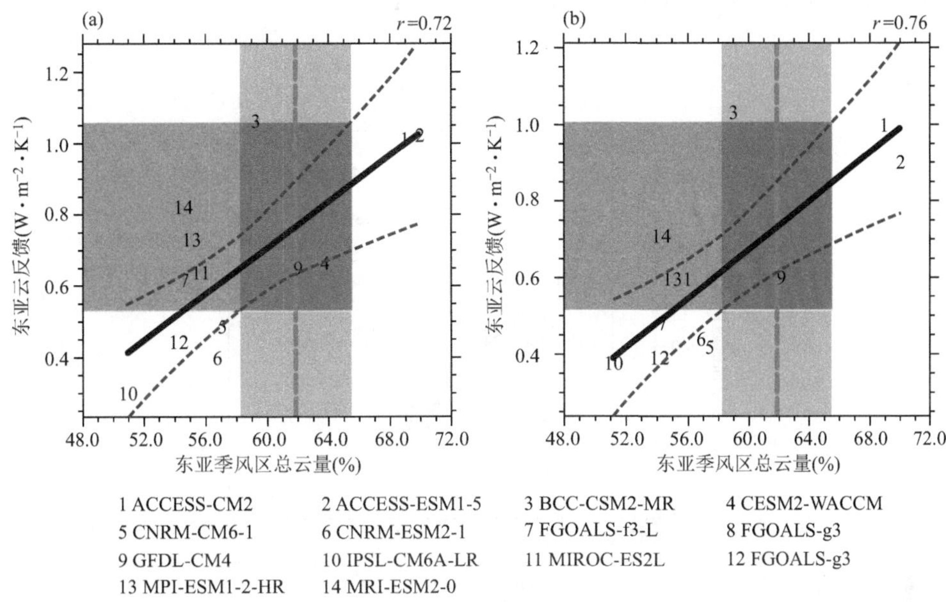

图 4.30　东亚季风区总云量与东亚长期云反馈的线性拟合

(a) Historical 和 SSP2-4.5 情景，(b) Historical 和 SSP5-8.5 情景

［灰色虚线表示线性拟合的 95%置信区间，灰色垂直线表示当前气候下东亚季风区的总云量观测均值，浅灰色阴影(竖)表示观测资料的不确定性范围(±0.5σ)，浅灰色阴影(横)表示约束后的东亚长期云反馈不确定性范围］

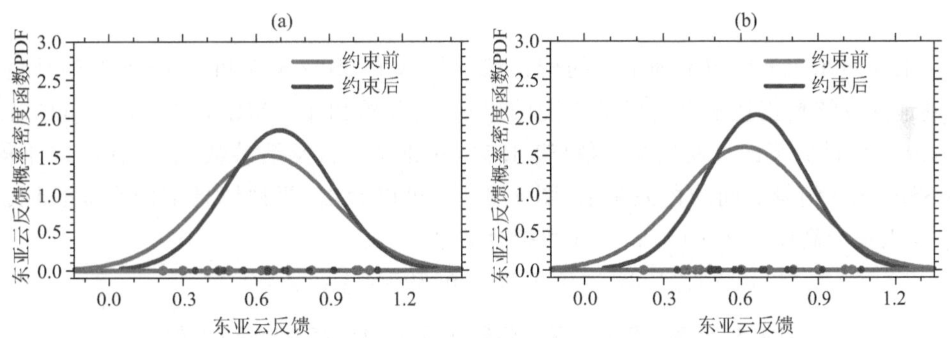

图 4.31　东亚长期云反馈在高斯假设下的概率密度函数(PDF)［灰色(original)表示约束前，黑色(constrained)表示约束后］

(a) Historical 和 SSP2-4.5 情景，(b) Historical 和 SSP5-8.5 情景

［灰(黑)圆点表示约束前(后)的模式东亚长期云反馈］

基于东亚地区云反馈不确定性的校正结果，可以进一步应用到气候敏感度方面。为了定量给出其对气候敏感度最佳估计值及不确定性的影响，首先利用 Gregory 线性回归方法，给出了 15 个 CMIP6 气候模式的集合平均在 piControl 和 abrupt $4\times CO_2$ 试验下的平衡态气候敏感度为 3.7 K(图 4.32，表 4.5)。其次，考虑到气候敏感度与总的气候反馈参数 λ 之间存在关系式：

$$ECS = F_{2\times} / (-\lambda) \tag{4.8}$$

其中，$F_{2\times}$ 表示 2 倍 CO_2 的辐射强迫(4 倍 CO_2 浓度对应的辐射强迫恰好为 2 倍 CO_2 浓度下的 2 倍)，因此，需要将校正后的东亚云反馈与全球净气候反馈联系起来。根据 Armour 等

(2013),将全球与东亚气候反馈参数之间的关系式简化为:

$$\lambda_{global} = \lambda_{regional} \frac{T_{regional}}{T_{global}} \tag{4.9}$$

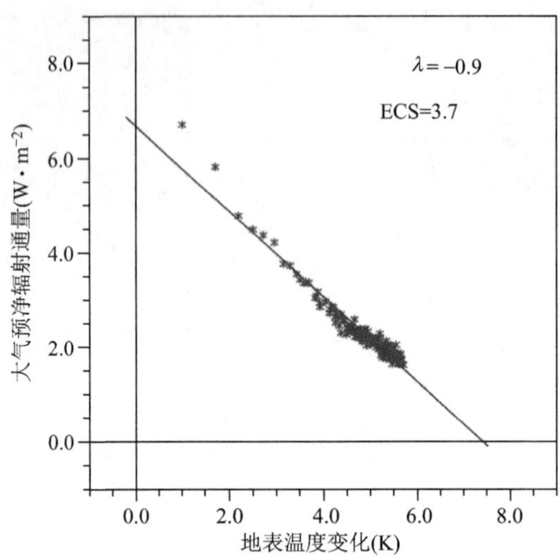

图 4.32 固定 4 倍 CO_2 浓度情景下,全球地表温度变化 ΔT 与大气顶净辐射通量 ΔR 的关系(Δ 表示 CMIP6 第 1～150 年 abrupt $4\times CO_2$ 试验与 piControl 试验之差)

其中 λ_{global} 表示有效全球气候反馈参数,$\lambda_{regional}$ 表示东亚地区气候反馈参数,T_{global} 表示全球平均地表温度异常,$T_{regional}$ 表示东亚平均地表温度异常,即在全球范围内赋予东亚一个权重。

由于上述对东亚云反馈不确定性的校正结果是基于 SSP2-4.5 和 SSP5-8.5 两种情景,为了更准确地探究该校正技术对气候敏感度的影响,首先给出了 CMIP6 多模式在 piControl 和 abrupt $4\times CO_2$ 试验下的气候反馈参数(表 4.5),并建立了云反馈参数 λ_{Cloud} 在固定 4 倍 CO_2 浓度和 SSP5-8.5 情景之间的相关关系(图 4.33)。可以看出,两种情景下的东亚长期云反馈参数 λ_{Cloud} 表现为高度正相关(0.91),线性拟合关系式为:

$$\lambda_{Cloud-4\times CO_2} = 0.0350 + 0.7950\lambda_{Cloud-SSP5-8.5} \tag{4.10}$$

表 4.5 固定 4 倍 CO_2 浓度情景下,第 1～150 年多模式平均的气候反馈参数($W\cdot m^{-2}\cdot K^{-1}$)与平衡态气候敏感度(K)

	λ_{Planck}	λ_{LR}	λ_{WV}	λ_{Albedo}	λ_{Cloud}	λ_{Sum}	λ	ECS
全球	−3.20	−0.63	2.19	0.28	0.60	−0.76	−0.90	3.70
东亚	−3.13	−0.11	1.58	0.48	0.54	−0.64	—	—

因此,可以对应给出固定 4 倍 CO_2 浓度情景下东亚云反馈不确定性的校正结果,其最佳估计值为 $0.57\pm0.16\ W\cdot m^{-2}\cdot K^{-1}(\pm\sigma)$,相比与约束前的 $0.54\pm0.22\ W\cdot m^{-2}\cdot K^{-1}(\pm\sigma)$,约束后的云反馈均值变高,不确定性范围缩小。也就是说,固定 4 倍 CO_2 浓度情景与两种 SSP 情景下的东亚云反馈不确定性校正结果具有一致的定性结论,进一步证实了该校正技术在东亚地区的可行性和有效性。

在此基础上,给出了在固定 4 倍 CO_2 浓度情景下校正后的东亚气候反馈参数之和 λ_{Sum} 的

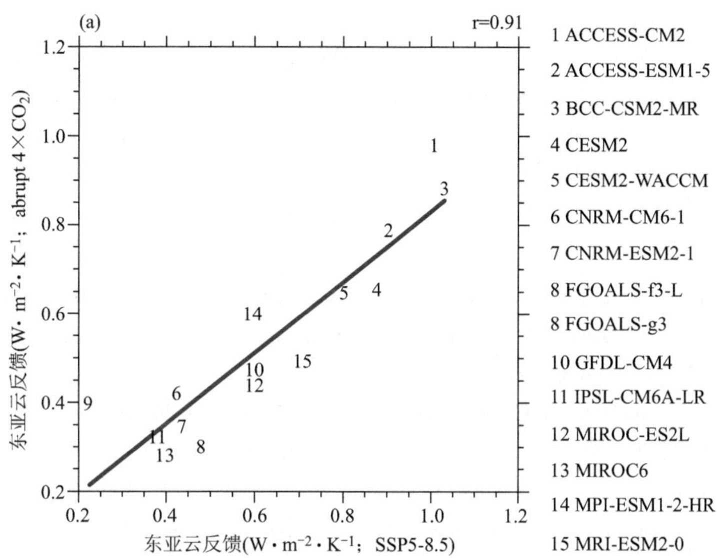

图 4.33　在固定 4 倍 CO_2 浓度情景下与 SSP5-8.5 情景下东亚地区长期云反馈(λ_{Cloud})之间的线性相关

不确定性区间为−0.75～−0.41 W·m^{-2}·K^{-1}(表 4.6)，模式平均值为−0.58 W·m^{-2}·K^{-1}，弱于校正前的−0.61 W·m^{-2}·K^{-1}，因此，在假设其他气候反馈不变的情况下，校正后东亚云反馈的增大会使得东亚负的气候反馈减弱，进而增大了该区域的平衡温度。此外，利用辐射内核方法计算的各气候反馈参数之和尚未考虑生物地球物理和非 CO_2 生物地球化学反馈，其绝对值小于 Gregory 线性回归方法得出的全球气候反馈参数 λ。因此，可将在固定 4 倍 CO_2 浓度情景下的 λ 与 λ_{Sum} 之差近似作为生物地球物理和非 CO_2 生物地球化学反馈参数，给出全球气候反馈参数 λ 的不确定性区间为−1.23～−0.65 W·m^{-2}·K^{-1}(表 4.6)。基于气候反馈和气候敏感度的线性公式，可以得出校正后的气候敏感度最佳估计值为 3.94±1.13 K(±σ)，即气候敏感度增大，不确定性也略微增大，该结果与最近 Wall 等(2022)的定性结论一致。这是因为该关系式是在线性假设下的结果，导致了气候敏感度不确定性范围的上限难以减小，但在实际的气候系统中气候敏感度和反馈之间存在非线性关系(Roe et al.,2011)。因此，未来如何更全面地分析两者之间的关系还需要进一步的研究。但可以肯定的是，东亚云反馈不确定性的校正能够显著影响全球气候敏感度，并且具有与前人在全球尺度上得出的相同结论：相比于观测，涌现约束通常表现出更强的正云反馈和更高的气候敏感度(Zhou et al.,2017)。

表 4.6　固定 4 倍 CO_2 浓度情景下，校正前(后)的气候反馈参数(W·m^{-2}·K^{-1})与平衡态气候敏感度(K)[不确定性($\mu\pm\sigma$)]

	λ_{Cloud}(东亚)	λ_{Sum}(东亚)	λ(全球)	ECS
校正前	0.32～0.76	−0.79～−0.43	−1.30～−0.67	2.81～4.67
校正后	0.41～0.73	−0.75～−0.41	−1.23～−0.65	2.81～5.07

参考文献

卫晓东，张华，2011. 非球形沙尘气溶胶光学特性的分析[J]. 光学学报，31(5)：8.

吴春强,周天军,2011. CFMIP 大气环流模式模拟的东亚云辐射强迫特征[J]. 气象学报,69(3):381-399.

吴涧,刘佳,2011. 近二十年全球变暖背景下东亚地区云量变化特征分析[J]. 热带气象学报,27(4):551-559.

张华,王菲,汪方,等,2022. 全球气候变化中的云辐射反馈作用研究进展[J]. 中国科学(地球科学),52(3):400-417.

张华,2016. BCC_RAD 大气辐射传输模式[M]. 北京:气象出版社.

周晨,张华,王志立,2013. 黑碳与非吸收性气溶胶的不同混合方式对其光学性质的影响[J]. 光学学报,33(8):0829001.

ANDRY OLIVIER, RICHARD BINTANJA, WILCO HAZELEGER, 2017. Time-dependent variations in the Arctic's surface albedo feedback and the link to seasonality in sea ice[J]. Journal of Climate, 30(1): 393-410. DOI: 10. 1175/JCLI-D-15-0849. 1.

ARMOUR K C, BITZ C M, ROE G H, 2013. Time-varying climate sensitivity from regional feedbacks[J]. Journal of Climate, 26(13): 4518-4534. DOI: 10. 1175/JCLI-D-12-00544. 1.

BLOCK K, MAURITSEN T, 2013. Forcing and feedback in the MPI-ESM-LR coupled model under abruptly quadrupled CO_2 [J]. Journal of Advances in Modeling Earth Systems, 5(4): 676-691. DOI: 10. 1002/jame. 20041.

BOWMAN K W, CRESSIE N, QU X, et al, 2018. A hierarchical statistical framework for emergent constraints: Application to snow-albedo feedback[J]. Geophysical Research Letters, 45(23): 13050-13059. DOI: 10. 1029/2018GL080082.

BRIENT F, 2020. Reducing uncertainties in climate projections with emergent constraints: Concepts, examples and prospects[J]. Adv. Atmos. Sci., 37(1): 1-15.

BRIENT F, BONY S, 2012. How may low-cloud radiative properties simulated in the current climate influence low-cloud feedbacks under global warming? [J]. Geophys Res Lett, 39(20), L20807.

CEPPI P, BRIENT F, ZELINKA M D, et al, 2017. Cloud feedback mechanisms and their representation in global climate models[J]. Wiley Interdisciplinary Reviews. Climate Change, 8(4). DOI: 10. 1002/wcc. 465.

CHEN B D, LIU X D, 2005. Seasonal migration of cirrus clouds over the Asian Monsoon regions and the Tibetan Plateau measured from MODIS/Terra [J]. Geophysical Research Letters, 32(1): L01804. DOI: 10. 1029/2004GL020868.

CHEN X, ZHOU T, WU P, et al, 2020. Emergent constraints on future projections of the western North Pacific Subtropical High[J]. Nature Commun, 11: 2802.

DEE D P, UPPALA S M, SIMMONS A J, et al, 2011. The ERA—Interim reanalysis: Configuration and performance of the data assimilation system[J]. Quarterly Journal of the Royal Meteorological Society, 137(656): 553-597.

DESSLER A E, 2013. Observations of climate feedbacks over 2000-10 and comparisons to climate models[J]. Journal of Climate, 26(1): 333-342.

FORSTER P, STORELVMO T, ARMOUR K, et al. 2021. The Earth's Energy Budget, Climate Feedbacks, and Climate Sensitivity. In Climate Change 2021: The Physical Science Basis. Contribution of Working Group I to the Sixth Assessment Report of the Intergovernmental Panel on Climate Change[M]. Cambridge University Press.

GETTELMAN A, SHERWOOD S C, 2016. Processes responsible for cloud feedback[J]. Current Climate Change Reports, 2(4): 179-189. DOI: 10. 1007/s40641-016-0052-8.

GORDON N D, KLEIN S A, 2014. Low-cloud optical depth feedback in climate models[J]. Journal of Geophysical Research: Atmospheres, 119(10): 6052-6065. DOI: 10. 1002/2013JD021052.

HUANG H, HUANG Y, 2021. Nonlinear coupling between longwave radiative climate feedbacks[J]. Journal of

Geophysical Research:Atmospheres,126:e2020JD033995. DOI:10. 1029/2020JD033995.

HUANG Y,XIA Y,TAN X,2017. On the pattern of CO_2 radiative forcing and poleward energy transport[J]. Journal of Geophysical Research:Atmospheres,122(20):578-593.

IPCC,2014. Climate Change 2013:The Physical Science Basis:Working Group I contribution to the Fifth Assessment Report of the Intergovernmental Panel on Climate Change[M]. Cambridge University Press.

KLEIN S A,HALL A,2015. Emergent constraints for cloud feedbacks[J]. Current Climate Change Reports,1(4):276-287.

KLEIN S A,HARTMANN D L,1993. The seasonal cycle of low stratiform clouds[J]. Journal of Climate,6(8):1587-1606.

KRAMER R J,HE H Z,SODEN B J,et al,2021. Observational evidence of increasing global radiative forcing[J]. Geophysical Research Letters,48(7). DOI:10. 1029/2020GL091585.

LENSSEN N J L,SCHMIDT G A,HANSEN J E,et al,2019. Improvements in the GISTEMP uncertainty model[J]. Journal of Geophysical Research:Atmospheres,124(12):6307-6326.

LI A K,PAEK H,YU J Y,2016. The changing influences of the AMO and PDO on the decadal variation of the Santa Ana winds[J]. Environmental Research Letters,11(6). DOI:10. 1088/1748-9326/11/6/064019.

LI H,DAI A,LU Z J,2010. Responses of East Asian summer monsoon to historical SST and atmospheric forcing during 1950—2000[J]. Climate Dynamics,34:501-514.

LI Z,SUN Y,LI T,et al,2019. Future changes in East Asian summer monsoon circulation and precipitation under 1. 5 to 5 ℃ of warming[J]. Earth's Future,7(12):1391-1406. DOI:/10. 1029/2019EF001276.

LIU H W,ZHOU T J,ZHU Y X,et al,2012. The strengthening East Asia summer monsoon since the early 1990s[J]. Chinese Science Bulletin,57(13):1553-1558. DOI:10. 1007/s11434-012-4991-8.

LOEB N G,WIELICKI B A,DOELLING D R,et al,2009. Toward optimal closure of the Earth's top-of-atmosphere radiation budget[J]. Journal of Climate,22(3):748-766.

LU R Y,DONG B W,DING H,2006. Impact of the Atlantic multi-decadal oscillation on the Asian summer monsoon[J]. Geophysical Research Letters,33(24):L24701.

LUTSKO N J,POPP M,NAZARIAN R H,et al,2021. Emergent constraints on regional cloud feedbacks[J]. Geophys Res Lett,48:e2021GL092934.

MARCHANT B,PLATNICK S,MEYER K,et al,2020. Evaluation of the MODIS Collection 6 multilayer cloud detection algorithm through comparisons with CloudSat Cloud Profiling Radar and CALIPSO CALIOP products[J]. Atmospheric Measurement Techniques,13(6):3263-3275.

MATUS A V,L'ECUYER T S,2017. The role of cloud phase in Earth's radiation budget[J]. Journal of Geophysical Research:Atmospheres,122(5):2559-2578.

NAKAJIMA T,TSUKAMOTO M,TSUSHIMA Y,et al,2000. Modeling of the radiative process in an atmospheric general circulation model[J]. Applied Optics,39(27):4869-4878.

PARKINSON C L,2003. Aqua:An Earth-observing satellite mission to examine water and other climate variables[J]. IEEE Transactions on Geoscience and Remote Sensing,41(2):173-183.

PENDERGRASS A G,CONLEY A,VITT F M,2018. Surface and top-of-atmosphere radiative feedback kernels for CESM-CAM5[J]. Earth System Science Data,10(1):317-324.

RADTKE J,MAURITSEN T,HOHENEGGER C,2021. Shallow cumulus cloud feedback in large eddy simulations-bridging the gap to storm-resolving models[J]. Atmos. Chem. Phys. ,21:3275-3288.

ROE G H,ARMOUR K C,2011. How sensitive is climate sensitivity?:CLIMATE SENSITIVITY[J]. Geophysical Research Letters,38(14). https://doi. org/10. 1029/2011GL047913

YU R,WANG B,ZHOU T,2004. Climate Effects of the Deep Continental Stratus Clouds Generated by the Tibetan Plateau[J]. Journal of Climate,17(13):2702-2713.

YU R,YU Y,ZHANG M,2001. Comparing cloud radiative properties between the Eastern China and the Indian monsoon region[J]. Advances in Atmospheric Sciences,18(6):1090-1102. DOI:10. 1007/s00376-001-0025-1.

SHELL K M,KIEHL J T,SHIELDS C A,2008. Using the radiative kernel technique to calculate climate feedbacks in NCAR's Community Atmospheric Model[J]. Journal of Climate,21(10):2269-2282.

SMITH C J,KRAMER R J,MYHRE G,et al,2018. Understanding Rapid Adjustments to Diverse Forcing Agents[J]. Geophysical Research Letters,45(21):12023-12031.

SODEN B J,HELD I M,COLMAN R,et al,2008. Quantifying climate feedbacks using radiative kernels[J]. Journal of Climate,21(14):3504-3520.

SODEN B J,HELD I M,2006. An Assessment of Climate Feedbacks in Coupled Ocean-Atmosphere Models [J]. Journal of Climate,19(14):3354-3360.

TANG X,CHEN B D,2006. Cloud types associated with the Asian summer monsoons as determined from MODIS/TERRA measurements and a comparison with surface observations[J]. Geophysical Research Letters,33(7):L07814.

WALL C J,STORELVMO T,NORRIS J R,et al,2022. Observational Constraints on Southern Ocean Cloud-Phase Feedback[J]. Journal of Climate,35(16).

WANG F,ZHANG H,CHEN Q,et al,2020. Analysis of short-term cloud feedback in East Asia using cloud radiative kernels[J]. Advances in Atmospheric Sciences,37(9):1007-1018.

WANG F,ZHANG H,WANG Q,et al,2022. An assessment of short-term global and East Asian local climate feedbacks using new radiative kernels[J]. Climate Dynamics,1-21.

WEBB M J,ANDREWS T,BODAS-SALCEDO A,et al,2017. The Cloud Feedback Model Intercomparison Project(CFMIP)contribution to CMIP6. Geosci. Model Dev. ,10:359-384.

WANG Y M,LI S L,LUO D H,2009. Seasonal response of Asian monsoonal climate to the Atlantic Multi-decadal Oscillation[J]. Journal of Geophysical Research Atmospheres,114(2):D02112. DOI:10. 1029/2008 JD010929.

WU G,DUAN A,LIU Y,et al,2015. Tibetan Plateau climate dynamics:recent research progress and outlook [J]. National Science Review,000(001):100-116.

HUANG Y,XIA Y,TAN X X,2017. On the pattern of CO_2 radiative forcing and poleward energy transport [J]. Journal of Geophysical Research Atmospheres,122(20):10578-10593. DOI:10. 1002/2017JD027221.

YUE Q,KAHN B H,FETZER E J,et al,2016. Observation-based longwave cloud radiative kernels derived from the A-Train[J]. Journal of Climate,29(6):2023-2040.

YUE Q,KAHN B H,FETZER E J,et al,2017. On the response of MODIS cloud coverage to global mean surface air temperature[J]. Journal of Geophysical Research:Atmospheres,122(2):966-979.

ZELINKA M D,KLEIN S A,HARTMANN D L,2012a. Computing and partitioning cloud feedbacks using cloud property histograms. Part I:Cloud radiative kernels[J]. Journal of Climate,25(11):3715-3735.

ZELINKA M D,KLEIN S A,HARTMANN D L,2012b. Computing and partitioning cloud feedbacks using cloud property histograms. Part II:Attribution to changes in cloud amount,altitude,and optical depth[J]. Journal of Climate,25(11):3736-3754. DOI:10. 1175/JCLI-D-11-00249. 1.

ZELINKA M D,ZHOU C,KLEIN S A,2016. Insights from a refined decomposition of cloud feedbacks[J]. Geophysical Research Letters,43(17):9259-9269.

ZHANG H,CHEN Q,XIE B,2015. A new parameterization for ice cloud optical properties used in BCC-RAD and its radiative impact[J]. Journal of Quantitative Spectroscopy and Radiative Transfer,150:76-86.

ZHANG H,NAKAJIMA T,SHI G,et al,2003. An optimal approach to overlapping bands with correlated k distribution method and its application to radiative calculations[J]. Journal of Geophysical Research: Atmospheres, 108(D20).

ZHOU C, ZELINKA M D, DESSLER A E, et al, 2013. An analysis of the short-term cloud feedback using MODIS data[J]. Journal of Climate, 26(13): 4803-4815.

ZHOU C, ZELINKA M D, KLEIN S A, 2017. Analyzing the dependence of global cloud feedback on the spatial pattern of sea surface temperature change with a Green's function approach[J]. Journal of Advances in Modeling Earth Systems, 9(5), 2174-2189. https://doi. org/10. 1002/2017MS001096

ZHOU S, HUANG P, HUANG G, et al, 2019. Leading source and constraint on the systematic spread of the changes in East Asian and western North Pacific summer monsoon[J]. Environ. Res. Lett., 14: 124059.

ZHU C, WANG B, QIAN W, et al, 2012. Recent weakening of northern East Asian summer monsoon: A possible response to global warming[J]. Geophysical Research Letters, 39(9): L09701-1-L09701-6. DOI: 10.1029/2012GL051155.

第5章 新的云辐射参数化方案及应用评估

地球表面约2/3的面积被云覆盖。云通过影响水循环和辐射平衡在气候系统中发挥着重要的作用。云宏观和微观特性的任何变化都会对能量收支平衡产生显著影响。云和气候之间的相互作用是复杂而多样的。但是,云在模式模拟中仍然存在许多不确定性,是模式间气候模拟的最大不确定性来源。许多观测表明,由于水汽凝结作用,云中云水含量和云粒子有效半径都是随着高度连续变化的。因此,由云水含量和云粒子有效半径计算得到的云光学性质也是随着高度连续变化的。这个性质是云的重要性质之一。当前气候模式中,只能采用不连续分层的做法表征这一变化,云中云水含量和云粒子有效半径随高度连续变化的性质则被忽略,从而可对反射率结果造成10%的误差。如何在气候模式中计算由云中云水含量和云粒子有效半径随高度连续变化而引起的辐射效应具有非常重要的意义。另一方面,重叠云占总云量的1/3,是被动卫星反演云特性以及模式参数化的重要误差来源,也是云研究的国际难点。如何在模式中准确地描述云的垂直重叠结构,是提高气候模式模拟精确度的关键。5.1节提出了一种考虑云光学性质连续变化的短波辐射传输算法,并验证了其计算精度。5.2节在含有双参数云微物理方案的BCC_AGCM2.0_CUACE/Aero中对比两种抗相关厚度方案,及其对云量、云垂直结构和云辐射强迫等云属性模拟的影响。5.3节着重对比两种抗相关厚度方案对云反照率模拟的影响。5.4节则着力于研究不同云重叠处理方法对模拟有效辐射强迫的影响。

5.1 云光学性质连续变化的短波辐射传输算法

如何精确模拟云中大气辐射传输过程,对于遥感正演以及气候模拟中的辐射通量计算都具有非常重要的意义。由于描述大气辐射传输过程的是一个微分积分方程,很难求得其解析解,因此有许多近似方法被用以求解该方程[例如,离散纵坐标方法(Stamnes et al.,1988),Eddington近似方法(Joseph et al.,1976),四流球谐函数展开方法(Li 和 Ramaswamy 1996)]。这些方法通常假定某一云层结内部的光学性质是垂直均匀分布的。但是有许多观测表明,该假定与真实情况有较大的偏差。观测结果显示,由于水汽凝结作用,云中云水含量和云粒子有效半径都是随着高度连续变化的(Chen et al.,1988;Yan et al.,1988;Ovsak et al.,1988;Noonkester et al.,1988)。因此在某一云层结内部,由云水含量和云粒子有效半径计算得到的光学性质也是随高度连续变化的。若在算法中直接考虑这种连续变化,会使得本就无法精确求解的辐射传输方程变成一个变系数方程,从而更加难以求解。

为考虑这种变化,Li等(1994)利用蒙特卡洛辐射传输模式对一层光学性质垂直连续变化的介质进行了辐射传输模拟,结果表明忽略这种光学性质垂直连续变化的特性可造成10%的反射率误差。Duan 等(2010)利用高垂直分辨率的离散纵坐标辐射传输模型[DISort Ordinate Radiative Transfer,DISORT(Stamnes et al. ,1988)]也得到了类似的结论。但是蒙特卡洛方法需要基于大量独立光子实验,非常耗时,无法运用到当前气候模拟和高时空分辨率的卫星遥感当中(廖国男,2004)。

针对该问题,Zhang 等(2018)研发出一种可高效计算在光学性质垂直连续变化介质中短波辐射传输的算法。该算法首先利用指数公式表示光学性质随高度的变化,而后使用非线性领域经典的微扰方法并结合短波 Eddington 近似求解变系数的短波辐射传输方程。Shi 等(2018)在此基础上对该算法进行了改进,耦合了 Delta 函数调整技术(石怡宁,2020)。该技术可将云粒子散射能量的前向散射峰值从光学性质(包括光学厚度,单次散射反照率和非对称因子)中分离出来并且单独考虑,从而提高短波 Eddington 近似的计算精度(Joseph et al. ,1976)。因此,本节的主要目的是对考虑介质内部光学特性垂直连续变化的短波 Eddington 近似辐射传输方案进行介绍。该辐射传输方案涉及的理论推导过程见 Shi 等(2019)。

方案的精度评估

此处将对考虑介质内部光学特性垂直连续变化的短波 Eddington 近似辐射传输方案(以下称 Inhomogeneous 方案)以及传统 Eddington 近似(以下称 Homogeneous 方案)在理想介质和云介质中的计算精度进行比较,以检验 Inhomogeneous 方案的计算准确性。在标准值的计算中,参考前人的研究(Duan et al. ,2010),一层云介质将被分为 100 个光学性质垂直均匀的子层,用以表现云内部光学性质垂直连续变化的特性。在标准值算法中,Eddington 近似用以计算各层辐射通量。这里,在标准值算法中使用 Eddington 近似而不是离散纵坐标辐射传输方案 DISORT(Stamnes et al. ,1988)的原因主要是 Eddington 近似在当前气候模式中被广泛使用(Collier et al. ,2011;von Salzen et al. ,2013;Brovkin et al. ,2013)。为了更好地突出忽略云光学性质的垂直连续变化对短波辐射传输的影响,Eddington 近似和 DISORT 之间的差异在本研究中应不考虑。此外,Eddington 近似和多种精准方案(包括 DISORT,累加倍加方法,一维和三维蒙特卡洛方法)已经在多种理想介质和真实情况下被比较过(Randles et al. ,2013;King et al. ,1986;Barker et al. ,2015),结果显示 Eddington 近似的结果与它们的计算结果较为接近,特别是在太阳高度角较大的情况下。本实验主要比较反射率(Reflectance)和吸收率(Absorptance),它们的表达式为

$$\text{Reflectance}=\frac{F_{+}(0)}{\mu_0 F_0} \tag{5.1a}$$

$$\text{Absorptance}=1-\frac{F_{+}(0)+F_{-}(\tau_0)}{\mu_0 F_0} \tag{5.1b}$$

在本实验中 $F_0=1$。

5.1.1　理想介质情况

首先考虑单次散射反照率随光学厚度变化而非对称因子为常数的理想介质。我们先探讨单次散射反照率 $\omega(\tau)$ 随参数 ε_ω 变化的情况。该情况下,理想介质中的光学性质被设置为

$$\omega(\tau)=0.98+\varepsilon_\omega\left(e^{-0.2\tau}-e^{-0.2\tau_0/2}\right) \tag{5.2a}$$

$$g(\tau)=0.8 \tag{5.2b}$$

其中 ε_ω 的变化范围是 $-0.001\sim0.001$,光学厚度 τ_0 的变化范围是 $0\sim30$。我们选取 $\omega(\tau)-$

0.98 和 $g(\tau)=0.8$ 用以 Homogeneous 方案的求解。图 5.1 为 Inhomogeneous 方案和 Homogeneous 方案在该理想介质下与标准值之间的相对误差图。由图 5.1 可以看出，Homogeneous 方案由于不考虑云介质内部光学性质的垂直连续变化可造成－7.01%～7.32%的反射率误差（图 5.1a）、－8.04%～10.82%的吸收率误差（图 5.1c）。而 Inhomogeneous 方案的最大反射率误差只有－0.69%（图 5.1b），最大吸收率误差只有 1.30%（图 5.1d）。

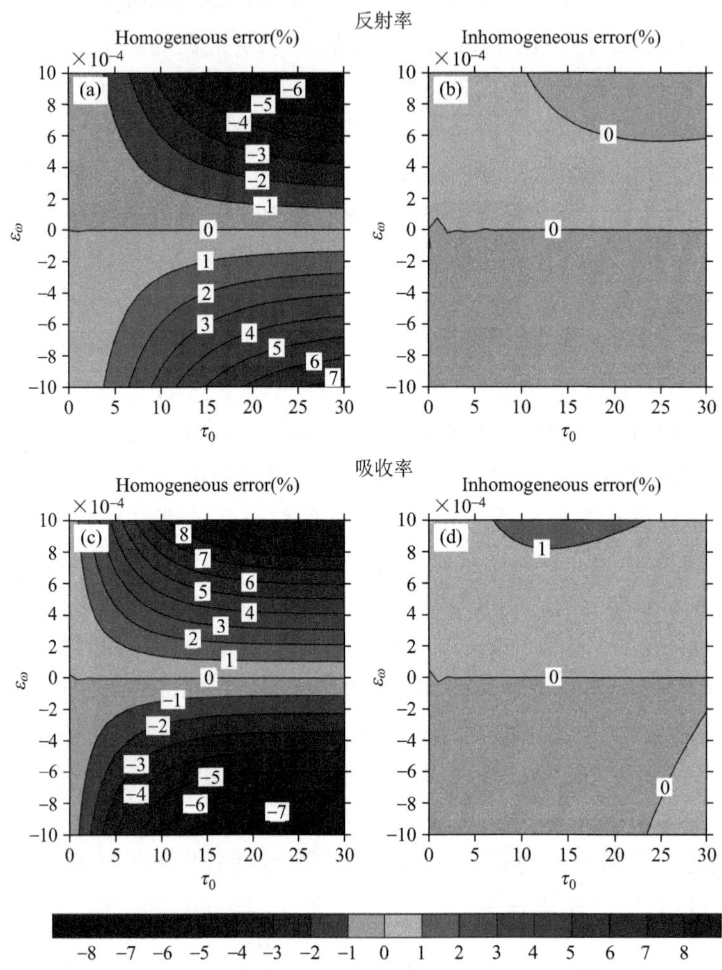

图 5.1 Inhomogeneous 方案（b,d）和 Homogeneous 方案（a,c）在理想介质下计算的反射率（a,b）和吸收率（c,d）与标准值间的相对误差图（Shi et al,2019；石怡宁,2020）［该理想介质中单次散射反照率和非对称因子随光学厚度的变化如表达式（5.2）所示］

而后我们探讨单次散射反照率 $\omega(\tau)$ 随参数 a_1 变化的情况。该情况下，理想介质中的光学性质被设置为

$$\omega(\tau)=0.98+0.005(e^{-a_1\tau}-e^{-a_1\tau_0/2}) \tag{5.3a}$$

$$g(\tau)=0.8 \tag{5.3b}$$

其中 a_1 的变化范围是 0～0.2，光学厚度 τ_0 的变化范围是 0～30。我们选取 $\omega(\tau)=0.98$ 和 $g(\tau)=0.8$ 用以 Homogeneous 方案的求解。图 5.2 为 Inhomogeneous 方案和 Homogeneous 方案在该理想介质下与标准值之间的相对误差图。由图 5.2 可以看出，随着参数 a_1 由 0 变化

到 0.2，Homogeneous 方案可以造成 0.00％～－3.73％的反射率误差（图 5.2a）、0.01％～5.16％的吸收率误差（图 5.2c）。而 Inhomogeneous 方案的最大反射率误差只有－0.03％（图 5.2b），最大吸收率误差只有 0.56％（图 5.2d）。

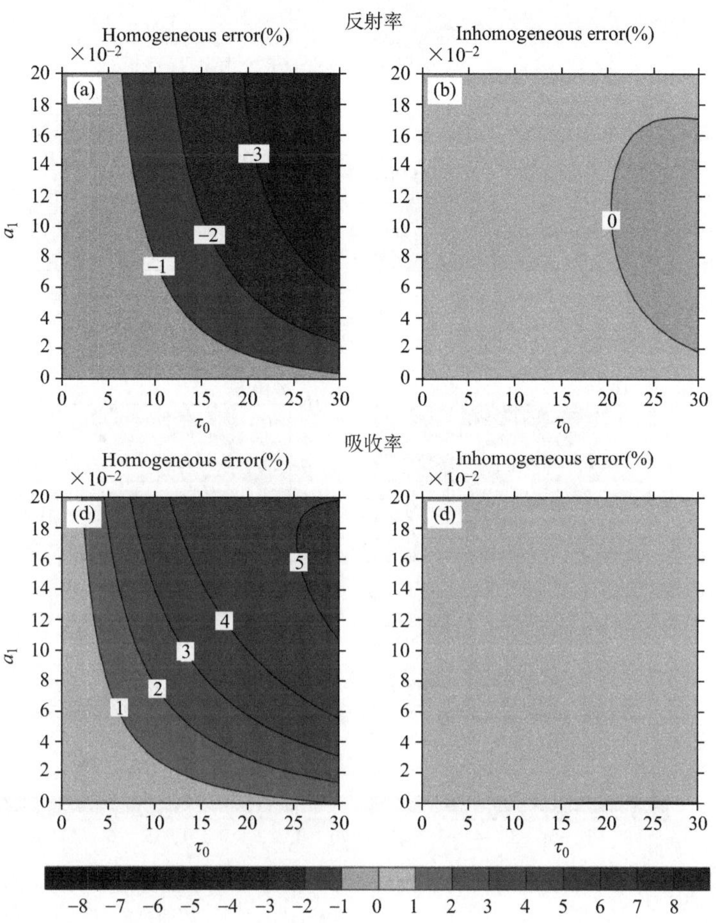

图 5.2　同图 5.1，但单次散射反照率和非对称因子随光学厚度变化如表达式（5.3）所示（Shi et al，2019；石怡宁，2020）

然后我们考虑非对称因子随光学厚度变化而单次散射反照率为常数的理想介质。

同样，我们首先探讨非对称因子 $g(\tau)$ 随参数 ε_g 变化的情况。该情况下，理想介质中的光学性质被设置为

$$\omega(\tau)=0.99 \tag{5.4a}$$

$$g(\tau)=0.75+\varepsilon_g(e^{-0.1\tau}-e^{-0.1\tau_0/2}) \tag{5.4b}$$

其中 ε_g 的变化范围是－0.01～0.01，光学厚度 τ_0 的变化范围是 0～30。我们选取 $\omega(\tau)=0.99$ 和 $g(\tau)=0.75$ 用以 Homogeneous 方案的求解。图 5.3 为 Inhomogeneous 方案和 Homogeneous 方案在该理想介质下与标准值之间的相对误差图。可以看出忽略非对称因子随光学厚度变化所带来的误差远小于忽略单次散射反照率随光学厚度变化所带来的误差。Homogeneous 方案的反射率误差范围是－2.90％～3.67％（图 5.3a），吸收率误差范围是－6.75％～6.51％（图 5.3c）。而 Inhomogeneous 方案的反射率误差范围仅为－0.01％～0.36％（图 5.3b），吸收率误差范围仅为－1.31％～0.88％（图 5.3d）。

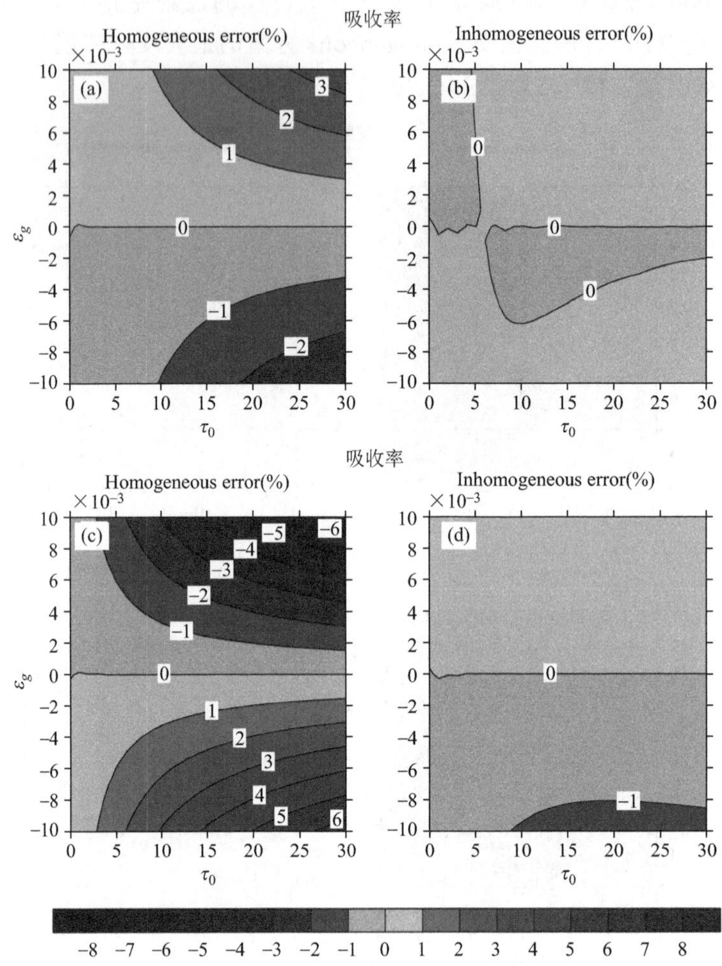

图 5.3　同图 5.1,但单次散射反照率和非对称因子随光学厚度变化如表达式(5.4)所示

而后我们探讨非对称因子 $g(\tau)$ 随参数 a_2 变化的情况。该情况中光学性质被设置为

$$\omega(\tau)=0.99 \tag{5.5a}$$

$$g(\tau)=0.75+0.06(e^{-a_2\tau}-e^{-a_2\tau_0/2}) \tag{5.5b}$$

其中 a_2 的变化范围是 0～0.2,光学厚度 τ_0 的变化范围是 0～30。我们选取 $\omega(\tau)=0.99$ 和 $g(\tau)=0.75$ 用以 Homogeneous 方案的求解。图 5.4 为 Inhomogeneous 方案和 Homogeneous 方案在该理想介质下与标准值之间的相对误差图。由图 5.4 可以看出,Homogeneous 方案的反射率误差范围是 0.00%～2.19%(图 5.4a),吸收率误差范围是－0.01%～－4.13%(图 5.4c)。而 Inhomogeneous 方案的反射率误差范围为 0.00%～0.15%(图 5.4b),吸收率误差范围为－0.02%～1.50%(图 5.4d)。

5.1.2　云介质情况

由于冰云的光学性质不仅取决于云中云冰含量和冰晶粒子大小,而且还与冰晶粒子的形状相关(Letu et al.,2016,2012;Yang et al.,2015),因此本研究只考虑水云情况,而不考虑冰云情况。本实验选取 1.61 μm 和 3.88 μm 两个波长下水云的光学性质。这两个波长是日本

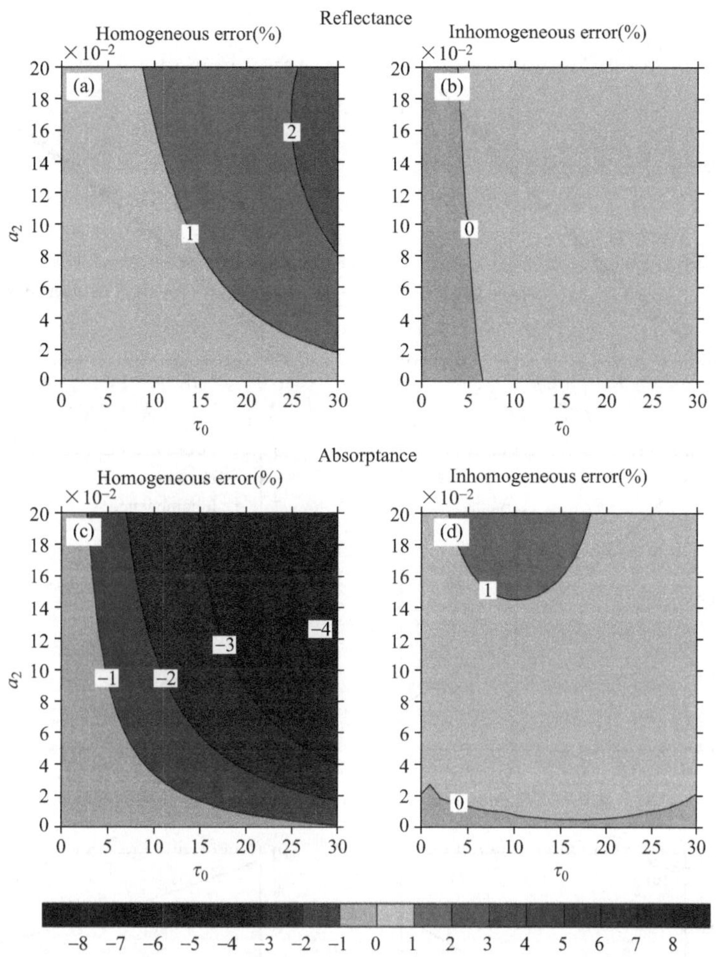

图 5.4　同图 5.1，但单次散射反照率和非对称因子随光学厚度变化如表达式(5.5)所示 (Shi et al,2019;石怡宁,2020)

Himawari-8 卫星两个波段的中心波长。有观测表明，由于水汽凝结作用，云中云水含量和云粒子有效半径都是随着高度连续变化的，且这种变化可以用线性函数很好地表示(Chen et al.,2008;Yan et al.,2016;Ovsak et al.,2015)。因此，在本研究中我们假设云中云水含量和云粒子有效半径随高度是线性变化的：云水含量(Liquid Water Content,LWC)和云粒子有效半径(Effective Radius,r_e)随高度变化的公式分别被假设为

$$LWC=0.22+0.00008z(g\cdot m^{-3}) \tag{5.6a}$$

$$r_e=8+0.005z(\mu m) \tag{5.6b}$$

其中 $0<z(\mu m)<Z_0$，$Z_0=1000$ m 表示云的厚度。因此云水含量 LWC 的变化范围是 0.22～0.30 g·cm^{-3}，云粒子有效半径 r_e 的变化范围是 8～13 μm。这与观测相符合(Chen et al.,2008;Yan et al.,2016;Ovsak et al.,2015)。云的光学性质(包括单次散射反照率、非对称因子和光学厚度)使用 Mie 散射(佟彦超和刘长盛,1998;陈洪滨和孙海冰,1999;Bucholtz,1995;Lentz,1976;Wiscombe,1980;Yang,2003)进行计算。

图 5.5 为 1.61 μm 波长下的结果。首先我们使用指数公式对由 Mie 散射计算得到的云光学性质进行拟合，得

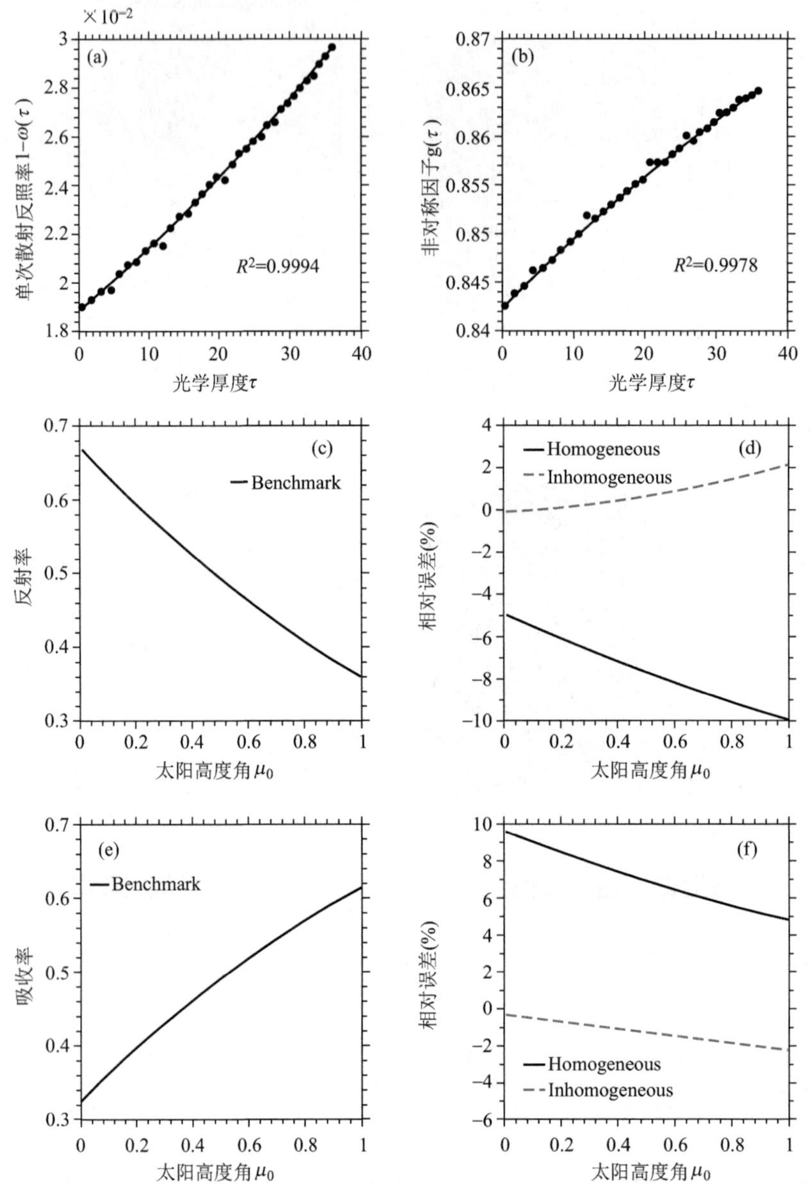

图 5.5　1.61 μm 波长下云中单次散射反照率(a)和非对称因子(b)随光学厚度 τ 的变化情况[黑点表示用 Mie 散射程序计算得到的真值，曲线表示拟合线，拟合效果通过拟合相关系数R^2已经展示在图中]；(c)标准值算法计算得到的反射率随太阳高度角μ_0的变化；(d)Homogeneous 方案和 Inhomogeneous 方案计算得到的反射率与标准值之间的相对误差；(e,f)同(c,d)，但是为吸收率的结果(Shi et al,2019；石怡宁,2020)

$$\omega(\tau)=0.98-0.02(e^{0.01\tau}-e^{0.01\tau_0/2}) \tag{5.7a}$$

$$g(\tau)=0.85-0.07(e^{-0.01\tau}-e^{-0.01\tau_0/2}) \tag{5.7b}$$

其中 $\tau_0=35.88$。拟合结果以及拟合相关系数 R^2 如图 5.5a,b 所示。我们选取 $\omega(\tau)=0.98$ 和 $g(\tau)=0.85$ 用以该介质情况下 Homogeneous 方案的求解。由图 5.5c～f 所示，Inhomogeneous 方案无论在反射率还是吸收率的计算上均显著优于 Homogeneous 方案。在计算反射率时，随着太阳高度角的余弦值 μ_0 由 0 变化到 1，Homogeneous 方案的误差由－4.93%变化到－9.93%，Inhomogeneous 方案的误差仅由－0.05%变化到 2.16%（图 5.5d）。在计算吸收率时，随着太阳高度角的余弦值 μ_0 由 0 变化到 1，Homogeneous 方案的误差由 9.65%变化到 4.82%，Inhomogeneous 方案的误差仅由－0.38%变化到－2.24%（图 5.5f）。

图 5.6 为 3.88 μm 波长下的结果。首先我们也是使用指数公式对由 Mie 散射计算得到的云光学性质进行拟合，得

$$\omega(\tau)=0.84-0.26(e^{0.005\tau}-e^{0.005\tau_0/2}) \tag{5.8a}$$

$$g(\tau)=0.81-0.45(e^{-0.003\tau}-e^{-0.003\tau_0/2}) \tag{5.8b}$$

其中 $\tau_0=38.77$。拟合结果以及拟合相关系数 R^2 如图 5.6(a，b)所示。我们选取 $\omega(\tau)=0.84$

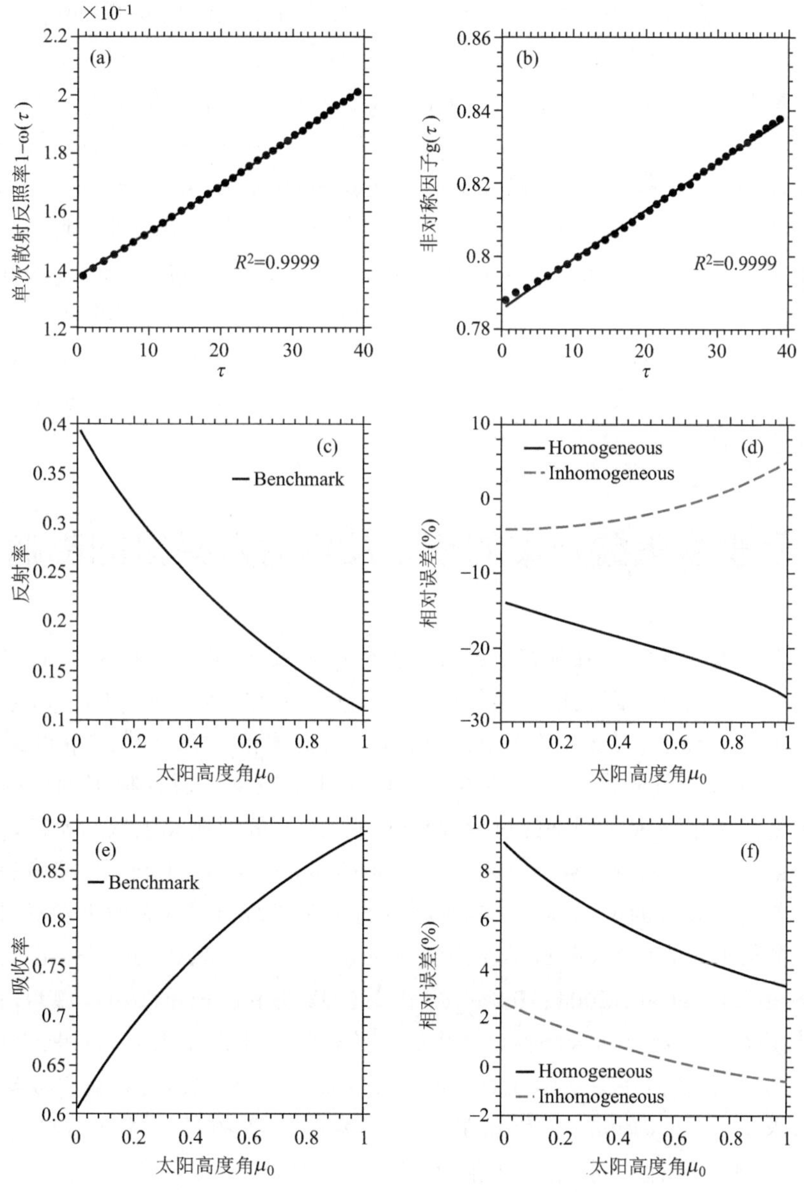

图 5.6　同图 5.5，但为 3.88 μm 波长下的结果(Shi et al，2019；石怡宁，2020)

和 $g(\tau)=0.81$ 用以该介质下 Homogeneous 方案的求解。与 1.61 μm 波长下的结果类似，Inhomogeneous 方案无论在反射率还是吸收率的计算上均显著优于 Homogeneous 方案。在计算反射率时，随着太阳高度角的余弦值 μ_0 由 0 变化到 1，Homogeneous 方案的误差由 -14.10% 变化到 -26.59%，Inhomogeneous 方案的误差仅由 -4.00% 变化到 4.95%（图 5.6d）。在计算吸收率时，随着太阳高度角的余弦值 μ_0 由 0 变化到 1，Homogeneous 方案的误差由 9.16% 变化到 3.25%，Inhomogeneous 方案的误差仅由 2.60% 变化到 -0.61%（图 5.6f）。

5.1 节介绍了考虑介质内部光学性质垂直连续变化的短波 Eddington 近似辐射传输算法。该算法使用指数公式表示介质内部光学性质的垂直连续变化，并使用微扰方法结合短波 Eddington 近似求解短波辐射传输方程。此外该单层算法中还耦合了 Delta 函数调整技术以提高计算精度。本章还对考虑介质内部光学性质垂直连续变化的短波 Eddington 近似辐射传输算法（Inhomogeneous 方案）以及传统 Eddington 近似（Homogeneous 方案）在理想介质以及云介质中的精度进行了比较以检验 Inhomogeneous 方案的计算准确性。在理想介质情况下，Homogeneous 方案由于不考虑云介质内部光学性质的垂直连续变化可以造成 7.32% 的反射率误差、10.82% 的吸收率误差。而 Inhomogeneous 方案的最大反射率误差只有 -0.69%，最大吸收率误差只有 1.30%。云介质情况下，在计算反射率时，随着太阳高度角的余弦值由 0 变化到 1，Homogeneous 方案的误差由 -4.93% 变化到 -9.93%，Inhomogeneous 方案的误差仅由 -0.05% 变化到 2.16%。在计算吸收率时，随着太阳高度角的余弦值由 0 变化到 1，Homogeneous 方案的误差由 9.65% 变化到 4.82%，Inhomogeneous 方案的误差仅由 -0.38% 变化到 -2.24%。综上所述，Inhomogeneous 方案可以较为准确地模拟光学性质垂直连续变化介质中的短波辐射传输过程。

5.2 云垂直重叠方案的改进及其对云模拟的影响

气候模式是了解气候演变机制和预测气候变化的重要工具。但是，在模式模拟中仍然存在许多不确定性。云是模式间气候模拟的最大不确定性来源（Potter，2004；Slingo，1990）。为了提高模式模拟的准确性，对云的分布及其辐射效应的模拟应该在模式中得到更好的体现（Webb et al.，，2001）。气候模式中云参数化的可靠性是减少云属性模拟偏差的关键。在气候模式的大尺度网格中体现次网格的过程和特性（例如：云的形成和消散），是现在所面临的挑战之一（Tompkins et al.，2015；Wyant et al.，2006；Wigley et al.，1990）。准确的云参数化是研究云辐射及其气候效应的关键因素。越来越多的研究开始利用现有的观测资料来评估全球气候模式中云的参数化，并深入分析误差来源（Song et al.，2014；Bouniol et al.，2010；Paquin et al.，2010；Sengupta et al.，2004；Hogan et al.，2001；Hinkelman et al.，1999；）。重叠云占总云量的 1/3，是被动卫星反演云特性以及模式参数化的重要误差来源，也是云研究的国际难点（Lü et al.，2015）。如何在模式中准确地描述云的垂直重叠结构，是提高气候模式模拟精确度的关键（Barker et al.，1999）。本节在含有双参数云微物理方案的 BCC_AGCM2.0_CUACE/Aero 中对比两种不同抗相关厚度方案，原方案取 L_{cf} 的全球平均值 2 km，而新方案则利用 CloudSat/CALIPSO 卫星数据集计算得到的具有时空变化的 L_{cf}^*。评估了该模式中不同云重叠方案对云量、云垂直结构和云辐射强迫等云属性模拟的影响。

5.2.1 抗相关厚度的分布及分区

Bergman 等(2002)、Mace 等(2002)和 Hogan 等(2000)提出了一种巧妙的方法,通过基于观测资料算得的抗相关厚度(decorrelation length,L_{cf})来描述云的重叠,称为指数衰减重叠。C_k 和 C_l 分别为两层的云量。在上述提出的指数衰减重叠模型中,可以利用以下公式来计算得到 k 层和 l 层垂直投影总云量为(Jing et al.,2018):

$$C_{k,l}=\beta_{k,l}C_{k,l}^{\max}+(1-\beta_{k,l})C_{k,l}^{\mathrm{ran}} \tag{5.9}$$

其中 $C_{k,l}^{\max}=\max(C_k,C_l)$ 和 $C_{k,l}^{\mathrm{ran}}=C_k+C_l-C_kC_l$ 分别表示最大重叠和随机重叠时的总云量。$\beta_{k,l}$ 表示 k 层和 l 层两层云的重叠系数,其值越大表明两层云之间的重叠程度越高。从(5.9)式可以看出,当 $\beta_{k,l}$ 越小时,整体指数衰减重叠趋向于随机重叠;而当 $\beta_{k,l}$ 越大时,整体指数衰减重叠趋向于最大重叠;当 $\beta_{k,l}$ 介于 0～1 时,指数衰减重叠在最大重叠和随机重叠之间振荡。而 $\beta_{k,l}$ 由以下公式计算得到(Bergman et al.,2002):

$$\beta_{k,l}=\exp\left[-\int_{z_k}^{z_l}\frac{\mathrm{d}z}{L_{cf}(z)}\right] \tag{5.10}$$

其中 L_{cf} 为抗相关厚度,是本研究中的关键参数,可以体现云的垂直重叠结构。其物理意义为:当云的重叠系数 $\beta_{k,l}$ 减少到 e^{-1} 时,两层云之间的距离 Z_k 和 Z_l 分别表示 k 层和 l 层的中间高度。从(5.10)式中可以看出当 z_k 和 z_l 一定时,$\beta_{k,l}$ 随着 L_{cf} 的增大而增大。此外,L_{cf} 还与云层和大气动力学有关(Naud et al.,2008)。

图 5.7 为冬(北半球冬季为 12 月至次年 2 月,即 DJF)、夏(北半球夏季为当年 6—8 月,即 JJA)两季抗相关厚度的全球分布图,其中黑色框为四个典型的区域,分别为:A,欧亚大陆;B,赤道洋面;C,南半球洋面;D,南美西太平洋。冬季抗相关厚度在北半球的数值较大,而夏季抗相关厚度较小;在南半球则有相反的趋势。区域 A 为欧亚大陆,处于北半球中高纬度地区。该区域冬季的抗相关厚度值为 5～6 km,夏季的抗相关厚度值为 2～3 km,这与地面雷达观测的结果一致(Oreopoulos et al.,2012;Mace et al.,2002)。该区域冬季抗相关厚度高值主要归因于大气稳定度高以及云层较厚。B 区域处于热带深对流地区,云的垂直发展旺盛(Wang et al.,1998),此地抗相关厚度的值一般大于 2 km。在 C 区,由于海表温度(SST)较低,云层分层结构明显且形状不规则,垂直发展有限(Wood,2012),导致抗相关厚度下降到 1～2 km。区域 D 处于沃克环流的下沉区域,其抗相关厚度的值最小(小于 1km)。而图 5.8 展现了抗相关厚度的气候态月变化情况。

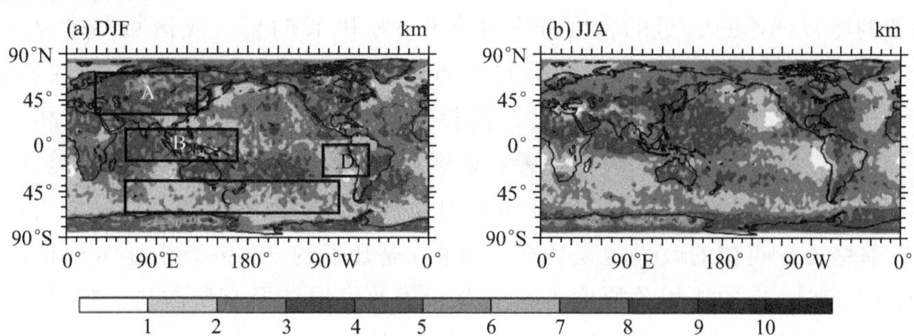

图 5.7　冬夏两季抗相关厚度的全球分布图[黑色框内为四个典型区域(A:30°—70°N,30°—130°E;B:15°—15°N,60°—170°E;C:65°—35°S,60°E—90°W;D:30°S—EQ,120°—75°W)]

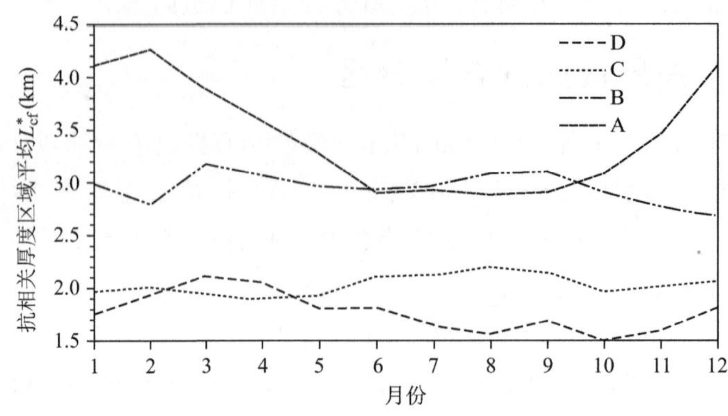

图 5.8 四个区域抗相关厚度的月变化

5.2.2 试验设计

在 BCC_AGCM2.0_CUACE/Aero 模式中，使用以下两种抗相关厚度处理方法来描述对云重叠的处理：原方案取 L_{cf} 的全球平均值 2 km，而新方案则为 Jing 等(2016)通过 CloudSat/CALIPSO 卫星数据集计算得到的具有时空变化的 $L_{cf}{}^*$，且在模式中均采用双参数云微物理方案。

表 5.1 为本研究的试验设计。试验中采用了固定的气候态月平均海温和海冰数据以及两种 L_{cf} 方案。在每组试验中，模式运行 25 年，分析中使用后 20 年的结果。

表 5.1 试验设计

试验	模式	参数	时间(a)
EXP1	two-moment	$L_{cf}=2$ km	25
EXP2	two-moment	L_{cf}^*	25

5.2.3 对模拟总云量的影响

图 5.9 为冬夏两季模式模拟的总云量与 CERES 资料差异全球分布图。冬季，在赤道和中高纬度陆地上存在明显的正偏差，在中纬度洋面上存在负偏差；夏季，在赤道附近洋面上存在较大的正偏差，中纬度洋面上存在负偏差，特别是在印度半岛地区。表 5.2 给出了冬夏两季全球和四个不同地区(图 5.7)总云量的模式模拟与 CERES 资料之间的差异。与 EXP1 相比，EXP2 中模拟的冬夏两季总云量的精度分别提升 6.6%和 1.64%。A 区域冬季总云量模拟的改进最为明显(7.9%)。但是，夏季的结果并不明显。B 区域受赤道深对流层的影响，导致模拟结果有所偏差。Jing 等(2018)对赤道地区抗相关厚度的方案进行改进，将抗相关厚度与垂直速度联系起来，以减少该地区的模拟偏差。C 区域为南半球的洋面上模拟偏差较大，这很可能归因于模式南半球地区的海冰模拟以及模式中复杂混合相云的处理。D 区域为沃克环流的下沉地区，冬季总云量模拟的改进也是比较明显的，提升了约 3.6%。但是夏季的结果没有明显的改进。综上所述，新的抗相关厚度方案对总云量的模拟结果有所改进。但是，在赤道和南半球洋面上的模拟结果仍有较大的偏差，需要进一步的改进。

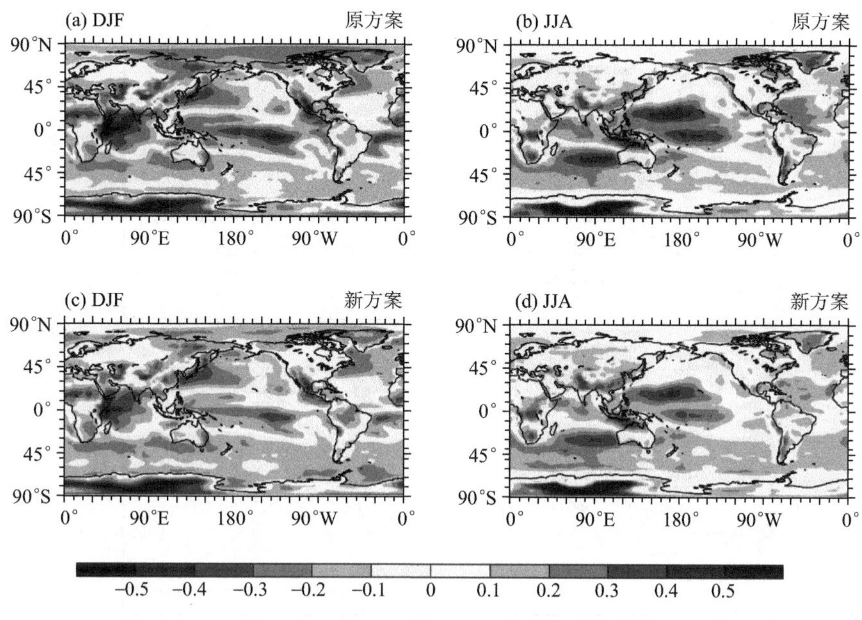

图 5.9　冬夏两季总云量模式模拟与 CERES 资料差异全球分布图

表 5.2　冬夏两季全球和四个不同地区模拟总云量和 CERES 资料之间的差异(%)

区域	L_{cf}=2 km(DJF)	L_{cf}^*(DJF)	L_{cf}=2 km(JJA)	L_{cf}^*(JJA)
Globe	4.1	0.9	1.4	−0.9
A	11.1	7	−9.5	−10.8
B	20.2	15	20.7	15.9
C	−12.3	−14.6	−12.2	−14.1
D	3.5	1.2	−5.1	−5

从图 5.10 中可以看出模式模拟的总云量和 CERES 之间的差异主要集中在南半球，这很可能归因于模式南半球地区的海冰模拟以及模式中复杂混合相云的处理(Flynn et al.，2020；Tan et al.，2016)。同时，极地地区的模拟结果偏差也有所减少。与 EXP1 相比，EXP2 中冬季赤道上空的偏差较小，而夏季从 30°S 到赤道的偏差较大。这是因为夏季抗相关厚度在热带地区往往大于 2 km，而在南半球通常小于 2 km(图 5.7)。新方案模拟得到的总云量与 CERES 资料的纬向平均差均有所减少。可见，基于观测的抗相关厚度能更有效地减少模式中的云量偏差，特别是在赤道和北半球的中高纬度地区。

5.2.4　对模拟云垂直特征的影响

图 5.11 为 N(N=−SWCRF/LWCRF)和 NETCRF(NETCRF=SWCRF+LWCRF)的散点示意图，体现了 CRF 与云垂直结构之间的关系(Zhang et al.，2020)。云量和云光学厚度与 CRF 的关系均为负相关。云量与 CRF 呈线性关系，而云光学厚度与 CRF 呈现非线性关系。如图 5.11 所示，线和点是具有不同云顶高度的云。如果云的光学厚度较小，则 LWCRF 占主导地位，这由象限 4 中的点表示。当云的光学厚度增加时，SWCRF 和 LWCRF 会同时增加，但 SWCRF 占主导地位导致 NETCRF 减小，点向象限 2 移动。象限 4 的点表示光学厚度

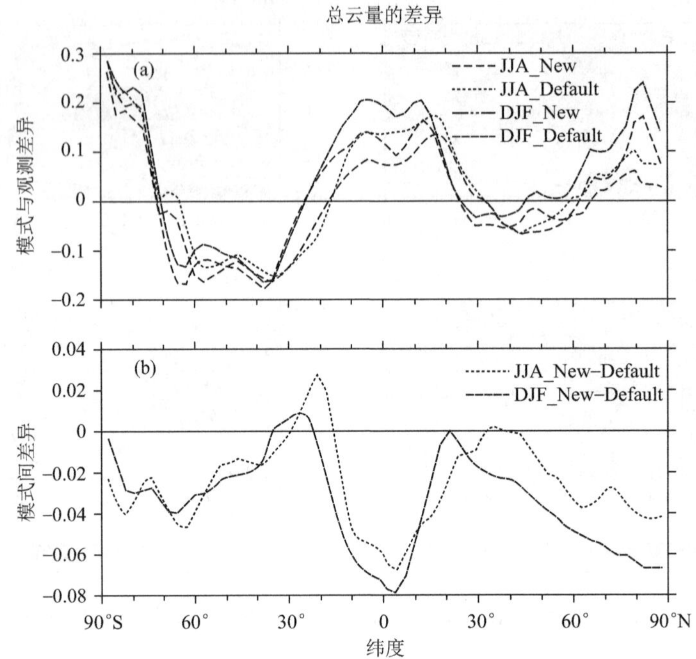

图 5.10 冬夏两季模式模拟总云量与 CERES 差异的纬向平均图(a)以及模式间(EXP1/2)模拟总云量差异的纬向平均图(b)

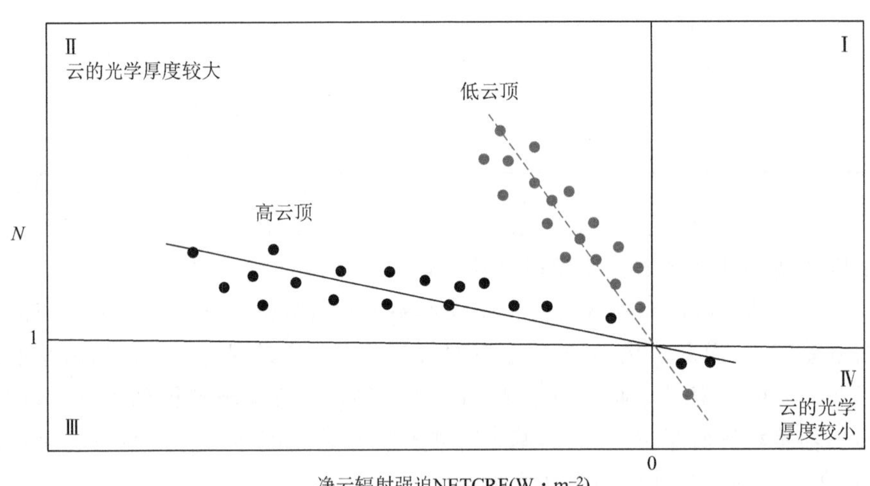

图 5.11 N 和 NETCRF 的散点示意图[数字Ⅰ、Ⅱ、Ⅲ和Ⅳ表示不同的象限,水平线和垂直线分别表示 $N=1$ 和 NETCRF$=0$,这表明 SWCRF 和 LWCRF 之间的抵消。点表示云顶低(高)的云,虚(实)线是用线性最小二乘法得出的最佳拟合线]

较小的卷云,而象限 2 的点表示深对流云。线的斜率反映了云的高度。低云的斜率(虚线)比高云的斜率(实线)大,这是因为 LWCRF 小,随着低云的光学厚度的增加,N 增长更快。上述方法可用于获得云的垂直结构特征,包括云顶高度和云的光学厚度(Potter et al.,2004),来描述云的三维结构。

图 5.12 显示了辐射率（N）与净云辐射强迫（NETCRF）的散点图，来表示四个区域的云垂直结构。在 A 区域 CERES 结果显示，冬季的散点主要分布在第四象限，夏季的散点主要分布在第二象限。这意味着 A 区域冬季由卷云（抗相关厚度较大）主导，夏季主要以深层对流云（抗相关厚度较小）主导，这与图 5.7 结果相一致。冬季，大部分 CERES 数据散点主要分布在 $N<2$ 和 NETCRF<-40 W・m^{-2} 的区域。两种抗相关厚度方案都很好地描述出这种特征；夏季，CERES 的结果主要分布在 $N<4$ 和 NETCRF>-80 W・m^{-2} 的区域。但是模式的模拟结果基本均分布在 NETCRF>-40 W・m^{-2} 的部分。这表明两种抗相关厚度方案的模拟结果，均低估了短波云辐射通量。对于 B 区域，冬夏季模拟得到的结果与 CERES 的结果相似。无论是模式的模拟辐射率还是 CERES 的结果均小于 2。但是 NETCRF 的模拟结果相对于 CERES 结果出现了向左偏移，说明此处模式模拟的长波云辐射通量偏小（与图 5.15 对应）。在 D 区域，从冬季 CERES 资料结果（$N<7.4$，NETCRF>-80 W・m^{-2}）可以看出，该地区上空的云以中低云为主。新抗相关厚度方案的模拟结果显示，散点分布主要集中在 $N<7.8$ 和 NETCRF>-70 W・m^{-2} 的区域，与原抗相关厚度方案模拟结果相比，具有一定的改进。

总的来说，采用两种抗相关厚度方案的模拟结果都大致展现了云的垂直结构特征。但是，两种抗相关厚度方案都低估了 A、C 和 D 区域的短波云辐射强迫和 B 区域的长波云辐射强迫。这意味着：除了云重叠处理外，模式中的其他变量也会导致模拟云辐射强迫的偏差。

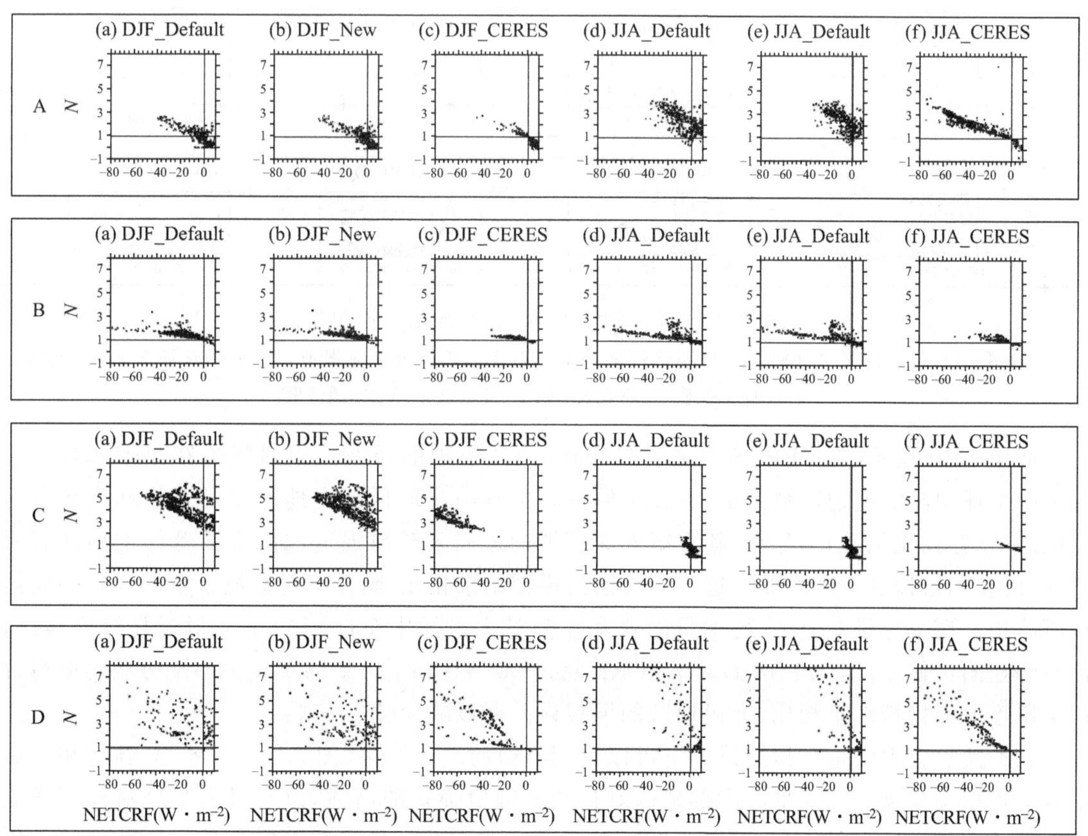

图 5.12　A、B、C 和 D 地区的 N 与 NETCRF 的散点图

（a～c）DJF，（d～f）JJA，（a，d）$L_{cf}=2$ km，（b，e）L_{cf}^{*}，（c，f）CERES

5.2.5 对模拟云辐射强迫的影响

图 5.13 为四个子区域云辐射强迫概率密度函数分布图(Probability Density Function, PDF)。冬季,模式模拟结果与 CERES 资料在峰值以及变化范围上具有很好的一致性;夏季,CERES 资料的 PDF 峰值由长波云辐射强迫主导,为 22 W·m^{-2}。两种抗相关厚度的模拟结果均可描绘出 PDF 的变化特征。受深层对流云的影响,B 区域的模拟结果与观测资料相差较大。在 C 区域和 D 区域,模式模拟的长波云辐射强迫和短波云辐射强迫均与 CERES 观测数据一致。此外,在 C 区域,采用新方案模拟得到的冬季长波云辐射强迫的 PDF 峰值与观测数据非常接近(分别为 27 W·m^{-1} 和 27.5 W·m^{-2})。综上所述,新的抗相关厚度方案在特定地区模拟的长波云辐射强迫表现更好;然而,短波云辐射强迫的模拟结果仍需要进一步改进。

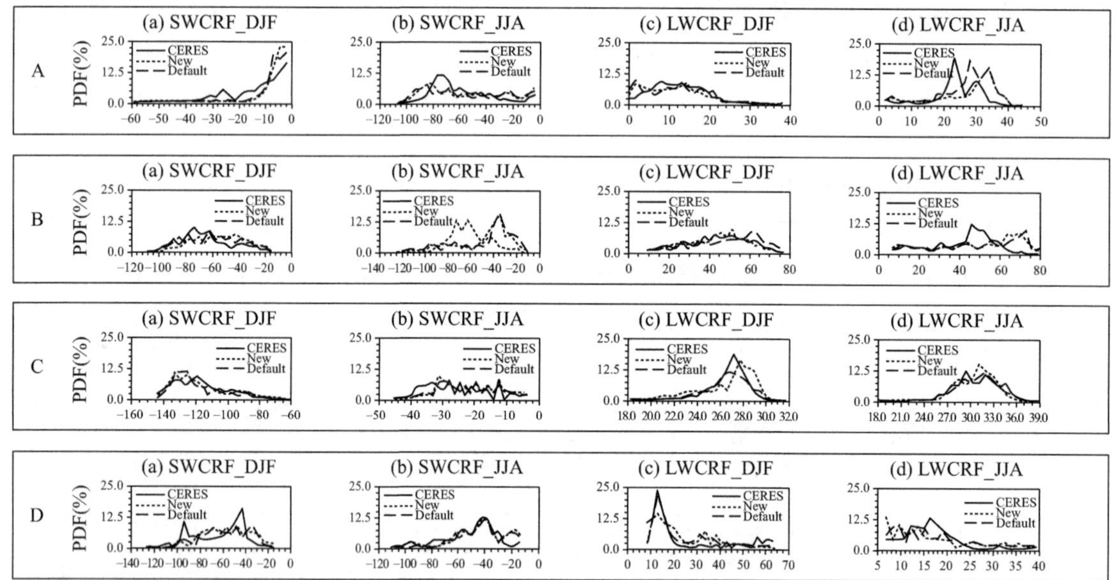

图 5.13 A、B、C 和 D 四个地区的 CRF 概率密度分布(单位:W·m^{-2})

(a)冬季短波云辐射强迫,(b)夏季短波云辐射强迫,(c)冬季长波云辐射强迫,(d)夏季长波云辐射强迫

(实线、断线和虚线分别代表 CERES、新方案和原方案的结果)

如图 5.14 所示,与 CERES 观测资料相比,模式模拟的短波云辐射强迫在热带深对流地区和南半球中高纬度地区被低估(存在负偏差);但在南半球低纬度地区以及北半球大部分地区被高估(存在正偏差)。冬季,新方案模式模拟的短波云辐射强迫在南半球低纬度地区有所减少,但在赤道地区有所增加。这与原方案的模拟结果相比,新方案对短波云辐射强迫的模拟有所改进。夏季热带对流区(特别是南亚和亚热带太平洋中东部)和 60°N 附近高纬度地区,存在明显的负偏差(图 5.14b,d),NETCRF 超过 50 W·m^{-2}。新的抗相关厚度方案与原得抗相关厚度方案模拟结果相比,上述地区的模拟误差明显减少(图 5.14e,f)。

从长波云辐射强迫模拟结果中也可以看到类似的改进结果(图 5.15)。冬季,新抗相关厚度方案模拟结果减少了太平洋中部地区对长波云辐射强迫的高估,以及对南半球高纬度洋面的低估。此外,冬季新抗相关厚度方案模拟结果还减少了对热带洋面的高估。这些偏差的修正均在±5 W·m^{-2} 以内,比模式结果和卫星数据之间的差异小一个数量级。

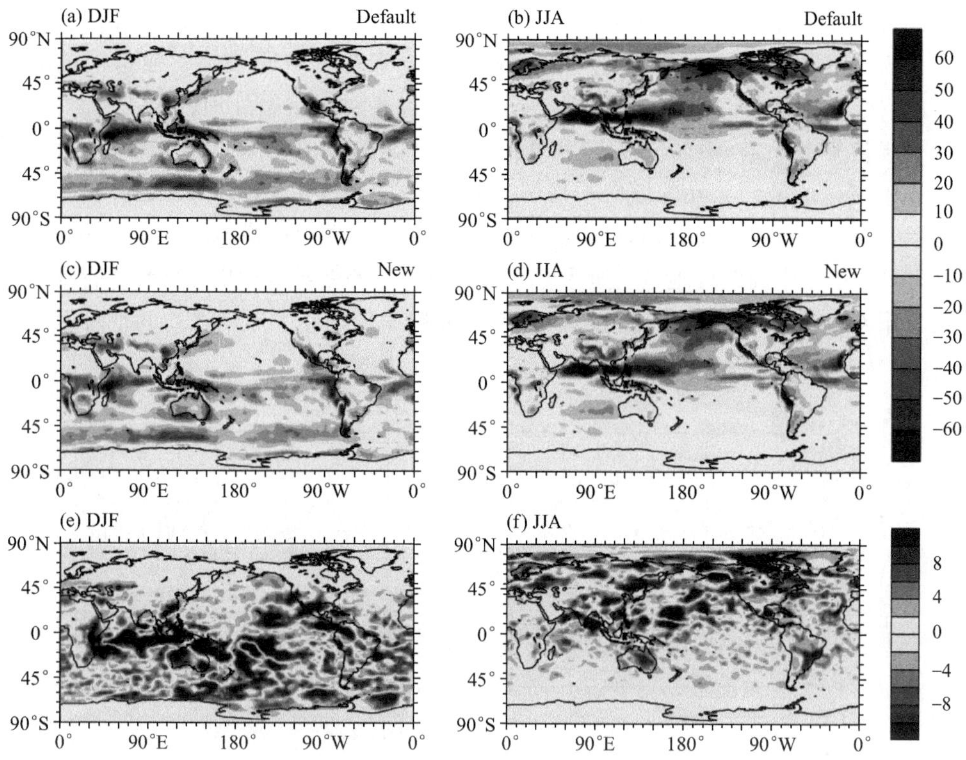

图 5.14　冬夏两季模式模拟的短波云辐射强迫和 CERES 观测资料差异的全球分布图(a～d)以及两种方案模拟结果差异全球分布(e～f)(单位:W・m^{-2})

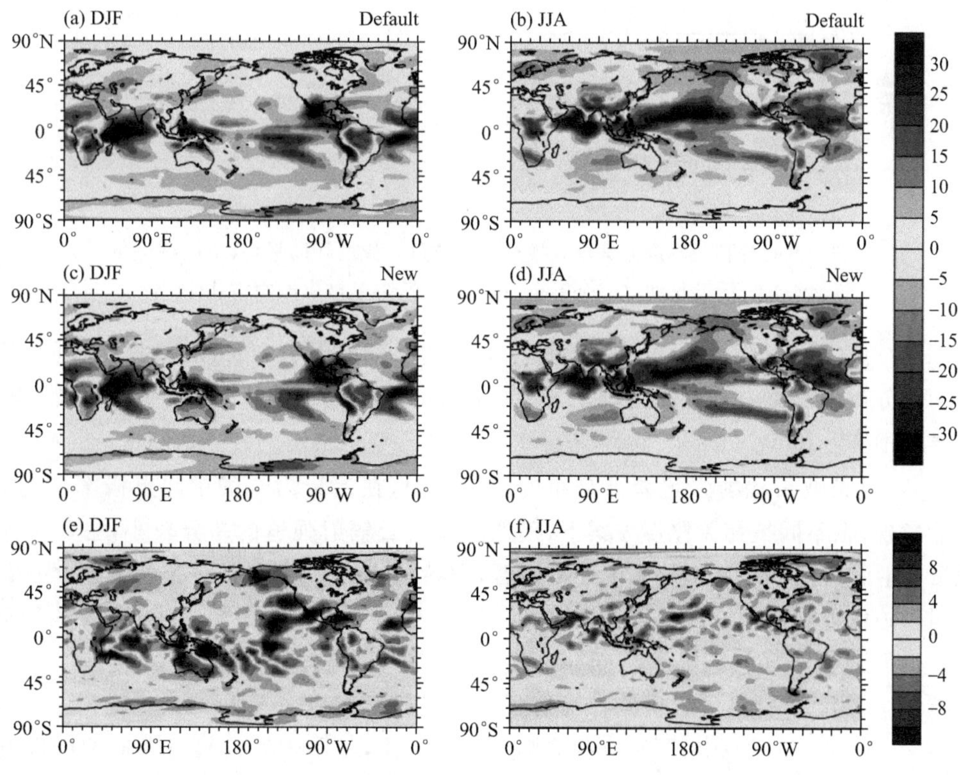

图 5.15　与图 5.14 相同,但为长波云辐射强迫(单位:W・m^{-2})

新抗相关厚度方案对短波和长波云辐射强迫模拟的改进与对总云量模拟的改进相对应，表明了云量模拟在云辐射强迫模拟中的重要性。新方案对区域间云辐射强迫模拟的改进表明，全球气候模式中辐射收支的部分模拟偏差可以归因于对云重叠处理的误差。

云辐射强迫是全天空（图 5.16a，b）和晴空两种情况的差值结果。图 5.16 显示了两种抗相关厚度方案模拟结果间差异的纬向平均图。在冬季，两种抗相关厚度方案模拟的全天空短波云辐射通量的差异主要集中在赤道地区；而在夏季，两种抗相关厚度模拟的全天空短波云辐射通量的差异主要集中在中高纬度地区。全天空长波辐射通量的差异呈现出振荡趋势特征。不同抗相关厚度方案对晴空短波云辐射通量模拟结果的影响在夏季北半球地区比其他地区更明显。

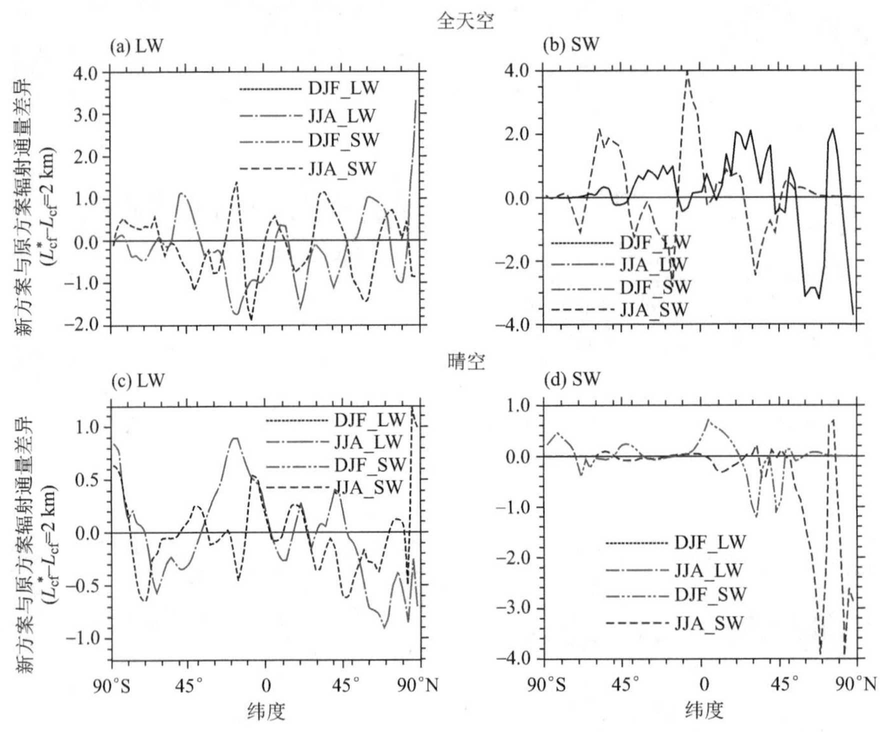

图 5.16　不同抗相关厚度方案模式模拟辐射通量差异的纬向平均（单位：W・m^{-2}）

（a）全天空-长波，（b）全天空-短波，（c）晴空-长波，（d）晴空-短波

图 5.17 为冬夏两季不同云重叠参数模拟的短波云辐射强迫和长波云辐射强迫差异的概率密度函数分布图。图中显示的是新方案减原方案的结果，从中可以看出，冬季短波云辐射强迫的差异范围在－10 W・m^{-2}～10 W・m^{-2}，而长波云辐射强迫的差异范围在－5 W・m^{-2}～5 W・m^{-2}。且长波云辐射强迫差异分布的比较集中，在差异为 0 的中间点概率高达 28%。由此也能发现，在不同抗相关厚度方案下，模拟的长波云辐射强迫的差异较小，主要差异还是由短波云辐射强迫所主导。从夏季的结果来看，和冬季的结果相似：两种抗相关厚度方案模拟的云辐射强迫的差异由短波云辐射强迫主导。这与上文分析的结果相一致，且概率密度分布图不仅可以得到差异的主导方面，还可以看出差异主要集中的范围。

新抗相关厚度方案在全球短波云辐射强迫的模拟结果在冬夏两季分别提高了 0.3% 和 1.2%（表 5.3）。在 A 区域中，两种抗相关厚度方案相比，冬季短波云辐射强迫的模拟偏差减少了 1.1%。在海洋占主导地位的 C 区域，两种抗相关厚度的云辐射强迫模拟结果较差。在

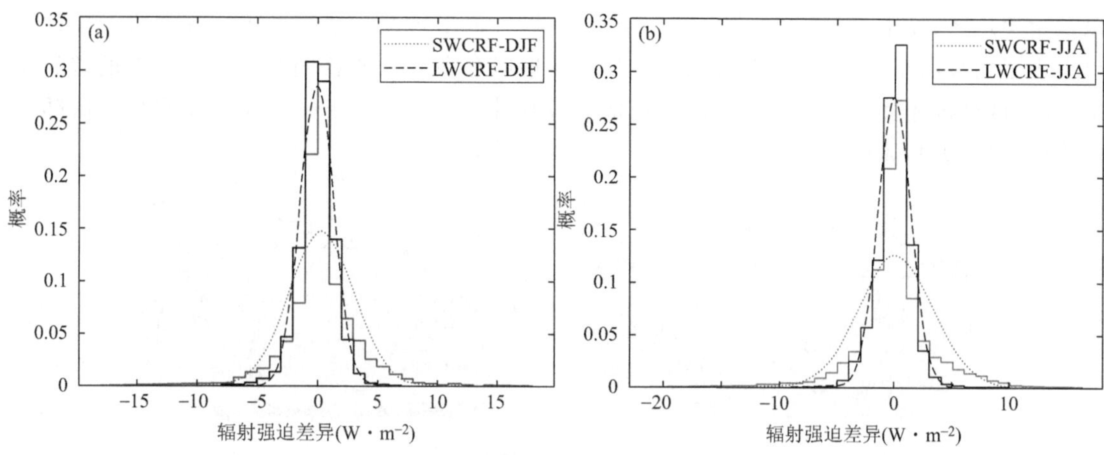

图 5.17　冬(a)夏(b)两季不同云重叠参数模拟短波云辐射强迫和长波云辐射强迫差异的概率密度函数分布

B 区域中,新抗相关厚度方案模拟的短波云辐射强迫与原抗相关厚度方案模拟结果相比,冬夏两季分别提升 5.4%和 0.7%。而在 D 区域中,新抗相关厚度方案模拟的短波云辐射强迫与原抗相关厚度方案模拟结果相比,冬夏两季分别提升 0.2%和 0.6%。同样地,对于长波云辐射强迫,在新的抗相关厚度方案下,模拟结果在全球尺度上也有所改善,冬夏两季分别提高了 0.8%和 1.2%。区域 A(C)的模拟精度提高了 4.5%(2.0%),而区域 B(D)的模拟精度在冬夏两季分别提高了 1.9%(1.2%)和 1.1%(0.5%)。综上所述,这些地区的改进表明了抗相关厚度区域变化的重要性,有利于减小计算区域辐射收支中产生的误差。

表 5.3　冬夏两季四个不同地区模拟云辐射强迫和 CERES 资料结果之间的差异(单位:W・m^{-2})

区域	CRF(W・m^{-2})	L_{cf}=2 km(DJF)	L_{cf}^*(DJF)	L_{cf}=2 km(JJA)	L_{cf}^*(JJA)
全球	CRF_S	4.24	4.06	5.64	5.09
	CRF_L	4.95	4.75	5.05	4.76
A	CRF_S	−0.51	−0.69	−1.11	−1.75
	CRF_L	2.5	1.89	−1.44	−1.7
B	CRF_S	16.4	12.9	16.57	16.13
	CRF_L	9.98	9.15	13.65	13.19
C	CRF_S	6.89	11.47	−3.46	−3.28
	CRF_L	4.92	4.4	1.29	1.61
D	CRF_S	11.24	11.1	−8.03	−8.34
	CRF_L	5.68	5.4	2.26	2.17

5.3　云反照率的模拟改进

图 5.18 为两种方案下模式模拟的云反照率与 CERES 资料算得云反照率差异的全球分布图。从图中可以看出,两种方案下模式模拟的云反照率与 CERES 资料之间差异分布具有很好的一致性。冬季,在洋面上普遍存在正偏差,负偏差主要出现在北极地区、澳大利亚、东亚

以及南美地区；夏季，正偏差同样集中在洋面上，极大值出现在赤道洋面上。在澳大利亚地区也出现了明显的正偏差，而在南极地区以及欧洲地区存在一定的负偏差。冬夏两季的差异结果表明，两种抗相关厚度方案下模式模拟的云反照率与CERES资料差异存在明显的海陆差异，且洋面上大多体现为正偏差。

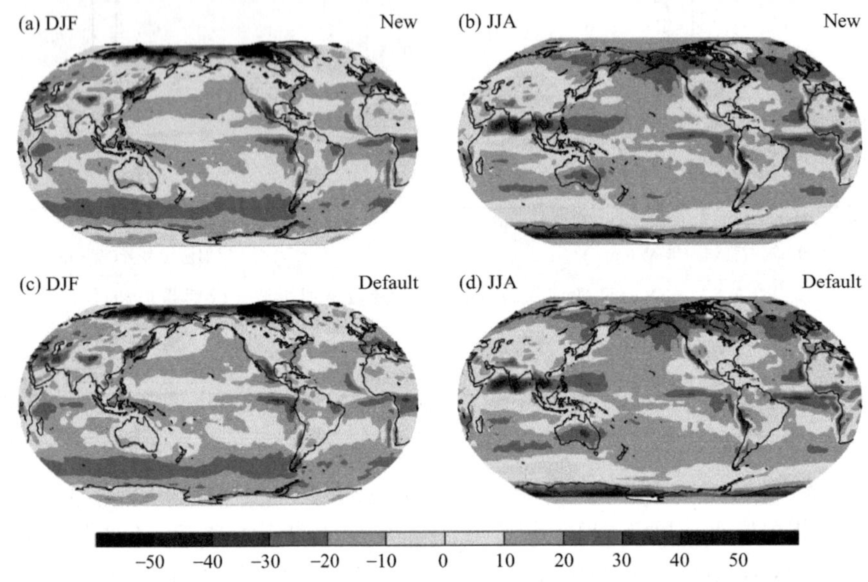

图 5.18　冬夏两季模式模拟云反照率与CERES资料云反照率差异的全球分布

为了更好地探究不同云重叠处理方法对模式模拟云反照率的影响，我们给出了两种方案下模式模拟云反照率之间差异的全球分布图(图 5.19)。冬季结果表明：欧洲地区出现了明显的负异常，而此处模式与CERES资料之间是存在正偏差的，从而体现了采用具有时空变化的抗相关厚度在此地区模拟云反照率的优越性。同样地，在大部分洋面上也出现了负异常，表明采用新方案后的模式模拟结果可以抵消之前洋面上的正异常。此外，新方案的改进也具有区域性。例如在澳大利亚地区采用新方案的模拟结果造成的负异常，会增大该地区模式模拟云反照率与资料之间的负异常。夏季，也可以发现这样的改进。例如，在东亚地区的负异常可以抵消部分模式与CERES资料之间的正异常；在澳大利亚地区，采用新方案后与原方案之间的负异常可以改进该地区模式模拟与CERES资料之间的正异常。除此之外，对南美地区以及洋面上的改进也比较明显。综上所述，采用新方案后模式对云反照率的模拟结果与原方案相比具有一定的改进，且具有较强的区域性，体现了新方案抗相关厚度模拟云反照率的优越性。

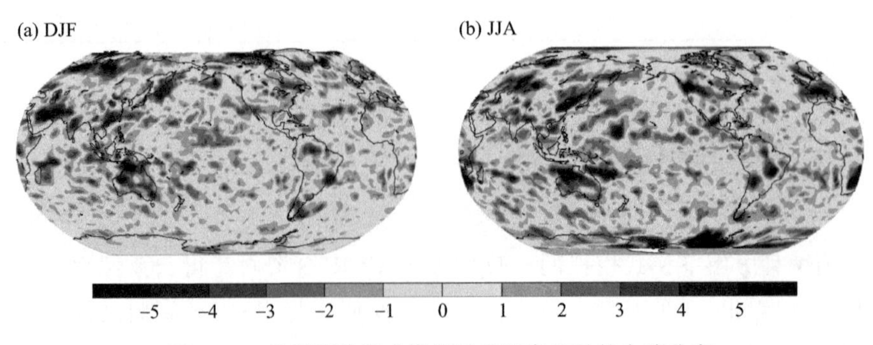

图 5.19　冬夏两季模式模拟云反照率差异的全球分布

表 5.4 给出了全球和四个典型地区模式模拟云反照率与 CERES 资料算得云反照率的差异值。从全球尺度看，新抗相关厚度方案对模拟云反照率的结果有所提升，冬夏两季分别提升了 3.5%和 2.6%。A 区域处于亚欧大陆地区，冬夏两季模拟的云反照率分别提升了 13.6%和 16.5%，在选取的四个区域中，提升最为明显。B 区域受赤道深对流的影响，模拟结果也有小幅提升(冬季：1.7%；夏季：4.7%)。C 区域为南半球的洋面上模拟偏差较大，这很可能归因于模式南半球地区的海冰模拟以及模式中复杂混合相云的处理。D 区域为沃克环流的下沉地区，冬季云反照率模拟的改进也是比较明显的，提升了约 3.6%。但是夏季的结果没有明显的改进。综上所述，新的抗相关厚度方案对模拟云反照率的结果有所改进。但是，在赤道和南半球洋面上的模拟结果仍有较大的偏差，需要进一步改进。

表 5.4　冬夏两季全球和四个不同地区模拟云反照率和 CERES 结果之间的差异(%)

区域	L_{cf}=2 km(DJF)	L_{cf}^{*}(DJF)	L_{cf}=2 km(JJA)	L_{cf}^{*}(JJA)
全球	8.11	7.82	8.94	8.71
A	6.92	5.98	5.95	4.97
B	8.95	8.80	9.22	8.79
C	19.31	19.23	9.30	9.42
D	10.70	10.31	2.51	2.97

图 5.20 展现了两种抗相关厚度方案下模式模拟云反照率差异的纬向平均分布图。结合图 5.19，可以更准确地反映出差异的分布特点。黑色的虚线为冬季差异的结果，可以发现差异主要集中在北半球的中高纬度地区，因为该地区的抗相关厚度普遍较大。在南半球的高纬度地区也存在较大误差，这是因为南半球地区存在海冰和模式中复杂混合相云的处理。以上结果与图 5.19a 的分布也相对应。从夏季的结果可以看出，除两极存在较大的误差外，差异主要集中在南半球的洋面上。同样也体现了新方案在南半球 60°S 存在的负偏差改进了模式与资料在此处的正偏差。在图 5.19b 中也可以得到同样的结果。

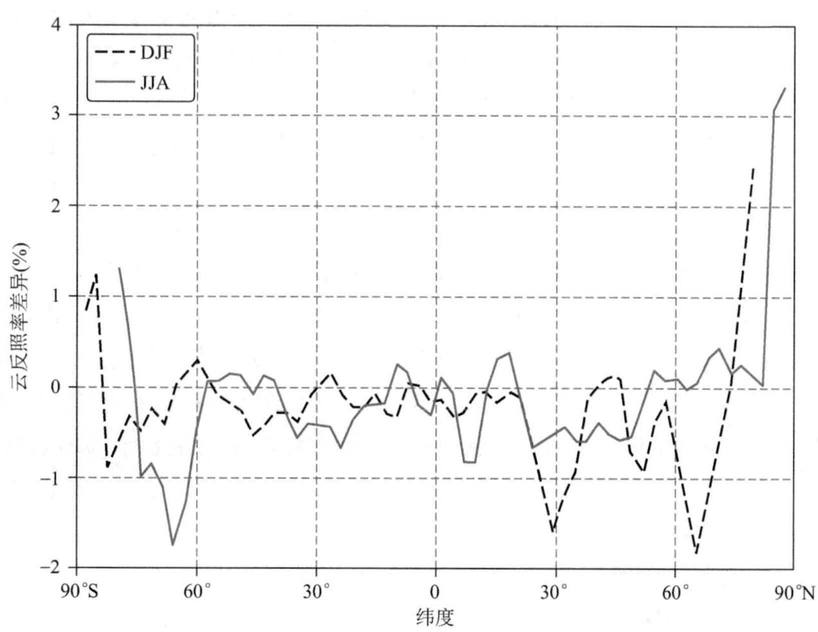

图 5.20　冬夏两季模式模拟云反照率差异的纬向平均(黑色虚线为冬季的结果，灰色实线为夏季的结果)

5.4 不同云的垂直重叠参数化方案对辐射收支的影响

本节着力于研究不同云重叠处理方法对模拟有效辐射强迫的影响。将两种抗相关厚度方案引入到 BCC_AGCM2.0_CUACE/Aero 模式中。其中原方案取 L_{cf} 的全球平均值 2 km，而新方案利用 CloudSat/CALIPSO 卫星数据集计算得到的具有时空变化的抗相关厚度。评估了该模式中不同云重叠方案对模拟气溶胶有效辐射强迫的影响。

5.4.1 有效辐射强迫的空间分布及差异

IPCC AR5 给出了有效辐射强迫的最新定义，即是指允许大气温度、水汽和云调整，但全球平均地表温度或者部分地面情况保持不变，大气层顶净向下辐射通量的变化（Boucher，2013）。气溶胶的有效辐射强迫中包含了除与海洋和海冰相关的其他所有物理量的快速调整，因此，相比于之前研究中广泛使用的辐射强迫的概念，ERF 与真实温度响应之间的对应关系更好。在 AR5 中，基于 2013 年前发表的所有地球系统模式评估结果的中值给出气溶胶总 ERF（ERFari＋ERFaci，即 ari：气溶胶-辐射相互作用，aci：气溶胶-云相互作用）为－1.5[－2.4～－0.6] $W \cdot m^{-2}$，并在此基础上进行校正。首先选取能更完整表现气溶胶-云相互作用的模式（包含了气溶胶对混合态云、冰云和/或对流云的影响）的评估结果，给出了 ERF 的估计结果（－1.38 $W \cdot m^{-2}$）。其次，给利用经卫星观测约束模式结果的研究赋予额外的权重，这些研究给出的气溶胶总 ERF 估值为－0.85 $W \cdot m^{-2}$。除此之外，在仅给出短波 ERFaci 的研究结果中加上了长波 ERFaci（0.2 $W \cdot m^{-2}$）。最后，基于具有更高分辨率的模式，专家对于全球系统模式真实再现 ERFaci 中云调整的能力提出质疑，并认为全球系统模式中气溶胶对云生命周期的影响太强以至于进一步减弱了 ERF 的估值。综上所述，AR5 给出气溶胶总 ERF 为－0.9[－1.9～－0.1] $W \cdot m^{-2}$。而在 AR6 中气溶胶总 ERF 是通过如下论据得到的：基于卫星资料获取的 IRFari（IRF：瞬时辐射强迫）、基于模式模拟获取的 IRFari 和 ERFari、基于卫星证据获取的 IRF/ERFaci 以及基于模式模拟获取的 ERFaci。综上所述，ERFari 和 ERFaci 分别为－0.3±0.3 $W \cdot m^{2}$ 和－1.0±0.7 $W \cdot m^{-2}$。越来越多的证据表明气溶胶总 ERF 为负值，且近年来基于观测和模式模拟的研究也证实了上述 ERFari 和 ERFaci 的值。然而，仍有相当大的不确定性存在，尤其是存在于 ERFaci 中的调整贡献以及当前全球系统模式中缺失的过程，特别是气溶胶对混合相云、冰云和对流云的影响。这导致 ERFari＋ERFaci 的估计具有中等信度，不确定范围略有收缩。结合近年来的研究成果，相较于 1750 年，2014 年 ERFari＋ERFaci 的估计值为－1.3[－2.0～－0.6] $W \cdot m^{-2}$（中信度）。ERFaci 对气溶胶总有效辐射强迫（ERFari＋ERFaci）具有主要贡献（75%～80%），这一结论具有高可信度。而本研究中我们采用 CMIP5 和 CMIP6 的模拟结果作为标准与本文的研究成进行对比，一方面其结果与 AR6 最新结果的值具有较高的一致性，且 AR6 的结果是综合观测和模式的结果；另一方面可以更好地与采用近似部分辐射扰动方法（Approximate Partial Radiative Perturbation，APRP）分离 ERF 之后的结果进行对比。

图 5.21 给出了在两种方案下模式模拟得到的自工业革命以来总人为颗粒物浓度变化造成的有效辐射强迫。从全球分布看，两种方案下模拟得到的有效辐射强迫在全球范围内均是以负强迫为主，且由北半球主导，即大值区主要分布在北半球的中低纬度地区（0°～60°N）。但

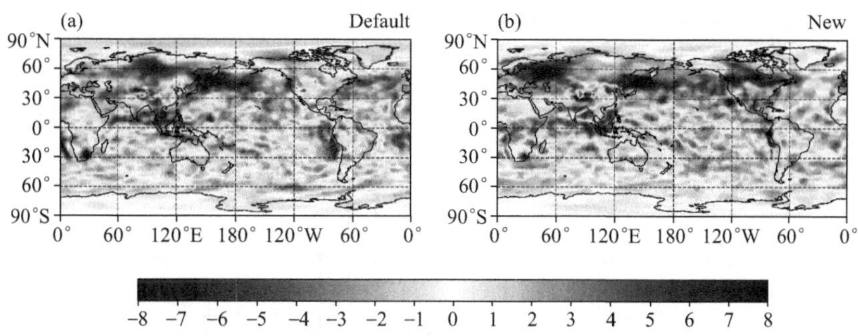

图 5.21　1850—2010 年大气中总人为颗粒物的变化造成的年平均有效辐射强迫(ERF)的全球分布(单位：W・m^{-2})
(a)原方案的模拟结果，(b)新方案的模拟结果

是不同方案下模拟得到的有效辐射强迫仍有区域性的差异。从原方案的模拟结果可以看出，工业革命以来人为颗粒物变化造成的有效辐射强迫负值区域主要集中在东亚、南亚及其附近海域；而新方案的模拟结果中，负值区域除东亚、南亚及其附近海域外，在欧洲西部以及北美部分地区也存在较大的负值区域。Smith 等(2020)采用第六次耦合模式比较计划(Phase 6 of the Coupled Model Intercomparison Project，CMIP6)中 18 个模式的结果发现，工业革命以来人为颗粒物变化造成的有效辐射强迫负值区域出现在东亚、南亚及其附近海域、欧洲西部、北美部分地区以及大西洋上。对比此结果可以得出，采用新方案模拟得到的有效辐射强迫在全球分布的负值区域与原方案相比有所改进。类似地，我们观察正值区域可以发现，撒哈拉沙漠区域的正值在新方案中也可以得到很好的模拟。综上所述，采用新方案，即引入利用卫星资料计算得到的抗相关厚度模拟得到的有效辐射强迫的空间分布，无论是在正值区域还是负值区域的全球分布上相对于原方案的模拟结果均有明显的改进。

从有效辐射强迫的模拟数值上看，新方案与原方案模式模拟得到的工业革命以来人为颗粒物变化造成的有效辐射强迫的全球平均值分别为－1.18 W・m^{-2} 和－1.29 W・m^{-2}。Zelinka 等(2014)利用第五次耦合模式比较计划(Phase 5 of the Coupled Model Intercomparison Project，CMIP5)中 9 个模式算出工业革命以来人为颗粒物变化造成的平均有效辐射强迫为－1.17 W・m^{-2}。Smith 等(2020)采用第六次耦合模式比较计划(CMIP6)中 18 个模式算出工业革命以来人为颗粒物变化造成的平均有效辐射强迫为－1.04 W・m^{-2}。无论从 CMIP5 还是 CMIP6 中的多模式模拟结果来看，采用新方案模拟得到的有效辐射强迫的值更接近于多模式模拟的平均值。综上所述，采用新方案即引入利用卫星资料计算得到的抗相关厚度模拟得到的有效辐射强迫，无论在空间分布还是全球平均值上均得到一定的改进。

为了更好地探究两种方案下模式模拟得到的自工业革命以来人为颗粒物变化造成的有效辐射强迫分布情况，图 5.22 给出了 1850—2010 年大气总人为颗粒物的变化造成的年平均有效辐射强迫的概率密度分布。从图中可以看出，原方案模拟的有效辐射强迫的值分布在－14～10 W・m^{-2}；新方案模拟的有效辐射强迫的值分布在－14～9 W・m^{-2}。在正值区域可以看出，两种方案模拟的分布情况相似，在 0～1 W・m^{-2} 时有所波动。在负值区域，两种方案的差异主要集中在－1～0 W・m^{-2}。此外，在－7～－3 W・m^{-2} 也有所差异，且新方案模拟的有效辐射强迫的值落在此范围内的概率更大。

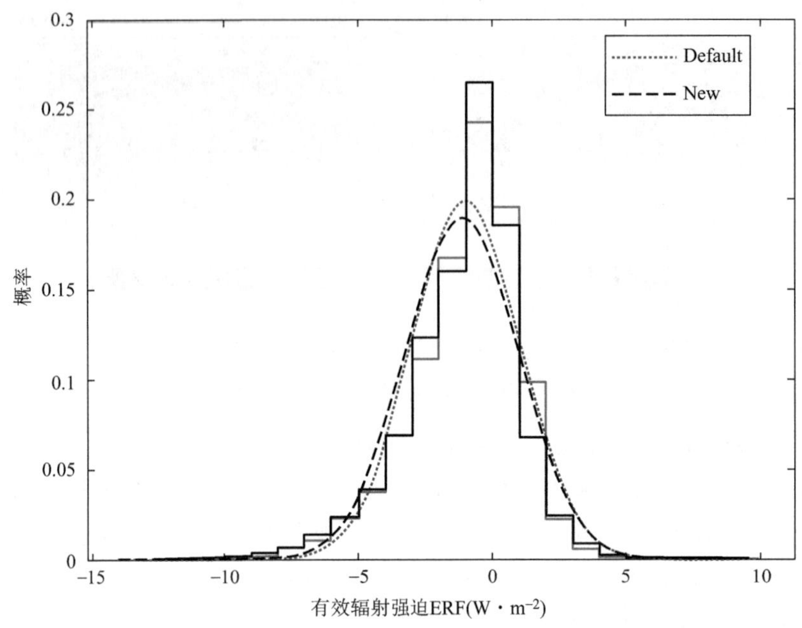

图 5.22　1850—2010 年大气中总人为颗粒物的变化造成的年平均有效辐射强迫(ERF)的概率密度分布(单位:W·m^{-2})(点虚线为原方案的模拟结果,长虚线为新方案的模拟结果)

5.4.2　短波有效辐射强迫的分解

本研究中通过气溶胶浓度的扰动以及固定海温和海冰的试验,可以用来诊断 ERFaci 和 ERFari。有效辐射强迫可以通过扰动和控制试验之间大气层顶通量的差异计算得到。正如 IPCC AR5(Boucher,2013)第八章中的解释一样,虽然在计算辐射强迫时所有地表和对流层条件都保持固定,但有效辐射强迫计算允许所有物理变量对扰动做出响应,同时仅保持海温和海冰固定(Myhre et al.,2013)。由于气溶胶主要影响光谱的短波部分,因此我们在本研究中重点关注短波有效辐射强迫。

我们采用 Taylor 等(2007)提出的 APRP 方法来量化短波有效辐射强迫中各个组分的贡献。简而言之,APRP 方法采用了单层大气模型来诊断大气中和地表短波辐射的散射和吸收。在这个简单的模型中,假设单层大气会散射和吸收穿过它的短波辐射通量,但吸收只发生在第一次入射时。通过这种对短波辐射传输的简单表示,可以推导出单层大气的大气散射和吸收参数,从而使地表和大气层顶的向上和向下的短波辐射通量与 BCC_AGCM 2.0_CUACE/Aero 模式中产生的向上和向下的短波辐射通量相匹配。然后可以确定大气层顶短波辐射通量对这些参数变化的敏感性。在晴天和有云条件下分别进行这些计算,可以将非云大气成分下的变化与云属性(云量、吸收和散射)的变化隔离开来。Taylor 等(2007)发现与更准确的辐射偏扰动方法(Partial Radiative Perturbation,PRP)相比,短波云和地表反照率反馈的全球平均误差不超过 10%。且 Zelinka 等(2014)指出,APRP 方法模拟的短波有效辐射强迫与采用 Ghan 等(2013)方法算得的结果有 5%的偏差,但是这种偏差是由于该方法的近似引起的。从多方面考虑,APRP 方法的优点是它不需要复杂的模式诊断,并且它可以更加具体地划分短波有效辐射强迫的各个组成部分。所以在本研究中采用 APRP 方法是可靠且可行的。

图 5.23 反映了采用 APRP 方法将原方案模拟得到的自工业革命以来人为颗粒物变化造成的气溶胶-云相互作用引起的短波有效辐射强迫，图 5.23b，c，d 分别代表由于云量、云散射和云吸收造成的 SW ERFaci 的变化。从图中可以看出，原方案下由气溶胶-云相互作用引起的短波有效辐射强迫为 $-0.87\ W \cdot m^{-2}$。其中由于云量、云散射以及云的吸收三个部分，分别造成的 SW ERFaci 为 $0.06\ W \cdot m^{-2}$，$-0.97\ W \cdot m^{-2}$ 以及 $0.03\ W \cdot m^{-2}$。很明显可以发现，由于云散射造成的 SW ERFaci 占总 SW ERFaci 的主要部分，而由于云量以及云的吸收引起的 SW ERFaci 占比较小。对比新方案下由气溶胶-云相互作用引起的短波有效辐射强迫（$-0.93\ W \cdot m^{-2}$）可以发现（图 5.24），新方案下模拟得到的 SW ERFaci 绝对值有所增大，且更接近于 CMIP6 中多模式的平均值（$-0.91\ W \cdot m^{-2}$）。SW ERFaci 模拟值的改进，主要是以下几个部分引起的。一方面，云散射（$-0.89\ W \cdot m^{-2}$）引起的 SW ERFaci 绝对值有所减小；另一方面云量（$-0.10\ W \cdot m^{-2}$）引起的 SW ERFaci 在新方案的模拟中为负值，这个结果更符合 CMIP5 和 CMIP6 中多模式的模拟结果（CMIP5：$-0.06\ W \cdot m^{-2}$；CMIP6：$-0.13\ W \cdot m^{-2}$）。综上所述，新方案模拟得到的 SW ERFaci 有所改进，更接近于 AR5 以来的平均值。

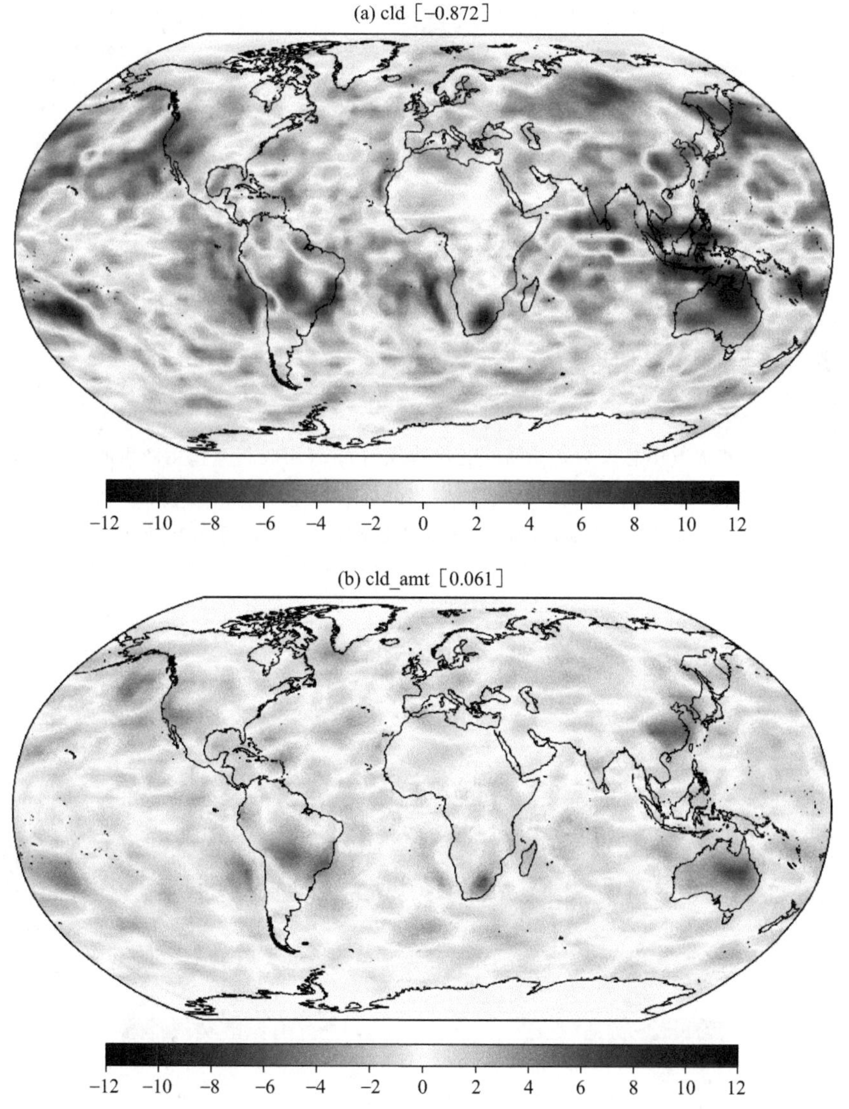

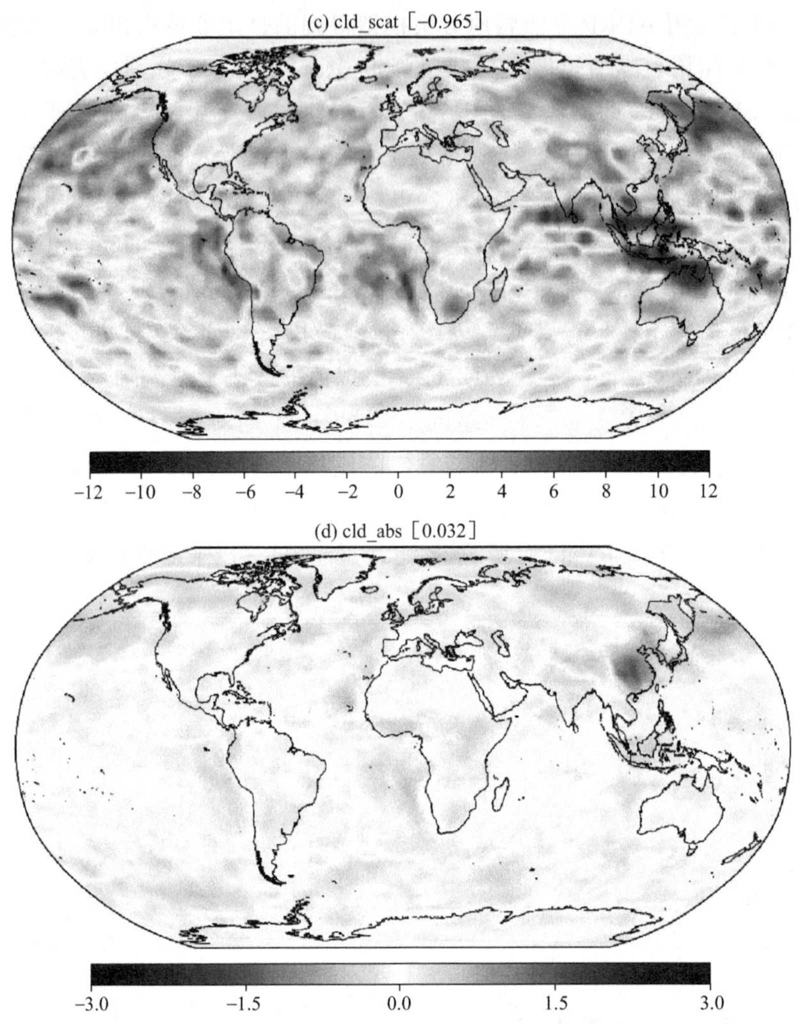

图 5.23 1850—2010 年大气中总人为颗粒物的变化造成的云-气溶胶相互作用产生的短波有效辐射强迫，由云量(b)、云散射(c)和云吸收(d)三部分贡献的全球分布(单位：W · m^{-2})

[图(a)为三部分的总和结果。此为原方案(L_{cf}=2 km)的模拟结果]

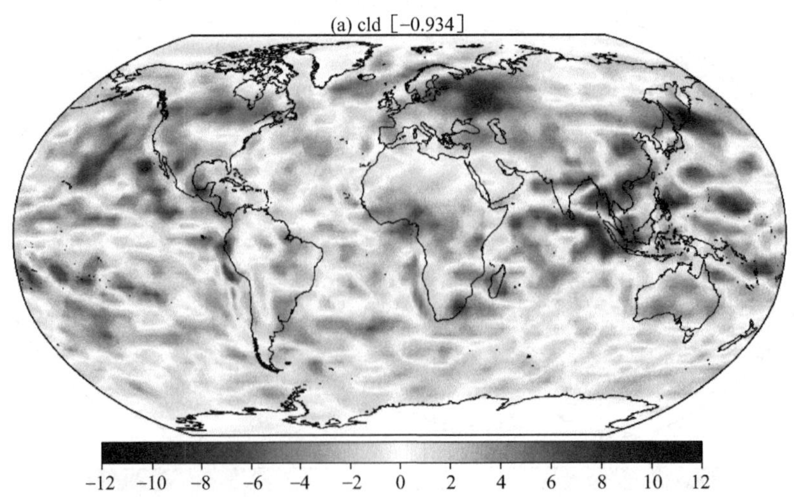

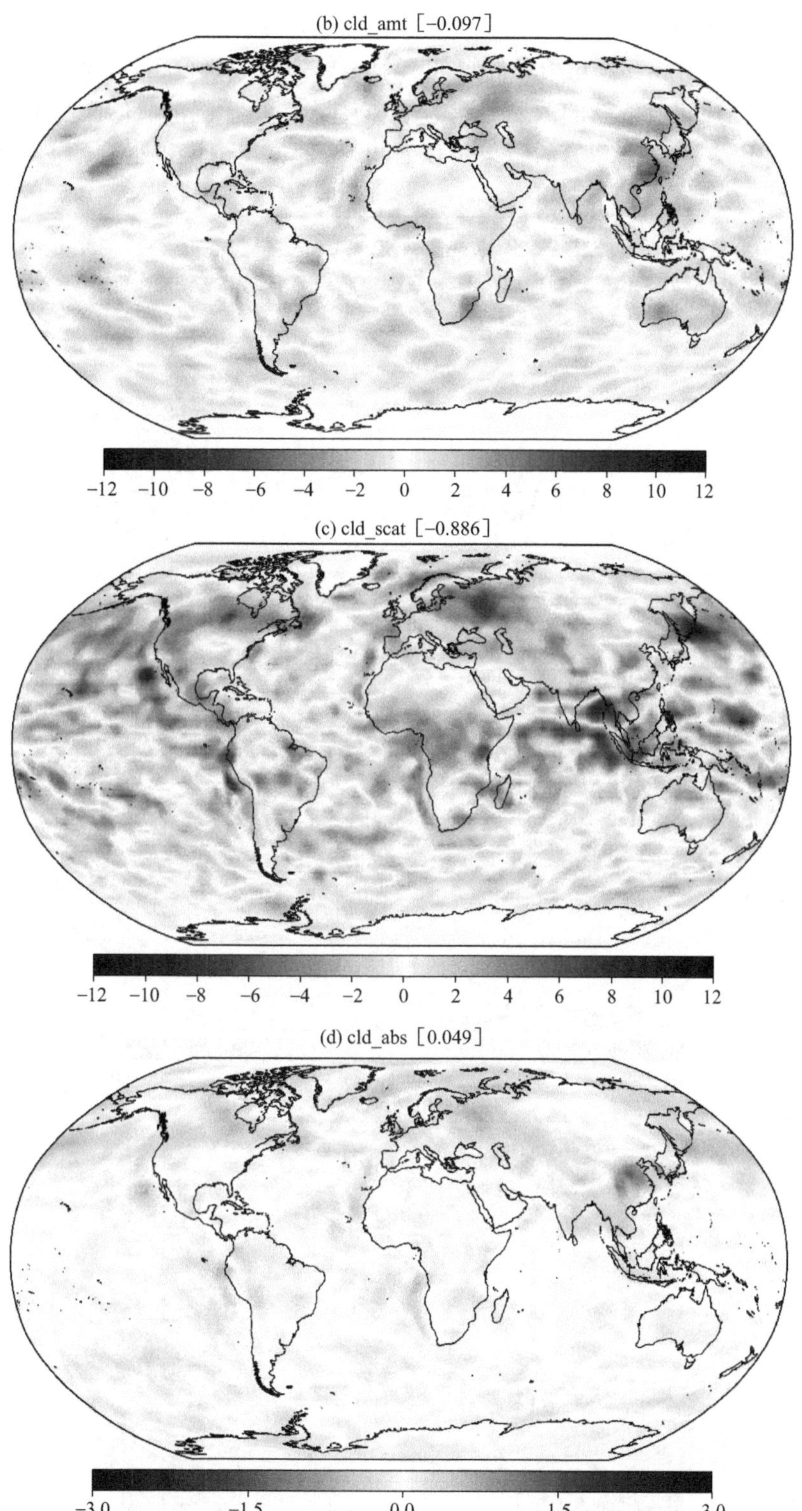

图 5.24　1850—2010 年大气中总人为颗粒物的变化造成的云-气溶胶相互作用产生的短波有效辐射强迫，由云量(b)、云散射(c)和云吸收(d)三部分组成的全球分布(单位：$W \cdot m^{-2}$)

[图(a)为三部分的总和结果。此为新方案(L_{cf}^{*})的模拟结果]

除此之外，我们还需考察在两种方案下，采用 APRP 方法将自工业革命以来人为颗粒物变化造成的气溶胶-辐射相互作用引起的短波有效辐射强迫进行分解。SW ERFari 主要分为两个部分，一部分是由于气溶胶的散射引起的，另一部分是由于气溶胶的吸收引起的。综合新方案（图 5.26）和原方案（图 5.25）的结果可以看出，两种方案下模拟得到的 SW ERFari 结果

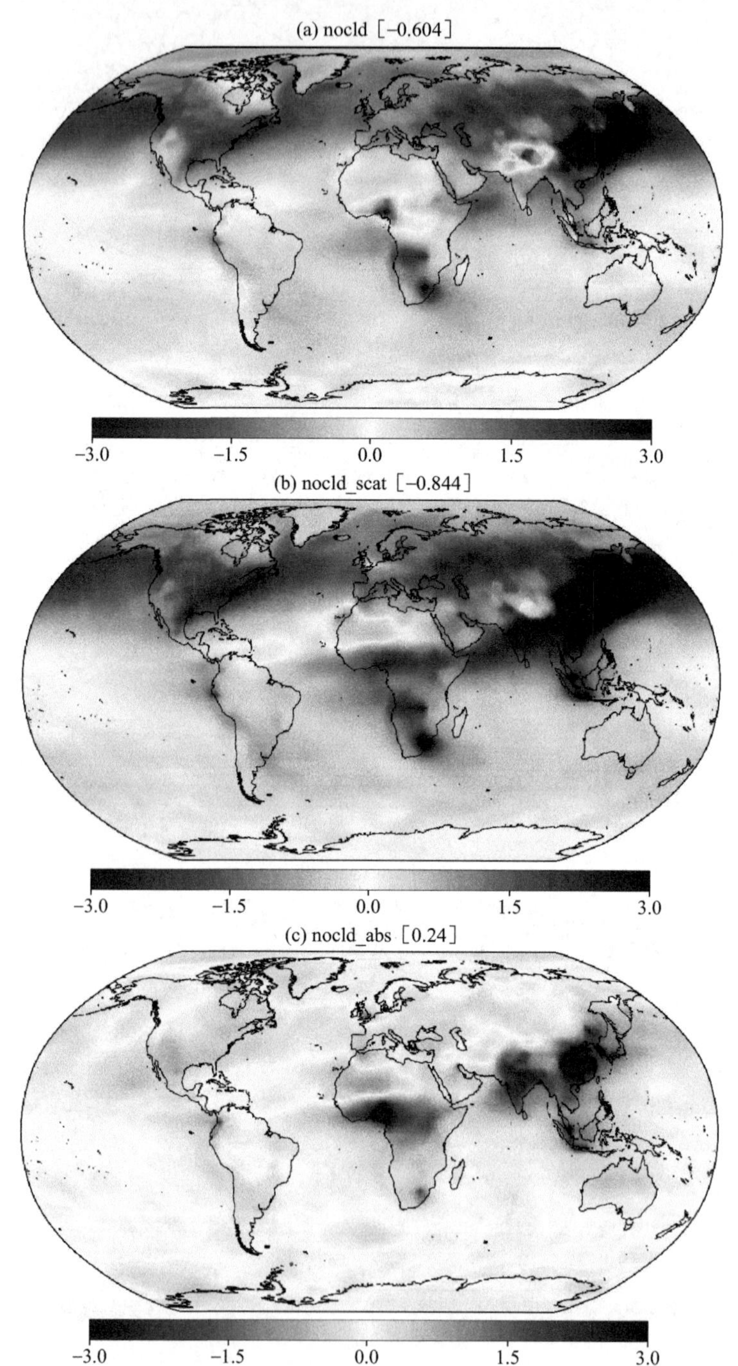

图 5.25　1850—2010 年大气中总人为颗粒物的变化造成的气溶胶-辐射相互作用产生的短波有效辐射强迫，由散射（b）和吸收（c）两部分组成的全球分布（单位：W・m^{-2}）

［图（a）为两部分的总和结果。此为原方案（L_{cf}=2 km）的模拟结果］

接近，且散射和吸收的结果也很相似。这表明两种方案对模拟 SW ERFari 的结果影响较小，这是因为不同方案对云-气溶胶相互作用影响可以忽略。

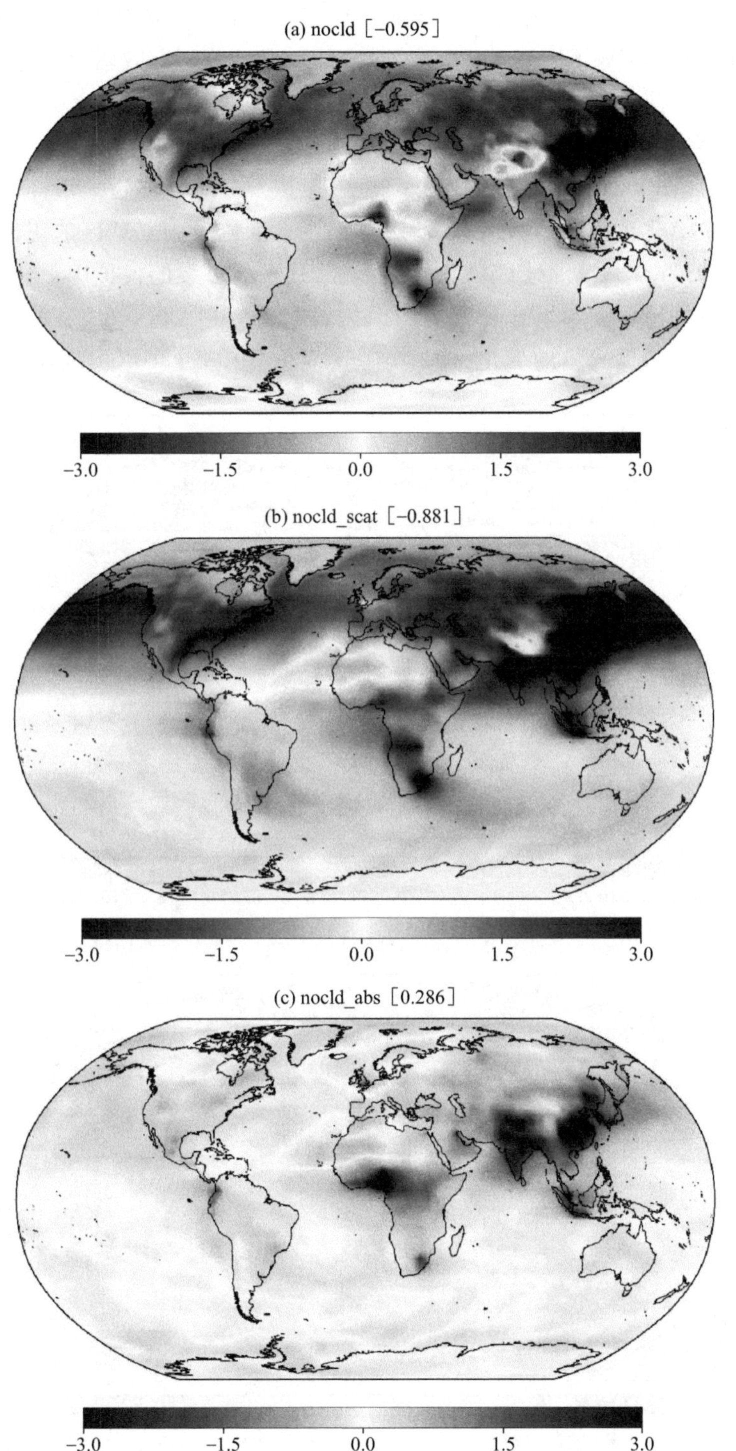

图 5.26　1850—2010 年大气中总人为颗粒物的变化造成的气溶胶-辐射相互作用产生的短波有效辐射强迫，由散射(b)和吸收(c)两部分组成的全球分布(单位：W・m^{-2})

［图(a)为两部分的总和结果。此为新方案(L_{cf}^{*})的模拟结果］

5.4.3 有效辐射强迫的差异来源

从上文的分析可以得出，两种方案对模拟 SW ERFaci 的差异较大，且新方案对模拟的结果有所改进。如何理解 SW ERFaci 模拟差异的原因，以及分析有效辐射强迫的差异来源是我们研究的重要部分。图 5.28 给出了两种方案下模拟得到的自工业革命以来人为颗粒物变化造成的由于云-气溶胶相互作用引起的短波有效辐射强迫。从图中可以看出，两种方案下模拟得到的 SW ERFaci 在全球空间分布上相似。正值区主要分布在赤道大西洋以及南美地区，且在新方案的模拟中上述正值区的数值有所减小，但在东亚以及南亚地区的正值有所增大；负值区主要分布在非洲最南部、澳洲地区以及西欧地区，且在新方案的模拟中上述负值区域的数值有所减小。为了更好地探究产生这种差异的原因，图 5.28 展示了 1850—2010 年大气中总人为颗粒物的变化造成的低云量的变化。对比图 5.27 和图 5.28 可以发现，SW ERFaci 与低云

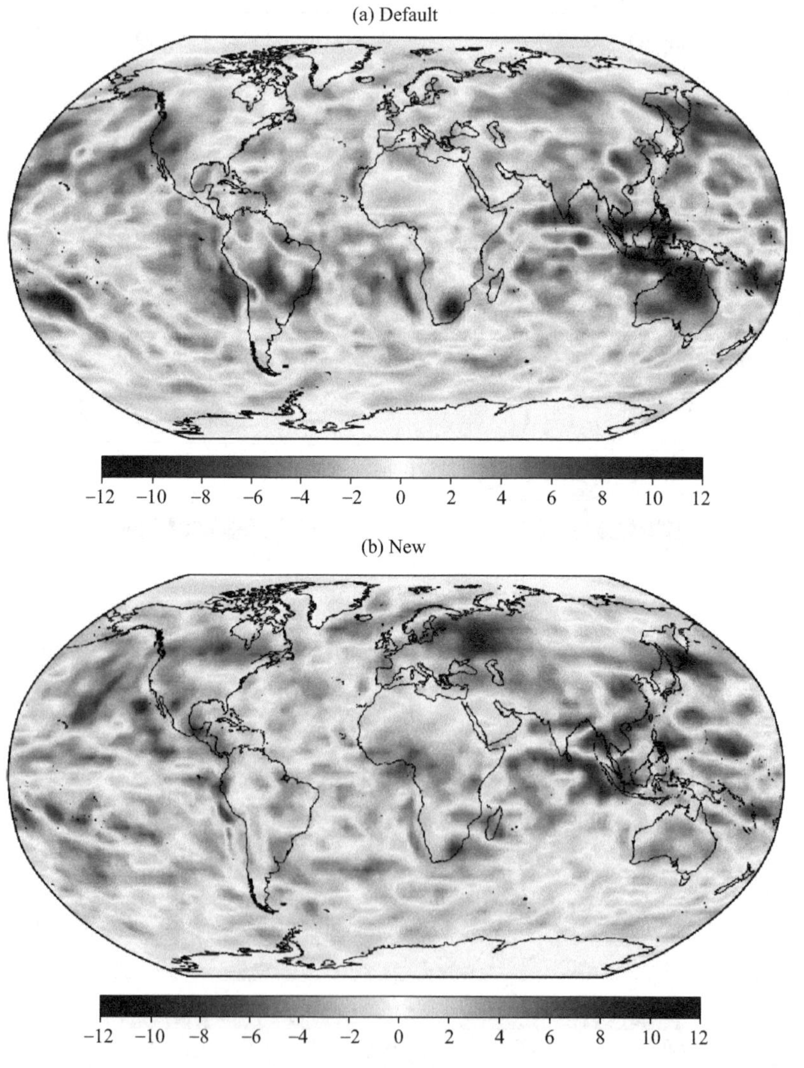

图 5.27 1850—2010 年大气中总人为颗粒物的变化造成的云-气溶胶相互作用产生的短波有效辐射强迫(单位：W・m^{-2})

(a)原方案的结果；(b)新方案的结果

量的变化呈现负相关。即低云量增加的地方，SW ERFaci 处于负值区域。例如，在新方案中非洲南部、北美地区以及澳洲地区的 SW ERFaci 为负值，对应上述地区低云量的变化表现为正值。由此可见，两种方案模拟 SW ERFaci 的差异，主要是由低云量模拟的差异导致的，且新方案下模拟得到的 SW ERFaci 更接近于 AR5 以来的平均值，这在上文中已经进行详细的分析，此处不再赘述。

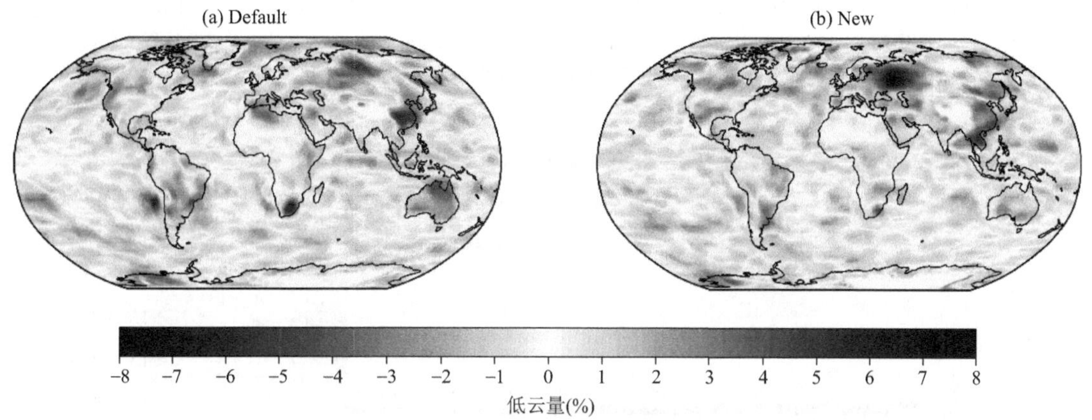

图 5.28　1850—2010 年大气中总人为颗粒物的变化造成低云量的变化

(a)原方案的结果；(b)新方案的结果

除短波有效辐射强迫外，长波有效辐射强迫的模拟差异也会对总的有效辐射强迫产生影响。但是在 APRP 方法中没有对长波的处理方法，因此我们采用 Zelinka 等(2014)的方法：利用云辐射效应将长波有效辐射强迫分解为 ERFaci 和 ERFari。此方法的优点是可以利用模式的标准输出进行计算，结果显示在表 5.5、图 5.29 中。表 5.5 给出了两种方案下模拟得到的长波、短波和总的有效辐射强迫及各个部分对有效辐射强迫的贡献。包括气溶胶-云相互作用引起的有效辐射强迫以及气溶胶-辐射相互作用引起的有效辐射强迫。而长波有效辐射强迫 aci 部分是由长波云辐射变化得到的，长波有效辐射强迫 ari 部分则由总的长波有效辐射强迫减去长波有效辐射强迫 aci 部分得到。

表 5.5　两种方案下模拟得到的有效辐射强迫各个部分的贡献(单位：$W \cdot m^{-2}$)

		$L_{cf}=2$ km	L_{cf}^{*}
SW ARI	scat	−0.844	−0.881
	abs	0.24	0.286
	sum	−0.604	−0.595
SW ACI	scat	−0.965	−0.886
	abs	0.032	0.049
	amt	0.061	−0.097
	sum	−0.872	−0.934
SW ERF	ARI+ACI	−1.476	−1.529
LW ERF	ARI	0.027	0.098
	ACI	0.158	0.252
	ARI+ACI	0.185	0.35

续表

		$L_{cf}=2$ km	L_{cf}^{*}
NET ERF	ARI	−0.577	−0.497
	ACI	−0.714	−0.682
	ARI+ACI	−1.291	−1.179

ARI:气溶胶辐射相互作用;ACI:气溶胶云相互作用;scat:散射;abs:吸收;amt:云量;sum:总和。短波有效辐射强迫包括ARI和ACI部分,采用APRP方法进行计算得到各个部分的值。长波有效辐射强迫ACI部分由长波云辐射变化得到,而长波有效辐射强迫ARI部分由总的长波有效辐射强迫减去长波有效辐射强迫ACI部分的值

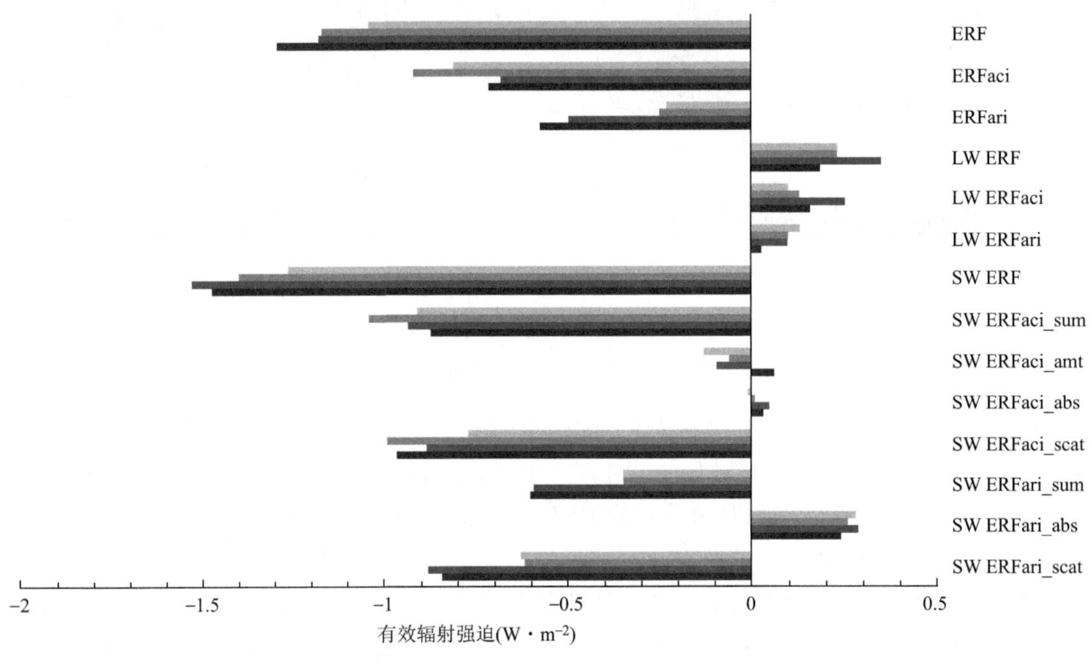

图 5.29 根据近似部分辐射扰动方法(对于短波有效辐射强迫)和云辐射效应(对于长波有效辐射强迫)诊断的有效辐射强迫的分量(图中包含两种方案、CMIP5 和 CMIP6 的结果)

利用 APRP 方法得到的总的 ERFari + aci 在新方案和原方案的模拟结果中分别为 −1.18 W · m^{-2} 和−1.29 W · m^{-2}。与 CMIP5 和 CMIP6 的结果相比,新方案的模拟结果与原方案相比,相对误差分别减少了 9.4%和 10.5%。对于原方案来说,总的 ERFari+ERFaci 中约有 45%来自 ERFari,55%来自 ERFaci,且短波部分贡献了−1.48 W · m^{-2},长波部分贡献了+0.19 W · m^{-2}。而在新方案中,ERFari 贡献了总的 ERFari+ERFaci 的 42%,ERFaci 贡献了总的 ERFari+ERFaci 的 58%,且短波部分贡献了−1.53 W · m^{-2},长波部分贡献了+0.35 W · m^{-2}。与原方案模拟结果相比,新方案中 ERFari 在总的 ERFari+ERFaci 中的占比降低,结合 AR5 以来 CMIP5 和 CMIP6 的多模式模拟结果发现新方案模拟有所改进,均表现为 ERFari 在总的 ERF 中的占比降低。对于短波有效辐射强迫,我们重点分析由于气溶胶-云相互作用引起的有效辐射强迫。原方案中 SW ERFaci 为−0.87 W · m^{-2},由散射(−0.97 W · m^{-2})、吸收(0.03W · m^{-2})和云量变化(0.06 W · m^{-2})三部分组成。而在新方案的模拟结果中,SW ERFaci 为−0.93 W · m^{-2},其中由散射、吸收和云量变化引起的短波有效辐射强

迫分别为－0.89 W·m^{-2}、0.05 W·m^{-2} 和－0.10 W·m^{-2}。两种不同抗相关厚度方案中模式模拟的 SW ERFaci，与 CMIP6 多模式平均结果相比，新方案的相对误差减少 2.2%。且由于云量变化引起的 SW ERFaci 的变化，在新方案的模拟结果中更符合 CMIP6 多模式平均值。

参考文献

陈洪滨，孙海冰，1999. 冰-水球形粒子在太阳短波段的吸收与衰减[J]. 大气科学，23：233-238.

廖国男，2004. 大气辐射导论[M]. 北京：气象出版社.

石怡宁，2020. 考虑暖云微物理特性垂直连续变化的宽带辐射传输参数化方案研究[D]. 南京：南京信息工程大学.

佟彦超，刘长盛，1998. 卷云与水云的短波透射与反射特性[J]. 大气科学，22：32-38.

BARKER H W，STEPHENS G L，FU Q，1999. The sensitivity of domain-averaged solar fluxes to assumptions about cloud geometry[J]. Quarterly Journal of the Royal Meteorological Society：125(558)：2127-2152.

BARKER H W，COLE J N，LI J，et al，2015. Estimation of errors in two-stream approximations of the solar radiative transfer equation for cloudy-sky conditions[J]. Journal of the Atmospheric Sciences，72：4053-4074.

BERGMAN J W，RASCH P J，2002. Parameterizing Vertically Coherent Cloud Distributions[J]. Journal of the Atmospheric Sciences：59(14)：2165-2182.

BOUCHER O，2013. Clouds and Aerosols，in Climate Change 2013：The Physical Science Basis. Contribution of Working Group I to the Fifth Assessment Report of the Intergovernmental Panel on Climate Change[M]. Cambridge Univ. Press，Cambridge，U. K.，and New York.

BOUNIOL D，PROTAT A，DELANOË J，et al，2010. Using continuous ground-based radar and lidar measurements for evaluating the representation of clouds in four operational models[J]. Journal of Applied Meteorology and Climatology，49(9)：1971-1991.

BROVKIN V，BOYSEN L，RADDATZ T，et al，2013. Evaluation of vegetation cover and land-surface albedo in MPI-ESM CMIP5 simulations[J]. Journal of Advances in Modeling Earth Systems，5：48-57.

BUCHOLTZ ANTHONY，1995. Rayleigh-scattering calculations for the terrestrial atmosphere[J]. Applied Optics，34：2765-2773.

CHEN RUIYUE，WOOD ROBERT，LI ZHANQING，et al，2008. Studying the vertical variation of cloud droplet effective radius using ship and space-borne remote sensing data[J]. Journal of Geophysical Research：Atmospheres，113：D8.

COLLIER M，JEFFFFREY S，ROTSTAYN L，et al，2011. The CSIRO-Mk3. 6. 0 Atmosphere-Ocean GCM：participation in CMIP5 and data publication[C]. International Congress on Modelling and Simulation-MODSIM.

DUAN MINZHENG，MIN QILONG，STAMNES KNUT，2010. Impact of vertical stratification of inherent optical properties on radiative transfer in a plane-parallel turbid medium[J]. Optics Express，18(6)：5629-5638.

FLYNN C M，MAURITSEN T，2020. On the climate sensitivity and historical warming evolution in recent coupled model ensembles[J]. Atmospheric Chemistry and Physics，20(13)：7829-7842.

GHAN S J，2013. Technical Note：Estimating aerosol effects on cloud radiative forcing[J]. Atmospheric Chemistry and Physics，13(19)：9971-9974.

HINKELMAN L M，ACKERMAN T P，MARCHAND R T，1999. An evaluation of NCEP Eta model predictions of surface energy budget and cloud properties by comparison with measured ARM data[J]. Journal of Geophysical Research: Atmospheres,104(D16): 19535-19549.

HOGAN R J,JAKOB C,ILLINGWORTH A J,2001. Comparison of ECMWF Winter-Season Cloud Fraction with Radar-Derived Values[J]. Journal of Applied Meteorology,40(3): 513-525.

HOGAN R J,ILLINGWORTH A J,2000. Deriving cloud overlap statistics from radar[J]. Quarterly Journal of the Royal Meteorological Society,126(569): 2903-2909.

JING X,SUZUKI K,2018. The Impact of Process-Based Warm Rain Constraints on the Aerosol Indirect Effect [J]. Geophysical Research Letters,45(19): 10729-10737.

JOSEPH J H,WISCOMBE W J,WEINMAN J A,1976. The delta-Eddington approximation for radiative flux transfer[J]. Journal of Atmospheric Sciences,33(12):2452-2459.

KATO T,1995. Perturbation theory for linear operators[M]. Springer.

KING M D, 1986. Harshvardhan, Comparative accuracy of selected multiple scattering approximations[J]. Journal of the Atmospheric Sciences,43:784-801.

LENTZ WILLIAM J,1976. Generating Bessel functions in Mie scattering calculations using continued fractions [J]. Applied Optics,15:668-671.

LETU H,ISHIMOTO H,RIEDI J,et al,2016. Investigation of ice particle habits to be used for ice cloud remote sensing for the GCOM-C satellite mission[J]. Atmospheric Chemistry and Physics,16:12287-12303.

LETU H,TAKASHI Y NAKAJIMA,TAKASHI N MATSUI,2012. Development of an ice crystal scattering database for the global change observation mission/second generation global imager satellite mission: investigating the refractive index grid system and potential retrieval error[J]. Applied Optics,51:6172-6178.

LI J,GELDART D J W,CHÝLEK PETR,1994. Solar radiative transfer in clouds with vertical internal inhomogeneity[J]. Journal of Atmospheric Sciences,51(17): 2542-2552.

LI J, RAMASWAMY V, 1996. Four-stream spherical harmonic expansion approximation for solar radiative transfer[J]. Journal of the Atmospheric Sciences,53(8): 1174-1186.

LÜ Q,LI J,WANG T,et al,2015. Cloud radiative forcing induced by layered clouds and associated impact on the atmospheric heating rate[J]. Journal of Meteorological Research,29(5): 779-792.

MACE G G,BENSON-TROTH S,2002. Cloud-Layer Overlap Characteristics Derived from Long-Term Cloud Radar Data[J]. Journal of Climate,15(17): 2505-2515.

MYHRE G,SAMSET B H,SCHULZ M,et al,2013. Radiative forcing of the direct aerosol effect from AeroCom Phase II simulations[J]. Atmospheric Chemistry and Physics,13(4): 1853-1877.

NOONKESTER V R,1984. Droplet spectra observed in marine stratus cloud layers[J]. Journal of the Atmospheric Sciences,1984,41:829-845.

OREOPOULOS L,LEE D,SUD Y C,et al,2012. Radiative impacts of cloud heterogeneity and overlap in an atmospheric General Circulation Model[J]. Atmospheric Chemistry and Physics,12(19): 9097-9111.

OVSAK A S,2015. Vertical structure of cloud layers in the atmospheres of giant planets. I. On the influence of variations of some atmospheric parameters on the vertical structure characteristics[J]. Solar System Research,49(1):43-50.

PAQUIN-RICARD D,JONES C, VAILLANCOURT P A,2010. Using ARM observations to evaluate cloud and clear-sky radiation processes as simulated by the Canadian regional climate model GEM[J]. Monthly Weather Review,138(3): 818-838.

POTTER G L,2004. Testing the impact of clouds on the radiation budgets of 19 atmospheric general circulation models[J]. Journal of Geophysical Research,109(D2): D02106.

RANDLES CYNTHIA A,STEFAN KINNE,MYHRE G,et al,2013. Intercomparison of shortwave radiative transfer schemes in global aerosol modeling: results from the AeroCom Radiative Transfer Experiment[J]. Atmospheric Chemistry and Physics,13:2347-2379.

SENGUPTA M,CLOTHIAUX E E,ACKERMAN T P,2004. Climatology of Warm Boundary Layer Clouds at the ARM SGP Site and Their Comparison to Models[J]. Journal of Climate,17(24): 4760-4782.

SHI Y N,ZHANG F,CHAN K L,et al,2019. An improved Eddington approximation method for irradiance calculation in a vertical inhomogeneous medium[J]. Journal of Quantitative Spectroscopy and Radiative Transfer,226: 40-50.

SLINGO A,1990. Sensitivity of the Earth's radiation budget to changes in low clouds[J]. Nature,343(6253): 49-51.

SMITH C J,KRAMER R J,MYHRE G,et al,2020. Effective radiative forcing and adjustments in CMIP6 models[J]. Atmospheric Chemistry and Physics,20(16): 9591-9618.

SONG H,LIN W,LIN Y,et al,2014. Evaluation of cloud fraction simulated by seven SCMs against the ARM observations at the SGP site[J]. Journal of Climate,27(17): 6698-6719.

STAMNES KNUT,et al,1988. Numerically stable algorithm for discrete-ordinate-method radiative transfer in multiple scattering and emitting layered media[J]. Applied optics,27(12): 2502-2509.

TAN I,STORELVMO T,ZELINKA M D,2016. Observational constraints on mixed-phase clouds imply higher climate sensitivity[J]. Science,352(6282): 224-227.

TAYLOR K E,CRUCIFIX M,BRACONNOT P,et al,2007. Estimating shortwave radiative forcing and response in climate models[J]. Journal of Climate,20(11): 2530-2543.

TOMPKINS A M,DI GIUSEPPE F,2015. An interpretation of cloud overlap statistics[J]. Journal of the Atmospheric Sciences,72(8): 2877-2889.

VON SALZEN K,SCINOCCA J F,MCFARLANE N A,et al,2013. The Canadian Fourth Generation Atmospheric Global Climate Model (CanAM4). Part 1: representation of physical processes[J]. Atmosphere-Ocean,51:104-125.

WANG P H,MINNIS P,MCCORMICK M P,et al,1998. A study of the vertical structure of tropical (20°S—20°N) optically thin clouds from SAGE II observations[J]. Atmospheric Research,47-48: 599-614.

WEBB M,SENIOR C,BONY S,2001. Combining ERBE and ISCCP data to assess clouds in the Hadley Centre,ECMWF and LMD atmospheric climate models[J]. Climate Dynamics,17(12): 905-922.

WIGLEY T M L,JONES P D,BRIFFA K R,1990. Obtaining sub-grid-scale information from coarse-resolution general circulation model output[J]. Journal of Geophysical Research,95(D2): 1943.

WISCOMBE W J,1980. Improved Mie scattering algorithms[J]. Applied Optics,19:1505-1509.

WOOD R,2012. Stratocumulus clouds[J]. Monthly Weather Review,140(8): 2373-2423.

WYANT M C,KHAIROUTDINOV M,BRETHERTON C S,2006. Climate sensitivity and cloud response of a GCM with a superparameterization[J]. Geophysical Research Letters,33(6): L06714.

YAN YAFEI,LIU YIMIN,LU JIANHUA,2016. Cloud vertical structure,precipitation,and cloud radiative effects over Tibetan Plateau and its neighboring regions[J]. Journal of Geophysical Research:Atmospheres,121(10): 5864-5877.

YANG PING,LIOU KUO-NAN,BI LEI,et al,2015. On the radiative properties of ice clouds: Light scattering,remote sensing,and radiation parameterization[J]. Advances in Atmospheric Sciences,32:32-63.

YANG WEN,2003. Improved recursive algorithm for light scattering by a multilayered sphere[J]. Applied Optics,42:1710-1720.

ZELINKA M D,ANDREWS T,FORSTER P M,et al,2014. Quantifying components of aerosol-cloud-radiation interactions in climate models[J]. Journal of Geophysical Research: Atmospheres,119(12): 7599-7615.

ZHANG B,GUO Z,CHEN X,et al,2020. Responses of cloud-radiative forcing to strong El Niño events over the Western Pacific warm pool as simulated by CAMS-CSM[J]. Journal of Meteorological Research,34(3): 499-514.

ZHANG FENG,YAN JIA-REN,LI JIANG-NAN,et al,2018. A new radiative transfer method for solar radiation in a vertically internally inhomogeneous medium[J]. Journal of the Atmospheric Sciences,75(1): 41-55.

第6章　云辐射的地基观测

本章首先介绍了中国科学院大气物理研究所香河辐射观测实验站(简称香河站)和内蒙古草原辐射加密观测网使用仪器及其观测数据,在进行数据质量控制的基础上,提出了基于地面辐射观测的晴空识别算法和云识别分类算法。基于香河站点长期地面观测数据分别发展了气溶胶辐射效应和云辐射效应估算方法,并探讨了站点区域气溶胶辐射效应变化特征和云辐射效应变化特征。

6.1　观测、数据和质量控制

6.1.1　站点及仪器介绍

6.1.1.1　BSRN中国观测站——香河站

中国科学院大气物理研究所香河辐射观测实验站(39°45′N,116°57′E),该站点在国家自然科学基金委员会、美国马里兰大学气象系及中国科学院野外台站网络项目共同支持下,于2004年10月在中国科学院大气物理研究所香河综合观测站正式建成。香河站配备了国际先进的辐射观测仪器,观测项目包括:太阳宽带总辐射(Global Horizontal Irradiance,GHI)、直接辐射(Direct Normal Irradiance,DNI)、散射辐射(Diffuse Horizontal Irradiance,DHI)、太阳光合有效辐射、太阳总紫外辐射、大气长波辐射(Downward Longwave Radiation,DLR)、太阳可见光和近红外波段的总、直接和散射辐射以及地表反照率等。此外,香河站还配备了CIMEL自动太阳光度计和全天空成像仪(Total Sky Imager,TSI),用以提供气溶胶和云的相关信息。

香河站2013年前对GHI、DNI和DHI的观测分别使用荷兰Kipp&Zonen公司生产的CM21型总日射表、美国Eppley Lab公司生产的垂直日射直接辐射表(Normal Incidence Pyrheliometer,NIP)和8-48型黑白型辐射表(Black&White)。2013年后,站点使用荷兰Kipp&Zonen公司生产的CM21型总日射表观测GHI和DHI,CH1型直射表观测DNI。CM21型是一种高性能的总辐射表,用于测量水平面上的辐射通量,即直接辐射和上半球2π角弧度天空内向下的散射辐射之和,该仪器完全依照国际ISO 9060二级仪器标准制定(Kipp&Zonen Instruction Manual CM21 Precision Pyranonmeter,2004)。NIP和CH1安装在太阳跟踪器上,通过测量垂直入射孔径内的太阳辐射观测DNI,符合国际ISO和世界气象组织(World Meteorological Organization,WMO)制定的第一类直接辐射仪器标准,是具有较高精度和可靠性的直接辐射表。Black&White用于测量GHI或DHI,其探测器的一半用硫酸钡涂成了白色,白色部分在可见光区具有与黑色部分截然不同的吸收系数,而在红外区则几乎具有与黑色部分相同的吸收系数,从而补偿玻璃罩的红外辐射(McArthur et al.,2000)。香河站配备双轴定位(2 Axis Position,2AP)和四象限太阳跟踪系统的太阳跟踪器(Solar tracker)。

CE-318 型号 CIMEL 自动太阳光度计是 NASA 和 LOA-PHOTONS(CNRS)联合建立的地基气溶胶遥感观测网——全球自动观测网(AErosol RObotic NETwork:AERONET)的基础观测仪器,可自动对准太阳和进行天空扫描,通过测量 440、670、870、936 nm 和 1020 nm 5 个观测波段(宽度为 10 nm)的辐射确定大气透过率和散射特性,提供气溶胶光学厚度(Aerosol Optical Depth,AOD)和可降水量(Precipitable Water Vapor,PWV)等参数的观测值。香河站自 2004 年 9 月起使用该仪器对气溶胶相关参数进行长期观测,为定量研究气溶胶辐射效应提供了所需观测资料(范学花 等,2013)。

香河站于 2005 年 1 月至 2009 年 12 月使用美国 Yankee Environmental Systems 公司生产的 TSI-440 型全天空成像仪进行天空情况的观测。该仪器可以在白天自动进行全天空 160°范围内云的持续性观测,是时空分辨率和准确率都较高的地基测云仪器。仪器主要包括遮光带、凸面镜、广角镜头和 CCD 照相机:遮光带用于遮挡太阳,避免阳光直射镜头和识别错误(将太阳误判为云),凸面镜将半球天空范围内的光线,反射进悬至于其上方的广角镜头,使 CCD 相机得以捕获天空的图像。天空图像以 352×288 像素分辨率的 24 位彩色 JPEG 格式。

所使用的主要观测仪器如表 6.1 和图 6.1 所示。

表 6.1 观测仪器及时间介绍

观测项目	仪器型号	观测时间(年.月)
总辐射	CM21	2004.10—2019.10
直接辐射	NIP	2004.10—2012.6
	CH1	2013.4—2019.10
散射辐射	Black&White	2004.10—2012.6
	CM21	2013.4—2019.10
气溶胶光学特性等	CE-318	2004.10—2019.10
全天空状况和云量等	TSI-440	2005.1—2009.12

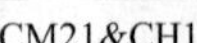
CM21&CH1

CE-318

TSI-440

NIP

Black&White

图 6.1 主要观测仪器

6.1.1.2　正镶白旗加密观测网

内蒙古草原淡积云(SCC)观测试验先后于 2015 年和 2016 年在内蒙古正镶白旗(BQ)布设了辐射表。2015 年辐射表架在内蒙古正镶白旗新河水库站(42.19°N,114.9°E),观测时间范围从 7 月 16 日至 8 月 11 日。2016 年 7 月 28 日—8 月 11 日在内蒙古正镶白旗进行了第二次积云-辐射相互作用观测试验。前期(7 月 9 日)已在观测中心点(白旗新河水库)及其周边,架设了 6 个辐射表,8 月 9 日又补充架设 3 个(图 6.2),观测时间持续到 10 月 10 日,涵盖了整个内蒙古草原夏季。图 6.3 给出了 2016 年内蒙古辐射观测网的数据获取情况。中心站辐射表(center)观测到 91 d 有效数据,子站辐射表 1～8 分别得到 81、89、92、94、94、64、64 d 及 64 d 数据。9 个辐射站共同观测天数为 50 d。

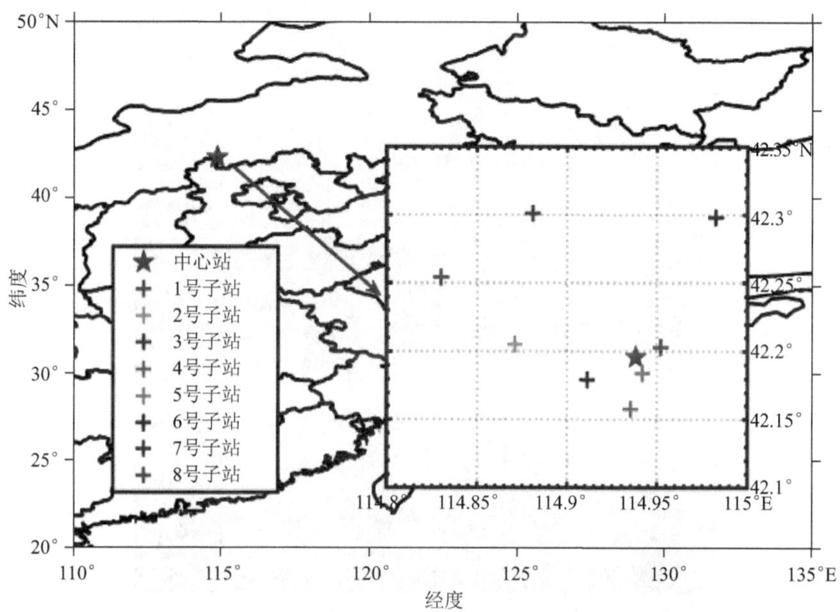

图 6.2　内蒙古草原辐射观测网(辐射网共 9 个站点,9 只总辐射表)

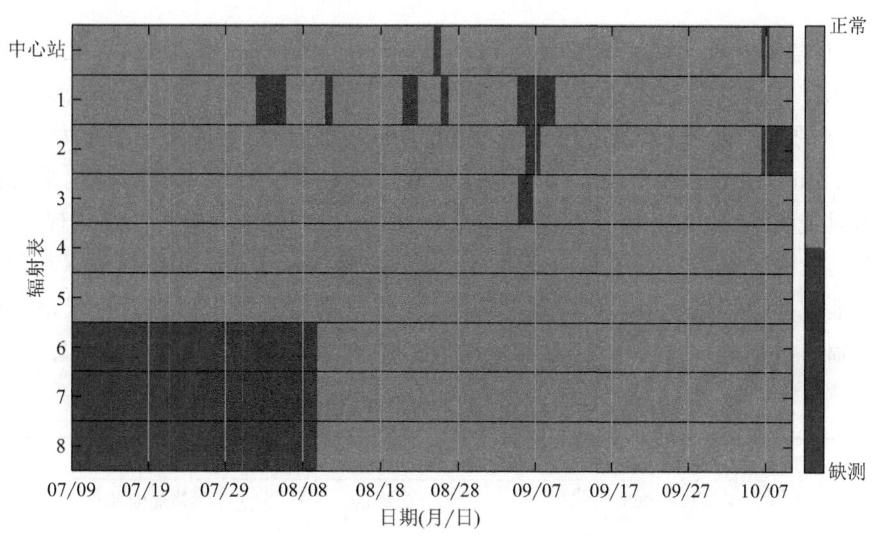

图 6.3　辐射网辐射表观测期间数据获取情况[1～9 辐射表中 1 个中心站(center)和周围 8 个辐射表(数字 2～9)。灰色代表数据获取正常;黑色代表没有数据]

辐射观测网由中心站点安装的一只 CMP11 型向上短波总辐射表及周边 8 个子站 SP-110 型向上短波总辐射表共同组成。图 6.4 为子站辐射表架设示意图。整个辐射表观测系统由 4 部分组成，分别是：向上的辐射表头；数据采集器（放在太阳能板箱子中）；提供电能的太阳能板及蓄电池；数据发射天线。辐射表头距离地面约 1.2 m，太阳能板提供了整个系统所需要的电能，8 个子站的数据传输均通过移动通讯信号实时传输到香河基准辐射观测站进行保存。辐射表布设在开阔的空地上，周围没有明显的遮挡。

图 6.4　辐射网子站点辐射表架设示意图（辐射系统由辐射表、太阳能板、Campbell 数据采集器以及数据发射天线）

CMP11 型总辐射表光谱波长范围为 285～2800 nm，SP-110 型总辐射表光谱波长范围为 350～1100 nm，具体仪器参数见表 6.2。辐射表之间距离最远约为 10 km，最近距离约为 2 km。辐射网的数据采集系统均为美国 Campbell 采集器，辐射量的采集频率为 1 Hz，原始存储的数据为 1 min，包括分钟平均以及标准偏差值。辐射表灵敏度系数的确定是观测团队在香河基准辐射观测站（BSRN，Baseline Surface Radiation Network）进行校准实现的，辐射表在安装使用前均已完成定标比对工作。辐射表记录的变量包括 1 min 内电压的平均值、最小值、最大值和标准偏差。根据辐射表的灵敏度系数，将数据采集器输出的辐射要素电压信号转为辐照度值。辐射数据处理过程中，经过相应的质量控制，剔除野点，数据质量可靠。

表 6.2　中心站和子站不同型号辐射表仪器参数

型号	波长范围(nm)	灵敏度系数($W \cdot m^{-2} \cdot V^{-1}$)	探测方式	响应时间
CMP11	310～2800	9.8	黑体热电堆	5 s
SP-110	350～1100	5	硅电池	1 ms

6.1.2　数据质量控制

太阳辐射的地表观测仪器空间覆盖率较低且分布不均匀，但在地面建立辐射观测系统仍是获取高精度长时间序列太阳辐射资料的最有效手段。在实际地面观测过程中，为获取高质量的太阳辐射数据集，需要对观测数据的准确性进行评估。导致地面观测太阳辐射数据偏离真实值的误差主要分为两类：仪器误差（equipment errors and uncertainties）和操作过程误差（operation related problems and errors）（Younes et al.，2004）。仪器误差指源于仪器本身的误差，例如由于辐射表与外部大气进行热交换损失能量而产生的"零漂移"（测量值系统偏低）。操作过程误差指仪器使用过程中可能产生的误差，包括 DHI 测量中遮日环（球）未成功遮挡太阳产生的误差、特殊天气（降水和沙尘等）污染仪器产生的误差和周围建筑物阴影造成的误差等。对观测资料进行质量评估与控制可以有效地发现错误数据并加以订正，从而为之后开展的分析研究提供高质量的数据基础。

考虑到香河站数据情况，直接使用我国普通辐射台站观测资料或基准地表辐射观测网（Baseline Surface Radiation Network，BSRN）推荐的质量评估方法可能会损失部分数据，难以进行有效的长期趋势分析。本小节对已有的质量评估方法进行调整，针对 2004 年 10 月至 2019 年 10 月的辐射数据进行质量评估，形成带质量标记的辐射数据集，了解观测期间辐射数据的质量状况。在获得质量评估结果的基础上，对满足质量控制要求的辐射数据进行比较分析，以期对香河站辐射观测数据的整体质量状况及其反映的辐射区域特征有基本了解。

首先，对观测过程中可能出现的"零漂移"和遮光球跟踪失误现象进行订正处理。订正方法如下：

1）"零漂移"订正

短波辐射表采用热电堆原理进行辐射测量。辐射表外层的半球玻璃罩暴露于大气中的温度略低于辐射表玻璃罩内的温度，热电堆传感器需向外发射红外辐射以抵消天空的辐射冷却效应，从而使传感器在夜间产生了负电压信号，即零漂移（也被称为热偏移）（Kipp&Zonen Instruction Manual）。零漂移在白天无法直接测量，但夜间太阳辐射为零，容易辨认出该现象产生的信号。对香河站 GHI 和 DHI 的零漂移现象进行订正的方法是：对于 SZA（太阳天顶角）的余弦（μ）小于 -0.0872、GHI 和 DHI 大于 $-20\ \mathrm{W \cdot m^{-2}}$ 并小于 $10\ \mathrm{W \cdot m^{-2}}$ 的样本，根据 DLR 和斯蒂芬-玻尔兹曼定律计算"零漂移"偏差值（NIR）：

$$\mathrm{NIR}=\mathrm{DLR}-\sigma T_{\mathrm{Dome}}^{4} \tag{6.1}$$

σ 为斯蒂芬-玻尔兹曼常数，T_{Dome} 为仪器玻璃外罩温度。

计算 NIR 与 GHI 的相关系数（R_{GHI}^{2}）并拟合 NIR 与 GHI 的线性关系，从而得到订正后的 GHI：

$$\begin{cases}\mathrm{GHI}=\mathrm{GHI}+\mathrm{abs}(k\cdot\mu+d),\ R_{\mathrm{GHI}}^{2}<0.5\\ \mathrm{GHI}=\mathrm{GHI}+\mathrm{abs}(\mathrm{GHI}_{\mathrm{mean}}),\ R_{\mathrm{GHI}}^{2}\geqslant 0.5\end{cases} \tag{6.2}$$

其中，k 和 d 为拟合得到的系数，$\mathrm{GHI}_{\mathrm{mean}}$ 为所有符合条件样本的平均值。DHI 的订正方法与 GHI 相同。

2）遮光球跟踪订正

针对遮光球部分遮挡和无法遮挡太阳直接辐射，从而影响散射辐射测量精度，按照指数关系拟合 μ 与 GHI$-$DNI$\cdot\mu-$DHI 的绝对值，并根据此关系对 DHI 进行修正。

使用的质量控制程序分为以下四个步骤。

(1)"物理可能值"检验

"物理可能值"检验的目的是检验辐射值是否在其物理理论最大值以及气候极值范围内。做法是将辐射表的分钟观测值与现今条件下各辐射量的阈值相比较,阈值大小与经过日地距离订正后的太阳常数和天顶角有关。该项检验的阈值标准参考 BSRN 推荐的质量控制方法(Long 和 Dutton,2009),GHI、DNI 和 DHI 的基础测值范围为-4～$2000\ \mathrm{W \cdot m^{-2}}$。其中,当$\mu>0$,$\mathrm{GHI}<1.5 \cdot SC \cdot \mu^{1.2}+100$(其中 SC 为太阳常数),$\mathrm{DHI}<0.95 \cdot SC \cdot \mu^{1.2}+50$;当$\mu<0$,GHI、DNI 和 DHI 应小于 $50\ \mathrm{W \cdot m^{-2}}$。以 2012 年 6 月 4 日为例,夜间部分 GHI 观测值低于$-4\ \mathrm{W \cdot m^{-2}}$,这部分异常值将被标记为无效数据,如图 6.5a 所示。

(2)建筑物检验

自 2016 年 11 月起,香河站东侧的高层建筑物在上午$\mu<0.22$时会影响辐射的测量,判定这部分数据无效,如图 6.5b 所示。

(3)太阳跟踪器检验

对于 SZA<89.5°且 GHI>0 的样本,可设 GHI 最大值($\mathrm{GHI_{max}}$)为:

$$\mathrm{GHI_{max}}=850 \cdot \mu^{1.2} \tag{6.3}$$

地表气压:

$$P_s=1013 \cdot (1-\mathrm{Altitude}/44300)^{5.256} \tag{6.4}$$

瑞利散射:

$$\mathrm{DHI}_R=209.3 \cdot \mu-708.3 \cdot \mu^2+1128.7 \cdot \mu^3-911.2 \cdot \mu^4+287.85 \cdot \mu^5+0.046725 \cdot \mu \cdot P_s \tag{6.5}$$

当 SZA<87.5°且 $\mathrm{GHI/GHI_{max}}>0.85$ 时,DNI 应大于 $2\ \mathrm{W \cdot m^{-2}}$;当 SZA<87.5°且 $\mathrm{GHI/GHI_{max}}>0.85$、DHI/GHI>0.85 时,DNI 应大于 $15\ \mathrm{W \cdot m^{-2}}$,DHI 应小于$\mathrm{DHI}_R$。例如图 6.5c 中的 2008 年 4 月 13 日,13:00 至 15:00 之间存在明显的太阳跟踪器故障。

(4)比较检验

各辐射量之间的关系是稳定的,例如:可以用总辐射测值与法线方向上直接辐射和散射辐射之和相比较,一般情况下,两者之间的偏差应在仪器测量误差范围内。具体如下:当 SZA≤75°且 $\mathrm{DNI} \cdot \mu+\mathrm{DHI}>50\ \mathrm{W \cdot m^{-2}}$ 时,$0.92<\mathrm{GHI}/(\mathrm{DNI} \cdot \mu+\mathrm{DHI})<1.08$;当 SZA>75°且 $\mathrm{DNI} \cdot \mu+\mathrm{DHI}>50\ \mathrm{W \cdot m^{-2}}$ 时,$0.85<\mathrm{GHI}/(\mathrm{DNI} \cdot \mu+\mathrm{DHI})<1.15$。此外,当 SZA<75°且 GHI>$50\ \mathrm{W \cdot m^{-2}}$ 时,DHI/GHI<1.05;当 SZA>75°且 GHI>$50\ \mathrm{W \cdot m^{-2}}$ 时,DHI/GHI<1.10。超出阈值的部分被标记为未通过比较检验,如图 6.5d 所示。GHI 观测不受太阳跟踪器和遮光球的准确性影响,被标记为无效数据的比例较小。DNI 与 DHI 的准确观测需要太阳跟踪器和遮光球/环正常工作,受影响的可能性更大,因而比较检验结果更多反映的是由于太阳跟踪器或遮光球故障导致直接辐射表与散射辐射表产生无效数据的比例。

表 6.3 给出了 2004 年 10 月至 2019 年 10 月香河站各辐射数据的质量评估情况。从缺测情况来看,香河站辐射表的运行状况良好,缺测及无效数据所占比例低于 6%,其中缺测率仅为 0.51%。总辐射表未通过物理可能值检验数据的比例不足 1%,直接辐射表与散射辐射表的运行状况较好,未通过率低于 0.05%,且不合格数据主要出现在夜间(如图 6.5a 所示)。尽管进行了"零漂移"和遮光球订正,未通过比较检验数据的比例仍然较大,达到了 2.46%。后续分析将使用通过质量控制程序的数据。

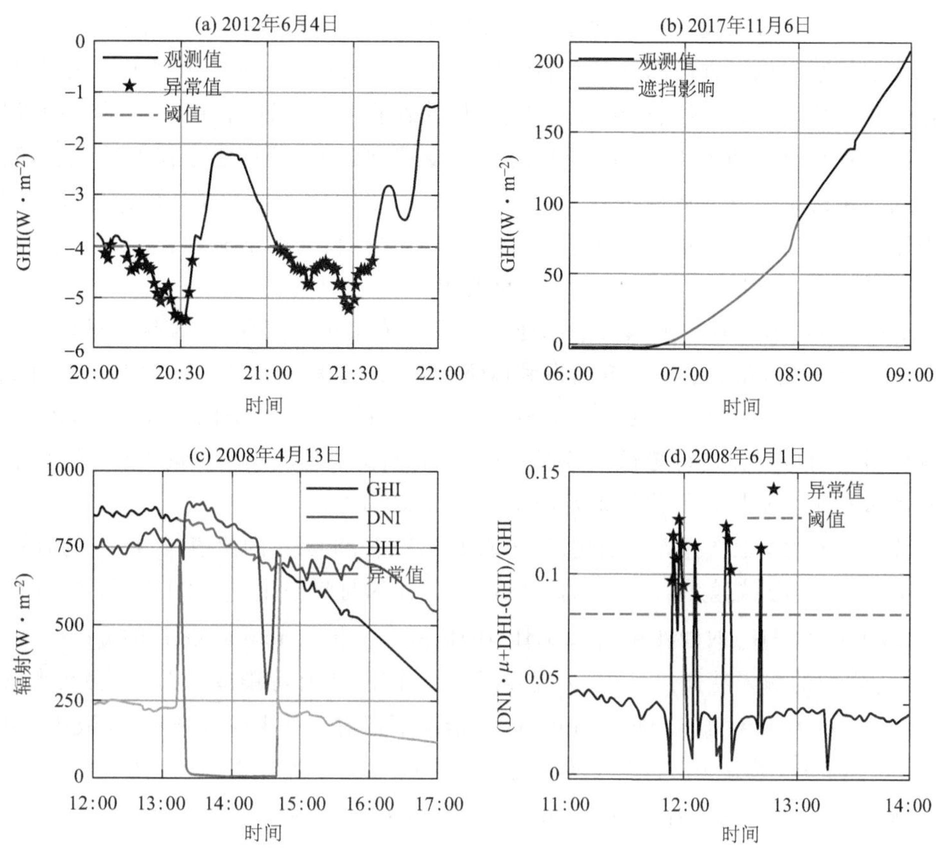

图 6.5　质量控制程序中异常值示例

(a)物理可能值检验;(b)建筑物检验;(c)太阳跟踪器检验;(d)比较检验

表 6.3　2004—2019 年香河站各辐射量的缺测率及四个质量控制步骤未通过率的统计结果

	样本量	缺测率	阈值检验	遮蔽物检验	太阳跟踪器检验	比较检验
GHI			0.94%		-	-
DNI	7538400	0.51%	0.03%	0.79%	0.40%	2.46%
DHI			0.002%			

6.2　基于观测识别算法

6.2.1　晴空识别算法

机器学习技术可以通过了解输入特征与输出结果之间的关系,建立一个准确率较高的分类或拟合模型,近 10 年在地球科学学科的理论开发和实际应用等方面得到了较为广泛的应用。已有一些研究将机器学习技术应用在使用辐射数据的晴空识别问题中,展现了机器学习技术在晴空识别方面的应用潜力。例如,Moreno-Tejera 等(2017)使用 k-medoids 算法和 DNI 数据建立的模型,可以将天空分为 11 种类型(完全晴朗、少云和多云等)。Kang 和 Tam(2013)利用 Markov 模型和 GHI 区分日天空状况(全天晴空,部分晴空和全天有云等)。Lee

等(2004)将卫星辐射数据输入支持向量机(SVM)模型对晴空、水云和冰云分类。然而,基于机器学习技术的晴空识别方法的发展和验证仍然缺乏全面研究。本小节以太阳辐射数据及相关参数作为输入特征,人工订正过的 TSI 晴空识别结果作为标签,利用一种常用的机器学习模型——随机森林(Random Forest,RF),建立晴空识别模型,最终建立长期且包含较为准确的晴空识别结果的太阳辐射数据集(Liu et al.,2021a,2021b)。选择 RF 模型的原因包括:①根据阈值进行分类的原理与现有 CSD[①] 方法类似;②拥有较高的准确性;③模型包含随机性,不容易出现过拟合;④可以评估输入特征的重要程度。

Gueyamrd 等(2019)利用美国大平原地区长期太阳辐射与 TSI 观测资料对现存的 21 种 CSD 方法进行了评估,在参数选择方面得到以下结论:①考虑多个参数的 CSD 方法比较稳健,例如 Reno 和 Hansen(2016);②相比于 GHI 和 DNI,DHI 对云的变化更加敏感,因此在晴空识别过程中最好对该参数进行考量;③利用移动的时间窗信息识别晴空的 CSD 方法可以有效避免云移动过程中个别样本的错误识别(Shen et al.,2018)。

本小节参考上述参数选择方面的建议,选取了 μ、DHI 和 GHI 的比值(k_d)、k_d 的时间变化量(Δk_d)、GHI 与大气顶总辐射(GHI_{toa})的比值(k_t)、GHI 的时间变化量(ΔGHI)、GHI 与 GHI_{cs} 的比值(k_c)、ΔGHI 与 GHI_{cs} 时间变化量(ΔGHI_{cs})的比值(γ),和 11 min 内 GHI 的标准差(Std11)共 8 个变量作为模型的输入特征。其中,μ 起时间参考作用;当有污染或云时 k_d 会较大,k_t 会较小;k_c 和 γ 表征 GHI 和 GHI_{cs} 的吻合程度;碎云情况下辐射会产生较大波动,导致较大的 Δk_d、ΔGHI 和 Std11,此外,考虑 Std11 还可以避免误识别 GHI 波动过程中的个别样本。为避免极大极小值影响模型结果,在训练前对部分变量进行了修正,8 个变量的样本量分布如图 6.6 所示。

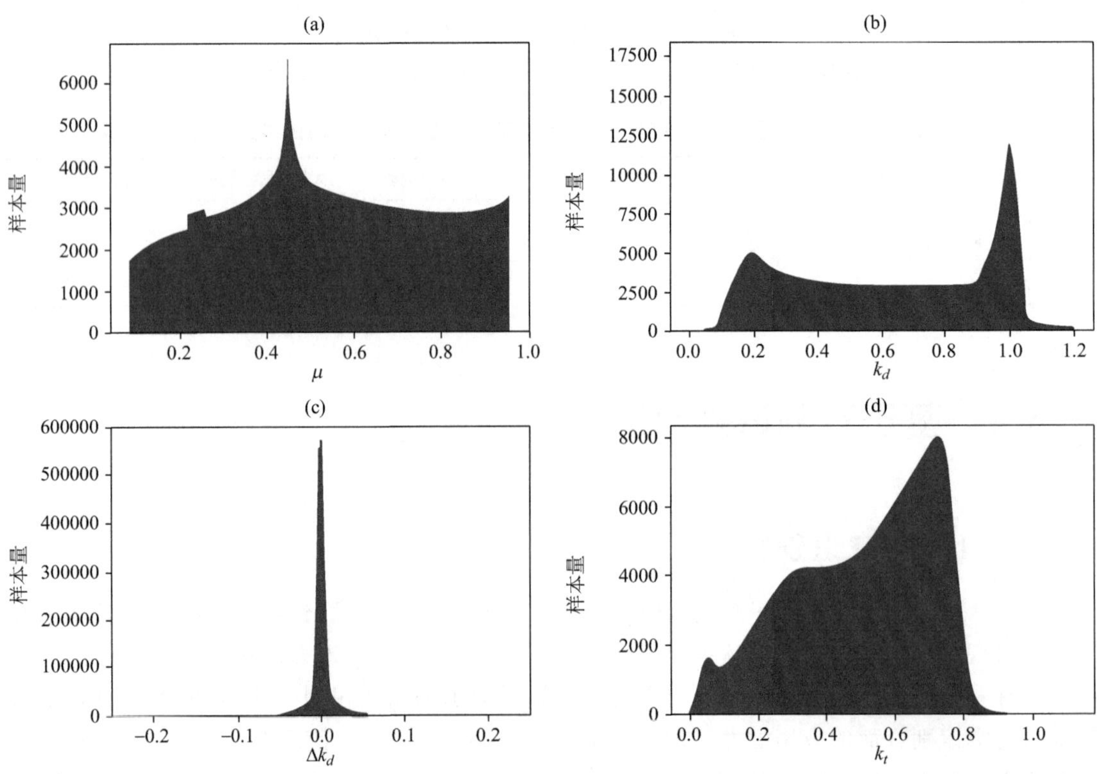

① CSD:晴空识别(Clear Sky Detection:CSD)

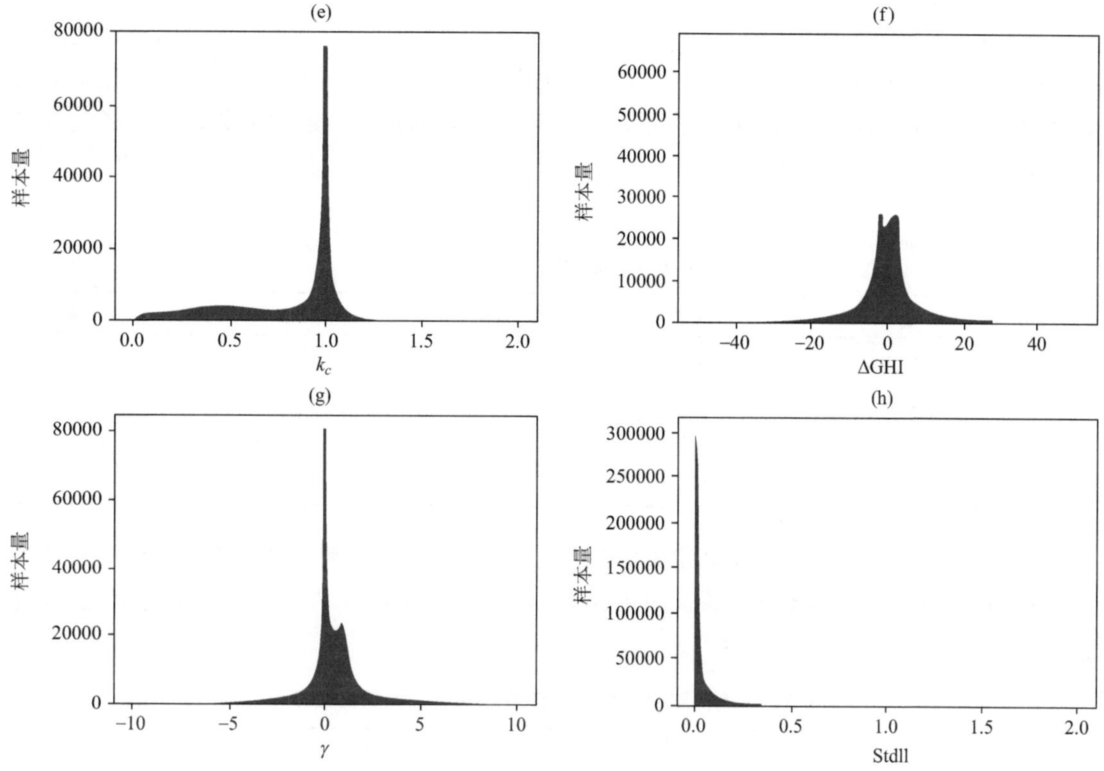

图 6.6　机器学习模型输入特征样本分布

为减少不同输入特征量级对模型的影响，对所有特征进行归一化，归一化方法如公式(6.6)所示。归一化后的数据集被随机分为90%的训练集和10%的测试集。

$$x' = \frac{x - \min(x)}{\max(x) - \min(x)} \tag{6.6}$$

以Python3.7为计算平台，利用网格搜索和10折交叉验证的方法对训练集数据进行模型的参数调整，最终获取最优参数，建立模型的流程如图6.7所示。

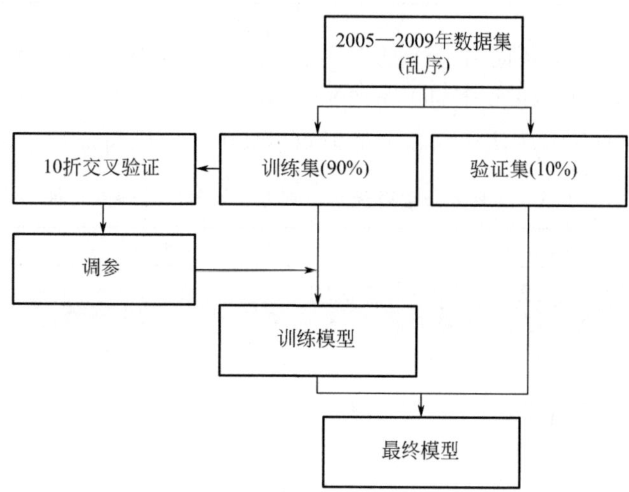

图 6.7　模型训练和验证流程

对 RF 模型的四个主要参数进行参数优化，包括：n_estimators（RF 模型中“树”的个数）、min_samples_split（“树”内部分支节点所需的最小样本数）、max_features（分类时考虑的最大特征数）和 max_criterion（区分“树”时的特征评价标准）。参数调整范围和模型误差指标如表 6.4 所示。其中，正确率为识别正确样本量与全部样本量的比值。最优参数设置的模型在晴空和有云情况下的平均正确率为 0.915（表 6.4），晴空和有云情况下的正确率分别为 0.88 和 0.93。

表 6.4 最优参数及正确率

	参数	范围	搜索间隔	最优解	正确率
RF	n_estimators	50:150	25	125	0.915
	min_samples_split	2:10	2	2	
	max_features	“sqrt” “log2”	—	“log2”	
	max_criterion	“gini” “entropy”	—	“entropy”	

最优参数及全部训练集数据被用于模型训练，以获取最优模型。最优模型对输入特征的重要性进行了排序。与其他输入特征相比，μ，k_d，ΔGHI 和 Std11 表现出较高的重要性，幅度分别为 0.12、0.19、0.15 和 0.24（表 6.5）。

表 6.5 训练得到的随机森林模型输入特征的重要性排序

输入特征	重要性
μ	0.12347709
k_d	0.18787232
Δk_d	0.04955391
k_t	0.09550423
ΔGHI	0.15082459
k_c	0.06054197
γ	0.09280072
Std11	0.23942517

自 1990 年起，有多位学者提出 CSD 方法并得到了广泛应用，这些方法及其所需输入特征如表 6.6 所示（Perez et al.，1990；Ineichen，2006；Zhang et al.，2018）。本小节数据资料除了不具备 Bright 等（2020）的方法使用的晴天散射辐射（DHI_{cs}）外，可应用于其他所有 CSD 方法。

表 6.6 现有太阳辐射晴空识别方法及其所需输入特征

	μ	GHI_{toa}	GHI	DNI	DHI	GHI_{cs}	DNI_{cs}	DHI_{cs}	AOD
Alia-Martinez 等（2016）	√		√			√			
Batlles 等（2000）	√	√	√		√				
Bright 等（2020）	√		√		√	√		√	
Ellis 等（2018）			√			√			
Garcia 等（2014）	√		√		√				√
Gueymard（2013）	√			√			√		
Ineichen（2006）	√	√		√					

续表

	μ	GHI_{toa}	GHI	DNI	DHI	GHI_{cs}	DNI_{cs}	DHI_{cs}	AOD
Ineichen 等(2009)	√	√	√		√				
Ineichen(2016)	√	√	√	√					√
Inman 等(2015)			√	√		√	√		
Larraneta 等(2017)	√			√			√		
Lefevre(2013)	√	√	√		√				
Long 和 Ackerman(2000)	√		√		√				
Perez 等(1990)	√			√	√				
Polo 等(2009)	√		√			√			
Quesada-Ruiz 等(2015)			√			√			
Reno 和 Hansen(2016)			√			√			
Ruiz-Arias 等(2019)	√		√		√				√
Shen 等(2018)	√			√					
Xie 和 Liu(2013)	√	√	√	√		√	√		
Zhang 等(2018)	√		√			√			
Zhao 等(2018)	√			√			√		

将测试集数据分别输入建立的 RF 模型和现有的 CSD 方法，利用混淆矩阵的方法将晴空识别结果与人工订正的 TSI 结果进行了对比，对比结果如表 6.7 所示。混淆矩阵由四类组成：真实阳性(True Positive，TP)、真实阴性(True Negative，TN)、虚假阳性(False Positive，FP)和虚假阴性(False Negative，FN)。*TP* 表示建立的模型或 CSD 方法和人工订正 TSI 结果都认为该样本是晴空，而 *TN* 表示两者都识别为有云。*FP*(*FN*)是样本分别被模型或 CSD 方法识别为有云(晴空)，但人工订正 TSI 结果将样本识别为晴空(有云)。

根据表 6.7，传统 CSD 方法中，较高的晴天正确率通常伴随着较低的有云正确率。例如，Quesada-Ruiz 采用较为宽松的阈值标准来识别晴空，拥有较高的 *TP*(43.23%，即超过 99%的晴空被正确识别)，但该方法探测有云的性能较差($TN=11.30\%$)。而有云正确率较高的 CSD 方法由于采用较为严格的晴空识别阈值标准，容易将晴空识别为有云。例如，Garcia、Ineichen06、Long 和 Ackerman，无法正确识别出大部分的晴空样本($TP<1\%$)，但保证了高有云正确率($TN>56\%$)。除了 Gueymard 和 Zhao 等部分方法同时拥有较高的 *TP* 和 *TN*(*TP* 在 30%以上，*TN* 在 40%以上)外，大部分传统 CSD 方法很难同时在晴空和有云条件下达到较高的正确率。而本小节利用机器学习技术建立的晴空识别模型同时拥有较高的 *TP*(38.68%)和 *TN*(52.77%)。

表 6.7　随机森林模型及现有基于太阳辐射晴空识别方法与人工订正全天空成像仪的结果对比

太阳辐射晴空识别方法	*TP*(%)	*TN*(%)	*FP*(%)	*FN*(%)
Alia-Martinez 等(2016)	19.57	53.87	24.15	2.40
Batlles 等(2000)	26.21	41.97	17.50	14.30
Ellis 等(2018)	27.47	49.11	16.24	7.16
Garcia 等(2014)	0.52	56.22	43.19	0.05
Gueymard(2013)	33.82	42.73	9.89	13.53
Ineichen(2006)	29.11	48.68	14.60	7.59

续表

太阳辐射晴空识别方法	*TP*(%)	*TN*(%)	*FP*(%)	*FN*(%)
Ineichen 等(2009)	23.59	39.70	20.12	16.57
Ineichen(2016)	0.21	56.15	43.51	0.12
Inman 等(2015)	29.88	50.45	13.83	5.81
Larraneta 等(2017)	28.58	47.34	15.13	8.93
Lefevre(2013)	24.37	47.83	19.34	8.43
Long 和 Ackerman(2000)	0.52	56.22	43.19	0.05
Perez 等(1990)	18.08	54.14	25.63	2.12
Polo 等(2009)	21.93	54.87	21.78	1.39
Quesada-Ruiz 等(2015)	43.23	11.30	0.48	44.97
Reno 和 Hansen(2016)	19.06	52.18	24.65	4.09
Ruiz-Arias 等(2019)	1.52	56.14	42.19	0.13
Shen 等(2018)	1.03	56.25	42.69	0.02
Xie 和 Liu(2013)	22.03	43.29	21.69	12.98
Zhang 等(2018)	11.99	52.28	31.72	3.99
Zhao 等(2018)	34.72	41.21	8.99	15.06
RF(本研究)	38.68	52.77	5.03	3.50

四个典型案例(图 6.8)用于进一步展示 RF 模型和现有 CSD 方法性能的差异(图 6.9)：①2009 年 1 月 14 日清洁情况下(AOD=0.08)的晴天(图 6.8a)；②2009 年 1 月 15 日污染情况下(AOD=0.52)的晴天(图 6.8b)；③2009 年 1 月 16 日污染情况下(AOD=0.69)的云天(图 6.8c)；④2009 年 3 月 24 日是较为清洁情况下(AOD=0.14)上午有云(图 6.8d)，下午无云(图 6.8e)的一天。

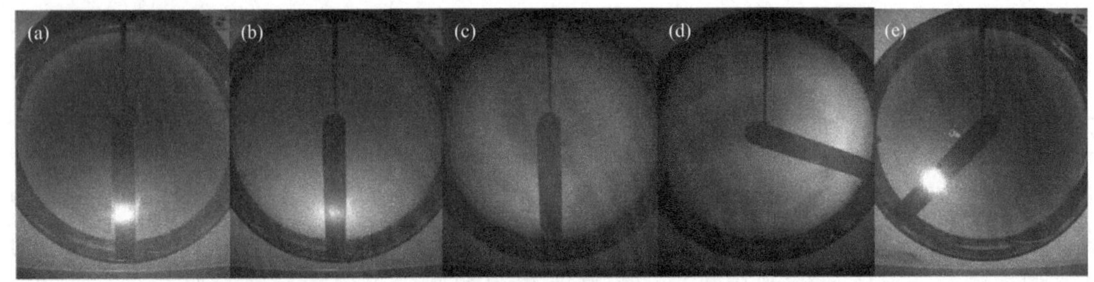

图 6.8 四个典型案例的 TSI 图像(a)2009 年 1 月 14 日 12:00；(b)2009 年 1 月 15 日 12:00；(c)2009 年 1 月 16 日 12:00；2009 年 3 月 24 日(d)09:00 和(e)15:00(上述时间为北京时间)

如图 6.9 所示，使用较为宽松阈值标准的 CSD 方法，如 Quesada-Ruiz，可以识别出几乎所有的晴空样本；然而，大量 2009 年 1 月 16 日的有云样本被错误识别为晴空。使用较为严格阈值标准的 CSD 方法，例如，Garcia、Ineichen16、Long 和 Ackerman，即使在清洁且晴朗的 2009 年 1 月 14 日也没有识别出任何晴空样本。Ineichen09 和 Perez 可以有效识别出 1 月 14 日和 3 月 24 日大气洁净情况下的晴空，但无法识别出 2009 年 1 月 15 日污染情况下的晴空。Ellis、Inman、Reno 和 Hansen 可以正确识别出大部分的晴空，但 RF 模型可以在清洁和污染情况下正确识别出几乎所有的晴空和有云样本。

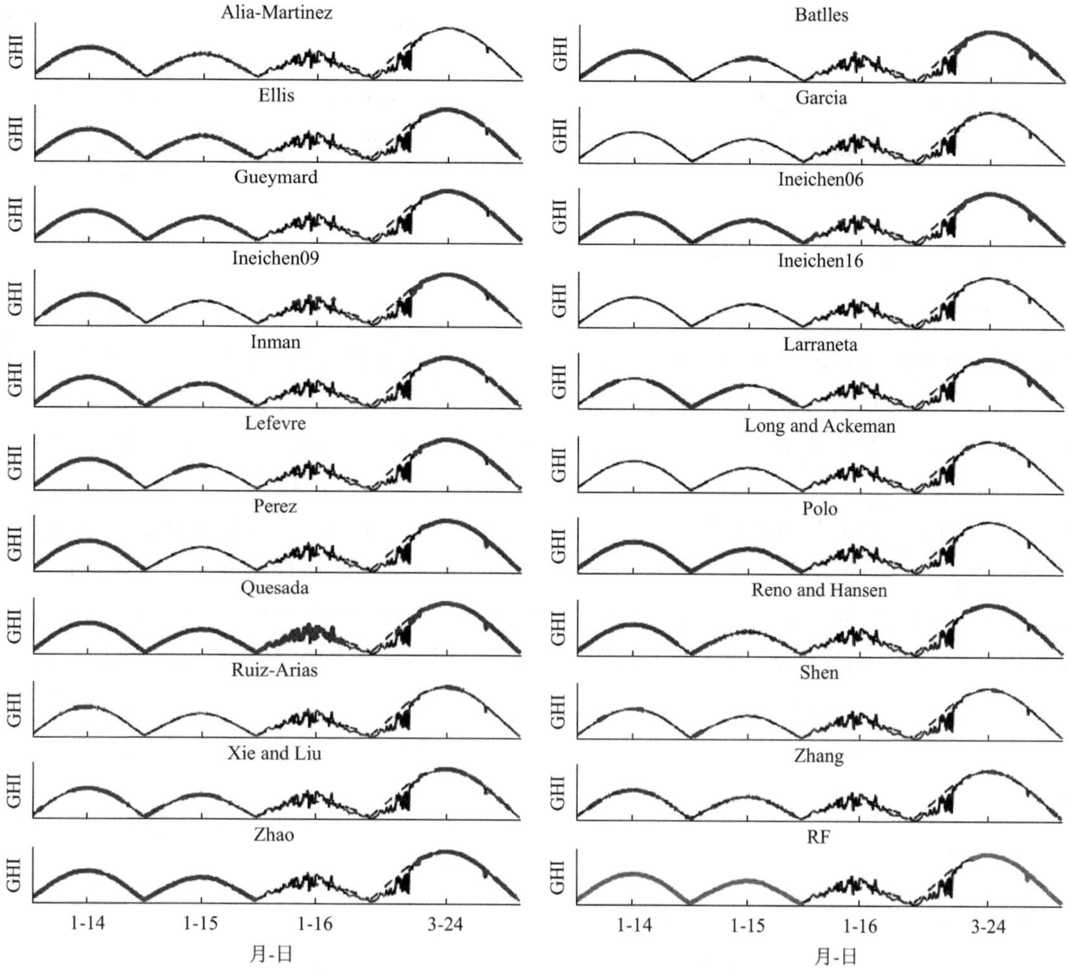

图 6.9　图 6.8 中四个典型案例的晴空识别结果。其中，黑色线代表 GHI，灰色线代表不同太阳辐射晴空识别方法识别的晴空

图 6.10 评估了建立的晴空识别模型在不同大气污染程度下的性能：晴空正确率随着污染程度的增加而降低，但在污染严重的情况下（AOD>1），晴空正确率仍然高于 0.8；有云正确率

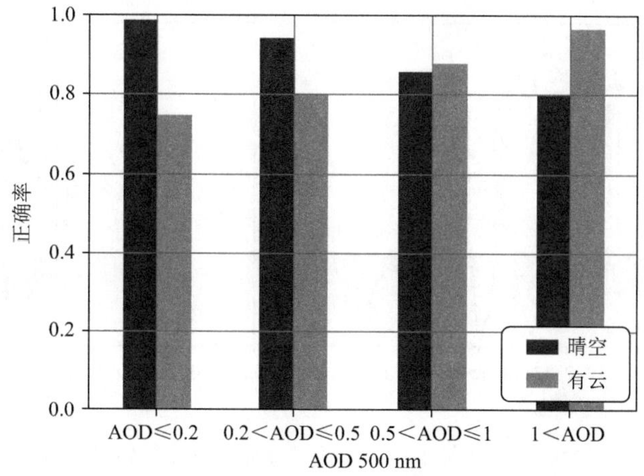

图 6.10　建立的晴空识别模型在不同 AOD 水平下的晴空和有云正确率

与晴空正确率呈相反的变化趋势，随污染程度的增加而增加，自 0.75（AOD＜0.2）增加到 0.95 以上（AOD＞1）。

综上所述，本小节将利用机器学习技术建立的晴空识别模型应用于 2004—2019 年的太阳辐射数据，获取拥有较为准确晴空识别结果的太阳辐射数据集，其中晴空样本 1072113 个，有云样本 1763679 个。

6.2.2 云识别分类算法

当 SCC 移动经过总辐射表遮挡太阳光的时候，低云移动的速度远大于太阳光束偏移速度，太阳移动速度可以忽略（Duchon et al.，1999）。晴空无云时，辐射表的辐照度信号主要来自太阳光，在气溶胶浓度较低时散射辐射度约占 15%。当天空有云遮挡太阳光时，辐照度随之减小。图 6.11 给出了晴空、阴天、积雨云（Cb）、淡积云（SCC）条件下地表总辐射测量结果，显示不同云况下总辐射有明显区别。晴天条件下（图 6.11a），地面接收到的短波总辐射曲线光滑，随太阳天顶角变化而平滑的变化。当全天云量为 10 成时，短波总辐射远远小于晴空总辐射值（图 6.11b），辐射表接收到的总辐射通量近似于全天空散射辐射通量。图 6.11c 为当地时间 15:00 时刻经历积雨云天气的情况，在 15:00 时刻总辐射减少到 20 W·m^{-2}，持续近 1 h。图 6.11d 为典型淡积云天情况，总辐射值在 10:30 时刻开始出现上下变动，变化幅度大，此后有多次变动，15:00 后显著变动消失，期间总辐射最小值为 200 W·m^{-2}，这种现象主要是由 SCC 的空间分布不均匀造成的。Berg 等（2011）指出，SCC 瞬时短波辐射强迫变化很大，从

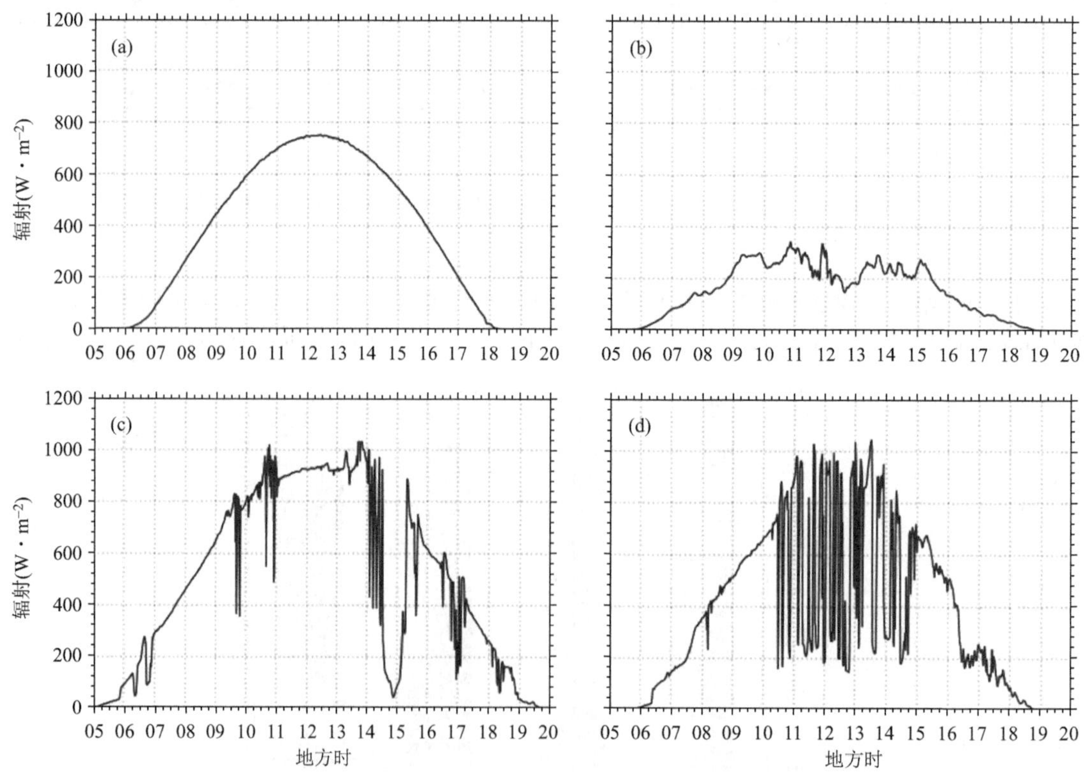

图 6.11 不同类型天空状况下白旗观测站地面向下短波辐射通量时间序列图

(a)晴空，2016 年 9 月 24 日；(b)阴天，2016 年 9 月 1 日；(c)积雨云(Cb)，2016 年 7 月 23 日；(d)淡积云(SCC)，2016 年 9 月 5 日

$-565\ W \cdot m^{-2}$ 到 $200\ W \cdot m^{-2}$，短波辐射强迫小时平均值为 $-45\ W \cdot m^{-2}$。根据上述特点，选取 SCC 天的三个变量：辐射强迫(CRF)、透过率(τ)以及辐射通量时间变化率(dif)进行统计分析，计算公式如下：

$$\mathrm{CRF} = F_{\mathrm{obs}} - F_{\mathrm{clear}} \tag{6.7}$$

$$\tau = F_{\mathrm{obs}} / F_{\mathrm{clear}} \tag{6.8}$$

$$\mathrm{dif} = |\Delta F_{\mathrm{obs}}| / \Delta t \tag{6.9}$$

其中，F_{obs} 是辐射表观测得到地面短波总辐射通量(单位：$W \cdot m^{-2}$)，F_{clear} 是根据 Long(2000) 方法拟合的晴空短波总辐射通量，τ 是短波辐射通量观测值与晴空短波辐射通量拟合值的比(即透过率)，dif 是单位时间内观测的短波辐射通量变化的绝对值(单位：$W \cdot m^{-2} \cdot min^{-1}$)。

根据人工观测记录，2015 年 8 月 6 日、8 日和 9 日 3 d 白天出现了典型 SCC。通过统计总辐射观测值出现的每一次抖动，图 6.12 给出这 3 d CRF、τ 以及 dif 的统计特征分布，给定 SCC 对应的三个量的阈值范围：CRF$<-45\ W \cdot m^{-2}$，$\tau<0.9$，dif$>150\ W \cdot m^{-2} \cdot min^{-1}$。图 6.12a 中 CRF 大于 0、$\tau$ 大于 1 说明总辐射观测值与晴空模拟值接近，甚至超过晴空模拟值，这种波动是由于 SCC 侧边散射太阳辐射造成的地面辐射通量“异常”增加(陈洪滨，1997)。

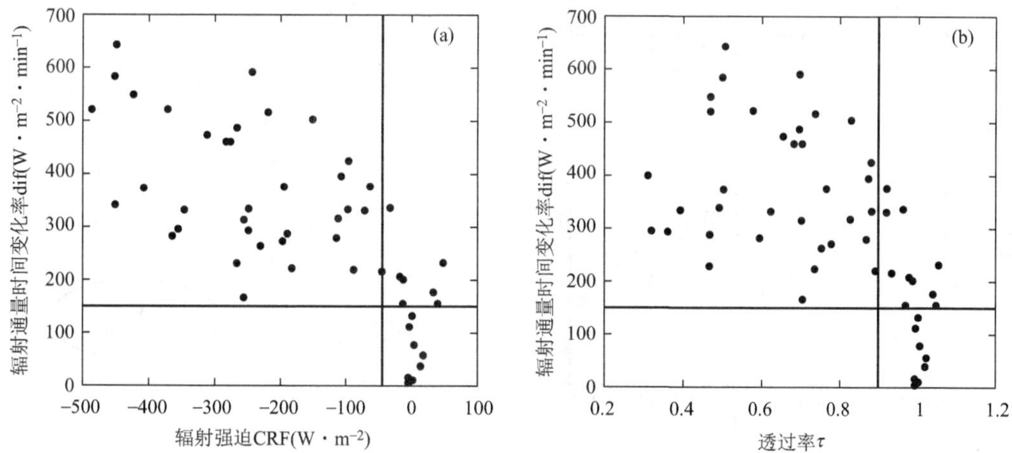

图 6.12　SCC 天气(2015 年 8 月 6 日、8 日及 9 日)辐射强迫、透过率以及辐射通量变化率统计值
[黑色实线为 SCC 特征阈值(CRF<-45，τ<0.9，dif>150)]

根据上述 SCC 天气的地面总辐射值变化特点以及特征阈值，建立 SCC 检测识别算法及 SCC 水平尺度算法。图 6.13 为 SCC 检测识别算法具体流程(施红蓉 等，2018)。首先参考 Long 等(2000)、汤金平等(2011)经验公式拟合晴天地表向下太阳总辐射，当云量为 10 成或者全天下雨时，经验公式不能正确拟合出晴空地表总辐射，拟合参数 a 小于 800，将这种天空状况剔除；对成功拟合出晴空地表总辐射的情况进行下一步筛选，当总辐射观测值抖动时间间隔大于 40 min，并且 τ 小于 0.5 时，算法判定此过程经历了层积云或者积雨云；对没有出现这种情况进一步筛选，当太阳天顶角小于 70°时，地表总辐射值抖动变化满足阈值条件的情况，检定为 SCC 天。

当天空有 SCC 时，SCC 遮挡太阳辐射将造成地表太阳总辐射值显著减少，遮挡时间与 SCC 水平尺度有关；随着 SCC 移开，地表太阳总辐射值随之增加。忽略 SCC 垂直尺度时(图

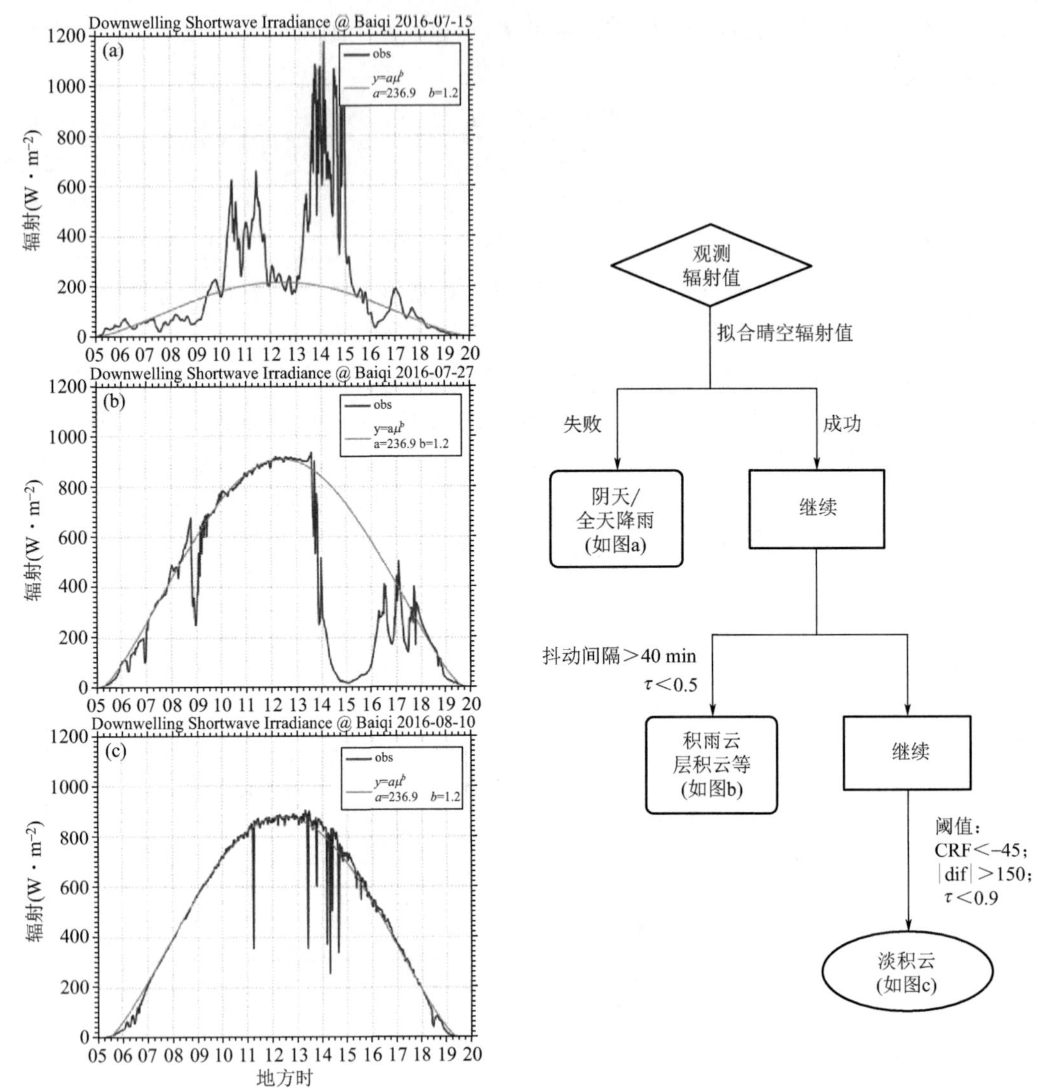

图 6.13 SCC 检测识别算法流程图(施红蓉 等，2018)

6.14a)，同样一朵 SCC 遮挡辐射表的时间，在不同太阳天顶角下没有区别；只考虑 SCC 垂直尺度时(图 6.14b)，同样一朵 SCC 遮挡辐射表的时间与太阳天顶角相关，太阳天顶角越小，遮挡时间越长；研究结果表明 SCC 水平尺度和垂直尺度相当(Stull et al.，1984)(图 6.14c)，SCC 的水平尺度 L(单位：m)计算公式如下：

$$L=\frac{U\cdot\Delta t}{1+\tan(\mathrm{SZA})/A_r} \tag{6.10}$$

其中，U 为淡积云移动速度，用淡积云所在高度的水平风速代替(单位：m·s^{-1})；Δt 为总辐射值减少的时间长度(单位：s)；SZA 为太阳天顶角(单位：rad)；A_r 是水平尺度与垂直尺度的比值，设定 A_r 为 1。Chandra 等(2013)计算了 A_r，得到近 60%的淡积云 A_r 小于 1，A_r 最大能到 4.8。

利用 SCC 检验识别算法对 2016 年夏季内蒙古白旗观测点 94 d 地面短波总辐射数据进行

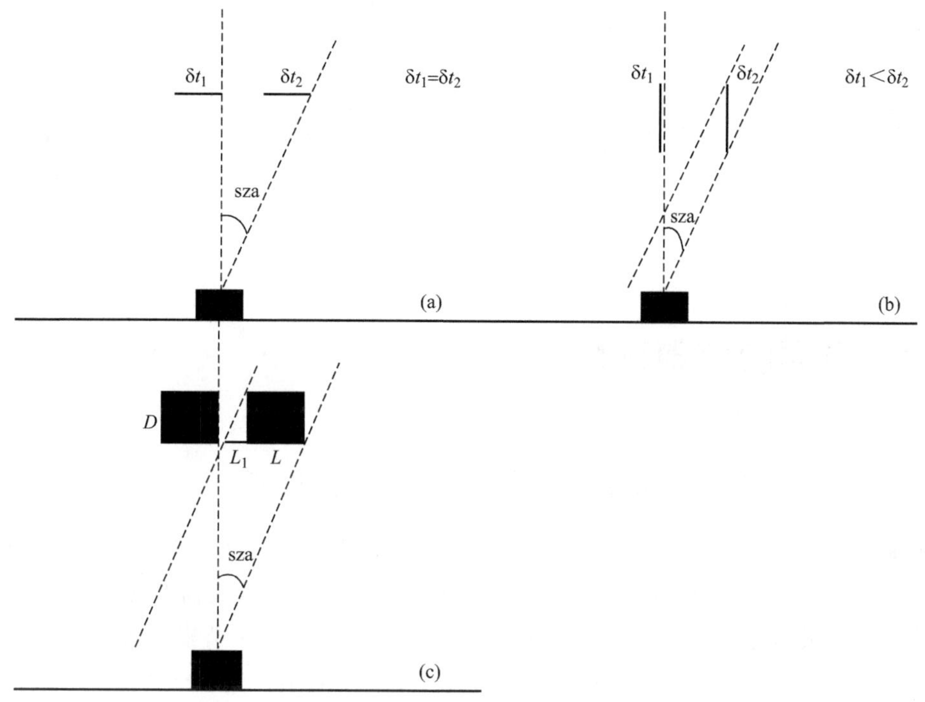

图6.14 计算 SCC 水平尺度方法示意图(施红蓉 等,2018)

识别分析。算法识别出 SCC 天共 19 d,人工和摄像观测记录 SCC 天共 20 d,识别结果与人工观测记录一致的有 15 d,表明该 SCC 检测识别算法能较好地识别出 SCC 天。检测识别算法和人工观测记录的差别主要有以下几个原因:①人工记录一天观测 4 次,在没有人工观测时段内出现降雨等情况没有记录下来;②辐射表观测数据时间分辨率是 1 min,可能不能观测到尺度较小或很快消散的 SCC;③SCC 检测识别算法阈值相对严格,即使中午出现淡积云,但是早晨或者傍晚出现下雨的情况,这一天都不算 SCC 天;④当天空既有卷云又有 SCC 的时候,辐射表不能区分并剔除;⑤SCC 都出现在天空其他方向,在太阳视线方向没有形成遮挡。

根据计算 SCC 水平尺度公式(6.10),可知误差来自云移动速度(U)、SCC 水平垂直尺度比(A_r)以及云移动遮挡辐射表时太阳天顶角变化(ΔSZA)三个部分。公式(6.10)中以上三个量需要设定,取 A_r 为 1,U 取 4.5 m·s^{-1},ΔSZA 取 0。ΔSZA 取 0 时,认为云移动速度远远大于太阳天顶角变化的影响,即,云移动遮挡辐射表的过程中,太阳天顶角变化很小。表 6.8 给出了这三个影响因素的误差分析结果。当 A_r 变化范围在 0.5~1.5 时(Chandra et al.,2013),SCC 水平尺度绝对偏差为 -31.9 ± 191.5 m,相对偏差为(-2.1 ± 14.9)%。U 值由欧洲数值中心再分析资料计算得到,取 2015—2016 年 SCC 天 600~700 hPa 高度的水平风速(Shi et al.,2017),变化范围在 3.4~5.4 m·s^{-1},对应的水平尺度绝对偏差为 -30 ± 186.1 m,相对偏差为(-2.2 ± 13.8)%。不同太阳天顶角下,当 SCC 遮挡太阳时间在 0~30 min 变化时,ΔSZA 的变化范围为 0°~5.5°,对应的水平尺度绝对偏差为 0 ± 0.002 m,相对偏差为(-0.3 ± 6.9)%。综上可见,云移动遮挡辐射表时,太阳天顶角的变化影响可以忽略;水平垂直尺度比值对计算淡积云的水平尺度影响最大;估算的 SCC 水平尺度 L 与所在高度风速 U 成线性正比,所以 L 估算精度与 U 的精度直接相关。

表 6.8 SCC 水平尺度误差统计分析(施红蓉 等,2018)

	Ar	U	ΔSZA
取值	1	4.5 ms^{-1}	0°
变化范围	0.5～1.5	3.4～5.4 ms^{-1}	0～5.5°
绝对偏差(m)	−31.9±191.5	−30±186.1	0±0.002
相对偏差(%)	(−2.1±14.9)	(−2.2±13.8)	(−0.3±6.9)

6.3 气溶胶辐射效应

6.3.1 基于地基气溶胶辐射效应估算方法

晴天辐射计算方法可以计算月基准晴天辐射($GHI_{cs,month}$)及日晴天辐射($GHI_{cs,day}$),$GHI_{cs,month}$ 被认为是每月平均水汽条件下大气中不含气溶胶时的晴天辐射,$GHI_{cs,day}$ 即当日气溶胶条件下的晴天辐射。为验证晴天辐射计算方法的准确性,本小节根据机器学习模型识别晴空的结果,选取 2005—2009 年的晴空样本,利用 REST2 辐射传输模式估算实际大气条件下及不含气溶胶(AOD=0.01)时的晴天总辐射($GHI_{cs,non\text{-}aerosol}$ 和 $GHI_{cs,aerosol}$),与 $GHI_{cs,month}$ 及 $GHI_{cs,day}$ 对比,并通过偏差(BIAS)和均方根误差(Root Mean Square Error,RMSE)衡量误差大小。

$$\mathrm{BIAS}=\frac{1}{n}\sum_{i=1}^{n}(y_i-x_i) \tag{6.11}$$

$$\mathrm{RMSE}=\sqrt{\frac{1}{n}\sum_{i=1}^{n}(y_i-x_i)^2} \tag{6.12}$$

REST2 是 Gueymard(2008)提出的辐射传输模型,通过对太阳辐射光谱中可见光波段(0.29～0.70 μm)和近红外波段(0.70～4.0 μm)的大气透过率进行参数化,计算晴天太阳辐射及其直接和散射分量。该模型在 SMARTS 辐射传输模型的基础上,在气溶胶辐射效应方面进行了改进,提高了晴天太阳辐射估算的精度(Gueymard,2012)。该模型的输入参数包括太阳天顶角、大气压、WV、臭氧(O_3)、二氧化氮(NO_2)、AOD(550 nm)、Angstrom 指数和地表反照率等。其中 WV、AOD、Angstrom 指数和地表反照率可由 AERONET(https://aeronet.gsfc.nasa.gov/)观测数据得到(Level 2),而 O_3 和 NO_2 则采用 MERRA-2 再分析资料(https://gmao.gsfc.nasa.gov/reanalysis/MERRA-2/)中的日均值。

图 6.15a 和 b 给出了 $GHI_{cs,day}$ 及 $GHI_{cs,aerosol}$ 与实际观测 GHI 的对比。其中,$GHI_{cs,day}$ 与 GHI 的误差较小,BIAS 和 RMSE 分别为 2.21 W·m^{-2} 和 17.16 W·m^{-2},而 REST2 模式计算的 $GHI_{cs,aerosol}$ 由于所使用的 AOD 日均值无法反映气溶胶含量日变化等原因,与 GHI 之间的 BIAS 和 RMSE 较大,分别为−10.81 W·m^{-2} 和 26.02 W·m^{-2}。$GHI_{cs,month}$ 与 $GHI_{cs,non\text{-}aerosol}$ 的一致性较高,两者之间的 BIAS 和 RMSE 分别为 9.37 W·m^{-2} 和 21.04 W·m^{-2},如图 6.15c 所示。以上结果表明,晴天辐射计算方法可以较为准确地模拟晴天情况下的太阳辐射,并且所计算的 $GHI_{cs,month}$ 和 $DNI_{cs,month}$ 可以代表 AOD 较小时的晴天太阳总辐射和直接辐射。

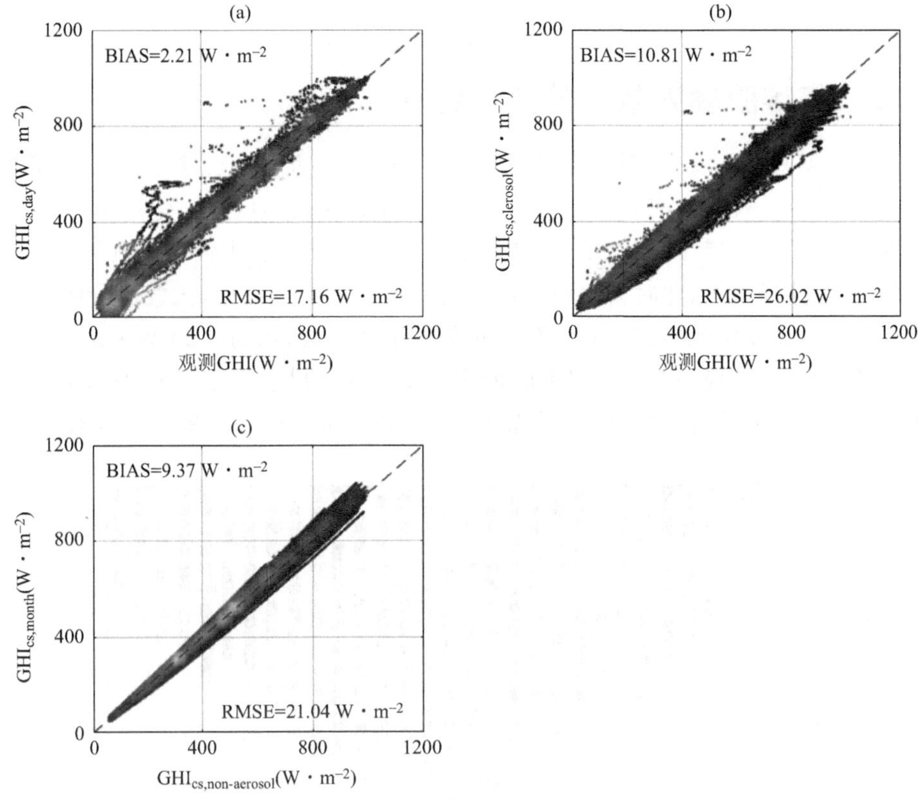

图 6.15　观测晴天辐射与(a)$GHI_{cs,day}$ 和(b)REST2 模式计算的 $GHI_{cs,acrosol}$ 之间的对比，以及(c)REST2 计算的 AOD＝0 时 $GHI_{cs,non\text{-}acrosol}$ 与 $GHI_{cs,month}$ 的对比(彩图见书后)

[颜色代表散点密度(黄色代表高密度，蓝色代表低密度)，红色虚线为 1∶1 线]

因此，将使用实际观测到的晴天辐射与 $GHI_{cs,month}$ 计算气溶胶对 GHI 造成的辐射强迫 ARE，如公式(6.13)及图 6.16 所示：$GHI_{cs,month}$ 被视为大气中不含气溶胶时的晴天背景辐射(图 6.16 中的虚线)，而晴天样本的 GHI 观测值代表大气中含有气溶胶时的太阳辐射(图 6.16 中的实线)，ARE 则为两者之间的差值(图 6.16 中的灰色阴影部分)。

$$ARE=GHI-GHI_{cs,month} \tag{6.13}$$

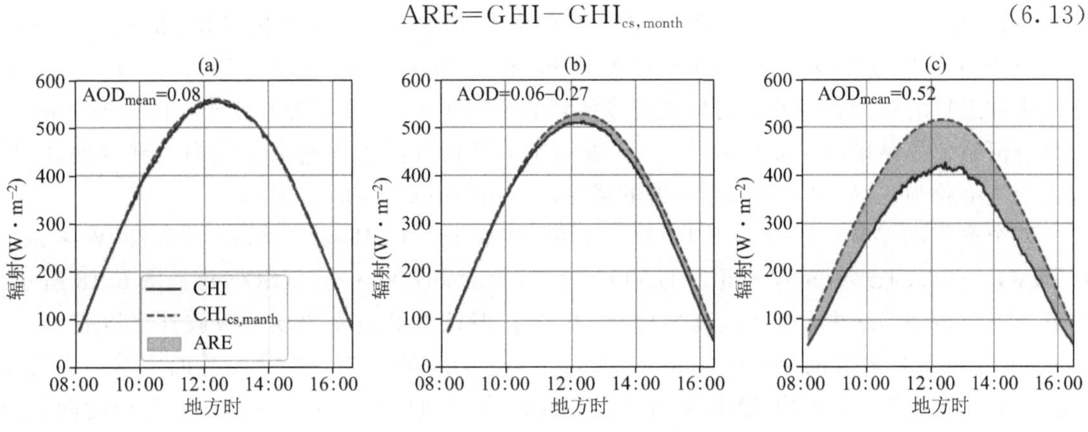

图 6.16　气溶胶引起的辐射强迫示意图

(a)2005 年 1 月 20 日；(b)2005 年 1 月 12 日；(c)2009 年 1 月 15 日

而气溶胶对DNI的辐射效应(ARE_{DNI})可以使用公式(6.14)进行计算:

$$ARE_{DNI}=DNI\cdot\mu-DNI_{cs,month}\cdot\mu \tag{6.14}$$

6.3.2 气溶胶辐射效应的变化特征

本节首先根据$GHI_{cs,month}$及实际观测的GHI计算了05时至19时每30 min平均ARE,结果如图6.17所示。观测期间30 min平均ARE显示出了明显的日变化特征。正午11时至12时的ARE最强,为$-67.48\sim-66.83\ W\cdot m^{-2}$,这是由于一天中太阳天顶角在正午达到最小,太阳辐射传输路径最短,此时太阳辐射自大气顶到达地表过程中,大气成分吸收和散射造成的衰减较弱。早晨及傍晚ARE较弱,仅为正午的1/3左右,约为$-20\ W\cdot m^{-2}$。此时太阳辐射传输路径较长,大气成分对太阳辐射的消光作用较强。以上结果表明,晴空条件下,ARE的日变化趋势与太阳天顶角余弦值的变化密切相关,辐射量级较大时相应的ARE也较大。

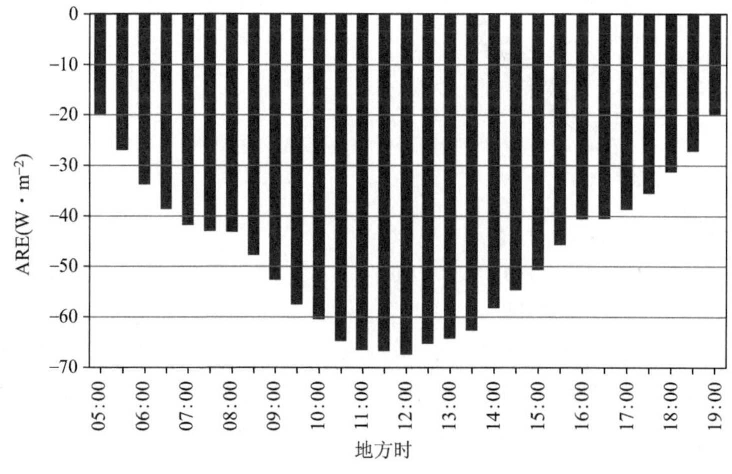

图6.17 香河站2004—2019年间ARE的日变化特征(每30 min为一区间)

图6.18a给出了2004年10月至2019年10月地面日平均ARE的季节及年(Annual)平均值。观测期间香河站地表年平均ARE为$-22.55\pm8.85\ W\cdot m^{-2}$,年平均AOD和SSA分别为0.72和0.91(图6.18)。计算的ARE量级与其他香河站ARE评估的量级相当:例如,Li等(2007)、Xia等(2007)和Song等(2018)等研究表明香河站年平均的ARE值在$-32.8\sim-24.1\ W\cdot m^{-2}$范围内。而Yu等(2007)、Kim和Ramanathan(2008)、Thomas等(2013)基于地表和卫星的观测资料及辐射传输模式估算的全球年平均ARE为$-12\sim-10.8\ W\cdot m^{-2}$,仅为香河站估算结果的1/2甚至是1/3。香河站的平均气溶胶含量大于国内大部分地区,且以人为气溶胶为主,导致了对太阳辐射的强冷却作用(Song et al.,2018)。

四个季节的ARE分别为$-17.64\pm4.62\ W\cdot m^{-2}$(DJF)、$-29.04\pm6.28\ W\cdot m^{-2}$(MAM)、$-24.24\pm7.85\ W\cdot m^{-2}$(JJA)和$-23.62\pm5.91\ W\cdot m^{-2}$(SON),如图6.18所示。尽管MAM的AOD并非全年最高(仅为约0.66),但该季节较常出现的吸收性气溶胶(沙尘等)可能导致了其较大的ARE(Song et al.,2018)。JJA的AOD和SSA为四个季节中最高(均为约0.95),但季节平均ARE反而低于MAM,一方面可能由于7月和8月部分时间区间的晴天样本较少,出现AOD含量较低的极端ARE值影响季节平均,另一方面则可能由于较高的SSA反而导致太阳辐射损失较少。

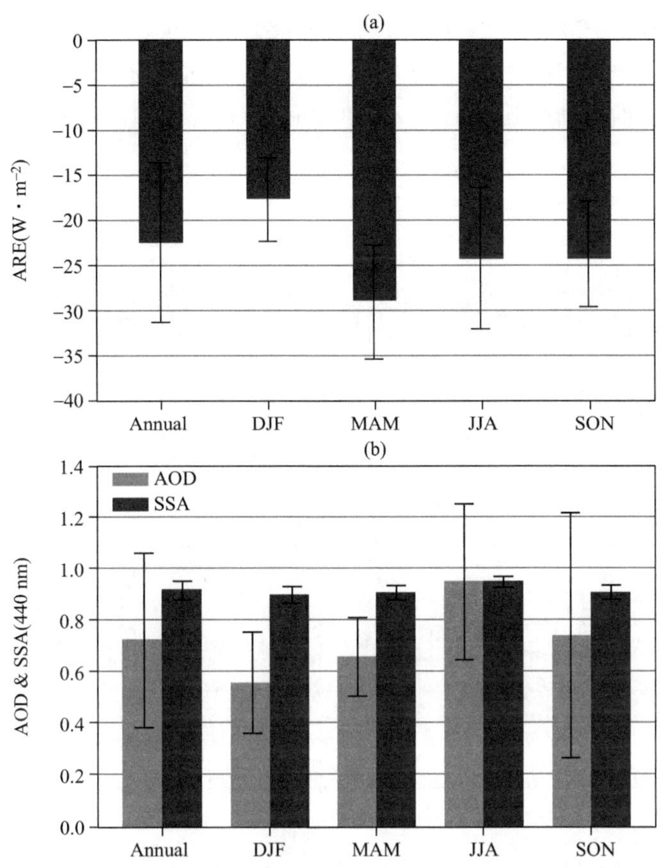

图 6.18　香河站 2004—2019 年(a)日平均 ARE 的年及季节平均值；(b)晴天条件下 AOD 和 SSA 的年及季节平均值

为量化 2004—2019 年间香河站 ARE 的长期变化，计算了 ARE、ARE_{DNI} 及与之对应的 AOD 和 SSA 的年平均值，如图 6.19 所示(由于 2004、2012、2013 年及 2019 年的数据不足一整年，暂不纳入考虑)。2004—2019 年间香河站 ARE 年均日值的范围在 −26.18～−21.12 W·m^{-2}，变化趋势为 0.25 W·m^{-2}·a^{-1}，且通过了 MK 检验(p=0.008)。香河站ARE_{DNI} 年均日值的范围在 −48.05～−36.40 W·m^{-2}，2004—2019 年间的变化趋势为 0.59 W·m^{-2}·a^{-1}，且通过了 MK 检验(p=0.04)。根据以上结果，可以推断气溶胶对散射辐射造成的辐射效应呈降低趋势，且年变化率略小于 ARE 和ARE_{DNI}。晴天条件下 AOD 和 SSA 年均值的变化范围分别为 0.58～0.97 和 0.89～0.94，并分别呈 0.016 a^{-1} 和 0.001 a^{-1} 的降低趋势，但仅有 AOD 的变化趋势通过了显著性水平检验(p=0.008)。考虑到吸收型气溶胶占比的减少会导致 DHI 的增加和 DNI 的减少，可知大气中气溶胶含量的降低对香河站 |ARE| 在 2004—2019 年间变化趋势起主导作用，而该作用主要表现在ARE_{DNI} 的大幅降低上。就不同时段而言，2012 年前 ARE 和ARE_{DNI} 年均值的增加趋势分别为 0.81 W·m^{-2}·a^{-1} 和 1.80 W·m^{-2}·a^{-1}，而 2013 年后的增加趋势更为明显，分别为 1.05 W·m^{-2}·a^{-1} 和 2.49 W·m^{-2}·a^{-1}。同时，AOD 和 SSA 在 2004—2012 年和 2013—2019 年的变化趋势分别自 −0.01 a^{-1} 降低到 −0.03 a^{-1} 和自 −0.006 a^{-1} 增加到 0.003 a^{-1}，即气溶胶含量降低且吸收型气溶胶占比

下降。该现象极大可能是由于2013年《大气污染防治行动计划》颁布后，污染排放得到了有效控制，多种污染物(SO_2、$PM_{2.5}$和NO_x等)的排放量大幅减少，例如，2013—2018年全国重点地区的年平均$PM_{2.5}$浓度下降了30%至50%，相应的，到达地面的太阳辐射，特别是其直接辐射分量存在一定程度的增加(Ding et al.,2019;Zhai et al.,2019;Shi et al.,2020)。

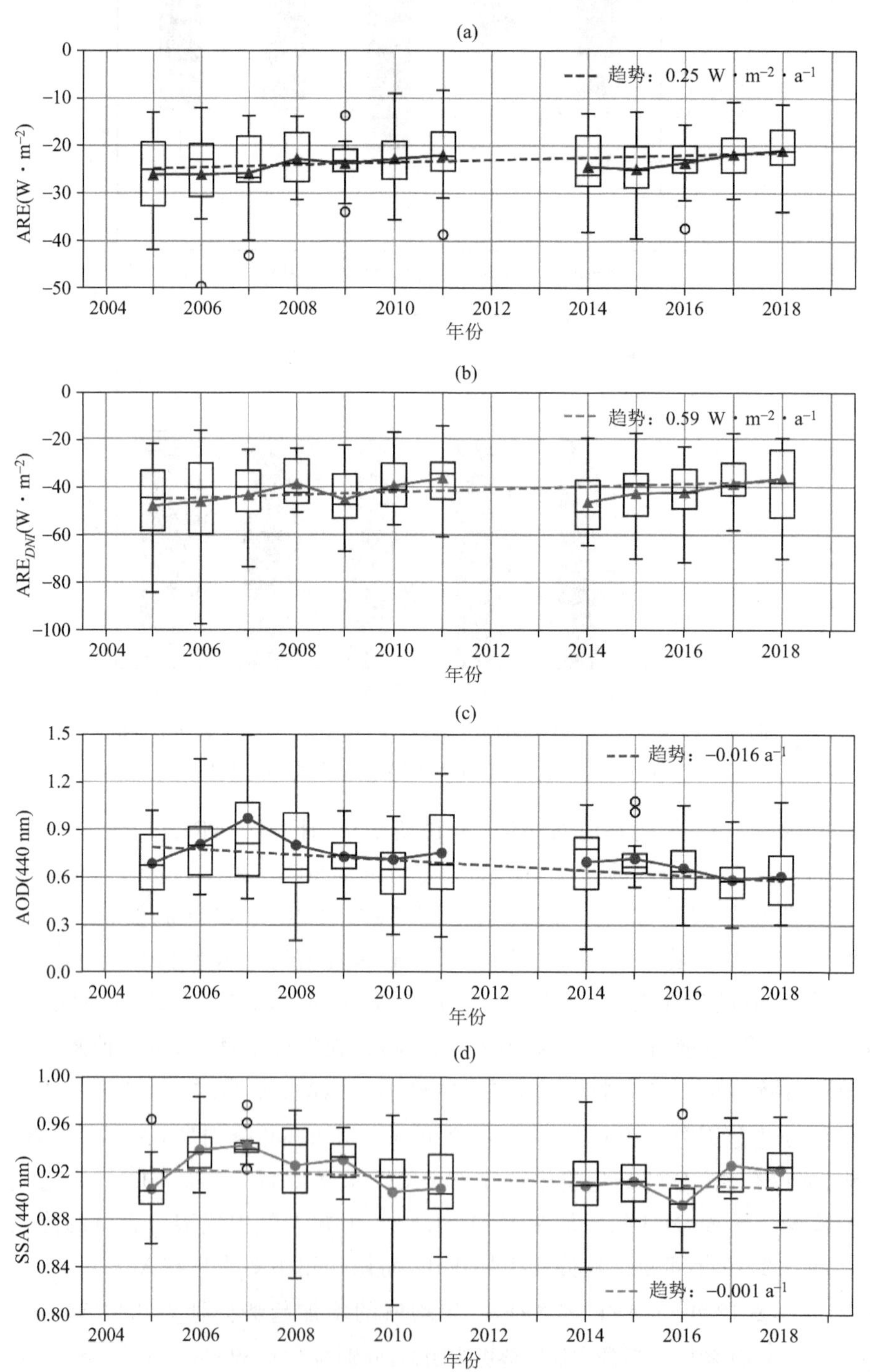

图6.19 香河站2004—2019年间(a)ARE年均日值的长期变化趋势，(b)AREDNI年均日值的长期变化趋势，以及(c)AOD和(d)SSA年均值的长期变化趋势

6.4 云辐射效应

6.4.1 基于地基云辐射效应估算方法

地表云短波辐射效应(Cloud Radiative Effect,CRE)被定义为云天条件下实际观测的太阳辐射与相同大气条件下估算的晴天太阳辐射之间的差值(Ramanathan et al.,1989)。晴天辐射计算方法可以计算日晴天辐射($GHI_{cs,day}$),即当日气溶胶及水汽条件下的晴天辐射。因此,本小节将使用云天情况下 GHI 观测值与 $GHI_{cs,day}$ 计算 CRE,如公式(6.15)及图 6.20 所示:其中,黑色曲线为 GHI 观测值,灰色虚线为估算的 $GHI_{cs,day}$,两者之间的差即为 CRE(灰色阴影部分),而 $GHI_{cs,day}$ 与 $GHI_{cs,month}$ 之间的差值代表气溶胶辐射强迫。对于存在足够晴天样本拟合晴天辐射的云天,该方法可以计算出排除气溶胶辐射强迫后的 CRE,但对于部分没有足够晴天样本的云天(如图 6.20c 所示),无法排除气溶胶辐射强迫的作用,可能会导致|CRE|的高估。类似的,云对直接辐射的影响的计算方法如公式(6.16)所示。

$$CRE = GHI - GHI_{cs,day} \tag{6.15}$$

$$CRE_{DNI} = DNI - DNI_{cs,day} \tag{6.16}$$

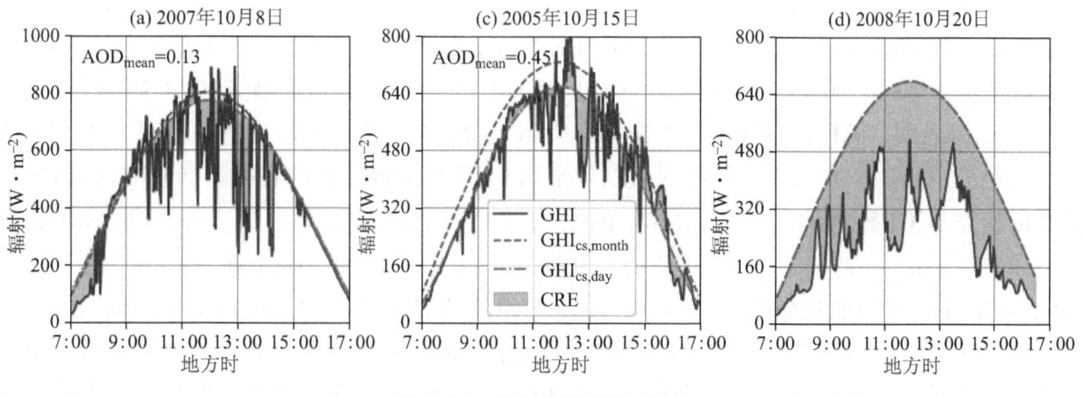

图 6.20　云辐射强迫示意图

图 6.21 展示了 2004—2019 年间香河站不同季节地表 CRE 的平均值。观测期间,香河站地表云短波辐射强迫为负值,平均值为-52.57 ± 31.37 W·m^{-2}。香河站的 CRE 水平略小于 Ramanathan 等(1989)利用卫星数据估算的全球平均值(-44.5 W·m^{-2})及 Dong 等(2006)利用美国 SGP 地区 5 年数据估算的 CRE 平均值(-42 W·m^{-2}),与 Wild 等(2019)利用 BSRN 网络 53 个站点观测和 CMIP5 模式模拟的全球平均值(-54 W·m^{-2} 和-53.5 W·m^{-2})接近,但远大于云出现频率较高的热带及亚热带地区,例如月均 CRE 为$-120\sim-70$ W·m^{-2} 的东南太平洋地区(Ghate et al.,2009)。冬季(DJF)、春季(MAM)、夏季(JJA)和秋季(SON)的 CRE 平均值分别为-28.26 ± 16.47 W·m^{-2}、-55.69 ± 21.77 W·m^{-2}、-86.32 ± 26.75 W·m^{-2} 和-50.35 ± 19.69 W·m^{-2}。这与香河站所在的华北平原云特征存在明显的季节变化有关:夏季多云雨天气,云出现频率最高(45%左右)且平均云量最大(68%),并以积

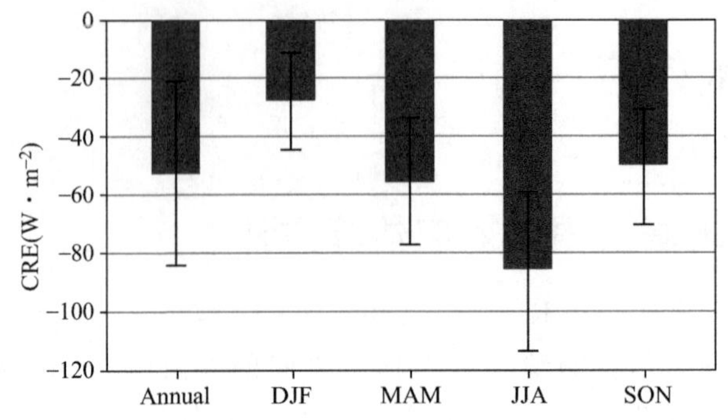

图 6.21 香河站 2004—2019 年日平均 CRE 的年及季节平均值

云为主；而冬季干燥少云，云出现频率低(25%左右)且平均云量最小(33%)，并以卷云为主(刘洪利 等，2003；霍娟 等，2020)。

6.4.2 云辐射效应的变化特征

2004—2019 年间香河站 CRE 的年际变化如图 6.22a 所示。观测期间，年均 CRE 的平均值为 -53.61 ± 7.79 W・m^{-2}，存在微弱的降低趋势，趋势为 -0.09 W・m^{-2}・a^{-1}，但该趋势未通过 MK 检验($p=0.93$)。2004—2012 年间 CRE 呈增加趋势，为 2.55 W・m^{-2}・a^{-1}，相反 2013—2019 年 CRE 呈降低趋势，为 -2.03 W・m^{-2}・a^{-1}，但以上两个时间段的 CRE 变化趋势同样未通过 MK 检验(p 值分别为 0.38 和 0.48)。2004—2019 年四个季节的 CRE 年际变化如图 6.22b 所示，MAM、JJA 和 SON 的 CRE 呈降低趋势，变化率分别为 -0.45 W・m^{-2}・a^{-1}、-2.05 W・m^{-2}・a^{-1} 和 -0.14 W・m^{-2}・a^{-1}，而 DJF 的 CRE 存在增加趋势，为 0.72 W・m^{-2}・a^{-1}。该结果表明，CRE 在春夏秋三个季节呈降低趋势(其中 JJA 的趋势较为明显)，而在 DJF 呈增加趋势，导致 2004—2019 年间香河站年平均 CRE 呈缓慢降低的趋势。同时期内，CRE_{DNI} 的变化趋势与 CRE 相同：年均 CRE_{DNI} 的平均值为 -94.07 ± 7.66 W・m^{-2}，呈降低趋势(-0.22 W・m^{-2}・a^{-1})；MAM、JJA 和 SON 的 CRE_{DNI} 降低，而 DJF 的 CRE_{DNI} 增加。CRE_{DNI} 在 DJF 的增加趋势说明该季节云冷却作用的减弱主要与到达地面 DNI 的增加有关。考虑到 DJF 的云以卷云为主，该现象可能的原因包括云量减小导致太阳被遮蔽情况的减少以及受气溶胶间接效应影响云短波反照率减小，但由于缺乏云量和云滴有效半径等云宏微观特征的观测数据，无法具体分析。

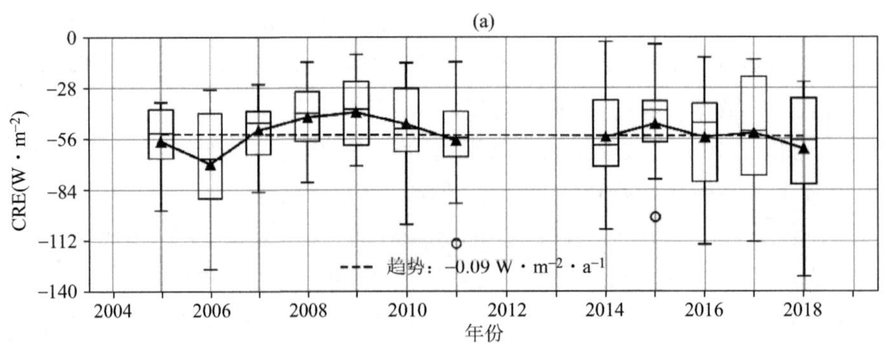

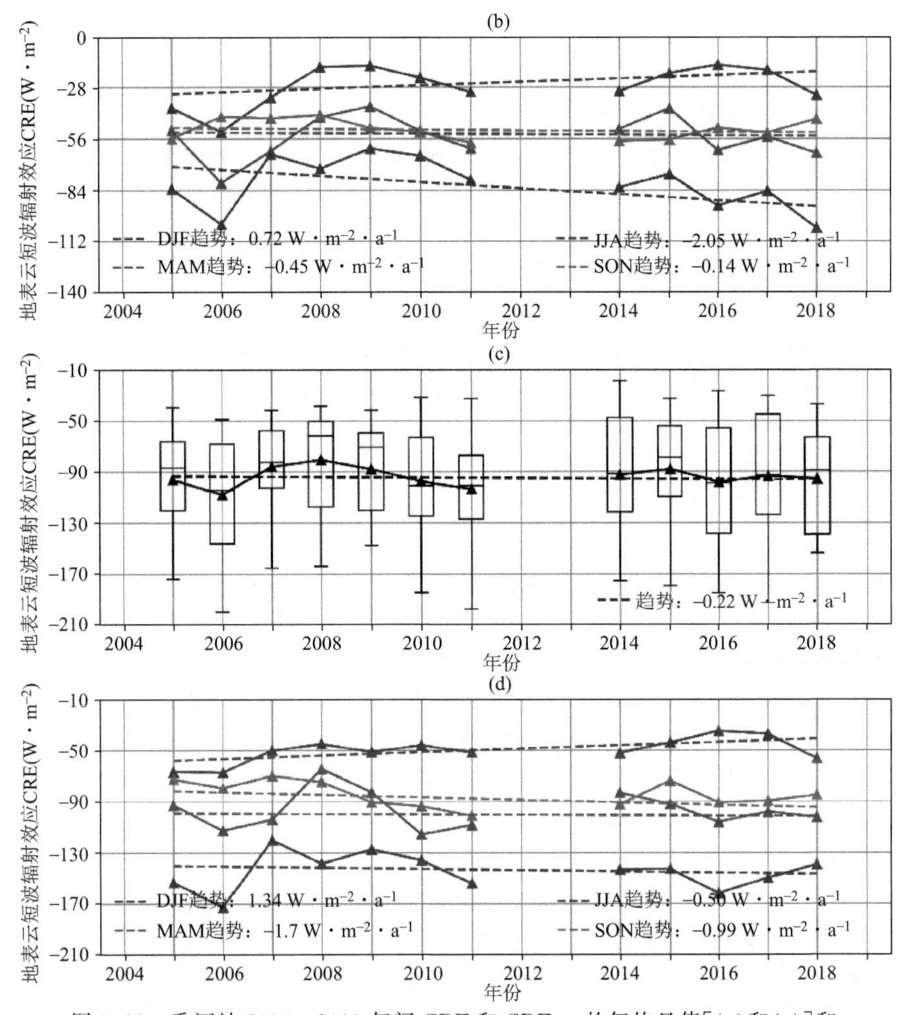

图 6.22　香河站 2004—2019 年间 CRE 和 CRE_{DNI} 的年均日值[(a)和(c)]和季节均值[(b)和(d)]的长期变化趋势

参考文献

陈洪滨，1997. 关于云和云天大气对太阳辐射的吸收异常[J]. 大气科学，21(6)：750-757.

范学花，陈洪滨，夏祥鳌，2013. 中国大气气溶胶辐射特性参数的观测与研究进展[J]. 大气科学，37(002)：477-498.

霍娟，吕达仁，段树，等，2020. 基于 2014—2017 年 Ka 毫米波雷达数据分析北京地区云宏观分布特征[J]. 气候与环境研究，(1)：45-54.

刘洪利，朱文琴，宜树华，等，2003. 中国地区云的气候特征分析[J]. 气象学报，61(004)：466-473.

施红蓉，陈洪滨，夏祥鳌，等，2018. 基于地面短波辐射观测资料计算淡积云的辐射强迫及水平尺度方法研究[J]. 大气科学，42(2)：292-300.

汤金平，王普才，夏祥鳌，等，2011. 基于地基宽带辐射观测资料的云检测算法改进[J]. 气候与环境研究，16(5)：609-619.

ALIA-MARTINEZ M，ANTONANZAS J，URRACA R，et al，2016. Benchmark of algorithms for solar clear-sky detection[J]. Journal of Renewable and Sustainable Energy, 8(3): 033703.

BATLLES F, OLMO F, TOVAR J, et al, 2000. Comparison of cloudless sky parameterizations of solar irradiance at various spanish midlatitude locations[J]. Theoretical and Applied Climatology, 66(1-2): 81-93.

BERG L K, KASSIANOV E I, LONG C N, et al, 2011. Surface summertime radiative forcing by shallow cumuli at the Atmospheric Radiation Measurement Southern Great Plains site[J]. Journal of Geophysical Research: Atmospheres, 116(D1): 575-582.

BRIGHT J, SUN X, GUEYMARD C, et al, 2020. Bright-Sun: A globally applicable 1-min irradiance clear-sky detection model[J]. Renewable and Sustainable Energy Reviews, 121: 109706.

CHANDRA A S, KOLLIAS P, ALBRECHT B A, 2013. Multiyear summertime observations of daytime fair-weather cumuli at the ARM Southern Great Plains facility[J]. Journal of Climate, 26(24): 10031-10050.

DING A, HUANG X, NIE W, et al, 2019. Significant reduction of $PM_{2.5}$ in eastern China due to regional-scale emission control: evidence from SORPES in 2011—2018[J]. Atmospheric Chemistry and Physics, 19(18): 11791-11801.

DONG X, XI B, MINNIS P, 2006. A climatology of midlatitude continental clouds from the ARM SGP central facility. Part II: Cloud fraction and surface radiative forcing[J]. Journal of Climate, 19(9): 1765-1783.

DUCHON C E, O'MALLEY M S, 1999. Estimating cloud type from pyranometer observations[J]. Journal of Applied Meteorology and Climatology, 38(1): 132-141.

ELLIS B, DECEGLIE M, JAIN A, 2018. Automatic detection of clear-sky periods using ground and satellite based solar resource data[J]. IEEE Journal of Photovoltaics, 2293-2298. doi: 10. 1109/PVSC. 2018. 8547877.

GARCÍA R, GARCíA O, CUEVAS E, et al, 2014. Solar radiation measurements compared to simulations at the BSRN Izana station. Mineral dust radiative forcing and efficiency study[J]. Journal of Geophysical Research: Atmospheres, 119(1): 179-194.

GHATE V, ALBRECHT B, FAIRALL C, et al, 2009. Climatology of surface meteorology, surface fluxes, cloud fraction, and radiative forcing over the Southeast Pacific from Buoy observations[J]. Journal of Climate, 22(20): 5527-5550.

GUEYMARD C, BRIGHT J, LINGFORS D, et al, 2019. A posteriori clear-sky identification methods in solar irradiance time series: Review and preliminary validation using sky imagers[J]. Renewable and Sustainable Energy Reviews, 109(JUL.): 412-427.

GUEYMARD C, 2008. REST2: High-performance solar radiation model for cloudless-sky irradiance, illuminance, and photosynthetically active radiation—Validation with a benchmark dataset[J]. Solar Energy, 82(3): 272-285.

GUEYMARD C, 2012. Clear-sky irradiance predictions for solar resource mapping and large-scale applications: Improved validation methodology and detailed performance analysis of 18 broadband radiative models[J]. Solar Energy, 86(8): 2145-2169.

GUEYMARD C, 2013. Aerosol turbidity derivation from broadband irradiance measurements: Methodological advances and uncertainty analysis[C]. Solar 2013: 637-644.

INEICHEN P, BARROSO C, GEIGER B, et al, 2009. Satellite Application Facilities irradiance products: Hourly time step comparison and validation over Europe[J]. International Journal of Remote Sensing, 30(21-22): 5549-5571.

INEICHEN P, 2006. Comparison of eight clear sky broadband models against 16 independent data banks[J]. Solar Energy, 80(4): 468-478.

INEICHEN P, 2016. Validation of models that estimate the clear sky global and beam solar irradiance[J]. Solar Energy, 132(JUL.): 332-344.

INMAN R,EDSON J,COIMBRA C,2015. Impact of local broadband turbidity estimation on forecasting of clear sky direct normal irradiance[J]. Solar Energy,117(Jul.):125-138.

KANG B,TARN K,2013. A new characterization and classification method for daily sky conditions based on ground-based solar irradiance measurement data[J]. Solar Energy,94(Aug.):102-118.

KIM D,RAMANATHAN V,2008. Solar radiation budget and radiative forcing due to aerosols and clouds[J]. Journal of Geophysical Research:Atmospheres,113(D2):D02203.

Kipp&Zonen,2004. Instruction Manual CM21 Precision Pyranonmeter[M].

LARRAÑETA M,RENO M,LILLO-BRAVO I,et al. 2017. Identifying periods of clear sky direct normal irradiance[J]. Renewable Energy,113(DEC.):756-763.

LEE Y, WAHBA G, ACKERMAN S, 2004. Cloud classification of satellite radiance data by multi-category support vector machines[J]. Journal of Atmospheric and Oceanic Technology,21(2):159-169.

LEFÈVRE M,OUMBE A,BLANC P,et al,2013. McClear: a new model estimating downwelling solar radiation at ground level in clear-sky conditions[J]. Atmospheric Measurement Techniques,6:2403-2418.

LI Z,XIA X,CRIBB M,et al. 2007. Aerosol optical properties and their radiative effects in northern China[J]. Journal of Geophysical Research:Atmospheres,112(D22).

LIU M,ZHANG J,XIA X,2021a. Evaluation of multiple surface irradiance-based clear sky detection methods at Xianghe—A heavy polluted site on the North China Plain[J]. Atmospheric and Oceanic Science Letters,14(2):100016.

LIU M,XIA X,FU D,et al,2021b. Development and validation of machine-learning clear-sky detection method using 1-min irradiance data and sky imagers at a polluted suburban site, Xianghe[J]. Remote Sensing, 13:3763.

LONG C,DUTTON E,AUGUSTINE J,et al,2009. Significant decadal brightening of downwelling shortwave in the continental United States[J]. Journal of Geophysical Research:Atmospheres,114(D10).

LONG C N,ACKERMAN T P,2000. Identification of clear skies from broadband pyranometer measurements and calculation of downwelling shortwave cloud effects[J]. Journal of Geophysical Research: Atmospheres, 105(D12):15609-15626.

MANARA V,BRUNETTI M,CELOZZI A,et al,2016. Detection of dimming/brightening in Italy from homogenized all-sky andclear-sky surface solar radiation records and underlying causes(1959-2013)[J]. Atmospheric Chemistry & Physics,16(17):1-27.

MCARTHUR L,2000. World Climate Research Programme Baseline Surface Radiation Network(BSRN) Operations Manual(version 1. 0-Reprinted)[M]. WMO/TD-NO. 879.

MORENO-TEJERA S,SILVA-PÉREZ M,RAMÍREZ-SANTIGOSA L,et al,2017. Classification of days according to DNI profiles using clustering techniques[J]. Solar Energy,146:319-333.

PEREZ R,INEICHEN P,SEALS R,et al,1990. Modeling daylight availability and irradiance components from direct and global irradiance[J]. Solar Energy,44(5):271-289.

POLO A,ZARZALEJO A,MARTÍNA L,et al,2009. Estimation of daily Linke turbidity factor by using global irradiance measurements at solar noon[J]. Solar Energy,83(8):1177-1185.

QUESADA-RUIZ S,LINARES-RODRÍGUEZ A,Ruiz-Arias J A,et al,2015. An advanced ANN-based method to estimate hourly solar radiation from multi-spectral MSG imagery[J]. Solar Energy,115:494-504.

RAMANATHAN V,CESS R,HARRISON E,et al,1989. Cloud-radiative forcing and climate: Results from the Earth Radiation Budget Experiment[J]. Science,243(4887):57-63.

RENO M,HANSEN C,2016. Identification of periods of clear sky irradiance in time series of GHI measurements[J]. Renewable Energy,90:520-531.

RUIZ-ARIAS J, GUEYMARD C, CEBECAUER T, 2019. Direct normal irradiance modeling: Evaluating the impact on accuracy of worldwide gridded aerosol databases[C]. AIP Conference Proceedings, 2126(1): 190013.

SHEN Y, WEI H, ZHU T, et al, 2018. A data-driven clear sky model for direct normal irradiance[J]. Journal of Physics Conference, 1072(1): 012004.

SHI H, ZHANG J, ZHAO B, et al, 2020. Surface brightening in eastern and central China since the implementation of the Clean Air Action in 2013: Causes and Implications[J]. Geophysical Research Letters, 48, doi: 10.1029/2020GL091105.

SHI H R, CHEN H B, XIA X A, et al, 2017, Intensive radiosonde measurements of summertime convection over the Inner Mongolia grassland in 2014: Difference between shallow cumulus and other conditions [J]. Advances in Atmospheric Sciences, 34 (6): 783-790.

SONG, J, XIA X, CHE H, et al, 2018. Daytime variation of aerosol optical depth in North China and its impact on aerosol direct radiative effects[J]. Atmospheric Environment, 182, 31-40.

STULL R B ELORANTA E W, 1984. Boundary Layer Experiment 1983[J]. Bulletin of the American Meteorological Society, 65: 450-456.

THOMAS G, CHALMERS N, HARRIS B, et al, 2013. Regional and monthly and clear-sky aerosol direct radiative effect(and forcing)derived from the Glob AEROSOL-AATSR satellite aerosol product[J]. Atmospheric Chemistry and Physics, 13(1): 393-410.

WANG Q, ZHANG H, YANG S, et al, 2021. Potential driving factors on surface solar radiation trends over China in recent years[J]. Remote Sensing, 13(4): 704.

WILD M, GILGEN H, ROESCH A, et al, 2005. From dimming to brightening: Decadal changes in solar radiation at earth's surface[J]. Science, 308(5723): 847-850.

WILD M, HAKUBA M, FOLINI D, et al, 2019. The cloud-free global energy balance and inferred cloud radiative effects: An assessment based on direct observations and climate models[J]. Climate Dynamics, 52(7-8): 4787-4812.

XIA X, LI Z, WANG P, et al, 2007. Estimation of aerosol effects on surface irradiance based on measurements and radiative transfer model simulations in northern China[J]. Journal of Geophysical Research: Atmospheres, 112(D22S10).

XIE Y, LIU Y, 2013. A new approach for simultaneously retrieving cloud albedo and cloud fraction from surface-based shortwave radiation measurements[J]. Environmental Research Letters, 8.

YOUNES S, CLAYWELL R, MUNEER T, 2004. Quality control of solar radiation data: Present status and proposed new approaches[J]. Energy, 30(9): 1533-1549.

YU H, KAUFMAN Y, CHIN M, 2007. An assessment of satellite-based estimates of the aerosol direct radiative forcing[C]. American Geophysical Union, Fall Meeting, 2007.

ZHAI S, JACOB D, WANG X, et al, 2019. Fine particulate matter($PM_{2.5}$) trends in China, 2013—2018: Separating contributions from anthropogenic emissions and meteorology[J]. Atmospheric Chemistry and Physics, 19(16): 11031-11041.

ZHANG H, CHENG S, LI J, et al, 2018. Investigating the aerosol mass and chemical components characteristics and feedback effects on the meteorological factors in the Beijing-Tianjin-Hebei region, China[J]. Environmental Pollution, 244.

ZHAO X, WEI H, SHEN Y, et al, 2018. Real-time Clear-sky Model and Cloud Cover for Direct Normal Irradiance Prediction[J]. Journal of Physics Conference, 1072.

ZHOU Z, LIN A, WANG L, et al, 2020. Trends in downward surface shortwave radiation from Multi-source data over China during 1984—2015[J]. International Journal of Climatology, 40(13): 3467-3485.

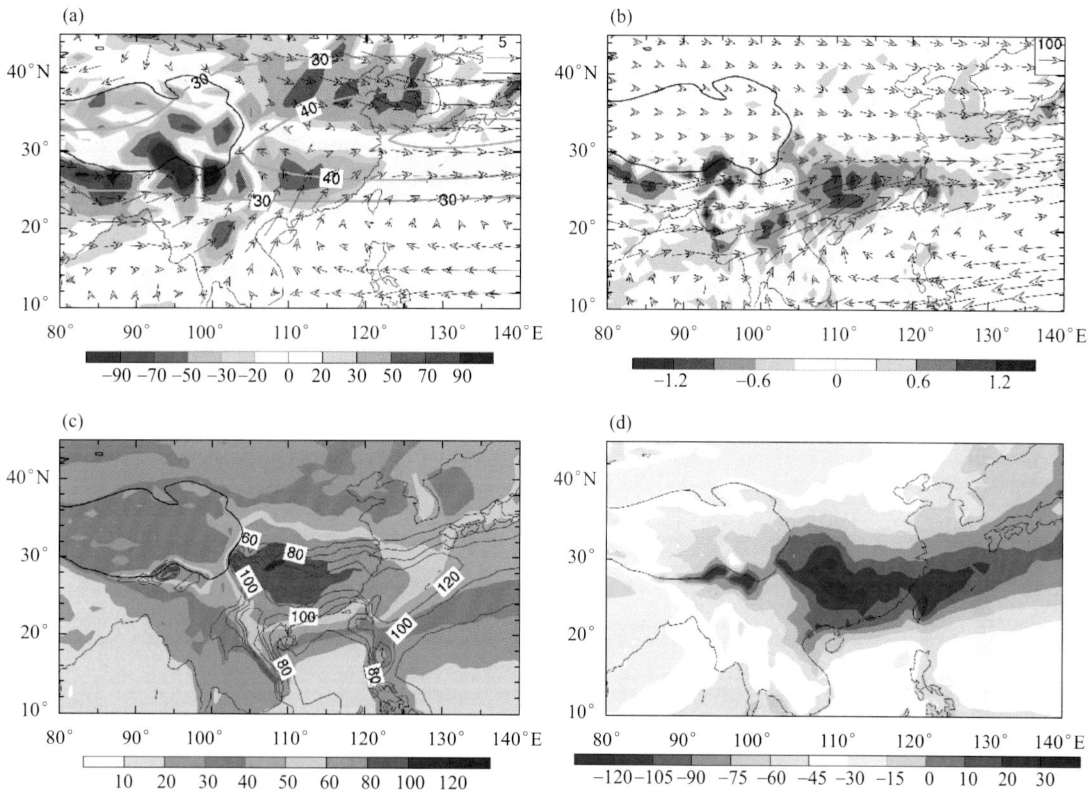

图 2.6 春季(a)850 hPa 风场(箭头,$m \cdot s^{-1}$)、500 hPa 垂直速度(填色,$hPa \cdot d^{-1}$)和 200hPa 西风(等值线,$m \cdot s^{-1}$)、(b)整层大气积分的水汽通量(箭头,$kg \cdot m^{-1} \cdot s^{-1}$)及其散度(填色,104 $kg \cdot m^{-2} \cdot s^{-1}$)、(c)云水路径($g \cdot m^{-2}$)和(d)大气顶云短波辐射效应($W \cdot m^{-2}$)

[气象场和云水路径取自 ERA-Interim 再分析资料,大气辐射通量取自 CERES-EBAF 卫星资料,时段为 2001—2016 年,图中青藏高原(>3000 m)用黑实线标出]

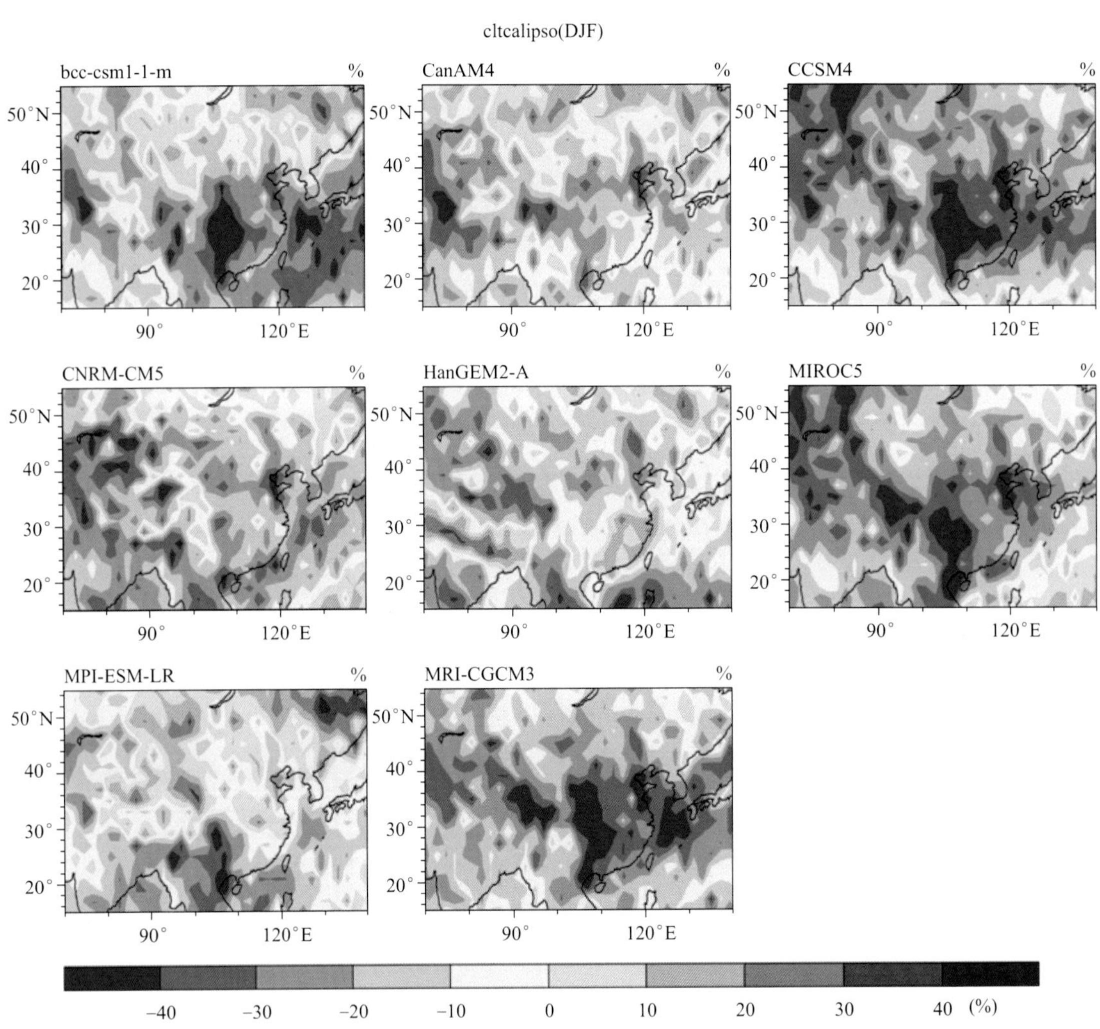

图 2.14 CFMIP 模式模拟结果与 CALIPSO-GOCCP 卫星观测的冬季总云量的差值分布图(正值代表模式大于观测,负值代表模式小于观测)

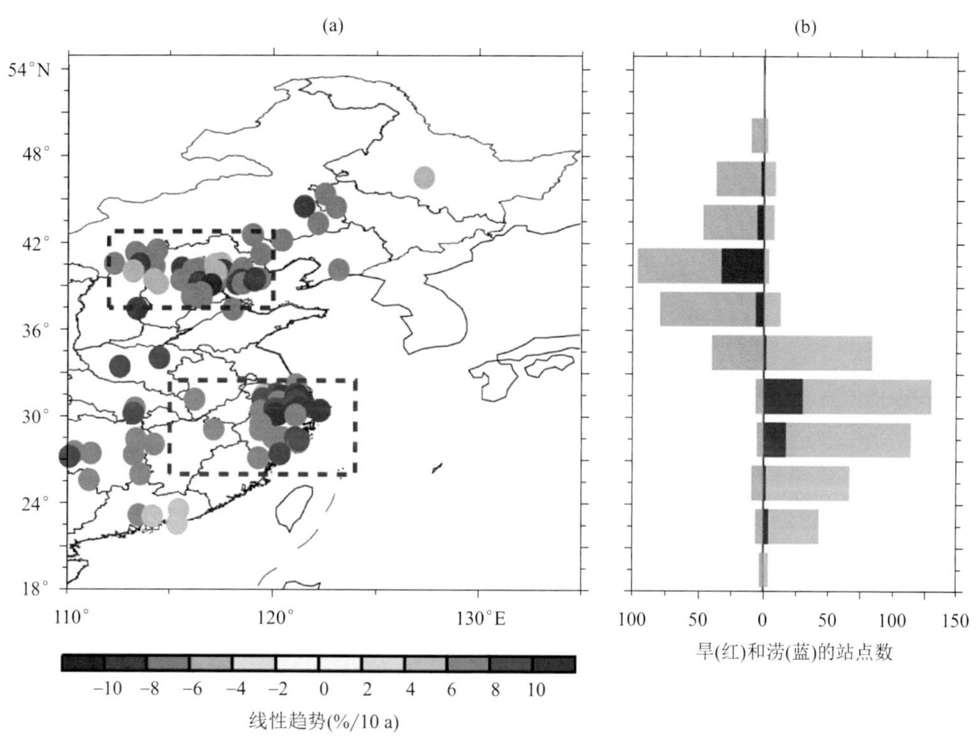

图 3.4　夏季(6—8月)总降水量的变化趋势的空间分布(a)以及每个3°纬度带内趋势符号为正(蓝色)和趋势符号为负(红色)的站点数量分布(b)

[在图(a)中，绝对变化趋势[mm/(10 a)]通过除以1961—1990年夏季气候态转化为相对变化趋势[%/(10 a)]，并且只显示变化趋势显著性水平达到0.05的站点。在图(b)中，变化趋势显著和不显著的站点数分别用深色和浅色的颜色表示]

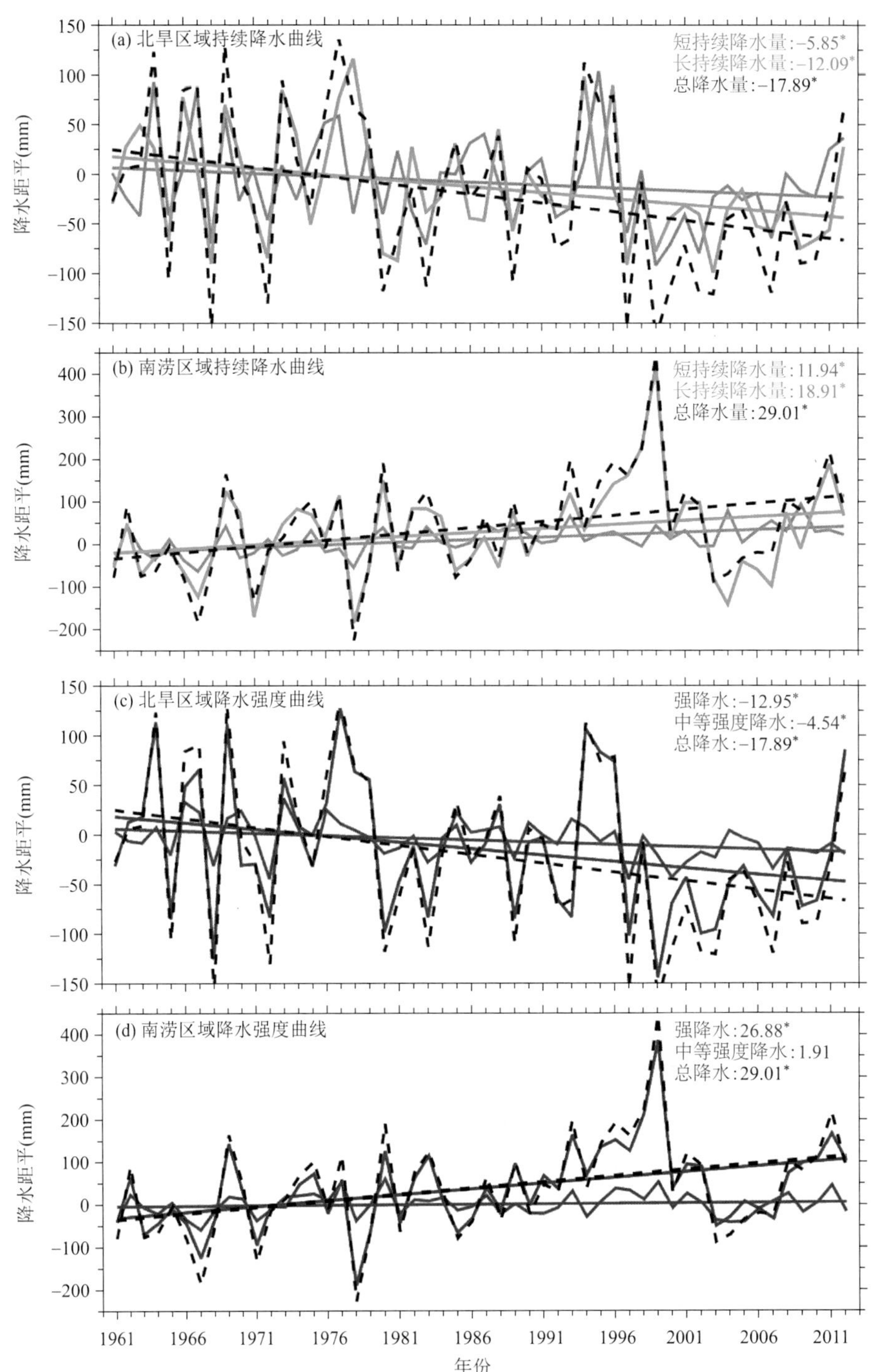

图 3.5 “南涝”和“北旱”区域的区域平均的夏季降水距平(基于 1961—1990 年的降水气候态)[图(a)和图(b)中曲线分别表示“北旱”和“南涝”区域的夏季总降水量(黑色)、“短持续事件”总降水量(橘黄色)、“长持续事件”降水量(绿色)及其各自的线性拟合结果。图(c)和图(d)分别表示“北旱”和“南涝”区域的夏季总降水量(黑色)、中度强度降水的降水量(红色)、强降水的降水量(绿色)及其各自的拟合结果。线性趋势的估计结果[mm/(10 a)]位于每幅子图的右上角,其中星号表示显著性水平达到 0.05]

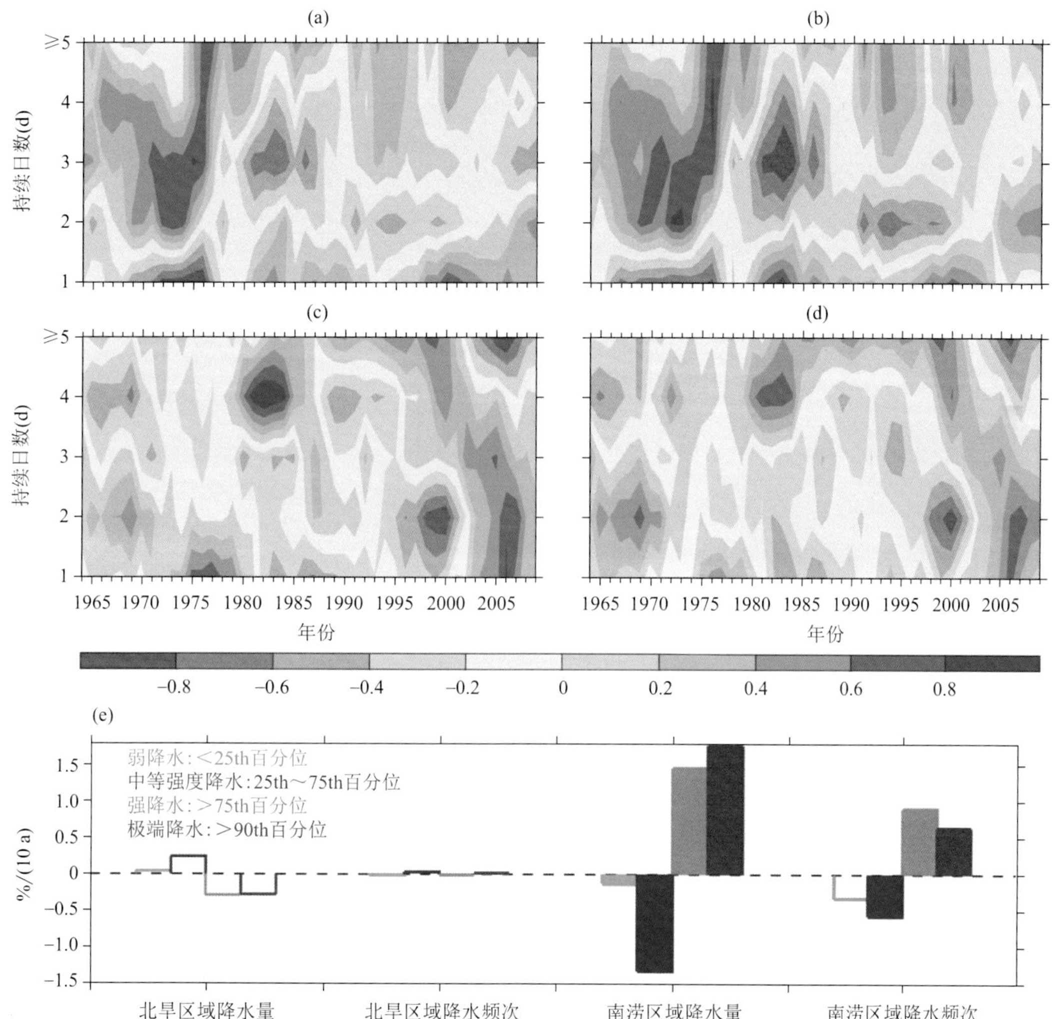

图 3.6 “北旱”区域标准化的不同降水事件对夏季总降水量(a)和夏季总雨日数(b)的贡献距平时间变化，其中通过7年滑动平均突出持续性结构的直接变化。图(c)(d)与图(a)(b)结果相似，但对应长江中下游地区。图(e)为不同降水强度等级的雨日数对夏季总降水量和总雨日数的贡献比例的变化趋势。填色和未填色的柱状图分别表示显著和不显著的变化趋势

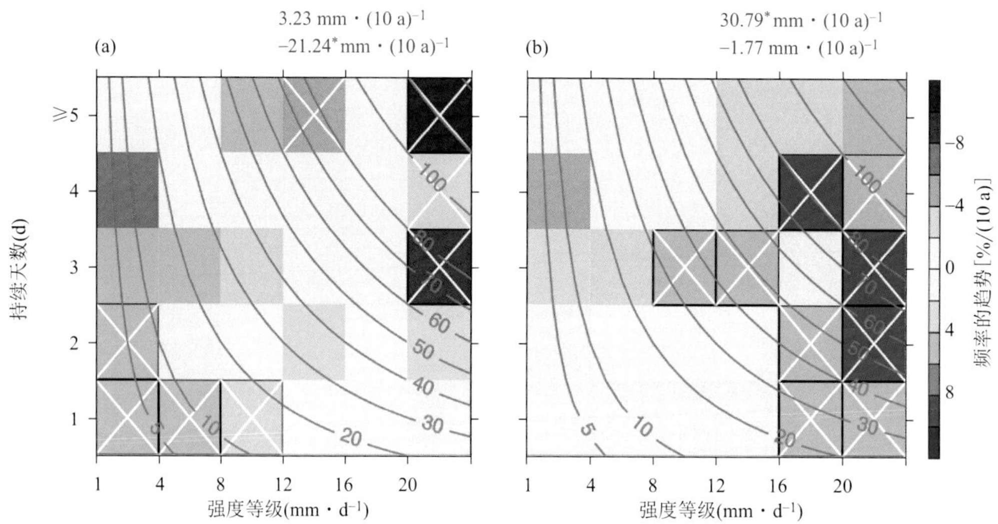

图 3.8 "北旱"(a)和"南涝"(b)区域降水事件频次在不同持续时间(y 轴)和平均强度(x 轴)的变化趋势。所有的趋势已转化为基于 1961—1990 年气候态的百分率变化[%/(10 a)]。变化趋势达到显著水平为 0.05 的用黑色方框和"×"标记显示。绿色等值线表示不同持续时间-强度类别的降水事件的累计总降水量。右上角的蓝色和红色的数值表示降水事件的总降水量的变化趋势,其中蓝色和红色分别表示增加趋势和减少趋势

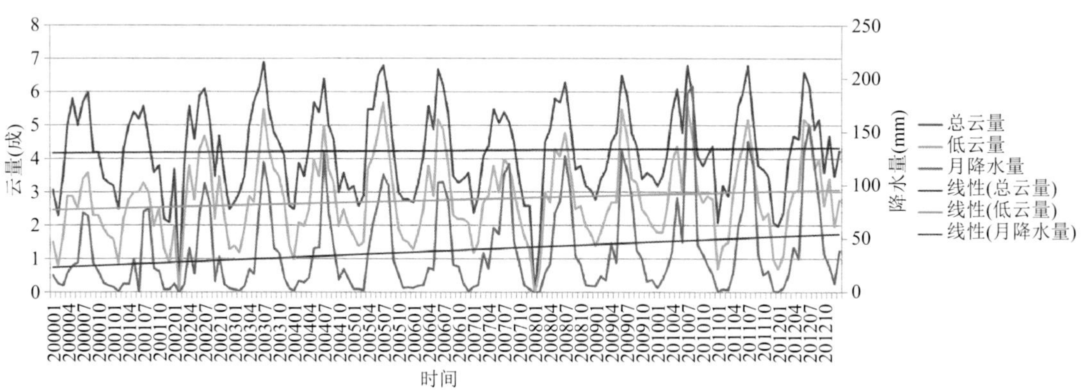

图 3.28 东北地区总云量、低云量、降水变化趋势

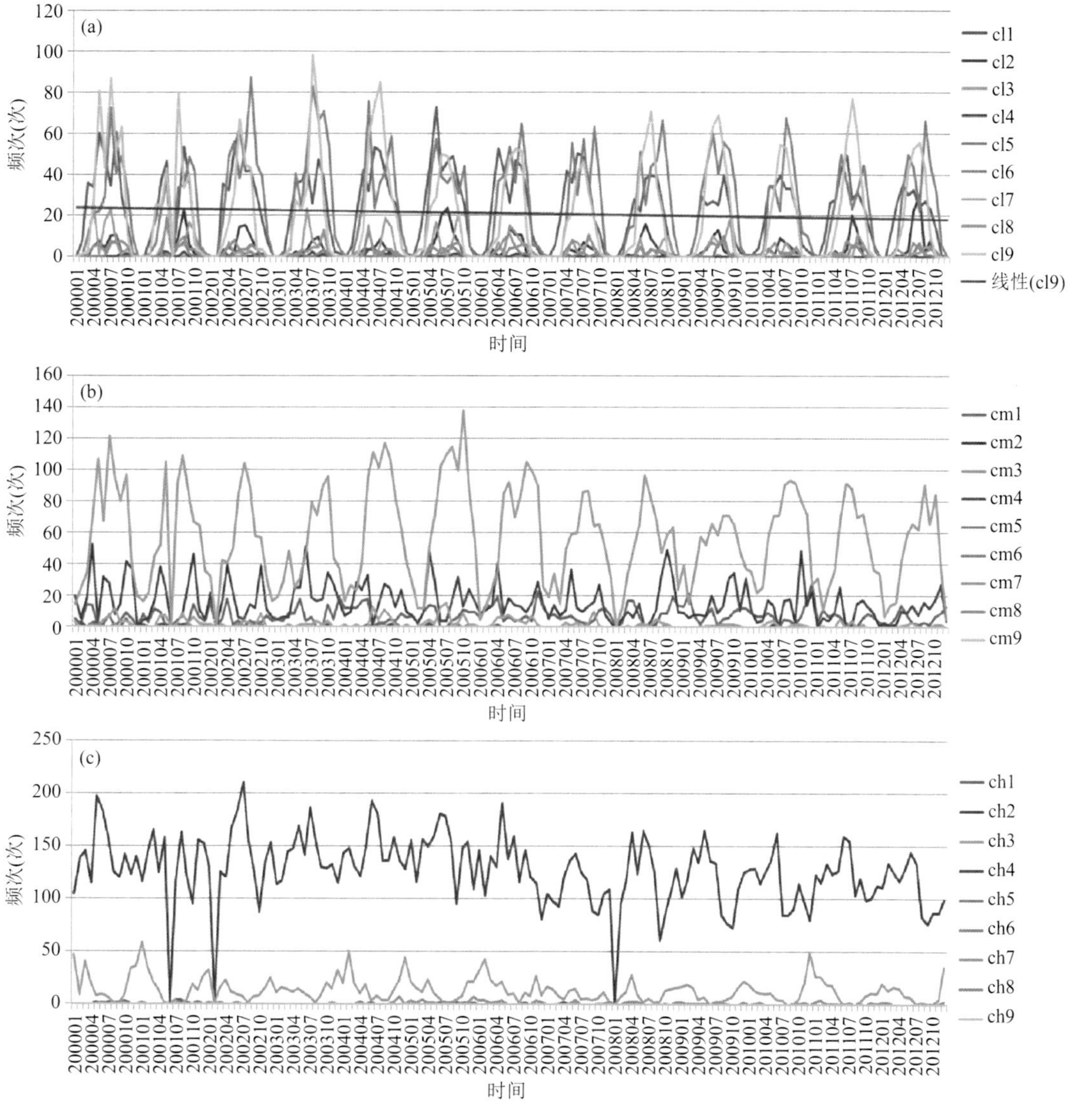

图 3.29　东北地区低云状(a)、中云状(b)、高云状(c)的月均出现次数

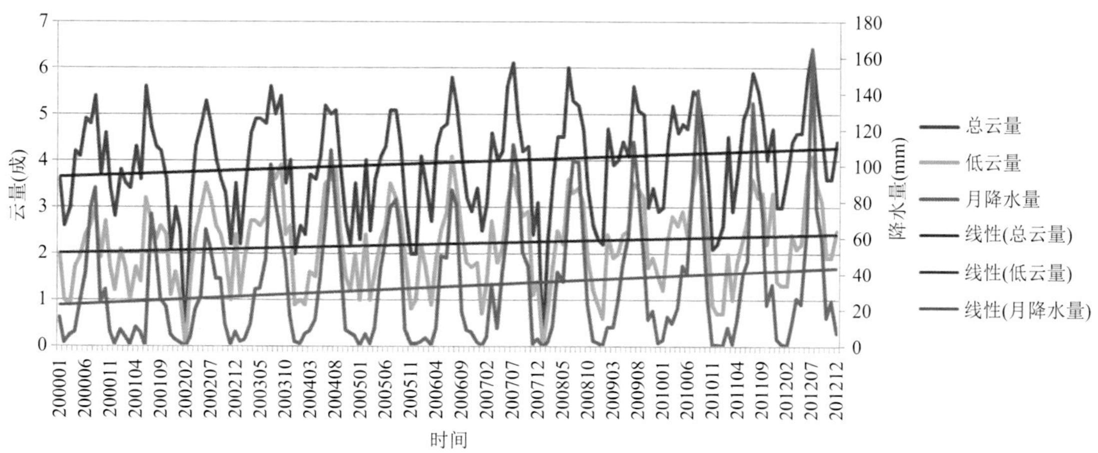

图 3.31　华北地区总云量、低云量、降水变化趋势

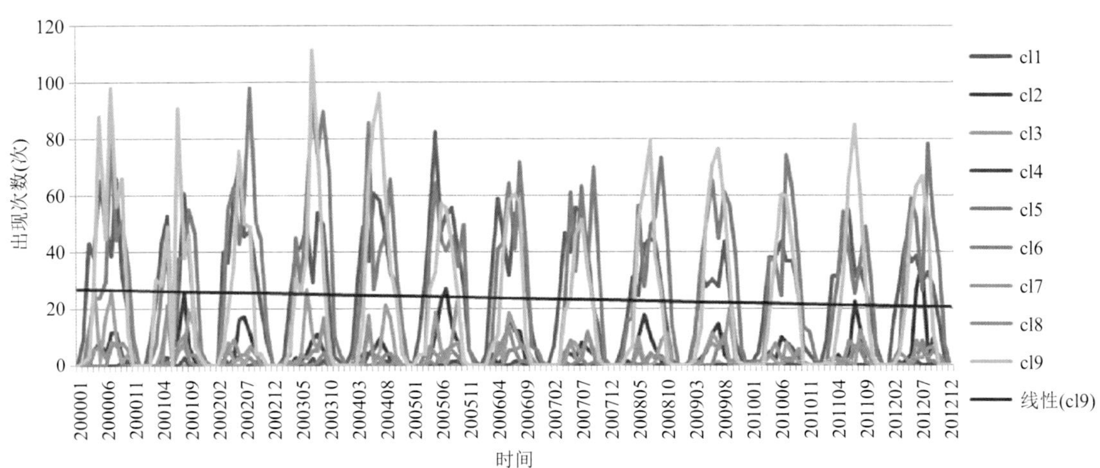

图 3.32 华北地区低云状的月均出现次数

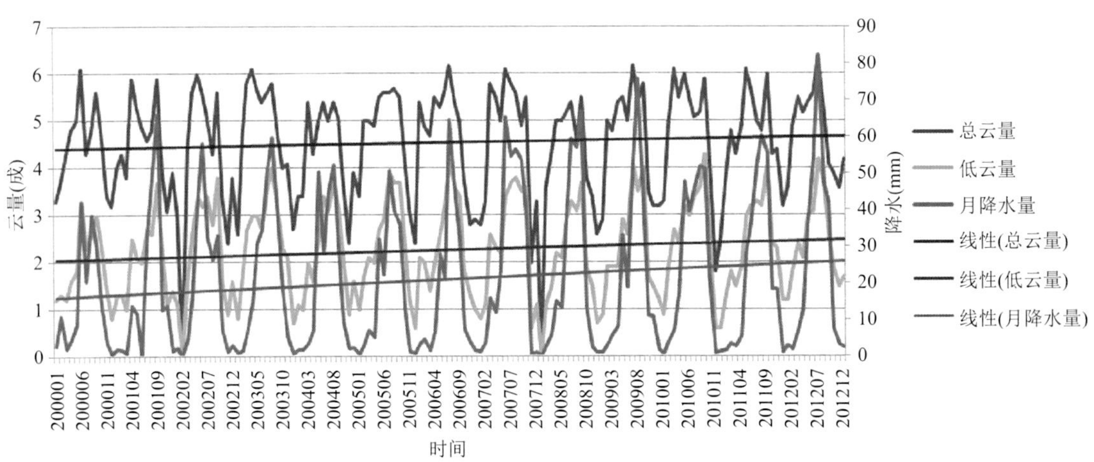

图 3.33 西北地区总云量、低云量、降水变化趋势

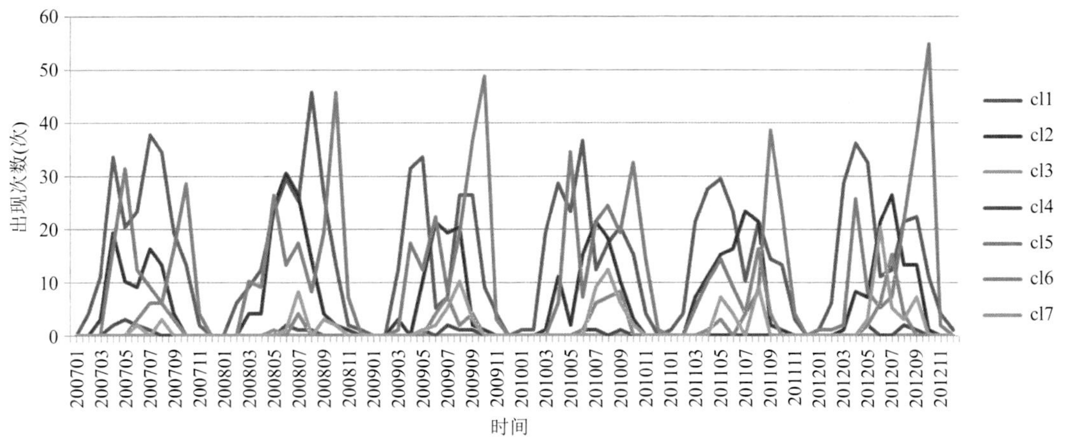

图 3.34　西北地区低云状的月均出现次数

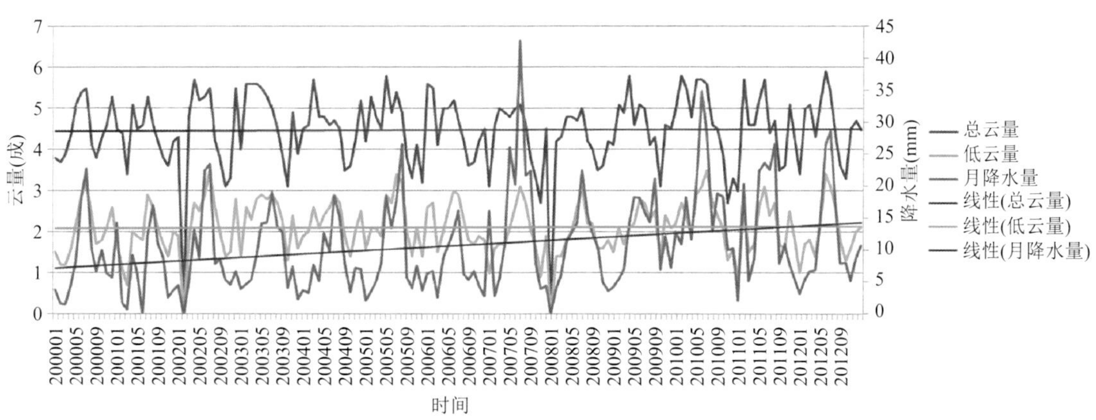

图 3.35　新疆地区总云量、低云量、降水变化趋势

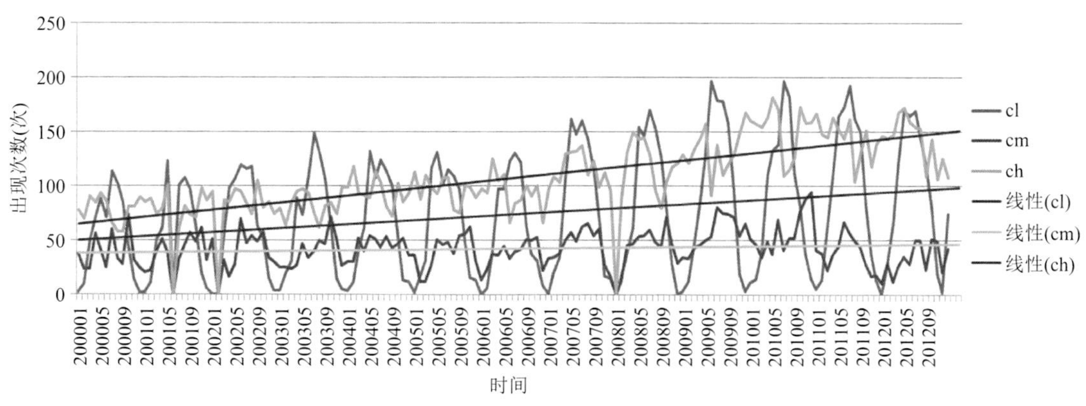

图 3.36　新疆地区高、中、低云出现频次及其变化趋势

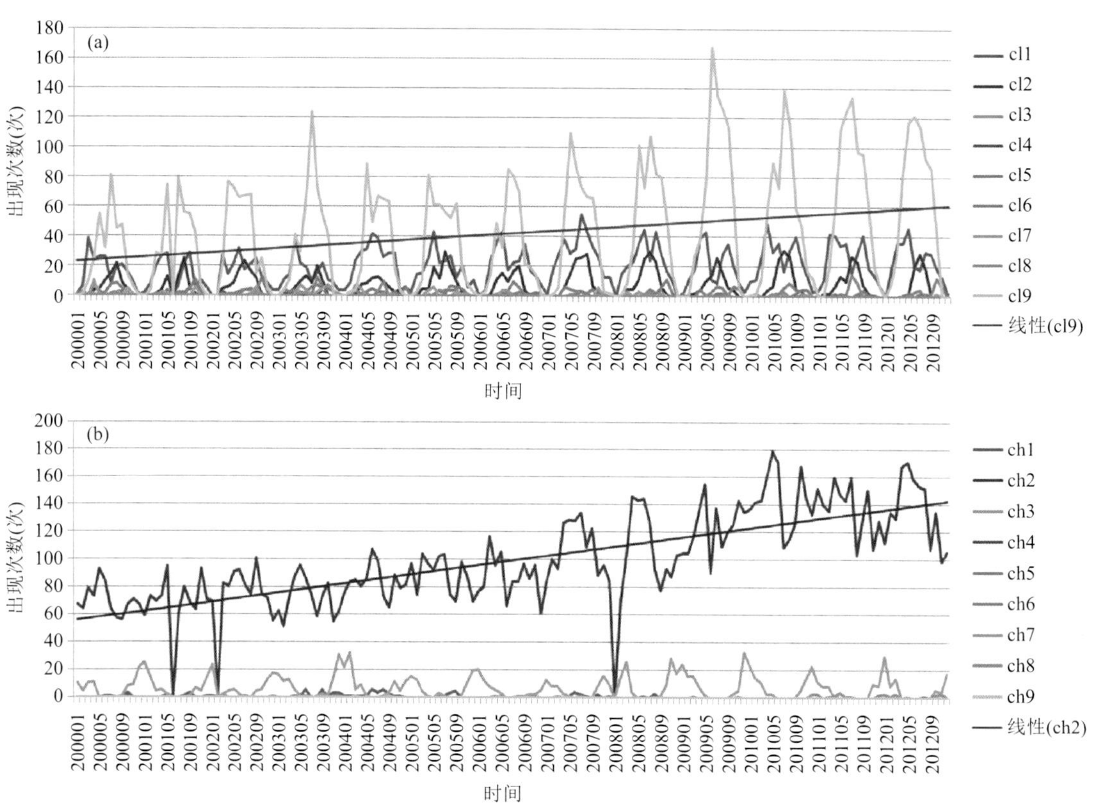

图 3.37　新疆地区低云状(a)、高云状(b)月均出现次数

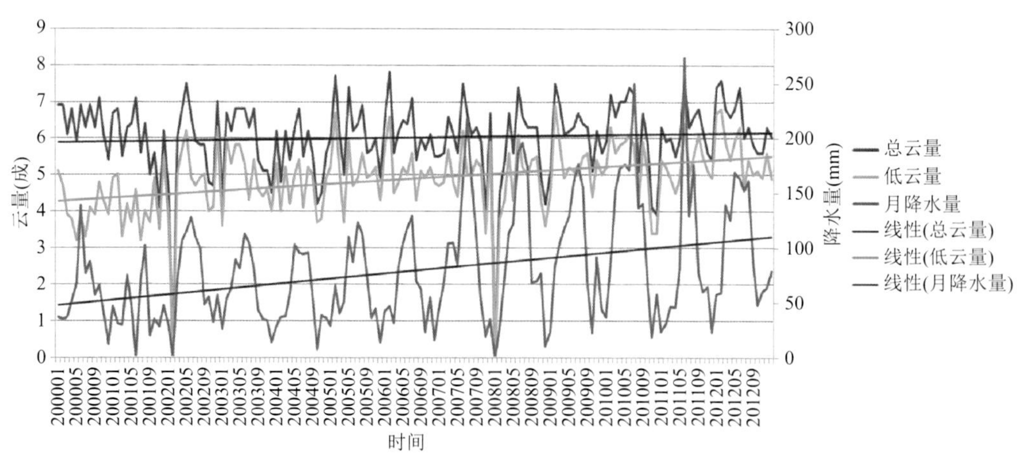

图 3.38　江淮地区总云量、低云量、降水变化趋势

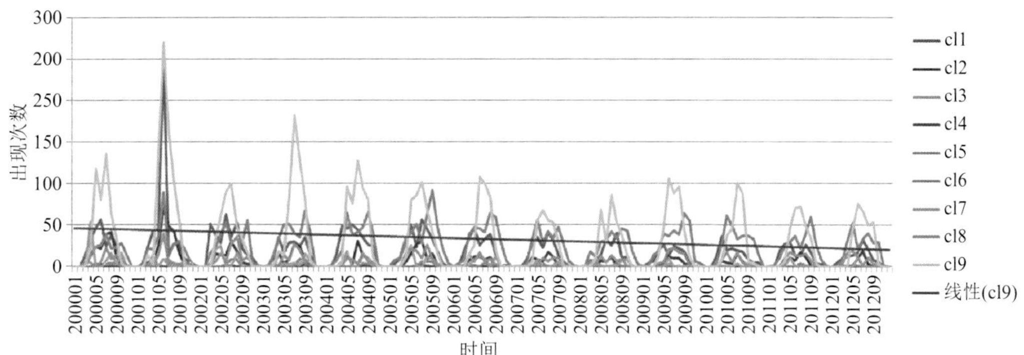

图 3.39　江淮地区低云状的月均出现次数

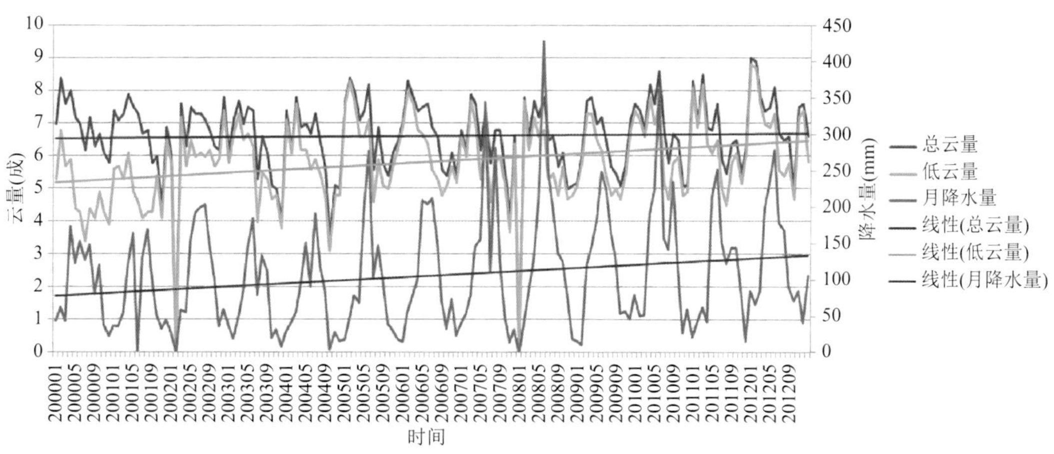

图 3.40　华南地区总云量、低云量、降水变化趋势

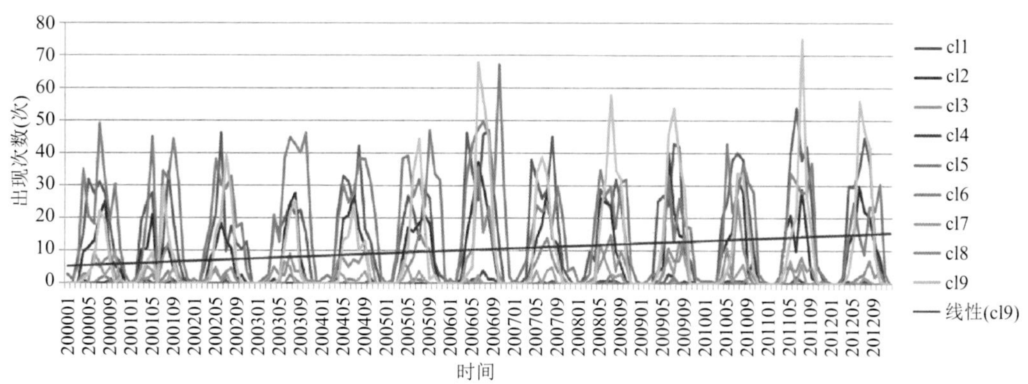

图 3.41　华南地区低云状的月均出现次数

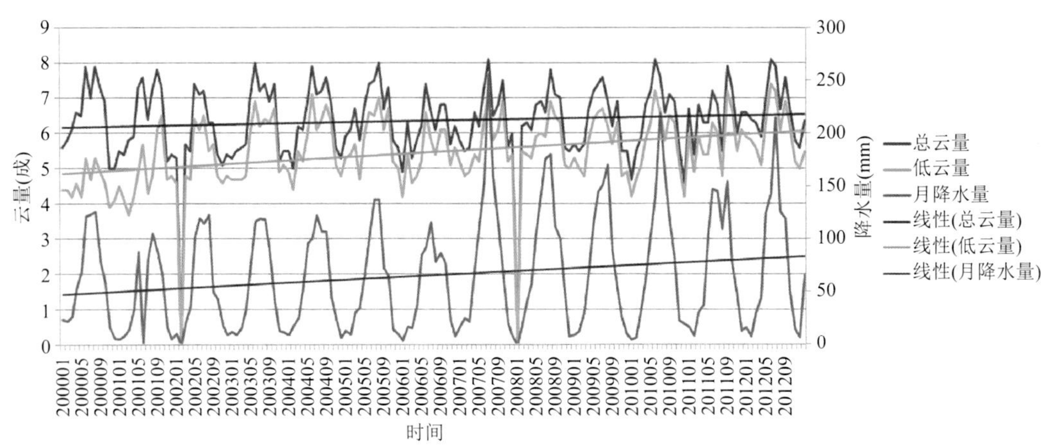

图 3.42 西南地区总云量、低云量、降水变化趋势

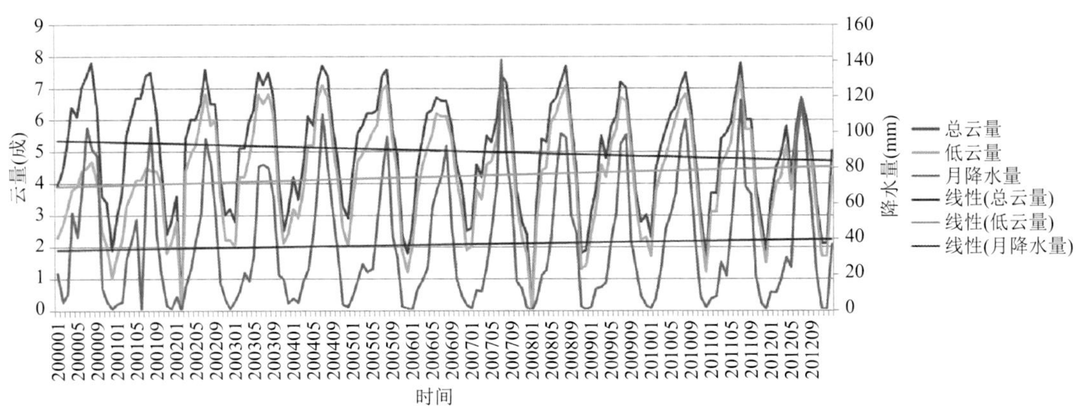

图 3.43 青藏高原地区总云量、低云量、降水变化趋势

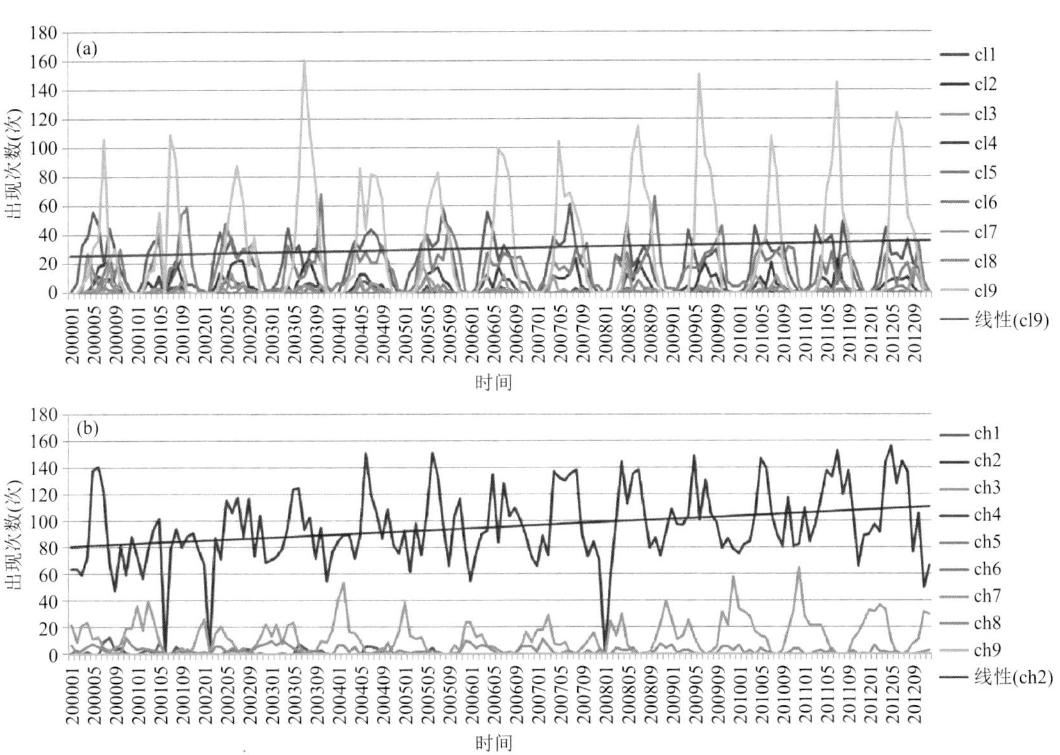

图 3.44　青藏高原地区低云状(a)和高云状(b)的月均出现次数

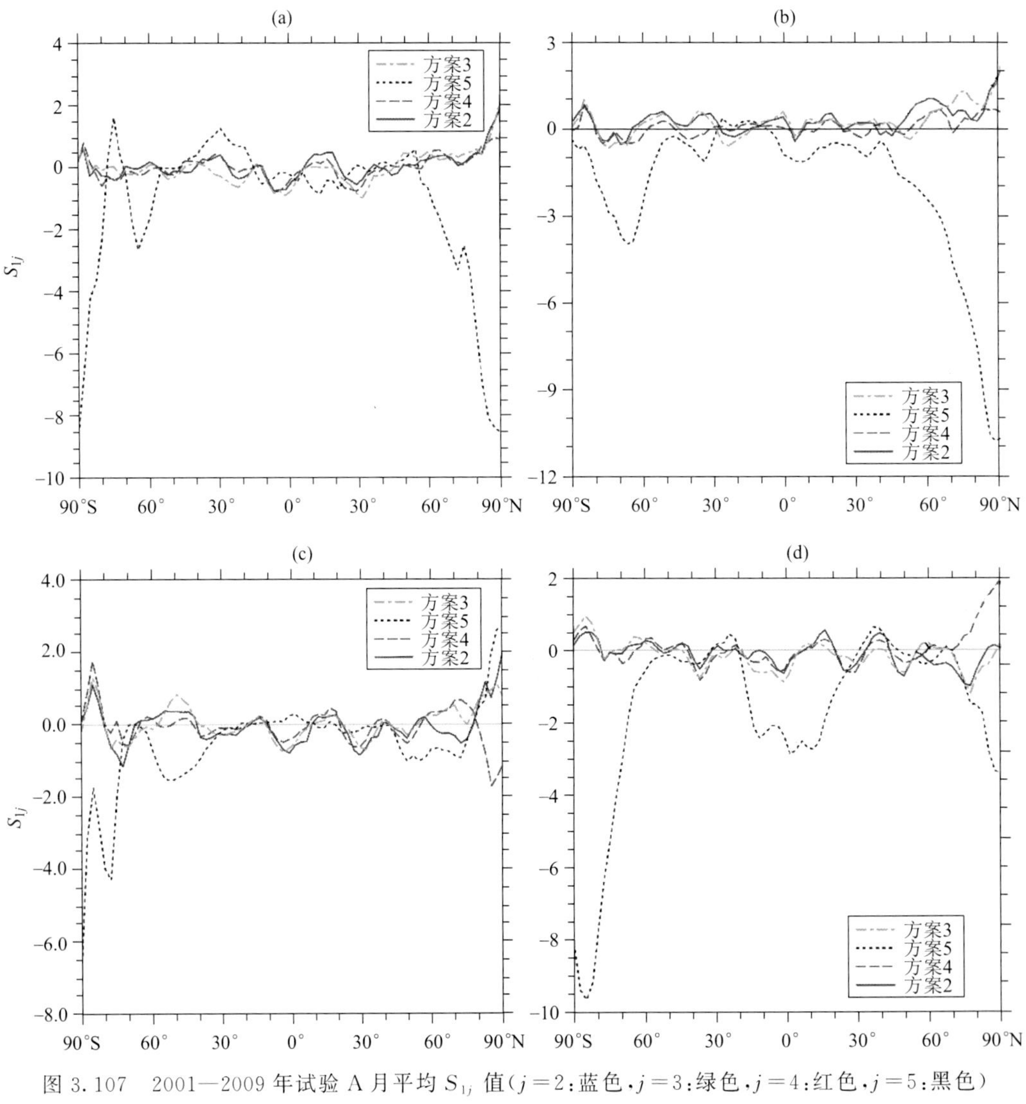

图 3.107　2001—2009 年试验 A 月平均 S_{1j} 值（$j=2$：蓝色，$j=3$：绿色，$j=4$：红色，$j=5$：黑色）
(a)总云量(%)，(b)低云量(%)，(c)中云量(%)，(d)高云量(%)

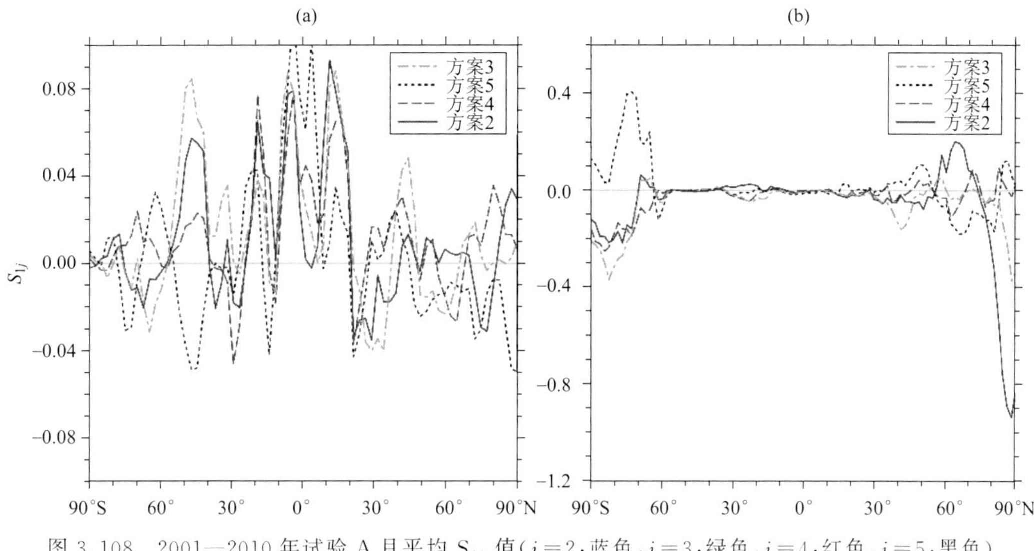

图 3.108　2001—2010 年试验 A 月平均 S_{1j} 值($j=2$:蓝色,$j=3$:绿色,$j=4$:红色,$j=5$:黑色)

(a)降水($mm \cdot d^{-1}$),(b)地表温度(K)

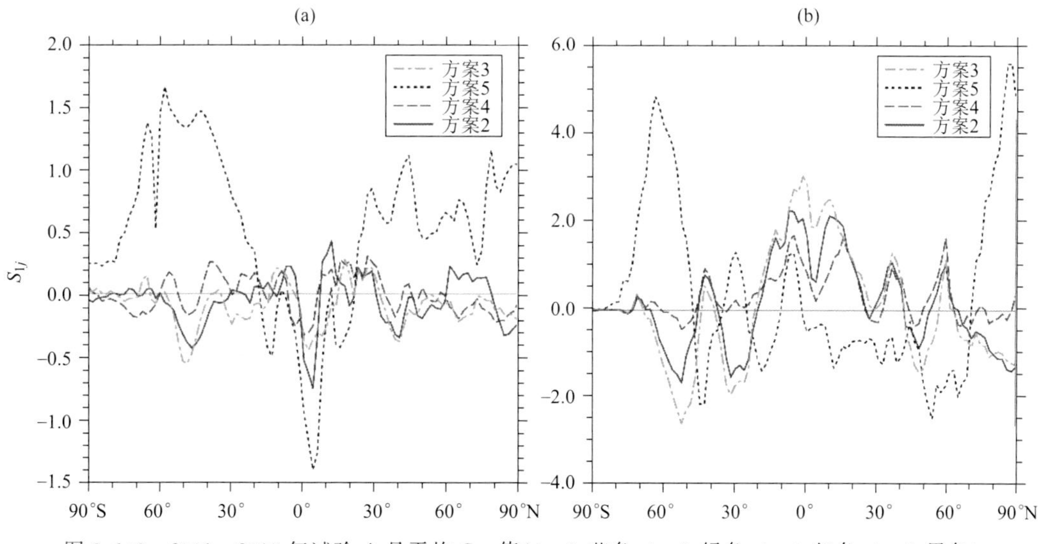

图 3.109　2001—2010 年试验 A 月平均 S_{1j} 值($j=2$:蓝色,$j=3$:绿色,$j=4$:红色,$j=5$:黑色)

(a)云长波辐射强迫($W \cdot m^{-2}$),(b)云短波辐射强迫($W \cdot m^{-2}$)

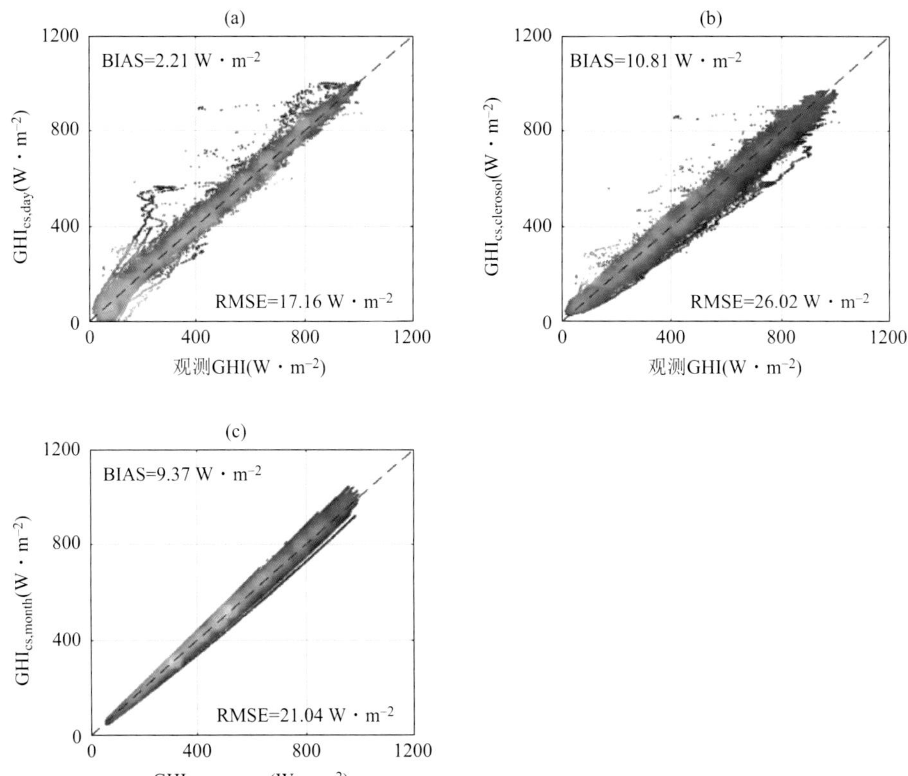

图 6.15 观测晴天辐射与(a)$GHI_{cs,day}$ 和(b)REST2 模式计算的 $GHI_{cs,aerosol}$ 之间的对比，以及(c)REST2 计算的 AOD=0 时 $GHI_{cs,non\text{-}aerosol}$ 与 $GHI_{cs,month}$ 的对比

[颜色代表散点密度(黄色代表高密度，蓝色代表低密度)，红色虚线为 1：1 线]